U0935704

古今茶饮膳食方新编

麦科

陈志农 主编

上海交通大学出版社
SHANGHAI JIAO TONG UNIVERSITY PRESS

内 容 提 要

本书分四篇，分别为养生篇、康复篇、疗疾篇及地域性茶膳食疗民间用方，所辑方多为作者从业几十年收集整理所得，或为公开发表于各类书刊报纸上的茶膳方，或为作者自己反复创研总结归纳所得经效方。

本书创新性地按功能对所辑方进行了分类，有助于读者自行检索应用，可供广大民众阅读，亦可中医保健养生类相关从业者参考。

图书在版编目(CIP)数据

古今茶饮膳食方新编/陈志农主编. —上海：上海交通大学出版社，2016

SBN 978－7－313－13980－1

Ⅰ.①古… Ⅱ.①陈… Ⅲ.①保健－茶谱 Ⅳ.①TS272.5

中国版本图书馆 CIP 数据核字(2016)第 016497 号

古今茶饮膳食方新编

主　　编：陈志农

出版发行：上海交通大学出版社　　地　　址：上海市番禺路 951 号

邮政编码：200030　　电　　话：021－64071208

出 版 人：韩建民

印　　制：上海天地海印刷有限公司　　经　　销：全国新华书店

开　　本：787mm×1092mm 1/16　　印　　张：35

字　　数：869 千字

版　　次：2016 年 3 月第 1 版　　印　　次：2016 年 3 月第 1 次印刷

书　　号：ISBN 978－7－313－13980－1/TS

定　　价：88.00 元

前　　言

一、远古时代中国茶膳养生保健理论的发生与发展

茶饮膳食养生保健疗疾古来有之。人类在漫长的生存发展中经历了与各种险恶的生存环境极力抗争，从生饮生食到取火熟食，完善了人类发展的初级阶段。再由从自然取食生存到耕种养植生存，人类发展有了更高的完善。从此人类为了生存得更好，总是在不断地总结着、探索着。翻开人类无字和有字的历史，我们可以看到旷古人类的活动中，中国的先民们十分重视生命的时间长度和生命活动的存在质量。《山海经》是我国一部早期的描述旷古时期地理、地质、地貌、动植物分布及人类社会活动和神话故事的书。它可能诞生于殷商时期或更早。书名虽曰《山海经》，其实它更是一部博物志，书中记述的故事亦幻亦真，内容之广，涉及地域之大，一地一志，事实之多，令人神往。书中还记载了大量的草、木、兽、鱼、龟、鳖、禽、蛋、矿、水、骨等等，总目不下几百种，明确记载的饮膳类食药两用草本植物 49 种，水兽、鱼、龟、鳖类 31 种，飞禽类 20 种，兽类 15 种，矿物质类 3 种，水生物类 3 种，禽蛋类 1 种，骨类 1 种，共计 123 种。《诗经》、《淮南子》也都有各自相同与不同的饮膳食药品记载。《周礼·天官·冢宰》记载了约公元前十一世纪王府就有专门掌管饮食调配的医生，文曰："食医中士二人，掌和王之六食、六饮、六膳、六馐、百酱、八珍之齐"。好一个"掌和"，掌管调和"王之六食"，饮膳养生之道。出土于马王堆帛书《养生方》《杂病方》《五十二病方》《阴阳十一脉灸经》也均有大量的茶饮、膳食养生、保健疗疾方记载。尽管很久以前的这些记录就已经把先祖们用茶饮、膳食的养生保健疗疾与生命的寿夭(时间)和质量相关联的事实告诉了后人，但在漫长的历史演变中大自然留给现代人的古生物确已经是寥若思量，少之又少了。如何用一般存世食物和普通的常见药食品为人类养生和保健疗疾提供充分的物质保障，中国的中医第一书《黄帝内经》做了系统的准确回答。《黄帝内经》第一次真正将可食物质正式地记录分类，准确地把各种食物与人的五脏六腑相对应，并予以归类。用物质的阴阳属性和气味学的思想很自然地把各种食物归纳到与同人类器官性质和功能相同或相类似的属性。《素问·生气通天论》说："阴之所生，本在五味，阴之五宫，伤在五味。是故味过于酸，肝气以津，脾气乃绝。味过于咸，大骨气劳，短肌，心气抑。味过于甘，心气喘满，肾气不衡，味过于苦，脾气不濡，胃气乃厚，味过于辛，筋脉沮弛，精神乃央。是故谨和五味，骨正筋柔，气血以流，腠理以密，如是则骨气以精，谨道如法，长有天命。"此文告知后人食之以物，物之有味，不可偏废乃养生保健之大法也。是故《素问·藏象论》则进一步明确说："草生五味，五味之美，不可胜极，嗜欲不同，各有可通。"也正是五味与五脏相通相益相损的理论，在与《黄帝内经》差不多同时的《神农本草经》就把各种草木花虫鱼等各种可食之物的性味分辨得一丝不苟，与《黄帝内经》的中医奠基理论形成了相得益彰又交相辉映的中华甚至是世界的医学经典。然人各有性，嗜好不尽相同，总有对五味偏好和不悦者。《素问·五常政大论》提醒人们说："谷肉果

菜，食养尽之，无使太过。"虽然"人以水谷为本"（《素问·平人气象论》），但需"饮食有节"，不可"以酒为浆"（《素问·上古天真论》），这样会令人致病、早衰。而如何以食养生保健，《素问·六节藏象论》说："天食人以五气，地食人以五味，五气入鼻，藏于心肺，上使五色修明，音声能彰，五味入口，藏于胃，味有所藏，以养五气，气和而生，津液相成，神乃自生。"熟读《经文》，乃知"掌和"五味之食，用以养生保健的茶膳之重要矣。在《黄帝内经》中有许多对食物被人摄入后养生保健疗疾功效的论述。《素问·异法方宜论》说："鲭使人热中，盐者胜血"，用"醪酒主治"疾病也属常治之法。食以养生，食以疗疾的。《素问·藏气法时论》更清楚地说："肝色青、宜食甘，粳米、牛肉、枣、葵皆甘。心色赤，宜食酸，小豆、犬肉、李、韭皆酸。肺色白，宜食苦，麦、羊、肉、杏、薤皆苦。脾色黄，宜食咸，大豆、豕肉、粟、藿皆咸。肾色黑，宜食辛，黄黍鸡肉桃葱皆辛。辛散、酸收、甘缓、苦涩、咸软"。养生保健疗疾"毒药为攻，五谷为养，五果为助，五畜为益，五菜为充，气味合而服之以补精益气。"养生保健疗疾者，辛酸甘苦咸，各有可利，《素问·腹中论》以药食合治"血枯"，岐伯曰："以四乌鲗（贼）骨一藘茹（茜草）二物并合之，丸以雀卵，大如小豆，以五丸为后饮，饭以鲍入鱼汁，利肠中，及伤肝也。"《黄帝内经》把药与药食与五脏疾病变化相对应，以期在养生保健疗疾中更获专效。可无论是远古的《山海经》记述时代，上古的商周时代茶饮膳食养生保健疗疾多么令人叹服，还是中华医学精典《黄帝内经》有了系统的理论论述和方术指导。可惜茶膳养生保健疗疾一技终因种种的历史原因没能在百姓中得到更大范围的广泛传播。此一食技仅为少数人掌握，且仅为更少数者服务而已。也许正是这一缘故所以在相当长的一段时间内在古老文明的中华国度并没有茶膳养生食疗的专著诞生。《黄帝内经》后至唐以前我们能看到饮膳补养方只是零星散落在《金匮要略》中的如葵子茯苓散、甘草麦枣汤；《后汉书·华佗传》中的如"漆叶青黏散，漆叶一升，青黏十两，久服去浊，利五脏，轻体，使人头不白，"食者"寿百余岁"；晋葛洪《抱朴子·神仙传》中的橘叶井水配治大疫；《北齐书·由吾道荣传》记道荣者用"松术茯苓"辟谷长生等等。把一项应列"平常百姓家"的技艺束于高阁，使茶膳养生保健疗疾一技成为上等人享受之专技，与民无益。故而茶膳一技尽管《黄帝内经》有大纲，有分门别类，但在唐以前未见专门著书立说，广布民间，这不能不说是一种历史的缺憾。

二、唐和唐以后的中国茶膳理论与实践

茶饮膳食养生保健疗疾，古人有辉煌理论和实践业绩，但前人五石之服、金丹之术的失误也使不少人成仙无门，丧生殒命，成为这一实践的牺牲品。无需讳言这也是中国养生史上一大败笔。隋末唐初中国历史翻去了战乱的一页，进入了一个鼎盛期。富裕安宁的生活弘扬和光大了饮食文化，诞生了中国历史四大名医之一的——孙思邈。他不仅医术精湛还十分注重生活，注重通俗化、民众化的茶饮膳食养生保健疗疾的技艺普及，他把目光转向了花鸟草虫树木禽兽鱼鳖等等的普通食物按性味配伍，用于养生保健。在他的《备急千金要方》中著有专门的"食治篇"，他认为："若能用食平病，释情遣疾，可谓良工。"对医师而言："食疗不愈，然后命药"。而与他差不多年代的孟洗则更撰有《食养方》一书。据考该书成书时间约为公元701—704年。公元721—739年间由唐张鼎增补为《食疗本草》。《旧唐书·艺文艺志》说"旧为二百二十七条，皆说食药治病效。"惜原书已失，诸方散见于《证类本草》《医心方》书中。1907年英国人斯坦因在敦煌莫高窟发现了该书残卷，载有石榴等共26种食药的条文。1930年日人中尾万三考证校核了该书。1984年人民卫生出版了辑失书。公元9世纪

中期，唐昝殷撰《食医心鉴》。宋时尚存，后失传。今本系日人从《医方类聚》中辑出。内容有治中风、诸气、心腹冷痛等16种病，计211方。其中包括了药粥、制茶、作酒饮诸方。可见盛唐时期食药养生保健文化发展之一斑。元忽思慧撰有《饮膳正要》。明卢和于1521年撰《食物本草》4卷。明薛已《本草约言》3－4卷内容与《食物本草》内容相同。清沈李龙编辑《食物本草会纂》。清·何克谏1732年著《增补食物本草备考》，清.汪启贤（肇开）著《食物须知》，成书于1695年，汪希贤选注，见于《济世全书》。清尤乘（生洲）于1669年撰《食治秘方》，现存世本为民国年间苏州国医书社铅印本。《食物秘书》撰于1850年，撰者不详，现存世本为1905年商务印书馆铅印本。《食物疗病法》存世有两个编辑印本。一本为陈寿凡编于1917年，现存有1917年商务印书馆铅印本，另一本为丁惠康编于1940年，现存有1941年上海医务书局铅印本。《食物疗病常法》为杨志一、沈仲圭合编于1937年，1937年国医出版社出版。《食物治病新法》由张若霞著于1932年，1932年万有书局印行。茶饮著作最有代表性者当属唐陆羽，自号桑宁翁，著《茶经》一部。该书总结了前人各种门类茶料和煮、饮茶的习惯、方法以及其养生保健疗疾之效果。为后世创立了顶级饮茶理论和正确的饮茶方法。陆羽认为：人与鸟兽相同，均依据饮食而治（饮啄而治），他说：茶料除用“粗茶、末茶、饼茶者”，“或用葱、姜、枣、橘皮、茱萸、薄荷之等”，以养生保健、美容、疗疾。《茶经》有：“疗小儿无故惊厥，以苦茶、葱须者服之”。还说：“苦茶，轻身换骨”。陆羽之后众多论茶之道虽说妙语连珠，不乏新方新法，论集大成者终以桑苧翁的《茶经》独树一帜。

三、当代中药茶膳现状

随着中华民族文化经济的复兴，近几十年各行各业的发展都是前所未有的，中医药事业虽不尽人意，但中医药的饮膳业的发展势头十分喜人。特别是近二十年内茶饮膳食类的著述名目繁多，琳琅满目，简直让人目不暇接。以往未曾问世的历朝历代的饮食、茶膳著作纷纷问世自不必说，当代人编撰的新书目更是层出不穷。由1991年上海科技出版社出版，诸如翁维建主编的高等医药院校试用教材《中国饮食养生学》和大型系列专著《现代养生保健中药辞典》《中华养生药膳大全》《妙药宝鉴》《中华药膳宝典》《精编饮食本草》《瓜蔬野菜养生》《养生食谱、蔬菜篇》等等。实难一一录全。这一切无疑都是在为药食两用茶膳养生保健疗疾一技的弘扬光大做着实实在在的工作。进入新世纪以来，中药茶膳养生保健疗疾在临床许多大病、难治病的治疗过程悄悄地走进了病房，进入了大病重症的治疗与康复过程。

例1，南京中医药大学学报2007，23(3)184－185载陈德宁等用加味聚精食疗方法治疗并观察对少精子患者精子质量的影响。观察结果出现加味聚精食方（组方：鱼鳔胶（花胶）30g，人参5g，枸杞子15g，龟板膏15g，加猪瘦肉适量，文火炖4h），口服，每周3次，3个月为一个疗程，并与口服五子衍宗片（河南华茸堂药业有限公司）25mg/片、5片/次、3次/日。比较结果，食疗方组精子质量的改变较用药组更加明显。例2，安徽中医学院学报2007，26(5)8－9载吴飞虎等用主要由金银花、淡竹叶、青果、桔梗、板蓝根、蒲公英、甘草、山豆根等中药饮片制成的袋泡茶，治疗实证喉喑。观察结果是袋泡茶制剂对减轻实证喉喑症状，改善声音嘶哑有显著疗效，总有效率为93.3%。例3，湖南中医学院学报2005，25(5)载谷建立等相关药膳的研究报告说，乌骨鸡、黄精、枸杞子、山楂、生姜共制的药膳养生作用主要显示在：①提高D－半乳糖所致衰老小鼠的红细胞SOD活力，肝组织谷胱甘肽过氧化酶(GSH-PX)活力；②降低血清丙二醛(MDA)的含量；③抗氧化，抑制活性氧自由基，延缓衰老。湖北中医药大学学报 2005,7(5)载杨红兵等对翻白草的研究报告说:翻白草又名青天白地,可用干燥块根或全草,泡水代茶饮:"用于治疗糖尿病,颇见疗效"。例 4,江苏中医药 2005,26(10)载许彦来等用香椿治疗慢性疲劳综合征 52 例临床观察,文说:日香椿 50g、水煎 2 次合二煎液分 3 服,可愈慢性疲劳综合征。例 5,浙江中医药大学学报 2007,31(5):596-597 载扬喜忠等的中医食疗药膳治疗 II 型糖尿病 38 例疗效观察,该观察组根据中医辨证分型配制药食、药茶方、主副食品方,并设西药常规治疗 387 例为对照组,结果食疗干预组的全部效果明显优于对照组。例 6,福建中医学院学报 2007,17(5)载陈锦秀等的黄菧粥膳食的时间不同对缓解胃癌化疗者胃肠道反应的效果研究,陈锦秀等临床观察发现,从化疗前一周开始,连续空腹服食黄菧粥三周,对缓解化疗患者副作用和影响,使胃肠反应发生率低,体重明显改善。无论是卡氏评分还是恶心呕吐症状与不用药膳的对照组比较,差异有极大的显著性。从图书普及到临床和各种实验研究无疑都是在为中药的茶饮、膳食做积极有效的推广普及和极有意义的工作。

相信通过广大中医工作者的开拓进取和各种媒体的积极传播,通过中药茶饮膳食来养生保健疗疾会成为广大民众的自觉行为。毫无疑问中药茶膳全面推广也是中医事业发展的重要组成部分。

四、准确定位中药茶膳功能

各种临床和实验研究表明配伍精确的中药茶饮膳食有着良好的养生保健疗疾的功能。准确地定位中药茶膳功能则是关系中药茶膳能否持久生存发展的大事。茶膳养生保健疗疾的定位,是说中药茶膳的功用主要是养生保健。在养生保健这一领域中药茶膳有着极大的优势。只要经营者把食物的性味和大致功效明确标清楚,绝大多数的中国喜爱中药茶膳者都能够准确地挑选到适合自己养生保健的中药食品。中药茶膳适合老幼强弱的人群,热者凉之,虚则补之,寒者热之,实者泻之。把养生保健放在首要位置应该是对茶膳功用的准确定位。把中药茶膳疗疾的功能放在第二位,因为中药的药食兼品在茶膳中用量有限,疗疾的作用有限,其效用较为缓慢,对绝大多数突发病和危重病茶膳食药疗不能达到治疗效果或仅能缓解某些症状(如独参汤救厥脱),万不可以颠倒主次认为可以包治百病,否则会误己误人。

何谓药食两用品,这在《山海经》就已有答案。在《山海经》里我们可以清楚地看到早在史前,人类的祖先就在他们的生存和生活实践中认识了许多使他们赖以生存的各种食物和药物。更多的时候先民们无法分清他们经常食用的哪些是食品,哪些是药品。他们把所有能食的都视为亦食亦药之品。也正是这些食物养活和告诉了我们的先民,让他们在一次次天灾人祸的创伤、疾病中懂得了如何充分利用这些食物,并把它们的功能发挥到极致。这也就使许多植物、昆虫花卉、飞禽走兽、矿石海贝从大多数食品中分离出来,作为专门药品。在人类的文明进步中吃惯了最常见普通食品的五谷、五果、五蔬和各种养殖动物后的人们并没有忘记那些曾经的食品而今的药品类食物,经过人们的一番梳理后药食两用的兼品在回归自然的召唤下大部分亦药亦食之品又回到了人们茶具中、餐桌上。于是就有了药茶、药膳。而它们的功用也有了微妙的变化,这就是养生保健。从这些食药兼品的初始功用到从主食中分离出去,再到它们又回到食、饮中,我们也不难看出这些两性食物的实用价值和它们的性味、功能。它们一般不特别偏性,不具有攻伐邪毒的功能。所以为食品它们大多味甘、淡,性平或稍微温或凉。如山药、茯苓、葛根、枸杞、大枣、炮姜、菊花等。而在方剂的配伍中这些兼品又可以起到非常好的佐食作用。有些偏性药(或称毒药)在经过炮制(去毒)后,它们同样具有非常好的食药膳、茶药饮的用途,如制大黄、制附片等。实事求是地说:绝大多数兼品中药的疗疾作用不是靠自身药理作用完成的,而是在配方中起着非常好的催化、调剂、中和、增强作用。若把纯食药品三、五味配方作为养生保健确可收久效、奇效。但若用以攻伐祛毒、逐邪通瘀、化痰运气血大多是于事无补。因此,强调茶饮膳食养生保健的功能作用为第一位是十分必要的。当然中药茶膳也具备有孙思邈所说以食疗疾的上医作用。此上医者应是兼品药食配伍之妙,食饮确能养生保健而不病者。次而病起之初兼品食药茶膳阻病不起势或和起而不传者为疗疾。

孙思邈之所以是大医学家,是因为他不仅医技高超,医德高尚,他更是一个实事求是、诚笃忠信之人。他认为"能用食平疴"为"良工"。而"食疗不愈"即"命药"者更是诚信之人。所以药平疴者要用时巧,用病巧,用方巧。若不视病情,一味追求食疗,耽搁了时间,误了病情,实不亚于害命。

近读清赵晴初《存存医话》,赵氏所记巧以膳饮平病四则,令人信服,也令人佩服。①豆浆荸荠饮。用生豆浆七成荸荠汁三成,共一茶碗。先煮豆浆滚,入冰糖少许,冲入荸荠汁,空腹温服。功能:清热、散血。主治:大便燥结,便后出血。②饴糖豆浆饮。用饴糖 2 两、豆浆一碗煮化服。又豆腐浆冲鸡蛋。功能:清火祛痰。主治:痰火年久不愈,多服可愈。③雪羹(海蜇荸荠饮)。用海蜇 4 两(漂洗),加大荸荠 4 个,水 2 盅煎八分服。功能:宣气化瘀,消痰行食泄热止痛。主治:肝经热厥,少腹攻冲作痛,小儿火盛口臭,便坚腹胀内热。④化痰饮。用雪梨汁一杯,生姜汁四分之一杯,蜜半盅,薄荷细末一钱。和匀,器盛,重汤煮一时,任意与食。功能:泄肺降痰。主治:痰气壅塞。功效:降痰如奔马。良验。赵氏四则配伍精准,令吾惊叹。一方雪羹饮更是巧夺天工,令人折服。故节录在文,立此存照。也由此可见中药茶膳疗疾绝非子虚乌有,凭空臆造。余也百余次用炒姜米 75g(粳米 50g,姜 25g),橘皮 10～15g,红枣 3～5 枚,葱白(连须)3～7 茎为人疗上脘胀满,胃脘嘈杂,不思饮食,微寒,乏力,气急等或此类症状之医源性胃肠道功能减弱,每每效若桴鼓。然上述种种抑或病初起矣,抑或病势起矣,无一病势正盛,夺津劫气,邪深毒剧,血涸关格也。中药茶、膳一技用之当则益,悖之则误人以病,误人以命矣。

五、本书编撰的特点与目的

本书参阅了《中医辞海》《茶经·续茶经》《顺势疗法》《中药大辞典》《中华本草》《本草纲目》《神农本草经》等。志在编辑一本真正的可让广大民众受用的中药茶膳养生保健疗疾的经方、验方、灵方、效方,更是简便方集。突出药茶、药膳的"药"字。使其区别于一般意义上的滋补及滋补饮食。中药茶膳的特点在于能调理营卫、表里、脏腑、阴阳、五行、经脉的平和,即使营卫相固,表里相通,脏腑相应,阴阳相随,气血相和,五行相生,经脉相流。所用之物也绝非珍奇、大荤之类别。专选以平常之物,精在其配,秘在其伍,绝在其量,妙在其性味。寥寥三、五味为茶、为膳,不可盲目随追别人。一茶一膳与人为养生保健疗疾,与汝或可为害身之毒品。重要的是茶膳就是为让健康者不病而长寿,初病者不传而康复,久病者提高生存质量,享受人生乐趣。这是编写本中药茶膳的最基本要求,也是书写的目的之所在。

编不猎奇,不夸大,忠于原方,摒弃不切实际之处,尽量把原方之意放在合理的范围之内。尊重所有创造者的创造。如用普通蔬菜瓜果以非普通食用法配伍制作疗疾效果灵验者，此之谓非药而效于病，非菜而药，乃良方(配)而效也。例如《精编中华药膳宝典》的空心菜、荸荠配；鸡蛋、芝麻配；香蕉、蜂蜜配等。用中药理论的五谷、五果、五蔬气(性)、味学巧妙配伍也能使原本的食物成为真正的药食方。因此，中医理论对所有食物的性(气)味分析是指导人们精确、正确搭配饮食的家庭膳食配伍，也可用之益身也，寿人也。这是本书的目的之二。

本书的目的之三，是采辑了《中医辞海》中许多地方的地域性单味草药配伍日常主副食所做的药茶、药膳方。原属草头方、偏方之例，所以编辑其中其意在尽多地反映出药茶、药膳的普及性和取材的多样性。由于地域气候环境的差异，东南西北中各地药茶、药膳的取材差异也很大。这些取材多样性的差异，反映了食用生物的多样性。

也正是这样药食兼用品的多样性让人们清楚地看到养生保健疗疾的食物、食法没有固定的一成不变的模式、样板和神效方。就地取材，因地制宜，因人取料，集思广益，不仅可以省钱、省时，更活跃了饮食养生保健疗疾的思路。人以食为生，“民以食为天”。在茶膳中求养生、求健康，以食替药，不偏不倚，以药为茶膳，以五味养五脏，遵循不乱，是为用最简便的膳食茶饮代替大补偏补，既有其广泛的社会适应性，又有着一味追求这蛋白、那钙锌铁硒等偏味强补法所无法比拟的遵循自然生命法则的科学性。动态的生命需要动态的规则平衡，强偏补是无益的。热爱生活，热爱生命，珍惜生命中的每时每刻，过好生活中每一个环节是本书的主题。希望本书的出版发行能给工农兵学商儒技仕，男女老幼青壮耄婴送去点养生保健疗疾的简易技艺，能给长寿的人们和人们的长寿健康多添一份可自己掌握的技术保障。古人说：医者大义而小技也。余说养生保健者大义也，大技也！而此大义大技术者从当自职之。花鸟草虫，菌菇藻贝，五谷五果，禽蛋鱼肉，取平常物配己需方，不损者长命也，喜欢。

总而言之，从古至今茶膳不仅是保障生命的基本，其实也是养生保健美容疗疾的基本。吃喝不当可损身夭寿，吃喝出健康，吃喝出长寿，是编本书的愿望。期望大陆和港澳台地区乃至全球的炎黄子孙人人长命百岁，个个青春永驻。

本书系全家协力合心，共同努力之成果，历时三年有余。因水平有限，不妥之处请读者诸君和各位专家批评指正。

2015 年 8 月 1 日

凡　例

一、本书以中药茶膳为选题，因此常用瓜果蔬菜茶的膳饮方法不在收编之例，以免混淆中药茶膳与一般主副食的茶饮膳食功用。

二、本书所选之经方、灵验方、效验方除保证中药茶膳的方剂内容外，还选录了部分常食主副食品但专作为药食功用配伍食用的方。例：清赵晴初之豆浆荸荠汁饮，海蜇荸荠汁饮；陈志农之生姜、大米配合大枣、橘皮饮等。

三、为顺应当代大多数人的生活现状，选方摒弃了以往养生保健膳食方的大荤、大油、大糖的食膳补疗。如：八宝饭、八宝锅蒸、东坡肘、人参二龙戏珠饼、人参蒸鸡油汤圆等。因由，一则当下生活中多数人油荤滋补不是缺，而是超；二则也易分别出药茶膳与美食之差异。

四、珍稀保护动物的配方不选在内。如：人参扒熊掌、虎骨酒之类。

五、争议存疑的中药茶膳方不选录入集。如：木果粥、木通粥之类。木通致肾损害之疑虽不肯定、也不确切，但用而存疑不如不用。因中药茶膳更是信则利，不信则废。与其战战兢兢将信将疑，不如顺意弃之。

六、本书选录了一定数量具有各种地方特色的、常用作养生保健疗疾药用茶膳的草药。本意为宣扬一隅之绝，让佳肴共享。为南移北迁东奔西走的人尽享一方之中药茶膳佳馐，并备不不时之需。

七、以中药为茶膳保健疗疾，虽不求速效，但一定应有其功效和适应症。不效无益之方不宜与人也。食疗者讲的是一个“疗”字，有疾方求疗方、疗法必求其效，无益无效者，何以还肯食之。为使一般人更易掌握茶、膳等食疗方法。为便于查找，全书共分四篇，以养心门类、养肝门类、养脾门类、养肺门类，养肾门类等为序编写了养生方，以脏腑病症系统编写了康复方，以病名和综合门类编写了疗疾方，最后是一些极具地域特色的民间用方。

目　　录

篇一

养生篇

一、养心门类方

白鸽红枣饭

［配制］肥大乳鸽1只，粳米200g，红枣5枚，冬菇3朵，调料适量。乳鸽制净，切2厘米见方小块，置碗内，加黄酒、白糖、姜片、植物油拌匀；红枣洗净去核；冬菇泡软后切丝；粳米淘尽加水上笼蒸饭熟后将前三品置饭面铺平，继续蒸15分钟，服时加麻油、酱油拌调味，日1次，作晚餐食。

［功能］益气助阳。

［益宜］体弱神衰，病后虚弱等。

百合芦笋汤

［配制］鲜百合100g，清水芦笋1瓶，精盐、味精适量。百合制瓣去膜，用盐捏后洗净，加水煮分熟，加入切段芦笋，调味。任意食。

［功能］清心安神，润肺止咳。

［益宜］心烦不寐，惊悸，咳嗽，咽干等。

百合面饼

［配制］百合。洗净，晒干，研粉，适量，面粉适量。共调和做饼，用植物油煎饼食。

［功能］清心安神，益气养血。

［益宜］心神不安，烦躁等。

百合银耳羹

［配制］百合50g，莲子50g，银耳25g，冰糖50g。银耳泡发去蒂，洗净；百合、莲子加水煮沸，沸后加银耳，文火煨至汤汁稍黏，加冰糖。

［功能］宁心安神。

［益宜］失眠、健忘、焦虑、多梦等。晚间睡前服。

柏实甘枣酒

［配制］柏子仁60g，甘菊花18g，大枣30g，白术18g，地黄30g，酒2 000ml，诸药入酒浸，加甜料300g，封存50天。久泡更佳，晚饭后及睡前各饮1杯。

［功能］补养心血，宁心安神。

［益宜］心血不足，心神不宁，心悸失眠，多梦等。现多用于神经衰弱、习惯性便秘及功能性子宫出血等。

柏子仁茶

[配制] 炒柏子仁 5g,捣碎,沸水冲泡,加盖 5 分钟,代茶饮。另方柏子仁、菊花各等份,为末,蜂蜜水送服。

[功能] 养心安神。一方:健身悦色。

[益宜] 失眠盗汗。

柏子仁炖猪心

[配制] 猪心 1 只,剖开洗净,纳入柏子仁 15g,置大碗中加清水适量和调料少许,隔水蒸炖 60 分钟,以猪心熟烂。做菜或点心食用。

[功能] 养心安神,补血润肠。

[益宜] 心阴血虚之心悸、健忘、失眠所梦,及老人血虚之肠燥便秘等。

柏子仁烩鱼片

[配制] 鱼肉 300g,切片,用 2 匙酱油渍后备用;柏子仁 30g,以水 2 杯,煎取汁 1 杯(弃渣),备用;洋葱 2 个,洗净,切丝,芹菜 80g,洗净,切 3 厘米长段;另备奶油、面粉、胡椒、咖喱粉各适量。炒锅置小火上入 2 大汤匙面粉,炒至黄,加 1 大匙咖喱与面粉同炒 3 分钟;加水 1 杯和柏子仁汁溶开炒粉,放进切好之葱、芹煮。另锅放 2 大汤匙奶油熬热,将渍好之鱼片蘸干粉下锅大火略炒,随即将另一锅内的汤菜倒入并加盐、酱油、胡椒等调味,盖锅稍煮,熟即盛起。

[功能] 养心安神。

[益宜] 心血不足之心悸、健忘、失眠等。久食有益。

保元延寿酒

[配制] 烧酒 1 坛,龙眼肉 300g,桂花 120g,白糖 240g,共浸泡。封固 1 年,愈久愈好。其味清美香甜。每随量饮,不可过醉。

[功能] 安神定志,宁心悦颜,香口却病。

[益宜] 心脾两亏,健忘失眠,心悸等。可作老年痴呆者保健饮。

鲍鱼龙眼鸽蛋鲜

[配制] 鲍鱼 1 筒,洗净,开筒,切薄片,料酒、盐、清水渍。鸽蛋 16 个,洗净,煮熟,入清水冷透去壳,粘干淀粉一层,鲜菜心 200g,洗净,沸水氽透,晾冷,龙眼肉 50g,烫熟。炒锅置旺火上,注菜油至六成热,炸鸽蛋成金黄色,漏油。锅另投熟猪油五成热时,煸姜、葱香,掺清汤,加精盐、绍酒、鸽蛋、鲜菜,烧入味,拣去葱姜。鲜菜捞起,于盘中垫底,鸽蛋摆于四周,热龙眼肉倒菜心上。鲍鱼原汁入锅煮沸,加鲍鱼片,湿淀粉勾芡,下鸡油炒匀,倾盘内。

[功能] 补益心肾。

[益宜] 心肾两虚之心悸、失眠、健忘、腰膝酸软等。

补心养血汤

［配制］羊肉250g，山药30g，当归、生姜各15g。羊肉洗净切块，当归盛纱布包，同山药、姜片放砂锅内加水适量共炖汤，熟后放调味品，饮汤食肉。每周3～4次，4周可望见显效。

［功能］健脾益气，补心养血。

［益宜］产后血虚所致的心悸失眠、面色无华、头晕眼花等。

补益杞圆酒

［配制］枸杞150g，桂圆肉200g，白酒1 000ml。3品浸泡14天。每饮20ml，1日2次。

［功能］补心滋肾，益智安神。

［益宜］心肾两虚之头昏眼花、失眠多梦、虚烦不宁等。

参苓散

［配制］人参、酸枣仁、白茯苓各等份。为细末，每服9g，空腹时米饮调下。日1～2次。

［功能］补虚安神。

［益宜］睡中出汗。

参砂蒸蛋

［配制］苏条参（或潞党参）、淮山药各30g，朱砂6g，前2味洗净焙干，与朱砂共研细末。每用药末6g，蒸鸡蛋1只，每日晨起蒸1服。连服半月。

［功能］补气养血，安神。

［益宜］气血两虚，心脾不足之心悸、失眠、食少纳呆等。高血脂病不宜。

参香散

［配制］人参、山药、制黄芪、茯苓、石莲肉、煨白术各30g，乌药、砂仁、橘红、炮姜各15g，丁香、木香、檀香各0.3g，沉香6g，炙甘草1g（一方有炮附子15g）。为粗末，每用12g，加生姜3片，大枣1枚，水煎，去渣，空腹食。

［功能］补精血，调心气，安神守中。

［益宜］心气不宁，诸虚百损，肢体沉重，盗汗失精，恐怖烦悸，喜怒无时，口干咽燥，口渴欲饮，饮食减少，肌肉瘦瘁，渐成劳瘵。

读书丸浸酒

［配制］远志、熟地黄、菟丝子、五味子各18g，石菖蒲、川芎各12g，地骨皮24g。诸药研粗末，盛大酒瓶内，加白酒600ml，密封浸泡7天后，滤去渣，装瓶。日2饮，每早、晚各饮10ml。20天一剂。

［功能］补益心肾，安神益智。

［益宜］心肾两虚，水火不济之健忘、记忆减退、头痛头晕、心悸乏力等。

读书丸酒

［配制］地骨皮8g,远志、熟地、菟丝子、五味子各6g,石菖蒲4g,川芎4g,白酒200ml。诸药研粗末,装细纱布袋,扎紧口,与白酒一起放入坛内,密封,置阴凉干燥处经常晃动,1周后开封,去渣即可。早晚各饮20ml。

［功能］补心益智。

［益宜］失眠健忘,注意力不集中,心迹怔忡,头昏眼花,腰膝酸软等。

番茄茯苓肉饼

［配制］茯苓50g,理净研细末;猪肉50g,剁茸,加葱、姜末、绍酒、精盐、味精、鸡蛋、茯苓粉拌匀,做成小饼入油锅炸熟,倒入漏勺内,炒勺内加番茄酱、白糖、精盐,炒成番茄汁,倒入肉饼挂茄汁匀,稍加明油。佐餐食。

［功能］益脾和胃,宁心安神。

［益宜］心脾两虚,食少便溏,心悸失眠,气短乏力,头晕目眩等。

茯苓红枣粥

［配制］茯苓30g,研末,红枣10枚,洗净,剖开,与粳米50～100g煮粥,食之。

［功能］养心守神。

［益宜］心神不宁之易受惊恐、心悸不宁、眠少梦多等。

附片蒸羊肉

［配制］鲜羊肉1 000g,制附片30g,羊肉洗净,整块随冷水下锅煮熟,切块。取大碗1只,将羊肉皮朝上放好加附片、料酒、熟猪油、葱节、姜片、肉清汤。隔水蒸3小时,取出撒上葱花、味精、胡椒粉。单食或佐餐。

［功能］温心阳,强筋壮骨。

［益宜］心肾阳虚,心悸畏寒,手足不温,关节冷,尿清长等。阴虚火旺者忌。

桂圆莲子粥

［配制］莲子10～15g,桂圆10g,红枣10枚,粳米或糯米100g。共煮粥,日服1～2次。

［功能］补血养心,健脾益气。

［益宜］心血不足之心悸不安,面色不华,头晕,倦怠等。

桂圆益心膏

［配制］桂圆肉150g,当归100g,远志、天冬各50g,五味子、黑桑葚各30g,大枣20枚,黑芝麻20g,蜂蜜适量。前7味置砂锅水煎,每30分钟取滤液1次,共取3次,合并浓缩至黏稠,加倍入蜂蜜,撒入黑芝麻,煮沸,置冷,储存。每服1匙,日2次,沸水冲服。另方:龙眼肉500g,白糖500g蒸膏。

［功能］滋阴养血,安神定志。

［益宜］心阴亏损之心悸,怵惕不安,心烦不眠,口咽干燥,夜卧盗汗等。

黄精炖肉

［配制］黄精 50g，瘦猪肉 250g，调料适量。2 品洗净，肉切丁块，同置砂锅，加水、葱、姜、食盐、料酒，文火炖肉熟，加适量味精。

［功能］补脾阴，益心肺。

［益宜］心脾阴血不足之食少，失眠、心悸、怔忡、月经不调等。

鲤鱼补血羹

［配制］鲤鱼 1 条（约 500g），治净，切 3 段，置炖盅内；桂圆肉、山药、枸杞子适量各洗净，大枣 4 枚去核，共放入鱼盅，加黄酒 100g，清水适量，加盖蒸 3～4 小时。饮汤食鱼肉。

［功能］养血安神。

［益宜］血虚之面色苍白、头晕内眼花、心悸健忘、失眠多梦、妇女经量少等。

莲子百合煨肉

［配制］莲子（去心）、百合各 50g，洗净，猪瘦肉 250g，洗，切丁，同下锅，加适量水、葱、姜、食盐、料酒，武火使沸，文火煨熟，食。

［功能］益脾胃，养心神，润肺肾，清热止咳。

［益宜］心脾不足之心悸、失眠；肺阴虚之低热、干咳等。

莲子茯苓糕

［配制］莲子肉、茯苓、麦冬各等份，白糖、桂花适量。前 3 味共研细末，加糖、桂花拌匀，用水调蒸糕，晨起作早餐食，每次 50～100g。又方：糯米、莲肉蒸糕。

［功能］宁心健脾。

［益宜］心阴不足、神气虚弱之消渴、心悸怔忡、食少体倦乏力等。

莲子桂圆

［配制］莲子（去芯）、茯苓、芡实各 10g，桂圆肉 15g，红糖适量。几味洗净，文火炖煮成黏稠，搅入红糖，冷却后做夜点食。每晚 1 次。

［功能］补心健脾，养血安神。

［益宜］劳神过度、心脾两虚之心悸怔忡、失眠健忘、乏力肢倦、虚汗频出等。

莲子栀子汤

［配制］莲子 30g，山栀子 15g（纱布包），冰糖适量。3 味加水煎，待莲子烂熟。吃莲子喝汤，每日 1 剂，连服 1 周。

［功能］祛火益神。

［益宜］心火旺盛，烦躁等症。

莲子猪心

［配制］莲子 15g，猪心 1 具。莲子洗净，去芯，猪心洗净，用竹片剖开，将莲子放入，扎好，放砂锅内加水煮至猪心惯烂为度，食时加盐、味精少许。食猪心、莲子、饮汤。

［功能］养心安神。

［益宜］心脾两虚，心悸怔忡，食少便溏等。

龙眼茶

［配制］龙眼肉 5～10 枚，放碗中，隔水蒸熟取出，放茶杯，沸水冲泡。代茶饮。另方用龙眼肉 30g，加糖蒸。

［功能］益智安神。

［益宜］神经衰弱，体弱血虚之惊悸、健忘、失眠；无病常饮，益寿延年。

龙眼酒

［配制］龙眼肉不拘多少，上好烧酒适当。龙眼浸酒百日，适量而饮。

［功能］安神益智。

［益宜］心脾两虚之食少纳差、心神不宁、神不聚首、睡眠不实等。

龙眼肉粥

［配制］龙眼肉 100g，粳米 100g，同煮作粥。任意食用。

［功能］益心脾，安心神。

［益宜］虚劳羸瘦，失眠惊悸等。

龙眼山药膏

［配制］淮山药 500g，白砂糖 200g，熟面粉 100g，熟莲子、青梅蜜饯、桂圆肉、花蛋糕、白瓜子仁各 26g，猪油、蜂蜜，樱桃蜜饯各少许。山药研粉与熟面粉、白砂糖加水揉成圆形，放平盘内，按成圆饼，用莲、樱桃、圆肉，花蛋糕（切成菱形片）、瓜子仁，从外沿向内，分别摆上 5 圈，青梅（切成柳叶片）在当中摆成花叶形，余下花蛋糕切成小丁备用；用 1 张大棉纸盖于山药面饼上，上笼蒸约 15 分钟，取出去纸，洒上花蛋糕丁作花，再于勺内放适量清水，加蜂蜜武火烧沸，打去浮沫，入淀粉勾芡，加猪油后浇饼上。做点心、早晚餐。

［功能］健脾益气，补血养心。

［益宜］心脾两虚之失眠健忘，自汗惊悸，便溏泄泻等。

龙眼烧鹅

［配制］鹅肉 750g，龙眼肉 50g，生姜、葱各 15g，土豆 150g，肉汤 1 500g，调料适量。鹅肉入沸水氽去血水，切 4cm 见方的块，葱净，姜净，拍破，土豆去皮，切成滚刀块，待锅中油烧至 7 成熟时，炸鹅肉黄色捞出，沥油，炸土豆 3 分钟，倒出油，锅留底油

50ml,待热煸姜、葱出香味,再下料酒、酱油、胡椒粉、糖各适量,入鹅肉块,武火烧开后,文火煨鹅肉六成熟,入土豆、龙眼肉,土豆酥,拣出姜、葱,收汁装盘。随意佐餐或单食。

[功能] 益气养阴,补心安神。

[益宜] 阴虚者体虚消瘦,心悸、失眠、健忘等。平人常食可使体形丰满,肌肤健美。

龙眼枣仁锅炸

[配制] 面粉100g,龙眼肉、酸枣仁各20g,湿淀粉25g,干淀粉50g,鸡蛋1个,熟芝麻5g,菜油500g(耗80g),清水250g,白糖150g。龙眼肉切粒,枣仁烘干研末。鸡蛋打入面粉加枣仁、龙眼、湿淀粉、清水搅匀浆后,再慢加清水100g,边加边搅成稀糊。烧锅至旺火上,入清水100g烧开,倒入稀糊,边倒边搅,至浓缩起大泡,不粘锅时即熟。倒在抹好油的干盘中,按成1.5厘米厚的一块,晾冷后切成长3.5、宽1.5cm的坯,裹干淀粉。油锅烧至八成熟时,将成坯入锅,炸4～5分钟成金黄色起锅。油倒出,锅置小火上,入清水100g烧开,放糖炒化,糖冒泡时倒入前炸好成品炒匀,撒上芝麻。

[功能] 补益心脾,养血安神。

[益宜] 思虑过度,劳伤心脾,暗耗阴血所致的面色萎黄,心悸怔忡,健忘失眠,多梦易惊等。

鲈鱼五味子汤

[配制] 鲈鱼1条,治净,五味子50g,水浸泡后,两者同煮至鱼熟。早、晚餐食鱼肉,睡前饮汤。

[功能] 补虚安神。

[益宜] 心气不足之心悸、易惊、梦多、眠少等。

罗田茯苓糕

[配制] 糯米60%,茯苓15%,芝麻5%,麦芽(研末,过筛)5%,糖适量。前3味研细末蒸糕,随意食。

[功能] 健脾养胃,宁心安神。

[益宜] 心脾两虚之心悸、失眠、食欲不振等。

麦冬莲子茶

[配制] 麦冬20g,莲子肉15g,茯神10g。3味研粗末,放入杯内,沸水沏,代茶。每日1剂。

[功能] 滋阴清热,宁心安神。

[益宜] 心肾不交之失眠。

玫瑰花烤羊心

[配制] 鲜玫瑰花50g(或干玫瑰花15g),盐5g,羊心500g。玫瑰花放小锅中加食盐,煎煮10分钟,待冷,备用。羊心洗净,切块串烤签上,蘸玫瑰盐煎汁反复在火上炙

烤,熟嫩后趁热食用。

[功能] 补心安神。

[益宜] 心血亏虚之惊悸失眠、郁闷不乐等。

蜜饯姜枣龙眼

[配制] 大枣、龙眼肉各250g,洗净,放锅内,加水适量,煮枣七成熟时加蜜250g,姜汁二匙搅匀,煮熟。待冷装瓶,封口。每服枣、龙眼3~5枚,日3次。

[功能] 健脾养心。

[益宜] 心脾两虚引起的食欲不振、面色萎黄,心悸怔忡等。

蜜枣扒山药

[配制] 山药1 000g,蒸熟待冷剥皮,切3~4cm段,再顺长切4片;蜜枣150g,洗净,去核,切两半;罐头樱桃10粒,去核;猪网油(碗口大)1张,洗净沥干水分;猪油15g,白糖200g,桂花卤、湿淀粉各适量。扣碗内抹上猪油,网油平垫碗底上放樱桃,蜜枣围樱桃周围,码入山药,一层山药一层白糖,至码完,稍淋些猪油,加桂花卤,上屉蒸熟,翻扣盘内,去油渣。原汤汁加糖勾芡淋盘。

[功能] 补益脾胃,宁心安神。

[益宜] 心脾两虚,食欲不振,心悸失眠等。

青蒿煎丸

[配制] 青蒿汁600g,人参、麦门冬(去心)各30g。后2味研细末,用前一味同熬成膏,制丸如梧子大,食后服20丸。

[功能] 补气滋阴,清热养心。

[益宜] 潮热有时,五心烦热。

人参枣仁汤

[配制] 人参5g或潞党参30g,茯苓25g,枣仁10g,砂糖30g,前3味水煎取汁,入糖,代茶饮。

[功能] 养心安神,镇惊定志。

[益宜] 心悸,坐卧不安,眠少多梦等。

桑葚龙眼肉酒

[配制] 桑葚子200g,龙眼肉200g,烧酒2 000g。共入坛浸10日。随量饮。另方录前两味各20g,酒5 000g。

[功能] 益智安神。

[益宜] 心脾亏虚,阴血不足之心悸失眠,体弱乏力,耳鸣目暗等。

山药大枣炖驴肉

[配制] 鲜驴肉500g,大枣10枚,淮山药50g,豆豉、五香粉、精盐、味精各适量。山药去

皮、洗净、切块；驴肉洗净，切块；大枣洗净，同置砂锅内，加豆豉、五香粉，适量清水，武火烧沸去浮沫，改文火炖，待肉熟烂加精盐、味精、调味食。

［功能］补血益气，养心安神。

［益宜］心气虚之心悸、心烦、身倦乏力等。

山药莲实葡萄粥

［配制］山药、莲子、葡萄干各 50g,，白糖少许。山药洗净，切薄片，莲实浸泡后去皮、心；葡萄干洗净。混同置锅中加水适量，武火煎沸后，文火煮至熟烂，调入白糖。早晚餐温热服食。

［功能］补益心肺。

［益宜］心脾两虚之面色皖白，倦怠乏力，形体虚弱，腹胀便秘。

生蚝猪瘦肉汤

［配制］鲜生蚝肉 150g，猪瘦肉 150g。加水适量，煮汤，食盐调味，佐餐。

［功能］养血宁心。

［益宜］阴虚烦躁之夜睡不宁及血虚心悸怔忡等。

十全散

［配制］白术、人参、黄芪、茯苓、桂皮、熟地黄、当归、川芎、芍药、甘草各等份，共为末，每服 15g，加姜、枣水煎服。

［功能］益阳补气，活血安神。

［益宜］心肺脾胃虚损，饮食不为肌肤者。

蜀葵花蒸嫩鸡

［配制］鲜蜀葵 30g，去梗、苞，洗净；嫩母鸡 1 只，治净，去内脏，入沸水锅稍烫，捞起洗净，漂去血污，去爪嘴，切去下颌、尾臊，砸断大腿骨；桂圆、荔枝（去壳），红枣（洗净）各 15g，莲子肉 20g（洗净），冰糖 40g，精盐 2.4g 与鸡同放大瓦钵内上笼蒸约 2 小时，再入鲜蜀葵、枸杞子（洗净）15g，蒸 5 分钟取出，用勺将鸡翻个，撒上胡椒粉 0.8g。

［功能］益心健脾。

［益宜］心脾两虚之心悸健忘、食欲不振、气短乏力等。

酸辣猪血

［配制］鲜猪血 250g，过箩、加水适量，上屉蒸成血豆腐，切长方条，鸡蛋老膏、鲜豆腐各 100g，各切筷大小，青豌豆 50g，精盐 5g，花椒水 15g，味精 3g，香醋 10g，白胡椒面 5g，绍酒、水淀粉、香油各适量。锅中放水适量，全料投入煮数十沸，水淀粉勾芡，淋入香油，佐餐。

［功能］补血益精，养心安神。

［益宜］精血不足之腰膝酸软、头晕目眩，及心血不足之心烦不眠等。

酸枣仁散

[配制] 酸枣仁 10g,研细末,入白糖适量调匀。睡前取 2.5~3g,温开水冲服。又方酸枣仁 50g,掰开,水煮取汁,入糖饮。

[功能] 养血安神。

[益宜] 心血不足之心悸、失眠等。

提神醒脑茶

[配制] 西洋参(或人参)、麦门冬各 9g,黄芪、桂圆各 15g,优质绿茶 6g,各洗净,前 4 味切碎或薄片,入砂锅加水 2 000ml,烧开后文火煮 20 分钟。白天代茶或分饮。晚间不宜。

[功能] 提神醒脑,补益真元。

[益宜] 用脑过度,身体疲倦,萎靡不振者。

五元鹑蛋

[配制] 鹌鹑蛋 29 个,蒸熟去壳;桂圆 10 个(去壳),白莲子 20 个(洗净),荔枝 10 个(去壳),黑枣 5 个(洗),宁夏枸杞 6g(洗),冰糖 60g,调料适量。共至蒸钵内,注水适量,上屉蒸 30 分钟,滗出汁,勾芡,诸品入盘,淋芡、鸡油。随意服食。

[功能] 开胃益脾,安心养神。

[益宜] 心血不足之心悸,失眠,健忘,脾虚之饮食减少,泄泻等。

鲜百合蜂蜜蒸

[配制] 鲜百合 50g,摘洗净,放碗中加蜂蜜 1~2 匙,蒸熟,睡前服。

[功能] 养心安神。

[益宜] 心阴不足失眠、心悸等。

鲜藕羹

[配制] 鲜藕 750g,蜂蜜 75g,白砂糖 100g,水淀粉 50g,藕去皮、节,切成丁,加清水煎煮 30 分钟,加蜂蜜、白糖再煮 5 分钟,水淀粉勾芡。早、晚当土食。

[功能] 补心益脾。

[益宜] 阴虚消瘦。

小麦黑豆夜交藤汤

[配制] 小麦 45~60g,黑豆 30g,夜交藤 15g。各淘洗净,水煎取汁,每日 1 剂,2 煎分 2 次服。

[功能] 滋养心肾,安神。

[益宜] 心肾不交之失眠、心烦等症。

小麦红枣猪脑汤

［配制］小麦 30g，红枣 10 个，猪脑 1 只，白糖、黄酒适量。小麦洗净，滤干；红枣温水浸泡片刻，洗净；猪脑挑去血筋，洗净。小麦入锅加水 1 000ml，小火先煮半小时，再入猪脑、红枣，待沸后，加白糖 2 匙，黄酒半匙，再炖 30～60 分钟。

［功能］补脑除烦，养心和血。

［益宜］虚热之烦躁不安，头晕目眩，失眠，多汗等。

徐国公仙酒

［配制］桂圆肉 1 000g，置大酒瓶中，加烧酒 2 000ml，封口浸 15 天。每日 2 次，酌量饮。

［功能］补心血，益脾气，安神志。

［益宜］心脾两虚，气血不足之食少纳差、心神不宁、健忘失眠等。

鲟鱼益心汤

［配制］鲟鱼 500g，治净，去骨板；党参、五味子各 15g，洗净盛布袋，同煮鱼肉熟，调味，食肉喝汤，日 2 次。

［功能］益心气，通血脉。

［益宜］心气虚之怔忡，气短乏力，脉结代等。为冠心病人膳食良方。

养神酒

［配制］熟地黄、枸杞子、茯苓、莲子肉、山药、当归、薏苡仁、酸枣仁、续断、麦冬各 30g，丁香 6g，木香、大茴香各 15g，桂圆肉 250g。各研、切粗末，盛单纱布袋，置容器，加酒 5 000g，密封隔水煮 2 小时，取出静泡 7 天以上。日服 2 次，每饮 10ml。

［功能］益精血，健脾气、安神志。

［益宜］心脾两虚之神志不安、心悸失眠等，平素气怯血弱亦宜。

养心三丝汤

［配制］酸枣仁、太子参各 10g，水煎去渣取汁；鸡蛋 3 个，煮熟，去黄，蛋白切丝；火腿、水发香菇适量，切丝；入锅烧沸 10 分钟后，加入蛋白丝、药汁、食盐、黄酒、葱、姜汁、味精、麻油，湿淀粉勾芡，淋麻油即可。早晚空腹食。

［功能］宁心安神，益气健脾。

［益宜］体弱乏力，食少纳差，失眠多梦者。

樱桃龙眼羹

［配制］龙眼肉 10g（鲜者 15g），枸杞子 10g，鲜樱桃 30g。前 2 味水煎至膨胀，放入樱桃，煮沸，加白糖调味食。

［功能］养血补肝，宁心安神。

［益宜］心肝血虚之头晕、心悸、眼目昏花等。

玉竹炖鹧鸪

［配制］玉竹15g，鹧鸪1只。将鹧鸪料理净后，同玉竹隔水炖熟服食。隔日1次，连服2～3次。

［功能］补心益脾。

［益宜］心脾两虚者，及此因面色苍白，心悸气短，身倦无力，食欲不振等。

枣莲蛋糕

［配制］面粉、鸡蛋各500g，枣泥30g，莲肉100g，白糖650g，菜油20g。莲子泡后去心，煮烂，布包捣泥；鸡蛋打入钵内，竹筷搅匀浆加白糖、面粉，继续搅至浆由黄变白，加莲泥再搅，直至浆匀。笼屉内垫好蒸布，放好预制木质隔，抹上油，倒入1/2的蛋浆，抹平，蒸3～4分钟后，倒上枣泥，再倒入剩余蛋浆，蒸20分钟，出笼翻倒切块，即使可随意服食。

［功能］健脾益胃，养血安心。

［益宜］心脾两虚致心悸、失眠、食欲不振等。

蒸龙眼肉

［配制］龙眼肉50—100g，置碗内，隔水蒸熟。日1剂，分2服，连用数日。另方用龙眼肉30g，西洋参3g，白糖适量。

［功能］补心安神，养血益脾。

［益宜］心脾两虚之心悸失眠，多梦易惊等。

猪脑浮麦枣杞汤

［配制］浮小麦30g，红枣10枚，枸杞子30g，猪脑1具，白糖适量。猪脑挑去血筋，洗净，备用；浮小麦洗净，加清水适量，烧沸后文火煮30分钟，然后放入猪脑、红枣、枸杞子，沸后白糖适量调味，再用文火煮30～60分钟，以猪脑熟为度。佐餐。

［功能］补脑和血，养心除烦。

［益宜］神经衰弱、耳鸣、头风、眩晕、心烦等。

猪腰生地女贞子汤

［配制］猪肾1个，生地、女贞子各30g。猪肾去膜、臊腺，切片；后2味煎取汁（去渣），入腰片煮汤，加少许花生油、食盐调味。日3服。

［功能］补肝益肾，养血明目。

［益宜］白内障初起，即乌珠上起细颗星翳，或白色或微黄。

二、养肝门类方

阿胶羊肝

［配制］阿胶15g，水发银耳、青椒片、胡椒粉、酱油、蒜末、姜末各3g，白糖、味精、香油、葱各5g，绍酒、淀粉各10g。①阿胶入碗，加白糖和适量水，蒸化；②羊肝，洗净，切片，入碗加干淀粉捏匀；③用一碗将精盐、酱油、味精、胡椒粉、淀粉兑成卤汁；④炒勺内放多量油，烧五成热后，把②物下锅滑开、滑透，倒漏勺，炒勺少留底油，放葱、姜煸，加青椒、银耳，烹入绍酒，加入滑透之肝片和阿胶汁，翻炒，再把兑好的卤汁倒入翻勺均匀淋香油即成。单食或佐餐。

［功能］补血养肝明目。

［益宜］肝肾精血亏虚，面萎黄，头晕耳鸣，目暗干涩，雀盲等及血虚月经不调。亦可用于产后贫血及维生素A缺乏的夜盲、疳眼等。

鹌鹑枸杞子汤

［配制］鹌鹑1只，枸杞子30～50g。鹌鹑治净，与枸杞子同煮熟烂，入少量调味品。食肉、杞子，饮汤。另方用枸杞子30g，加杜仲9g。

［功能］补肝肾，强筋骨。

［益宜］肝肾亏虚之腰膝酸软，筋骨无力，头目昏花等。

鲍鱼决明汤

［配制］鲍鱼、石决明（打碎）、枸杞子各30g，菊花10g。将4品同置锅中，加水适量。煎汤服。

［功能］补肝益精明目。

［益宜］肝虚引起的目暗、视物昏花、眼目干涩等。

鳖炖山药杞子

［配制］鳖1只，去内脏、头、爪，取肉切块，与淮山药、枸杞子各30g，同置砂锅内炖熟，食肉饮汤。

［功能］滋肾补肝益肺。

［益宜］肝肾不足之腰酸痛、肋隐痛，脾肾不足之咳嗽、食欲不振等。

补血荣筋散

［配制］熟地黄180g，鹿茸、菟丝子（酒炒）、肉苁蓉（酒洗、去甲）各120g，煨天麻、五味子（姜汁炒）、怀牛膝（酒炒）、木瓜（姜汁炒）各45g。为细末，每服9g。蜜调，米汤

送下。

[功能] 益肝肾,养筋气。

[益宜] 肝虚筋痿,脉弦细。

参归鳝丝

[配制] 党参 10g,当归、砂糖各 5g,鳝鱼 1 000g,熟火腿丝 50g,菜椒、姜、蒜头、葱各 20g,鸡汤 100ml,湿淀粉 25g,盐、味精适量。党参、当归、切片加少量水蒸熟;鳝鱼治净,去骨,烫,切丝,加淀粉、绍酒、食盐、味精浆匀,入热油锅滑透,沥油;油锅煸椒、姜、蒜、火腿后加鸡汤、党参、当归翻炒开下鳝丝炒,加食盐、糖、绍酒、味精和湿淀粉勾芡,略划,撒胡椒,淋麻油。随意食。

[功能] 温补气血、活血通络、强筋健骨。

[益宜] 肝肾虚损之腰膝盖酸痛,关节疼痛,步履乏力等。

苍术羊肝汤

[配制] 羊肝 150g,苍术 9～15g。羊肝洗净,与苍术同煮至肝熟,食肝饮汤。

[功能] 养肝明目。

[益宜] 肝血不足之目暗不明,雀目等。

地黄海参馐

[配制] 熟地、山药各 30g,山萸肉 15g,干燥研细末;水发海参 250g,洗净,切斧形片;猪肉 120g,洗净,切颗粒;白菜心 250g,洗净;蒜苗 50g,洗,切;豆瓣 40g,剁细;绍酒 25g,酱油 50g 及调料适量。将砂锅置火上,加清水 250g,入海参、绍酒、精盐少许,沸腾后煮片刻,倒出汤,反复 2～3 次;用猪油 50g 下锅,四成熟时,下猪肉 50g,绍酒、盐少许,炒至肉粒散后,盛于盘内;锅内再入猪油 50g,五成热时,入白菜心、绍酒、盐少许,至白菜去生,入盘;下猪肉 50g,入豆瓣,炒出香味,油呈红色入清汤、药末,烧开,除豆瓣渣;下海参片、肉粒,入绍酒、酱油、味精、蒜苗节同煮,至汁亮,下湿淀粉勾芡;白菜心放上面,佐餐。

[功能] 补肝肾,强筋骨。

[益宜] 肝肾不足之筋骨痿弱、下肢痿软、腰膝无力及眩晕耳鸣等。

杜仲乌龟汤

[配制] 杜仲 15g,净龟肉 100～150g,精盐适量。杜仲先煎 30 分钟,取汁煮龟肉,精盐少许入调味。肉熟后饮汤食龟肉。

[功能] 滋补肝肾,强壮腰膝。

[益宜] 肝肾不足,腰膝酸软,肢体萎缩无力,下肢不温,关节痹痛等。

杜仲腰花

[配制] 炙杜仲 12g,五味子 6g,煎取浓汁约 50ml;猪腰 250g,按常法治净切花;姜、葱适量切节;精盐、料酒、豆粉、白糖各适量。取药汁一半加料酒、豆粉、食盐拌入腰

花，再加白糖、调料混匀；炒锅至火上烧热，倒入猪油和菜油，八成热时入花椒，再入腰花、葱、姜、蒜快速炒散，放味精，另一半药汁翻炒即成。佐餐，日 2 次。又方：杜仲 15g，五味子 6g，炒羊肾。

［功能］补肝肾，降血压。

［益宜］肝肾亏虚腰痛腿酸，步履不稳，耳聋耳鸣等。可作高血压者膳食。

杜仲银耳羹

［配制］炙杜仲 10g，水煎滤 3 次，取汁 1 000ml，银耳 10g，水发后撕片投入杜仲汁内，熬银耳软化，加冰糖适量稍煮汤匀，随意食。

［功能］益肝肾，强腰膝。

［益宜］肝肾亏虚之头晕耳鸣，腰膝酸软等。

煅牡蛎散

［配制］煅牡蛎 500g，研极细粉末，每服 2g，日 2 次，米汤送下。

［功能］制酸止痛。

［益宜］肝肾不和之泛酸、胃痛、食欲不振等。

覆盆子鲍鱼汤

［配制］鲜鲍鱼肉 5 只，覆盆子 15g，女贞子 15g，生姜片少许。诸味各洗净，入锅，加清水适量，武火煮沸后，文火煮 2 小时，调味随量饮。

［功能］养肝明目。

［益宜］肝阴不足之视物昏暗，眼干目涩，畏光，及头晕耳鸣等。

枸菊地黄茶叶

［配制］枸杞 6g，菊花 6g，牡丹皮 6g，山药 9g，茯苓 9g，泽泻 9g，山茱萸 9g，熟地 9g。加水 2 000ml，以文火煎煮 30 分钟。每日 1 剂当茶饮。连续 1 个月。

［功能］养肝、补肾、明目。

［益宜］眼睛干涩、视力减退、头晕、失眠、精力不济。

枸杞鹌鹑汤

［配制］枸杞子 50g，鹌鹑（治净）1 只，精盐、调料适量。前 2 味洗净置砂锅加精盐、调料、水适量。炖熟烂后，饮汤食肉、枸杞子。

［功能］补益肝肾，强筋壮骨，醒脑明目。

［益宜］肝肾不足所致腰膝酸软、痛，筋骨无力，头痛目眩，耳鸣健忘等。

枸杞炖白鱼

［配制］白鱼 1 条，枸杞子 50g，料酒、精盐、葱、姜、味精、油各适量。白鱼治净，于热油锅内略煎，再将洗净之枸杞与已备佐料入锅，加清水适量，中火煮鱼熟。拣去葱、姜。随意食。

[功能] 健脾开胃，滋阴补虚，益精祛风明目。

[益宜] 肝肾不足，肝血亏虚之目昏眩晕耳鸣，腰膝酸软，脾胃虚弱之消瘦纳差等。

枸杞糯米饭

[配制] 枸杞子 25g，洗，浸软；糯米 500g，洗，浸泡 3 小时；干贝 5 个，煮软切丝；大虾 10 只，切段；火腿 50g，洗，切片。糯米沥水与枸杞、干贝丝、虾、火腿同下锅，加适量水、盐煮沸，再加少许姜粉及黄酒、酱油各 1 匙，焖饭熟。每日 1～2 次，代饭。

[功能] 养阴、补肝肾。

[益宜] 肝肾阴虚之精神不振、头晕耳鸣、失眠健忘、幻视幻听、腰膝酸软等。常食对慢性消耗性疾病有辅助疗效。亦可延年益寿命，强身健体。

枸杞羊脊骨

[配制] 生枸杞根 1 000g，白羊脊骨 1 具，枸杞根切细片，入锅盖加水 5 000ml，煮取 1 500ml，去渣。羊脊骨敲碎，入砂锅加枸杞根液，微火浓缩至 500ml，入瓶密封。每日早、换晚绍酒兑服药液 30ml。

[功能] 补肝养血，补肾壮骨。

[益宜] 肝血亏损、肾精不足之腰酸、头晕眼花等。可为再生障碍性贫血者膳食。

枸杞粥

[配制] 枸杞子 30g，粳米 100g。两品洗净，入砂锅煮粥熟。早晚分食。

[功能] 补肾养阴，益血明目。

[益宜] 肝肾阴虚之腰膝酸软，头晕目眩、视物昏花。

枸杞子酒

[配制] 干枸杞子 200g，60°白酒 300g。枸杞子，洗净，剪碎，放入细口瓶内的白酒中，封口。每日振摇 1 次，1 周后始饮，每晚餐或睡前服 10～20ml，边取边加白酒 200g。

[功能] 补益肝肾，明目。

[益宜] 肝肾虚损之目暗、涩；弱视、迎风流泪，亦可长肌肉、益面色。

广济钟乳酒

[配制] 钟乳（研绢袋盛）、薯蓣、五味子各 120g，附子（炮）、甘草（炙）、当归、石斛、前胡、人参、生姜屑、牡蛎（熬）、枳实各 80g，桂心 40g，菟丝子 35g，干地黄 200g。诸味，绢袋盛，清酒 14 000ml 渍之，春夏 3 日，秋冬 7 日。量性饮之。

[功能] 益肝补肾。

[益宜] 肝肾亏虚之阳痿不起，滴沥精清。忌食海藻、菘菜、猪肉、冷水、生葱、芜荑、生冷黏食等。

海参里脊羹(原名:山东海参)

[配制] 水发海参725g,猪里脊肉200g,蛋皮1张,海米250g,香菜、酱油、米醋各10g,料酒、葱各15g,姜5g,香油25g,清汤600g,精盐、味精适量。海参片成大抹刀片,入沸水中氽透,捞出沥水;洗净海米,温水泡开,里脊肉切薄,葱10g切丝,5g切末;姜切末,香菜切小段,蛋皮切片;肉片用葱、姜末、料酒、酱油、精盐、香油拌匀。锅内放清汤250g,烧开,里脊片、海参片分别入汤内氽一下,捞入碗中。葱丝、蛋皮片、香菜段拌在一起放在里脊肉、海参片上,再码上海米。在氽里脊片的汤内总350g清汤,烧沸,撇去浮沫,加醋和味精,随即倒入盛各料的汤碗中,作餐用。

[功能] 补肾益精,养血润燥。

[益宜] 肝肾亏损、精血不足之眩晕耳鸣,腰酸乏力,梦遗滑精,小便频数,阴亏津伤之肺痨咳嗽,潮热,咯血,食少羸瘦,产后便秘等。

何首乌鲜鱼汤

[配制] 何首乌100g,加取浓缩汁100ml,备用;鲤鱼1条(500～1 000g),治净,切小块;锅内放水适量,加入少许盐等,烧开后放进鱼块,待鱼熟,倒入首乌汁,煮沸后离火盛碗,加花椒粉、辣椒粉等调料。

[功能] 强精,延缓人体衰老和增强体质。

[益宜] 肝肾不足所致须发早白,失眠多梦,视物昏花,腰酸腿软等。常人多食可增强体质,延缓衰老。

何首乌粥

[配制] 制何首乌50g,粳米100g。何首乌煎取汁,粳米入药汁煮粥,另加大枣3枚,冰糖适量。熟,早、晚餐食。

[功能] 补血养肝,益肾抗老。

[益宜] 肝肾阴虚之头晕耳鸣,头发早白,血虚肠燥等。常服可防高血脂、动脉粥样硬化,延年益寿。

黑豆小麦饮

[配制] 黑豆、浮小麦各30g,两味洗净,加水煮1小时,取汁去渣。代茶饮。

[功能] 养肝明目,宁心敛汗。

[益宜] 肝阴不足之头晕目昏,心阴不足之心悸、烦躁、多汗等。

黑穞豆黄鳝汤

[配制] 鲜黄鳝90g(剖去肠杂,洗净,不切断),黑穞豆90g(水浸胀,去泥沙洗净),制首乌9 g,生姜、枣适量(各洗净)。诸物同置砂锅,加清水适量。武火煮沸后,文火煮2小时,调味,随量食。

[功能] 补肝明目,益肾防衰老。

［益宜］肝肾亏虚之老花眼，症见视力下降、视物模糊、腰酸乏力、头发早白等。

红枣玉竹枣仁汤

［配制］红枣 20g，玉竹 10g，酸枣仁 10g，白糖半匙。红枣温水洗净，酸枣仁打碎，与玉竹一起倒小瓦罐内，加冷水 1 大碗，小火煎至大半碗时滤汁、弃渣。红枣合药汁入罐加白糖，文火炖 20～30 分钟，红枣熟，当点心吃。

［功能］滋阴养肝，益脾和胃，安神。

［益宜］养肝不健，胃纳不佳，口干失眠等。

胡桃补肾汤

［配制］胡桃仁 25g，杜仲 12g，补骨脂 10g。水煎，饮汤，食核桃仁。

［功能］补肾养肝，强筋壮骨。

［益宜］肝肾不足之腰膝酸软，头晕耳鸣。小便余沥不尽。

鸡蛋首乌羹

［配制］鸡蛋 2 个，何首乌 100g，葱、姜、盐、料酒、猪油、味精各适量。何首乌切长条块，与鸡蛋同下锅，入葱、姜、盐、酒，加水煮蛋熟，取蛋去壳，再入锅 2 分钟，入味精少许。吃蛋喝汤。每日 1 次。

［功能］补肝肾，益精血。

［益宜］肝肾精血不足之头晕眼花，须发早白，遗精脱发，便秘。

鸡肉当归首乌汤

［配制］鸡肉 250g，首乌 15～20g，当归 12～15g，枸杞 15g。后 3 味装纱布袋，扎口，前一品洗净，切块，同下锅煮熟，食肉饮汤。

［功能］补肝肾，滋阴血。

［益宜］肝血不足之头晕眼花、肢体麻木、月经量少等。

精神药酒

［配制］东北人参、生地黄、枸杞子各 15g，淫羊藿、沙苑子、母丁香各 9g，沉香、远志各 3g，荔枝核 7 枚。诸药去灰杂，浸高粱酒 1 000ml，密封 45 大，日饮 1 次，每饮 10ml。

［功能］补益肝肾，健运脾胃，振奋精神。

［益宜］年老肝脾肾气不足体倦乏力，不耐劳作，精力不济，纳差寐少等。

菊花肝糕

［配制］菊花 10g，猪肝 500g，鸡蛋 3 个，清汤 1 250g，调料适量。菊花洗净，猪肝用刀背砸泥，过滤去渣取汁，加入适量清汤，3 个蛋清，料酒、盐、味精、搅匀上笼蒸，将熟时掀开撒上菊花，待肝糕蒸好，将其余调料烧沸调好，浇入肝糕。随意食。

［功能］养血柔肝。

[宜] 肝血不足之眼目干涩,口燥咽干,耳鸣等。

菊花酒

[配制] 甘菊花2 000g,生地黄1 000g,当归500g,枸杞子500g,大米3 000g,酒曲适量。方前4味,洗煎,滤汁;大米煮半熟沥干,和药汁混匀蒸熟,拌酒曲、盛瓦坛,四周用棉花或稻草保温发酵,直到味甜。日2服,每服3匙,开水冲。

[功能] 养肝肾,利头目,抗早衰。

[宜] 肝肾不足之头痛、头晕、耳鸣目眩,手足震颤等。

苦瓜焖鸡翅

[配制] 苦瓜250g,净鸡翅膀1对,各类佐料适量。鸡翅膀切盛碗加姜汁、黄酒、白糖、盐、生粉、拌匀上浆。苦瓜切长2cm、厚1cm的块,入沸水稍汆,捞出。烧锅内植物油九成熟时,放蒜泥、豆豉煸香,入鸡翅炒,待将熟时,再将苦瓜、红辣椒丝、葱段入锅略炒,加清水半碗,文火焖30分钟后,调入味精即成。

[功能] 清暑涤热,解毒明目。

[宜] 肝血不足之目暗不明,头晕耳鸣,暑热蒸腾之身热、汗出、口渴欲饮、乏力等。

兰花鸭肝羹

[配制] 兰花15朵,鲜鸭肝400g,清汤1 000ml,鸡蛋1个,调料适量。将葱、姜洗净,切片,泡入清汤(约700ml)内;洗净鲜鸭肝,去苦胆,用刀背砸成细茸,置碗内,用泡姜、葱的凉清汤解开后滤去渣,入精盐、味精、料酒、白胡椒面、蛋清、湿淀粉各适量拌匀,上笼武火蒸熟取出;炒勺内注入清汤烧沸,入精盐、味精、料酒、白胡椒面,去浮沫,淋入香油,撒上兰花,轻轻注入鸭肝羹。随意服食。

[功能] 养肝补血。

[宜] 肝虚目暗,血虚头晕,面色不华等,老年人食用,更为有益。

木蝴蝶散

[配制] 木蝴蝶(紫葳科植物木蝴蝶的种子)20～30g,铜铫上煨燥研细,好酒调服。

[功能] 疏肝理气。

[宜] 肝气痛。

牛膝蹄筋

[配制] 牛膝10g,鹿蹄筋(或牛蹄筋)100g,鸡肉500g,火腿50g,蘑菇25g,调料适量。蹄筋放钵中,加水上蒸笼约4小时,取出时酥软,冷水漂2小时,剥去筋膜;牛膝洗润后切斜片,火腿切丝,蘑菇水发切丝,蹄筋切长节,鸡切小块,同置碗中,牛膝摆上层,火腿、蘑菇丝撒周围,再入姜、葱、胡椒粉、食盐、绍酒与清汤调和之汁。上笼蒸3小时,出笼时去葱、姜,加味精调味服。

[功能] 补肝肾,强筋骨。

[宜] 肝肾不足之腰膝酸痛,软弱无力等。

女贞桑葚酒

［配制］女贞子、制首乌各12g，桑葚15g，旱莲草10g。4味净，入酒500ml浸泡，1周后，每饮1小杯或10～20ml。

［功能］滋补肝肾。

［益宜］肝肾不足之眩晕，须发早白等。

女贞子膏

［配制］女贞子400g，煎熬2次，每次煎2小时，2次汁合浓缩至清膏。另取蔗糖664g，熬成糖浆，加入清膏内搅匀，收膏。每服15g，日3次。

［功能］滋养肝肾，强壮腰膝。

［益宜］肝肾两亏，腰膝酸软，耳鸣目眩，须发早白。

七仙养肝散（原方名：七仙丸）

［配制］菟丝子（酒浸，另研为末）150g，花蓉（酒浸，炒，焙干）30g，巴戟天（去心）30g，车前子、熟地、枸杞子各90g，甘菊花120g，上诸药均研细末。每服少许盐煎散15～20g，温服。1日2次（注：原每服梧子大丸30～50丸）。

［功能］补肝肾，增目力。

［益宜］治肝肾俱虚，眼常混暗，多见黑花，或生翳障，视物不明，迎风流泪。

杞菊鸡片

［配制］枸杞子15g，鲜菊花瓣100g，鸡脯肉250g，青豌豆50g，生姜、葱白各20g，鸡蛋3只，鸡汤100ml，绍酒20m，湿淀粉30g，食盐、味精各适量。鸡肉切蝶形片，漂净，沥干，加蛋清、酒、食盐、味精拌匀浆好；以凉开水漂洗菊花瓣，沥干；把青豌豆煮酥而不裂；杞子洗净并用开水焯过，姜切片，葱白切丝；适量猪油置锅中，五成热时入鸡片，滑散沥油；锅中热油煸葱香，入杞子、豆、鸡片、绍酒、鸡汤、食盐，翻炒几下加味精调味，湿淀粉勾芡后，撒上菊花瓣，翻匀，淋麻油起锅，随意食。

［功能］祛风，平肝，明目。

［益宜］肝肾正气不足，虚风上扰致头昏头痛，眼花干涩。常食益肝明目，益寿延年。

杞菊肉丝

［配制］猪瘦肉300g，鲜白菊花瓣30g，枸杞子10g，姜、葱、调料适量。肉洗净切丝，菊花、枸杞分别用清、温水洗净，锅上火烧热，入油，肉丝用盐、料酒浸渍后下锅炒熟，加杞子、菊花翻炒，再入姜、葱丝、味精、湿淀粉、盐、糖等。出锅淋麻油少许，随意食。

［功能］养血润燥，滋补肝肾。

［益宜］血虚所致眼花、视物模糊、口鼻干燥、皮肤干裂等。

祛斑玫瑰花茶

［配制］熟地 6g，枸杞子 9g，山楂 9g，玫瑰花 3g，冰糖适量。前 3 味加水 1 000ml，文火煎煮 20 分钟。再入玫瑰花即熄火。入冰糖烊后饮用。每周饮用 3～4 天下午，搭配柑橘类水果食用，连续 2 月左右。

［功能］疏肝理气，活血化瘀。

［益宜］肝气不畅致脸颊出现肝色瘀斑。

祛风越痹酒

［配制］白术、当归各 150g，杜仲、牛膝、防风各 90g，苍术、川芎、羌活、红花各 60g，威灵仙 30g。诸药切，盛袋放进酒坛，加酒 10 000ml，密封 5～7 天，隔水加热煮透。日早晚各饮 15～30ml。

［功能］补益肝肾，养血通络，强壮筋骨。

［益宜］肝肾不足，风寒湿邪痹阻脉络之筋骨疼痛、肢体麻木、关节不利、腰膝酸软无力等。

桑仁糯米粥

［配制］桑仁 100g，糯米 150g。各洗净同煮粥。每日 1～2 次，空腹食。又方：桑葚子 30g(鲜者 60g)，糯米 100g。

［功能］养血，滋补肝肾。

［益宜］肝肾不足，阴血亏虚之五痔下血、烦热羸瘦。

桑葚膏

［配制］紫色鲜桑葚 5 000g，洗净，榨取汁，煮透，滤渣取汁。两汁合并，以文火熬成膏状，加入白糖收膏。每食 10g，日 2 次，开水冲服。

［功能］滋肾补肝，聪耳明目。

［益宜］肝肾阴虚之头晕耳鸣、目眩昏花，视力减退，腰膝酸软等。

桑葚老酒

［配制］桑葚、大米各 2 000g，酒曲适量。桑葚煮汁备用，米煮至半熟沥干，与桑葚汁拌后煮熟匀，放稍冷，下酒曲拌匀，装瓦缸内，保暖发酵，至味甜可口时取出食饮。每次 50g 左右，开水冲服。《大众药膳》用桑葚 500g，大米 3 000g，酿酒，方法同。

［功能］明耳目，补肝肾，抗衰老。

［益宜］肝肾阴亏之耳鸣耳聋，视物昏花等。

桑葚里脊

［配制］里脊肉 500g，洗净，切条；桑葚子 120g，山萸肉 6g，共捣碎，加盐、酱油、适量与肉条拌匀，再拌上湿淀粉；另用酱油、葱末、白糖、清汤、湿淀粉兑滋汁；将拌匀的肉条入热油炸金黄色，沥油，热油锅留油少许，烹入滋汁，加入炸熟肉条，翻颠匀。

淋香油食。

[功能] 滋补肝肾，益气血。

[益宜] 肝肾阳虚之眼花流泪，视力下降，须发早白，耳鸣，腰膝酸软等。

桑葚糖

[配制] 白糖 500 g，入锅加水熬稠，加干桑葚末 200g，调匀，以糖不粘手为度。倒入涂食油的方盘压，切 100 块为宜，单食。

[功能] 生津液，补肝益肾。

[益宜] 肝肾阳虚之消渴、目暗视弱，耳鸣、便秘等。

山药烧甲鱼

[配制] 甲鱼 1 只(800g)，怀山药 70g，枸杞 40g，女贞子 25g，熟地 25g，猪肥瘦相间肉 100g，独蒜 100g，姜块 20g，葱白节 20g，熟猪油 70g，酱油 15g，精盐 4g，味精 1g，胡椒面 1g，肉汤 1 000g。将甲鱼腹部朝上，拉出头用刀宰去三分之二，放尽血，放沸水中煮约 10 分钟捞起。刮去裙边、腹部软皮与四肢粗皮，洗净。再入开水煮 5 分钟去腥，捞出，将猪肉洗净切成块，入开水中汆几分钟。中药洗净切片，装纱布袋封口。锅置旺火上，下猪油烧至六成熟，下姜、葱，炒出香味，加猪油炒几下，再放精盐、酱油、绍酒 15g，肉汤、中药包烧开，倒入砂锅内加盖，置于小火上，放入甲鱼、胡椒粉，烧至鱼炔软。大蒜洗净入蒸笼蒸熟。鱼锅置旺火上，加蒸熟大蒜，待汤汁收缩至 100g 时，拣出姜、葱、药包弃之，加入味精，淋麻油搅匀入盘。

[功能] 补益肝肾。

[益宜] 肝肾阴虚之腰酸痛，遗精，头晕眼花等。

山药芝麻牛奶糊

[配制] 淮山药 150g，黑芝麻、冰糖各 120g，粳米 60g，鲜牛奶 200g，玫瑰糖 6g。米洗，清水泡 1 小时，沥水，山药切小粒，芝麻洗，沥干水，炒香。上 3 物加水磨浆，滤汁待用。锅中加清水、冰糖，溶化过滤后再入锅烧沸，慢慢倾入前 3 物滤汁，加入玫瑰糖，搅动成糊，至熟，随意食。

[功能] 滋阴补肾。

[益宜] 肝肾气不足，病后体弱之大便燥结，须发早白等。

山楂荞麦饼

[配制] 荞麦面 1 000g，鲜山楂 500g，橘皮、青皮、砂仁、枳壳、石榴皮、乌梅各 10g，白糖适量。将橘皮等 6 味与白糖加水 1 000ml 煎煮，30 分钟后滤渣取汁；鲜山楂煮熟，去核碾成泥状。荞麦面用药汁和成面团，山楂泥揉入面团，做成点心，以小火烙饼。每服 1 块，日 2 次。

[功能] 疏肝理气，扶脾止泻。

[益宜] 肝郁脾虚之精神抑郁或性情急躁，胁腹胀痛，嗳气纳呆，泄泻便溏等。

十三补液黑豆

[配制] 黑豆500g,洗净,水浸发胀;黑芝麻、茯苓、当归、山萸肉、桑椹、补骨脂、熟地黄、菟丝子、旱莲草、五味子、枸杞子、地骨皮各10g,共盛纱布袋内,加水煎煮30分钟取汁,反复煎4次,弃渣;将发胀黑豆投药液中,加盐10g,煮开后,文火熬药液干。再将黑豆曝晒、晾干,装罐备用。每食10余粒,细嚼吞下。

[功能] 益肾补精,强筋壮骨。

[益宜] 肝肾不足之头昏目眩、耳鸣耳聋、腰腿酸痛、筋骨乏力等。

首乌肝片(另方:首乌猪肝)

[配制] 制首乌、制女贞子、黑旱莲各10g,煎取1∶1浓汁,鲜猪肝250g,洗,切片,加食盐、淀粉拌渍,于热油中滑透,沥油;水发黑木耳25g,鲜青菜100g(洗),姜、葱、绍酒各调料适量。将各调料与药汁入锅加水适量煮沸,入猪肝、青菜、木耳,翻炒熟,加湿淀粉勾芡,撒上葱段,翻匀装盘。另方用首乌25g,猪肝500g,大料5g,佐料适量。将首乌、大料、胡椒盛袋与猪肝煮熟,切片蘸蒜泥食。

[功能] 补肝肾,益精血,乌发,明目。

[益宜] 肝肾亏虚之精血不足,头晕目眩,视力减退,发须早白,腰膝酸软等。

首乌鸡蛋汤

[配制] 何首乌50g,鸡蛋2个。2品洗净,加水煮,沸后10分钟,去蛋壳复入原汤煮50分钟。取汤温服,食鸡蛋,日1次,连服10～15天。

[功能] 补肝肾,益精神。

[益宜] 精血不足之头晕眼花、遗精、早衰等。

首乌鸡块

[配制] 首乌20g,洗净,加绍酒15g和白糖上屉蒸1小时,备用;带骨鸡肉500g,切块入沸水烫透,捞出,撇去汤上浮沫,倒出留用;枸杞子100g,各佐料适量。炒勺置火上加猪油25g,烧热入姜、葱、鸡块稍翻炒,加酱油、绍酒、花椒水炒上色,倒入前汤,蒸首乌、枸杞子,旺火烧开,转入慢火炖鸡熟烂,拣去首乌块、葱、姜,加味精旺火收汁,湿淀粉拢芡,淋香油。另方:用何首乌6g,煎汁,公鸡1只,取肉切丁上浆,冬笋10g(鲜冬笋150g)均切丁,各分炒,烩时加首乌汁和佐料。

[功能] 补肝,养血,补精,乌发。另方:益气补血,温中补虚。

[益宜] 肝肾阴虚之耳鸣、耳聋、发须早白,腰膝酸软,遗精,崩漏带下,心悸,失眠,视物不清等。另方气血亏虚,唇色淡等。

首乌皮丝

[配制] 首乌浓缩汁50ml,猪皮丝250g,开水泡发,蒜毫10g,开水烫,捞起,冷水过晾切段,白糖、精盐、味精、葱、香油各适量,绍酒25g,姜3g,鸡汤50g。炒锅上火,油煸葱、姜出味,去姜、葱,加鸡汤、绍酒等并入皮丝和水,烧开煨透,再放蒜毫、首

乌汁翻炒均匀,淋香油出锅。随意食。

[功能] 补肝益肾,养血壮骨。

[益宜] 肝肾阴亏之眩晕,须发早白,消渴、津亏便秘、耳鸣等。

首乌熟地当归酒

[配制] 制首乌、熟地各30g,当归15g,白酒1 000g,入酒坛浸,密封,1月后饮。每饮10～15ml,日1～2次。

[功能] 补益肝肾,滋养精血,乌须黑发。

[益宜] 肝肾不足、精血亏少之头晕耳鸣,腰酸,须发早白,月经不调等。

首乌汁烹山鸡

[配制] 炙何首乌10g,煎煮2次,取汁20ml,山鸡1只,治净、去毛、骨、内脏,肉切丁;青椒100g,冬笋15g,洗净,切丁;酱油10g,料酒20ml,味精1g,精盐2g,豆粉20g,鸡蛋1个,菜油1 000g(实耗60g)。鸡蛋取清,加豆粉调匀;用一半加精盐少许浆好鸡丁;另一半与料酒、精盐、味精、首乌汁兑成滋汁;锅至火上,入油,油六成热时下鸡丁滑熟,滤油,沥干;锅底留油煸冬笋、青椒,下鸡丁翻炒,倒滋汁勾芡,熟,盛盘。佐餐。

[功能] 补肝肾,养精血。

[益宜] 肝肾精亏血少,腰膝酸软,须发早白,月经不调,皮肤枯燥等。可为养生、保健食品常用品。

熟地煲塘虱鱼

[配制] 熟地50g,枸杞子15g,橘皮1块,纱布盛,入砂锅加水2碗,煎至1碗时停火;塘虱鱼1条,盐擦,去内杂、洗净,抹干,油锅内煎至两面黄,盛起放药砂锅,文火炖至鱼块熟,调味。温服。

[功能] 滋肝益肾。

[益宜] 肝肾不足之腰膝酸软,眼目昏花,耳鸣耳聋等。

熟地枸杞沉香酒

[配制] 熟地、枸杞子各60g,沉香6g,好白酒或米酒1 000g。共浸瓷瓶中,封口,10日后饮用。每饮1小杯,日3次。

[功能] 补益肝肾。

[益宜] 肝肾不足之脱发、健忘、不孕等。

松子仁汤

[配制] 松子仁10g,黑芝麻10g,枸杞子10g,杭菊花10g。前4味置砂锅内加清水800ml,煎煮40分钟,取汁温服,二煎加水600ml,煎煮35分钟,取汁温服。日1剂,上、下午各1次。

[功能] 滋养肝肾,清利头目。

［益宜］肝肾阴虚所致的头晕目花，视物模糊，急躁易怒，耳鸣咽干，腰膝酸痛，大便坚涩等。

天麻粉蒸蛋

［配制］鸡蛋1个，天麻粉2g，鸡蛋去壳，调入天麻粉，搅匀蒸食。日1～2次。

［功能］平肝熄风，养心安神。

［益宜］肝风上扬眩晕，或心神失养、失眠健忘等。多用于神经衰弱。

天麻钩藤汤冲藕粉

［配制］天麻9g，钩藤12g，石决明15g，藕粉20g，白糖适量。天麻、钩藤、石决明煎滤汁，趁热冲藕粉熟。白糖调味。顿服，日1剂，连服。

［功能］平肝潜阳，滋肾养肝。

［益宜］肝风上扬，头晕目眩。西医谓美尼尔氏综合征。

天麻石决明猪脑汤

［配制］天麻10g，石决明15g，猪脑1个。3品入锅，加水适量，文火炖1小时，成厚羹汤，去天麻、石决明。分2～3次食脑喝汤，常服。另方不用石决明，用陈皮10g。

［功能］平肝潜阳，醒脑。

［益宜］肝阳上亢之头痛，头晕胀痛，心烦易怒，睡眠不宁等。

乌鸡虫草汤

［配制］乌鸡肉100g，冬虫夏草15g，山药40g，调料适量。鸡肉切块与虫草、山药加水同煮，肉熟时入调料，饮汤食肉。

［功能］滋阴清热，补益肝肾。

［益宜］肝肾不足，虚劳发热。

乌鸡肝粥

［配制］乌鸡肝1具，豆豉10g，粳米100g，将鸡肝洗净切细，先煎豆豉取汁，后入鸡肝及米煮为粥。任意食之。

［功能］养肝明目。

［益宜］肝虚视物不清或夜盲。

乌鸦天麻汤

［配制］乌鸦一只（料理干净）与天麻10g，共水煎服。

［功能］养血平肝。

［益宜］阴血不足，肝阳上亢之头晕目眩等。

五味首乌蜜

［配制］北五味子250g，制首乌250g，蜂蜜500g。五味子、制首乌快速洗净，倒入大瓦罐

内，加冰水浸泡1小时，用小火煎0.5～1小时，约剩药液一大碗时，滤出头汁；再加冷水2大碗，煎二汁，约剩药液大半碗时，滤出，弃渣；将一汁、二汁、冰糖、蜂蜜倒入砂锅内，用小火烧开后，开盖再烧15分钟，离火，冷却，装瓶。

[功能] 补血，益肝肾，乌须发，利血脉。

[益宜] 肝肾不足之头晕目眩，耳鸣耳聋，须发早白等。

五香烧猪排

[配制] 猪排骨600g，菜油600g(耗70g)，潼蒺藜30g，白蒺藜30g，酱油30g，五香粉50g，醪糟汁50g，冰糖50g，姜片8g，精盐5g，葱节12节，花椒12粒，麻油25g，绍酒50g。将潼、白蒺藜净去灰渣，加工为末；猪排剁成长6厘米的条，入碗加绍酒、酱油40g，花椒、姜片、葱节拌匀，30分钟后用；烧锅下菜油至七成熟，炸排骨色黄，捞起，倒出油，留下约30g炒冰糖化，加鲜汤100g烧开，放入排骨，醪糟汁、绍酒、姜、葱、中药末、五香粉，移至小火上烧烂，烧至汁少亮油时入盘，淋麻油匀。

[功能] 温补肾固精，养肝明目。

[益宜] 肝肾亏虚所致的腰膝酸痛，头晕目眩，视物不清等。

行气舒筋活脉茶

[配制] 黄精9g，杜仲15g，菟丝子、枸杞各6g，红枣6枚，田七3g。各洗入砂锅加水2 500g，煮沸文火煎熬30分钟，每日1剂，代茶或分顿服。

[功能] 补肝肾，行气，舒筋，活脉。

[益宜] 风湿、筋痹骨萎，腰肢酸痛，未老先衰等。

续断黄芪炖蛇肉

[配制] 蛇肉400g，洗净，切成3厘米长1.5厘米宽的蛇肉条；续断10g，黄芪60g，冷水洗净，浸泡1小时；葱、姜、酒、盐、胡椒粉、油等各适量。铁锅烧热后倒猪油，烧开，爆蛇肉，烹料酒；倾入砂锅，加黄芪、续断及浸泡的汤，放入姜片、葱段、盐，慢火炖1小时，拣去葱、姜，入胡椒粉食。

[功能] 祛风除湿，活血通络。

[益宜] 肝肾亏虚，风湿痹阻之腰膝关节疼痛，气短胃寒等。

益肾明目酒

[配制] 覆盆子50g，巴戟天、肉苁蓉、远志、川牛膝、五味子、续断各35g，山茱萸30g。共研粗末，盛纱布袋，放酒坛内加酒1 000ml，密封5～7天后滤去渣，兑冷开水1 000ml，装瓶。每早晚各空腹温饮15ml。

[功能] 补益肝肾，养心安神，明目聪耳。

[益宜] 肝肾亏虚心血不足之耳鸣耳聋，视物不清，腰酸腿软，心悸怔忡等。

益寿鸽蛋汤

［配制］枸杞、龙眼肉、制黄精各 10g，鸽蛋 4 个，冰糖 50g，前 3 味洗、切碎，入锅加清水 750ml，煮沸后 15 分钟，鸽蛋打，逐个下锅内，同下冰糖，蛋熟食。日 1 服，每服 2 只鸽蛋，枸杞、龙眼、喝汤。

［功能］补肝肾、益气血。

［益宜］肝肾亏损，腰膝无力，头晕耳鸣，视物昏花等。外感初起不宜。

益智强心汤

［配制］玉竹 30g，枸杞子 15g，桂圆肉 15g，净鹌鹑 2 只，调料适量。鹌鹑切块洗净，与洗净前 3 味同放砂锅内，加水煮至肉熟，调味。日 1 次。

［功能］益心强智，补益肝肾。

［益宜］肝肾不足之头晕眼花，心悸，健忘，失眠等。连食佳。外感等不宜。

银耳益寿鸽蛋汤

［配制］银耳 20g，发透，洗净，撕碎；枸杞、龙眼肉、黄精各 10g，杞子、龙眼肉温水洗净，黄精，洗净，切丁。砂锅先炖银耳 1 小时，再入黄精、龙眼肉熬 30 分钟，入冰糖、枸杞子、打入鸽蛋，续煮 10 分钟，随意食。

［功能］补肝肾，益气血，润肺止咳。

［益宜］肝肾不足之头晕耳鸣，智力迟钝，肺燥阴亏之干咳少痰等。

银杞明目汤

［配制］水发银耳 15g，枸杞子 5g，茉莉花 24g，鸡肝 100g，料酒、盐、姜各调料适量。鸡肝洗净，切片，用湿淀粉、绍酒、姜汁、食盐拌匀；银耳洗净，撕碎，清水泡待用；茉莉花去蒂，洗净，盛盘；枸杞洗净。汤锅置火上，放入清汤，调入绍酒、姜汁、食盐、味精，下银耳、鸡肝、枸杞子，沸后除去浮沫，稍滚鸡肝熟，盛起，撒茉莉花入汤。

［功能］补肝益肾，明目美颜。

［益宜］肝肾不足之视物模糊，两眼昏花等。

玉米须龟

［配制］玉米须 100g(干品 50g)，乌龟 1 只，调料适量。乌龟放热水中排尿后料理干净，玉米须洗，装纱布袋；2 品入锅加姜、葱、黄酒、清水适量，武火烧沸后文火炖熟，食肉饮汤。

［功能］滋阴平肝，养血生津。

造酒乌须方

［配制］生地黄、生姜汁各 120g，当归、枸杞子各 60g，小红枣肉、胡桃肉、莲子肉、蜂蜜各 90g，赤白何首乌各 500g，麦冬 30g，糯米 10 斤，酒曲适量。糯米蒸拌曲，盛酒坛，酿 7 日后，见酒浆；何首乌煎煮，生地以酒洗净，再以首乌汁煎地黄渐干加入

生姜汁，文火煎水尽，取地黄捣烂，并均匀调入酿酒中，3 天后滤酒液。首乌、当归、枸杞、枣、莲、胡桃、蜜盛细纱布袋内，悬挂酒中，封口，隔水加热 90 分钟，取出待冷，埋入土中继续浸泡 3 天，取出。日饮 2～3 次，每次 10～30ml。

[功能] 滋养肝肾，补血益精，乌须黑发。

[益宜] 肝肾亏损，精血不足之须发早脱，面色萎黄，腰酸无力，便结等。

蒸葡萄干杞子

[配制] 葡萄干 50g，枸杞子 30g，洗净，入碗，蒸熟食。日 1 剂，连续服。

[功能] 补养肝血。

[益宜] 肝血不足引起的头晕眼花、梦多眠差等。

蒸猪肝夜明砂

[配制] 新鲜猪肝 100～150g，夜明砂 6g，前 1 味洗净，切、拌夜明砂匀，平铺开，上笼蒸熟。食肝，连用 5～6 剂。

[功能] 养肝明目。

[益宜] 肝血不足之夜盲、目昏等。

芝麻粉糖糊

[配制] 芝麻适量，淘净，炒熟，研细粉。每服 20～30g。加白糖适量，调糊食。日 1～2 次。一方余外：芝麻、茯苓等量。

[功能] 补肝肾，养阴血，润五脏。

[益宜] 肺燥之咳嗽，皮肤干燥，肝肾阴虚之须发早白，老年便秘等。

芝麻核桃桑葚糊

[配制] 黑芝麻、核桃肉、桑葚子各等份。分别捣烂，研细末混合调匀。每服 20g，蜜调服。日 2～3 次。另方无桑椹，用红糖，制芝麻糖块。

[功能] 补肝益肾，明目，润肠。另方曰：健脑，乌须。

[益宜] 肝肾阴虚，精血不足，头晕眼花，耳鸣，便秘等。肠燥便秘可增量。另方曰：失眠健忘，须发早白，脱发等。

芝麻枣仁虾膏

[配制] 芝麻 150g，枣仁 15g，远志 10g，虾仁 200g，猪肉 100g，鸡蛋 3 个，面包片 24 片及各种调料。枣仁、远志为细末，虾仁肉剁茸，共调蛋清，精盐、味精、胡椒面、湿淀粉为匀浆；芝麻洗净，晒干；将面包两侧抹上匀浆撒上芝麻，入五成熟之油锅炸成两面金黄，捞起放入条盘一端，另端调好生菜相配。

[功能] 补肝肾，安心神。

[益宜] 肝肾阴虚或营养不良之耳鸣，腰膝酸软，心悸少寐。

朱砂蒸鸡肝

[配制] 朱砂 6.3g,鸡肝 2 具,味精、盐少许。鸡肝洗净,切成 2cm 长,1cm 厚块,朱砂研细拌鸡肝匀,盛碗内,武火蒸熟。分服。

[功能] 养肝明目,宁心安神。

[益宜] 肝血亏虚之目暗、视力减退、夜盲、小儿疳积、眼角膜软化、心神不安等。

猪肝枸杞鸡蛋汤

[配制] 猪肝 100g,枸杞子 20g,鸡蛋 1 个,猪肝洗净切片;鸡蛋打入碗内搅匀;枸杞洗净,下锅先煎 10 分钟,入猪肝和少量葱、姜末,盛调味,沸后加入鸡蛋,饮汤食肝、枸杞、蛋。

[功能] 补血养肝,明目。

[益宜] 肝血亏虚之头晕眼花、夜盲等。亦宜防治眼底病及贫血。

猪肉杞子汤

[配制] 新鲜瘦猪肉 200g,枸杞子 30g,香油少许,精盐适量。猪肉洗,切薄片,枸杞子洗净,下锅煮 10 分钟,再下肉片,加盐少许。肉熟透后加香油少许,盛出。佐主食进餐。每日 1 次。

[功能] 滋补肝肾,益气和中。

[益宜] 肝脾肾虚之头晕耳鸣、视物昏花,双目干涩、腰酸腿痛、短气乏力等。

驻景丸

[配制] 熟地黄、车前子各 90g,菟丝子 150g(酒煮),枸杞子 45g。为末,炼蜜为丸,梧桐子大,每服 50 丸,饭前茯苓或石菖蒲煎汤送下。

[功能] 补肝益肾,补虚明目。

[益宜] 肝肾虚,眼昏生翳。

驻世珍馐

[配制] 当归(酒洗)、川芎、白芍(酒炒)、熟地黄、菟丝子(酒制)、巴戟天(酒浸),肉苁蓉(酒洗)、益智仁(酒炒)、牛膝(去芦、酒洗)、杜仲(姜、酒炒去丝)、山药、青盐、大茴、山茱萸(酒蒸、去核),枸杞子(酒洗),川椒(炒)、干姜、炙甘草各等份。共研细末,用豮猪(雄猪),肉不拘多少切片,酒炒熟,入药再炒,不可用水,瓷器收储,空腹时好酒送下。

[功能] 滋补肝肾。

[益宜] 补虚养生。

三、养脾门类方

八宝豆腐

[配制] 豆腐、桂花、蘑菇、香草、花生仁、瓜子仁、胡桃仁、芝麻油、酱油、葱、盐各适量。将豆腐油煎，蘑菇摘洗净；三仁入油炸透备用。把豆腐倒入砂锅内，加蘑菇、香草、三仁、调入酱油、精盐、葱花，煮沸，最后撒上桂花，浇上芝麻油。作餐食用。

[功能] 开胃助消化。

[益宜] 适用于消化不良者及老人。

八宝糯米鸡

[配制] 母鸡一只 (1 500g)左右，芡实、莲子、湿淀粉、薏苡仁各 15g，熟火腿、水发冬菇各 18g，鲜豌豆 75g，糯米 60g，绿色鲜菜 30g，盐、熟鸡油各 3g，虾仁 10g，味精 0.6g，奶汤 240g，将鸡洗净后，整鸡出骨(要求体形完整，开口不能过大，不伤皮，肉不烂，骨不带肉)，再洗净，沥干水。鲜豌豆开水中焯一下，捞出，清水漂冷，去皮。糯米泡胀。莲子去皮、心，薏仁、芡实洗、泡胀。虾仁水泡与香菇、火腿切成豌豆大小的丁，装碗上笼蒸熟与豌豆、盐拌匀装鸡腹内，开口与肛门用竹签封严。将鸡翅扭在鸡背上盘好，放开水锅中烫一下捞出，鸡头翻压翅下，置入蒸钵内，加奶汤 60g，隔水蒸熟，取出，翻扣在汤盘中，抽去竹签。原汤沥入锅内，加入奶汤 180g，盐 3g，烧开，放入绿色鲜菜，稍煮取出，围在鸡周围。汤用淀粉勾成薄芡，加入鸡油、味精淋在鸡上。佐餐食用。

[功能] 补脾祛湿，益肺滋肾。

[益宜] 全身沉重，疼痛，食欲不振，腰膝酸软，咳喘短气，舌苔厚腻等。

八宝全鸭(又方：八宝鸭)

[配制] 净填鸭一只(重约 2 000g)，江米 150g，香菇、笋、莲子各 15g，核桃仁、龙眼肉各 10g，熟火腿、虾仁各 30g，葱段 20g，鲜姜 8g，大料 3g，精盐 4g，味精、料酒适量。净鸭放入热水锅中翻余一下捞出，冷水洗净；江米淘洗干净，莲子温水泡软，去皮、心，分成两片；香菇、笋、火腿、虾仁切丁。取一大碗将江米、香菇、虾仁丁等放入，加水上笼用旺火蒸熟为八宝江米饭。另用锅烧水，沸后入鸭，加葱段、姜片、大料，再沸微火煮鸭九成熟时捞出，同时捞出调料，撇去油，过箩，备用。鸭晾凉后从背脊处将骨退出，脯朝下码放一大碗肉，碎鸭肉放在上面，再摊上八宝江米饭，上笼用旺火蒸透，置盛鸭器皿。把炒勺烧热，倒入煮鸭原汤，加料酒、精盐，沸后调入味精，浇在鸭上食用。又方：鸭一只(约 1 500g)，糯米饭 90g，香菇丁、莲子、笋片、香菇片、奶汤各 15g，熟火腿丁、虾仁、熟猪油、白糖各 30g，酱油

60g,味精0.6g,盐、湿淀粉适量。将鸭沿背切开,挖出内脏,洗净,用刀在脊梁骨上角一寸宽处斩断骨,使粗骨逐节脱开,再斩掉脚趾,投沸水锅中翻氽片刻,冷水洗净。将莲子泡软,剥成两爿,去心;冬菇、笋、火腿均切成虾仁大小,投入容器中,加糯米饭,拌匀,再放入白糖、酱油、味精、料酒、盐及少许奶汤拌匀,把拌好之料从鸭背脊剖开处塞入,一部分塞入肚内,一部分填入背脊剖口上,并把鸭头、颈都弯在糯米馅心上,使蒸鸭时汁流在馅心中,扩大鲜味。再将鸭肚朝上,扣放在大小合适的大汤碗中,放笼中蒸2～4小时,蒸至鸭酥烂不变形时出笼。铁锅置旺火上,加入笋片、虾仁、冬菇片及少量奶汤,滚至笋熟,浇上湿淀粉,拌匀,勾成薄芡,加入熟猪油20g,拌匀出锅,浇在全鸭上。

[功能] 补肾健脾。又方:补肾健脾,强身健体。

[益宜] 脾肾两亏之食欲不振,消化不良,倦怠乏力。腰膝酸软,小便清长,浮肿等。健康者食之可使精力充沛,记忆力增强,食欲旺盛,抗病能力提高。又方宜:脾肾两虚之食欲不振,消化不良,腰膝酸软,小便清长等。

八宝薯蓣糕

[配制] 鲜山药(即薯蓣)350g,赤小豆150g,芡实米30g,白扁豆、云茯苓各20g,乌梅4枚,果料及白糖适量。将赤小豆制成豆沙,加入白糖调匀,待用。茯苓、扁豆、芡实,研细末,加水少量上笼蒸熟;山药洗净,蒸熟,去皮与前3品拌匀和泥状。将调好茯苓、山药泥在盘中薄铺一层,涂一层豆沙,如此铺6～7层,外一层及表面点缀适量果料,上锅再蒸,熟后取出。乌梅与白糖熬汁浇在糕上,千层糕即成。随意服食,老少皆宜。

[功能] 消食和中,健脾止泻,止腹痛。

[益宜] 腹痛、腹泻、腹冷喜暖、喜食温热等。

八仙藕粉

[配制] 藕粉200g,白茯苓、炒白扁豆、莲肉、川贝母、山药各5g,白蜜20g,人乳一杯。白茯苓等5味共为细面与藕粉拌匀。服时调入白蜜、人乳。早晚餐用。

[功能] 益气健脾,消食止泻。

[益宜] 脾胃虚弱之食少便溏,倦怠乏力及虚劳杂症。

拔丝山药

[配制] 山药500g(选粗细均匀,去皮,切滚刀块,沸入焯一下,沥干水),花生油500g,入置旺火的锅中,六、七成熟时,炸山药成金黄色,捞起沥油;锅内油倒出,留有少许熬白糖化,待糖汁由白变黄时,下山药块快速颠翻,至糖匀粘山药上,外皮明亮,能拔出丝时装盘。另方:山药300g,冰糖100g,芝麻10g。

[功能] 健脾益气。另方:健脾和胃。

[益宜] 脾胃气阴不足食欲不振、乏力、消瘦、口燥咽干等。另方:遗精、带下等。

白鸽益脾汤

［配制］白鸽1只，北黄芪、党参各15g，淮山药30g。白鸽治净，切块，后3味置纱布袋中，扎口。同入锅内煮鸽肉熟烂。饮汤食肉。

［功能］益气补中。

［益宜］脾虚弱少食，体倦乏力等。

补益鸡肴

［配制］老肥鸡1只，蜀椒6g，人参10g，小茴香15g，酱油、甜酒各30g，精盐少许。鸡治净，去肠杂；人参切片，花椒去目，研末与小茴香、甜酒等拌和，拌好后填鸡腹内，鸡放瓦钵中隔水蒸至烂熟。空腹服食适量，以少吃多餐为宜。

［功能］补气健脾和胃。

［益宜］气虚脾肾不和致短气乏力，肌肉不丰，食欲不振，胃腹胀痛等。亦宜病后体弱，精力未复。阴虚火旺，发烧感冒者忌。

参草木瓜饼

［配制］人参、干姜、陈皮各3g，木瓜6g，炙甘草9g。共为细末，汤浸蒸饼，日分2服，食前开水送下。

［功能］理气、固元、养胃。

［益宜］胃虚食少。

参芪猴头菇炖鸡

［配制］猴头菇100g，鸡蛋1只(约750g)，黄芪、党参、大枣各10g，姜片等佐料适量。猴头菇浸去蒂，洗去苦味，切片，鸡治净，去头脚，剁块与猴头菇、参、芪、枣诸味下锅，加佐料武火烧沸，文火慢炖，待熟烂加绍酒、味精、精盐少许和湿淀粉适量。

［功能］补气健脾。

［益宜］脾虚气弱之体倦乏力、大肉消脱、食欲不振。

参枣米饭

［配制］糯米250g，党参10g，大枣60枚，白糖50g。参、枣、洗净，置锅内加开水600ml，加盖，枣泡发后煎煮30分钟，捞去党参，糯米蒸饭熟，倒扣碗内，取大枣捏糯米饭上；参枣汁浓缩加糖熬黏汁、浇枣饭上。当饭或随意食。

［功能］补气养胃，健脾利水。

［益宜］脾胃虚弱之身虚体衰，倦怠乏力，心悸失眠、食欲减退，便溏浮肿。

陈皮大鸭

［配制］鸭1只，蒸熟，沥原汁，留用，鸭扣于小盆内(胸朝上)，陈皮(切丝)6g，胡椒面0.3g。把鸭原汁合奶汤、鸡清汤一起烧开，加酱油、料酒、胡椒粉、搅匀，倒入小盆，陈皮丝放鸭上面，入笼蒸30分钟。佐餐。

[功能] 醒脾胃,疗虚损。

[益宜] 脾胃虚弱,食欲不振,呕恶脘闷。亦可为术前、术后饮食调理。

陈皮鸽松

[配制] 鸽肉 240g,芹菜 500g,泡红辣椒、陈皮各 15g,荸荠 90g,虾片 60g,熟芝麻 6g。前 4 品与葱、姜、蒜等洗净,切末;荸荠,去皮,拍碎;鸽肉用盐、鸡蛋清、湿淀粉调匀浆好,加麻油拌匀;虾片投热花生油中,炸熟捞出,放盘内;料酒、酱油、白糖、胡椒面、味精兑成汁。锅烧热,入猪油,炒散鸽肉,倒入漏勺;锅烧热,先炒陈皮、后入荸荠、葱、姜、蒜、辣椒,炒匀,和鸽肉,加入兑好之汁。芹菜末入锅炒匀,淋醋、麻油起锅装盘,撒上芝麻,虾片围四周。佐餐。

[功能] 理气健脾,补益精血。

[益宜] 脾虚气滞、脘闷腹胀、纳呆,肝肾不足、腰膝酸软、健忘头痛等。

陈皮牛肉

[配制] 牛肉 500~1 000g,陈皮、砂仁、桂皮、胡椒各 3g,生姜 15g。牛肉洗净,与诸药入锅加水同煮,加葱、盐调味,牛肉烂熟,取出切片。佐餐。

[功能] 补脾胃,益气血。

[益宜] 脾胃虚弱引起的不思饮食、身体瘦弱等。

大麦片粉

[配制] 羊肉 1 000g,草果 5g,老姜 10g,大麦粉 1 000g,豆粉 1 000g,调料适量。羊肉、草果、姜洗净,姜拍破。大麦粉、豆粉加水揉成面团,擀成面片待用。羊肉、草果、姜放锅内,加适量水,用武火烧沸后转用文火烧至肉热捞出,下入面片,待熟,调入食盐、胡椒粉、味精。早晚温热服食面片、羊肉。

[功能] 补中益气,温胃散寒。

[益宜] 脾胃虚弱,胃肠寒冷。

大米白菜粥

[配制] 粳米 100g,白菜若干洗净,切碎,煮粥。任意食。

[功能] 通肠胃,除烦热。

[益宜] 热病后烦热口渴,大便不通。兼能解酒等。

大枣眉豆汤

[配制] 大枣 30g,眉豆 60g,云茯苓 15 g,大蒜 1.5g。水煎服。

[功能] 健脾补虚,利尿消肿。

[益宜] 脾虚水肿,营养不良性水肿。

地黄狗肉

[配制] 熟地 15g,甘草 3g,共洗净,纱布包好;枸杞 15g,温水洗净;生姜 20g,洗净拍破;

葱 20g,洗净;狗肉 1 500g,清水浸泡,用木棒在肉上反复轻轻锤打,边锤打边用清水冲洗,至肉色变粉,血洗净,切成 7cm 长,3cm 宽的条,浸泡待用;柏树木 1 段(约 250g)。锅内注入清水烧沸,放入柏木、狗肉、姜、葱各 10g,料酒 25ml,待狗肉熟透后,捞起凉水漂;再用大碗盛狗肉、药包、料酒、胡椒粉、精盐、姜块、葱、鸡汤,用湿绵纸封严碗口,蒸 3 小时,去绵纸,葱、姜、药包,放入味精、枸杞上笼蒸 5 分钟。食肉、杞,饮汤。

[功能] 温补脾肾。

[益宜] 脾肾虚弱,腰膝酸软,体虚消瘦,食少,浮肿等。冷库、水湿作业者常食能御寒祛湿,男性常食可助阳。

独蒜猪肚

[配制] 猪肚 1 个,洗净,入沸水氽透捞起,冲洗刮去内膜,切条;独蒜 100g,去皮;厚朴 5g,陈皮、生姜、葱各 10g,洗净切丝、片、段;肉汤 1 000g,猪油 150g(实耗 70g),调料适量。锅置火上,猪油 7 成热时,下大蒜炸 5 分钟捞出;锅内留油 50g,下姜、葱煸好后,入猪肚、肉汤、陈皮、厚朴、料酒、精盐、胡椒粉,烧开后去浮沫,文火炖六成熟时,下大蒜,至肚熟烂入味精,水豆粉勾芡,去厚朴,淋香油,装盘。

[功能] 补虚劳,益脾胃。

[益宜] 脾虚水肿胀满,腹泻,食少等。

鹅肉山药羹

[配制] 鹅肉 250g(洗净切碎),生山药 30g(去皮、切丁),太子参、党参各 15g,金银花、黄精各 10g(后 4 味,洗,盛纱布袋)。将鹅及药袋同置砂锅加葱、姜等调味品,大火煮沸,改小火炖,至八成熟时入山药丁,续炖至肉烂,弃药袋,随意食。

[功能] 益气健脾。

[益宜] 脾气虚之食少乏力,面黄头晕等。

蛾眉豆山药粳米粥

[配制] 蛾眉豆 30g(洗净),山药 20g(切片),粳米 100g(淘洗净)。共入锅,加水煮粥熟。加少量白糖稍煮。日服 1 剂。

[功能] 补益脾胃。

[益宜] 脾虚湿阻之饮食无味,脘腹痞闷、气短懒言等。

二神丸

[配制] 炒补膏脂 4 两,肉豆蔻 2 两,为细末。用大枣 49 个,生姜 4 两切片同煮,枣烂去姜,取枣肉为膏,入药和杵为丸,梧桐子大。每服 30 丸,盐汤送下。

[功能] 补益脾肾。

[益宜] 脾肾虚弱,纳呆。

二术黄精膏

[配制] 白术60g,苍术16g,黄精30g。共捣碎,矿泉水浸24小时,煎煮2次,滤2次汁浓缩,加蜜炼膏。每食9g,日2服。

[功能] 健脾祛湿,强筋益气。

[益宜] 肥胖、体弱者。

二贤汤又二贤散

[配制] 橘红4两,炙甘草1两。两味为末,白汤调服。又方:橘红1斤,甘草4两,盐0.5两。水煮烂,晒干为末,淡姜汤调服。

[功能] 化痰理气,健脾消滞。

[益宜] 痰阻气滞,食后胸满。又方:益宜,积块少食。

法制猪肚方

[配制] 人参、干姜各6g,糯米50g,葱白7茎,猪肚1个,胡椒2g。猪肚洗净;人参、干姜、胡椒研末,与糯米葱白拌和,装入猪肚内,扎紧或缝合入口,置砂锅内加水适量,微火煨炖,至烂熟为止。空腹分数次服食。

[功能] 补气健脾,温中和胃。

[益宜] 脾虚气弱、中焦寒凝之食少腹胀、四肢乏力、胃脘冷痛、大便溏泻。

饭焦莲子粥

[配制] 莲子50g(去莲子心),饭焦(即锅巴)、白糖适量。前2味按常法煮粥,白糖调味食。

[功能] 健脾消食止泻。

[益宜] 脾气虚引起的大便溏泄、食欲不振等。

风栗健脾汤

[配制] 风栗肉250g,瘦肉200g,淮山药25g。栗子去皮与洗净瘦肉、山药同置砂锅,加水,沸后文火焖至烂熟。饮汤食肉。

[功能] 补脾胃、益肾。

[益宜] 久病或年老气虚体弱,疲倦乏力,食欲不振等。一说:宜老慢支。食滞,脘闷饱胀不宜。

茯苓银耳梅花蛋

[配制] 茯苓10g,研细末,加水适量,砂锅熬20分钟,滤汁备用;银耳50g,温水发,洗,去蒂;鸽蛋20个,洗,打入抹油之梅花状模子内,银耳置鸽蛋上,蒸2～3分钟,取出装盘;炒锅烧热放油,加鸡汤调料,茯苓汁,沸水勾芡加鸡油,淋银耳上成。

[功能] 健脾益气。

[益宜] 脾虚气弱之消瘦、乏力、食少,肺气虚之咳嗽日久不止等。

浮小麦羊肚汤

［功能］浮小麦 50～100g，养肚 250～350g。浮小麦纱布包，扎，羊肚洗净，切块，同煮至肚熟。弃浮麦，调味，早晚餐服。

［功能］健脾益气止汗。

［益宜］气虚自汗，阴虚盗汗等。

浮小麦粥糊

［配制］浮小麦研得粉 120g，糯米 50g。先煮糯米开，汤未稠时调粉入，改文火，稍煮片刻，至熟。每早晚餐服食。

［功能］健脾胃，敛虚汗，退虚热。

［益宜］气虚自汗，阴虚盗汗，脾胃不和之食欲不振等。

甘笋汤

［配制］胡萝卜、牛腩(牛肚或近肋骨处松软肌肉)各适量。炖汤食饮。

［功能］健脾益胃，养血明目。

［益宜］强身健体，防治夜盲症。

鸽肉参芪汤

［配制］白鸽 1 只，治净，切块与党参 30g、黄芪 25g、淮山药 30g(洗净)同放砂锅内，加适量盐、姜、水，炖煮。常食。

［功能］补气健脾。

［益宜］脾胃虚弱之胃纳欠佳，大便不实，气短，乏力等。

蛤鱼馔

［配制］蛤鱼(青蛙)3 个，胡黄连少许，猪肚 1 具。猪肚洗净，每只青蛙口中放少许胡黄连，将蛙装入猪肚中，扎定，加水适量，文火炖猪肚熟烂。以酒送服。

［功能］补益脾胃，利水消肿。

［益宜］脾虚水停之胃纳呆滞、四肢浮肿、小便不利等。

枸杞南枣鸡蛋(另方：枸杞蒸蛋)

［配制］杞子 75～150g，南枣 8～9 枚，鸡蛋 2 个。3 品洗净同煮，待鸡蛋熟取出去壳，再共煮片刻。吃蛋枣喝汤，隔日 1 次。另方：鸡蛋 2 个，枸杞 15g。

［功能］健脾胃，养肝肾。另方：补养阴血。

［益宜］脾胃虚弱、肝肾不足之头晕眼花、精神恍惚、失眠心悸等。可为神经衰弱、贫血、慢性肝炎、肺结核患者之保健食品。另方：血虚、食欲不振等。

桂花山药

［配制］桂花酱 50g，山药 750g，白糖 200g。山药去皮洗净，切斜薄片，摆盘，上屉蒸熟，

将桂花酱、糖相拌匀，撒山药片上。随意食。

[功能] 补脾胃，助消化。

[益宜] 脾胃虚弱、饮食停滞之脘闷纳呆、体倦乏力等。

红参薯蔟肚

[配制] 红参20～30g，山药300g，火腿肉100g，猪肚一具，黄酒适量。红参切薄片，加黄酒2盅浸润，山药切薄片，黄酒浸润；火腿切薄片。猪肚洗净切小口，将制好前3品纳入，缝口，扎两头，放入锅中，水浸没，中火烧开，加黄酒1匙，改文火煨4小时，切开猪肚倒前三味，晒或烘干，研末装瓶。每服3g，日2次，饭后开水冲服，3个月为1疗程。

[功能] 益元气，补脾胃。

[益宜] 脾虚气弱之食少，消瘦，疲惫等。

黄精炒鱼丁

[配制] 鱼肉250g，加少量糖、味精、酒，蛋清1个，调成糊，再加干淀粉拌匀上浆，黄精12g，研细末，用少量水调酱状。锅烧热放油500g，油5成熟时，投鱼丁滑熟，沥干油；锅留底油，煸炒葱、姜香加黄精末煸，即入所有佐料，投滑熟鱼丁翻包卤汁，淋香油即成。

[功能] 健脾益气。

[益宜] 脾胃虚弱之消瘦、乏力、纳差等。健康人常食可增强体质。

黄精炖猪瘦肉

[配制] 黄精50g，猪瘦肉200g，佐料适量。黄精、肉各洗净，切成3.3cm×1.6cm的小块，至砂锅内，加水适量，放入葱、姜、食盐、精酒，隔水炖熟，调味精。吃肉喝汤。

[功能] 养脾阴，益心肺。

[益宜] 阴虚体质及心脾阴血不足之食少，失眠等。

黄芪内金粥

[配制] 生黄芪12g，生苡仁、赤小豆各10g，鸡内金粉7g，金橘饼1个，糯米80g。黄芪洗，加水煮30分钟，沥去渣，加入洗净的苡仁、赤豆再煮30分钟，将洗净糯米下锅，加入鸡内金粉，煮熟成粥。随意食。食后嚼金橘。

[功能] 消食和胃。

[益宜] 脾虚湿滞食停之脘腹胀闷，食欲不振，体困便溏等。

黄芽丸

[配制] 人参80g，焦干姜120g。为细末，炼蜜为丸，芡实大，嚼服。

[功能] 温胃健脾。

[益宜] 脾胃虚寒，饮食不化，或多胀满泄泻，吞酸呕吐等。

荜素羹

［配制］羊肉2 500g，草果5个，豌豆500g，片粉、山药、糟姜、乳饼、胡萝卜、蘑菇、生姜、鸡蛋、芝麻糊各适量。羊肉洗净切块，豌豆捣碎去皮，2者与草果共煮取汤，入后各诸品，煮羹，熟加葱、盐、醋调味服食。

［功能］补中益气。

［益宜］脾胃虚弱之四肢乏力，食少便溏等。

藿香煎饮

［配制］藿香6g，山楂5g，谷、麦芽各10g，后3味先煎，数沸后入藿香，取汁。日1剂，代茶饮。

［功能］消食化滞，和胃降逆。

［益宜］饮食停滞之嗳腐酸臭，腹胀脘闷，不欲饮食等。

鸡内金汤

［配制］生鸡内金、白芍各12g，生姜、白术各9g，柴胡、陈皮各6g。水煎服。

［功能］理气、化积、和肝。

［益宜］气郁膨胀，脾肾虚弱　滞，饮食不运等。

鲫鱼补脾行气羹

［配制］鲜鲫鱼4条(约1 000g)，去鳞、腮、内脏，洗净，沥干，胡椒3g，辣椒、陈皮、小茴香、砂仁、荜拨各6g，葱50g，生姜20g，盐10g，大蒜2块。将胡椒略碎与后5味及葱、姜各半搅匀，塞鱼腹内。鱼入油锅煎2面黄，起锅沥油。另锅加油煸姜、葱另半香，注清汤加盐、蒜煮鱼入味，食。

［功能］补虚健脾，行气利水。

［益宜］脾虚胃寒之食少胃胀，腹痛便溏，小便不利等。

鲫鱼大蒜散

［配制］大活鲫鱼1尾，大蒜1头，大枣10枚，党参12g，陈皮6g。鱼治净，蒜去皮切细，填入鱼腹内，纸包泥封全鱼，烧存性研末。每次3g，用党参、陈皮、枣煎水冲服。日1剂，常服。

［功能］益气健脾。

［益宜］脾气虚饮食不下、面色皖白，形寒气短，口吐清水，面目浮肿等。

鲫鱼益气汤

［配制］鲫鱼1条，去腮、鳞、内脏，洗净。生黄芪15g，党参、白芍各10g，陈皮5g。洗，塞鱼腹中，用线缝好，油锅中稍煎，加姜丝少许，兑水煮汤如奶白状，加盐、味精、食鱼饮汤。1日1剂。

［功能］健脾益气。

［益宜］脾虚气弱之纳差、消瘦、肢体困倦等。

健脾莲花蛋糕

［配制］党参、白术、麦芽、六曲各15g。陈皮12g，枳壳20g，山楂10g，共制净，研细末；鸡蛋500g，打入缸内，加白糖450g，用竹帚顺方向搀药35分钟，呈乳白色时筛入药末和面粉350g，搀15分钟；蛋糕模洗净，抹油，加入蛋浆，入烘炉或蒸笼，烤或蒸熟，趁热撒上熟芝麻。

［功能］健脾消食，行气除胀。

［益宜］脾胃虚弱之脘闷饱胀，不思饮食等。

粳米竹沥饮

［配制］粳米30g，炒香，加适量沸水研磨，去渣取汁30ml，调15ml竹沥，和匀顿服。

［功能］益胃清热。

［益宜］胃热之渴烦闷等。

九味资生散（原名：九味资生丸）

［配制］人参、白术各90g，茯苓45g，炙甘草15g，橘仁、山楂肉、神曲各60g，黄连、白豆蔻各10.5g，为末，每服3～5g。蜜、姜汤调服，日2～3次。

［功能］补清化浊，益脾养胃。

［益宜］老人食难运化。

橘皮代代花茶

［配制］橘皮6g，代代花6g，甘草3g。切碎，用沸水冲泡，不拘时。

［功能］芳香健胃，行气止痛。

［益宜］胃脘胀痛、嗳气、胸闷、纳差、大便不爽。亦益神经性胃痛。

橘皮胡椒鲫鱼汤

［配制］橘皮10g，胡椒6g，生姜30g，鲫鱼500g。鲫鱼去腮、鳞、治净，前2味洗、切，4品同入锅中，加水适量，武火煮沸，文火煮1小时，调味，饮汤食鱼。

［功能］温中散寒，补虚开胃。

［益宜］胃脘冷痛，食欲不振，反胃吐清涎，消化不良等。

莲米苡仁排骨

［配制］莲米30g（去皮、心），苡仁50g，2品同炒捣碎，水煎取汁，排骨1 500g，冰糖300g，调料适量。排骨洗净，剁块放药汁中，加姜、蒜、花椒，煮七成熟时，去泡沫，捞出晾凉；汤倒入另一锅内加冰糖、盐，文火熬浓汁，倾入排骨，烹黄酒，翻炒后淋上麻油。日1服，连食7～10天。

［功能］补气健脾。

［益宜］脾虚气弱之倦息乏力，食欲不振，大便不实等。

莲子鸡蛋糕

［配制］莲子100g，去心煮烂，捣泥状；枣泥30g，白糖、面粉各500g；鸡蛋5只，打盆内搅成泥浆，加白糖打搅匀，入白面、莲肉搅至均匀；蒸屉内放上抹过花生油瓷盘，先倒入一半蛋浆，擀平蒸15分钟，取出撒枣泥匀，倒入余下蛋浆擀平，旺火蒸50分钟，刀切方块食。

［功能］健脾养胃。

［益宜］脾胃虚弱之食少便溏、体倦无力，失眠多梦，心悸怔忡等。

鲢鱼姜椒汤

［配制］鲢鱼1条，干姜6～9g，胡椒0.6g。鱼治净，姜切，与胡椒同入锅煮鱼肉熟，加少量盐调味。分次饮汤食鱼。另方无椒，蒸食。

［功能］温中益气散寒。另方无散寒。

［益宜］脾胃阳虚之纳少、饮少、畏寒等。

六和茶

［配制］藿香、杏仁、木瓜、苍术各45g，川朴、党参各30g，半夏、赤苓、扁豆各60g，砂仁、甘草各15g，茶叶120g，各洗净，杏仁去皮尖，苍术土炒，余晒干，共捣为粗末。每用9g，日2次，加姜枣煎汤，代茶徐饮。

［功能］健脾益胃，理气止呕、止咳，化痰。

［益宜］脾胃久虚，恶心呕吐，渴欲饮水，咳嗽痰多，腹胀便溏。

龙眼大枣汤

［配制］龙眼肉、大枣各30g。2味加水适量煮熟后服食。

［功能］健脾养心，益气补血。

［益宜］心气不足之心悸怔忡、健忘、失眠、面色无华、倦怠无力、贫血及神经衰弱。

龙眼凤肉片

［配制］鸡脯肉400g，龙眼肉30g，生姜、葱各10g，鸡蛋1个，小白菜40g，调料适量。龙眼肉净，姜净切薄片，葱净切花，鸡脯去筋膜后切片，鸡蛋取清，小白菜洗净；鸡片用蛋清、盐、料酒、味精、胡椒粉、豆粉调匀浆好，再用鸡汤、盐、白糖、胡椒粉、味精兑成滤汁，待锅内猪油烧至五成熟时，下鸡片滑散，捞出沥油，锅底留油约50ml，待油六成熟时入葱、姜煸香，随即倒入龙眼、鸡片、小白菜，并倒入滤汁翻炒几下，起锅装盘，淋上香油，随意食。

［功能］补脾益肾，养心安神。

［益宜］脾虚、泻泄、浮肿、乏力及气虚心悸、健忘等。常食可益脑，增强记忆。

龙眼胡桃凤肉

［配制］龙眼肉20g，胡桃肉100g，嫩鸡肉400g，鸡蛋2个，胡荽100g，火腿20g，荷叶10

张，调料适量。荷叶泡软，净后分摆；鸡肉去皮，片成1厘米厚的片，用食盐、白砂糖、味精、胡椒粉各适量；调拌腌制后，置淀粉、蛋清、清水调成糊上浆，分摆于荷叶上，并加少许胡荽、姜、葱细末和1片火腿；胡桃仁沸水泡，去皮，油炸熟，与龙眼均切成细粒，两者分洒鸡肉片上；将荷叶折成长方形包，置油锅炸熟，捞出装盘。佐餐和单食。

［功能］健脾补肾，益气养血。

［益宜］精血不足失眠、健忘，病后体虚食少，乏力，面色无华。亦健身延年。

鲈鱼健脾汤

［配制］鲈鱼500g，白术10g，陈皮5g，胡椒0.5g。鲈鱼治净与诸药同煎至肉熟。饮汤食肉。

［功能］健脾益胃，温中理气。

［益宜］脾胃虚寒之胃脘隐痛、得温则缓、食少腹胀等。

门东粥

［配制］麦冬煎取汁，入米熬粥。随意食之。

［功能］养胃益肺，止呕止咳。

［益宜］咳嗽反胃，妊娠呕吐等。

蜜汁藕梨

［配制］鲜藕350g，去皮、节，洗净切片，泡入用10g白矾2 000ml水配制的溶液中；雪梨300g，去皮、核，切条，亦泡入白矾水中；白糖200g，蜜樱桃10g。滗出泡藕、梨之矾水，入锅烧沸，入藕梨氽10分钟，捞出清水漂两次。把藕置碗中间，两边码梨条，加糖，湿纸封碗口，上笼蒸1小时，取出将汁滗入炒锅收汁，藕、梨翻入盘内，摆好樱桃，淋上收汁。随意食。

［功能］养阴益胃。

［益宜］胃阴不足之饥而不食，大便燥结等。常食可强身健体，保护咽喉。

蘑菇山药豆腐羹

［配制］鲜蘑菇250g，鲜山药50g，豆腐500g。蘑菇洗净、切片，山药去皮、切片，热油锅爆炒山药、蘑菇，即加水适量，放少量盐，再将豆腐切小块下锅。烧熟即可。

［功能］补气健脾，久食可增强体质。

［益宜］气虚自汗。

酿猪肚

［配制］猪肚1个，猪脾1个，人参、橘皮各20g，米饭250g，调料适量。前2品洗净，第2、3、4味各切碎与饭拌匀，调入盐、酱油、放猪肚中，缝好口，上笼蒸至烂熟。早晚空腹温热服食。

［功能］补脾健胃。

[益宜] 脾胃虚弱之食欲不振、面色少华、倦怠乏力等。

牛肉返本汤

[配制] 牛肉250g,山药、莲子、茯苓、小茴香(布包)、大枣各30g。将牛肉切块,与其他诸味一同入锅加水适量,小火炖肉烂熟,弃小茴香,酌加食盐调味。饮汤食肉、莲子、山药、茯苓。

[功能] 益补脾益气。

[益宜] 脾胃虚弱,气血不足之虚损羸瘦,体倦乏力等。

藕粉丸

[配制] 藕粉500g(匀细,无颗粒),生猪油400g,金橘饼适量(切细丁),砂糖200g,桂花、熟芝麻各适量。后5味拌匀作馅心,制成0.5cm直径的小圆球,放入盛有藕粉的簸箕中滚动使馅均粘藕粉,再入沸水中煮熟,捞起又入藕粉中滚,反复五、六次,至丸子同鸽蛋大小,放清水浸(常换水),每食将丸子投蜜汁中烧,淋麻油。

[功能] 补脾益胃。

[益宜] 脾胃虚弱之食少、便溏、头晕、乏力等。

藕丝羹

[配制] 嫩鲜藕500g,洗净,刨皮,切细丝;鸡蛋清3个,打匀,加约一半蛋清量水,打和后倒大盆内上屉蒸熟,金糕、蜜枣、青梅各100g,各切细丝;将各丝分5份摆放,两端藕丝,金糕、蜜枣、青梅丝放中间,炒锅内加水、白糖各200g,烧沸后加水淀粉25g,勾成白色甜汁,匀浇各丝上。

[功能] 健脾开胃,清热除烦。

[益宜] 热病后期,阴津未复之食欲不振、口渴心烦、咳嗽等。

七珍散

[配制] 人参、白术、黄芪、山蓣、白茯苓、粟米(微炒)、甘草各30g。诸味共研细末。每服6g,加生姜2~3片、大枣2~3枚同煎,温服。

[功能] 开胃,益气,进食。

[益宜] 胃虚胃弱,不思饮食。

芪鲤汤

[配制] 黄芪30g,鲤鱼1条(约500g),调料适量。鱼去鳞治净入砂锅,加黄芪、调料和水适量,文火煮50分钟。饮汤食鱼肉。

[功能] 补脾益气,消肿利水。

[益宜] 脾虚失运,水湿不化之水肿,乏力,精神萎靡等。

芡实八珍糕

[配制] 芡实、山药、茯苓、莲肉、薏苡仁、扁豆各30g,人参8g,米粉500g。前8味共研细

末，与米粉调匀，加糖、水适量合和蒸糕，烘干。每服 20g。日 2～3 次，或当茶点。

［功能］健脾除湿，止泻。

［益宜］脾虚不运之食少乏力，肢体困重，便溏泻等。

芡实汁蒸蛋糕

［配制］芡实 50g，鸡蛋、猪肉、虾仁、芹菜、木耳等各适量。芡实水煎取汁 150ml，肉、虾仁、芹菜、木耳剁碎，盛碗中打鸡蛋，倒入芡实汁调匀，加佐料食粮。隔水蒸熟。

［功能］健脾和胃，延缓衰老。

［益宜］脾胃虚弱，食欲不振，大便不实，白带多等。

青鱼党参汤

［配制］青鱼 500g，党参 9g，草果 1g，陈皮、桂皮各 1.5g，干姜 3g，胡椒 5 粒。青鱼治净与诸药同煮，再加葱、姜、盐等调味。食鱼肉饮汤。

［功能］补中益气，温阳散寒。

［益宜］中焦阳虚食少、脘腹冷痛、呕恶、腹胀便溏等。

全鸭冬瓜海参汤

［配制］鸭肉 1 300g，洗净，沸水中氽 2～3 分钟捞起，冷水漂洗；冬瓜 1 000g，削皮，切厚条；猪瘦肉 100g，水发海参 50g，各切片；砂锅置旺火上，掺清水放入鸭肉烧开，撇去血泡，入芡实 30g，苡仁 30g，鲜荷叶 1 块，姜片 15g，葱结 20g，花椒 13 粒，精盐适量及猪肉片，改用中火炖约 50 分钟，加冬瓜。烧开后改小火烧至要食时入海参，精盐适量。待鸭肉酥软，放入汤盅调味精、酱油、麻油。佐餐。

［功能］健脾益气，滋阴补虚，利水消肿。

［益宜］脾虚体弱，食少便溏，水肿，阴虚咳嗽，痰少，亦可作老及病后体虚者调补食。

人参茶

［配制］人参 12g，橘皮 3g，紫苏叶 6g，砂糖或木糖适量。将前 3 味熬煎成汁，去渣澄清，入糖调匀即成。随意代茶饮。

［功能］益气健脾。

［益宜］气虚不运之胸膈，胃脘胀满，气虚不能布津，口渴不欲多饮。

人参大枣粥

［配制］人参 6g，大枣 15 枚，米 30g，枣去核，与参、米同煮为粥。日 1 剂，连用数日。

［功能］补中益气。

［益宜］脾胃虚弱诸症。尤宜气虚月经先期，量多色淡质稀、神疲乏力等。

人参莲肉汤

［配制］白人参 10g，莲实(去皮、心)10 枚，冰糖 10g，(原方 30g)。人参、莲实水泡发后，

加入冰糖，放入锅内隔水蒸1小时。早晚服食。

[功能] 补脾益气。

[益宜] 中老年人病后体虚气弱，食少，疲倦自汗，泄泻等。阴虚火旺者不宜。

人参米酒

[配制] 人参500g，米500g，曲适量。人参研末，米煮半熟沥干，曲压细末，合一处拌匀，装入坛内密封，周围用棉花或稻草保温，令其酵，10日后启封饮用。每服20ml，日2次。

[功能] 补中益气，通治诸虚。

[益宜] 中气不足之面色萎黄，神疲乏力，气短懒言，语言低微等。

人参芍药汤

[配制] 人参、当归各1g，麦冬0.6g，黄芪、白芍、炙甘草各3g，五味子5枚。研粗末，泡或煎服。

[功能] 益气补脾，养胃。

[益宜] 脾胃虚弱，气促憔悴。

肉桂黄芪酒

[配制] 黄芪、肉桂(去粗皮)、巴戟天(去心)、石斛(去根)、泽泻、白茯苓(去黑皮)、柏子仁各90g，干姜(炮)80g，蜀椒(去目，闭口者炒出汗)90g，防风(去叉)、独活、党参、白芍药、制附子、制川乌、茵芋、半夏、细辛、白术、炙甘草、栝楼根、山萸肉各30g，清酒2 000ml。诸药研粗末，浸酒于净器中，封口，春夏3日，秋冬7日后始饮。初饮30ml，渐加之，以微麻为效。

[功能] 舒筋益气，活血养脾。

[益宜] 脾虚之肢体畏寒，倦怠乏力，四肢关节疼痛，不思饮食。

三白汤

[配制] 炒白术、白茯苓、白芍各9g，甘草4.5g，生姜3片，大枣5枚。水煎分2服。1日1剂。

[功能] 健脾益气。

[益宜] 脾虚气弱，起于内伤外感，或虚烦，或口渴，或泄泻。

三花二皮人参醒酒散

[配制] 葛花、松花、绿豆花各250g，陈皮、青皮各500g，木香200g，白豆蔻仁、人参各100g，茯苓250g。诸味共研细末，储。每服9g，加白糖适量开水冲服。早晚各1次。

[功能] 健脾醒神，清血热，解酒毒。

[益宜] 酒伤脾胃之不思饮食、呕吐食物残渣、心神烦乱等。

砂仁烧牛肉

[配制] 党参、白术各15g，砂仁、干姜各10g，洗净，研细末，大枣6枚，去核，剁茸，香菜

50g,净、切,菜油 200g,净米 10g。牛肉 400g,净切粗条,盛大碗中,加精盐、绍酒、枣茸、药末、大米粉 150g,调拌均匀;将锅置火上,注油烧 8 成熟时,滑肉条至黄色,加鲜汤 1 000g,下姜米、胡椒,烧开,改小火,至牛肉熟后加味精、葱、蒜、米,炒匀入盘,上撒花椒、香菜。

[功能] 健脾胃,化湿利尿。

[益宜] 脾虚湿阻之胸脘痞闷,纳呆便溏等。

砂仁肘子

[配制] 猪肘子 500g,砂仁末适量。另方猪肘子 750～1 000g,砂仁末 12g。肘子刮洗净,用竹签扦小孔,炒盐、花椒晾至不烫手时搓揉猪肘后置砂锅腌制 24 小时,中间翻钵一次。再把腌后的肘子刮一遍,沥去水后撒上砂仁粉,净布卷裹,外用绳捆紧,盛入蒸钵内加葱段、姜片、料酒,置笼屉蒸半小时,取出晾凉,解布绳再重新捆裹,上屉蒸 1 小时,晾凉去绳布,抹上香油,切薄片食。另方:刀划净猪肘,盐、胡椒、腌渍 12～24 小时后,撒上砂仁末,加入葱段、姜、料酒蒸烂食。

[功能] 温脾胃止泻,调中安胎。另方:行气化湿,健脾。

[益宜] 脾虚胃弱之食欲不振,病后体虚,腹脘气胀等。孕妇尤宜。

山药扁豆糕

[配制] 山药 200g,鲜扁豆、陈皮各 50g,红枣 500g。山药洗净去皮,切成薄片;枣肉、鲜扁豆切碎,陈皮切丝,同置盆内,加水调和,制成糕坯,上笼用武火蒸 20 分钟。早晚温热服食。每次 50g。

[功能] 健脾止泻。

[益宜] 脾气虚弱之大便溏薄或泄泻不止,面黄肌瘦,倦怠乏力等。

山药茯苓包子

[配制] 山药粉、茯苓粉、板栗仁(研末)、核桃仁(研末)、黑芝麻(炒)各 100g,白糖 300g,面粉适量。前 4 物和匀上屉蒸 30 分钟取出,加白糖、黑芝麻,拌成馅。面粉发好,包馅蒸熟。早晚作点心、久服。

[功能] 健脾补肾,益气固涩。

[益宜] 脾阳不足之纳呆、消渴尿频、遗尿等症。常人食增强体质,防病延年。

山药莲子汤

[配制] 山药、莲子、薏苡仁各 30g,莲子水泡后去皮、心,与洗净的山药、薏苡仁同置砂锅内,加水 500g,用文火煮熟。日 1 剂,分 2 次温服。

[功能] 健脾益气,升阳除湿。

[益宜] 脾虚湿浊下注之带下色白或淡黄无臭,如涕如唾,连绵不断,面色皖白,四肢不温,神疲食少,便溏等。

山药杏仁糊

[配制] 山药、粟米各500g,杏仁1 000g。山药煮熟,烘干;粟米炒熟,共为面。杏仁去皮尖,炒熟,为面。每晨用白汤调杏仁面10g,山药、粟米面适量,入酥油少许。或将3料拌匀,用时取适量,开水调糊作早点。连服7~10日。

[功能] 补脾益气,温中调肺。

[益宜] 脾肺不足之倦怠乏力,食少便溏,寒饮咳嗽等。

山药玄参粥

[配制] 生怀山药30g,玄参10g。先煎玄参,去渣取汁,候凉将山药末入其中,满火搅拌,到熟成粥。空腹食用。

[功能] 健脾养血。

[益宜] 脾胃虚弱,气血不足之纳食不香,口干喜饮,大便干结,面色萎黄等。

山药蒸鲫鱼

[配制] 鲫鱼1条(约350g),山药100g,调料适量。鱼净后用黄酒、盐渍15分钟。山药净,去皮,切片,铺于碗底,鱼置上加葱、姜、盐、味精,少许水,上屉蒸30分钟。一日三餐均可食用。

[功能] 健脾益肾,利水消肿。

[益宜] 脾肾虚弱之小便不利,水肿,带下,遗精,亦可为肾炎水肿者保健品。

山药蒸野鸭

[配制] 野鸭1只(1 300g)。宰杀,去毛、内脏,洗净,入开水中氽一下,用干净布抹去水。怀山药25g,党参25g,鸡内金15g,砂仁10g,姜片25g,炙甘草6g,葱3根,胡椒面2g,绍酒10g,精盐12g,生鸡油50g。将炙甘草与前4味洗净,烘干,研末。再将精盐5g、绍酒、中药末兑成汁,在鸭身内外涂抹均匀后放蒸盆内,加姜片、葱节、胡椒面、鸡油,用湿棉纸封住盆口,入笼,旺火蒸两小时,至烂透,取出去封纸,拣去姜、葱、鸡油渣。蒸鸭不加汤汁,使药力进肉,保持原汁原味。又称:"旱蒸砂仁鸭"。

[功能] 补脾胃,助消化。

[益宜] 脾胃气虚之食欲不振,消渴,乏力等。

山药芝麻酥

[配制] 鲜山药300g,黑芝麻15g,白糖120g,菜油500g(实耗70g)。黑芝麻淘净炒熟待用;鲜山药去皮切成菱形块。锅置火上,入油至7成热时下山药块,炸至外硬,中间酥,浮油面时捞出。烧锅烧热,用油滑锅后,入糖加少量水溶化,待糖汁成米黄色,倒入炸好的山药块,不停地翻炒,使糖浆均匀包裹山药块,撒上芝麻,装盘食用。

[功能] 补脾胃,益肺肾,润五脏。

[益宜] 脾虚少食乏力,肺虚久咳气喘,肾虚遗精尿频,须发早白等。

山楂橘皮茶

［配制］山楂 20g，橘仁 5g，将山楂置锅内，用文火炒至外面呈淡黄色，取出放凉，将橘皮切丝，共放茶杯中，沸水冲泡，代茶饮。

［功能］消积导滞。

［益宜］乳食停滞之呕吐纳差，脘胀腹泻等。

山楂绿豆汤

［配制］山楂、扁豆各 10g，绿豆 30g，厚朴花 6g。调料适量。绿豆用温开水泡胀，与洗净的扁豆、山楂同煮汤，沸后入厚朴花，文火缓熬至熟，调入精盐、葱花、味精。随意饮用。

［功能］行气、醒胃、清热。

［益宜］湿温病后期，身热不退，脘中微闷，每饥不食等。

山楂麦芽饮

［配制］山楂、炒麦芽各 10g，山楂洗净，切薄片，与麦芽共泡开水，加盖，30 分钟后，随意饮用。

［功能］健胃，消食，导滞。

［益宜］伤乳，伤食之食欲不振，脘腹胀闷，嗳腐酸臭，大便异常、臭秽等。

山楂云卷糕

［配制］山楂糕 200g，鸡蛋 200g，白糖 100g，熟面粉 100g。鸡蛋打开，蛋清、蛋黄分开置放。将蛋清打糊，再把蛋黄打散，倒入白糖搅匀，倒入蛋清糊搅匀，入熟面粉搅匀后放入蒸糕木格中，上笼蒸 20 分钟左右取下，倒出。把山楂糕切成薄片，放在上面，随即卷起，用洁白无菌纱布将糕卷紧。待冷后把布解开，切成圆形使似云卷状。

［功能］健脾开胃。

［益宜］食积不化之呕恶纳呆，嗳腐酸臭等。

神曲瘦肉

［配制］神曲 50g，鲜瘦肉 250g，冬笋、胡萝卜、绍酒各 10g，葱白、白糖、精盐、味精、淀粉各 5g。姜、花椒各 3g，大料 2g。神曲洗净浸软，将肉切成八分块，沸水稍汆，冬笋、胡萝卜切块。炒勺加鸡汤烧开，去掉浮沫，入葱、姜、肉、绍酒、精盐及布包花椒、大料，大火烧沸，盖上盖，移至小火慢煨，待肉八成熟时，放入神曲、笋块、胡萝卜，熟后拣去姜、葱布袋，加入味精，旺火收汁，淀粉收芡，淋香油。随意食。

［功能］健脾和胃，化食消积。

［益宜］脾胃虚弱之饮食停滞，脘痞腹胀，恶心呕吐，大便溏泻等。

神仙鸭

［配制］鸭子 1 只，大枣、白果、莲子各 49 枚，人参 3g，绍酒、酱油各 10g。后两品混匀，抹

鸭子表皮和腹内；枣去核，白果去壳、心，莲子去皮、心，人参切片烘脆，研细末，共和纳鸭腹内，盛盘上笼蒸约2～3小时。佐餐单食。

［功能］健脾益胃，补气养血。

［益宜］脾虚食少，乏力腹泻，气血法源眩晕、心悸、面色无华等。亦作慢性病者膳食。

熟炸肚片

［配制］猪肚1个，莲子100g，胡椒面15g，猪肚洗净，沸水氽5分钟后，盐、醋反复洗净，纳去心莲子、胡椒面入内上屉笼蒸熟透，取出莲子压茸。猪肚切片，盛碗调酱油、白糖、中药抹、姜、葱、盐、甜酱匀。升麻、柴胡各5g，当归8g，炙黄芪、焦白术、炙党参各10g，大枣5枚，陈皮9g。制净，焙干研末。姜末、白糖各5g，鸡蛋3个，干面包50g，各项佐料适量。鸡蛋打入碗内加莲子茸，调匀。将砂锅置火上，烧植物油8成时，将肚片蘸蛋茸浆外滚上面包末入锅炸至金黄，捞起装盘，随椒盐味碟上桌，食用。

［功能］补中益气，养胃健脾。

［益宜］脾胃气虚之食欲不振、腹胀便溏、脏器下垂等。

术苓芍药甘草散

［配制］白术、白茯苓、白芍药各30g，共为细末，每服6g，用生姜、大枣煎服。

［功能］健脾益气，养血敛阴。

［益宜］妇人血虚肌热，小儿脾虚，蒸热羸瘦，不能饮食。

双仁排骨

［配制］猪排骨500g，洗净，边角修砍整齐；草果仁10g，薏米仁50g，共炒香捣碎煎煮2次，取汁1 500ml，浸排骨并入锅，姜、蒜拍入锅，加花椒；排骨七成熟时打净浮沫，捞取排骨，晾凉。锅内加卤汁、料酒、冰糖、味精各适量，入排骨文火炖熟透。起锅，勾芡适量浇上，淋香油。

［功能］健脾燥湿，行气止痛，消食和胃。

［益宜］脾虚湿重，骨节疼痛，食少便溏，食积气滞，腹胀疼痛等。

双香鸭子

［配制］光老鸭1只，丁香、沉香各9g(加少许盐文火炒香)，调料适量。鸭子用黄酒、酱油、姜片、葱段腌1小时后，将双香及调料同放入鸭膛内，上屉蒸2.5小时，佐餐或单食。

［功能］温中补虚，行气止呕。

［益宜］脾胃虚弱之食少倦怠及胃寒呕吐等。

四君子汤

［配制］人参、炙甘草、白术、茯苓各等份。为粗末，每6g，水煎服。日2次。

［功能］补中益气，温养脾胃。

［益宜］荣卫气虚，脏腑怯弱，心腹胀满，不思饮食，肠鸣泄泻，呕秽吐逆。实验研究证明：本方可抗溃疡，提高免疫功能，抗肿瘤、抗突变，促进组织代谢，增强垂体-肾上腺皮质系统功能等。

粟米山药大枣粥

［配制］粟米 30g，山药 15g，大枣 5 枚。前 2 味洗净，山药捣细末，共煮粥食。

［功能］健脾养胃。

［益宜］脾胃虚弱、气血乏源，食欲不振，消瘦乏力，心悸健忘。

糖蒜薹

［配制］鲜嫩蒜薹摘去根稍，洗净，沥干水分。按 5 000g 蒜薹加食糖 1 250g、盐 250g 的比例，开水将盐、糖溶化。先蒜薹小把扎好放缸中，倒入配液，淹没蒜薹，上压石头加盖封缸。腌至蒜薹色淡，有香味，无蒜味，甜嫩可口，佐餐。

［功能］理气开胃。

［益宜］湿阻脾胃之脘闷腹胀，食欲欠佳等。

田鸡粉

［配制］青蛙 7 个。青蛙去皮及肠杂，洗净，用荷叶包裹，再以稀黄泥封固，火烧存性，取出研末；亦可此法煨熟食。1 次服尽，连服 3 日。

［功能］补益胃气。

［益宜］胃气虚之噎膈反胃，少食等。

甜味乌鸡

［配制］乌雌鸡 1 只，治净，去内脏，生地黄（洗净）、饴糖各 100g。后 2 品盛鸡腹内，用线缝定，置大碗中，加水少许蒸熟。饮汤食肉。

［功能］温中健脾、补益气血。

［益宜］脾胃虚弱、气血亏虚之消瘦食少，心悸头昏、盗汗乏力等。

土人参大枣饮

［配制］土人参 15～30g，大枣 15g。水煎服。

［功能］健脾润肺益肠。

［益宜］脾虚泄泻症。

乌鸡陈皮膳

［配制］乌雄鸡 1 只，治洗净，切作块，陈皮 10g（去白），良姜 5g，胡椒 6g，草果 2 个。以葱、醋、酱相和，入瓶封口，令蒸熟，空腹食。

［功能］温中益精，理气。

［益宜］虚弱劳伤，心腹邪气。

乌鸡豆蔻煲

［配制］乌鸡1只，料理，洗净，豆蔻30g，草果2枚，烧存性，掺入鸡腹内，扎合煮熟，空腹食之。

［功能］补脾肾，涩滑精。

［益宜］脾虚滑泄。

乌药羊肉汤

［配制］乌药、高良姜各10g，白芍25g，香附8g，花椒适量，共盛纱布袋；羊肉100g，洗净，切小块，共入砂锅中加水适量，大火煮沸，文火炖至羊肉烂熟，加入生姜、葱、黄酒、白糖，煮一、二沸，弃纱布袋，加入盐即可。食肉饮汤，每日1剂。

［功能］温脾散寒，益气补虚。

［益宜］脾胃虚弱，畏寒怕冷，反胃逆酸，食欲不振等。

五香槟榔

［配制］槟榔200g，陈皮20g，丁香、豆蔻、砂仁各10g，盐100g。诸味同置锅内，加水适量，文火煎熬至药液干涸，停火待冷，将槟榔剁成黄豆大小碎块。饭后食少许。

［功能］健脾行滞，宽胸顺气。

［益宜］脾虚气滞之消化不良，胃脘停食，腹痛呕酸，膨闷胀饱等。

五香肚粥

［配制］猪肚（狗肚更佳）1具，粳米100～150g，丁香、肉桂、茴香、葱、姜、盐、酒、酱等适量。猪肚及丁香、肉桂、茴香、葱、姜、盐、酒、酱一起入锅，文火炖至猪肚极烂，粳米煮粥兑入，空腹服，日3次。

［功能］健脾胃中，和胃降逆。

［益宜］畏寒反胃，见呕吐食物或清水，脘腹冷痛等。

西参五神茶

［配制］西洋参、莲子、芡实、山药、茯苓、枸杞各9g。各切，洗净入砂锅加水1 500ml，煮沸改文火煎30分钟。每日1剂，可加糖调匀饮汤食诸品。可常食。

［功能］养心肾，益神智。

［益宜］脾胃虚弱，神衰智减，食物不化，记忆衰退等。

西红柿小枣粥

［配制］粳米100g，西红柿250g，红枣100g，冰糖适量。粳米、红枣洗净共煮粥，待熟，加入切成丁的西红柿和冰糖，再煮沸。

［功能］健脾益气，养阴润肺。

［益宜］脾虚气弱，食少乏力，肺虚之咳嗽等。亦有防癌作用。

鰕虎鱼砂仁汤

［配制］鰕虎鱼 100g，治净，与砂仁 10g、生姜 3g、胡椒 0.5g，同加水煮汤至鱼肉熟，入食盐少许调味，饮汤食肉。

［功能］补中益气，温中健胃。

［益宜］脾胃虚寒，脘腹冷痛，少食倦怠，大便不实等。

香炸山药圆

［配制］鲜山药 700g，洗净，上笼蒸熟，置大碗内加糯米粉 250g，白糖 300g，拌匀，制成直径 3cm 大的圆子；另鸡蛋 2 个，打匀加干豆粉 30g 搅拌蛋糊；再备黑芝麻 50g。烧锅加油 1 000ml，待油八成熟时，将圆子粘蛋糊，滚芝麻入油炸，浮，捞起沥油，装盘。随意食。

［功能］补脾胃，益肝肾。

［益宜］脾虚食少，肺虚喘咳，肝肾精血不足之眩晕、腰膝酸软，须发早白等。

小麦曲粥

［配制］小麦曲（炒黄）15g，粳米 100g，煮粥，空腹食用。

［功能］消食导滞。

［益宜］脾虚停食症。

薤白炖猪肚

［配制］猪肚 1 具，薤白 150g，薏苡仁适量。3 味各洗净，将薤白、薏苡仁纳猪肚内，扎口，加水、盐、胡椒等，炖至猪肚熟透，分 3～4 次食完。

［功能］补益脾胃，增进饮食。

［益宜］脾胃虚弱，食少不化，形体消瘦等。

养元粉

［配制］山药、芡实各 100g，糯米 1 000g，川椒各 30g。糯米浸泡一夜，沥干，小火炒熟，打细粉；山药、芡实、川椒小火焙，研细末后与糯米粉混匀。每食 50～100g，加糖适量，开水冲调。

［功能］补脾益气。

［益宜］脾虚气弱之食欲不振或大便溏泻等。常人食健脾强体。

椰子红枣鸡肉糯米饭

［配制］椰子肉 100g，鸡肉 60g，红枣 30g，糯米随量。将椰子肉（取白肉）洗净，切小块；红枣（洗、去核心）、糯米洗净，鸡肉洗净，切粒，用料味料拌匀。把糯米、椰肉、枣放入锅内，加清水适量煮饭，饭水将干时，入鸡肉粒，微火焖饭熟。随量食。又方用椰肉、杞子、黑枣、母鸡炖。

［功能］补中益气，健脾养血。

［益宜］神经衰弱气血两亏者之面色苍白或萎黄、头晕、倦怠、心悸、纳差等。

苡米烧鹌鹑

［配制］鹌鹑1只，治净，入沸水焯去血水，对剖，薏苡20g，洗净；黄芪10g，洗，切；姜10g，洗净切片；酱油10g，胡椒粉3g，猪油50g，肉汤1 000g；葱，洗净切长段。净锅置火上，入油烧六成熟，入姜、葱煸出香味，放肉汤、鹌鹑等前备诸品，大火烧沸，去浮沫，小火煨至肉烂，大火收汁。随意食。

［功能］益气健脾，行水祛湿。

［益宜］脾虚运化不健之食欲不振，体倦乏力，小便不利，腹泻等。

益气滋阴饮

［配制］太子参、生黄芪、黄精、鸡血藤各15g，山药、白术、麦冬、生地各10g。诸药洗净，加水煎煮，去渣，取汁，日分2服。每周1剂。

［功能］益气健脾，滋阴养血。

［益宜］形体消瘦，肤色无光泽，精神不振者。

薏米炖鸡

［配制］连骨鸡腿400g，洗切小块；薏米50g，洗净，热浸1宿；水发香菇2个，切小块，芹菜10株，洗净切小段；调料适量。鸡块加适量葱、姜、煮沸，去上沫，文火煮清汤，加薏米，煮至薏米膨胀柔软时间，加香菇，芹菜煮熟，加酱油、盐、酒、味精调味。单食或佐餐。

［功能］健脾利湿。

［益宜］脾虚湿盛之脘闷纳差，大便溏薄等。

银鲳参归汤

［配制］鲳鱼100g，党参、当归各15g，生姜10g。鲳鱼治净，其余3品洗净，煎汤，去渣，以煮鲳鱼熟，加盐少许调味。

［功能］温中健脾，补益气血。

［益宜］脾虚气血乏源之食少、消瘦、面色无华、头晕眼花、乏力等。

银耳百合润肤羹

［配制］银耳15g，鲜百合、莲子、桂圆肉、鲜山药各30g，冰糖3大匙。银耳水泡发后，去蒂，撕碎，洗净与莲子放入砂锅加水3 000ml，先煮15分钟后，再加百合、桂圆、山药继续煮至莲子熟烂，加冰糖煮溶。冷后冰箱储藏。每食1小碗，日2次。

［功能］养脾胃，抗褐斑，润皮肤，安神。

［益宜］皮肤干燥，小细纹，暗色斑，失眠等。

引水归经茶

［配制］车前子25g，厚朴7.5g，泽泻15g。水煎取汁，代茶顿服。

[功能] 益脾肾引起归经。

[益宜] 水土不服之泄泻。症见肠中雷鸣,一泄如注等。

鳙鱼党参健胃汤

[配制] 鳙鱼 1 000g,治净;党参 15g,干姜 6g,陈皮、桂皮各 3g,草果 1.5g,胡椒 10 粒,共盛纱布袋,扎口,与鱼同煮汤,加葱、盐、酱油,至肉熟,弃药袋,食肉喝汤。

[功能] 补虚暖胃。

[益宜] 脾胃虚寒之干呕食少,脘腹隐痛等。

玉兰花爆玉兔

[配制] 鲜玉兰花 3 朵,鲜通脊兔肉 250g,猪油、鸡蛋清、湿淀粉、鸡汤、调料各适量。鲜玉兰花洗净切丝;兔肉切长 4.5cm 的丝,加少许食盐、味精、料酒、鸡蛋清、湿淀粉拌匀上浆;另用鸡汤、味精、料酒、白胡椒面、湿淀粉调芡汁;锅内猪油烧四成熟时,下兔肉丝,拨散滑透,捞出沥油,锅内留底油,投入葱、姜丝煸炒,再倒入兔肉丝和调好的芡汁,翻炒均匀,淋上麻油,盛盘,撒上玉兰花丝。佐餐或单食。

[功能] 补脾胃,益肺气。

[益宜] 久病气虚,气怯食少,虚劳咳嗽等。

玉兰花氽鲫鱼

[配制] 玉兰花两朵,鲜鲫鱼 1 条(约 500g),豌豆苗 50g,调料适量。玉兰花洗净,切丝,鲫鱼去腮、内脏,洗净,两侧各剞刀(刀距 1.5cm),置沸水氽开捞出,放清水盆内,轻轻去掉鱼皮,炒勺上火烧热,入猪油,下葱,姜末,煸透,入鱼略煎,加鸡汤、料酒、精盐、味精、白胡椒面各适量,沸后去葱、姜、浮沫,连汤带鱼倒入大碗内,撒上玉兰花,淋上鸡油,食鱼饮汤。

[功能] 健脾利湿。

[益宜] 脾胃虚弱之食少、无力、水肿、小便不利等。

枣泥核桃仁饼

[配制] 枣泥 250g,核桃仁 50g,白术粉 25g,猪油 125g,面粉 500g。核桃仁油炸黄,研末拌枣泥为馅;取面粉 200g,加猪油 100g 拌匀成干油酥,300g 面粉加猪油 25g 和白术粉以清水适量揉成面团并包入油酥,擀成长方形,从上至下卷成筒形,按量切小块,按成圆皮,加入馅,包成小饼,入油锅炸面成金黄色,捞出装盘,稍凉即可服食。

[功能] 补脾益肾,和胃益气。

[益宜] 脾胃虚弱致食欲不振、食积气滞、腹胀等。

榛子山药枣饼

[配制] 榛子仁、大枣、淮山药各等份。榛子仁炒熟,轧为细末、淮山药轧细末,大枣去核,打为泥,共和匀加糖做饼,蒸熟,日 2 食。

[功能] 补益脾胃,滋养气血。

[益宜] 脾胃虚弱,气血生化不足之食少、消瘦、乏力、面色萎黄、唇甲色淡等。

枳壳砂仁牛肚汤

[配制] 枳壳 10g,砂仁 3g,牛肚适量(约 250g),调料适量。牛肚洗净,入枳壳、砂仁调料共煮,牛肚熟后饮汤食肚,亦可将煮好的牛肚做其他菜肴。

[功能] 补中益气,和胃消食。

[益宜] 脾胃气虚之脘胀腹满痞闷、大便不实、食欲不振等。

猪肚砂枳汤

[配制] 猪肚 1 具,砂仁,炒枳壳 10～12g。猪肚洗净,将砂仁、枳壳入罐内,隔水炖 3 小时左右,以肚熟烂为度。分 2 服,饮汤食肚。

[功能] 补脾胃,助消化,消痞满,强身体。

[益宜] 脾胃虚弱之食后脘腹胀满、体倦乏力、消瘦等。

猪肚山药粥

[配制] 猪肚、大米、山药各适量。3 品各洗、淘净,共煮粥,调味食。

[功能] 补脾益胃。

[益宜] 脾胃虚弱之食少,泄泻、消瘦乏力等。

鲻鱼白术汤

[配制] 鲻鱼 100g,白术 15g,陈皮、生姜各 6g。先将鲻鱼去内脏洗净,加水煮汤取汁,再以此汁煎取药汁,可加少量食盐调味。佐餐食。

[功能] 健脾开胃。

[益宜] 脾胃虚弱之少食脘闷,便溏腹泻,消瘦乏力等。

鲻鱼黄芪山药汤

[配制] 鲻鱼 500g,去鳞、内脏,洗净;黄芪、山药各 15g,2 药煎汤取汁,弃渣,以汁煮鱼熟,调味。食鱼饮汤。另方用鲻鱼 100g,黄芪 30g,共煮。

[功能] 健脾益胃补气。另方:健脾利水,益宜气养血。

[益宜] 脾虚气弱之食少、乏力、消瘦、色萎等。另方:水肿胀满,头晕心悸等。

紫米八宝鸭

[配制] 紫米 100g(洗、泡);鸭 1 只重约 1 000g,治净,去内脏,外皮无损,剔骨净;花生米 50g,冬菇丁 15g,火腿丁 35g,熟蛋丁 35g,肉丁 35g,莲子 25g(泡、去心、皮),草果、盐、味精各适量与紫米拌匀,装入剔骨的鸭腹内,鸭入大盘中上屉蒸鸭烂熟,趁热稍抹蜂蜜再入七成热油中炸至茶黄色捞起沥油,外涂麻油,上桌佐餐。

[功能] 健脾益气。

[益宜] 脾气虚弱之纳呆、消瘦、面色萎黄、头晕乏力等。

四、养肺门类方

参蛤鸭

［配制］人参10g，蛤蚧1对，白鸭1只，绍酒、精盐等佐料适量。将人参、蛤蚧（去头足），烘干研末；鸭治净，去鸭嘴，翅反背装盘，药末放鸭腹内，鸭置蒸盘中加佐料，湿低封口，入笼旺火蒸3小时（骨松为度），加调味品食。

［功能］补益肺肾，纳气定喘。

［益宜］肺肾气虚之咳嗽不止、乏力短气、语声低微等。

虫草粥

［配制］虫草3g，糯米100g，各洗净熬粥，熟，入冰糖40g，精盐1g，再煮5分钟。

［功能］补益肺肾。

［益宜］肺肾阴虚之虚痨咳喘、痰中带血、自汗、阳痿、腰酸等。

干嗽补肺膏

［配制］生地黄1 000g，杏仁60g，生姜、白蜜各120g，捣烂为泥，蒸熟，每服30g，五更服。

［功能］养阴补肺，止咳平喘。

［益宜］肺中津液不足，干咳，脉细涩，兼气弱或促者。

红颜酒

［配制］胡桃肉120g，红枣120g，杏仁30g，白蜜100g，酥油70g；杏仁泡，去皮、尖，煮沸4～5次，晒干与胡桃肉、红枣一起捣碎；好白酒1 000ml，蜜、酥油溶于酒内，入杏仁、红枣、胡桃肉，浸7日。早晚各饮1次，每次2～3小杯。

［功能］补肺肾，定喘咳。

［益宜］肾虚腰痛，足膝酸软无力，便秘，及肺肾两虚咳嗽、喘息。

胡桃枸杞肉丁

［配制］猪里脊肉200g，洗净，切1cm见方肉丁，加盐2g，湿淀粉2g，蛋清1个拌匀，胡桃肉100g，开水浸去皮切0.6cm见方的丁；枸杞子20g，温开水洗净，熟猪油500g（耗100g），各类佐料适量。用盐0.5g，绍酒10g，胡椒面0.5g，味精0.5，湿淀粉同盛碗内，加鲜汤调成滋汁，锅至旺火入油，热，炸胡桃肉浅黄色捞起，沥油；滑肉丁熟，倒出沥油；剩油30g，煸葱、蒜、姜香下肉丁、胡桃丁、枸杞炒匀，烹滋汁，炒匀入盘，佐餐。

［功能］补肺益肾。

[益宜] 肺肾不足之咳喘乏力、口渴、腰酸脚重等。

琥珀核桃

[配制] 核桃肉 300g(用盐开水泡 10 分钟,去皮,洗净、沥干),白糖 150g,精盐 2.5g,香油 500g(实耗 25g)。锅内加清水、熬白糖至汁稠,放入核桃肉炒拌糖匀。再将核桃肉投热油中炸金黄色,沥干油,随意食。

[功能] 补肾固精神、敛肺定喘,润肠通便,通淋化石。

[益宜] 肺肾亏损之咳喘、阳痿、小便数、肠燥便秘等。

黄芪烧牛肉

[配制] 黄牛肉 500g,洗净,沸水氽 3 分钟捞起,按肉横纹切条,党参、黄芪、浮小麦各 30g,白术 15g,各洗净,共盛纱布袋内,扎口;生姜 15g,红枣 10 个,葱适量,洗净,各自制;精盐、绍酒、味精、花椒、酱油各适量。将砂锅置火上,加水 1 500g 左右,锅底垫猪骨或鸡骨、入牛肉煮沸,去浮沫,加药袋、姜、葱、大枣、绍酒煮 30 分钟,改小火熬 2 小时,调入精盐、味精。每酌量佐餐。

[功能] 益气补肺。

[益宜] 肺气虚弱之气短自汗。易于感冒等。

姜汁牛肺糯米饭

[配制] 牛肺 200g,糯米 500g,生姜汁 10～15ml,牛肺切,洗净。糯米加水如常法加牛肺一起煮饭,饭熟加姜汁拌匀,调味食。

[功能] 祛寒痰,补肺,暖脾胃。

[益宜] 老人寒咳不愈。

橘饼膏

[配制] 橘饼 120g,南沙参、麦冬、天冬、花粉、枇杷叶、甜杏仁、胡桃肉、冰糖各 250g,川贝母粉 60g,白蜜 3 000g。前 8 味加水煎透成清膏,加入贝母粉,冰糖、白蜜、收膏。每服 15g,日 2 次。

[功能] 润肺止咳。

[益宜] 阴虚干咳,痰稠难咯。

麦冬蛤肉米饭

[配制] 麦冬 15g,芹菜、洋葱、海带、蛤肉(或牡蛎肉)、调料、大米各适量。大米煮饭;麦冬洗,加水煎煮 5 分钟,倒炒锅内,加进海带丝、芹菜段、洋葱片、蛤肉等煮汤,待蛤肉等熟加香油、胡椒粉、味精等调味,与米饭同食。

[功能] 滋补强生。

[益宜] 肺肾两虚所致的咳嗽、气喘、倦怠乏力等。

培元固精酒

［配制］五味子、柏子仁、丹参各20g，桂圆肉、党参各30g。诸品研，投容器中加酒1斤，密封，每日振摇1～2次，2周后早晚各饮10～20ml。

［功能］补益气血，养心安神，滋补肺肾。

［益宜］肺脾肾亏虚致体倦乏力，懒言少气，食欲不振，心悸，健忘等。

人参冬花膏

［配制］人参、款冬花、五味子、紫菀、桑白皮各30g。共研细末，每5～10g，蜜、姜汁调，顿服。温水送下。日2次。

［功能］补气养肺，止嗽。

［益宜］肺虚久嗽。

人参茯苓散饮(原名:人参茯苓丸)

［配制］人参、茯苓、白术各75g，桂心、炮姜、炒当归、炙甘草、川芎、黄芪各60g，陈皮(汤浸去白，焙干)45g，为末。每煎泡服10g，空腹米酒或生姜汁，蜜调下，日2次。

［功能］补气祛寒，固元止咳。

［益宜］治肺虚寒，咳逆下利，少气。

人参鸽蛋银耳汤

［配制］人参粉3g，鸽蛋2枚，银耳25g，熟火腿30g，水发冬菇10g，鸡汤750g，精盐3g，熟鸡油10g。银耳净，温水发，入碗上笼蒸10分钟，至松软取出，撇去水，放入热鸡汤中稍烫捞出。选10cm直径的碟子两只，稍抹油，每只打入鸽蛋1个，将火腿、冬菇切成薄片，12片，分别放入鸽蛋黄的两侧，入锅蒸，蒸熟取出待稍凉，用竹片沿蛋边拨一圈。入汤碗内，倒入热水，漂去油腻，滤出水，待用。砂锅置旺火上，舀入清鸡汤，加盐烧开，净去浮沫，倒入银耳烧开，放入熟鸡油，置入大碗汤内，将鸽蛋排在汤上面。佐餐或专服、饮。

［功能］补气益肾，滋阴润肺。

［益宜］肺脾两虚，肾虚所致之气短自汗，食欲不振，头晕心悸，腹膝酸软等。

沙参炖肉

［配制］北沙参20g，玉竹、百合各15g，淮山药30g，猪瘦肉500g，佐料适量，前2味盛纱布袋，扎口，葱、姜，洗切段，拍碎，猪肉、切、洗、沸水氽去血水，与药袋、葱、姜同放砂锅内，加精盐、料酒，武火烧沸，去浮沫，文火炖肉熟烂。拣去药袋、葱、姜，加盐、胡椒末调味。佐餐食。

［功能］补肾养血，滋阴润燥。

［益宜］肺胃阴虚，久咳，痰中带血，虚烦惊悸、消渴或肝肾阴虚等症。久食延年益寿。

山楂核桃茶

[配制] 胡桃仁 100g，白砂糖 150g，山楂 50g。胡桃仁净后加适量清水磨成浆，装瓶后清水稀释；山楂净后煎熬 3 次，每次约 20 分钟。3 次滤汁约 1 000ml。山楂入锅加火，入白糖搅拌，待溶化后倒核桃仁浆，搅匀，烧至微沸，出锅。装瓶代茶饮。每服 40ml 左右，日 2～3 次。

[功能] 益肾补虚。

[益宜] 肺虚咳嗽，气喘，津亏口渴，便干，食积纳差，血滞经少，腹痛等。亦宜作冠心病，高血压，高脂血症，老年便秘者之茶料。

石斛花生米

[配制] 鲜石斛 50g，花生米 500g，食盐 60g，大茴香 3g，山柰 3g。石斛切碎，与食盐、大茴香、山柰同入锅内加清水适量，搅待盐溶倒入花生米，烧沸后文火煮约 1.5 小时，至花生米入口成粉质。任意食用。

[功能] 养阴清热，生津润燥，补虚扶羸。

[益宜] 肺胃阴虚之咽干津少，舌上无苔、咳嗽痰少，肠燥便秘及乳汁清稀等。

寿星燕窝汤

[配制] 燕窝 1.5g，灵芝 1.5g，红参 0.5g，大枣 3 枚，冰糖 35g。燕窝泡发，洗净；灵芝、红参洗切片；大枣洗净、去核，冰糖水溶解；冰糖与前诸品合燕窝加水上屉蒸 3～4 小时。食燕窝、枣肉等。

[功能] 养阴润燥，补气止汗。

[益宜] 肺虚自汗，肾虚遗精。平人常食可增强体质，延年益寿。

双参桂圆膏

[配制] 党参 300g（软甜者，切片），沙参 150g（切片），桂圆 120g，3 品煎滤 3 次，浓缩黏稠，瓷器盛储。每服 1 酒杯（20～30ml），开水冲调下。

[功能] 养气阴，补血。

[益宜] 清肺金，补元气，开声音，助筋力。

糖桂蜜汁仙人掌

[配制] 仙人掌 550g，洗净，去皮刺，沸水氽 1 分钟，捞起晾凉，刀切寸条装盘内；另将白糖 55g，蜂蜜 28g，同下锅加水熬浓汁，加糖桂花调匀，匀浇仙人掌条上即成。佐餐食。

[功能] 润肺止咳，健胃益肠。

[益宜] 肺燥咳嗽，脾虚脘腹隐痛等。

糖卷果

[配制] 红枣 500g（去核）捣泥，生山药 1 000g（蒸熟，凉去皮，捣泥），红糖 500g。前 2 品

用白面少量拌和，上屉蒸熟，待凉切小方块，再花生油稍炸，沥干油。红糖加水熬黏稠，倾入炸果，拌匀，随意食。

[功能] 补益肺脾。

[益宜] 肺脾两虚之咳嗽，动则喘，乏力，自汗，食少，便溏等。

糖水银杏

[配制] 银杏 10 枚，去壳衣，和水煮熟调蜜或白糖，食尽。日 1 剂。

[功能] 敛久肺，止咳定喘。

[益宜] 久咳虚喘。可为肺结核病人的保健膳食。

杏仁燕窝

[配制] 燕窝 25g，温水泡去毛，治净，入大碗内加水 250ml、白糖 50g。甜杏仁 50g，沸水泡去皮、尖，置另碗中，加水 50ml，与燕窝一起蒸 15 分钟取出，滗去原汁。再将燕窝放汤碗内，将另 200g 白糖，清水煮后滤汁倒入燕窝碗内，再将杏仁围四周，上屉蒸 50 分钟。

[功能] 滋阴清热，润肺平喘。

[益宜] 肺阴虚潮热盗汗，干咳少痰，口燥咽干，气喘，大肠津亏引起的便秘等。可作为肺结核病人的保健食品。

鲟鱼黄芪汤

[配制] 鲟鱼 500g，洗净，去骨板；黄芪 15g，盛布袋与鲟鱼同煮熟。食肉喝汤，每日 2 次。

[功能] 补益肺气。

[益宜] 肺气虚之自汗水，气喘，动则尤甚等。

玉竹油豆腐嵌肉

[配制] 玉竹 30g，猪夹心肉 250g，油豆腐 500g，调料适量，猪肉剁泥，加葱、姜末、黄酒、酱油、精盐、白糖、味精、水、生粉搅成肉浆；油豆腐开一小口，嵌入肉浆后合口，玉竹加水煮 20 分钟后取汁，加入嵌肉油豆腐锅，文火焖煮 40 分钟，佐餐或单食。

[功能] 润肺生津。

[益宜] 肺燥之干咳，烦热，口渴等。

悦客散

[配制] 冬瓜仁 500g，清酒 1 000g。冬瓜仁以双层纱布袋盛，扎袋口，投沸水中浸泡 5～10 分钟，取出晒干，反复 3 次干后投酒中浸 2 昼夜。捞起晒干，研细粉，每日早、晚各服 6g。

[功能] 悦泽面颜，光洁皮肤。

[益宜] 肺虚脾弱之面色憔悴、形容枯槁，肤糙皮肤厚等。

云片银耳汤

[配制] 银耳 15g，鸡蛋清 50g，鸡脯肉 100g，猪油 75g，熟火腿 100g，清汤 1 500g，豌豆尖叶 30 片，盐、味精、葱、姜水适量。鸡脯肉用刀背捶泥，去筋，装碗中加葱、姜水搅匀过箩，在过箩后的鸡茸中加盐、胡椒粉、料酒及味精搅上劲，加入猪油蛋清搅成泡糊和少许湿芡粉，搅匀；将洗净的菊花形小铁模里边涂些猪油，摆进发好的银耳 4～5 片。用勺将制好的鸡茸舀成球形，放在银耳中间，使银耳底部粘住鸡茸，再将豆瓣叶和火腿片放在鸡茸上点缀成花草图案；制成后放方盘上，上屉蒸 4～5 分钟，取出放小汤碗内，再将锅置火上，加入清汤烧沸，用精盐和味素调好味，浇在汤碗内，随意服食。

[功能] 补血养肾，滋阴润肺。

[益宜] 肺肾阴虚所致的虚弱，食欲减退，体倦无力等。此品可入高级宴席。

珠玉二宝粥

[配制] 生山药、生薏米各 60g，2 味捣碎，煮粥，待熟切入柿饼 24g，稍煮，搅匀，随意食。

[功能] 滋养脾肺，祛痰止咳。

[益宜] 脾肺两虚之咳嗽吐痰，饮食懒进，倦怠乏力等。

滋阴补肺汤

[配制] 猪肺 1 个(挑破经膜，洗净)，百合、蜜枣、南杏仁、北杏仁、龙利叶各 50g，罗汉果 1/4 个，共盛纱布袋内，与猪肺同煮熟，弃袋调味食。

[功能] 润肺补虚。

[益宜] 肺阴亏虚之久咳，少痰、气短声微等。

五、养肾门类方

巴戟胡桃炖猪孚

[配制] 猪孚(膀胱)1 个，巴戟 30g，胡桃仁 20g。将后 2 味纳入洗净之猪膀胱内，隔水炖熟后，加调味品调味，随意食用。

[功能] 补肾助阳，缩泉止遗。[益宜] 肾气不足，小便频数，面色皖白，神气怯弱等。

白木耳炖肉

[配制] 白木耳 15g，瘦猪肉 500g，红枣 10 枚，冰糖适量。白木耳发泡，除去根蒂，拣去杂质，撕成小瓣，瘦猪肉切成小块，冰糖捣碎，将 4 物置锅内加清水适量，武火烧

沸,文火炖木耳熟透,随意食。

[功能] 补肾益中。

[益宜] 脾肾不足之虚劳证,症见眩晕乏力,动则气喘,神疲健忘等。

鳖鱼滋肾汤

[配制] 鳖甲 1 只(300g 以上),治净,去头、爪、内脏,揭甲壳,切小块,洗净下锅,入枸杞子 30g,熟地黄 15g(洗净),加水适量,武火煮沸,文火炖鳖肉烂透,调味,单或佐餐。

[功能] 滋阴补肾。

[益宜] 肝肾阴虚,腰膝酸痛,头昏眼花等。

冰糖黄精汤

[配制] 冰糖 50g,黄精 30g,(洗净、冷水浸),置锅内放入冰糖,加水适量。武火煮沸,文火熬至黄精熟烂。日 2 次,食黄精饮汤。

[功能] 补虚止咳,润肺平喘。

[益宜] 脾肾阴虚,咳嗽少痰;或干咳无痰,咯血,食少等。

补肾强身糕

[配制] 淫羊藿 15g,菟丝子、金樱子肉、制狗脊、苏打各 10g,酒制女贞 20g,老发面 1 000g,白糖 500g,鸡蛋 7 个。诸中药制净,研细末,老发面浆入盆,加白糖搅匀,鸡蛋打好搅匀加盆内,加面粉揉匀,加药末、苏打糅合后,上屉旺火蒸 15 分钟,凉,切块,随意食。

[功能] 补肾壮阳,固精缩尿。

[益宜] 肾阳亏虚所致遗精、遗尿、小便频数、腰膝冷痛等。

补肾散

[配制] 杜仲 30g,桂心、牡丹皮各 1.5g,制净,烘干,研末。每服 9g,用猪肾 1 枚,洗净,剖除去臊腺,洗,掺药末,入盐少许。扎紧煮熟食。

[功能] 补肾益筋壮骨。

[益宜] 肾虚腰痛连小腹,不得俯仰,喘息短气。

补肾腰花粥

[配制] 杜仲 20g,菟丝子、补骨脂各 15g,3 味浓煎取汁 50ml,猪肾 50g,去筋膜、臊腺,切腰花;猪脊骨 100g,斩小块,洗净;粳米 250g,淘洗;姜、葱各 5g,洗、切末;食盐、味精各适量。先煎猪骨,沸后去血沫,加绍酒熬煮成汤,滤去大小骨料,米入汤中加水适量,煮粥,将熟加入药汁、姜、葱末、食盐稍煮;猪腰花洗净,略炒汤干入沸粥中,调味精,煮沸。随意食。

[功能] 补肾壮腰,强筋健骨。

[益宜] 肾虚所致腰痛、遗精带多、面浮水肿、耳鸣耳聋、腰脊酸软,妇人胎动不安等。

补益海参

[配制] 海参15g，生姜汁适量，小茴香6g。海参温水发软，捞起沸水氽1次，入锅加清汤适量及小茴。文火炖至烂熟。食时加姜汁拌和，分次服。以常服为佳。亦可加火腿炖，随意服。

[功能] 滋补肾阴，养血润燥，抗衰老。

[益宜] 肾阴亏虚所致未老先衰、阳痿、便秘，亦可作肺结核、再生障碍性贫血、糖尿病、肿瘤患者的膳食。

参附鸡汤

[配制] 党参、附片、生姜各30g，母鸡半只或1只。鸡治净入锅加洗净之党参、附片、生姜共炖汤2小时以上，熟加葱、盐、味精、绍酒调味。酌量分食。

[功能] 温肾壮阳。

[益宜] 阳虚头痛之头脑空痛，眩晕耳鸣、腰膝酸痛乏力，遇汗痛增等。

参归姜枣汤

[配制] 人参6g，当归9g，黑姜2.1g，熟附子3g，炒枣仁4.5g，大枣5枚。水煎服。

[功能] 补肾养心。

[益宜] 妇女产后心慌、自汗多。

参归山药炖猪肾

[配制] 党参、当归、山药各10g，猪肾500g，各样佐料适量。猪肾剖，去臊腺洗净，入砂锅，前3味切片，盛袋入锅同煮，熟，捞出猪肾晾凉，切薄片，入盘加调味品，淋麻香。另方：参、归、山药研末。

[功能] 补肾、益精、凉血。

[益宜] 心血虚之心悸、气短、腰酸、腿痛、失眠、自汗等。

参鹿补膏

[配制] 红参80g，鹿肉、玉竹各100g，仙灵脾、制狗脊、炒白术各300g，鸡血藤800g，党参、锁阳、川断各200g，黑旱莲、仙鹤草、熟地黄各400g，制女贞子600g。红参单水煎2次，每次3小时；鹿肉水煎4小时，再参、鹿肉渣合与药同煎2次，每次3小时。合诸滤清汁、浓缩清膏。每用取清100g，加砂糖100g，饴糖30g，浓缩收稠膏。每服10g，1日2次。

[功能] 益肾补脾。

[益宜] 脾肾两虚之腰痛腿软、食欲不振、体倦气短、久不受孕等。可作更年期保健品。

参芪茯苓茶

[配制] 人参10g，茯苓10g，枸杞子10g，黄芪15g，橘皮10g，生姜5～7片，洗净加水1 200ml，以文火煮30分钟，分三服或随意代茶饮。接连10天，饭后30～60分

钟饮用。或炖羊肉汤服。并多吃温性水果，如龙眼、荔枝、榴莲及葡萄等。

［功能］性平、温。补气养肾。

［益宜］面色苍白，四肢冰冷，中气不足，气虚浮肿。

春寿酒

［配制］天门冬、麦门冬、熟地黄、生地黄、山药、莲肉、红枣各 30g。诸品切碎，加酒 1 000ml，置容器密封，隔水煮沸，继续浸泡 30 天。每饮 25～30ml，日 2～3 次。

［功能］养阴固肾，健脾益气，延年祛老。

［益宜］阴虚精少之腰酸、须发早白、神志不宁、食少等。

磁石镇眩肚

［配制］磁石、牡蛎（两者打碎，纱布包，扎口）各 100g，茯苓 100g，石菖蒲 60g，猪肚 1 只，洗净。前 4 味共置猪肚内，扎口。放蒸钵内加水、盐、酒、姜各适量。炖 3 小时，至猪肚熟烂。分 2 天饮汤食猪肚。

［功能］养肾通窍，健胃化痰。

［益宜］肾虚之耳鸣、耳聋、头晕、健忘等。

磁石猪肾羹

［配制］磁石 500g，杵碎，水煎去渣取汁，猪肾 1 对，剖去筋膜臊腺，洗净切碎，入煎汁煮熟，入葱、姜、豉、花椒各适量，稍煮羹。空腹食。

［功能］补肾填精潜阳。

［益宜］肾阴亏损、阴精下脱、虚火炎上、耳失聪、头眩晕、健忘、咽干、心悸等。

苁蓉汤

［配制］肉苁蓉（漂洗）、枸杞子、杜仲、黑豆各 9g，菟丝子 12g，当归、茯苓、牛膝各 6g，甘草 1.2g，大枣 10 枚，生姜 2 片，水煎服。

［功能］温阳补肾，强筋壮骨。

［益宜］肾受燥凉，腰痛足弱，溲便短涩。

刀豆煲猪腰

［配制］刀豆 10 粒，猪腰 1 只，将猪腰洗净，去膜去臊，切成小块，与刀豆同入锅内，加水两碗，煎至一碗，加食盐少许，饮汤食猪腰（勿食刀豆）。

［功能］补胃温中。

［益宜］胃虚腰痛，耳聋，遗精及劳损。

冬虫夏草炖黄雀

［配制］黄口小雀 12 只，冬虫夏草 10g（或山药、杞子、党参、北芪、圆肉亦可），生姜 2 片。雀净，切块与虫草、姜片同置瓦锅，加水适量，慢火炖 2～3 小时。调味。佐餐或单食。

[功能] 补肾壮阳,填精益髓。

[益宜] 肾虚之耳鸣耳聋,腰膝酸软,阳痿遗精;久服可强身健脑。

杜仲黑豆煲猪尾

[配制] 杜仲、黑豆各 30g,猪尾 1～2 条。猪尾去毛治净,与 2 药入瓦罐加水适量,明火煲熟,加盐少许调食。每日 2 次。

[功能] 补肾壮腰。

[益宜] 老人肾虚所致腰痛,尿多等。

复元汤

[配制] 淮山药 50g,肉苁蓉 20g,菟丝子 10g,核桃仁 2 个,捣碎纱布包,扎;羊肉 500g,洗,沸水汆,再洗净,切条块;羊脊骨 1 具,剁数节,清水洗净;葱白 3 根,切段,姜适量拍破;花椒、料酒、胡椒粉、八角、食盐各适量。将中药、羊肉、脊骨、粳米同置砂锅,水煮沸,打去浮沫,入佐料文火煮肉烂,加胡椒末、食盐调味。单食或佐餐。

[功能] 温补肾阳。

[益宜] 肾阳不足,肾精亏损之腰膝无力、耳鸣眼花、阳痿早泄等。

枸杞鸡　另方:枸杞鸡丁

[配制] 枸杞 15g,子母鸡 1 只,料酒、胡椒粉、姜、葱、味精、盐等适量。鸡治净,沸水汆透,捞起沥干,枸子洗净纳鸡腹,鸡腹朝上置盆中,放葱、姜、料酒、清汤、盐、胡椒粉,封盆口,上屉武火蒸 2 小时,拣出葱、姜、入味精些许。饮汤食鸡肉。另方鸡脯肉 250g,枸杞 12g,净青笋 50g。炒食。

[功能] 补益肝肾。

[益宜] 肝肾不足之腰膝酸软,头晕目眩等。脾胃虚弱、消化不良、便溏、泄泻者慎食。

枸杞叶煲猪腰

[配制] 枸杞叶 100～150g,猪腰 1 对。猪腰去臊腺,洗净,切片与杞叶煲,调味食。

[功能] 补肾益精,清热止渴。

枸杞玉竹膏

[配制] 枸杞子、玉竹各 100g,蜂蜜 200g。前 2 味捣烂,加清水 2 000ml,文火熬成糊状,加蜂蜜调熬为膏。每日早、晚各服 10～20ml。

[功能] 补阴滋肾,生津止渴。

[益宜] 年老体衰阴液不足之浮烦失眠、大便干结、口唇干燥、皮肤皱缩等。

归参山药猪腰片

[配制] 猪腰 1 对,当归、党参、山药各 10g,调料适量。猪腰剖开,剔去筋腰、臊腺,洗净;山药等装纱布袋,扎口与猪腰同置器内武火隔水炖至猪肾熟透,捞出冷却后切

薄片装盘，拌入酱油、醋、姜丝、蒜末、麻油等。

［功能］益气，养血，补肾。

［益宜］老人血虚肾亏之心悸气短，腰膝酸软，失眠自汗等。

归附狗肉煲

［配制］净狗肉 1 200g，熟附片 15g，当归 15g，桂皮 2g，绍酒 50g，姜片 15g，葱结 20g，精盐 2g，熟猪油 90g。狗肉洗净，斩成 3 厘米见方块，与清水一起下锅，烧开去血腥味，捞出再放清水洗 2～3 次，沥干水分；大蒜切片，附片、当归、桂皮洗净；猪油下锅烧熟后下狗肉煸炒，收干水分，与桂皮、附片、当归、葱节、姜片、干辣椒节、清水同入砂锅，加盖煨 1 小时，改小火慢煨至软烂；拣出大料后复入砂锅加大蒜烧开，加入味精佐餐。

［功能］补血散寒，益脾肾。

［益宜］肾阳虚之腰膝冷痛，小便频数、浮肿、阳痿等。

黑豆胡桃仁塘虱鱼汤

［配制］黑豆 30g，陈皮 1 小片(洗净)，胡桃肉 35g(水烫后去衣)，塘虱鱼 2 条(去腮、肠脏、洗净)。前 3 味入砂锅煮沸，放塘虱鱼煮沸，文火煮至黑豆熟，调味。随量食或佐餐。又方：塘虱鱼 100g，黑豆 100g，姜、葱适量煮食。

［功能］补肾益精，理气行水。

［益宜］肾病、脾肾不足，水肿时发，腰膝乏力，头晕目眩，纳差等。

黑豆智仁桑螵蛸炆猪肚

［配制］黑豆、益智仁(捣碎)，桑螵蛸(洗净)各 30g，猪肚 1 具(洗净)。共置砂锅炖烂。食肚饮汤。

［功能］补肾缩尿，益智强记。

［益宜］肾阳不足，肾精亏损之小便清长、频数，遗尿、遗精、健忘、头昏耳鸣等。

胡桃粥

［配制］杜仲 15g，小茴香 10g，共 2 煎，滤汁去渣；胡桃肉 30g 研膏，以前 2 味滤液加，加洗净粳米 100g，煮粥，熟空腹食。

［功能］壮腰健肾。

［益宜］肾虚腰痛，遇劳则甚等。

葫芦巴酒

［配制］葫芦巴 600g，切碎，与米酒或高粱酒 3 000ml，同装大口瓶内，密封 2 个月。每日饮 3～4 杯。

［功能］补肾壮阳，祛风止痛。

［益宜］肾阳虚之阳痿不起，筋骨疼痛等。

还少丹

[配制] 山药、牛膝各45g，远志、山茱萸、茯苓、五味子、巴戟天、苁蓉、菖蒲、楮实、茴香、杜仲各30g，杞子、熟地各15g。洗净，焙干，研末。制蜜丸，梧子大，每服30丸，食盐温酒或盐汤下。日2次。亦可为散、盐汤、蜜调服。

[功能] 温补脾肾，养心安神。

[益宜] 虚损神志具耗，筋力顿衰，腰腿沉重，血气羸乏，小便浑浊等。

健脾补肾活血聪耳汤

[配制] 党参、黄芪、熟地、枸杞子、丹参、葛根、川芎、女贞子、甘草各等份(原文无剂量，且每日1剂)。共研粗末，每30～50g煎、泡茶饮，随意。

[功能] 健脾补肾。

[益宜] 中老年脾虚肾亏性耳聋。

健腰油糕

[配制] 杜仲、补骨脂各25g，核桃肉40g，大蒜15g，烫面220g，发面25g，白糖、芝麻各50g，苏打、猪油各2.5g，菜油250g(实耗35g)。前4味加芝麻，各洗净，焙干研细末。烫面用时推开，加发面、苏打、熟猪油揉匀，制为50个小面团，药末加白糖调制成50个馅团。面团压片包馅封口，按成圆饼。待锅中油炼至六成热时炸油饼至皮酥硬，色黄。捞起沥油上桌。

[功能] 补肝肾、强腰脊。

[益宜] 肾亏腰酸，头晕耳鸣，尿有余沥等。

金髓煎

[配制] 枸杞子250g，白酒500g。将枸杞子洗净，入瓷器内，加酒浸15天。取出研碎，将酒与枸杞浆用白布袋绞取汁。熬汁液体成膏状。每早晚各1汤匙，温酒冲服。

[功能] 补益肾精，延年益寿。

[益宜] 肾虚精亏之头发早白。常人服可抗老防衰。

金髓煎

[配制] 枸杞子500g，白酒1 000g，枸杞洗净，浸泡酒中，15天后滤并绞汁，文火浓缩膏状。每日早、晚各1汤匙，温酒冲服。

[功能] 填精补肾，延年益寿。

[益宜] 肾虚发白，肾精亏损等。

金樱子膏

[配制] 鲜金樱子5 000g(干品2 500g)，杵去刺，去内核，共煎2次，去渣滤清，熬清液收膏，每服10g。开水冲服。

[功能] 养肺补肾，固精涩尿。

［益宜］肾气亏虚，神经衰弱，小便不禁，梦遗滑精，脾虚泻痢。药理研究证明：本品有抑菌、止泻，提高免疫功能的作用。

熘炒黄花菜猪腰

［配制］黄花菜 50g，择洗净，切段；猪肾 1 对，剖，去筋膜臊腺，切腰花块，各佐料适量。热锅注油，煸葱、姜、蒜香，改大火爆炒腰花，将熟加黄花菜、糖煸炒几下，湿淀粉勾芡，推匀，加味精。佐餐。

［功能］补肾通乳。

［益宜］产后肾虚腰痛，耳鸣，乳少等。

龙眼鸽蛋

［配制］龙眼肉 15g，鸽蛋 6 个，冰糖 40g，龙眼净入锅，加清水 500g，烧沸后煮 20 分钟，下冰糖，再把鸽蛋逐个打破下锅，煮约 5 分钟。顿服。

［功能］补肾益气，养心安神。

［益宜］心肾不足之腰膝酸软，心悸失眠、头晕健忘等。

麻仁栗子糕

［配制］芝麻仁适量，火麻仁适量打碎，栗子粉 30～50g，玉米面 30～50g，红糖适量。将 2 仁入玉米面中和匀，再和栗子粉、红糖、水，蒸糕作早餐食。

［功能］补肾、润燥、宽肠。

［益宜］肾气不足，推动无力之排便困难，但并不干燥者。

培元益精补气茶

［配制］茯苓、杜仲各 9g，人参、当归各 6g，鹿茸 3g，黑枣 6 粒。共加水 2 500ml，煮沸后文火煎 30 分钟。每周服 3～5 天，每天饭后 1 小时，1 次服完。连续 3 周为佳。

［功能］补肾阳，强精气。

［益宜］体弱畏寒，肢冷，面色萎黄，神疲体倦，性功能低下者。

芡实金樱粥

［配制］粳米 100g，芡实 20g，金樱子 15g，白糖 6g。芡实、金樱子去核、灰渣，煎取汁；米淘净入药汁，加水适量，煮粥，熟，调入白糖，稍煮。

［功能］补肾固精，健脾止泻。

［益宜］脾肾两虚所致的泄泻，遗精，食少，小便不利等。

芡实老鸭蒸

［配制］芡实 200g，老鸭 1 只，姜、葱、食盐、绍酒适量。鸭常法治净，去内脏；芡实洗净置鸭腹内。鸭入砂锅，加姜、葱、食盐、绍酒、水适量。文火煮 2 小时。食前加少量味精。

［功能］滋阴养肾，脾虚水肿等。

三味安肾散

[配制] 破故纸(补膏脂)、小茴香、乳香各等份,为细末,每服 3～5g,蜜调糊,空腹盐汤送下。

[功能] 补肾纳气。

[益宜] 下虚,肾不得归气,变见杂证,诸药不效者。

沙苑乌龟

[配制] 龟 1 只(约 400g),鱼鳔 25g,沙苑子、生姜各 15g,葱 10g,料酒 30g,精盐 2g,胡椒粉、味精各 1g,鸡汤 1 500ml。龟置清水养两天,制时入沸水烫 2 分钟,去爪及黑皮;鱼鳔温水洗,切丝,沙苑子洗,布包;姜洗,拍,葱切段。鸡汤入锅加姜、葱、料酒、精盐、胡椒末、乌龟、鱼鳔、药包,小火煨 4 小时。食前去佐料、药包。随量。

[功能] 滋阴补肾。

[益宜] 肾虚不固,遗尿,遗精,腰痛等。性生活频致疲者更宜。常人食可益智防衰。

山药地黄粥

[配制] 山药 30～60g,熟地 10～15g,砂仁 6g,粳米 100g。前 2 味水煎取浓汁,分两份与粳米 50g 同煮,沸后加入砂仁细末煮粥,调入白糖适量。日 1 剂,2 次温热食。

[功能] 补脾益肾,温中行气。

[益宜] 肾虚失藏之遗精、滑精,精神萎靡,头晕目眩,耳鸣腰酸,脾虚之食欲不振,大便稀溏,畏寒肢冷等。

山药茯苓包子

[配制] 山药粉、茯苓粉、板栗仁(研末)、核桃仁(研末)、黑芝麻(炒)各 100g,白糖 300g,面粉适量。前 4 物和匀上屉蒸 30 分钟取出,加白糖、黑芝麻,拌成馅。面粉发好,包馅蒸熟。早晚作点心,久服。

[功能] 健脾补肾,益气固涩。

[益宜] 脾阳不足之纳呆、消渴尿频、遗尿等症。常人食增强体质,防病延年。

山药糕

[配制] 山药 500g,面粉 150g,澄沙馅 250g,京糕 250g,白糖 250g,香精、红色素、绿色素各少许。山药去净,上屉蒸烂,晾凉。面粉蒸熟。白糖分 2 份,1 份拌红色素糖粉,另一半拌绿色素糖粉,拌时各加少许香精。山药剥皮搓烂,加熟面粉 50g,揉成面团,分成两块,取其中一块擀成 4 寸见方块,再把澄沙馅擀成同样大小,放在山药面块上。把京糕切成 3 毫米厚的片,铺在澄沙馅上面。另一块山药面团,擀成同样大小两块,放在京糕上铺平。改刀切成同样大小的两块,将其中的一块撒红糖粉,另一块撒绿糖粉。把红绿山药糕拼好,切成 4 条,再把每条切成 5 块,上屉蒸熟。

[功能] 补肾精,固肠胃。

[益宜] 肾虚之遗精，腰膝酸软，脾虚泄泻等。

山药杞子炖猪脑

[配制] 淮山药 50g，枸杞子 15g，猪脑 1 具，各调味品适量。将猪脑挑破筋洗净，淮山药、枸杞子洗净，同置砂锅内加入葱、姜适量。武火烧沸，改文火炖熟。食时加盐、味精调味。

[功能] 健脾胃，益肝肾。

[益宜] 肾虚之眩晕，头痛神疲，腰酸脚软等。

山药五味益智汤

[配制] 炒淮山药 24g，五味子 9g，益智仁 15g。共加水煎煮 2 次。合 2 煎汁，分早晚空腹温服。

[功能] 补肾健脾，收敛小便。

[益宜] 脾肾气虚之小便多。

山药芝麻羹

[配制] 山药粉 50g，芝麻粉 50g，枸杞 6g，鲜百合 100g，牛奶 200ml，冰糖少许。先将百合、枸杞洗净加水煮熟后加水调匀山药粉、芝麻粉并小火煮开，5 分钟再入冰糖煮至融化，加牛奶和后即可食。

[功能] 安神补脑，补肾填髓。

[益宜] 肾精亏虚。心肾不交。

山药猪脬汤

[配制] 山药、益智仁(盐炒)、乌药各 60g，猪脬一具。前三味共为细末，用纱布包好，与猪浮同炖至熟。日 2 次，吃肉饮汤。

[功能] 温肾涩尿。

[益宜] 肾阳不足之夜尿多，遗尿，小便清长，肢冷畏寒，腰膝酸软等。

生地黄精粥

[配制] 生地、制黄精、粳米各 30g。前 2 味水煎取汁入粳米煮粥。空腹食。

[功能] 滋阴补肾。

[益宜] 妇女绝经后头晕目眩、心烦易怒、情志失调、手足发热，月经不调等。

熟地菖蒲蛇肉汤

[配制] 鲜活蛇 1 条(约 240g)。剥皮去肠杂(取蛇胆另服)，洗净；熟地 24g，石菖蒲 10g，淮山药 60g，生姜、红枣少许。全料入锅，加水适量武火煮沸，文火煮 2 小时，调味食。

[功能] 补肾开窍。

[益宜] 肾精不足之失聪，症见听力减退，耳鸣腰酸、神志呆滞、反应迟钝、语言理解能力

明显下降，胃纳欠佳等。

熟地山药蜜

[配制] 熟地、淮山药各 60g，两味洗，置瓦罐加 3 大碗水，煎取头汁半碗，再加水一碗，煎取半碗，两药汁倒入盅内和蜜 500g，加盖隔水蒸 2 小时，冷却，储。每食 1 匙，饭后温开水送下，日 2 次。

[功能] 补肾健脾。

[益宜] 肝肾不足之腰酸乏、头晕眼花、耳鸣耳聋等。

熟附子煲猪肚

[配制] 熟附子 15g，猪肚 250g。各洗净，共入锅加水煲汤，煎煮 2 小时，食盐调味，饮汤食猪肚。

[功能] 温肾壮阳，祛寒止痛。

[益宜] 肾虚之腰痛，四肢冷痛等。

水陆参杞玉兰羹

[配制] 水发海参 300g，党参、枸杞子各 10g，玉兰片 50g，葱、姜末、料酒、盐、味精、湿淀粉、油各适量，党参煎水取汁 10ml；枸杞蒸熟；海参切条块，沸水烫过，入油锅烹炒，同时加葱、姜末、料酒、盐，熟实加党参汁、玉兰片，调好味，勾芡盛盘，撒枸杞子、佐餐食。

[功能] 补肾益精，补虚羸。

[益宜] 体虚瘦弱。

速效回春饮

[配制] 人参、淫羊藿各 3g，软骨素 2g，白兰地 30ml。前 2 味加水煎取汁，混合软骨素，白兰地饮。

[功能] 补肾壮阳。

[益宜] 肾虚之阳痿，骨骼无力等。

粟米鸡茸羹

[配制] 粟米 100g，鸡肉 100g，冬菇 4 个，马蹄粉少量。粟粒洗，煮粥将熟，加入鸡肉（切细丁），菇（切细丝），煮熟时调味，拌马蹄粉成稀糊粥。随量食。

[功能] 益肾健脾，泄热利尿。

[益宜] 肾病之脾肾两虚型，面色皖白，纳少乏力，体倦腰酸，时有浮肿，烦热肾饮等。

锁阳苁蓉蜜膏

[配制] 锁阳、肉苁蓉各 500g，各洗切薄片，共水煎取汁 2 次，合并 2 次滤液于锅内熬成膏，加蜜 250g 调匀，入陶器收储。每用 30～50g，温米酒调服。日 2 服。

[功能] 补肝肾，固精壮阳，润肠通便。

［益宜］肾虚之筋骨酸软，遗精早泄，大便秘结等。

煨猪肾刀豆

［配制］猪肾1个，剖开去膜、臊腺，洗净，刀豆子10g，研细末，夹入猪肾中，外用白菜或荷叶包裹、置火中煨熟，弃包裹物，一次嚼食。

［功能］补肾壮腰。

［益宜］肾虚腰痛及妊娠期腰痛。

乌豆苡米汤

［配制］乌豆100～250g，苡米30g。2味洗，入锅加清水至豆烂熟。饮汤食豆。

［功能］补肾利水消肿。

［益宜］肾虚水肿，营养不良性水肿等。

乌龟肉汤

［配制］乌龟肉250g，加适量水煮烂，食盐调味，佐餐服食品。

［功能］滋阴补血。

［益宜］肾虚遗尿及身体虚弱，羸瘦乏力等。

乌鸡酒煮

［配制］乌雄鸡1只，治净，以无灰酒（醇酒）600g，煮熟，趁热食之，3～5只效。

［功能］益精添髓。

［益宜］肾虚耳聋。

乌鸡焖地黄

［配制］乌骨鸡1只，治净，生地黄切丝250g，拌饴糖150g匀，放入鸡腹内，缝合。剖口朝上放搪瓷碗内，上屉蒸至熟透。

［功能］填精补髓，益气止汗。

［益宜］肾虚之腰背疼痛，不能久立，乏力少气，身重盗汗等。

五味子茶

［配制］北五味子5g，紫苏根、人参各1g，砂糖100g。前3味水煎去渣，澄清，加糖搅匀。代茶徐饮。

［功能］补肺肾之阴。

［益宜］肺肾气阴两伤，肾水不能上承致咳嗽、胸闷，口渴不能多饮，气少乏力等。

鲜莲子银耳汤

［配制］干银耳10g，水发，洗净，放盆内加清汤150g，蒸笼60分钟；鲜莲子，去壳、皮、心，水稍余，再开水浸泡；烧沸鸡清汤，加入料酒、盐、白糖、味精各适量；莲子、银耳盛大碗内，注入调好清汤。日2次，佐餐食。

[功能] 滋阴润肺，健脾安神。

[益宜] 阴虚咳嗽，心烦少寐，脾虚食少，便溏等。

杏仁芝麻糖

[配制] 甜杏仁 60g，黑芝麻 250g，白糖、蜂蜜各 250g。杏仁，洗，沥干，捣泥；芝麻，淘，炒熟，研末；4 味同置大瓦盆内拌匀，加盖，隔水蒸 2 小时。每次 1 匙，饭后开水送服，日 2 次。

[功能] 补益肺肾，润肠通便。

[益宜] 肺肾两虚之咳嗽无力，动则尤甚，大肠津亏之大便干结等。久服务可预防肠癌。

羊肉草果粥

[配制] 羊肉 150g，洗净，切细，萝卜 100g，草果 15g，陈皮 10g，良姜 10g，荜拨 10g，胡椒、葱白少许，粳米 100g，先煎萝卜等 5 味，去渣取汁，后入羊肉、米、胡椒、葱白煮作粥，熟，入盐等调味。任意食。另见：羊肉、小米粥或青粱米粥等（无萝卜等五味）。

[功能] 温肾壮阳。

[益宜] 肾气不足之腰痛腰酸，下肢软弱，小便频数或不利等。

羊肾黑豆杜仲汤

[配制] 羊肾 1 对，黑豆 60g，杜仲 10～12g，小茴香 3g，生姜 9g。羊肾去脂膜、臊腺洗净；黑豆洗净；杜仲、小茴、生姜片盛纱布袋中，置砂锅先煮 20 分钟，再下豆和肾片，待豆、肾片熟后，去药包。饮汤食肾与豆。

[功能] 壮腰健肾。

[益宜] 肾虚腰痛、足膝痿弱，须发早白，阳痿滑精，女子阴冷等。

羊杂羹

[配制] 羊肚 1 具，羊肝、肾、心、肺各 50～100g，胡椒、荜拨各 50g，陈皮（去白）、良姜各 10g，草果 2 个，葱 5 茎。先用文火将羊肚以外的原料共煮熟，再同放入羊肚内，缝合，再煮至熟，弃药，切碎作羹，调味或佐餐。

[功能] 温补五脏，补肾益髓。

[益宜] 肾虚劳损及骨髓伤败等。

养元如意酒

[配制] 党参、生地黄、黄芪、补骨脂、胡桃肉、熟地黄各 12g，当归、茯苓、杜仲、枸杞子、制牛鞭、沙苑子、续断、楮实子、白术、何首乌、麦冬、天冬、山药、肉苁蓉、怀牛膝、覆盆子、菟丝子各 6g，鹿角、锁阳、海马、熟附片、蛤蚧、淫羊藿、肉桂、桑螵蛸、白芍、红花、川芎、甘草、巴戟天、陈皮各 3g，砂仁、沉香、公丁香、乳香、没药、桂圆肉各 1.5g，共浸酒 1 500ml。密封 15 天。每晚温服 15ml。

[功能] 保元固本，生精养血，强筋壮骨，驻颜益寿。

[益宜] 肾亏精少,真元大虚之阳痿、早泄、未老先衰、腰膝酸软等。阴虚燥热忌。

药蒸肚片

[配制] 熟猪肚250g,洗,切长块;枸杞子、党参、制附片、山药、干荔枝肉各10g,大枣、桂圆肉各20g,共洗净,与猪肚片合置大碗内,酌加白胡椒、食盐、冰糖、熟猪油适量,隔水蒸30分钟,再加鸡清汤500g续蒸猪肚烂熟。佐餐。

[功能] 补脾益气,固精锁尿。

[益宜] 脾肾气虚之小儿、老人遗尿,面色无华、形瘦、神糜、腰膝酸软等。

夜关门炖猪小肚

[配制] 夜关门、竹笋子、黑豆、糯米、胡椒各适量。炖猪小肚服。

[功能] 补益肝肾。

[益宜] 老人肾虚遗尿。

益智仁猪脬汤

[配制] 益智仁30g,桑螵蛸15g,猪脬1具。3品各洗净,前2品置纱布包,入砂锅加水共炖猪脬熟,去药包,入盐,食肉饮汤。1日1料,连续1周。又方:益智仁15g,白胡椒7粒。糯米装入净猪脬内。

[功能] 温肾缩尿。

[益宜] 肾阳不足之夜间遗尿或出而不禁、肢冷恶寒,小便清长,智力迟钝等。

益智糖

[配制] 核桃仁、黑芝麻各250g,红糖500g。红糖下锅加水熬稠厚牵丝,把炒香的核桃仁、芝麻倒入,搅匀停火。盛入涂油的方盘中,压平,倒出切块。储干燥处。每早、晚食3块。

[功能] 补肾益智。

[益宜] 肾精亏虚,脑海失聪之记忆减退、失眠、反应迟钝等。

淫羊藿猪肝火锅

[配制] 猪肝300g,淫羊藿9g,海米、豆腐、白菜、粉条、、海带丝、醋、酒、胡椒各适量。淫羊藿水煎去渣、取汁;净锅烧水沸投猪肝,再沸投各佐辅料,又沸加淫羊藿汁即可食。

[功能] 补肾生精,健脑益智。

[益宜] 肾精亏虚之性功能衰弱及健忘等。

月宫银耳汤

[配制] 干银耳15g,火腿少许,鸽蛋12个,鸡清汤1 500g,香菜叶少许,盐、味精、食用碱、猪油、料酒及胡椒面适量。将发好的银耳用少许食用碱拌匀,用开水泡5分钟,即用开水冲去碱味,清水泡后蒸熟备用。拿12个圆形铁皮模子,内涂猪油,

打入鸽蛋，上放香菜叶一片，火腿少许，蒸透取出模子，放冷水内，取出鸽蛋，泡冷水中，把鸡清汤烧开入料酒，盐、胡椒面，将银耳捞出清汤，鸽蛋也捞出清汤，最后放味精，起锅装碗。

[功能] 补气养胃，益肾润肺。

[益宜] 肾虚之气喘，心悸头晕，疲倦乏力等。

枣杏焖鸡

[配制] 板栗 200g，甜杏仁 6g，红枣 30 枚，核桃仁 30g，净公鸡 1 只，调料各适量。杏仁、核桃仁沸水浸去皮，入热油炸金黄色，压末；鸡剁寸许块，洗净，沥干入油炸黄色即加料酒、葱段、姜丝、白糖、酱油炒至上色，注入白汤、栗子、红枣烧沸，改文火焖鸡熟透，捞出鸡块、栗子，原汤汁拌入芝麻酱，二仁末，用湿淀粉勾芡，浇鸡肉上。佐餐。

[功能] 补脾肺，益肾气，和气血，填精髓。

[益宜] 脾肾两虚所致的乏力、耳鸣、健忘、咳喘、心悸等。

炸腰花核桃仁补骨脂卷

[配制] 鲜猪腰 300g，核桃仁 100g，补骨脂粉 15g，鸡蛋清 3 个，淀粉、精盐、绍酒、油各适量。猪腰对剖去臊腺，洗净，整片切花，盛碗中加精盐、味精、胡椒面、绍酒、姜、葱；核桃仁浸去皮，油炸黄，冷研末，拌蛋清、干淀粉、补骨脂匀；将腰片 1 块卷抹蛋清糊，逐个卷完后入七成熟油锅，炸至金黄色捞起，盛盘，撒上椒盐，配上姜醋汁食。

[功能] 补肾壮阳，纳气平喘，强筋壮骨。

[益宜] 肾气不足之腰酸腿软、咳嗽气短、动则尤甚。

猪腰杜仲芡实汤

[配制] 猪腰子 1 只，杜仲、芡实各 30g，水煎后 2 味，去渣取汁，入猪腰子(剖去膜、臊腺，切碎)煮成汤，加少许花生油、食盐调味。日 3 次内服。

[功能] 补肾敛精。

[益宜] 肾精亏虚之腰酸、眩晕、多梦或遗精、脉沉细或细数无力。

驻景补肾明目丸

[配制] 五味子、熟地黄(酒蒸，炒)、枸杞子、楮实子(酒浸)、肉苁蓉(酒蒸，焙)、车前子(酒洗)、石斛(去根)各 30g，青盐(另研)30g，沉香(另研)15g，磁石(火煅，醋水飞过)、菟丝子(酒浸、另研)各 30g。诸药共为细末，炼蜜为丸，如梧桐子大，每服 70 丸，空腹盐汤送下。

[功能] 补肾明目。

[益宜] 肝肾俱虚，瞳仁内有淡白色昏暗，渐成内障。

驻颜益心神丸

[配制] 熟干地黄250g,牛膝120g,杏仁(汤浸,去皮、尖,双仁微炒,研如膏)250g,菟丝子90g(酒浸3日,曝干,另捣为末)。炼蜜捣杵为丸,如梧桐子大。每服40丸,空腹温米酒送下。

[功能] 益气血、补肾。

[益宜] 须发早白。

壮肾散

[配制] 淫羊藿(酒浸)、杜仲(酒炒)、远志、炒小茴香、大茴香各150g,巴戟天、酒浸肉苁蓉各180g,青盐240g。共为细末,每服6g,用猪腰切开,去臊腺,掺药末于内,纸裹,火烧热,细嚼酒送下。

[功能] 补肾、壮腰、益精、强筋。

[益宜] 肾经虚损,腰腿及遍身疼痛。

壮阳狗肉汤

[配制] 狗肉250g,洗净,沸水氽透,凉水洗净血沫,切3cm见方块;菟丝子5g,附片3g,装纱布袋;姜、葱适量洗净,切碎与狗肉煸炒,烹黄酒适量,倒砂锅内,放入药袋、盐、清汤,武火烧沸,去浮沫,文火煨至狗肉烂熟。

[功能] 补阳温肾。

[益宜] 肾阳不足之身体衰弱,肢凉畏冷,腰膝酸软等。

紫河车炖大枣

[配制] 紫河车1具,大枣60枚。紫河车挑去血络,漂洗干净,切成小块,大枣洗净,共用砂锅炖河车熟烂。吃河车、枣,饮汤。

[功能] 补肾健脾。

[益宜] 脾胃不足之腰酸乏力,头晕耳鸣,不孕不育,饮食少思等。

六、养气血门类方

阿胶炖肉

[配制] 猪瘦肉100g,阿胶6g。猪肉洗净切片,加水炖熟,入阿胶炖化,低盐调味,饮汤食肉。

[功能] 滋阴补血,和血。

[益宜] 血虚致面色无华、头晕、心悸、失眠、肢麻等。

鹌鹑炖山药党参

［配制］鹌鹑1只制净，与党参15g、淮山药30g，洗净同煮，加少量盐调味。待鹌鹑熟烂，食肉饮汤。

［功能］补气健脾养胃。

［益宜］胃虚弱之食纳减少，四肢乏力等。

八珍酒

［配制］全当归90g，川芎50g，白芍60g，生地120g，人参30g，炒白术90g，白茯苓60g，炙甘草45g，五加皮240g，小肥红枣、核桃肉各120g，糯米酒20 000ml。将前11味切薄片，绢袋盛好，浸酒中，密封，隔水加热约1小时后，取出埋土中5天，取出静置21天，再过滤。每次温饮1～2小盅，日3次。

［功能］益气益血。

［益宜］气血两亏，食少乏力，易于疲倦，面色少华，头眩气短，女子经少色淡，腰膝酸软等。

［忌口］口干，心烦，口舌生疮，舌红等热象者。

扒五香仔鸽

［配制］褪毛鸽6只，猪五花肉180g，姜、葱、盐、酱油、白糖、味精、桂皮、八角、丁香、砂仁、豆蔻、花生油、湿淀粉、料酒各适量。将净鸽与猪肉厚片沸水中汆一起，鸽子扎小孔使出尽血，洗净血沫，码在沙锅底垫的竹片上，肉盖其上，加葱段、拍碎姜块、盐、料油，入清水淹过鸽身，把上各佐料装袋入锅，上火烧开，撇净浮沫，焖八成熟时，取出鸽子拆掉大骨，鸽脯肉以皮朝下顺码扣碗里，鸽腿码在周围，鸽头、翅切块放在上面，淋入砂锅汤，上笼蒸烂。食时把碗里汤滗入锅，再把扣碗翻在盘内，锅内汁加热，放味精调好味，淀粉勾芡，淋入麻油，浇鸽肉上。佐餐或单食。

［功能］补精益髓，健脾强骨，益气养血，安神定智。

［益宜］气血两亏之倦怠无力，健忘，懒语等。

百合粳米凤腹蒸

［配制］母鸡1只，治净并去内脏；百合60g，粳米60g，洗净，共置鸡腹内，缝合鸡腹；入清汤中加姜、椒、盐、酱油少许，煮熟。开腹取百合粳米饭食，并饮汤食肉。

［功能］补气养血，健脾养心。

［益宜］产后虚羸之少气、心悸、头晕、少食等。

百合枣龟汤

［配制］龟肉60g，百合30g，红枣10枚，龟肉切块，大枣去核，3味共煮，加调味品，龟肉熟后，饮汤食肉。

［功能］滋阴养血，补心益肾。

［益宜］心肾阴虚所致失眠、心烦、心悸等。

爆炒羊肝肉

［配制］地骨皮12g，陈皮、神曲各10g，嫩羊肉250g，羊肝250g，豆粉等调味品适量。前3味煎煮40分钟，去渣，汁缩浓稠；羊肝、肉洗净，切丝，加豆粉拌匀；锅内油热九成时，爆炒羊肝，肉丝至熟，入药汁、葱、姜、豆豉、盐、糖、黄酒，烧沸后，勾芡推匀。佐餐用。

［功能］补气养血。

［益宜］气血不足或久病体虚之消瘦、头晕目眩等。

补肝养荣汤

［配制］当归、川芎各6g，芍药、熟地、陈皮各4.5g，甘菊3g，甘草1.5g，水煎服。

［功能］补气养血。

［益宜］血虚眩晕。

补血顺气药酒

［配制］天冬、麦冬各120g，生地黄、熟地黄各250g，人参、茯苓、枸杞子各60g，砂仁21g，木香15g，沉香9g。诸药研，装纱布袋，扎口，放瓷酒坛，加白酒2 100ml，密封浸泡3天后，再用文武火隔水煮30分钟，再浸1～2天后开坛。每日2次，每次饮10～20ml。

［功能］益气补血，舒畅气机。

［益宜］气血不足，气机滞所致气短乏力，面色无华，须发早白，精神萎靡，脘痞食少等。忌萝卜、葱、蒜。

补元益气茶

［配制］黄芪15g，茯苓9g，枸杞子9g，生地黄9g，虫草6g，红枣5粒（擘），加水1 500ml，文火煮30分钟，取汁频饮，并食虫草，枣肉。每日1剂。坚持10天。

［功能］培元补气养神。

［益宜］劳乏，精神萎靡。

参附蒸猪肚

［配制］熟猪肚、清汤各400g，党参、山药、附子各15g，红枣、荔枝、龙眼各10g，白胡椒10粒，冰糖50g，精盐、猪油各适量。猪肚切片与中药、佐料同置蒸碗内，先干蒸30分钟，再加清或鸡汤蒸至熟烂，弃药、随意食。

［功能］助阳益气，健脾养血。

［益宜］气血亏虚，肾脾虚寒之畏寒肢冷、食少腹泻、腰膝酸软等。

参归炖猪心

［配制］当归10g，党参50g，猪心1具，味精、食盐各适量。猪心去脂，治净，参、归洗净，切片，同置砂锅内，加水适量，文火炖熟烂，加盐拌匀入味，加味精。随意食。

[功能] 补心血,益心气。

[益宜] 心气血亏虚之心悸、怔忡、失眠、胸闷、气短等。

参归乌鸡汤

[配制] 当归身、枸杞各30g,人参、橘皮各10g,乌骨鸡500g重1只。鸡治净,去头、足、内脏,诸药洗净切片,纱布松松包盛,纳鸡腹中,武火蒸2～3小时。食鸡饮汤。

[功能] 益气补血。

[益宜] 血虚之经行后期量少色淡、少腹空痛、面色无华等。

参桂养荣酒

[配制] 生晒参、糖参各50g,桂圆肉200g,玉竹80g,砂糖160g,52°白酒2 500g。前4味切碎与白酒,糖共浸瓶中,隔水蒸1小时(封口),继浸泡2～3周,过滤每服20ml,1日2次(与原方用酒相去近9倍)。

[功能] 益气养血。

[益宜] 气血两亏之体倦乏力,食少眠差,头晕目眩等。

参苓鸡猪肉

[配制] 母鸡1只,猪肉、杂骨各250g,党参、茯苓、白术、白芍各5g。炙甘草2.5g,熟地、当归各7.5g,川芎3g,葱、姜、盐、味精、料酒各适量。诸味中药洗,装纱布袋,扎口。鸡治净;鸡、肉、骨、药同下锅加水煮沸,去浮沫,投姜、葱、料酒,肉炖烂停火。捞出药袋,鸡、肉取切,再入锅加盐、味精。另方用鸡、人参、香菇、玉兰片等;又方用枸杞;再方用海马、虾仁等。

[功能] 调血补气。另方:大补元气;又方:滋补肝肾;再方:温肾壮阳,补精益气。

[益宜] 气血两虚之面色萎黄,食欲不振,四肢乏力。另方:健忘,眩晕头痛,阳痿,尿频;又方:肝肾亏虚,目暗不明;再方:阳痿、尿频、崩漏等。

参杞蛤士蟆

[配制] 干蛤士蟆60g,人参3g(或党参15g),枸杞30g,罐头青豆25g,甜酒汁50g,冰糖250g,葱结20g,姜片10g。蛤士蟆洗净,置瓦罐内加水500g,甜酒汁25g,葱、姜入笼蒸约2小时,取出去除蛤士蟆黑色筋膜。扳小块,入罐中,加清水500g,甜酒汁25g,入屉蒸2小时,取出放一干净大碗中,加入净枸杞、参末、冰糖和开水350g,入笼蒸化,加青豆随意食。

[功能] 养阴补血。

[益宜] 血虚头痛之头痛隐隐、心悸气短、神倦乏力、遇劳加重、食欲不振等。

参杞酒

[配制] 党参、枸杞子各15g,米酒500g,合浸7天后,每服15ml,早晚各1次。

[功能] 益气养血。

[益宜] 气血两亏之心悸失眠,健忘多梦,倦怠乏力等。

参蓉驻景丸

[配制] 楮实(微炒)、枸杞子、五味子、制乳香、川椒(去目、炒干)、人参各 30g,熟地黄(酒浸)60g,肉苁蓉(酒浸)、菟丝子(酒浸)各 120g(一方有当归)。为细末,炼蜜为丸,梧桐子大,每服 30 丸,空腹盐汤送下。

[功能] 益气血,补心养肾。

[益宜] 心肾俱虚,血气不足,下元衰惫。

参味枸杞酒

[配制] 人参 9g,五味子、枸杞子各 30g,白酒 500g。前 3 味选上等、优质,装瓶加酒后摇匀,密封。每日摇数次,7 日后睡前饮 10～15g,不可过量。

[功能] 益气养阴,补肾。

[益宜] 气血不足,肾精亏损,心虚胆怯等。症见失眠、心悸、记忆力减退等。感冒等忌。

叉烧参归全鸡

[配制] 嫩肥母鸡 1 400g,党参 15g,白术 10g,熟地 10g,当归 10g,川芎 10g,白芍 10g,生姜 5g,芝麻油 35g,冬菜节 40g,饴糖 20g,泡红椒丝 10g,绍酒 20g。鸡宰尽后去内脏、爪。中药制末,与绍酒调料拌匀置鸡腹内,砂锅置中火上,倒麻油六成熟,将冬菜节、肉丝、花椒、泡椒、姜丝、葱丝、酱油、盐入锅中炒香,放鸡腹内。开水淋鸡外部,烫至鸡皮收缩绷紧,用毛巾擦干水分。将饴糖抹鸡身上,把翅膀折断,用铁叉从胸部内伸向尾部,连腿叉上,在木炭上烧烤,不断翻转。烤至鸡皮呈黄色时,放进烤箱烤熟。随意服食。

[功能] 益气补血,温养脾胃。

[益宜] 脾胃虚弱或营养不足所致妇女月经不调,腹痛等。

大(小)晕药(叶)炒鸭蛋

[配制] 大晕药(别名:吐血草,金不换,牛大黄,土三七,血当归,萝卜(皮)叶)或小晕药(别名:火碳毛,乌臼饭草,接骨丹,黄鳝藤等)叶 20g,鸭蛋一个,麻油 1 汤匙,食盐少许。晕药叶洗净,切细,放碗中,打入鸭蛋,加盐,调匀后倾入烧热的麻油锅内炒 3～15 分钟,佐餐火空腹当点心服食。

[功能] 益气祛风,清利头目。

[益宜] 气虚和气血两虚,感受风邪之眩晕。

大五补散(原名:大五补丸)

[配制] 天冬、麦冬、菖蒲、茯神、远志、人参、益智仁、枸杞子、地骨皮、熟地黄各等份。为细末,每服 6g,温酒送下,日 2 次。

[功能] 滋阴补肾,宁心安神。

[益宜] 气血俱虚,虚劳咳嗽,精神不振。

大枣花生炖大鲵

［配制］大鲵肉 500g，大枣、花生各 30g，盐少许，将大鲵肉切块，与大枣、花生同置锅内，以水适量，小火煨炖至透熟，加盐调味食。

［功能］益气血，补虚羸。

［益宜］气血不足之食少乏力，形体消瘦，面色萎黄等。

当归杞子汤

［配制］当归、枸杞子、制首乌各 15g，鸡肉 250g。4 品共煮至鸡肉熟烂。食肉饮汤。

［功能］补阴养血。

［益宜］阴血不足之头晕眼花、须发早白等。

党参大枣汤

［配制］党参 150g，大枣 60g，2 品洗，清水浸泡 2 小时水煎 2 次，每次 30 分钟，取滤汁，合之，服。日 1 剂。

［功能］补气生血，健脾和胃。

［益宜］气血两虚之贫血，面色苍白，食欲不振，心悸气短，消瘦倦怠等。

地耳烧肉

［配制］地耳（葛仙米）60～120g，猪瘦肉 200g。将地耳洗净，猪肉洗净切小块，加入适量水、食油、盐、酱油、煮至肉熟。佐餐食。日 1～2 次。

［功能］滋阴养血，明目。

［益宜］肝血虚少之目昏眼花，夜盲等。

冬菇全鸡

［配制］肥壮子鸡一只（约 1 500g），鸡宰后净，脊部自尾至翅下剖开，除去内脏，洗后，用刀根在鸡脊骨每 3 厘米斩一刀，投入 8 成热水中翻汆，冷水洗净；冬菇丝、笋丝各 60g，火腿丝 15g，适量姜丝、葱丝从鸡背剖开处塞入，并加入白汤及适量黄酒、酱油、白糖、味精、食盐，肚朝上放入汤碗中（扣紧），入笼武火蒸约半小时，至鸡肉熟透时出笼；将鸡肚内之物倒炒锅锅中；将鸡翅、颈切下，斩成段，填在盆底部，再将鸡身剖两爿，斩成一条指（手指样长、宽），鸡腿也一劈两片，斩成一条指，均按刀路排于盆中成半立体鸡形；将盛有调料汁的炒锅置武火上，煮汁浓，离火，漏勺捞起冬菇丝，沥去汁，摆在鸡的四周，锅内汁浇鸡肉上。

［功能］补气补血，强身健体。

［益宜］气血不足，身体虚弱，少气懒言，身体羸弱等。

鹅肉补阴汤

［配制］鹅肉 250g，猪瘦肉 250g（各洗净，切块），山药 30g，北沙参、玉竹各 15g（各洗净，共盛纱布袋内）。诸同放锅中煮肉熟烂透，调味，饮汤食肉。

[功能] 益气养阴。

[益宜] 气阴不足之口渴思饮、乏力、咳嗽、食欲不振等。

鹅肉鱼鳔汤

[配制] 鹅肉250～500g,鱼鳔50g,鹅肉切块同鱼鳔同加水煮,用少量食盐调味。饮汤食肉。

[功能] 益气养阴,补肾强志。

[益宜] 气阴两虚之腰膝酸软、健忘、消瘦、乏力等。

二仙酒

[配制] 龙眼肉955g,桂花蕊240g,砂糖480g,烧酒1坛。前3味浸酒中,愈久愈好。频饮,无醉。

[功能] 安神悦颜。

[益宜] 心血不足之失眠,健忘,心悸等。

干蒸鹿胎

[配制] 鹿胎1具,淡菜100g,生姜、葱、盐各适量。鹿胎洗净,放盆内,加淡菜、葱、盐各适量。隔水焖蒸,使蒸于锅盖之水倒注于鹿胎内,3～4小时后,蒸至鹿胎熟,汤汁满,晨起空腹服食。

[功能] 大补元气,填精养血,扶益虚损。

[益宜] 诸虚百损症,忌食萝卜。

狗肉粥

[配制] 狗肉150g,粳米100g,盐、豆豉适量。先将狗肉切细和米煮烂成粥,入盐、豉搅匀。空腹食。

[功能] 补中益气,温肾助阳。

[益宜] 脾肾阳虚之胸腹胀满,水肿尿少,腰膝酸软,畏寒肢冷等。

枸杞炖牛肉

[配制] 小腿牛肉250g,淮山药10g,枸杞20g,桂圆肉6g,牛肉入沸水氽3分钟,洗切片,大火花生油爆,烹黄酒10g,炒匀后盛入装有洗净的淮山药、枸杞、桂圆肉的大碗中,上放姜、葱,再加适量白开水、盐、料酒,隔水蒸笼2小时,取出姜、葱、加味精。单食或佐餐。

[功能] 补肝明目,益气养血,补肾。

[益宜] 气血虚之视物模糊、腰膝酸软等。平人常食能增进健康。

归脾饼脆(*原方名:归脾桃仁脆饼*)

[配制] 面粉500g,炒花生仁150g,鸡蛋清5个,白糖300g,熟菜油80g,苏打3g,党参30g,黄芪10g,白术10g,茯苓15g,酸枣仁10g,龙眼肉15g,生姜15g,当归9g,

远志 6g,炙甘草 6g,木香 6g,红枣 15g。中药净后,烘干,制粉末。花生仁去衣;用 3 个鸡蛋清倾入碗内单泡。将白糖、菜油、中药末、苏打、清水 100g 与蛋清一同倒入面粉中,调匀揉团成,用干湿布盖好,放置 30 分钟后揪 20 个面团,按成薄圆饼。另用 2 个蛋清掸泡,刷在面饼上,撒上花生碎瓣,稍拍一下,放在盘内,入烤箱烤熟。

[功能] 补血益气,健脑安神。

[益宜] 气血两虚所致体倦乏力,失眠健忘,月经过多等。

归圆杞菊酒

[配制] 当归身(酒洗)30g,龙眼肉 240g,枸杞子 120g,甘菊花(去蒂)30g,白酒浆 3 500ml,好酒 1 500ml。前 4 味袋盛,悬于坛中,入两酒,封固藏月余。适量饮用。

[功能] 补气补血。

[益宜] 肌肤不润,精髓不充,气血不足,精神不旺,五脏不发等。

龟台四童酒

[配制] 胡麻仁 30g,黄精 35g,天冬、白术各 25g,茯苓 20g,桃仁 15g,朱砂 1g,秫米 500g,酒曲 32g。前 6 味煎取汁 100ml,备用;秫米蒸熟沥半干后入酒坛,并将煎好的药液连同渣一同倒入坛中,加酒曲,充分拌匀,密封保温,21 天后即可使用。每日 3 服,各温服 10～30ml。

[功能] 补养五脏,益气滋阴,通利血脉,乌须黑发。

[益宜] 精血亏损,头晕眼花,容颜憔悴,须发早白,燥咳,多梦易惊,体倦食少,便秘等。

桂圆补血酒

[配制] 桂圆肉、鸡血藤、首乌各 250g,切片,加米酒 1 500g,浸泡 10 天。每饮 10～20ml,日 1～2 次。另方:桂圆肉 200g,60°白酒 400ml,浸服。

[功能] 活血补血。

[益宜] 血虚气弱之面色无华,头眩心悸,失眠,四肢乏力,须发早白等。

桂圆参蜜膏

[配制] 党参 250g,沙参 125g,桂圆肉 120g,蜂蜜适量。前 3 味浸透后,煎煮,20 分钟滤煎液 1 次,共取煎液 3 次,合两浓缩至稠黏如膏时,加蜜 1 倍,煮沸停火,待冷储。每服 1 汤匙,沸水冲服,日 2 服。

[功能] 补元气,清肺热,开声音,助筋力。

[益宜] 气虚,肺热之消瘦、烦渴、干咳少痰、声音嘶哑、疲倦等。

海参木耳炖猪大肠

[配制] 海参 100g,猪大肠 150g,木耳 150g,盐适量。海参切;猪大肠反复洗净,切段;木耳洗净,去蒂。3 物同放锅内,加水适量,小火煨至猪大肠熟透,调入少量盐,佐餐,每日 1 次,间断常食。

[功能] 滋阴润肠。

[益宜] 老年血虚津亏,肠燥便秘,习惯性便秘等。

红枣炖羊心

[配制] 羊心1个,红枣10枚。羊心洗净,切片,枣洗去核心,砂锅炖至羊心熟,加食盐调味。

[功能] 补气养心安神。

[益宜] 气血不足,心悸自汗,倦怠,少气乏力,嗜睡等。

花生红枣煲大蒜

[配制] 花生125g,红枣10枚,大蒜30g,生油15g。前3品洗净,花生去皮,红枣去核,大蒜去皮切薄片。炒锅加油,热至八成时,先煸大蒜再入花生、红枣,加清水1 000ml,煲至花生米熟烂食。日2次,连续7~10天效。

[功能] 补中益气。

[益宜] 中气不足之妊娠水肿。

淮杞牛肉

[配制] 牛肉500g(洗净,沸水氽3分钟,清洗后按肉横纹切2cm厚之条状),淮山药、枸杞各30g,桂圆肉15g(各洗净,置炖盅内),将炒锅置中火上,入油,爆炒牛肉,烹姜汁、酒,再倒入炖盅内,加姜、葱、白开水、精盐、料酒,加盖上屉蒸约2小时,取出弃姜、葱,加味精。随意食。

[功能] 益气生血。

[益宜] 血虚发热,或高或低,面色不华,唇甲色淡,心悸头晕等。

活力灵芝参茶

[配制] 人参(切薄片)、桑葚子各6g,灵芝9g(切薄片),红枣10粒。各洗净,入砂锅加水1 500g,煮沸后,文火煮25分钟,每月饮7~10天,早、晚餐30分钟后饮佳,得效后可易每周2天饮。

[功能] 补气养血,防病抗衰(增免疫,强代谢)。

[益宜] 病后或更年期、体弱者,以肿瘤高危发人群及家族史人群。

鸡血藤膏

[配制] 鸡血藤2 400g,冰糖1 200g。鸡血藤水煎3~4次,取汁,浓缩,加冰糖熬稠膏,每服30g,温开水冲服。

[功能] 养血和血。

[益宜] 血不养筋,筋骨酸痛,手足麻木,月经量少。

加味枇杷膏方

[配制] 枇杷叶50~60片,大梨6个,大枣250g,建莲肉120g,蜂蜜150ml。枇杷叶水煎

1小时后用绸布滤汁，梨去皮、心，切碎与枣、莲肉、蜜同放锅内，铺平，倒入枇杷叶汁，浸满诸品，加盖煮半小时翻转，再煮半小时，瓷罐储。随意温服。

［功能］滋阴润肺，补脾肾。

［益宜］气短两虚弱之身体羸瘦。

鳓鱼参圆汤

［配制］鳓鱼500g，党参50g，龙眼肉15g，将鳓鱼治净，与两药同煎服。

［功能］益气养血。

［益宜］气血不足、肢体无力、头晕目眩、心悸气短等。

灵芝鸡

［配制］灵芝15g，洗净，切片；嫩公鸡1只，治净，去内脏；菜油1 000g，卤汁等调料适量，姜、葱、洗净切片，锅内注入清水适量，下灵芝一半，姜、葱、花椒、食盐及鸡，待鸡半熟捞起沥水干，再入卤汁锅内，用文火煮至鸡熟，捞出。另锅注卤汁少许、加冰糖、味精、食盐、炒成浓汁，调好味，涂抹在熟鸡表层。一锅置火上，倒入菜油，炼油熟离火，待油温降至八成热，先将另半灵芝炸酥，捞出；再用锅内油反复淋倒提鸡身，直至颜色红亮后稍抹芝麻油即装盘。炸酥的灵芝撒在鸡面或摆在盘边。

［功能］补虚温中，滋养心肺。

［益宜］气血亏虚之体倦乏力、气短懒言、心悸头晕、月经过少、缺乳等。

龙眼莲子粥

［配制］龙眼肉、莲子各15g，红枣20个，江米50g，白糖适量。莲子去皮、心与红枣、江米煮粥，将成入龙眼肉，煮粥成，加白糖搅匀，空腹食。《中国药膳学》方曰：龙眼肉5g，莲子肉10g，大米100g煮粥。另方龙眼肉100g，鲜莲子200g，冰糖150g，做羹。

［功能］益气养血，补心安神。

［益宜］心血亏虚，脾气亏弱之心悸、怔忡、健忘、少气、面黄肌瘦等。

龙眼甜茶

［配制］龙眼肉50g，枸杞子40g，桑葚子30g，鸡蛋1个，蛋蒸熟去壳；龙眼、枸杞、桑葚净，加水1 000ml，文火煎至300ml，入鸡蛋，再煎10分钟，将汤、蛋倒入盛有白糖的碗内，搅匀食饮。

［功能］补心脾，益气血。

［益宜］心脾两虚之神情恍惚、健忘不眠，食少体倦，面色萎黄等。

驴肉大枣汤

［配制］驴肉500g，大枣10枚，（各洗净，驴肉切块，同煮）。肉熟食肉饮汤。

［功能］补气血。

［益宜］气血亏虚所致的乏力、心烦、心悸等。

猕猴桃饮

［配制］猕猴桃鲜果1枚(约60g),洗净后捣烂,用一杯凉开水浸泡1～2小时后饮。

［功能］护元养血。

泥鳅参芪汤

［配制］泥鳅250g,黄芪15g,党参15g,山药30g,大枣15g。泥鳅去内脏,洗净,后四味洗净,装纱布袋内,扎口。共置砂锅内,加清水1 000ml和几片生姜,武火煮沸,文火熬30分钟,除药袋,当点心食用。

［功能］健脾和胃,补气养血。

［益宜］脾胃虚弱,气血不足之气短、乏力、面色无华、消瘦食少等。

牛肉胶冻

［配制］牛肉1 000g,黄酒250ml。牛肉净,切小块入锅,加水文火煮1小时取汁,如此反复取汁4次,约2 000ml。将此汁文火熬至黏稠时加入黄酒,再熬至粘稠,下火倒入器中,冷藏。每服60～100ml。

［功能］补气益血,健脾安中。

［益宜］老人或病后,虚弱消瘦,少食消渴,精神倦怠等。

女贞子米酒

［配制］女贞子1 000g,浸米酒1 000g,每天酌量服。

［功能］养精安神。

［益宜］神经衰弱。

芪参红枣汤

［配制］黄芪、太子参各20g,红枣500g。各洗净,清水浸泡1小时,文火煮熟。吃枣喝汤。

［功能］滋阴、补虚、止汗。

［益宜］气虚自汗。

芪枣肉炖黄鳝

［配制］黄芪20g,大枣10枚,黄鳝2条,瘦猪肉100g,调料各适量。大枣去核。黄鳝去内脏,切段洗净。猪肉洗,切小块。共置砂锅,加黄芪、枣、水和调料适量。文火煨汤。肉熟烂后饮汤食肉。有另方:芪烧活鱼,芪蒸鹌鹑等。

［功能］大补气血。

［益宜］气血亏虚体倦乏力,纳食呆少,头晕目花,少气懒动等。

气血滋补汤

[配制] 乌骨鸡肉 500g,净鸭肉 500g,鸡血藤 30g,仙鹤草 25g,制狗脊 20g,夜交藤 30g,菟丝子 5g,旱莲草 15g,桑寄生 15g,女贞子 15g,合欢皮 10g,白术 8g,生地 8g,川断 8g,人参 6g,姜块 15g,葱片 20g,味精 2g,绍酒 30g,精盐 12g,胡椒面 1g,花椒 5 粒。中药净去灰渣,切薄片,煎浓汁,滤净杂质;鸡鸭洗净入沸水中汆一下,取出切成条块,大小均匀一致;砂锅置中火上掺鲜汤,将鸡骨或鸭骨、猪骨切成短节放入锅底,加入鸡、鸭肉烧开,撇去血泡,加姜、葱、绍酒、花椒、中药汁,小火炖至鸡、鸭酥烂,拣出葱、姜、花椒、骨头,加精盐、胡椒、味精调好味。饮汤食肉。

[功能] 补气血,强筋骨,安心神。

[益宜] 气血两亏所致的精神疲倦,失眠,健忘,头晕,眼花,腰膝酸软,四肢无力等。

杞菊地黄粥

[配制] 熟地黄 15～30g,枸杞 20～30g,菊花 5～10g,粳米 100g,冰糖适量。前两味煎取汁,入米煮粥,熟入菊花稍煮,分 2 服,日 1 剂。

[功能] 补养阴血。

[益宜] 血虚头痛、头晕、遇劳加重,心悸气短,神疲乏力,食欲不振等。

千口一杯饮

[配制] 熟地、甘枸杞、高丽参、沙苑蒺藜各 30g,淫羊藿、母丁香各 18g,荔枝肉 7 个,沉香、远志(去心)各 6g,浸好酒 1 900ml,6 天后,隔水蒸 90 分钟,停火后继续浸 31 天。每饮 1 杯(50ml),分 200～300 口喝下。

[功能] 生津养血,益气安神。

[益宜] 气血不足,心悸失眠,腰膝酸软无力,头晕目眩等。

清蒸人参鸡

[配制] 母鸡 1 只(约 750g,治净,去内脏,入沸水略烫。取出凉水洗净,烫鸡肉汤留用),人参(沸水泡开,放入碗内,上屉蒸 30 分钟)、水发香菇(切片)各 15g,水发玉兰片、火腿(切片)各 10g,调料适量。将鸡置丁盆内,加人参、香菇片、玉兰片、火腿片,葱、姜、盐、料酒,倾入鸡汤(淹没过鸡),上屉蒸鸡烂,取鸡装碗。人参切片与香菇、玉兰、火腿片摆在鸡身。鸡汤倒入炒锅,烧沸,去浮沫,调好口味,浇在鸡身。佐餐。

[功能] 大补元气,益脾生津,养血安神。

[益宜] 气血虚脱,脾胃虚弱,倦怠乏力,食欲不振,气血两虚,心悸、失眠健忘等。

琼玉膏

[配制] 人参 160g,生地黄 960g,白茯苓 320g,蜂蜜 640g。人参、茯苓研细末,蜂蜜用净布滤去杂质,地黄取汁,拌前三味匀,装入瓶内密封,隔水蒸炖,以武火煮沸,改文火久炖取出,去火毒,再蒸。每服 20～30ml,日 2～3 次。又方:加沉香、琥珀。

［功能］补气血，填精髓。

［益宜］气血两亏之偷运眼花，肢体乏力，唇甲色淡，心悸眠差等。

群鸽戏蛋

［配制］白肉鸽 3 只，鸽蛋 12 个，人参粉 10g，干淀粉 30g，湿淀粉 15g，油、盐各佐料适量。将精盐、酱油、绍酒兑成汁，抹治净沥干之鸽全身内外，并将鸽翅翻背盘起。七成热猪油锅中炸肉鸽几分钟，捞起放入蒸碗内，加葱、姜、人参粉、清汤等，再用湿纸封碗口，蒸至肉鸽骨松翅裂为度，同蒸鸽蛋熟、剥去壳，干淀粉滚裹满，油中炸黄起锅。将熟鸽摆盘，下放 2 只，上放 1 只，鸽蛋镶四周。再将原蒸碗汤汁入锅，加胡椒面、味精、湿淀粉勾芡，淋入鸽身蛋面上。佐餐食。

［功能］益气血，补肝肾。

［益宜］气血两虚之头晕耳鸣、面色不华、倦怠乏力、心悸失眠等。

人参当归汤（又名人参当归散）

［配制］人参、当归、桂心、麦冬、干地黄各 30g，芍药 120g，大枣 20 枚，粳米 360g，淡竹叶 9g。水煎，数次频饮服。

［功能］补气摄血，滋阴散热。

［益宜］妇人产后血气亏虚，内热心烦，胸闷心悸，不安。

人参寿冬饮（原名：人参麦冬汤）

［配制］人参、麦冬、茯苓、甘草、枸杞子、五味子各等份，研粗末。水煎泡，随意饮用。

［功能］滋阴养肝，补气血。

［益宜］老人，虚人消渴，大渴多饮者。

人参蒸鸡

［配制］小公鸡 1 只（约 1 斤半），人参 30g，精盐、味精、料酒、清汤、胡椒粉适量，鸡净后，去头、翅、颈，出水沥；人参洗净泥砂，切片。取汤盆一只，放人参、鸡，加清汤、佐料等，盖好，上笼蒸 1 小时。取出稍凉，食鸡与人参。

［功能］补益气血，大补元气。

［益宜］气血亏虚之低血压，营养不良，贫血等。

人参蒸乌鸡

［配制］人参 10g，净乌鸡 1 只，精盐少许。人参切片，装入鸡腹，放入砂锅内，加盐，隔水炖煮至鸡烂熟，食肉饮汤，日 2～3 次。

［功能］益气摄血，补血。

［益宜］气虚诸症，尤宜气虚月经先期，量多色淡质稀等。

三七炖鸡

［配制］三七 10～15g（切片），净鸡一只。入炖罐同炖鸡熟。早晚餐食肉喝汤。

［功能］调补血气。

［益宜］气血不足之少气乏力，面色无华等。

山鸡粥

［配制］山鸡 1 只，大米适量，盐少许。山鸡去毛及内脏（鸡肝留用），洗净切块，煮熟。取汁入大米，鸡肝同煮为粥，调入食盐，早餐温热服食。

［功能］滋养气血，强筋健骨。

［益宜］气血不足之头晕目眩，肢软乏力等。

山药羊肉煎

［配制］精羊肉 100g，生山药 50g，粳米 100g。将羊肉与山药分别煮至极烂，剁如泥于羊肉汤内相和，并下米煮粥，空腹食。

［功能］益气补血，温中暖下。

［益宜］虚劳羸瘦，产后虚冷，寒疝腹痛等。

鳝鱼补气汤

［配制］鳝鱼 1 条(500g)，去肠杂洗净切段，猪瘦肉 100g，洗净，切小块；黄芪 15g(洗)，3 品同煮至肉熟，调味，食肉喝汤。

［功能］补益气血。

［益宜］气血俱亏之倦怠乏力、心悸气短、头晕眼花等。

鳝鱼强筋壮骨汤

［配制］鳝鱼 1 条，去肠杂，洗净，切段；党参 15g，当归 9g，两药盛纱袋，扎口；牛蹄筋 15g，全料同炖至蹄筋烂，鱼肉酥，去布袋调味。食肉喝汤。

［功能］补气血，强筋骨。

［益宜］气血不足，筋脉失养之筋骨酥软弱无力、腰膝酸痛等。

神仙延寿酒

［配制］生地黄、熟地黄、天冬、麦冬、当归、牛膝、杜仲、巴戟天、小茴香、川芎、白芍、茯苓、知母各 30g，补骨脂、砂仁、白术、人参、远志各 20g，木香 12g，石菖蒲、柏子仁各 15g，黄柏、枸杞子、肉苁蓉各 30g。诸药研碎，装纱布袋，盛酒坛中，入白酒 8 500ml，慢火煮沸约 2 小时，取下待温封口，埋湿土 3～5 昼夜，取出置阴凉干燥处，7 日后开封过滤。日 2 服，每饮 10～30ml。

［功能］补气血，壮精神，泽肌肤，明耳目，养肝肾，健脾醒胃。

［益宜］气血不足，肝肾亏虚之少气无力，面黄肌瘦，精神萎靡，腰酸腿软，阳痿遗精，多梦易惊，怔忡健忘，心神恍惚，目暗耳鸣等。久服健身益寿。

熟地牛脊骨汤

［配制］熟地 50g，牛脊骨 400g。牛脊切块，与熟地同加水煲汤，食盐调味。饮汤食牛

骨肉。

［功能］滋阴补血，强筋健骨。

［益宜］血虚乏力，面唇色淡、眩晕心悸、肢体痿弱等。

四珍羊肉煲

［配制］羊肉500～1 000g，鲜藕2 350g，山药50～100g，黄芪15g，黄酒、高曲、酒糟、腌菜末、盐各适量。高曲、酒糟、黄芪同煮30分钟，取汁；羊肉、藕、山药洗净，切块，同置锅内，加黄酒，煎汁同煮至肉熟，吃时加盐少许，撒上腌菜末。吃肉、藕，饮汤。

［功能］补益气血，健脾养胃，滋阴和血。

［益宜］气血两虚，脾肾虚弱之食少倦怠，消化不良等。尤宜于老弱妇幼服食。

速效茶

［配制］红茶汤、橘子汁、人参酒各20ml，葡萄糖6g，鸡蛋黄1个。诸品置一大杯内，加开水冲，搅拌，凉后服。

［功能］补血生津。

笋菇面筋汤

［配制］冬笋（切滚刀块）、水发香菇（切片）各75g，芹菜珠、当归、盐各10g，番茄1个（切粒状），面筋400g（制圆粒，油炸成赤色，浸于沸水，再切片）。将面筋、冬笋、香菇、当归、精盐加水500ml，煮至面筋软，捞起沥干，汤盛碗内。另取碗一个稍擦花生油，将香菇置碗底两边，放笋块，加汤100ml。再用1碗放当归片1/5，水150ml，两碗上屉蒸20分钟，取出合；砂锅放汤250ml，煮沸加盐、味精少许，撒上芹菜珠，加进当归、番茄、面筋起锅，浇上蒸碗汤。

［功能］补血和血。

［益宜］唇甲色淡，头晕乏力等。

太白鸭

［配制］肥鸭1只，枸杞15g，三七9g，瘦猪肉100g，小白菜心250g，面粉150g，普通汤1 000g，调料适量。鸭，宰杀，净后下汤煮透捞出；枸杞洗净，三七6g，打碎，3g研末；猪肉剁泥；白菜，洗净，烫后剁碎，面揉面团，葱少许切末，余切段，姜切片，另捣少许姜汁；将枸杞、碎三七、葱段、姜片放入鸭腹内，鸭腹向上放入罐中，注入汤，放料酒、胡椒面各适量，再把三七粉撒在鸭脯上，并用一张大绵纸浸湿封平罐子口，上笼武火蒸烂；同时将肉泥加小白菜及盐、胡椒面、味精、料酒、姜汁搅匀成馅，用和好面包饺子20个，下开水煮熟，捞入鸭罐内。随意食鸭子、饺子、饮汤。

［功能］大补气血。

［益宜］气血两虚，大病后体弱羸瘦等；无病可强身健体，益寿延年。

太子鸡

［配制］太子参 15g，鸡肉（或鸭肉、猪瘦肉）适量。共炖熟。饮汤食肉。

［功能］益气养血，填精补髓。

［益宜］气血不足之体虚羸瘦，倦怠乏力，面色不华等。

田鼠炆乌豆

［配制］田鼠 1 只，乌豆 150g，果皮 1 块，红枣 4 枚。鼠去皮，治净肉，剁成块，放碗内，淋姜汁、烧酒、豉汁，热油加白糖略制；乌豆炒过，果皮浸软，红枣去核；油盐起锅，爆田鼠至透，先行盛起，将乌豆、果皮、红枣放入瓦锅，加水约 1 000ml，文火炖 2 小时左右，加入田鼠，继续炖 30 分钟，调味服食。

［功能］补虚益血。

［益宜］身体虚弱或病后气虚血少之面色无华，形体羸弱，头发脱落等。

五圆鸽子

［配制］肉用鸽 1 只，红枣、桂圆肉、荔枝肉、去心莲子、枸杞子各 10g，调料适量。将鸽子灌少许黄酒后，焖，净毛处理后，酒、盐擦，腌 30 分钟。与红枣等五味，加姜、味精入碗，略加水上屉蒸酥。

［功能］气血双补。

［益宜］气血不足之体瘦乏力，及病后体虚等。

香酥参归鸡

［配制］仔鸡 1 只，治净，洗，沥水；党参、白术、当归、熟地各 10g，净、焙，研细末；油、各佐料适量。将药末与绍酒、精盐调匀，抹鸡身外面，放蒸碗内，加姜、葱结、绍酒、五香粉、花椒，用湿布封碗口，上屉蒸透，取出去姜、葱、花椒，将鸡入 7 成热油锅炸金黄色、装盘食。

［功能］补脾益气，补血活血。

［益宜］气血不足之头晕、眼花、面色无华等。

小麦稻根茶

［配制］浮小麦、糯稻根各 30g，大枣 10 枚。水煎数沸，去渣。不拘时，代茶频饮。

［功能］益气补血。

［益宜］气虚不固之自汗。

小枣石榴

［配制］小枣 250g，白糖 150～250g，面粉 100g。枣洗净，去核研泥，加白糖拌匀作馅。酵面兑碱，揉匀搓条，下料包馅，捏成石榴形，上笼蒸熟。做点心食。

［功能］补血健脾。

［益宜］脾虚血少之倦怠乏力，食欲不振，面色少华等。

延寿九仙酒

［配制］人参、炒白术、茯苓、炙甘草、当归、川芎、熟地、酒炒白芍各6.4g，枸杞子25g，生姜6.4g，大枣（去核）3枚，好酒1 750ml。共入净器，隔水蒸1小时，数日后，随量饮。

［功能］补气养血。

［益宜］诸虚百损，久服可延年益寿。

养生酒

［配制］当归30g，桂圆肉240g，枸杞子120g，菊花30g，白酒浆3 500ml，滴烧酒1 500ml。前4味盛大纱布袋内，悬放酒坛，入两酒封固，置窖中，30天后启封，去渣。每饮10～20ml，日1～2次。

［功能］养血益精，安神明目，补益心脾、强身防病。

［益宜］血虚精亏之面色无华、头晕目眩、视物昏花、睡不安、心悸、健忘等。

野猪肉归参汤

［配制］当归9g，党参15g，野猪肉150g。前2味洗装纱布袋，扎口；肉洗净，切片，同入砂锅内加水煮熟，去药袋，调味食。

［功能］补气养血。

［益宜］气血两虚之面色萎黄、头晕心悸，气短乏力，形体消瘦，月经不调等。亦可为贫血者常用膳食。

玉竹参麦茶

［配制］玉竹30g，党参15g，麦冬、枸杞、炙甘草各9g，诸药洗净，入砂锅加水4碗，以小火煮25分钟，每日饮用，早餐、下午茶时饮用最佳。

［功能］补元益气。

［益宜］工作压力大、心悸、头痛或头晕目眩等。

玉竹圆麦枣茶

［配制］玉竹、桂圆各15g，麦冬、人参各9g，大枣5枚。各洗净，切薄片。用砂锅加水2 000ml，煮沸后文火煮30分钟。每日1剂量，代茶。连续数日。

［功能］补气血，养心肺，润肌肤。

［益宜］常打呵欠，体倦易疲劳，记忆减退等。

圆肉补血酒

［配制］桂圆肉、何首乌、鸡血藤、各250g。3味切、盛酒坛，入酒1 500ml，密封浸泡，每日摇动1～2次，10日后可饮。日饮1～2次，每次10～20ml。

［功能］补益精血，行瘀安神、乌发益智。

［益宜］气血虚弱之面色无华、头晕目眩，心悸怔忡，失眠多梦，四肢乏力、须发早白等。

枣荷叶

[配制] 面粉500g,大枣、淮山药粉各250g,酵母、碱各5g。面粉发酵后糅和进淮山药粉,制成荷叶状,镶嵌大枣,蒸熟食。

[功能] 滋肾健脾,补阴养血。

[益宜] 脾胃两虚之食少乏力、便溏日久不愈等。胃脘满闷者不宜。

枣仁煎百合

[配制] 鲜百合500g,酸枣仁15g。百合浸泡24小时,洗净,枣仁炒煎取汁,入百合煮熟食之。

[功能] 养血安神。

[益宜] 血虚之心悸、失眠、面唇少华等。

枣仁龙眼粥

[配制] 酸枣仁30g,龙眼肉15g,粳米80g,红糖6g。枣仁捣、煎取汁,龙眼洗净,切碎,与粳米煮粥,熟后红糖调味。随意食。另方:枣仁60g,大米400g,煮粥。

[功能] 补血安神,养胃益脾。

[益宜] 心脾两虚致心悸不寐,纳差气短等。

枣羊心子羹

[配制] 大枣50g,洗,去核,羊心子1只,洗净,红糖适量。共置砂锅加水适量,文火炖90分钟,取出心子切薄片,饮汤食心子片。分次食完。

[功能] 补益气血,宁心安神。

[益宜] 气血不足之心悸怔忡,失眠虚烦,眩晕健忘,记忆力减退等。

猪肚白术粥

[配制] 猪肚1只(洗净,切小块),生姜少量,白术30g,槟榔10g,共煎汁,去渣,粳米100g投汁煮粥食。熟肚块蘸麻油、酱油、豆瓣酱、醋等佐餐。连服3～5天,停3天,再食。至愈为止。

[功能] 补中益气。

[益宜] 中气不足之不思饮食、倦怠少气、腹部虚胀、大便溏泻等。

猪脊髓煲莲藕

[配制] 猪脊髓(连脊骨)500g,莲藕250g,莲藕切片与猪脊骨(髓)一同入锅,加水熬煮熟,调味服。佐餐。3日1剂,2～4剂可见显效。

[功能] 补阴益髓。

[益宜] 气血虚弱之面色苍白、腰膝酸软、四肢无力等。

猪心大枣汤

［配制］猪心1只,洗净,去内外膜、切片,大枣20枚,去核,洗净,调料适量。同入砂锅,加水适量。煮汤。心片熟后,饮汤、食枣、心片。分2服。

［功能］补血、养心、安神。

［益宜］心血不足之心悸怔忡,乏力倦怠,面色无华及各种心脏病。

七、养生综合门类方

阿胶羹

［配制］阿胶、冰糖各250g,黄酒750g,红枣500g,桂圆肉、黑芝麻、胡桃肉各150g。红枣去核、与桂圆肉、黑芝麻、胡桃肉共研;阿胶浸黄酒中泡10天后,隔水蒸化,将红枣等药末、冰糖加入搅拌均匀,蒸至冰糖化,取出冷冻成膏。每晨2匙,开水冲食。

［功能］美容健身,滋润皮肤。

［益宜］皮肤干枯不泽、肌肤甲错、雀斑等。中老年妇女食可加人参,于冬至前后宜。

八仙茶

［配制］粳米、黄粟米、黄豆、赤小豆、绿豆(上5味炒香)各75g,小茴香(洗净)150g,炮干姜、生姜、炒白盐各30g,俱为细末,混合调匀;另加荞麦面,炒黄熟,与前诸味等份拌匀;胡桃仁、南枣、松子仁、白糖等,随意制作加入,瓷罐收贮。开水冲泡代茶饮,日3匙。

［功能］养脾胃,润肠道,生津液,延缓衰老。

［益宜］40～50岁人食之,可延缓衰老,延年益寿。

八珍醒酒汤

［配制］莲子、核桃仁、青梅各10g,白果、百合各5g,橘子瓣、山楂糕各50g,红枣20g,白糖、冰糖各50g,白醋5g,桂花汁、精盐少许。莲子温水泡后,去皮、心,掰成两半;白果切丁;百合分成瓣;核桃肉温水泡后去皮切丁;红枣去核;青梅、山楂糕切丁,把莲子、白果、百合、红枣分别置于小碗内,上屉蒸熟,锅内放清水烧开,加白糖、冰糖。待融化后,加入诸料待沸,再加白醋、桂花汁、精盐,勾薄芡,调匀食。

［功能］解酒,除烦。

［益宜］饮酒过度之胃脘灼热,心烦意乱等。

巴戟天酒

［配制］巴戟天，生牛膝各180g，酒1 000g。前2味研粗末，酒浸，春6日，秋、冬27日，夏勿服。每次温服10～20ml（注：配制按原方缩10倍）。

［功能］补虚壮阳。

［益宜］疗五劳七伤。忌生、冷、猪油、鱼、蒜。

白术羊肚汤

［配制］羊胃1个，白术30g。2味洗净加水共炖熟，饮汤食肚，日3次。

［功能］益气补虚，健脾调中。

［益宜］久病虚弱羸瘦，饮食减少，四肢烦热等。

白鸭冬瓜汤

［配制］白鸭1只，冬瓜200g，瘦猪肉100g，海参（或江鱼柱）50g，芡实50g，苡米50g，莲叶1角。将鸭治净，切块；海参水发；猪肉切片；冬瓜不去皮洗净，切块；几味加水共煮，加调味品，煮至鸭肉熟烂。分次服食。

［功能］补气阴，健脾胃，清暑湿。

［益宜］长夏天热常食之品。

百果酒

［配制］香橼、佛手各120g，核桃肉、桂圆肉、莲肉、橘饼、柏子仁各477.5g，松子仁180g，红枣1 200g，黑糖286.5g。浸烧酒4 775ml。酌量饮。

［功能］强身益寿，病后体弱，未老早衰等。

冰糖百合

［配制］百合150g，青梅30g，冰糖150g，桂花少许。百合洗净，去尖与内层膜，蒸透；锅中加清水400ml，入冰糖，桂花加热，待糖化浓汁时入百合，青梅（切开），并待其漂起。

［功能］清心安神润肺止咳。

［益宜］热病后神志不宁，虚烦不寐，惊悸，干咳咽病等。

冰糖蛤士蟆

［配制］蛤士蟆油25g，冰糖250g，糖桂花少许，黄酒20g。蛤士蟆油放碗内，加清水500g，黄酒20g，上笼屉武火蒸2小时，撕去黑丝膜，加清水适量，黄酒70g，复蒸2小时，捞出，再加清水250g，冰糖250g，糖桂花上屉武火蒸1小时。空腹食。

［功能］补肾滋阴，填精益血，步虚退热。

［益宜］病后体虚，肾虚阴亏，腰膝酸软，五心烦热，神惫体弱，精力不足，干咳少痰，产后无乳等。

补肺人参散

［配制］人参、黄芪、桂心、鹿角胶、熟地黄各 30g，紫苑、五味子、杏仁、炮姜各 15g，紫苏叶、白术各 10g。研细末，每服 9g，加枣 3 枚，水煎服。

［功能］肺气虚，咳嗽少力，言语声嘶，吃食少，日渐羸瘦等。

补益肺肾静心茶

［配制］北沙参、炙甘草各 9g，浮小麦 18g，红枣 6 粒，菟丝子 6g。各洗净，入锅加水 2 000ml，煮沸后改小火煮 30 分钟。可长期代茶饮。

［功能］静心、安神、止汗。

［益宜］易怒，失眠、盗汗、神志恍惚等。

补阴蛤蜊汤

［配制］百合 30g，玉竹 15g，淮山药 50g，蛤蜊肉 250g，姜片、猪油、料酒、食盐各适量。蛤蜊肉热水浸泡，洗净，放蒸碗中，将浸泡水沉淀，倒上清汤入蒸碗，蒸碗隔水蒸 50 分钟；前 3 味洗净，山药切片；炒锅加少量猪油，入姜片、料酒、适量清水，倒入蒸碗的蛤蜊肉，加百合等 3 味，武火烧沸，改文火炖 15 分钟，加味精、精盐调味。随意食。

［功能］益肺固肾，益精，补气力。

［益宜］阴虚口渴，干咳，五心烦热，盗汗，失眠，心神不安，消瘦，遗精等。

参冬饮

［配制］人参、麦门冬各等份（一般 10～15g，儿童酌减。编者注）。水煎服（亦可煎代茶饮）。

［功能］益气滋阴。

［益宜］气虚喘逆，有虚热者。

参附鸡肉蛋糕

［配制］党参、白术、白芍各 10g，熟附子 5g（4 味共研细末），鸡脯肉 250g，肥猪肉、核桃仁各 100g，鸡蛋清 5 只，需各佐料适量。核桃仁泡、去皮、炸酥制绿豆大粒；鸡、猪肉剁茸，盛大碗内加蛋清、绍酒、盐、淀粉、水搅匀后入核桃粒，中药末和匀，倒入抹油的瓷盘，抹平上笼蒸 20 分钟，取出刀划成长方条，滚上干淀粉，置六成熟的油锅炸浅黄色入盘，淋上香油。随意食。

［功能］益气助阳，温补脾肾。

［益宜］脾肾阳虚之腰膝冷痛，畏寒肢凉，神疲乏力，大便稀溏，腹满不食等。

参芪升麻羊肉米粥

［配制］北芪 30g，升麻 20g，红参 10g，羊肉 60g，粳米 100g。用清水适量煎前 2 味，去渣取汁，红参切细末与羊肉、米同煮粥。日分 2 服。一方用茯苓，不用升麻。

［功能］益气升阳。

［益宜］气虚下陷之头晕眼花、四肢乏力、脉弱等。

参乌地黄散(原方名:七仙丹)

［配制］何首乌(九蒸九晒)120g,人参 60g,干地黄(酒洗)、熟地黄、麦冬、天冬、白茯苓、小茴香各 60g。诸研细末,每服 5～7g,以蜜、好黄酒或盐汤调服。每日 2～3 次(原方:蜜丸、好黄酒、盐水服)。

［功能］补心肾,驻容颜,黑须发。

［益宜］心肾阴亏血虚,心悸失眠,腰痛耳鸣,须发早白。

参叶茶

［配制］参叶 9g。水煎服或泡茶饮。

［功能］清热、生津。

［益宜］骨蒸劳热,腰腿痛,防中暑。

菖蒲鹿角菜

［配制］鹿角菜 100g,石菖蒲饮片 10g,精盐、味精、醋、香油各少许。将前 2 味下锅加水略煮,再浸泡半小时后捞起,沥水切段,放入盘中,调入精盐、味精、醋、香油,再淋入原浸泡液少许,拌匀。佐餐。

［功能］化痰散结,开窍增智。

［益宜］痰气瘀结之记忆衰退,智力下降等。

川椒酒

［配制］川椒 96g(去目并口者),无灰酒 5 000ml。川椒以绢袋盛装,浸入酒中 3 日。随其酒量饮。

［功能］温中益气。

［益宜］虚冷气短。

川芎糖茶

［配制］川芎、茶叶各 6g,红糖适量。水煎川芎,取滚沸药水沏茶,并调入红糖,不拘时,代茶频饮。

［功能］祛风除湿。

［益宜］阳虚之头痛头晕,心悸气短,神疲乏力,遇劳加重,食欲不振,面色㿠白,舌苔淡白,脉细涩等。

葱白阿胶蜜煎

［配制］葱白 5 根,阿胶 12g,蜜 2 汤匙。先以一碗煮葱白沸,去葱白加阿胶、蜂蜜烊化调匀。温服,日 1 剂。

［功能］养阴润燥通便。

[益宜] 津亏肠燥之大便秘结。

地骨皮酒

[配制] 枸杞根、生地黄、甘菊花各 60g，糯米 500g，细曲适量。将前 3 味研粗末以水 10 000ml，煮取汁 5 000ml，炊糯米，细曲拌匀，入瓮如常封酿待熟澄清，备用。日饮三盏。

[功能] 壮筋骨，补精髓。

[益宜] 养颜，益寿。

丁香酸梅汤

[配制] 乌梅 500g，山楂 20g，陈皮 10g，桂皮 1g，丁香 5g，白糖 500g，乌梅、山楂逐个拍破，与陈皮、桂皮、丁香同装纱布袋中，扎口，放锅内，加水 2500g，武火烧沸，文火熬 30 分钟，去药袋，锅离火静置沉淀 30 分钟，滤清汁，加白糖饮。日数次。

[功能] 生津止渴，宁心除烦。

[益宜] 暑热烦渴，食欲不振，口燥舌干等。

丁香鸭　又方:丁香鸭子

[配制] 丁香、肉桂、草蔻各 5g，鸭一只(约 1 000g)，调料适量。前 3 料水煎两次，每次 20 分钟，共取汁 3 000ml，入净鸭，葱段，姜片。武火烧沸后转文火煮鸭六成熟时捞出晾凉。再将鸭入原汁中文火煮至肉熟后捞出，汁再放适量冰糖屑，文火煮至糖化，再入熟鸭、盐、味精。边滚动鸭边用勺浇汁至鸭色呈红亮时捞出并均匀涂上麻油。又方:净鸭一只(约 1 500g)，丁香 6g，白菜心 250g，西红柿 150g，调料适量。净鸭用料酒、酱油、白糖、盐、胡椒粉、丁香、葱、姜、味精腌渍入味约 2 小时，取出后钩挂阴凉通风处晾干。腌汁留用。鸭晾干后，把腌鸭调料放入鸭腹中，武火煮烂取出，拣去葱、姜等，再用植物油(750g)，将鸭炸至皮酥，捞出，剁成块，摆成鸭状，放置大盆中央。将洗净白菜心，切丝和白糖、醋、香油拌匀，围在鸭周，西红柿洗净切厚片，围外周，作餐服食。

[功能] 温中和胃，暖肾助阳。又方:温肾健脾。

[益宜] 肾阳虚之阳痿，遗精，下半身冷及脾胃虚寒之食少腹胀，脘腹冷痛，反胃呕吐，呃逆嗳气等。又方: 脾肾两虚之食欲不振，疲乏无力，呕逆，腰膝酸软等。

冬麻子鲤鱼肉粥

[配制] 冬麻子 30g，粳米 100g，鲤鱼肉 100g，葱、姜、豉、椒等适量。前 3 味煮粥，粥熟入葱、姜、豉、椒调匀，稍煮。空腹食。

[功能] 利水消肿。

[益宜] 老人水气肿满，身体疼痛等。

冬笋炒鹌鹑片

[配制] 鹌鹑肉 500g，鸡蛋 1 000g(取清)，冬笋片 120g，鸡清汤 60g，水发冬菇片 15g，酱

油、盐、味精、胡椒面、料酒、葱、姜、猪油、白糖、湿淀粉及清水适量。料酒拌匀鹌鹑片后入蛋清，湿淀粉拌匀，冬菇、冬笋片过水后，用普通汤煨入味将锅烧热后，放入猪油，热，入鹌鹑片滑散滑透，捞出，沥油，锅内留少量油上火，入四刀花姜片，马耳形葱片，冬笋片及冬菇片，稍煸炒，倒下鹌鹑片，料酒炝锅后，将用酱油、白糖、盐、胡椒面、鸡清汤、湿淀粉调配成的汁搅匀顺锅边倒入，待烧开后用勺推动，加味精。佐餐或单食。

[功能] 补益五脏。

[益宜] 贫血，食欲不振，周身无力等。

鹅肉补中汤

[配制] 鹅一只治净，去内脏，将黄芪、党参、山药、大枣各 30g，洗净后装入鹅腹，用线缝合，入锅小火煨炖，略加盐调味。鹅熟烂后，弃药，食鹅肉饮汤。

[功能] 补中益气。

[益宜] 中气不足之倦怠乏力，食少消瘦等。

茯苓润肤茶

[配制] 人参 6g，天冬 9g，桂圆 15g，茯苓 9g，红枣 5 粒。上药净加水 1 500ml，文火煮 30 分钟，可长期饮用，随意。感冒、炎症、高热期停饮。

[功能] 润肤、养颜、美容。

[益宜] 气血不足面色苍白，长期空调间、电脑、伏案工作皮肤干燥、色晄、浮肿等。

茯苓鱼饼

[配制] 茯苓粉 40g，鲤鱼肉 250g，剁茸，加入葱、姜汁、绍酒、鸡蛋、精盐、味精、茯苓粉拌匀备用。青椒切桃叶瓣，内撒少许面粉，盛茯苓鱼茸，入白油内滑熟，码荷叶形，炒番茄酱、白糖、精盐为汁，淋摆好的鱼饼上，浇明油少许。鲜贝 20 个，沸水稍烫，放炒勺内加鸡汤、味精、精盐，用水、淀粉拢芡，盛勺贝内，蒸熟淋香油后，码在茯苓鱼饼外围。随意食。另方：茯苓粉 50g，鲜虾肉 200g，肥肉、淀粉、绍酒、葱、姜汁各 10g，鸡脯肉 200g，鸡蛋 300g，精盐、味精各 5g，胡椒面 2g，干面包 50g。将伏苓虾肉茸，手挤蛋黄大于面包上，炸熟，鸡肉茸包鸡蛋白内蒸熟，摆上虾饼四周，勾白卤汁浇蛋鸡肉瓣上。

[功能] 利水渗湿，健脾和中，宁心安神。另方：补肾壮阳，通乳，托毒。

[益宜] 脾失健运，水湿内阻之小便不利、水肿胀满、肢倦乏力、黄疸、烦渴、妊娠水肿、胎儿不安，心脾两虚之心烦失眠，健忘多梦、食少便溏等。慢性肾炎水肿、神经衰弱者亦宜。另方：阳痿早泄、产后乳汁不下，丹毒、痈疽、臁疮、小儿麻疹。

干姜茶

[配制] 茶叶 60g，干姜 30g。前两味研和，每服 3g。开水冲泡，代茶徐饮。

[功能] 温中散寒止泻。

[益宜] 虚寒胃痛，腹泻等。

葛根生姜竹沥汤

［配制］葛根500g，生姜汁50g，竹沥1 500ml。葛根洗净，捣碎绞汁，复又捣加竹沥搅捣后绞汁，至汁尽为度，和姜汁棉滤之，细细暖服之。不限次数及食前、食后。觉腹内转、作声，又似痛，即以食后温服。

［功能］醒酒祛风。

［益宜］着风饮酒过节，不能言语，手足不能遂，精神恍惚，得病经一、二日。

蛤百玉山药羹

［配制］蛤蜊肉、百合、玉竹、山药各等份。各洗净，切碎，煮羹，调味食。

［功能］滋阴清热。

［益宜］阴虚口渴、心烦、干咳、盗汗、五心烦热等。

蛤蜊麦门冬汤

［配制］蛤蜊100g，麦门冬15g，地骨皮12g，小麦30g。各洗、切、淘净，水煎服，日1剂。

［功能］滋阴、清热、敛汗。

蛤肉百合玉竹汤

［配制］蛤蜊肉50g，百合30g，玉竹20g。共煮汤食饮。

［功能］滋阴润燥。

［益宜］阴虚之心烦、失眠、口渴等。

狗脊熬鲜藕

［配制］狗脊骨500g，鲜藕250g，盐、葱、姜、黄酒各适量。狗脊骨洗净，捶碎，鲜藕洗净，切小段，同下锅加葱、姜、料酒、盐、清水适量。武火烧沸，文火炖至汤浓藕熟烂，加味精少许。每隔3日服1剂。数剂有效。

［功能］补阴益髓，养血生肌，清热，凉血，散瘀。

［益宜］血气虚弱之腰膝酸软，四肢乏力，血分热盛之吐衄、发斑等。

固本酒

［配制］人参、熟地黄、麦冬、生地黄各30g，天冬、茯苓各20g。前诸味共研粗末，倒容器内，加白酒500g，密封浸3～5天后，隔水煮2～3小时，以酒色发黑为度。每早晚服10～20ml。

［功能］滋阴补血，益气养神，乌须黑发，美容驻颜。

［益宜］气阴两虚之少气乏力，须发早白或易落，骨蒸潮热，燥咳，精神不振。

固表强身茶

［配制］黄芪15g，防风6g，白术9g，红枣10枚，山药30g，共洗净，用水2 000ml，武火煮沸，小火煮30分钟。日2～3次服，饭后1小时服。连续一周，后改1周2～

3 天。

［功能］补脾肾，固本员。

［益宜］体虚质弱，易感冒鼻塞、盗汗，环境适应能力差等。

怪味苦瓜

［配制］新鲜大苦瓜 1 个，蒜 10 个，香菜 25g，番茄酱 50g，酱油、醋适量。苦瓜剖，去瓤，切薄入冰箱冷藏。将蒜香菜洗净切碎，放入碗中，加番茄酱、醋，做成酱料。取出苦瓜，蘸酱料食。

［功能］开胃、降脂、活血。

［益宜］中老年人夏季进食，开胃益神。

归圆仙酒

［配制］当归、大桂圆、酒各适量。大桂圆、当归浸好酒数日。每少饮。

［功能］养血益颜。

［益宜］病后血虚，面黄肌瘦等。

归源肘子煲（原方名：归源饮）

［配制］熟地、制附片各 15g，淮山药、白茯苓各 30g，肉桂 10g，鸡骨架 500g，猪肘 500g，雪豆 200g，调料适量。肘治净上火烧焦皮，入淘米水中浸泡 30 分钟后，刮洗成黄色；雪豆洗净发胀；鸡骨架洗净，剁数块；锅置旺火上，加清水，入鸡骨，鲜雪豆、附片、猪肘，沸后去血沫，加姜块、葱结、花椒、榜糟汁各适量，改用中火煮约 60 分钟，改小火，加熟地、山药、白茯苓、胡椒粉、精盐炖至猪肘烂熟，拣去鸡骨架、姜、葱，加味精调味。佐餐或单食。

［功能］温阳祛寒，引火归源。

［益宜］阳虚之自觉肌肤发热，时作时休，纳少便溏，喜热饮等。

龟鹿二仙胶

［配制］鹿角 1 000g，败龟板 500g，枸杞子 180g，人参 90g。前 2 味打粗末 3 煎，约 4 小时，取 3 煎汁。枸杞、人参（切），另煎 2 次，取汁，二汁合慢火熬炼成胶。每服 4.5～6g，空腹酒化下。

［功能］大补精髓，益气壮阳。

［益宜］肾气衰腰背酸疼，遗精目眩。

龟羊参附汤

［配制］羊肉、龟肉各 500g，党参、枸杞子、制附片各 10g，当归、姜片各 6g。龟肉沸水中氽，刮去表层黑膜，剔去脚爪，洗净；羊肉，洗净，氽去腥味，凉水洗，切块；中药洗净。锅于旺火烧猪油八成热时，入龟肉、羊肉煸炒，烹料酒，继续炒干水分，倒入砂锅，加冰糖、党参、附片、当归、葱、姜和清水 750ml。旺火烧开，改小火炖九成烂时，入枸杞续炖 10 分钟，去葱、姜、中药放盐、味精、胡椒等。佐餐。

[功能] 滋阴补血,补肾壮阳。

[益宜] 阴阳两虚,腰膝酸软,面色不华,须发早白,畏寒,小便清长等。常人食之防病强身,精力充沛。

旱莲膏

[配制] 旱莲草不拘量。泉水煮汁熬膏,内服外搽。

[功能] 乌须黑发。

[益宜] 须发早白。

合欢酒

[配制] 合欢皮 600g,切碎,浸入米酒或高粱酒 3 000ml 中,密封储 3 个月,每晚饭前及睡后饮 1~2 杯。

[功能] 强身壮筋骨,补精安五脏。

[益宜] 性功能衰退。

何首乌芝麻糊

[配制] 黑芝麻 1 杯炒熟,研细末;何首乌 15g 煎取浓汁适量感,入芝麻粉和蜂蜜,马蹄粉适量,煮沸。随意食。

[功能] 滋补肝肾、乌须黑发。

[益宜] 肝肾亏虚之腰痛腿软,头晕耳鸣、齿动目昏,须发脱白等。

红花祛斑茶

[配制] 当归 3g,黄芪 15g,红花 1.5g,人参 6g,沙苑子 9g,白芍 6g。上方加水 1 500ml,以文火煮 30 分钟,每月经期饮用 5 天,可饭后 30~60 分钟饮用。

[功能] 补气血,养容颜。

[益宜] 疲劳、经期不适,头痛,长痘等。

还少乌发丸

[配制] 何首乌 60g,枸杞子、牛膝(酒浸)、茯苓、黄精、甘桑葚、天门冬(去心)、麦门冬(去心)、熟地黄(酒浸)各 30g,生地黄(酒浸)120g,各制净、干、研末,炼蜜为丸,梧子大,每服 50 丸,温水或盐汤送下。亦可服散。

[功能] 补精养血,益智安神。

[益宜] 中老年人精血亏虚,津液不足,须发早白,精神衰减,形体消瘦,肌肤枯燥等。

黄芪黑豆汤

[配制] 黄芪 30g,黑豆 60g。洗净共煎,豆熟加少量食盐、喝汤食豆。

[功能] 调中益,固表止汗。

[益宜] 阴虚盗汗,气虚自汗。

黄芪羊肉汤

［配制］黄芪、淮山药各 15g，羊肉 90g，桂圆肉 10g，羊肉沸水中稍煮，捞出冷水浸泡以除膻味，砂锅煮水沸，放入羊肉与黄芪、山药、圆肉同煮汤。食时调味，饮汤吃肉。

［功能］补气固表，和营止汗。

［益宜］产后气虚自汗水，汗出较多，不能自止，时或恶风、气短懒言等。

鸡头羊脊羹

［配制］鸡头实（芡实）磨成粉，羊脊骨（带肉）1 副，先煮羊脊骨熬汁，每用汁适量调芡实粉 20～30g，加入姜、葱五味佐料调和，煮熟食之，或佐餐。

［功能］益精气，强筋骨。

［益宜］肝肾不足之腰膝酸楚、足软无力、体倦头晕等。

鲫鱼解毒汤

［配制］活鲫鱼 4 条（约 500g），土茯苓 100g，生姜 3 片。鱼治净，沥干；土茯苓快速洗净，与鲫鱼同入砂锅，加水浸没，中火烧开后，入姜片，改小火慢炖，至汤呈奶黄色，离火。淡色，每食 1 条鱼，喝 1 小碗汤，日 2 次。

［功能］利尿消肿，除湿，健脾，开胃。

［益宜］脾虚水停之脘腹胀闷，食欲不振、头目眩晕、小便不利等。

鲫鱼通乳汤

［配制］鲫鱼 500g，通草 9g（或漏芦 6g），猪前蹄 1 只。鱼治净，猪蹄去毛桩、洗净。3 物同入锅煮，熟后去药，食鱼肉饮汤。

［功能］补益脾胃，通经下乳。

［益宜］产后乳汁不足或乳汁不通。

姜乳蒸饼

［配制］生姜 500g，面粉适量。生姜捣碎，绞取汁水，盛瓷盆中，澄去上层黄清液，取下层白而浓者，阴干，名“姜乳”。每日取姜乳粉适量和面作饼，蒸熟食。

［功能］美容，驻颜，不老。

［益宜］脾肾亏虚，未老先衰者，壮年始服，至老仍保持壮容。

降火除痰银花美白茶

［配制］金银花 9g，黑豆、薏苡仁、绿豆各 30g，甘草 6g。诸味洗净，放入砂锅加水 3 000ml，以小火煮 30 分钟，取汁代茶饮。以连续 3 周为佳，配食苦瓜、丝瓜、西瓜等。忌油炸食品等。

［功能］降火，降痘，美白。

［益宜］痘久生不愈，甚而脓疮等。

降火清热滋阴养心茶

［配制］参须15g，五味子15粒，麦冬、生地各9g，玄参6g。各洗，切碎入锅加水2 500ml，小火煮25分钟，每日1剂，久饮久宜。

［功能］滋阴降火，清热养心。

［益宜］暑热汗多，生烦，心慌等。

九制大黄散（原方名：九制大黄丸）

［配制］大黄不拘多少，捣碎，黄酒料，于铜罐中密闭，隔水加热，九蒸九晒，研细末，每服6g，温开水调送下。

［功能］通腑化食，祛积化瘀。

［益宜］积瘀停滞，存食，积痰，大便燥结。

菊花鲈鱼

［配制］鲈鱼脊肉150g，菊花15g，白糖1.5g，菜油500g（耗36g），各佐料适量。将菊花瓣摘下，剪去花尖，先用冷水略洗 ，再用冷开水冲泡，捞起，滤干，待用；用汤将淀粉冲稀；鱼肉切小方块，入热油中炸八成熟，捞出，控油，炒锅余油少许下葱花，姜末略爆，炮料酒，依次加汤、食盐、白糖、味精、鱼块，颠勺，勾实，淋香油，上盘。菊花一半垫盘底，另半围盘边。佐餐。

［功能］壮体强身，延年益寿。

［益宜］体虚者或无病者养生馐，健身延年。

连葛解醒汤

［配制］黄连6g，葛根20g，滑石30g，山栀子12g，神曲15g，青皮15g，木香9g。水煎顿服。

［功能］益肝脾，解酒毒。

［益宜］酒积，腹痛泄泻。

龙蛤杞子鲜

［配制］活乌梢蛇一条，活蛤蚧1对，枸杞子30g，熟地6g，陈皮9g，山柰3g，鸡鸭火腿汤4大碗，黄酒90g，鲜笋120g，嫩苇根1尺，调料适量。蛇，去皮，净，切3cm段；蛤蚧去头、足、内脏，沸水略烫，刮去表皮；笋切片；猪油、植物油入锅烧沸，下蛇、蚧肉，炒至翻花时，速下黄酒，诸料略炒，即入鸡鸭火腿汤，汤沸，倒砂锅中，文火炖3小时许，蛇、蛤肉烂熟，食肉饮汤。

［功能］补阳益阴。

［益宜］阴阳两虚所致各症。

龙眼参蜜膏

［配制］党参250g，沙参、龙眼肉各120g，蜂蜜适量。党参、沙参切片，与龙眼肉同入锅加

水适量沸煮 1 小时，滤汁，复加水煎 30 分钟，过滤取液。合 2 次煎液，文火浓缩至稀流膏状，入加热过滤后的蜂蜜，搅匀，煮沸，每服 10～15ml，日 2 次，温开水冲服。

[功能] 补元气，清肺热。

[益宜] 气血两亏之体质虚弱、消瘦烦渴，干咳少痰、声音嘶哑、身倦无力等。

鹿胎膏

[配制] 鲜鹿胎 1 具，人参、白术、茯苓、甘草、当归、川芎、白芍、熟地各 30g。治净，加水煎煮后 8 味，取汁煎煮鹿胎，炼蜜收膏。每食 9g，日 2 服。

[功能] 暖宫散寒。

[益宜] 宫寒不孕。

洛神金橘茶

[配制] 洛神(玫瑰茄)18g，陈皮 6g，金橘 10 粒，蜂蜜适量。前 2 味加水 1 500ml，先煎 10 分钟，再与金橘拍碎置入，煎 5～10 分钟。待凉后入蜂蜜调味。或温热饮稍加冰糖。随意饮用。

[功能] 养脾胃、助运化、益肝肾。

[益宜] 夏渴、肚凸、消化不良、气堵痰结。

麻子酒

[配制] 火麻仁 500g，米酒 1 000g，火麻仁研末，米酒浸 7 天。每次温服 30ml，1 日 2 次。

[功能] 润肠通便。

[益宜] 老年或产后津伤血虚之大便干结。

麦冬饮子

[配制] 麦冬、黄芪各 3g，人参、当归、生地各 1.5g，五味子 10 粒。水煎服。

[功能] 益津、养胃、补气。

[益宜] 内伤劳役，精神耗散，胃气不升，或失血后亡津口渴。

麦芽山楂茶

[配制] 山楂 15g，决明子 30g，麦芽 15g，陈皮 3g，何首乌 3g，莱菔子 3g。加水 1 500ml，文火煎 30 分钟。每日饭后 1 小时饮用。

[功能] 养脾生津润肠。

[益宜] 消化不良、便秘、肥胖等。

美容美色茶

[配制] 当归 6g，川芎 6g，红枣 6 粒，生地 6g，熟地 6g，白芍 6g。上诸味入砂锅内加水约 800～1 000ml，以文火煎煮 30 分钟，取汁，当茶饮用，饭后 30 分钟饮为好。

[功能] 舒筋活络，养血祛斑，防皱。

[益宜] 压力过重所致肝瘀气滞。

门冬膏

[配制] 天门冬 500g(去皮、须、根)。门冬捣碎,用洁净白细布绞取汁,纱布过滤。滤液放瓷罐内,文火熬成软黏稠膏。每晚睡前温酒调服 1 汤匙。

[功能] 养阴清肝,润燥生津。

[益宜] 阴虚津亏之口干舌燥,虚热盗汗等。脾胃虚弱泄泻者不宜。

秘传三意酒

[配制] 枸杞子、生地黄各 500g,火麻仁 300g。三味各切,研,盛纱布袋,放入酒坛,入白酒 3 500ml。密封浸泡 7 天后,过滤。每服 10ml,日 1～2 次。或随量勿醉。

[功能] 滋阴养血,清热生津,润肠通便。

[益宜] 阴虚血少,燥热内生之头晕口干、大便干燥,舌尖红、脉细数等。

牡蛎焖韭菜

[配制] 牡蛎肉 30g,嫩鲜韭菜 50g,调味品各适量。先用温水把牡蛎肉浸发透,韭菜洗净切段,锅内加油少许,放入韭菜和牡蛎及调味品,加水适量,焖煮 15 分钟,盛出佐餐。也可煮成浓汤喂幼儿。

[功能] 助阳育阴,敛汗止汗。

[益宜] 阴阳俱虚所致的自汗盗汗症。

木耳膏

[配制] 黑木耳、糖各适量。木耳泡,洗净,干燥,粉碎与糖加水共煮收膏,随意服食。

[功能] 提高肌体免疫功能,补充铁质。

[益宜] 防治肝癌和缺铁性贫血。

木耳桂圆汤

[配制] 黑木耳 3g,桂圆肉 5g,冰糖适量,将黑木耳洗净,与桂圆肉加水共煮成汤后,加冰糖调味。喝汤,食木耳、桂圆。

[功能] 乌须黑发。

[益宜] 头发早白等。

木耳红枣羹

[配制] 红枣 20 枚,黑木耳 30g,红糖 50g。红枣、木耳洗净下锅文火煮半小时,入红糖调匀。随意食饮。

[功能] 养血止血。

[益宜] 妇女经期保健膳食。注意:胃脘满闷及湿痰盛者不宜;不宜与葱、鱼同食。

内金桔皮粥

［配制］鸡内金6个，干橘皮3g，砂仁2g，粳米50g。前3味研细末备用，粳米加水煮粥，粥成入药末，加白糖适量，调匀服食。日2次。

［功能］消食化积，理气和胃。

［益宜］食积及脘腹胀满，不思饮食，恶心呕吐等。脾胃虚弱者不宜。

嫩肤饮

［配制］薏苡仁适量研粉，储。每饭前0.5～1小时取10g，煎茶，调适量蜂蜜，此方连服6个月。方效。

［功能］嫩肌肤，防衰老。

［益宜］皮肤粗糙，多皱症。

牛肉北芪浮小麦汤

［配制］鲜牛肉250g，北芪30g，浮小麦30g，淮山药15g，生姜6～9g，大枣10枚。所有物品洗净，牛肉切，置砂锅中加水煮开，加盐及适量调味品，文火煮至牛肉熟烂。饮汤食肉。

［功能］益气固表，和阴止汗。

［益宜］气虚自汗等。

牛乳红茶

［配制］鲜牛奶100g，红茶、食盐适量。先将红茶熬成浓汁，去渣取汁，再把牛乳煮沸，盛碗掺茶汁，入适量食盐，和匀。日1剂，空腹代茶缓缓温饮。

［功能］润泽皮肤，健美人体。

［益宜］为滋补佳品。

女贞子酒

［配制］女贞子250g，洗净，烘干，研碎，入醇酒750g中，密封，浸泡5天后可服。每服1～2小杯，日2次。另有泡3～4周，服量同。

［功能］滋阴清热。另说：补肝肾，益阴血。

［益宜］阴虚内热之腰膝酸软，头晕耳鸣，五心烦热，须发早白等。

芪麦牛肉汤

［配制］黄芪、山药、浮小麦各50g，生姜5片，大枣10枚，精盐、调味品各适量。牛肉500g，洗净，切小块，放砂锅中；黄芪等洗净连调味品同置牛肉上，加水适量，文火炖煮90分钟，至牛肉熟烂。食肉饮汤。

［功能］益气固表，调和营卫，敛汗止汗。

［益宜］气虚卫表不固所致的自汗症。

杞竹膏

[配制] 玉竹500g,枸杞子500g,炼蜜800g。将玉竹、枸杞子洗净,切碎,加清水泡12小时,再煎煮3～5小时,滤药液,反复3次汁合,文火浓缩至膏状,兑蜜,炼膏成。每次2汤匙,早晚1次,开水冲服。另方:桂圆、杞子膏。

[功能] 滋补养生,益寿延年。

[益宜] 阴虚低热或午后潮热,颧红唇赤,手足心热,夜有盗汗,舌红脉细等。

荠菜赤豆饮

[配制] 荠菜100g,赤小豆50g,白芷10g。赤小豆加水煮至半熟,再入荠菜、白芷(布包),豆熟止(弃白芷)。食菜吃豆饮汤,每日1次。

[功能] 去脂增白。

[益宜] 油性皮肤者,使皮肤变白、嫩。

千条子酒

[配制] 地肤子500g,米酒或高粱酒3 000g。药和酒装瓶封存6个月。每日饭前及房事前各饮1小杯。

[功能] 补肾壮阳,益精添髓。

[益宜] 阳虚之阳痿。妊娠期及阴虚者禁用。

清暑银耳冻

[配制] 罐头银耳1筒。鲜荷叶、鲜银花、鲜扁豆花、淡竹叶、丝瓜皮各15g,西瓜汁300g,琼脂10g,白糖200g,将荷叶、银花、扁豆花、丝瓜皮、竹叶、琼脂洗净,前5味入砂锅煎,去渣取汁,另锅琼脂、白糖加清水微火熬化,与药汁、西瓜汁、银耳和匀,盛于碗内,冷凝成冻,划小块。随意食。

[功能] 清热祛暑,益气生津

[益宜] 暑伤津气之身热、汗出,心烦,溺黄,口渴、肢倦神疲,脉虚无力等。

祛斑散

[配制] 冬瓜仁250g,莲子粉25g,白芷粉15g。前一味研细末和2粉匀。每日饭后开水冲服1汤匙。配合用阴干之桃花与干燥之冬瓜籽仁等量混合细末,每晚睡前取药末适量调蜜涂患部。晨起洗净。

[功能] 除雀斑,洁肤颜。

[益宜] 面部雀斑,肌肤不泽等。

人参百合粥

[配制] 人参3g,百合15g,粳米30g,前二味水煎取汁,煮米为粥。日1剂,分2～3次服,连服3日。

[功能] 益气养阴。

［益宜］久咳气阴虚及顿咳恢复期。

人参蛋清膏

［配制］人参粉6g，鸡蛋1枚（取清），混匀一次服下。每日1次，10日为1疗程。

［功能］益气生津，润燥止咳。

［益宜］气虚津损消渴。

人参鸽蛋汤

［配制］人参6g，鸽蛋3枚。人参水煎，煮鸽蛋。每次食鸽蛋1枚，饮汤，日三次。

［功能］益气养阴。

［益宜］顿咳恢复期

人参枸杞汤

［配制］人参3g（或党参30g），枸杞子30g。水煎，口服2次。

［功能］补气益精。

［益宜］精气两亏，头脑空痛，眩晕耳鸣。腰膝酸软，四肢不温等。

人参桂圆膏

［配制］人参50g（或党参250g），蜂蜜250g，桂圆肉120g，人参或党参与桂圆肉加水同煎3次，取汁，每次煎取30～40分钟，混合煎液，浓缩呈黏稠状，加蜂蜜，用文火熬膏。每服1汤匙，开水冲服，日2次。

［功能］益气健脾养心。

［益宜］脾胃虚弱，心血不足之身体消瘦，精神不振，倦怠乏力，食少懒言，腹泻，心悸等。

人参胡桃饮

［配制］人参3g，核桃3个。人参洗净切片，核桃砸开取仁，合并水煮。武火烧沸后，转文火煮1小时。日1剂，睡前饮服。人参可连用3次。

［功能］益气固肾。

［益宜］元气不足，气短喘息，自汗，不耐劳累，面色黄白，体形羸瘦等。

人参黄芪粥

［配制］人参5g，黄芪20g，粳米80g，白糖5g，白术10g，参、芪、术净后加工成片，清水浸泡40分钟，放砂锅中加水煎开，改文小火慢煎浓汁，滗出。再加水煮取汁，去渣入粳米煮粥合煎汁成。早晚分别加糖热服。5天为1疗程。

［功能］补正气，疗虚损，抗衰老。

［益宜］久病体弱，气短自汗，脾虚泄泻，食欲不振，浮肿等。

人参健中汤

［配制］炙甘草、桂枝、生姜各90g，大枣12枚，芍药30g，饴糖360g，人参60g。除饴糖

外，诸味水煎去渣，纳饴糖微火稍煎。分 3 次服。

[功能] 补虚敛汗。

[益宜] 虚劳自汗。

人参三白汤

[配制] 人参、白术、白芍、白茯苓 1.5 份，柴胡 3 份，川芎、百合、元麻 0.5 份。研粗末，每用 30g，水煎日 2 次，温服。

[功能] 培元固正，蒸气散寒。

[益宜] 太阳病误下，虚汗，表里俱虚，症见忧郁神昏，不得汗解者。

人参猪肚

[配制] 人参、甜杏仁各 10g，茯苓 15g，红枣 12g，陈皮 1 片，糯米 100g，雄猪肚 1 具，花椒 7 粒，姜 1 块，独头蒜 4 个，葱 1 根，调料适量。人参洗净，文武火煨 30 分钟，切片留汤；红枣酒喷，去核；茯苓洗净；杏仁用开水浸泡后再用冷水搓去皮，晾干；陈皮洗净，破两半；猪肚切面洗净，刮去白膜，开水稍烫；姜、蒜拍破；葱切段；糯米淘净。诸食料与糯米、花椒、白胡椒同装纱布袋内，扎口，置猪肚内。将猪肚放入大盘内，加适量奶油、料酒、盐、姜、葱、蒜，上屉旺火蒸两小时，猪肚熟烂取出。稍凉取出糯米药饭，又从饭内取出食药、佐料等，留糯米饭。将红枣放入小碗内，猪肚切薄片放枣上，人参片放肚片上。把盘内原汤与人参汤倒入锅内，待沸，调入味精，饮汤吃肚片、参片、枣、糯米饭。每周 1～2 次，长期服用。

[功能] 补脾益肺，养身补虚。

[益宜] 各种劳伤，贫血，胃病，中气不足，精神萎靡，水肿，肺结核，小儿营养不良，发育迟缓等。

润肠饮

[配制] 决明子 30g，肉苁蓉 15g，熟地黄 30g，白术 15g，便时气喘出汗加黄芪、黄精；乏力便难加何首乌、黑芝麻；肠燥结者加当归、火麻仁。每日 1 剂，二煎浓汁 300ml 分两服，三煎随意茶饮。

[功能] 滋阴增液，润肠通便。

[益宜] 各类习惯性便秘。

三花减肥茶

[配制] 玫瑰花、茉莉花、代代花、川芎、荷叶各等量，为粗末，每日 20～30g，开水冲泡代茶饮。

[功能] 健脾理气化积。

[益宜] 肥胖症者，亦可健美，保健，强身。

三鲜汁

[配制] 鲜甘蔗、鲜荸荠、鲜芦根各适量，共捣取汁，代茶饮。

［功能］清热养阴。
［益宜］各种热性病后期之余热未清，津伤口渴等。

桑葚三鲜露

［配制］鲜生地、鲜地、骨皮各 50g，鲜桑葚（紫黑者）500g，冰糖 10g，黄酒 5g。前 3 味摘洗干净，捣如泥，绞汁，沉淀后取澄清液调糖屑、黄酒每服 50～100ml，日 3 饮。
［功能］滋阴清热。
［益宜］阴虚内热，口干作渴，五心烦热，头晕耳鸣等。尤宜阴虚阳亢之高血压病。

沙参炖肉

［配制］北沙参、百合、玉竹、山药各 15g，猪瘦肉 500～1 000g。肉洗净、切块与诸药加水炖肉烂。饮汤食肉、药。
［功能］养阴生津益胃。
［益宜］胃阴不足之饥不欲食、口舌干燥、大便干、气短乏力等。

山蒟饮（为胡椒科植物。又名：酒饼藤、石蒟、穿壁风、爬岩香、石南藤、上树枫等）

［配制］鲜山蒟 15～30g，煎汤代茶饮。
［功能］祛风湿。
［益宜］预防中暑。

山药奶肉羹

［配制］山药片 100g，羊肉 500g，牛奶半碗，生姜 25g，食盐少许。羊肉、生姜文火炖半日。取羊肉汤 1 碗，加山药片煮烂后，再加牛奶，调入食盐，煮 2～3 沸，日 1 剂，分 2～3 次，温热服食。
［功能］益气补虚，温中暖下。
［益宜］病后产后经常肢冷，出冷汗，疲倦气短，失眠等。凡外感热邪或内有蕴热者不宜服用。

山楂汤

［配制］生山楂片 100g，酸梅 50g，白芍花 10g，白糖 100g。前 2 味加水 3 500ml，煮烂，放入芍花，烧沸，去渣取汁，加白糖搅匀，待凉。频饮，少量。
［功能］清热，解暑，开胃。
［益宜］长夏暑热口干厌食。

神采芝麻饮

［配制］党参 15g，茯苓 15g，白术 9g，甘草 6g。诸药洗净，入砂锅加水 4 碗，煮 30 分钟，弃渣，取汁，调入芝麻粉 2 大匙拌匀，加蜂蜜适量和服。每早、晚伴面包、牛奶为佳。
［功能］补气养血，润肤抗皱。

［益宜］皮肤干燥易生褶皱者。

神仙固本酒

［配制］牛膝240g，制首乌180g，枸杞子120g，天冬、麦冬、生地、熟地、当归、人参各60g，肉桂30g，白酒曲750g，共研粗末；糯米7 500g，浸泡后蒸饭待冷至30℃时拌入药、曲末匀，盛于酒坛，密封发酵7～14天后滤，滤后酒隔水蒸热至75～80℃，冷密储。每饮10～30ml，日2次。

［功能］温肾壮阳，补养精血，乌须黑发，益寿延年。

［益宜］肝肾亏虚，气阴不足之面色不华，倦怠懒言，毛发枯落早白，耳鸣等。

生牡蛎饮（原名：一甲前）

［配制］生牡蛎2两，研细末，水煎，分3次服。

［功能］清余热，存阴，涩大便。

［益宜］温病下后伤阴，大便溏甚，3～4次/日，脉仍数者。

生炆鲨鱼肉

［配制］鲨鱼肉750g，姜丝15g，蒜苗、调料各适量。鲨鱼肉切块入清水稍氽；锅中油烧热，放入姜丝煸炒香，入鱼块，加清水、盐、味精、白糖各适量，盖锅炆熟，下蒜苗，湿淀粉芡，撒上胡椒粉。佐餐或单食。

［功能］抗癌、防癌。

［益宜］祛病延年，辅助癌症治疗和防癌发生。有癌症家族史者更宜。

十锦山药

［配制］山药1 650g，西瓜子仁5g，葡萄干、莲子、冬瓜条、蜜枣、青梅、年糕各30g，菠萝罐头半罐，青红丝即胡萝卜、海带丝各3g，白糖90g。莲子去红衣，开水氽透；蜜枣去核；瓜条、青梅均切丁；碗内抹上一层猪油，用西瓜子仁、葡萄干、青红丝、莲子、蜜枣、瓜条、青梅在碗内制好图案；山药净，蒸熟，去皮压泥，白糖拌匀，取一半放制好图的碗中，剩下的果料放于其上，另一半山药泥置于果料上。上笼蒸40分钟后取出，翻扣碗内；另取1锅，注入开水150g上火，加蜂蜜、白糖，用小火稍煮化，待稠时用少许湿淀粉勾芡，浇山药泥上；把菠萝及切成三角块的年糕围在边上。早、晚佐餐，或作点心。

［功能］补肺益肾，健脾和胃。

［益宜］贫血及消化不良等；常人食可增进食欲，强健腰膝，消除疲劳。

十全大补汤（又方：十全饮）

［配制］党参、黄芪、白术、茯苓、熟地、白芍各10g，当归、肉桂各5g，川芎、甘草各3g，大枣12枚，生姜20g，墨鱼、肥母鸡、老鸭、净肚、肘子各250g，，排骨500g，冬笋、蘑菇、花生米、葱各50g，调料适量。将诸药装纱布袋内，扎口；鸡、鸭、猪肚等洗净；排骨剁开；姜、笋、菇洗净，与上诸物同置锅中，加水武火煮开后改文火煨炖，并

加黄酒、花椒、盐等调味，煮好后，调入味精。食肉饮汤，每次1小碗，早晚服用，全部服完后，隔五日再服。又方：人参、肉桂，(去粗皮)，川芎、地黄(洗、酒蒸、焙)、茯苓、白术、炙甘草、黄芪、当归、白芍各等份。水煎，不拘时服。

［功能］补阴阳气血，调五脏之腑。又方：温补气血。

［益宜］慢性虚损，头晕目眩，遗精，汗多，崩漏，白带多，月经不调。现代医学的贫血，低血压，血小板减少，内脏下垂及养生防病，益寿延年。又方宜：诸虚不足，五劳七伤，不进饮食；久病虚损，时发潮热，拘急疼痛，夜梦遗精，喘嗽中满，脾气虚弱，疮疡不收，妇女崩漏等。

十全大补丸

［配制］党参、白术、茯苓、当归、白芍、熟地、黄芪各500g，肉桂100g，川芎、甘草各300g，炒麦芽粉、面粉各500g，白糖1 000g，前10味洗净烘干，磨成细粉，与后3味合匀，做成饼干式糕点，烤箱内烤熟，饭前1～2小时服30g，日3次。

［功能］健脾益气，调经养血。

［益宜］气血虚弱之畏寒，乏力，纳差等。

石膏竹叶粥

［配制］石膏30～40g，鲜竹叶30片，鲜竹心30根，芦根30g，粳米100～150g，砂糖5g。石膏、鲜竹叶、心，芦根(切段)洗净，同煎取汁去渣，加粳米煮稀粥，调入砂糖。日2次。

［功能］清热生津。

［益宜］温热病在阳明之身热汗多、面赤心烦、渴喜冷饮等。

熟地黄汤

［配制］熟地黄(酒洗)30g，糯米10g，人参5g，麦冬6g，天花粉9g，为粗末，加生姜1片，大枣2枚，水煎服。

［功能］补气血，益脾胃。

［益宜］产后头晕目眩，虚渴口干，气少脚弱。

熟地肉桂炖猪腰

［配制］猪腰子1对，剖去臊腺、膜，切片，熟地黄30g洗，红枣8枚去核，洗，肉桂3g，所备共入炖盅，加水适量，加盖，文火炖2小时，调味食。

［功能］补肾阳，化痰浊。

［益宜］老年肾阳虚，痰蒙清窍之耳鸣耳聋，腰酸畏寒，神疲乏力等。

双衣菜

［配制］绿豆衣、扁豆衣各适量。稍加煎煮，去渣，取汁。代茶频饮。

［功能］清热解暑。

［益宜］预防中暑。

爽神饮

[配制] 人参粉1g,苹果汁、葡萄酒各50ml,蜂蜜适量。前4味调和稍加开水,1次饮用。
[功能] 兴奋精神,增加精力。
[益宜] 气虚之性功能减退等。

丝瓜猪瘦肉汤

[配制] 丝瓜250g,猪瘦肉100g。丝瓜切块,猪瘦肉切片,加水适量熬汤,加盐调味。佐餐适量食饮。
[功能] 清热滋阴。
[益宜] 伏暑保健养身。

四仁通便饮

[配制] 杏仁、火麻仁,松子仁、柏树仁各9g。共捣烂,开水500ml冲泡。加盖片刻。又方曰:四仁通便茶。杏仁谓:吧嗒杏仁。
[功能] 润肠通便。又方:补虚润下。
[益宜] 阴虚及年老津枯液少之便秘。

酸枣仁酒

[配制] 酸枣仁、黄芪、赤茯苓、羚羊角、五加皮各12g,天门冬、防风(去芦)、独活、桂心各8g,葡萄干、牛膝(去苗)各20g,大麻仁30g。诸药研粗抹,浸酒3 000ml,6～7日。饭前随量温饮。
[功能] 光泽肌肤,润养五脏。
[益宜] 气阴不足之头晕乏力,肌肤不光泽等。

太子参乌梅饮

[配制] 太子参、乌梅各15g,甘草6g,冰糖(或白糖)适量。前3味水煎,加糖,代茶饮。
[功能] 益气生津。
[益宜] 夏季伤暑,耗气伤津之口渴,多汗,乏力等。

糖盐菊花茶

[配制] 食盐、糖、菊花各适量。沸水冲溶,代茶饮。
[功能] 清暑益气生津。
[益宜] 伤暑汗出过多,口渴饮水,亦可补充轻度脱水。

天冬炖肉

[配制] 天冬60g,猪瘦肉500g。肉切块洗净,与天冬共加水,文火炖至肉熟烂。食肉饮汤。
[功能] 滋阴养血。

［益宜］产后虚弱，乳汁不足，面色少华等。

天麻炖鸡

［配制］鸡1只(500g)，天麻10g，调料适量。鸡宰杀净，去内脏，天麻切片置鸡腹内。锅加清水炖至烂熟，入调料入味。佐餐，单食。

［功能］熄风，行气，活血。

［益宜］身体虚弱，产后血虚头昏等。

土白蔹茶

［配制］鲜土白蔹60～90g，清水煎代茶饮。

［功能］清热，凉血，化痰。

［益宜］易中暑热人群，退暑热。

葳蕤油豆腐包虾

［配制］葳蕤5g，水煎1小时，去渣留汁；虾肉100g，剁泥；嫩笋200g，洗净，切丝；香菇50g，水浸后切丝；大块油豆腐3块，切成6块五角形；芹菜少许，洗切丝；干菜、甜酒、油适量。将虾泥、笋丝、香菇丝、芹菜丝拌匀，包在油豆腐中，用干菜扎紧。锅内入鸡汤烧开，放进豆腐包，加药汁、酱油、糖、酒调味，小火煮至将干，盛盘佐餐。

［功能］容颜泽肤。

［益宜］皮肤粗糙、有斑点或青壮年皱纹过多。老年常食可益气血。

乌参藏白凤

［配制］水发乌参2只(约750g)，乌鸡肉150g，猪里脊肉1 000g，蛋清1个，肉皮1块，火腿末、芹菜各25g，鸡骨1 000g，调料适量。发好的乌参洗净，下开水锅汆一下捞出，放入用竹篾垫好的砂锅内。鸡骨剁成大块，同肉皮用开水汆一下捞出，洗净，将肉皮盖于乌参上，烧热锅，放猪油，煸姜、葱至黄，将鸡骨下锅略炒，入料酒、精盐、清汤各适量，烧沸后倒入乌参锅内。文火炖40分钟。芹菜洗净，开水烫熟捞出，清水漂凉后剁茸待用；乌鸡肉，和里脊肉同剁为茸，加蛋清、精盐、水淀粉和少量清水调稀；将砂锅取下，捞去鸡骨、葱、姜肉片，取出乌参，腹向上置碗内；源汁倾锅内，入精盐、味精，烧开后淀粉勾芡，将肉茸徐徐倒入，推熟，放入芹菜茸、胡椒粉搅和，起锅装入乌参碗内，翻扣，撒上火腿末。

［功能］养阴退热，补肾益精。

［益宜］精血亏损，眩晕耳鸣，腰酸乏力，遗精尿频，及肺痨咳嗽，潮热咳血等。

乌发黑豆桃仁粒

［配制］黑豆240g，何首乌、枸杞子60g，核桃12枚。核桃去外壳、内衣，切碎炒香；何首乌、枸杞子洗净，煎浓汁(去渣)，将黑豆(洗净)与核桃仁粒投入汁中，文火煮核桃仁、豆熟烂，汁收干，取出曝晒或烘干。每次食6～9g，日2次。

[功能] 益肾乌发。

[主治] 精血亏损之须发早白，头晕耳鸣、腰酸尿频等。

乌发蜜膏

[配制] 制何首乌、茯苓各200g，当归、枸杞、菟丝子、牛膝、补骨脂、黑芝麻各50g，蜂蜜适量。前8味洗净加10倍量水煮沸半小时滤出药汁，药渣再加水适量煎滤汁。合两煎药液文火浓缩至稀流膏状，另取等量蜂蜜加热，滤去杂质后，继续加热至沸，捞除浮沫，将稀流膏倒入蜂蜜，边搅边加热，煮沸。每服10～15ml，日2次，温开水冲服。

[功能] 补血滋肾，乌须黑发。

[主治] 肾虚血亏之须发早白或脱发等。

乌饭美容方

[配制] 南烛茎叶或柿叶，粳米适量。将南茎叶或柿叶捣碎，渍汁浸粳米，九浸九蒸九曝，装入袋中备用。每用做饭，日2～3食。

[功能] 益颜色，坚筋骨，黑发，却老。

[主治] 未老先衰，面色衰败，行走无力，须发早白等。

乌龙保健茶

[配制] 乌龙茶4g，槐角24g，冬瓜皮24g，首乌40g，，山楂肉20g，乌龙茶置器内，余味清水煮沸，取汁冲茶。随意饮。

[功能] 防病保健。

[主治] 常饮可健身延年。

无花果冰糖水

[配制] 无花果30g，冰糖适量。水煎服。日1次，连续服3～5日。

[功能] 补清肺化痰。

[主治] 风热所致失音，发音不扬，其声重浊，咳痰黄稠，口燥咽干或痛。

五彩野兔丝

[配制] 去骨野兔肉250g，去筋膜，切火柴杆样细丝，漂去血水，沥干，置碗加盐、料酒拌匀，入蛋清、豆粉上浆，冬笋（水发，切丝）25g，香菇（切丝）25g，熟火腿、鸡蛋皮（切丝）适量，生姜切末；一碗放盐、味精、鲜汤、湿豆粉，兑汁待用；炒锅入猪油，待四成熟时，下兔丝，划散捞出沥油；锅中留油少许，下姜末、葱段及冬笋、香菇、火腿、蛋皮丝炒一下，下兔肉丝肉兑好的汁，颠翻均匀，淋芝麻油，撒椒盐粉，装盘。佐餐或单食。

[功能] 护肝降脂。

[主治] 中老年人日常营养食品，并宜冠心病、高血压、肝脏病者食。

五精酒

[配制] 黄精 1.6g，天门冬 17.2g(去心)，松叶 38.4g，白术 25.6g，枸杞子 32g(洗)。以上皆用生品，纳锅，以水 3 000ml 煮 1 日，去渣，取汁渍曲，如家酿法，酒熟取清。可随个人酒量饮之。

[功能] 滋身养体。

[益宜] 长年补养，防病治病，使白发返黑，齿去更生。忌鲤鱼、桃、李、雀肉等。

五味枸杞饮

[配制] 五味子、枸杞子、冰糖各 50g。五味子置纱布袋内，与枸杞子加水 1 000ml，煮取 800ml，加入冰糖。代茶饮。

[功能] 养阴生津，健脾益肾。

[益宜] 夏季热(暑热症)，入夏低热不退，形体消瘦，神疲乏力，食欲不振等。

五味斋

[配制] 青瓜 2 个，粉丝 100g，豆腐干 2 块，金针菜 40g，云耳 10g，虾米 3 汤匙，姜少许。金针菜洗净，温水浸发，虾米、云耳热水浸发，粉丝切 10cm 长段，煮软，青瓜剖开，切斜片，豆腐干用沸水淖一下，浸冷水，切丝。用油 4 汤匙，爆姜及虾米，加金针菜炒，依次加云耳、豆腐干、粉丝炒一会，加青瓜片、盐、胡椒粉各少许，下麻油 1 汤匙。盛盘，佐餐。

[功能] 美肤养颜。

[益宜] 皮肤粗糙老化，面部雀斑等。

五五酒

[配制] 粳米、黍米、胡麻、大麦米、小黑豆各 150g，龙眼肉、红枣肉、白果肉、胡桃肉、莲肉(去皮)、松子仁、柏子仁、杏核仁、芡实仁、薏苡仁、枸杞子、冬青子、菟丝子、覆盆子、蒺藜子、巴戟天、甘草、首乌各 36g，五加皮 24g，桑葚 36g，白浆酒 3 820g，好烧酒 2 292g。五谷蒸熟，凉冷；其余诸药封入缸内，以汤煮 30～45 分钟，打开与五谷合在一起，入烧酒浸 21 分钟，入白浆酒再浸 49 分钟。滤出。日 3 次，随意饮用。

[功能] 安脏补虚，润泽。

[益宜] 驻颜，延年益寿。

五圆全鸡

[配制] 净母鸡 1 只(约重 1250g)，桂圆肉、荔枝肉、乌枣、莲子肉、枸杞子各 15g，冰糖 30g，调料适量。鸡腹朝上放大碗中，桂圆肉等五圆置鸡四周，再加上冰糖及精盐、料酒、葱、姜、清水各适量，上笼蒸 2 小时后取出，调味，撒上胡椒粉。

[功能] 补血养阴，益精明目。

[益宜] 病后、产后气血虚之面色苍白，形体羸瘦；常人食则增加营养，增进食欲。

五汁饮

［配制］梨汁、荸荠汁、鲜苇根汁、麦冬汁、藕汁（或用蔗浆），五汁各取多少，临床斟酌，合匀凉服。不甚喜凉者汤炖温服。

［功能］清热，生津，止咳。

［益宜］太阴温病，热灼津伤，口渴，吐白沫，黏滞不快者。

西洋参粥

［配制］西洋参 3g，麦冬 10g，淡竹叶 6g，粳米 30g。麦冬、淡竹叶煎汤，去渣取汁，同米煮粥，将熟，加西洋参（切薄片），煮至粥熟。随意食。

［功能］益气，阴清热。

［益宜］阴气不足而有虚热之烦渴、口干、气短、乏力等。

熙春酒方

［配制］生竹板油 50g（食素者不用油，带蒂柿饼 60g），枸杞子、龙眼肉、女贞子（冬至日采，九蒸九晒干）各 12.8g，烧酒 1 000g，共浸 1 月，封口。随量频频饮之。

［功能］培补心肾，健步驻颜。

［益宜］心肾不足之步履不健，肌肤不泽，毛发枯萎，久嗽不止等。

鲜荷叶包鸡

［配制］净鸡肉 500g，火腿 30g，蘑菇 60g，鲜荷叶 4 张，各佐料适量。鸡肉、蘑菇切薄片，火腿切 20 片，荷叶洗净，略烫，去蒂、梗，撕成 20 片，蘑菇开水氽后捞出，凉水冲冷。把鸡、蘑菇置盆内加盐、白糖、麻油、料酒、鸡油、胡椒面、玉米粉、姜、葱末，拌匀，鸡肉、蘑菇匀分 20 片荷叶上，每加 1 片火腿，包成长方形，码盘，上笼蒸熟。随意食。

［功能］解暑益气。

［益宜］暑伤气津之心烦口渴，饮食无味，体倦乏力等。

鲜鲤鱼生麦芽汤

［配制］鲜鲤鱼 1 尾，生麦芽 20g。鲤鱼治净，与生麦芽同煮鱼熟。饮汤食鱼肉。

［功能］通经下乳，补益气血。

［益宜］产妇气血亏虚，少乳。

鲜藕白蜜

［配制］鲜藕 120g，洗净，捣烂，绞汁，加生蜜 60g，搅匀服，不拘时。

［功能］益胃生津，清热除烦。

［益宜］热病伤津之烦渴喜饮。

香附川芎茶

[配制] 香附子、川芎、茶叶各 3g,研粗末,开水冲泡,代茶饮。

[功能] 活血、行气、止痛。

[益宜] 情志不畅,气滞血瘀之慢性头痛。

消暑清心茶

[配制] 酸枣仁 9g,夏枯草、菊花各 6g,藕根 30g,甘蔗汁 200ml。前 4 味各洗净,藕根切,共入砂锅加水 2 500ml,煮沸后小火煮 30 分钟,滤汁加入甘蔗汁,代茶频饮。

[功能] 消暑清窍,凉血滋阴,利尿。

[益宜] 长夏酷暑难耐,热伤脾胃,阴血,以及尿频短赤等。

小麦黄芪牡蛎汤

[配制] 小麦 30g,黄芪 15～24g,生牡蛎 18g。牡蛎先煎 30 分钟,入黄芪、小麦同煮 1 小时。饮汤,日 1 剂。

[功能] 补益气固表止汗。

[益宜] 气虚自汗症。

小米粥

[配制] 小米 100g,煮粥熟,加红糖适量,调匀。随意食用。

[功能] 调中补虚。

[益宜] 产后气血虚弱,胃口不开,口干作渴。

羊肚黄芪乌豆汤

[配制] 羊肚 1 具,黄芪 30g,黑豆 50g。羊肚洗净,切与后味同煮,肚熟后调味分次,饮汤食肚。

[功能] 益气强身,实表止汗。

[益宜] 气虚不固,自汗,盗汗等。

羊羔米酒

[配制] 肥羊羔肉 448g,酒曲 56g,杏仁 64g,木香 4g,米 5 000g。羊肉切四方块与杏仁一起煮烂,留汁 7 000ml,拌米饭曲,更用木香同坛,不得犯水,10 日熟,味极甘滑。每空腹饮 2～3 小杯,日 3 次。

[功能] 补气益血。

[益宜] 病后气虚,腰膝酸软,头晕神疲等。

羊肉参芪粥

[配制] 精羊肉 160g,洗净,切碎;人参 5～10g(去芦,切);黄芪、白茯苓各 30g,大枣 5 枚,3 味先煎取汁,人参另煎汁,两汁合入羊肉和粳米 80g,煮粥,熟,下葱白及盐

少许，调味。空腹食。

［功能］温肾助阳，大补气血。

［益宜］虚损羸瘦，筋骨痿弱，神疲乏力等。

养颜橘子饮

［配制］橘子 100g，苹果 200g，胡萝卜 150g，白砂糖 20g，冷开水 100g。前 3 品各洗净，橘子去皮，苹果、胡萝卜切薄片，橘皮切丝，橘肉扳瓣，加入白糖，冷开水同搅泥汁，滤渣，取汁饮。冬春饮用，日 1 剂。

［功能］预防感冒，美容保健。

［益宜］体弱易感外邪，肤干皮燥者。

椰香芦荟煲乌鸡

［配制］椰子 1 只，芦荟 200g，乌鸡 1 只，黄芪 25g。诸料各制净放入熬好的高汤中，上锅蒸 3 小时。吃鸡喝汤。

［功能］调理气血，美容美颜。

［益宜］体虚脾弱的妇女服食。

一味核桃饮

［配制］核桃 10 个，打破，连壳水煎。代茶温热频饮。

［功能］补肾养血，降逆止呃。

［益宜］孕妇胎气上逆，恶心呕吐。

薏米饭

［配制］薏米、大米各 2 杯，虾仁 200g，猪瘦肉茸 200g，炸豆腐 2 块，冬菇 4 支，胡萝卜 1 个，青豆、姜各适量，上汤 4 杯，生油 2 匙，砂糖 2 茶匙，姜汁、酒、粟米各少许。薏米洗几次，过清水、热水浸 1 晚，捞起用水 3 杯略煮稔。用姜汁、酒少许淹过虾仁，拌少许粟粉，炒熟。少许姜末拌匀肉茸，用 2 匙油炒过。冬菇、胡萝卜切细丁末。炸豆腐，切丁，生姜洗净切末。米淘洗与薏米等全料下锅，注入上汤，下调料混合煮，蒸饭时加入虾仁，撒下汆过之青豆。

［功能］美肌肤，泽容颜。

［益宜］美容及抗衰老。

鱼鳔五子汤

［配制］鱼鳔 12～15g，沙苑子 10g，菟丝子 12g，女贞子、枸杞子各 15g，五味子 9g。6 味同下锅水煎，水沸 1 小时后，去药饮汤。每日 1 剂，分 2 服。

［功能］补肝、肾、肺，益肾气。

［益宜］肾虚之阳痿、遗精、腰痛、眼花、耳鸣等。

元肉枸杞蒸鸽蛋

[配制] 鸽蛋5～7个，桂圆肉10～15g，枸杞子10～15g，冰糖适量。鸽蛋与桂圆肉、枸杞子、冰糖同加水适量，打匀，蒸熟食用。

[功能] 补肾填精，益气养血。

[益宜] 老人或病后体虚，正气不足之证。

增液粥

[配制] 鲜生地汁50ml（或干生地60g煎汁），麦冬20g，粳米100g，生姜汁少许，蜂蜜30g。麦冬洗，煎取汁，去渣入洗净之米煮沸下生地汁、姜汁、煮粥熟，调入蜂蜜。

[功能] 生津养阴，润燥通便。

[益宜] 热病后期。津伤液亏之大便干燥，口燥咽干等。

芝麻茶

[配制] 芝麻200g，茶叶300g。芝麻入锅焙黄，每用取2g芝麻，3g茶叶入罐中煮开。饮茶嚼渣，每天5g，25天为1周期。可久饮。

[功能] 润肺养血，滋补肝肾。

[益宜] 皮肤粗糙，毛发干枯。

茱萸地黄酒

[配制] 山茱萸120g，地黄12g，枸杞子、人参、当归各30g，黄芪18g，酒1 500ml。各药捣碎，避阴两天，浸酒中，密封49天后饮，日1～3杯。

[功能] 美容驻颜。

[益宜] 肝肾亏虚之未老先衰。

猪蹄通草漏芦粥

[配制] 猪蹄1个，通草3g，漏芦10g，粳米100g，葱白2茎。猪蹄煎汁后其汁煎通草、漏芦，取汁，去渣，以汁煮粳米为粥，粥熟入葱白稍煮。日食温食2次。

[功能] 通乳汁，利血脉。

[益宜] 产后气虚之无乳或乳汁稀少。

竹报平安

[配制] 黄芪、党参各30g，茯苓12g，3味洗，加水2杯，煎浓缩汁半杯；猴头菇罐头200g，熟竹笋片180g，竹笙20g，泡软，入沸水氽即捞起，漂凉，切，猴头菇切片。蛋清2个，高汤1杯，佐料适量。炒锅入油1大匙烧热，煸葱、姜香，再入菇、笋、笙、高汤、麻油、盐及药汤煮开，勾芡后淋上蛋清，稍凝即可。

[功能] 健脾补肾，益气安神。

[益宜] 年老体弱者，防病抗衰等。

竹叶凉茶

[配制] 竹叶 15g,菊花 10g,生地 10g,麦冬 10g,生甘草 6g。凉开水洗,茶壶沏。代茶饮。

[功能] 滋阴生津,降暑清热。

[益宜] 长夏酷暑时期一切需防中暑者。效优。

壮腰健肾散

[配制] 杜仲、蛇床子、五味子、干地黄各 60g,木防己 50g,菟丝子 100g,肉苁蓉、远志各 50g,巴戟天 70g。制净,焙或晒干,研细为散,每服 5~7g,食前,温酒调下,1 日 3 次。

[功能] 壮腰健脾,强筋骨。

[益宜] 羸瘦短气,五脏损,腰脊痛,不能房事等征。

紫苏姜橘茶

[配制] 苏梗 9g,生姜 6g,大枣 10 枚,陈皮 6g,红糖 15g。共煎汁,代茶饮。

[功能] 消积导滞。

[益宜] 孕妇怀孕 2~3 个月脘腹胀闷、呕恶不食,或食入即吐,倦怠思睡、舌淡苔白、脉缓滑无力者。

紫苏麻仁粥

[配制] 苏子 10g,火麻仁 15g,粳米 50~100g。前 2 味捣烂加水研,滤取汁,入粳米煮粥,任意服。

[功能] 润肠通便。

[益宜] 老人、产妇阴津亏虚之大便燥结。

紫苏子酒

[配制] 紫苏子 1 000g(微炒),清酒(米酒)1 0000ml。将苏子捣碎,以纱布袋盛,纳酒中,浸 3 宿,少少饮之。

[功能] 祛风、理气、利膈。

[益宜] 外感风寒之发热,无汗;胸中气滞之胸闷、呕吐、呃逆等。

编后语

将养生保健与保健疗疾分篇,其实很难界定。编者划分的理由一是根据茶膳用料;二是“益”,“宜”(①没有独立的病名,②主宜条目的概念太过模糊,范围包含得过广)。也知道如此分篇有些偏颇和勉强,但茶膳方养生保健是一般的所谓保健品无法替代的。

篇二

康复篇

一、幼儿门类康复方

白果覆盆子煲猪小肚

［配制］白果 5 枚(炒熟去壳)，覆盆子 10g，猪膀胱 100～150g(洗净，切小块)。3 者入锅加水适量煮汤，饮汤食肉。

［功能］补益肝肾，缩尿止遗。

［益宜］小儿夜间多尿或遗尿等。

白萝卜散

［配制］白萝卜籽适量。炒焦存生，研末。每服 3～6g，日 3 次，饭后水送服。

［功能］消食导滞。

［益宜］小儿食积之吐乳腹泻，大便腐臭、烦躁啼哭等。

白石脂粥

［配制］白石脂 10g(研细末)，粳米 30g，先煮粳米粥，候熟，入白石脂末，搅匀，几沸，空腹食。

［功能］涩肠，止血。

［益宜］小儿水痢不止，体弱形羸者。湿热积滞者忌。

扁豆香薷汤

［配制］白扁豆 20～40g，香薷 15g。加水 2 碗，煎 25 分钟取汤，温服，日 3 次。

［功能］清热利湿和中。

［益宜］小儿夏伤暑伤，身热无汗，呕吐泄泻，脘腹胀痛等。

蝉蜕内金散

［配制］蝉蜕 9g，鸡内金 15g，两味微火焙脆研细末。每服 1g，日 3 次。

［功能］益脾胃，祛烦惊。

［益宜］小儿夜惊啼。

蟾蜍砂仁散

［配制］活蟾蜍 1 只，去头足、内脏，洗净。砂仁 3g，研末，纳入蟾蜍腹中，缝口，用黄泥封口，置炭火煅存性、候冷去黄泥，研极细末。每服 0.5～1.5g，温开水送，日 2～3 次。

［功能］消积健脾。

［益宜］小儿疳积之不欲乳食、面黄肌瘦、头发结束、大便不调等。

川贝冰糖米汤饮

[配制] 川贝母 15g,冰糖 50g,米汤 500g,贝母研细末,与冰糖同入米汤内,隔水炖 15 分钟,日 1 剂,分数饮。5 岁以下小儿酌减。

[功能] 润肺祛痰止渴。

[益宜] 小儿百日咳。

川贝杏仁饮

[配制] 川贝母 6g,杏仁 3g,冰糖或蜂蜜少许。洗净的川贝、杏仁同置锅内,加冰糖沸后,放入冰糖或蜂蜜,转文火煮 30 分钟。每日睡前服 5~10ml。

[功能] 化痰止咳。

[益宜] 小儿咳嗽,痰鸣等。

穿山甲肉片汤

[配制] 穿山甲肉 100g,洗净,切薄片,加水煮熟,入油、盐、料酒调味,一次吃完。每日 1 剂,连续 3~5 日。

[功能] 止遗尿。

[益宜] 小儿遗尿。

葱白香菇人乳汤

[配制] 葱白 1 根,香菇 1 枚,各洗净,切段、丝,放杯内隔水炖熟,去渣后放奶瓶中加人乳 30~50ml,喂婴儿。日 1 剂量,连服 2~3 剂量。

[功能] 解表通窍。

[益宜] 婴儿感冒之鼻塞、流涕、喷嚏等。

葱豉薄荷米煎

[配制] 鲜葱白 1 枚(洗净),淡豆豉 6g,薄荷 1.2g(冲),生粳米 30 粒。水煎服。

[功能] 和中发汗。

[益宜] 小儿伤寒初起一二日,头痛身热,怕冷无汗。

大飞杨草猪肝羹(别名:大飞杨、白乳草、奶母草等)

[配制] 大飞杨草 30g,猪肝 120g 炖服。

[功能] 养脾健胃。

[益宜] 小儿疳积。大飞杨散(别名:夜合叶等)

[配制] 大飞杨叶、百部、猪苦胆(烘干)各等量,研末。日 3 服,每服 1~3g,空腹时用温开水吞服。

[功能] 润肺止咳。

[益宜] 百日咳

大米冬笋粥

[配制] 冬笋 50g,粳米 50g,将冬笋洗净切碎,与粳米同煮为稀粥服食。
[功能] 宣散透疹。
[益宜] 小儿麻疹,疹出不畅。

大米胡萝卜粥

[配制] 胡萝卜 250g,洗净切片与粳米 50g 同煮粥。服食。
[功能] 寒中下气,消积导滞。
[益宜] 小儿积滞不化。

大蒜姜糖煎

[配制] 大蒜 15g,生姜 1 片,红糖 6g,3 味同时水煎取汁。日 1 剂,分 3～4 次饮服。
[功能] 温胃,散寒,解毒,止咳。
[益宜] 小儿百日咳。

刀豆饮

[配制] 刀豆子 25 g,甘草 3 g,冰糖或蜂蜜适量。两药水煎取汁。加冰糖或蜂蜜调匀。代茶饮。
[功能] 温中下气,益肾补元。
[益宜] 小儿百日咳及老人咳喘。胃热甚者不宜。

地龙膏

[配制] 鲜地龙 100g,白糖 50g。地龙煎水去渣,加糖收膏。任意食。
[功能] 清热、平喘、止咳。
[益宜] 肺热咳嗽、喘促、小儿百日咳等。风寒咳嗽不宜。

丁香陈皮人乳煎

[配制] 丁香 10 枚,陈皮 3g,人乳 1 杯。温水浸泡透,丁香、陈皮武火煮开后,文火煮剩少许汁,取汁兑入人乳,再煮沸。日数次,缓缓少量喂饮。
[功能] 温暖脾胃。
[益宜] 脾胃寒之婴儿吐乳,粪便色青等。

丁香蜜米饮

[配制] 丁香 2g,陈皮 3g,蜂蜜、米饮各适量。温水浸没丁香、陈皮以浸透为度。武火煮沸,文火煮 15 分钟,取汁,调入蜂蜜、米饮。每服 5～10ml。日 4～5 次(米饮:煮饭时的米汤。编者注)
[功能] 暖胃益气。
[益宜] 脾胃虚寒之吐泻,尤宜小儿患者。

豆豉饮

[配制] 淡豆豉 9g，煎取浓汁，频频饮服。

[功能] 助胃气，宣发胎气。

[益宜] 胎禀怯弱，体质不强而有胎毒内蕴之婴。

二百甘草汤

[配制] 百部、百合、白果肉、甘草各 5g。加水 200ml，煎取 100ml。日分 2 次服，连续 3～5 剂。

[功能] 养肺止咳。

[益宜] 百日咳。

二冬阿胶粥

[配制] 天冬、麦冬各 30g，阿胶 115g，糯米 30g，二冬水煎取汁。糯米熬粥，八成熟时兑入药汁至熟，趁热加入捣碎之阿胶，烊化。日 1 剂，连服 5 日。

[功能] 养阴清热，润肺止咳，补血止血。

[益宜] 肺阴虚之干咳，咯血及小儿顿咳等。

二仁煎

[配制] 红萝卜 200g，红枣 12g，加水 3 碗，煮取 1 碗。日 1 剂，随意饮用。

[功能] 理肺、脾之气，止咳。

[益宜] 百日咳。

凤栗壳糖冬瓜饮

[配制] 风栗壳 50g，糖冬瓜 100g。煎水，代茶饮用，日内服完，连服至愈。

[功能] 清肺祛痰，消结散瘰。

[益宜] 小儿燥咳嗽，及颈淋巴炎、淋巴结核；老人慢性支气管炎等。

凤眼果煲猪瘦肉

[配制] 凤眼果 7～10 个(去壳)，猪瘦肉 100g，切块。2 味加清水适量煲汤，入食盐少许调味。饮汤食果、肉。

[功能] 温胃健脾，杀虫消疳。

[益宜] 小儿疳积，蛔虫病，脾虚反胃吐食等。

干贝珍珠笋

[配制] 嫩玉米棒 500g，干贝 40g，菱形嫩丝瓜、水发香菇各 12 片，熟火腿末 5g，鸡清汤 150g，姜片 2.5g，葱 1 段，精盐、味精各 1g，绍兴黄酒 10g，熟猪油 500g，湿淀粉 5g，干贝去老肉洗净，放入碗内，加鸡清汤、葱、姜、绍酒上笼蒸透取出，拣去葱、姜。玉米棒去叶、蒂，洗净，顺长剖成 4 片，炒锅烧热，放入熟猪油，投入丝瓜片，

焐透捞起，再投入玉米棒块焐透(油温不可高)，连油倒漏勺内。炒锅复上火，倒入原汁汤、干贝、玉米棒块、香菇，加熟猪油25g烧透，入盐、味精、丝瓜烧沸，湿淀粉勾芡，摊匀离火。筷子将丝瓜、香菇摆在盘边，玉米棒块、干贝倒在盘子中央，撒上火腿末。佐餐。

[功能] 利尿消肿，益气。

[益宜] 小儿夏季热，乳靡尿，产后虚汗等。

根藤健脾糕

[配制] 旋花根150g，鸡矢藤60g，粳米250g，白糖250g，将前3者共研细末，混匀后加白糖，用水适量揉成面团，切块或揉搓成小团块，蒸熟。分顿随量食。

[功能] 健脾消食。

[益宜] 小儿疳积，消瘦食少等。

钩藤乳

[配制] 钩藤6g，乳汁100ml。钩藤水煎15分钟，取汁30ml，兑入沸乳中。每服20～30ml。

[功能] 安神定惊。

[益宜] 小儿夜啼，睡中惊惕不安，阵发啼哭。但两便正常。

钩藤乳汁

[配制] 钩藤6g，水煎15分钟，取汁30ml，兑母乳100ml中。食药汁乳，每次20～30ml。

[功能] 安神止啼。

[益宜] 小儿惊骇啼哭。

瓜叶饮

[配制] 鲜黄瓜叶适量，净，水煎1小时取汁，加白糖适量调服。

[功能] 清热解毒，渗湿止泻。

[益宜] 小儿胃肠型感冒、发热、腹痛、腹泻、呕吐等。

龟肉二仙汤

[配制] 龟肉、狗肉各250g。2味洗净，切，炖烂，调味。食肉饮汤。日分2服。

[功能] 补脾益肾。

[益宜] 小儿遗尿等。

锅焦楂曲砂仁饼

[配制] 锅巴750g(炒黄)，神曲60g(炒)，砂仁30g(炒)，山楂肉60g(蒸)，莲子60g(去心)，鸡肫皮15g(炒)。共为细末，和白糖、粳米粉适量，焙干作饼。自适量食之。

[功能] 运脾、消食、止泄泻。

[益宜] 小儿消食健脾。

黑豆甘草汤

[配制] 黑豆6g,甘草3g,灯芯、竹叶各0.5。水煎去渣取汁。日内2～3服。

[功能] 清热解毒利水。

[益宜] 小儿胎热之面赤目肿、尿赤便结,烦啼不安等。

红土瓜饮

[配制] 红土瓜9g,水煎服。

[功能] 化瘀理气

[益宜] 小儿疳积,疝气

花生红花瓜子饮

[配制] 花生仁15g,红花1.5g,西瓜籽15g,冰糖30g。西瓜籽打碎与余3品加水煮汤代茶饮,并食花生仁。日1剂。连服数日。

[功能] 养阴润肺,活血止咳。

[益宜] 小儿百日咳,顿咳期。

黄豆血藤精

[配制] 黄豆、血藤各300g。黄豆泡,磨浆,血藤煮取汁,合共煮沸水20分钟后,过滤去渣,滤汁浓缩,烘干,研粉。小儿每服0.5～1g。日服4次。

[益宜] 小儿单纯性消化不良。

黄连乳

[配制] 川黄连3g,乳汁100g,食糖15g。先将黄连煎,取汁30ml,入乳中和匀,入食糖搅糖化。每服10～20ml,日3次。

[功能] 清心泻热。

[益宜] 小儿心热夜啼,每见夜间啼哭不安,兼见面赤唇红,目赤泪较多,指纹色紫红等。

火炭母猪红汤(火炭母草为蓼科植物。别名:火炭毛、运药,乌白饭药)

[配制] 鲜火炭母60g(小儿减半),猪血150～200g。加清水适量煮汤,食盐少许调味。饮汤食猪血。

[功能] 清热解毒,除胀利肠。

[益宜] 小儿夏季肠炎,消化不良,饮食积滞等。肠炎腹泻只饮汤不食猪血。

鸡肠内金饼

[配制] 公鸡肠1具,鸡内金30g,麦粉250g,盐或糖适量。鸡肠洗净焙干,研粉;鸡内金研粉。两味与面粉调匀,加盐或糖,和面制饼10个,烘熟代点心。每吃1～2个,日2次。

[功能] 补脾肾,止遗尿。

［益宜］小儿脾肾不足遗尿、小便频数、食欲不振、无力等。

鸡胆大蒜粥

［配制］鸡胆 3～4 个，大蒜、粳米各 30g。用清水 300ml，先把粳米煮成稀粥，再加入大蒜，鸡胆即成。每日 3 次内服。

［功能］清热化痰、解痉止咳。

［益宜］百日咳（顿咳）、泪涕俱出、咳后有吼声、重时咳血、苔薄黄而腻。

健脾消食糕

［配制］锅巴（炒黄）150g，神曲（炒）、山楂（蒸）、莲肉（去芯、蒸）各 12g，砂仁（炒）6g，鸡内金 3g（炒）。诸药共为细面。用白糖适量加水熬可牵起丝，入备面和匀，用模具压平，切方块，随意食。

［功能］补中运脾，消食止泻。

［益宜］小儿不思乳食，嗳腐酸，大便不调，腹脘胀满等。

金钱草乳汁饮

［配制］金钱草 6g，人乳（或牛乳）100ml。金钱草煎煮 2～3 次，取汁 50ml，兑入乳汁混匀。每服 30～50ml，日内服完。

［功能］清热利湿退黄。

［益宜］小儿湿热黄疸。

九龙根茶

［配制］干九龙藤根 10g，人字草 6g，开水浸泡，代茶饮。

［功能］消积健脾。

［益宜］小儿疳积。

九仙草饮

［配制］九仙草，研末加糖煮，或蒸鸡蛋吃。

［功能］养脾补胃。

［益宜］小儿疳积，夜盲。

韭菜根汁饮

［配制］韭菜根 25g，洗净，捣烂，纱布绞取汁液，煮开温服。1 日 2 次，连服 10 天。

［功能］健胃提神，温中行气。

［益宜］小儿遗尿。

烤鸡蛋白果

［配制］白果仁 2～4 粒，鸡蛋 1 枚。白果仁研细末，鸡蛋一端打 1 小孔，装白果粉入内，竖放在火上烤熟。日 2～3 服。

[功能] 补脾涩肠止泻。

[益宜] 小儿脾虚腹泻,妇女脾虚带下量多色白等。

萝卜蜂蜜汁

[配制] 生萝卜 1 000～1 500g,蜂蜜适量。将红皮带辣味萝卜,洗净,刨丝,绞汁;取汁 1 大碗,放入蜂蜜或冰糖适量,和匀,隔水蒸 5～10 分钟,分 3 次饮服,连用 2～3 天。

[功能] 降气,化痰、止咳。

[益宜] 小儿急慢性支气管炎、咳嗽痰多等。

母猪乳汁方

[配制] 母猪乳汁 150ml。让小儿吸吮即可。

[功能] 滋养熄风。

[益宜] 小儿惊痫,发作无时。

内金鸡肠猪脬散

[配制] 猪小肚 1 具,洗净,焙干,鸡肠 1 副洗净,煅烧存性;鸡内金 2 具,制净、炒。3 品共研为细末。每服取 10g,温开水或米酒送,调服。日 2 服,5～7 日为 1 疗程。

[功能] 缩尿止遗。

[益宜] 小儿遗尿,老人尿频。

内金煮黄鳝

[配制] 黄鳝 1 条,鸡金内 10g。黄鳝净,切段,同鸡内金加水共煮,熟时加酱油,调料服食。

[功能] 补虚消积。

[益宜] 脾小儿疳积纳食差,面色萎黄,消瘦,肚胀腹大,精神不振等。

牛肝使君子汤

[配制] 牛肝 100g,使君子仁适量(按小儿年龄计算,每岁 1 枚)。2 品同捣烂,加水及油盐少许,煮熟,空腹服食,日 1 次,连服 2～3 日。

[功能] 杀虫消疳,补虚扶正。

[益宜] 蛔虫等引起的腹痛,小儿疳积等。

牛黄酒

[配制] 牛黄、钟乳(研)、麻黄(去节)、秦艽、人参各 3.2g,桂心 2.8g,龙角、白术、甘草、当归、细辛各 2g,杏仁 1.6g,蜀椒、蜣螂(炙)各 9 枚。上均以绢袋盛,酒 5 000ml 浸月余。每服 10～30ml,日 3 次。

[功能] 活血通络,镇静安神。

[益宜] 小儿惊痫,经年小劳辄发。

蒲公英绿豆粥

[配制] 蒲公英10g,洗净,水煎取汁。绿豆30g,洗,煮糜粥,调入前味汁,加冰糖适量。日1剂量,分3次服。

[功能] 清热解毒。

[益宜] 小儿鹅口疮。

七星剑花煲猪肺

[配制] 七星剑花(霸王花,剑花)干品25～30g或(鲜剑花200～250g),猪肺250～300g。洗净,同加水放瓦煲内煎煮1～2小时。饮汤食肺。

[功能] 清热痰,除积热,补肺气。

[益宜] 肺燥干咳,小儿痰咳,胃肠积滞及颈部淋巴结炎等。

三和饮子

[配制] 人参105g,炙甘草45g,绵黄芪(酒浸缩)150g酒浸150g,入木臼内,用木杵捣散。每用9g,加生姜3片,大枣3枚,水煎,不拘时服。

[功能] 固本培元。

[益宜] 小儿吐乳,久病乍安,神气末复,寒热往来。

[功能]《中医辞海》选《幼幼新书》方

三叶茶

[配制] 鲜荷叶、苦瓜叶、丝瓜叶各10g。三叶洗净,切碎,沸水冲泡,代茶饮。每日1剂。

[功能] 清热解暑。

[益宜] 小儿夏季热。

桑白皮茅根饮

[配制] 鲜桑根白皮50～100g,鲜白茅根30～60g,冰糖适量。同置搪瓷杯内,加水3碗,煎取2碗,代茶分2次饮。连用3～5天。

[功能] 清热、止咳、定喘。

[益宜] 小儿肺炎、咳嗽气喘、雨黄脓痰。

山药鸡肫

[配制] 鸡肫250g,鲜山药100g,青豆30g,生姜、葱各10g,料酒15g,精盐2g,酱油5g,白糖3g,胡椒粉、味精各1g,湿淀粉50g,香油3g,鸡汤50g,菜油500g(实耗70g)。将鸡肫洗净切成薄片;姜净后切末,葱切花;鲜山药净后煮熟,切片。肫片加精盐、料酒、胡椒粉拌匀上味;另用酱油、白糖、味精、鸡汤、湿淀粉兑成滋汁。将锅烧热,倒油,烧油至六成热时,下肫片划散,倒入漏勺沥油。锅底留油约50ml,下姜末,煸香后,入青豆、山药片翻炒几下,倒入兑好的滋汁勾芡翻匀,撒上葱花,淋上香油,起锅装盘。佐餐食。

[功能] 健脾和胃，消食化积，涩肠止泻。

[益宜] 脾虚食少，食后腹胀，呕吐反复及小儿疳积等。

山楂导滞糕

[配制] 生山楂 1 000g，莱菔子 30g，神曲 20g，琼脂、白糖各适量。前 3 味水煎，山楂煮烂后碾碎，再煮 15 分钟，用洁净纱布滤出汁液。把琼脂和糖入汁液煎煮，黏稠后置凉，成山楂糕状，切块，分顿食用。

[功能] 清消食化积导滞。

[益宜] 食滞胃肠之儿童厌食症。

山楂枣膏

[配制] 山楂、蜂蜜各 500g，将山楂洗净、整烂、去核、捣泥，加蜂蜜炼成膏。每服半匙，日 3 次。

[功能] 健脾消食。

[益宜] 小儿疳积，见食欲不振，面黄肌瘦等。

生板栗泥

[配制] 生板栗适量，捣泥。日食数枚量。

[功能] 健脾益胃，补肾活血。

[益宜] 小儿疳积，脚软无力等。

生地肉桂乳

[配制] 生地 6g，肉桂 1g，乳汁 100ml。前 2 味煎 3 次，取汁 50ml，加乳汁和匀，每服 30～50ml，日 3 次。

[功能] 滋阴降火，引火归源。

[益宜] 鹅口疮，见舌面生白屑，速蔓于牙龈，两颊内侧，周围绕有红晕，兼形体怯弱、神色困乏，大便溏泻等。

生煎鸡

[配制] 上等鸡 750g，调料适量。将鲜鸡剥去皮，用干毛巾揩干净，用刀切成 1.5 厘米厚的片，在锅中用油把鸡片两面煎黄后倒入盘中，撒上花椒和盐，淋上芝麻油。

[功能] 养脾解毒，强筋补骨。

[益宜] 小儿佝偻病和肝炎的预治。

生姜大蒜炖红糖

[配制] 大蒜、红糖各 10g，生姜 2 片。加水半碗，隔汤炖熟，去渣。日内分 2～3 次服完。

[功能] 祛痰止咳。

[益宜] 百日咳。

生姜夹柿饼

[配制] 生姜 3～6g，柿饼 1 个。柿饼切两半，生姜切碎夹其内，文火炖熟，去姜，食柿饼，亦可均食。

[功能] 化痰，敛肺，止咳。

[益宜] 慢性咳嗽，日久不愈及小儿百日咳等。

石榴糖蜜饮

[配制] 新鲜石榴 2 个，剥去外皮，留果肉，加水 500ml，文火煎至 150ml，滤汁，加入少量蜜糖调味。1 日内分 2～3 次服完。又方石榴焙干研末，每服 10～12g，米汤送。

[功能] 调理脾胃，收敛止泻。

[益宜] 小儿泻泄。又方：久泻久痢，大便出血。

使君夜明蒸羊肝

[配制] 羊肝 60g，使君子肉、夜明砂各 10g，生姜 3 片，酱油、盐、味精各适量。羊肝洗净，切碎，盛放碟中，加入使君子肉，夜明砂上笼屉蒸熟，取出加姜米、酱油、盐、味精。若食者年龄太小，可在蒸时加水于碗中适量，取蒸汤液喂之。

[功能] 健脾疗疳积。

[益宜] 脾虚疳积之面黄肌瘦、头发结穗、乳食量少、大便不调等。

使君子蒸猪瘦肉

[配制] 使君子 6～10g，瘦肉 100g。使君子去壳取肉，加瘦肉一起捣烂和匀，入碗隔水蒸熟。佐餐食。

[功能] 杀虫，消积，健胃。

[益宜] 小儿虫积(肠道蛔虫症)和小儿疳积。不宜久服、过量。

柿饼罗汉果汤

[配制] 柿饼、罗汉果各 1 个。洗净，切碎，水煎取汁 1 小碗，加糖调味。趁热吃果、饼，喝汤。日 1 剂，分次服完，婴幼儿喝汤即可。

[功能] 清热生津，止咳化痰。

[益宜] 小儿百日咳伴口干渴。

双瓜粟米饮

[配制] 冬瓜 128g，瓜蒌 3.6g，茯苓、知母各 2.4g，麦冬 1.5g，粟米 54g。水煎去渣，量儿大小酌服。

[功能] 生津、止痢。

[益宜] 小儿口渴及下痢不止。

水煮蚕豆

［配制］蚕豆500g(以水发胀)，花椒、砂仁、豆蔻、木香各5g，半夏、苍术各6g(6味共盛纱布袋)，盐适量。蚕豆与药袋共煮，入盐，待蚕豆烂熟时去药袋。蚕豆剥皮食。

［功能］健脾燥湿，行气化滞。

［益宜］小儿痰湿中阻而不思饮食，口吐痰涎，大便溏泻，身倦无力等。

四生紫苏饮

［配制］生梨、生藕、荸荠各100g，生姜50g，紫苏25g。前4味洗净，切碎，捣绞汁，将渣与紫苏入锅加水煎8～10分钟后绞汁，两汁合装入保温瓶。2～6岁患儿24小时服1剂，分4～6次，以半饱时服为宜。如服后咳呕，可再服。2岁以下酌减。

［功能］养阴润肺止咳。

［益宜］小儿百日咳。

四味茶

［配制］藿香、佩兰叶、鲜竹叶、苡仁米捣碎，余味切碎同煎，取汁。代茶频饮。

［功能］清解暑热。

［益宜］小儿夏季热。

四味猪脬汤

［配制］益智仁、芡实、山药、莲米(去心)各30g，猪脬一具。益智仁水煎去渣取汁，入芡实、山药、莲米浸泡2小时，装入洗净的猪脬内，扎口，用砂锅文火炖熟，入盐调味。食肉、药，饮汤。

［功能］温肾缩泉。

［益宜］肾阳不足之小儿夜间遗尿或不禁，肢冷畏寒冷、小便清长、智力迟钝等。

粟米山药糊

［配制］粟米、山药各等份。共研细末，煮糊。加白糖适量食。

［功能］健脾止泻。

［益宜］小儿脾虚泄泻，食少消瘦，腹泻日久不止。面色萎黄等。

锁阳鸡

［配制］锁阳、金樱子、党参、山药各12g，五味子9g(各洗净，共盛纱布袋中)，小公鸡1只(500g，治净，去双脚，切块，头颈亦切开)。共入砂锅加水煎煮，沸，改文火炖2小时，去药袋，调味，日内分2～3次食完。隔3日1剂。

［功能］益气壮阳，固肾涩精。

［益宜］肾虚阳痿、遗精、早泄等。

田鸡焖米饭

[配制] 田鸡数只,大米适量。田鸡去皮及内脏,切开,加花生油、食盐少许拌匀;待大米煮成软饭时放入,共焖至熟。空腹食用。

[功能] 滋阴补虚,清热解毒。

[益宜] 小儿疳积及疖疱肿痈等。

田鼠黄精汤

[配制] 田鼠肉,猪瘦肉,黄精各适量。肉切片,与黄精共煮汤,加盐调味。佐餐或单食品。

[功能] 补虚扶正,益气养血。

[益宜] 虚劳羸瘦,神疲乏力,小儿疳积,面黄肌瘦,病后体虚等。

土党参瘦肉煲

[配制] 土党参 120g,猪瘦肉 120g。水炖,喝汤食肉。

[功能] 补脾益肾。

[益宜] 小儿遗尿症。

土党参仙茅瘦肉煲

[配制] 土党参 15g,仙茅 15g,猪瘦肉同炖服。

[功能] 养脾健胃。

[益宜] 小儿疳积症。

土栾儿糖蜜羹

[配制] 鲜土栾儿 9～12g。洗净切碎,加糖或蜂蜜 25g,再加水蒸半小时,取汁,分 3 次服。

[功能] 清热解毒,理气。

[益宜] 小儿感冒咳嗽及百日咳。

万寿菊糖水

[配制] 万寿菊 15g,红糖适量。万寿菊洗净,清水 2 碗,煎至 1 碗,取汁加红糖调味。1 次饮服。

[功能] 清热化痰止咳。

[益宜] 感冒咳嗽,支气管炎,小儿百日咳等。

乌梅红枣汤

[配制] 乌梅 7 个,蚕茧壳 1 个,大红枣 5 枚。共洗净,水煎服。日 1 次。

[功能] 温肾缩泉。

[益宜] 小儿肾阳不足之夜间遗尿,或出而不禁,肢冷畏寒,小便清长等。

五加皮粥

［配制］五加皮粉3g，粳米30g。粳米煮粥成后加五加皮粉或再调白糖适量。1日分2次服。

［功能］补肝肾，建体魄，强筋骨。

［益宜］小儿五迟五软症。

五香藕肉片

［配制］糯米、瘦猪肉、五香粉、藕各适量。将糯米泡好，肉剁碎，合拌五香粉，纳藕孔中，炖熟，切片，随意服食。

［功能］健脾开胃，补中益气。

［益宜］小儿疳积之面黄肌瘦，乳食不多神倦体乏，懒言少动等。

西瓜番茄汁

［配制］西瓜1 500g，番茄1 000g。番茄洗净，西瓜取瓤、去子，分别用洁净纱布挤绞汁液，两液合并。代茶随意饮。

［功能］滋阴、清热、止渴。

［益宜］热盛之口渴心烦、高热、小便短赤，或因阴虚胃热，食少纳差，消化不良等。为夏季防暑饮料。

香姜牛奶

［配制］丁香两粒，姜汁一茶匙，牛奶250ml，同煮，沸，去丁香，加白糖少许食。早、晚一次。

［功能］补中，益气，降逆。

［益宜］脾气虚弱、胃失和降之疳积瘦弱、食之即吐等。

香砂炒面

［配制］木香10g，砂仁12g(各为细末)，白面50g，与前末混匀，打入鸡蛋1只，加水适量，揉制面条。作炒面食。

［功能］益气健脾，开胃消食。

［益宜］小儿脾虚厌食，大便溏泻，形体消瘦，神倦乏力等。

血藤牛筋汤

［配制］牛筋50g，鸡血藤30g，补骨脂9g。3味洗净水煎，待牛筋热后去药。食筋喝汤。

［功能］补血养体。

［益宜］白细胞减少症。

养胃膏

［配制］白豆蔻、肉豆蔻、丁香、木香、人参各30g，白茯苓、官桂、白术、藿香叶、砂仁、炙甘

草各 60g，橘红、山药各 120gg。研细末，炼蜜成膏，每服如鸡头实大 1 丸，米汤化下。

[功能] 补脾健胃，温中理气。

[盖宜] 小儿胃气虚弱，乳食不进，腹胀肠鸣，大便色青，或时夜啼等。

野芝麻根蒸肉、煮蛋

[配制] 野芝麻根研末，3～9g，蒸猪肉吃。或野芝麻根 60g，爵床 6g。煮蛋，去渣，食蛋饮汁。

[功能] 清肝利湿，消瘀化积。

[盖宜] 小儿疳积。

茵陈乳

[配制] 茵陈 3g，栀子 1g，人奶 100ml。前 2 味水煎 3 次，取汁 50ml，兑乳中和匀，每饮 30～50ml，日 3 次。亦可方加 5 倍哺乳母亲服，婴儿吮乳。另方：茵陈、白术各 3g，干姜 2g，乳汁 100ml，每用 20～30ml，于出生三、五天婴儿。

[功能] 清热利湿退黄。另方：健脾燥湿，利胆退黄。

[盖宜] 湿热胎黄，见出生 2～5 天，面目肌肤发黄，颜色淡而晦暗、不思乳食、腹部胀满，小便黄赤染衣，烦躁不安等。另方见：大便稀溏等。

玉米石榴皮粉

[配制] 玉米 500g，石榴皮 125g。2 味共炒黄，研细末。每服 5～10g，日 3 次。

[功能] 健脾消食止泻。

[盖宜] 小儿消化不良性腹泻等。

枣术饼

[配制] 大枣肉 250g，白术 12g，生姜、鸡内金各 60g，桂皮 9g，白糖、面粉各适量。枣捣泥去皮，术、姜、内金、桂皮焙干研末和匀，枣泥药末合加白糖、面粉适量做成小饼，于锅中烘熟。日 2～3 食，每食 2～3 个，空腹当点心，连食 7～8 天。

[功能] 健脾燥湿。

[盖宜] 小儿脾湿厌食、面色发黄、疲乏懒动、口腻乏味、不渴、尿涩等。

猪肚莲子汤

[配制] 猪肚 500g，莲子 30g。猪肚洗净切片，与莲子炖汤，加食盐少许，入味精调味。每日 3 饮内服。

[功能] 健脾和胃消食。

[盖宜] 小儿麻疹恢复期，脾胃不和之脘腹胀闷、纳少、或老人胃虚纳呆、便溏。

竹笋鲫鱼汤

[配制] 鲜竹笋、鲫鱼各适量。去竹笋壳，去鳞，治净，煮汤。日 3 次，随量。

［功能］益气，清热。

［益宜］小儿麻疹、风疹、水痘初起等。

竹叶灯芯乳

［配制］淡竹叶 6g，灯芯草 1.5g，人乳汁（或牛乳）100ml。先煎竹叶、灯芯，取汁 50ml，兑入乳汁和匀。每日数次，不拘多少。

［功能］清心火，利湿热。

［益宜］小儿鹅口疮、口舌生疮、小便赤涩、小儿夜啼等。

编后语

婴幼儿茶膳疗方余以为是中医药对人类的重要贡献。稚嫩之体虽易感外邪，但与生俱来的抗病能力是婴幼儿自我保护的优势条件。动辄抗生素实对婴孩利少而害多。用茶膳疗方既可治病，又有利婴孩自身免疫作用的发挥，多益而无一害也。

二、妇、产门类康复方

阿胶酒

［配制］阿胶 80g，以米酒 1 500ml，煮胶消。分 3 服，连服数天。另方：阿胶 400g，酒 1 500ml，用酒煎胶化，再煎至 1 000ml，分 4 服。

［功能］安胎止血。另方：养血止血。

［益宜］胎漏下血。另方：阴血不足之心悸、眩晕、吐血、崩漏等。

阿胶龙骨粥

［配制］阿胶、龙骨各 15g，艾叶 6g，糯米 50～100g。先水煎龙骨、艾叶去渣取汁，后入粳米煮粥，候熟，加入捣碎之阿胶，搅令化。空腹食。

［功能］养血、止血、安胎。

［益宜］血虚失养、冲任虚寒所致的妊娠下血、胎动不安等。

阿胶奶

［配制］阿胶 10g，鲜牛奶 100～200ml。将牛奶煮沸，趁热烊化阿胶冲服。日 2 次，每次 1 料。

［功能］补血养胎，缓急止痛。

［益宜］血虚型妊娠腹痛，具妊娠期少腹绵绵作痛、按之痛减、面色萎黄、心悸怔忡、头目眩晕等。

艾叶鸡蛋汤

［配制］艾叶 50g,鸡蛋 2 个,白糖适量。艾叶加水适量煮汤,去渣,打入鸡蛋煮熟,放白糖搅匀融化。晚睡前食。一方曰:若滑胎。第一孕月,日 1 次,连续 5～8 天,第二个月 10 天 1 次;第三个月 15 天 1 次,第四个月至足月每月 1 次。艾叶每用 15g。

［功能］温肾安胎。

［益宜］习惯性流产。

艾叶酒

［配制］艾叶适量。以酒 3 000ml,煮取 2 000ml,去滓,温服适量。

［功能］止血、止痛,安胎。

［益宜］妊娠卒下血不止,子淋,胎动不安,腰痛等。

艾叶生姜煨鸡蛋

［配制］艾叶 15g,生姜 25g,鸡蛋 2 个。3 味加水适量同煮,蛋熟去壳,复入原汤中煨片刻。饮汤食蛋,日 2 次。

［功能］温经散寒,止血安胎。

［益宜］崩漏及胎动不安,习惯性流产等。

安胎鲤鱼茶

［配制］麻根 10～15g,活鲤鱼 1 条(约 500g),糯米 30～60g。鱼治净,切块煎汤,另煮麻根取汁,合鱼汤入米煮粥。随意服。

［功能］安胎止血,利水消肿。

［益宜］孕妇腰腿疼痛,胎动不安,胎漏下血,妊娠浮肿及各种水肿等。

白鸽煮酒

［配制］白鸽 1 只,治净,血竭 30g,纳鸽腹内,缝住,入好酒 1 000ml,煮鸽肉熟,取下候温。将鸽肉分 2 次食,酒徐徐饮完。患病 1 年用血竭 30g,2 年用 60g,三年用 90g。

［功能］益气活血,化瘀通络。

［益宜］干血痨之面目黯黑,肌肤粗糙,肌体消瘦,骨蒸潮热,盗汗颧红,月经少,闭经等。

白果鸡蛋

［配制］白果肉 2 枚(切碎或研末),鸡蛋 1 只,于一端打孔,由孔纳入白果,用纸封住口,口朝上置器中,隔水蒸熟。日服 1 次。

［功能］化湿止带,益气安中。

［益宜］妇女白带过多,小儿虚寒腹泻等。

白果莲子鸡

[配制] 白果仁、莲子肉、糯米各 15g(研末),乌骨鸡 1 只,治净纳前末入腹内,炖至烂熟。空腹调味服食。

[功能] 补肾健脾,益肾止带。

[益宜] 妇女虚弱,赤白带下,倦怠乏力等。

白兰花猪瘦肉汤

[配制] 鲜白兰花 30g(干品 10g),猪瘦肉 150g~200g。加水煲汤,食盐少许调味。饮汤食肉。

[功能] 补肾滋阴,行气化浊。

[益宜] 妇女白带过多,男子前列腺炎等。

白术独活酒

[配制] 白术、独活各 40g。研粗末,以酒 2 大盏,煎至一大盏。去渣,分 2 次温服,拗开口灌。一方有炒黑豆 10g。

[功能] 祛风除湿。

[益宜] 妊娠中风痉,通身强直,口噤不开等。

白术黄酒饮

[配制] 白术 60g,研细末。每用 6g,黄酒 50ml,同煎数沸,候温顿服。早、午、晚各 1 次。

[功能] 补中益气。

[益宜] 妊娠脾虚气弱之胎气不安等。

白术猪肚粥

[配制] 白术 30g,槟榔 10g,生姜 10g,猪肚 1 个,粳米 100g,葱白 3 茎(切细),盐少许。前 3 味捣末,猪肚洗净,纳入其中,扎口,以水煮猪肚令熟,取汁,入粳米、葱白共煮粥,并入食盐。空腹服食。

[功能] 健脾疏肝埋气。

[益宜] 妇女肝气郁滞之月经不调,四肢烦热,及脾虚气滞脘腹胀满等。

保元安胎散

[配制] 杜仲、五加皮、当归、川芎、萆薢、人参、赤芍药各 30g,研为散,每服 12g,水煎。日 1~3 次。

[功能] 安胎保元,止痛。

[益宜] 妊娠或有所触,胎动不安,腰痛,及脐腹内痛。

北芪乌骨鸡汤

[配制] 北芪 50g,乌骨鸡 1 只。乌骨鸡治净,切块,与北芪同置器内,加水适量,隔水炖

熟,调味。佐餐或单食。

[功能] 补脾气,养阴血。

[益宜] 月经不调,痛经,白带过多及血虚头晕等。

萆薢银花绿豆汤

[配制] 萆薢、银花各30g,绿豆60g,前二味洗净煎取汁,去渣、汁与绿豆同煮为豆粥,加白糖适量。日1服。连服3～5天。

[功能] 清热解毒,除湿止带。

[益宜] 湿热带下,如米泔,或黄绿如脓或夹血液,臭气很重等。

萆薢银花绿豆粥

[配制] 萆薢、银花各30g,绿豆30～60g。前两味洗净,水煎取汁去渣。以药汁煮绿豆为粥,加白糖适量调味。每日1次,连服3～5日。

[功能] 祛湿热,止带下。

[益宜] 湿热带下。

补肾固中丸(散)

[配制] 菟丝子240g,续断、鹿角霜、巴戟天、党参各120g,砂仁15g,大枣50枚(去核),熟地黄150g。为末,炼蜜为丸(或直用散),每次6g,日3次(用散蜜调,米汤送下,月经期停)。

[功能] 滋补肝肾、益气健脾,固冲安胎。

[益宜] 肾气不足,冲任不固之滑胎。

补肾助孕茶

[配制] 当归、川芎、淫羊藿、炙甘草、熟地、白芍各6g,党参(或虫草)肉苁蓉、茯苓各9g。加水3 000ml,煎沸后改文火煮30分钟,每饭后或睡前饮。每月经期后连续饮服2周。

[功能] 补养气血,益肾助孕。

[益宜] 肾阳不足,肾精不生之肢冷,妇女不孕等。

参芪鸡

[配制] 上等人参10g,炙黄芪30g,童子鸡1只。鸡治净,参切与黄芪布包与鸡同炖,鸡熟烂,去药包,食鸡饮汤。随意。

[功能] 补气摄血。

[益宜] 气虚崩漏,或淋漓日久不止,血色淡红,质地清稀等。

参芪莲枣米粥

[配制] 人参6g,黄芪30g,大枣15枚,莲子(去心)60g,粳米60g。先清水1 000ml,煎参、芪,去渣取汁,入大枣(去核心)、莲子、粳米共煮粥。1日1料,连续1周。

［功能］益气摄血。

［益宜］气虚之月经超前、量多、色淡、质清稀、神疲、食欲不振、气短心悸等。

陈皮煎蛋

［配制］陈皮10g，鸡蛋2枚，姜、葱、盐各少许。陈皮洗净，焙干，研末，鸡蛋打入碗内，调陈皮末和少许姜末、食盐搅匀，蒸熟入葱丝。一日一料服，可连续4～5天。

［功能］理气解郁。

［益宜］气郁型妊娠腹痛，见妊娠少腹胀痛、连及两胁、嗳气稍舒等。

赤豆酒酿鸡蛋羹

［配制］赤小豆50g，淘净煮烂，入糯米甜酒酿250g，烧沸打鸡蛋3～4个，蛋熟后加红糖。

［功能］养血散瘀，利水通乳。

［益宜］产后血虚头痛，乳汁不通，或恶露不下。

赤小豆鲫鱼汤

［配制］赤小豆30g，鲫鱼250g。两品洗，治净入陶罐内，加水500ml，武火隔水炖熟，入盐、姜、葱少许调味。食鱼、豆，饮汤。

［功能］健脾行水安胎。

［益宜］脾虚妊娠水肿，妊娠数月后面目肢体浮肿、肤色淡黄、肉薄光亮、食欲不振、大便溏薄等。

川芎炖穿山甲肉

［配制］川芎6～9g，当归9～12g，穿山甲肉45～100g。放容器内，加水适量，隔水炖2～3小时。饮汁食肉。

［功能］通络活血，消肿下乳。

［益宜］乳腺增生，产后乳房胀痛，乳汁不下等。

川芎黄芪粥

［配制］川芎6g，黄芪15g，糯米50～100g。前2味水煎取汁，与糯米煮粥。早晚温热服食。

［功能］补气安胎。

［益宜］气虚胎动不安。

穿山甲炖猪蹄方

［配制］穿山甲30g，王不留行15g，猪蹄1对，前2味洗净，与治净猪蹄同炖至猪蹄烂熟。食前加姜、葱末，食盐少许。食肉饮汤。

［功能］补益气血，通乳汁。

［益宜］气血虚弱之产后乳少或无或乳汁清稀，乳房塌软，食欲不振等。

葱白醴鱼

[配制] 鲜醴鱼1条(约500g),不去鳞,去肠杂,加黄酒、姜片适量,葱白50g(洗、切),水少许,武火蒸20分钟。食时蘸少许酱油。

[功能] 补虚,利水,消肿。

[益宜] 妊娠脾虚、肿。

葱豉安胎汤

[配制] 豆豉、葱白各200ml,水煎去渣取汁,阿胶80g,胶烊服,一昼夜可服3～4剂。

[功能] 安胎。

[益宜] 胎动不安。

大艾生姜煨鸡蛋

[配制] 艾叶15g,生姜25g,鸡蛋2个。3味同水煮,待鸡蛋熟,剥去壳,再入原汁中煨片刻。每日1剂,分2次,趁热饮汤食蛋。

[功能] 温经散寒除湿,止血安胎。

[益宜] 虚寒性月经不调,腰酸,痛经。胎动不安,胎漏等。

大飞杨草豆腐羹(别名:大飞杨、白乳草、奶母草等)

[配制] 大飞杨全草60g和豆腐120g,炖服。另取鲜草一握,加盐少许,捣烂外敷。

[功能] 通乳解毒。

[益宜] 乳痈。

丹参地黄酒

[配制] 丹参、地黄、忍冬、地榆、艾各300g,黍米600g。前5味先炒热舂之,以水渍3宿,去渣,煮取汁,以黍米酿如酒法。适量饮用。

[功能] 补气活血养血。

[益宜] 妇人崩出血及产后余病等。

丹参膏

[配制] 丹参100g,白蜜100g,丹参加水500ml,煮取300ml,加白蜜收膏。每服20ml,日2次。

[功能] 活血去瘀。

[益宜] 经期量少色黯,小腹疼痛,闭经等。忌与藜芦同食。

丹参煮鸡蛋

[配制] 丹参30g,鸡蛋2枚。共煮2小时,食蛋饮汤,日1次,连续数日。

[功能] 活血化瘀,理气行滞。

[益宜] 气滞血瘀之月经数日不行,甚或终年不至,精神抑郁,烦躁易怒,胸胁胀满不舒,

少腹胀痛拒按等。

当归花草汤

[配制] 全当归 9g,月季花 30g,草红花 9g,3 味共煎 2 次,分 2 服。每日晚各服 1 次。
[功能] 活血养血,化瘀调经。
[益宜] 妇女经期不定,量少腹痛,不行等。

当归黄花瘦肉汤

[配制] 当归身、黄花菜各 15g,猪瘦肉适量。上 3 味同煮汤至熟。食肉、菜,喝汤。
[功能] 补虚养血。
[益宜] 血虚闭经,身体虚弱,乳汁不足等。

当归生地煲羊肉

[配制] 当归、生地各 30g,羊肉 300g。3 味洗净,切,同煮至肉烂,加盐调味。食肉饮汤。一方用当归 90g,生姜 150g,羊肉 1 斤。水煎,分 3 服。
[功能] 益气养血,和血止血。
[益宜] 经血过多,崩漏等。另方曰:产后腹痛。

当归鸭块盅

[配制] 肥鸭 1 只,治净,顺背脊骨切两半,每半再切 6 块,每块续分 8 分宽的小块,去掉鸭嘴骨、脚、翅的骨尖部分,鸭颈剁寸段;当归 16g,洗净切片;备好炖盅 14 个,将鸭肉分别放入炖盅,加入精盐(共计 15g),当归片、清水、入笼屉大火蒸 1 小时,取出后调入味精(总计 12g)。佐餐。
[功能] 调经补血,强身益体。
[益宜] 耳鸣、心悸、无力、盗汗、月经不调、痛经等。

当归元胡酒

[配制] 当归、元胡、制没药、红花各 15g,共捣碎,布包,浸白酒 1 000ml 于净器中,7 日后取饮。早晚各空腹饮 1 杯。
[功能] 活血止痛。
[益宜] 月经欲来时少腹胀痛。

当归枣米粥

[配制] 当归 15g,浸泡,加水 200ml,煎取汁 100ml,入粳米 50g,红枣 5 枚,砂糖适量,再加水 300ml,煮粥。早晚空腹温服,10 天为 1 疗程。
[功能] 补血调经,活血止痛,润肠通便。
[益宜] 气血不足之月经不调、痛经、闭经、血虚头痛、眩晕等。脾虚湿盛、阴虚火旺,忌。

当归汁铺鸡蛋

[配制] 当归9g,煎取汁,汁沸打入鸡蛋2只,熟入红糖50g调匀。每经净后食一次。

[功能] 补血调经。

[益宜] 妇女血虚,月经不调,或身体虚弱等。

地丁败酱茶

[配制] 紫花地丁、蒲公英、败酱草各30g,红糖适量。前3味加水适量,煎取400ml,入红糖调匀。每饮200ml,日2次。

[功能] 清热解毒。

[益宜] 产后感染发热,痈肿疮疡的毒热症。

地黄豆瓣酱

[配制] 地黄适量,洗净,干燥,研为细末;每用100g,入300g豆瓣酱中,调匀,放置7日继续发酵,蒸熟,佐餐或调粥食。

[功能] 滋阴清热。

[益宜] 妊娠小便赤热或尿血症等。

地黄散

[配制] 生干地黄50g(焙),生姜200g(切片),乌豆50g,当归50g(切)。4味慢火炒令燥,研为细末,每用温酒调服15g,1日3次。

[功能] 养血调经,止痛。

地黄羊肉汤

[配制] 生地、当归各30g,羊肉250g。3品共炖至肉熟,加盐调味。饮汤食肉。

[功能] 理血补虚。

[益宜] 经血过多,功能性子宫出血等。

地黄粥

[配制] 生地黄汁约50ml,小米、粳米各50g。2米煮粥,将熟入生地汁,稍煮。日分2次服食。一方:生地煎汁,入米煮粥。又方:前一方加诃子10g。

[功能] 养血止血。

[益宜] 妊娠下血。一方曰:血热崩漏,口干喜饮,烦躁不寐等。又方同前。

冬瓜鲢鱼汤

[配制] 冬瓜皮、鲢鱼各适量。鱼治净合冬瓜皮加水煮汤,调味服食。

[功能] 补中益气,通经下乳。

[益宜] 产后气血亏虚之乳汁不足,面白乏力等。

冬瓜蜜汁

[配制] 冬瓜、蜜各适量。冬瓜绞汁，每服200g，蜜调饮。

[功能] 清热利水。

[益宜] 孕妇热结之小便不利等。

二豆饮

[配制] 白扁豉15g，秋豆角10g，红糖适量。前两味煎汤取汁，调入红糖。日1剂，分2次服。

[功能] 健脾行水，平肝潜阳。

[益宜] 脾虚肝胆之妊娠水肿，高血压等。

二子红花茶

[配制] 枸杞子30g，女贞子24g，红花10g。研粗末，沸水沏，代茶饮。

[功能] 补肾益肝，活血通经。

[益宜] 肝肾阴亏型闭经。

发菜鱼丸菜心

[配制] 鳗鱼肉300g，发菜菜心100g，调料适量。发菜拣去泥沙，水发后剁成碎末，鱼肉剁茸，加酒、盐、姜汁、葱花，制成水氽鱼丸；炒锅猪油烧六成熟，下菜心心煸炒数下，倒入鱼丸，沸后略烩，调味着薄芡。佐餐或单食。

[功能] 补虚消羸，利水祛湿。

[益宜] 妊娠劳损体弱，小便不利，赤白带下等。

番红花桂圆粥

[配制] 桂圆肉30g，番红花9g，粳米150g，各淘洗，煮粥。分早、晚服。

[功能] 补血活血。

[益宜] 血虚闭经，瘀血腹痛，跌打肿痛等。

佛手苏粳米粥

[配制] 佛手、苏梗各15g，洗，煎取浓汁；粳米60g，洗，煮粥，待粥八成熟时入药汁共煮至粥熟，入白糖少许调食。1日1剂。也可前2味煎汁，加糖调代茶饮。

[功能] 理气解郁。

[益宜] 气郁型妊娠腹痛，症见妊娠小腹胀痛，连及两胁，嗳气稍舒等。

茯苓鲤鱼汤

[配制] 红鲤鱼1条，茯苓60g。以清水500ml，煮茯苓，取2～3煎汁，齐渣，煮鲤鱼去刺。日3服。另方：茯苓、川芎纳鲤鱼肚蒸，加各佐料适量，熟，取出弃姜、葱及茯苓、川芎，并以原汁勾芡，浇鱼盘内，淋香油。

[功能] 利水渗湿,健脾和中。

[益宜] 妊娠水肿。另方:脾胃气虚,水湿不运之水肿、小便不利,便溏食少等。

附片煨肘

[配制] 制附片、醪糟汁、姜块、葱白各30g,猪肘1 000g,鸡骨架500g,雪豆200g,花椒15粒、胡椒粉、味精各1g,精盐12g,猪肘,洗,去净毛,入淘米水中浸30分钟;雪豆洗净,泡胀,鸡骨架洗净,剁成几块,姜葱洗净。将猪肘、豆、鸡骨、附片入锅,加水煮沸后捞去浮沫,加姜、葱、花椒、醪糟汁,用中火煮60分钟,改小火加胡椒、精盐煨至肘烂,汁浓,去佐料与鸡骨架,加味精调味,猪肘盖雪豆上。随意食。

[功能] 益气,温中,健脾。

[益宜] 脾阳虚致食少倦怠,大便溏泄,妇女白带清稀等。

干烧酒酿鲫鱼

[配制] 鲫鱼1条(约重300g),糯米甜酒酿150g,调料适量。净鱼后加黄酒,盐渍10分钟后,甜酒酿抹鱼腹内,放入爆香姜片的油中煎黄,加适量水煮沸,调入盐、白糖、花椒面、酱油,文火焖煮1.5小时,收干汤汁,加味精。单食或佐餐。

[功能] 通乳温中下气。

[益宜] 妇女产后乳汁不下。

甘草小麦大枣汤

[配制] 甘草45g,小麦150g,大枣10枚,水煎,分3次服。

[功能] 养心安神,和中缓急,补脾益气。

[益宜] 妇人脏燥,喜悲伤,欲哭,数欠身。

枸杞叶炒鸡蛋

[配制]新鲜枸杞叶150～200g,洗净,鸡蛋2只,花生油适量,食盐少许。鸡蛋打,搅匀,花生油烧熟,炒鸡蛋、枸杞叶,加食盐调味,熟后盛盘。

[功能] 补虚益肾。

[益宜] 妇女肾虚白带过多等。

枸杞子炖牛尾

[配制] 带皮牛尾1条(约800g),枸杞子50g,调料各适量。枸杞子均分,1份水煎2次,取浓汁25ml,另份与治净、剁段,沸水氽过之牛尾置砂锅,加姜、盐、味精等佐料,清汤武火煮沸,再加枸杞子浓汁,文火炖牛尾巴酥烂,去葱、姜,随意食。

[功能] 补肾,强筋骨。

[益宜] 肾虚之阳痿,早泄,月经不调等。

瓜蒂炒米粉

[配制] 干南瓜蒂50g,炒米粉500g,白糖适量。瓜蒂于瓦片上用文火炙成炭,研细末拌

入炒米粉中，加糖食。日 1 次，连服 7 天。

［功能］安养胎元。

［益宜］妊娠胎动漏红等。

归芪炖猪瘦肉

［配制］瘦猪肉 200g，洗净切小块，当归 15，北芪 30～50g，枸杞子 15g，洗后同肉入锅，加水适量，文火炖至 300ml，饮汤食肉。

［功能］大补气血。

［益宜］产后或病后气血大伤之精神不振，困倦懒言，面色无华，形体羸瘦等。

桂心酒

［配制］桂心 123g，酒 1 800ml（米酒），煮取 1 200ml，去渣分 3 服。

［功能］温阳止痛。

［益宜］产后疹痛及卒心痛。

旱莲二根茶

［配制］旱莲草，白茅根各 30g，苦瓜根 15g，冰糖 15g，前 3 药研粗末，沸水沏，代茶饮。每日 1 剂。

［功能］滋阴清热，利湿凉血、止血。

［益宜］湿热内蕴型崩漏。

荷叶散

［配制］荷叶 3 片，蒲黄、炙甘草各 80g。研为散，每服 12g，水煎去渣加生地汁 65ml，蜜半匙，再煎数沸服之。

［功能］通脉生津定志。

［益宜］产后血晕，烦闷不识人，或狂言乱语，气欲久绝。

黑白茶

［配制］墨旱莲、白茅根各 30g，苦瓜根 15g，各洗净，切碎，共水煎，去渣，调冰糖适量。代茶饮。

［功能］清热凉血。

［益宜］血热之月经多或过期不止、经色深红、心烦口渴等。

黑豆川断煮酒

［配制］大黑豆 30g，川断（碎细）20g，黄酒一大杯。黑豆炒香熟，用川断、黄酒共煮，取酒 7 分。去渣。空腹顿服。不愈如法再制。

［功能］补肾安胎。

［益宜］妊娠腰痛。

黑豆党参饮

[配制] 黑豆 30g,党参 9g,红糖 30g,共煎汤饮。月经前 6～7 天始服,每日 1 剂。

[功能] 养血调经。

[益宜] 月经不调、提前。

黑豆红花汤

[配制] 黑豆 50g,红花 5g,红糖适量。又方:黑豆 30g,红花 6g,红糖 30g,黑豆洗净与红花同煮豆烂,入红糖。日 2 服,饮汤食豆。又方弃豆,红花取汁入红糖饮。每饮 1 杯,日 2 次。

[功能] 滋补脾肾,活血通经。又方:补肾调经。

[益宜] 气虚血瘀之经闭。又方:肾虚月经不调、小腹冷痛作胀等。

黑豆羌活酒

[配制] 净黑豆 1 000g,羌活 40g,无灰酒 5000ml。净豆后,炒令甚热,以酒淋之,入羌活同浸。时时饮,或用此酒下药。

[功能] 辟风邪,养血去恶露,行乳脉。

[益宜] 产后恶露不尽,乳汁不下等。

黑豆苏木汤

[配制] 黑豆 100g,苏木 10g,红糖适量。黑豆、苏木洗,加水炖至豆熟烂,去苏木,加红糖溶化。饮汤食豆,日内 2 次服完。

[功能] 补肾红血。

[益宜] 肾虚、血脉不畅之月经量少等。

黑豆饮

[配制] 黑豆 30g,益母草 15g,砂仁 5g,各洗,同煎取汁加红糖适量,日内分三服。

[功能] 化瘀调经。

[益宜] 气滞血瘀之经闭,少腹拒按,舌质紫暗等。

红花黑豆汤

[配制] 黑豆 30g,红花 6g,红糖适量。黑豆洗,入锅,红花布包同下,共煮酥烂,去红花调糖食、饮。

[功能] 活血通经。

[益宜] 闭经或不调。

红花山楂酒

[配制] 红花 15g,山楂 30g,白酒 250g,共浸 1 周。每饮 15～30ml,每日 2 次,视酒量以不醉为度。

［功能］通经活血。

［益宜］经来量少且紫黑有块、少腹胀痛拒按，血块排后疼痛减轻等。

花生米炖猪脚

［配制］花生米 90g(连衣)，猪脚爪 1 只(前脚爪)，共炖服。

［功能］养液通乳。

［益宜］产妇乳汁少。

茴桂酒

［配制］小茴香 30g，桂枝 15g，白酒 250g。共浸 3～6 天，饮酒，每次 15～20g，日 2 次。

［功能］温经散寒。

［益宜］实寒经期延后、色暗红、量少、小腹冷痛、得热稍减，肢冷恶寒等。

鸡蛋阿胶羹

［配制］阿胶 30g，鸡蛋 1 只，精盐适量。鸡蛋打入碗搅匀，阿胶入锅加水 200ml，小火溶解后倒鸡蛋入锅，搅动，入盐稍煮。每日 1 次或 2 次，温热服，连续 6 天左右。

［功能］养血安胎，滋阴润燥。

［益宜］气血两虚、胎元不固所致的妇女妊娠胎动不安。

鸡蛋芝麻食

［配制］鸡蛋 1 个，芝麻适量，盐少许。先将芝麻炒香，研末，并调入少许盐；鸡蛋煮熟去壳。用鸡蛋蘸芝麻末食。每日 1 次，可常食。

［功能］补气血，增乳汁，通便。

［益宜］产后气血不足，乳少，便秘等。

鸡冠花炖鸡

［配制］白鸡冠花 15g，净母鸡 1 只。鸡洗净切块，与花同置砂锅，加水煮至烂熟，加调味品食。每剂分 3 服，隔日 1 次，连服 5 次。

［功能］清热燥湿止带。

［益宜］肝胆湿热致妇女带下症。

鸡血藤煲鸡蛋

［配制］鸡血藤 30g，鸡蛋 2 个，白糖适量。鸡蛋、鸡血藤分别洗净，加水同煮，至蛋熟，去渣，取出鸡蛋，去壳，回汤锅煮少时，入白糖调味。饮汤食蛋。日 2 次。

［功能］补血活血，化瘀通经。

［益宜］月经不调、痛经、闭经等。

鲫鱼当归散

［配制］活鲫鱼 1 尾(250g 左右)，当归 10g，血竭、乳香各 3g，黄酒适量。鲫鱼去内脏，诸

药纳鱼腹内，外用黄泥包裹，入柴火中烧干黄、去泥研末，温黄酒服下，每次3g。

［功能］祛瘀生新，补血止血。

［益宜］妇科下血，跌打损伤出血等。

胶艾炖鸡

［配制］阿胶、杜仲各15g，陈艾10g，子鸡500g(1只)，生姜6g。子鸡制净，与陈艾、杜仲洗净入砂锅同炖，将熟入生姜再煮20分钟，入盐少许调味食。每食用阿胶5g以热鸡烊化食，日2服。

［功能］温经散寒，暖宫安胎。

［益宜］虚寒型妊娠腹痛，见妊娠数月少腹冷痛不适，食少便溏等。

橘叶青皮猪蹄汤

［配制］橘叶、青皮各10g，净猪蹄500g，3者同煮至猪蹄烂熟，饮汤食猪蹄。

［功能］行气通乳。

［益宜］情志不爽之乳少、无乳症。

橘叶苏梗茶

［配制］鲜橘叶20g，苏梗10g，红糖15g。共入保温杯中冲泡15分钟。代茶饮。

［功能］行气宽胸、止痛。

［益宜］月经或先或后或行不畅、乳房及少腹胀痛等。

坤草童子鸡

［配制］坤草15g，童子鸡500g，冬菇15g，火腿、精盐、味精各5g，香菜叶2g，鲜月季花10瓣，绍酒30g，白糖10g，香油3g。坤草洗净，碗盛加绍酒、白糖上屉蒸1小时，滤汁备用；鸡从背部切，去内脏、头脚，沸水氽透，置砂锅加鲜汤、绍酒、冬菇、火腿、葱、姜，大火沸后入精盐，改小火煨至鸡熟烂，拣去葱、姜块，加味精、药汁、香油、香菜叶、月季花瓣。随意服食。

［功能］活血补气，调经止痛。

［益宜］妇女经脉不畅所致月经不调，痛经，闭经，产后腹痛，恶露不净及气血亏虚所致闭经，经期错后，经量少，不孕等。益宜急、慢性肾炎水肿、血尿等。

栝楼醴

［配制］全栝楼30g，黄酒100g。全栝楼捣碎，与黄酒小火同炖20分钟，每温服20ml，日2次。

［功能］解毒消肿散结。

［益宜］乳腺炎初起红肿痛热等。

兰花粥

［配制］泽兰30g，粳米50g。先煎泽兰，去渣取汁，入米煮粥。空腹食。

[功能] 活血、行水、解郁。

[益宜] 妇女闭经，产后瘀滞腹痛，及身面浮肿，小便不利等。

簕苋菜糖水(又名刺激苋菜)

[配制] 鲜簕苋根 500g，洗净，水煎 30 分钟，去渣，入白糖 20g，调匀，分 2 次服。

[功能] 清热、利湿、止带。

[益宜] 湿热带下，色黄秽臭，伴潮红低热、心烦口干等。

鲤鱼芪归人参煲

[配制] 鲤鱼 1 条，去鳞、肠、杂，洗净，黄芪(切碎，炒)、当归(切、焙)、人参、生地(洗净，切碎)各 15g，蜀椒 10 粒，生姜 2g，陈皮 3g，粳米 25g(淘洗)。将诸味共装入鲤鱼腹内，用线捆绑固定，煮鱼熟，入盐、醋等调味。热食。

[功能] 益气养血，安胎。

[益宜] 气血不足之面色萎黄、头晕目眩、少气懒言、心悸失眠、胎动不安等。

荔干莲子羹

[配制] 荔枝干 20 个，莲子 60g，加水 250ml，上笼蒸熟，每日 1 次。

[功能] 利湿止滞。

[益宜] 湿热下注，白带过多。

六味红枣粥

[配制] 大米 60g，银柴胡 10g，马齿苋 25g，赤芍 10g，延胡索 10g，大枣 10 枚，山楂条 10g，白糖 10g。银柴胡等洗净加水适量，武火烧开，文火煎 30 分钟取汁入米枣煮粥熟，加山楂条、白糖调匀。顿服。

[功能] 清热除湿，化瘀止痛。

[益宜] 气血不畅之痛经，小腹痛，低热，面色黯红、质稠有块、带下黄稠等。

龙眼红枣木耳羹

[配制] 龙眼、红枣(去核)各 15g，黑木耳 25g，冰糖适量。木耳冷水浸发 1 夜，加水文火焖煮 1 小时后，再加龙眼肉，红枣焖至稠烂，调冰糖溶解，任意食。

[功能] 益气养血。

[益宜] 妇女体虚，带下色白，及贫血等。

龙眼鸡蛋汤

[配制] 龙眼肉 50g，鸡蛋 1 个，龙眼肉净后加水煮 15 分钟后打入鸡蛋。饮蛋花汤，食龙眼肉，常服。

[功能] 滋阴补血。

[益宜] 产后血虚及妇女月经不调等。

鲈鱼煲苎麻根

［配制］鲈鱼 250g，苎麻根 30g。鲈鱼治净，切片；与苎麻根同置瓷罐内，加水 1 000g，煲至鱼熟。吃鱼饮汤，日 1 剂，5～7 次有效。

［功能］补脾胃，益肝肾，安胎元。

［益宜］气血亏虚或肝肾不足之胎元不固、胎漏下血等。

鹿茸猪脬汤

［配制］鹿茸 6g，白果仁 30g，淮山药 30g，猪膀胱 1 具。将猪膀胱洗净，把鹿茸、白果、山药捣碎，装入猪膀胱内，扎口，文火炖至烂熟，入食盐少许调味。药、肉、汤同食。

［功能］温肾健脾止滞。

［益宜］肾虚带下，白带清冷、量多、淋漓不断、要部酸痛、小腹有冷感等。

鹿头肉粥

［配制］鹿头肉 150g，蔓荆子 15g，高良姜、茴香子各 10g，粳米 100g。将蔓荆子、良江、茴香子捣罗为末。每用 10g，先煮鹿肉熟，再入米与药末，煮粥。将成稍加佐料调味。1 日 3 次，食尽。

［功能］益气健脾，利湿消肿。

［益宜］妇女妊娠水肿，喘急胀满等。

麻根煲鸡

［配制］母鸡 1 只(约 500g)，干麻根 30g(鲜者 60～90g)。鸡治净，去内脏、头、爪，麻根放鸡腹中，加水炖汤，熟。调味后食肉饮汤。

［功能］滋阴养血安胎，调经止带。

［益宜］阴血不足，虚火内盛的习惯性流产，崩漏、带下等。

马鞭蒸猪肝、药膳

［配制］鲜马鞭 60g，新鲜猪肝 100g。马鞭草洗净，切碎，猪肝切片。同置磁盘中，隔水蒸熟。日 1 剂。

［功能］清热解毒，活血化瘀。

［益宜］妇女白带过多，色黄，味臭；阴痒，闭经，月经量少等。

马齿苋鸡蛋汤

［配制］马齿苋 60g，鸡蛋 3 个。马齿苋洗净，捣烂取汁。鸡蛋去壳，加水适量煮熟，兑入马齿苋汁。每日分 2 次服。

［功能］清热解毒止血。

［益宜］月经过多且色除有块者。

马齿苋酒

［配制］马齿苋(捣自然汁)1.2ml。入酒 0.8ml。微暖服。

［功能］缩宫。

［益宜］催产。

玫瑰膏

［配制］玫瑰花蕊 300 朵(初开者,去心、蒂)。用新汲水放砂锅内煎取浓汁,滤去滓再煎,用白冰糖 500g 收膏(如专调经,可用红糖),瓷瓶密封,切勿泄气。早晚开水冲服。

［功能］化肝郁止血调经。

［益宜］肝郁吐血,月经不调。

米酒冲鱼鳞胶

［配制］鲤鱼或鲫鱼鳞不限量。洗净,加水,文火熬成胶。每服 30g,温米酒适量兑开水冲服,日 1 剂,连续 10～15 剂。

［功能］疏肝理气,解郁。

［益宜］肝郁气滞白带过多者。

墨鱼当归汤

［配制］干墨鱼 100g,开水发软,洗净,切块,当归 30g,洗净,2 者同煮至墨鱼熟烂,去当归加猪油、精盐、味精调味。饮汤食肉。另方用:桃红。

［功能］补血调经。

［益宜］血虚或血瘀之经闭或经量少。

牡蒿炖鸡

［配制］牡蒿 30g,母鸡 1 只,炖熟后去药渣,食鸡肉饮汤。

［功能］清热止血。

［益宜］妇人血崩。

木耳散

［配制］黑木耳 60g,血余炭 10g。木耳炒至见烟为度,与血余炭共研细末,每服 6～10g,温开水或淡醋送服。

［功能］化瘀止血。

［益宜］妇女崩中漏下,或有瘀块等。

木瓜烧带鱼

［配制］鲜带鱼 300～350g,生木瓜 400g。带鱼洗净,木瓜削去皮,除去白瓜核,切块,二者同放锅内加水适量煨熟,加调味品调味。佐餐。

[功能] 滋阴,补虚,通乳。

[益宜] 妇女产后乳少等。

奶蜜饮

[配制] 黑芝麻25g,蜂蜜、牛奶各50g。黑芝麻捣末,同蜂蜜,牛奶调和。晨起空腹冲服。

[功能] 养血滋阴,润燥热滑肠。

[益宜] 产后血虚之肠燥便秘,面色萎黄、皮肤不润等。

奶油鳜鱼汤

[配制] 鳜鱼1条约350g,笋片、火腿各25g,调料适量。鱼治净用酒、盐略渍,猪油热后爆香姜片,入笋片翻炒,加水,沸后入鱼,加酒、盐适量,文火焖煮40分钟,至汤呈奶白色,撒上火腿末,葱花,淋上猪油。食鱼饮汤。

[功能] 补虚生乳。

[益宜] 妇女产后体虚,乳汁不足等。

牛膝参归酒

[配制] 牛膝30g,党参、当归、香附各15g,红花、肉桂各9g,白酒500g。诸药切碎,浸酒中,瓶封口7天,早饮5～10ml,晚10～20ml,服至月经来止;身壮耐受可饮20～30ml,益于效速。

[功能] 活血化瘀。

[益宜] 妇女闭经。孕妇、心脏病、支气管哮喘、白带多者不宜。

牛膝地黄饮

[配制] 白茅根、川牛膝、生地黄各30g,白糖适量。前3味置锅中,加水500ml,煎至300ml,入糖调匀。每饮100ml,日3次。

[功能] 凉血清热、引血下行。

[益宜] 经期及月经前后衄血、吐血、色红量多,心烦易怒,口苦耳鸣,及经闭或月经量少等。月经过多者不宜。

牛膝炖猪蹄

[配制] 牛膝20g,猪蹄250g,猪蹄净、剁开与牛膝入锅,加水适量,入米酒50g,炖熟烂,趁热食蹄,饮汤。

[功能] 逐瘀通经。

[益宜] 妇女血瘀停滞,月经少或经闭,癥瘕等。脾虚泄泻、梦遗滑精者、孕妇不宜。

女娄菜(别名:罐罐花,对叶草,对叶菜)

[配制] 罐罐花15g,小血藤9g。煨酒温服,1日2次。

[功能] 活血调经。

[益宜] 月经不调(错后)。

糯米黄芪饮

[配制] 糯米 10g,黄芪、川芎各 30g。三味各洗,水煎取汁,日 1 剂,分 3 次服。

[功能] 补气安胎。

[益宜] 脾虚胎动不安,腹痛或胎漏下血等。

藕节侧柏叶饮

[配制] 生藕节 500g(去节须,洗净),侧柏叶 100g(洗净)。共捣烂取汁,加温开水饮服。每日 3～4 次,连续 5 日为 1 个周期。

[功能] 凉血止血。

[益宜] 血热毒行之月经超前,色红量多,心烦口渴,苔黄脉数等。

藕汁饮

[配制] 藕汁 75g,生地黄汁 150g,生姜汁 21g,米酒 150g。先煎地黄汁令沸,依次下藕汁、姜汁、酒,再煎三五沸,放温时时饮之。

[功能] 补肾精,催产后恶露下。

[益宜] 产后恶露不下,后下未尽而有热者。

蒲公英酒

[配制] 鲜蒲公英 1 握,捣烂,入酒 1 小茶杯,沥去滓。不拘时候,适量温饮。渣贴患处。

[功能] 清热解毒。

[益宜] 乳腺炎,乳痈。

千金鲤鱼汤千条子酒

[配制] 白术、生姜、陈皮、白芍、当归各 10g,茯苓 15g,净鲤鱼 1 条(约 500g)。诸药用纱布包好,与鲤鱼同煮汤 1 小时。晨起吃鱼饮汤。

[功能] 健脾利水,安胎。

[益宜] 脾虚水肿,妊娠水肿,营养不良性水肿等。

芹菜益母草汤

[配制] 芹菜 250g,益母草 50g,鸡蛋 2 个,3 味洗净,加水同煮汤,油盐调味,食蛋饮汤,日分 2 次服。

[功能] 补血调经。

[益宜] 血虚而滞之月经不调。

人参甘草茯苓散(原方名:人参丸)

[配制] 人参、甘草、茯苓各 90g,麦冬、菖蒲、泽泻、山药、干姜各 60g,桂心 30g,大枣 50 枚。洗净、干,枣去核,干,为细末。每服 5～10g,温米酒或温开水送下。日 3、夜 1 次。

[功能] 气血两亏,心肾不交。

[益宜] 产后大虚心悸,恍惚恐惧,夜不得眠,及男子虚损心悸。

人参升麻粥

[配制] 人参 5～10g,升麻 3g,粳米 30g。前两味水煎取汁,煮米为粥。日 1 剂,连服一周。

[功能] 补气摄血,升阳举陷。

[益宜] 气虚月经过多,过期不止,色淡质稀如水面色虚白,气短懒言,心悸,脉轻无力等。

人参团鱼煲

[配制] 团鱼一只,人参 3g。团鱼治净,切块,加酒、盐炖熟后,入人参,再炖 15 分钟。日 1 次,顿服,连用数日。

[功能] 补气摄血。

[益宜] 崩漏下血过多或日久不止,血色淡红,质量清稀,神疲气短乏力,不思饮食等。

人参养血散(原名:养血丸)

[配制] 乌梅肉 90g,熟地黄 150g,当归 60g,人参、川芎、赤芍药、炒菖蒲各 30g,为细末,每取 10～15g,蜜、温米酒或米汤调服。

[功能] 培元补气,活血止痛。

[益宜] 女人素体怯弱,血气虚损;妇人怀身腹中绞痛,口干不食,产后羸瘦不食。

三红汤

[配制] 红苋菜、赤小豆、大蒜各 30g,白糖 100g。大蒜拍碎合另 3 味水煎取约 500ml,喝汤,食菜、蒜、豆。

[功能] 健脾行水,平肝潜阳。

[益宜] 脾虚肝实之妊娠后期水肿,血压升高等。

三七粥

[配制] 三七片 10g,山药、大米各 30g。先煮三七片 30 分钟,再入山药、大米,同煮为粥。每日 1 剂,分 2 次服,连服数日。

[功能] 益气补虚通络。

[益宜] 气血不足之血经过少,质稀色淡,少腹疼痛,头晕眼花,心悸失眠,耳鸣,食欲不振等。

三七煮鸡蛋

[配制] 参三七 3g,丹参 10g,鸡蛋 2 个。入锅加水同煮,蛋熟后去壳再煮至药性尽出。日 1 剂,食蛋饮汤。

[功能] 活血化瘀。

［益宜］血瘀性月经量少，色紫、黑，有块。少腹胀痛拒按等。

三鲜银芽

［配制］绿豆芽(银芽)150g，熟瘦猪肉、熟鸡肉各75g，熟火腿丝50g，调料适量。绿豆芽洗净，用热油快速煸炒数下盛起，加入肉丝、鸡丝，火腿丝、调入盐、糖、味精淋上麻油，佐食。

［功能］利尿消肿，清热解毒，滋养补虚。

［益宜］妊娠及营养不良性水肿。

三鲜饮(原三鲜汁)

［配制］鲜藕、鲜白萝卜、鲜旱莲草各500g，洗净，共捣熟烂，用净纱布包裹取汁，调冰糖适量，频饮。

［功能］清热凉血，止血固津。

［益宜］血热崩漏。

山白菊根饮

［配制］山白菊根30g，水煎服

［功能］疏风清热解毒。

［益宜］乳腺炎

山甲通乳汤

［配制］穿山甲珠30g，瓜络15g，猪蹄筋200g，佛手10g，山甲、瓜络、佛手装纱布袋内，扎口，与猪蹄筋同置砂锅或高压锅内炖熟，弃药袋。调入盐、姜汁。饮汤食肉，日数次，连用至乳多为止。

［功能］流肝理气，通乳补虚。

［益宜］产后乳汁不足或乳汁不通症。

山甲猪蹄汤

［配制］山甲珠、环留行各10g，漏芦、通草各6g，当归15g，黄芪30g，甘草6g，猪蹄2只。猪蹄洗净煮汤，去浮油，以汤煮药取汁，每服100ml，日2次，猪蹄佐餐用。

［功能］通经舒络

［益宜］产后乳汁不下证。

山药糊咽水蛭散

［配制］生水蛭30g，山药250g，红糖适量。前两味各研细末。每以山药末20g，煮糊，调红糖送水蛭粉2g。日2服，连服数日。

［功能］活血养肾，舒经通络。

［益宜］妇女经闭血瘀者。

山楂红糖饮

［配制］山楂片 50g,红糖 30g。山楂水煎取汁,冲红糖温服。

［功能］活血化瘀。

［益宜］月经后期有块,小腹冷痛,产后恶露不尽等。

山楂葵子汤

［配制］山楂、葵花子各 50g,红糖 100g。加水炖汤饮,行经前 2～3 日饮服效更佳。

［功能］健脾开胃,补中益气。

［益宜］气血两虚之痛经。

山楂散

［配制］向日葵 15g,干山楂 30g,红糖 60g,前 2 者焙焦研末,加红糖冲或煎服。每日 1 剂,分 2 次服,经前期 1～2 日服。每月经周期服 2 剂,连用 1～2 个月经周期。

［功能］活血调经。

［益宜］痛经。

芍药花粥

［配制］芍药花(色白因家按干者)6g,粳米 50g,白糖少许。以米煮粥,练 1～2 沸,入芍药花再煮,熟后调入白糖。空腹食。

［功能］养血调经。

［益宜］肝气不调,血气虚弱之胁痛烦躁,经期腹痛等。

生地白萝卜汁

［配制］鲜生地 60～90g,鲜白萝卜 250g,洗净后共捣,纱布包裹,绞汁(亦可用干生地煎水与白萝卜汁调制)。每服 50～100ml,日 3 次。另方:生地萝卜汁各 100g,冰糖适量。

［功能］滋阴清热,凉血调经。另方:润肠通便。

［益宜］阴虚有热之月经先期,量少色红黏稠,两颧红赤,五心烦热等。

生地黄汁方

［配制］生地黄汁、藕汁各 150ml,童便 100ml。3 味合煎 1～2 沸,分 2 服。

［功能］滋阴降火,活血去瘀。

［益宜］产后血晕,心烦心悸,昏愦口干及因热失血等阴虚火旺症。

生地益母酒

［配制］生地 6g,益母草 10g,黄酒 200ml。前 2 味置酒内隔水蒸 20 分钟。每服 50ml,日 2 次,温服。另方:生地汁、益母草汁各半小盏,上酒 1 小盏,合蒸,分服。

［功能］活血化瘀。另方:止血、安神。

[宜忌] 产后瘀血腹痛等。另方:崩中下血不止,心神烦乱等。

生姜豆腐羊肉汤

[配制] 豆腐1块,羊肉50g,生姜15g。豆腐、羊肉切块,姜切薄片,共加水适量,食盐调味,煮服。佐餐或单食。

[功能] 益气补血,温中和胃。

[宜忌] 虚劳羸瘦,妇女体弱月经不调,及脾胃虚寒腹痛呕吐等。

生姜米醋炖木瓜

[配制] 鲜木瓜50g,生姜50g,米醋500ml。同置瓦锅内,文火炖熟,分次服食。

[功能] 益气养血,解郁通乳,解毒。

[宜忌] 产后缺乳,病后体弱,及慢性胃炎,食鱼虾过敏等。

生姜柚皮萝卜籽茶

[配制] 生姜、柚皮、萝卜籽各15g,共研粗末,沸水沏,代茶饮。每日1剂。

[功能] 健脾和胃,降逆止呕。

[宜忌] 胃虚失降型妊娠呕吐。

生姜猪脚煲甜醋

[配制] 生姜500g,猪脚2只,甜醋1 000ml。姜去皮切块,猪脚净,切块,加醋同煮至熟。数日内服完。

[功能] 补气养血,散瘀通乳。

[宜忌] 产后乳少,身体虚弱等。分娩前备,放置1～2周服,数日内服完效更佳。

生牛蒡根酒

[配制] 生地30g,独活15g,黑豆100g,海桐皮30g,生牛蒡根100g,肉桂15g,火麻仁100g,好酒1500ml。前7味研粗末,酒浸于净器中,密封口,3日后取。每饭前,随量温服。

[功能] 通经、祛风、解毒。

[宜忌] 瘴气侵入人体形成的风盛热毒,心神烦闷、脚膝酸痛等。

生牛膝酒

[配制] 生牛膝200g,酒3 000ml。生牛膝以酒煮取1 200ml,去滓。若干牛膝根,酒渍宿后煮。随个人酒量分次饮。

[功能] 活血散瘀。

[宜忌] 产后腹中苦痛等。

石榴皮炖鸡肉

[配制] 石榴皮5g,鸡肉120g。石榴皮洗净,鸡肉洗净切块,放陶罐内,旺火隔水炖熟。

食肉喝汤，日 1 次，连服 3～5 次。
[功能] 健脾止带。
[益宜] 脾虚证见带下清稀量多，面色萎黄，体弱乏力等。

丝瓜莲子散

[配制] 丝瓜、莲子各适量。两味烧存性，研为细末。每服 3～6g，米酒送服，覆被取汗。
[功能] 通经下乳。
[益宜] 产后乳汁不通，乳房胀痛等。

四物补肝散

[配制] 熟地黄 60g，酒制香附、川芎、酒炒白芍、酒炒当归、夏枯草各 24g，甘草 1.2g。共为细末，每服 6～9g，食后开水送下。
[功能] 养血补肝。
[益宜] 妇女产后，午后两目昏花不明。

粟米羊肉粥

[配制] 粟米 150g，羊肉 250g。各洗净，羊肉切丁，加水煮粥，入盐、醋、椒、葱，空腹食之。
[功能] 健脾胃，补气血。
[益宜] 产后气血两虚，不能下食。

糖醋益母草饮

[配制] 红糖 30g，米醋 15g，益母草 15g，砂仁 10g。后两味煎取汁，加红糖，米醋搅匀，分两次温服。
[功能] 化瘀止痛。
[益宜] 瘀血之产后腹痛、痛经、胸胁疼痛等。

桃仁酒

[配制] 桃仁 60g，米酒 1 000g。桃仁捣烂，米酒浸泡 10 天。每饮 30ml，日 2 次。
[功能] 润肠通便。
[益宜] 产后血虚之便秘。

桃仁墨鱼

[配制] 桃仁 16g，墨鱼 150g，姜、葱、盐适量。墨鱼水泡发，去骨、皮，桃仁洗净，2 品同入锅加水、盐、姜，文火炖熟透，随意食(原方桃仁 6g，墨鱼 15g，疑误，改桃仁 16，墨鱼 150g)。
[功能] 通经活血。
[益宜] 瘀血阻滞、冲任不畅之月经过多、过少等。

桃仁藕

[配制] 桃仁 20 枚(去皮、尖),藕 1 块。洗净,水煮服之。

[功能] 通经活血。

[益宜] 产后闭经。

桃仁粥

[配制] 桃仁 15g,粳米 100g。桃仁捣如泥,加水研滤汁,入米煮粥。日 1 剂,连服 5~7 日。

[功能] 活血通经,祛瘀止痛。

[益宜] 闭经、痛经,产后腹痛,胸胁刺痛等。孕妇、便溏者不宜。

天门冬红糖水

[配制] 天门冬(连皮)50g(鲜品用 150g),红糖适量。天门冬洗净加水 1 000ml,煎取 500ml,入红糖,烧沸。日温服 1 次,连服数次。

[功能] 滋肾补血。

[益宜] 功能性子宫出血,先兆流产及妇女小叶增生等。

土贝母散

[配制] 白芷、土贝母等份。为细末,每 9g 陈酒热服,护暖取汗即消。重者再一服。如壮实者,每用 15g 酒服。

[功能] 散结毒,消痈肿。

[益宜] 乳痈初起症。

土大黄叶饮

[配制] 土大黄 5~7 枚,水煎,冲甜酒服。

[功能] 清热调经散瘀。

[益宜] 月经不调症。

土茯苓糖茶

[配制] 土茯苓 30~50g,白糖(或红糖)适量。土茯苓与糖入容器内加水 2 碗半,煎至 1 碗。日 1 剂,分饮。

[功能] 清热除湿。

[益宜] 妇女湿热内蕴之白带过多。

土栾儿黄酒羹

[配制] 土栾儿 15g,去皮切片,加黄酒蒸汁,饭后服。

[功能] 理气散结止痛。

[益宜] 妇女痛经。

万里云猪脬炖老酒(万里云学名:腹水草,为玄参科植物腋生腹水草或腹水草的茎或根)

[配制] 万里云24g,野葡萄根21g,猪小肚1个,各洗净。炖老酒(黄酒)服。

[功能] 行水,散瘀,提气。

[益宜] 子宫脱垂。

王不留行炖猪蹄.

[配制] 王不留行30g,茜草、红牛膝各15g,猪蹄250g(净),共炖至猪蹄烂熟。饮汤食肉,日2次,五日为1疗程。一方:无茜草、牛膝,猪蹄500g。

[功能] 化活血化瘀,理气行滞。

[益宜] 气滞血瘀型闭经,见月经数月不行,甚至经年不至,并精神抑郁,烦躁易怒,胸胁胀满不舒,少腹胀痛拒按等。

莴苣泥酒(莴苣别名:莴笋、千金菜等)

[配制] 莴苣3枚,研作泥,好酒调开服。

[功能] 通经下乳。

[益宜] 产后无乳。

莴苣子粥

[配制] 莴苣子10～15g(捣碎),甘草6g,共加水200ml,煎取汁100ml(弃渣),入粳米100g,再加水600ml,煮成稀粥。每日早、晚温服,连服3～5天。

[功能] 补脾胃,通乳汁。

[益宜] 妇女产后体虚乳少,或乳汁不通。虚寒、脾虚者不宜。

乌豆酒

[配制] 乌豆(选择令净)500g,清酒1 500ml。烧豆令烟向绕,投入酒中,看酒赤紫色,去豆。如中风口噤,加鸡屎白200g,和熬投酒中。置性服,日3盏。

[功能] 破血祛风,顺气防热。

[益宜] 风热者及产后3日服。

乌龟肉炖升麻

[配制] 乌龟肉120g,升麻12g。升麻布包,乌龟肉洗净切片,共入罐加清水750ml,用旺火炖至乌龟肉熟透。食肉饮汤,日2次。

[功能] 补益气血。

[益宜] 妇女气血不足之子宫下垂,面白乏力等。

乌鸡白果莲肉煲

[配制] 白果、莲肉、江米各15g,胡椒3g,共为末。乌鸡一只,如常洗净,诸药末装鸡腹,扎紧,煮熟。空腹食之。

[功能] 滋阴补阳,除湿敛精。

[益宜] 下元虚惫,赤白带下及遗精白浊等。

乌鸡丝瓜汤

[配制] 乌鸡肉 150g,丝瓜 100g,鸡内金 15g,3 味共煮汤,加盐等调味任意服食。

[功能] 滋阴补血,益气健脾。

[益宜] 血虚之月经过少,或一、二日即净,或点滴即止,色淡,少腹不适,皮肤干燥不润等。

乌鸡汤

[配制] 雄乌鸡 500g,陈皮、良姜各 3g,胡椒 6g,苹果 2 枚。净鸡切块,用陈皮等 4 味及适量葱、醋入锅加水文火炖烂。食肉饮汤。

[功能] 温经散寒,益气补血。

[益宜] 妇女气血双亏,虚寒痛经、经少,面色苍白、体倦等。阴虚内热、月经先期者不宜。

乌鸡鸭脚菜汤

[配制] 鸭脚菜(刘寄奴)60g,乌鸡 1 只。鸡打理净后同鸭脚菜加水炖汤,鸡熟入料调味。2 日内分次食空。

[功能] 破血通经。

[益宜] 妇女月经不调,不能受孕等。

无花果炖猪蹄

[配制] 猪前蹄 1 对,无花果 100g,树地瓜根 100g,金针花根 12～24g,奶柴藤 100g。洗净合炖至猪蹄烂熟。食肉饮汤。

[功能] 健脾补血,通经下乳。

[益宜] 妇人产后气血不足之乳汁清稀量少,面色少华,神疲食少等。

五加枸杞酒

[配制] 五加皮、枸杞子各 800g,干地黄、丹参各 80g,杜仲 600g,干姜 120g,天门冬 160g,蛇床子 400g,乳床(正名:石床,钟乳石,编者注)300g。九味研粗末,绢袋盛,渍酒 30 000ml,3 宿。适量饮。

[功能] 养血补虚。

[益宜] 产后羸瘦,玉门冷。

五香牛鼻

[配制] 牛鼻肉 500g,调料适量。牛鼻肉沸水烫去黏液,用力刮净,加水、姜葱煮沸,去浮沫,加入黄酒、桂皮(1 小块)、茴香(1 粒)、盐、酱油,文火焖至酥烂,加白糖、味精,收汁起锅,冷后取牛鼻肉切片。随意服食。

［功能］补虚安胎。

［益宜］妇女妊娠2月左右所见腰酸疼痛,或腹痛下坠等。

五指毛桃根煲猪脚

［配制］五指毛桃根60g,猪脚1只。将猪脚净后切成小块,与前味入锅加清汤煮熟,入盐少许调味。饮汤食肉。

［功能］益气补血,活血通乳。

［益宜］妇女产后缺乳等。

鲜姜墨鱼

［配制］鲜姜15g,去皮,切丝,鲜墨鱼250g,去皮、骨、内脏,洗净,一面剞上麦穗花刀,再切片,各佐料适量。用一小碗盛精盐、味精、绍酒、水淀粉适量兑成卤汁备用。炒锅加油,热至六七成,炸墨鱼,迅速倒漏勺内,油锅置火上煸葱、姜丝香,投墨鱼卷颠翻两下,泼入前兑好卤汁,稍翻,出锅淋香油,佐餐。

［功能］养血调经,益肾滋阴。

［益宜］肝肾不足之月经量少,痛经,经闭,崩漏带下等。

鲜藕柏叶汁

［配制］鲜藕500g,连节洗净,切细粒榨汁,鲜侧柏叶洗净,榨汁,两汁合加蜂蜜15g,文火隔水炖5分钟。随量饮。

［功能］清热凉血,散瘀止血。

［益宜］血热兼血瘀月经痛,症见先期,量多,经期长,色红而有血块等。

香附当归酒

［配制］香附30g,当归15g,白酒或黄酒250g。前2味切浸酒3天。每饮15～30g,日2次。

［功能］疏肝解郁,理气调经。

［益宜］肝郁型月经先后无定期,但无块,色质正常,行而不畅,乳房及少腹胀等。

小地黄丸茶(原方:小地黄丸)

［配制］人参、干姜各1份,生地黄1.5份,共煎加米汤代茶温频饮。

［功能］温中健脾。

［益宜］人参吐酸,腹痛不能食等。

小蓟锅巴茶

［配制］小蓟炭30g,糯米锅巴50g。水煎取汁。代茶饮。日1剂。

［功能］补脾止血。

［益宜］功能性子宫出血。

羊肉豆豉羹

［配制］羊肉适量，洗净，切碎，加葱、姜末、盐、豆豉等适量同煮羹至熟。空腹食或佐餐。

［功能］调中温胃，补益气血。

［益宜］产后虚羸无力，脘腹冷，气血不调，伤风头痛等。

羊肉山药羹

［配制］羊肉60g，切片；山药150g，洗，去皮，切碎；小茴香10g，附子5g，桂枝、白芍、当归各10g，五味共装纱布袋内；生姜20g。羊肉、药袋、姜同置砂锅中，加水2 000ml，煮沸去浮沫，文火煨2小时，弃药包、入山药炖烂，入盐少许。分食。

［功能］健脾胃，益气血，散寒邪，通血脉。

［益宜］经前或经期小腹疼痛、乳房作胀、腹部发凉、经血量少等。

野芝麻根炖鸡

［配制］野芝麻根、炒棉花子、苎麻根各60g，益智仁15g，煎取汁，去渣，炖鸡吃。

［功能］清热利湿。

［益宜］妇女白带。

苡仁山药莲子羹

［配制］薏苡仁、山药、莲米各30g。各洗净，文火煮熬为美食。每日1料，7天为1周期。

［功能］补脾肾，止带下。

［益宜］脾虚带下。

益母草汁粥

［配制］鲜益母草汁、蜂蜜各10ml，鲜生地汁、鲜藕汁各40ml，生姜汁2ml，粳米100g。粳米煮粥，熟，加前5味，稍煮调匀。每日2次，温服。

［功能］滋阴养血，调经消瘀，除烦解渴。

［益宜］阴虚火旺，瘀血阻络之月经不调，崩中漏下，腹痛及各种出血。宜砂锅煮制，忌葱白、薤白，病愈即止，不宜久服。

益母山楂粥

［配制］益母草、山楂各30g，洗净加清水500ml，煎去渣，取汁加米煮粥食。日3服。又方：益母草60g，鲜草120g，取汁煮粥，加红糖。

［功能］活血祛瘀。

［益宜］产后瘀血阻滞恶露不绝，量少色紫，腹痛拒按等。

鳙鱼干姜汤

［配制］鳙鱼500g，去腮、鳞、内脏，洗净，油煎，两面微黄，入干姜8g，桃仁10g，胡椒10粒，肉桂5g，加高汤1 000ml，中火煎煮20分钟，加少量盐、味精、香菜，出锅，饮

汤食鱼肉。

［功能］温肾补虚，散寒通脉。

［益宜］寒凝胞宫之痛经。

玉龙汤

［配制］当归酒洗、生地黄各 9g，芍药 6g，川芎 4.5g，真龙骨末 3g。水煎服。

［功能］滋阴补血，收敛固脱。

［益宜］妇人产用力太过，产门太过。

枣杞鸡汤

［配制］大红枣 10 枚，宁杞 30g，子鸡 500g 重 1 只。鸡治净与枣、杞同炖至鸡烂熟，入精盐少许。食鸡肉饮汤。

［功能］补血养胎，缓急止痛。

［益宜］血虚型妊娠腹痛，小腹绵绵作痛，按之痛减，面色萎黄、心悸等。

泽及汤

［配制］泽兰叶 30g，白及 9。水煎，冲酒服。

［功能］清热解毒、消肿。

［益宜］乳痈（取汁自消）。

蒸乌鸡

［配制］乌骨鸡 1 只，艾叶 20g，黄酒 30ml。乌鸡治净，加水 1 杯，入艾叶、黄酒，隔水蒸烂熟，入盐少许调味。食肉喝汤，日 2 次。

［功能］温中补虚。

［益宜］脾气虚寒，摄血无权之崩漏、月经量多等。

猪蹄黄芪粥

［配制］黄芪 30g，煎汁，去渣，加猪蹄 60g，粳米 100g 煮粥，日 3 服。

［功能］益气通乳。

［益宜］产后无乳、短气乏力、乳房不胀、不痛、舌淡、苔薄白，脉虚缓。

猪蹄木瓜汤

［配制］猪蹄 90g，川木瓜切片，与猪蹄同炖汤。加少许食盐调味。每日 2 服。

［功能］催乳。

［益宜］产后乳少，或缺乳、小儿走路不稳。

猪蹄通草芎甲汤

［配制］猪蹄 1 付，通草 80g，川芎 40g，甘草 4g，炮山甲片 14 片。加葱、姜、食盐，水煎服。

[功能] 通乳。

[益宜] 气血不足,乳汁不下。

紫藤花蒜有蹄筋

[配制] 鲜猪蹄筋30g,紫藤花10朵,独蒜头250g,莴笋250g,奶汤500,各佐料适量。猪蹄筋择净,洗,沸水汆透,捞洗后,锅中煮烂,起锅修切整齐,去小筋,复放汤中浸,备用;紫藤花去瓣,洗,切细。蒜去皮,切去根。莴笋削后切4cm×1cm的方条,葱、姜切段、片。热猪油锅煸葱、姜出味,加汤,沸后去葱、姜,下诸料,中火烤出味,收浓汁,漏出,盛盘,汁勾芡,淋油,浇蹄筋上佐餐。

[功能] 补血,通乳,解毒,杀虫。

[益宜] 产后乳汁不通,痈疽,♯蛲虫症,钩虫症等。

编后语

妇产门类饮、膳食疗尤其显得重要,如:经少、胎动不安、乳少等就诊医生有时也无所适从。掌握若干个食疗方对一些成年准备结婚,已经结婚妊娠担心"胎动不安"的准妈妈和已是妈妈正虑乳少的女性来说应是一件可幸的事情。虎狼之药伤人身,也伤人性、人情。茶饮膳食益身、益性、益情。故推崇以茶、膳疗女疾为最好。

三、心门类康复方

拔丝鲜百合

[配制] 鲜百合500g,白糖100g,面粉、食油各适量。鲜百合去根洗净,面粉调糊,百合入粉糊内拌匀;炒锅加油,烧五六成熟时,炸百合熟,沥油;锅内留少量油熬白糖成黄色,倒入炸好百合,翻匀见拔出丝。装盘。

[功能] 润肺止咳,养心安神。

[益宜] 心肺阴亏之失眠,精神不安,心悸,干咳,咽干,痰中带血等。

柏子仁芡实粥

[配制] 柏子仁10g,芡实20g,糯米30g,白糖1匙。前2味快速洗净,与洗净之糯米一同下锅,加水煮粥。早餐或当点心,食时加白糖。

[功能] 补脾益肾,养心安神,固涩缩尿。

[益宜] 心血不足之夜卧不宁、睡不熟,肾气不固之遗精、尿;小便频、带下淋漓等。

保精益神汤

[配制] 芡实、山药各30g,莲子15g,炒茯神6g,酸枣仁9g,党参3g,白糖15g。前6味煎汤,饮后加糖嚼服。

[功能] 保精益神。

[益宜] 梦遗,心悸。

参脉郁金红花茶

[配制] 丹参、党参各15g,麦冬18g,郁金6g,红花1.5g,当归3g。诸药入锅加水2 500ml,烧开,小火煮30分钟。日1剂,分3次服。每服饭后1小时。首服一周,此后每周2~3天。

[功能] 养心活血通络,益气,化瘀疏经。

[益宜] 心肌炎,心脉不畅,心绞痛,冠心病及血栓等。

茶根米酒煎

[配制] 茶叶树根60g,万年青6g,枫荷梨30g,糯米酒适量。挖取10年以上的茶叶树根,洗净,切片,4品入砂锅加水适量合煎。日1剂量,2煎分3服。高血压、心脏病者加锦鸡儿30g,日1剂,睡前顿服。

[功能] 强心利尿。

[益宜] 心气虚之肺心病、高血压心脏病和风湿性心脏病。

鲳鱼补血汤

[配制] 鲳鱼500g,去鳞、腮、内脏,洗净;党参、当归、熟地各15g,山药30g。诸药洗净煎取汁适量,去渣,放入鱼,煮熟后调味。食鱼饮汤。

[功能] 补益气血。

[益宜] 气血两虚之失眠心悸,头晕眼花,神疲乏力等。

翠衣决明子饮

[配制] 翠衣(西瓜皮)50g,决明子10g,冰糖15g,将翠衣洗净切片,与决明子同煎1小时,入冰糖熬化,滤渣取汁。随意饮。

[功能] 清热解暑,清肝明目。

[益宜] 夏季心烦胸闷,心悸自汗,口渴尿黄,目赤口苦,头晕、痛等。

翠衣茅根饮

[配制] 翠衣(西瓜皮)100g,鲜茅根50g,洗净加水1 000ml,同煎40分钟,滤汁加砂糖50g,每饮50ml,温饮。

[功能] 清凉解暑,除烦止渴。

[益宜] 暑热心烦口渴,心悸汗出、呕恶尿少等。

大青叶柴胡粥

［配制］大青叶、柴胡各 15g，粳米 30g，白糖适量。前 2 味加水 3 碗，煎取汁 2 碗，入米煮粥，待熟加白糖稍煮。日 1 剂。连续 6～7 剂为佳。

［功能］潜阳息风，清热解毒。

［益宜］心肝风火之带状疱疹等。

丹参茶

［配制］丹参 6g，切片，开水冲泡。代茶饮，味淡为宜。日 1～2 次。

［功能］活血化瘀。

［益宜］心血管疾病。

丹参饮

［配制］丹参 30g，檀香、砂仁各 3g。水煎服。

［功能］行气化瘀。

［益宜］脘腹疼痛与心绞痛。

丁香鸡冠花茶

［配制］丁香 3g，鸡冠花 10g。入杯，沸水冲泡，代茶饮，每日 1 剂。

［功能］温中降逆，收敛止血。

［益宜］风湿性心脏病。

豆豉酱猪心

［配制］猪心 1 000g，葱、姜、豆豉、甜面酱、黄酒各适量。猪心洗净，入锅，加姜、葱、豆豉、酱油、甜面酱、黄酒适量，武火烧沸，转文火炖熟，捞出猪心、稍冷切薄片。佐餐。

［功能］补心安神。

［益宜］心血亏虚之心悸，忧烦，产后惊悸抽风等。

炖龙眼党参鸽肉

［配制］龙眼肉 20g，党参 20g，白鸽肉 150g。诸味放砂锅内，加水炖熟，食肉饮汤。

［功能］补脾益气，养血安神。

［益宜］心脾两虚之心悸、失眠、纳呆、便溏、善惊易恐、月经不调等。

二冬枣仁粥

［配制］天冬、麦冬(连心)、枣仁各 10g，粳米 100g，白蜜适量。枣仁微炒，同二冬水煎取汁，与粳米煮粥，熟后调入白蜜再稍煮。内服。1 日 2 次，可连服数日。又方：天枣仁蜜。

［功能］滋阴清热，养心安神。又方：保津益胃。

[益宜] 阴虚火旺之心悸不灵。头晕目眩，烦热少寐，多梦耳鸣，手足心热等。又方：便秘，烦渴，小便频数等。

二黄蛋

[配制] 黄连15g，黄芩、芍药各10g，阿胶15g，鸡蛋2枚取黄。前2味浓煎取汁，再入阿胶烊化，稍冷后入鸡蛋黄搅匀。分2次服，每日1剂。

[功能] 益阴降火。

[益宜] 阴虚火旺之心中烦，不得眠，梦遗，盗汗等。

附子薏米粥

[配制] 制附片10g，生姜15g，苡仁米20g，粳米100g。先煎制附片1小时，下生姜片再煎半小时，取汁去渣，药汁入苡米、粳米煮粥。日服1～2次。

[功能] 辛温通阳，散寒化浊。

[益宜] 寒邪壅盛胸痛彻背、感寒痛甚、心悸不宁、胸闷气短、咳唾喘息等。

瓜蒌薤白酒

[配制] 瓜蒌实1枚，薤白80g，白酒1 120g。3味同煎煮取360g，分温再服。

[功能] 通阳散结，行气祛痰。

[益宜] 胸痹痰浊较甚，胸中满痛彻背，不能安卧者。如：冠心病心绞痛、肋间神经痛、心律不齐、胆囊炎、支气管哮喘，心源性哮喘等。实验表明本方具有抑菌、解毒、镇咳祛痰、抑血小板聚集、扩张冠状动脉、降低耗氧量、抗心律失常、降胆固醇作用。

桂圆肉蒸鸡蛋

[配制] 干桂圆5～7个(剥壳，去核心)，鸡蛋1枚，打破入碗，加白糖少许，入笼蒸半熟，取出，把桂圆肉塞蛋黄内，再蒸10分钟。一次服完，日1剂。

[功能] 补益心脾，养血安神。

[益宜] 心脾两虚之失眠、多梦、心悸、纳差、中气下陷之胃下垂等。

解郁清心安神茶

[配制] 百合、茯苓各15g，莲子30g，酸枣仁9g，柏子仁6g，蜂蜜适量。前5味各洗净，盛砂锅加水2 500ml，大火煮沸，文火焖煮30分钟，加蜂蜜、或冰糖、麦芽糖服。下午或睡前服佳。

[功能] 养心、镇静、安神。

[益宜] 心慌洗剂，失眠纳差，头痛头胀等。

金银花芦根三仁粥

[配制] 银花20g，芦根30g，薏苡仁20g，冬瓜仁20g，桃仁10g，粳米100g。前5味浸透后煎取汁，去渣，以汁煮粥，分上、下午服。

[功能] 清热化痰,润肺化瘀。

[益宜] 肺源性心脏病,痰阻喘咳,水肿等。

开心解郁茶

[配制] 炙甘草 12g,浮小麦 8g,红枣 5 粒,丹参、合欢皮各 9g。各洗净,入锅加水 2 000ml,烧沸后文煮 30 分钟。早、中、碗饭后 60 分钟服。连续 2 周为佳。

[功能] 养心神,镇静,敛汗。

[益宜] 失眠盗汗,心烦易怒。

烤墨鱼包

[配制] 墨鱼 3 尾,去肠足,洗,沥干水;山药 300g,去皮切片,淡盐水中略煮,熟投置器中捣泥;火腿 100g,切细;大虾 100g,去皮肠,洗净,木香切;洋葱 2 个,莲肉 10g,热水泡透,去皮,切薄片;白果仁 10g(同莲肉制),奶油、西红柿各适量。把切好的莲肉、白果、虾、火腿同加山药泥中,用调味品和成馅饼,塞入沥干的墨鱼肚内,扎口,外涂奶油。放入炉内考 20 分钟。另将洋葱切圆片,蘸面糊放进熬热的奶油锅内略炸取出,待用;将烤熟的墨鱼片横切成厚约 3cm 的圆片,盘中摆放好,旁边配上炸洋葱即成。

[功能] 养心安神。

[益宜] 心神不宁之心悸、失眠、烦躁等。

栗子桂圆粥

[配制] 粳米 100g,栗子 10 枚(去皮),桂圆肉 20g,白糖少许。米洗、栗子切碎加水煮粥,半熟加切碎之桂圆肉,熟后,调白糖,随意食。

[功能] 补益心肾,养心安神,温暖腰膝。

[益宜] 肿瘤病人心肾精血不足之心悸、失眠、腰膝酸软、冬畏寒较甚。

龙眼枸杞粥

[配制] 龙眼肉 15g,枸杞子 10g,红枣 4 个,粳米 100g。味洗净,置砂锅煮粥。早、晚各 1 次,空腹食。

[功能] 养心、安神、健脾、补血。

[益宜] 心血不足之心悸怔忡、失眠健忘、自汗、盗汗等。

龙眼洋参饮

[配制] 龙眼肉 30g,西洋参 6g,白糖适量。加清水适量隔水炖 40～50 分钟。每日睡前服 10～20ml。

[功能] 养心血,宁心神。

[益宜] 心神失养之心悸气短、失眠健忘等。

龙眼猪心

[配制] 猪心一个(约 400g),龙眼肉 30g,生姜 15g,肉汤 100ml,调料适量。龙眼肉温水洗净;生姜净,剁姜末,葱净,切花,猪心净,对剖放蒸碗内,放入龙眼肉及精盐、料酒、酱油、胡椒、花椒、肉汤,上屉大火蒸 40 分钟,取出猪心切薄片,装盘;再将蒸汁入锅,下姜末、葱花、味精,用水豆粉勾清芡,放香油起锅,淋于心片上,佐餐或单食。

[功能] 养心安神。

[益宜] 惊悸、怔忡、自汗、不眠、健忘等。

糯米百合粥

[配制] 百合 60～90g,糯米适量,各洗,共煮粥,熟时调入红糖适量。日 1 剂,早晚温热服食,连用 7～10 天。

[功能] 健脾养胃,养心安神。

[益宜] 心脾亏虚之食少乏力,心悸眠差,月经不调等。

生姜茯苓粥

[配制] 生姜 15g 捣取汁或捣糊》,茯苓 20g(研粉),粳米(或糯米)100g,红糖适量。先煮米,沸后入姜、苓,煮粥成,入红糖稍煮。空腹食。

[功能] 温补心阳,化气行水。

[益宜] 心阳不振之心悸、头晕、气短、神疲、形寒肢冷、小便不利等。

石膏滑石粥

[配制] 石膏 30～60g,滑石 20～30g,粳米 100g,犀角(可用 3 倍水牛角代,编者注)、辰砂各 1g。滑石布包与石膏煎取汁,入粳米煮粥成,入犀角、辰砂末。

[功能] 清心开窍。

[益宜] 温病热陷心包,身体灼热,神昏谵语或昏愦不语,手足厥冷等。宜配合临床急救用。

酸枣仁粥

[配制] 酸枣仁 15g(炒黄研末),粳米 100g,粳米煮粥,临熟,下枣仁末,再煮。空腹食。

[功能] 宁心安神。

[益宜] 心血亏虚之心悸、失眠、梦多、心烦等。

糖渍龙眼

[配制] 鲜龙眼肉 500g,糖 50g,龙眼肉加糖上屉蒸熟,取出晾凉,如此反复蒸晾 3 次,加白糖拌匀。装瓶密储。每食 4～5 枚,日 2 次。

[功能] 补心安神。

[益宜] 心血不足之心悸、失眠、健忘等。神经衰弱者食佳。

田七丹参茶

[配制] 田七 100g,丹参 150g,白糖适量。加减棕黄色颗粒,每袋 20g,开水冲服,每次 1 袋,日 3~5 次,代茶饮。

[功能] 活血化瘀。

[益宜] 冠心病心绞痛者。

兔血末丸

[配制] 腊兔血适量和茶末 120g,乳香 60g。捣丸芡实子大,每温醋化服 1 丸。

[功能] 活血止痛。

[益宜] 心气痛

乌豆圆肉大枣汤

[配制] 乌豆 50g,桂圆肉 15g,红枣 50g。共煎,饮汤食豆、圆、枣。

[功能] 活血通淋,养心安神。

[益宜] 心血瘀阻,心气不足之心悸不安,胸闷等。

乌灵参炖鸡

[配制] 鸡 1 只,处理净后待用,乌灵参 100g,调料适量。乌灵参用温水或米泔水浸泡 4~8 小时,洗净切片,放鸡腹内;鸡放入砂锅,入清汤淹过鸡,放入料酒、姜、葱,武火烧开后文火清炖,待鸡熟,放盐。佐餐。

[功能] 补气健脾,养心安神。

[益宜] 心悸、失眠、食欲不振等。

五味子膏

[配制] 五味子 250g,蜂蜜适量。五味子净后,浸半日,煮烂,去渣。浓缩。加蜜,制膏。每服 20ml,日 2~3 次。

[功能] 滋阴敛汗,益肾涩精。

[益宜] 心肾不交之虚烦不寐、遗精、盗汗及各类急慢性肝炎。

仙人掌炖鸡汤

[配制] 食用仙人掌 200g,去刺、皮、切薄片;柴鸡 1 只,制净切块,入锅加水 3 000g,烧开撇去浮沫,加入花椒、大料、桔皮、丁香、豆蔻、葱、姜各适量,将锅盖好。用慢火炖至鸡熟烂、拣出各佐料,加入盐、味精调味、撒上仙人掌片,出锅。

[功能] 清热解毒,行气活血,健脾止泻,安神利尿等。

[益宜] 心脑血管病及某些癌症患者等。

仙人掌饮

[配制] 仙人掌 60g,捣烂取汁,开水冲溶,白糖适量调味。随意饮,未效再服。

[功能] 清热安神。

[益宜] 热扰心神之心烦、失眠等。

鲜藤萝花饼

[配制] ①皮料调制:将白糖 500g,投和面机,加水搅溶化后入熟猪油 150g,共搅成乳状,兑面粉 800g,揉成软硬适宜之有劲、滋润、不粘手皮面团;②酥料调制:将熟猪油 700g,特制粉 1 400g,共放入和面机内,揉拌均匀出机,分成若干小块酥面;③馅料调制:将白砂糖馅 1 900g,桃仁 100g,入和面机内擦制成馅,藤萝花 50g,去花蕊,另置盘。用制成小块之皮料包酥后擀平包馅和藤萝花,烘烤熟,佐餐食。

[功能] 养心益肾,健胃安神。

[益宜] 心肾不足之心悸失眠、虚烦躁多汗,脚气,小便不利,纳少等。

鲜土牛膝、万年青根饮

[配制] 鲜土牛膝 15g,鲜万年青根 9g,捣烂取汁,加白糖适量,温开水煎服。

[功能] 活血化瘀,清热解毒。

[益宜] 白喉并发心肌炎症。

养心粥

[配制] 人参 10g(或党参 30g),麦冬、茯神各 10g,红枣 10 个,糯米 100g,红糖适量。前 4 味水煎取汁,与糯米煮粥,调红糖早、晚食。

[功能] 养血安神。

[益宜] 心血不足之心悸、怔忡、健忘、失眠、多梦等。

竹叶莲心除烦茶

[配制] 淡竹叶、生地各 6g,莲心 1g,干百合 9g,莲子 15g,甘草 3g,各洗净,入锅加水 2 000ml,沸后文火煮 25 分钟。每日 1 剂量,代茶,搭配食含 VB 类物品。

[功能] 清心火,除烦热。

[益宜] 舌尖红或红斑点,心火重之烦热或口舌生疮、心神不定,尿频少赤等。

四、肝门类康复方

白鱼首乌汤

[配制] 白鱼 1 条,当归、制首乌各 9g。鱼去鳞及内脏,洗净,当归、首乌煎取药汁后煮鱼,熟后调味。佐餐或单食。又方用:枸杞 30g。

[功能] 补益肝肾,养血明目。

[宜] 肝血不足之目暗昏花、夜盲等。又方曰:流泪,视物模糊等。

斑鸠明目汤

[配制] 斑鸠 1 只,枸杞子 15g,覆盆子 15g,五味子 10g。斑鸠治净与后 3 品同置砂锅,加水煎汤,至斑鸠熟烂止。饮汤食肉。

[功能] 补肾养肝明目。

[宜] 肝肾亏损,腰膝酸软,眼目昏花,小便频数,阳事不兴等。

鳖鱼补肾汤

[配制] 鳖鱼 1 只,治去肠杂及头;枸杞、山药各 30g,女贞子、熟地各 15g,盛纱布袋扎口,入弃与鳖鱼共煮熟,弃药调味。食肉饮汤。

[功能] 滋补肝肾。

[宜] 肝肾阴虚之腰膝酸软疼痛、遗精、头昏眼花等。

磁石酒

[配制] 磁石(捣碎)、石斛、泽泻、防风各 20g,杜仲、桂心各 16g,桑寄生、天雄、黄芪、天门冬各 12g,石南 8g,狗脊 32g,共研粗末,酒 2 400ml,浸 1 个月。滤服。每服适量,日 2 次。

[功能] 补虚散寒止痛。

[宜] 肝肾虚寒之丈夫虚劳冷,骨中疼痛,阴下疥、痛、热等。

当归甲鱼

[配制] 当归 100g,甲鱼 1 500g,猪肉 50g,冬笋 20g,冬菇 10g,葱、姜、蒜头、青蒜各 10g。甲鱼常规治净,剁块,当归盛纱布袋扎口,与猪肉、笋、菇、葱、姜、蒜同入锅中,加水炖熟。去当归、姜、葱,取出甲鱼、猪肉。盛盘,食时蒸热,原汁调味勾芡撒上青蒜,浇盘内。

[功能] 滋阴补血。

[宜] 肝肾阴虚,妇女贫血,头晕眼花,闭经及阴虚发热等。

当归猪胫骨汤

[配制] 当归 15～20g,猪胫骨 500g。2 味共煮 1 小时。加盐少许调味,取汤温服。

[功能] 补肝肾,强筋骨,养阴血。

[宜] 肝肾虚损之筋骨酸痛等。

定风酒

[配制] 天门冬 25g,五加皮、麦门冬、生地黄、熟地黄、川芎、秦艽各 12.5g,川桂枝、牛膝各 7.5g,白酒 5 000g,蜂蜜、红砂糖、陈皮醋各 250g。前九味装纱布袋内,扎口浸于装酒瓷罐内,加蜂蜜、红糖、陈醋,摇匀,用豆腐皮封口,压上大砖,隔水煮 3 小时后埋酒罐于土中 7 天,取出饮用,每次不超过 50ml,早、晚分服。

[功能] 滋养肝肾,养血熄风,强筋壮骨。

[益宜] 肝肾阴虚之虚风内动、头晕目眩、肢体麻木、筋骨疼痛、上重下轻,足软无力等。阳虚湿重者,不宜饮用。

二冬甲鱼汤

[配制] 野生甲鱼1只(七八两重为宜),天冬、麦冬各15g,枸杞35g,百合10g,火腿50g,调料适量。将甲鱼去头、内脏、爪、尾,洗净入锅,加水煮沸后文火煮20分钟取出,剔去上壳及腹甲,切成小块,与诸药同放锅内,加清汤、火腿、酒、葱、姜炖煮至甲鱼烂熟。饮汤食肉。

[功能] 滋阴养血,补益肝肾。

[益宜] 肝肾阳虚之头晕目眩,两颧潮红,咽喉干痛,健忘耳鸣,五心烦热,低热盗汗,男子虚精,女子月经量少等。

蜂蜜芍药汤

[配制] 白芍、甘草各9g,蜂蜜30g。前两味煎取汁,加蜜调服。

[功能] 补益脾胃,缓急止痛,敛阴柔肝。

[益宜] 脾虚肝旺之脘腹拘急疼痛、少食易饥时病发作等。

佛手柑粥

[配制] 枸橼15g,冰糖少许,粳米50g,佛手柑(枸橼)洗净,煎取汁500ml,入米煮粥,熟,加冰糖,稍煮,搅匀。每日早晚空腹食。5~7日为1周期。

[功能] 疏肝和胃,理气解郁。

[益宜] 肝郁气滞、肝胃不和所致的胸闷胁胀、饮食不化、食欲不振、时或低热等。

佛手姜汤

[配制] 佛手10g,生姜6g,白糖适量。水煮佛手、生姜,去渣,加糖适量,不拘时饮。

[功能] 疏气宽胸,和胃止呕。

[益宜] 肝胃不和引起的胸脘堵闷疼痛、呕吐恶心、长吁叹息、纳食不香等。

甘松羌活鱼酒

[配制] 羌活鱼60g,甘松15g,白酒适量。以白酒浸泡前2味,数日后饮服。每服10ml。

[功能] 行气解郁止痛。

[益宜] 肝胃不和之心腹或胁肋胀痛等。

枸杞炖羊脑

[配制] 枸杞子50g,羊脑1具,调料适量。羊脑洗净(不要碰破),放容器内,加盐、葱、料酒、水适量,杞子洗净同入,隔水蒸熟,再加味精调味。

[功能] 补益肝肾,益脑安神。

[益宜] 肝肾两亏之腰膝酸软、痛,记忆减退,癫痫,眩晕等。

枸杞蜜膏

［配制］枸杞子、蜂蜜各500g，枸杞洗净，文火煎煮2次，取2次煎滤汁浓缩至500ml，加加蜜煎成膏，冷后装瓶，每服1～2匙，开水冲服。

［功能］增精益髓，益肝肾乌发。

［益宜］肝肾阴血亏损之晕眩、倦怠乏力、发枯早白等。

枸杞羊肾粥

［配制］枸杞子500g，羊肾2对，羊肉、粳米250g，葱白5g。枸杞洗净，纱布包，扎口，羊肾去臊腺，洗切碎，羊肉洗切碎，米洗净，葱洗，切碎，共下锅熬粥，入盐少许调味服食。

［功能］补肾填精。

［益宜］肝血亏损，肾精亏虚之腰脊疼痛，性功能减退等。

枸杞子爆肝尖

［配制］猪肝250g，枸杞子、水发玉兰片各50g，蛋清1个，调料适量。杞子分两份，1份水煎，取浓汁25ml，另份洗净蒸熟；猪肝洗净，切薄片，入沸水焯一下，置碗内加蛋清、水淀粉、食盐浆匀，入油锅炸发亮捞起；倒出油，投玉兰片、熟杞子、清汤适量、葱、姜、蒜、杞子汁、炸之猪肝、料酒、食盐、翻炒片刻，入味精调味。随意食。一方：枸杞子30g，牛肝150g，先煎服杞子15分钟，煮牛肝为汤。

［功能］补肝养血，益精明目。

［益宜］肝肾阴虚之迎风流泪，视物模糊，两目干涩等。一方宜：夜盲、头晕目眩。

固精核桃糖

［配制］山萸肉250g，五味子100g，核桃仁60g，冰糖500g。五味子洗净，煎浓汁，弃渣，萸肉洗净沥干；核桃仁倒入大瓷盆内加五味子汁，浸半小时后加山萸肉拌匀，上面放冰糖，瓷盆加盖，旺火隔水蒸3小时。每隔3天蒸1次，每次蒸15分钟。每食1匙，先吃核桃、山萸肉，细细咀嚼，开水送服，日3次。亦可每食饭锅蒸熟。

［功能］温补肝肾，润肺通脉，涩精缩尿。

［益宜］肝肾亏虚之遗精、遗尿、小便频数、阳痿，肺肾亏虚咳嗽、短气、乏力、自汗等。

固胎煎饮

［配制］黄芪6g，白术3～6g，陈皮3g。当归、白芍药、阿胶各4.5g，砂仁1.5g。水煎服。

［功能］益气养血，补肾固胎。

［益宜］肝脾虚，多火多滞，而屡堕胎者。

河虾枸杞馐

［配制］大河虾500g，剥仁，控水，快刀片两爿，加味精、盐各2g，腌渍2分钟，用蛋清、淀粉调糊浆好。枸杞子50g，洗净置小碗内蒸熟。绍酒、白糖、葱各10g，盐、味精、

姜、麻油等。炒勺置火上，加宽油，烧八成熟时，把浆好的虾片滑开，起勺倒入漏勺，炒勺留油热煸葱、姜，出味，去渣，加绍酒、精盐、味精、白糖、枸杞子，水淀粉拢薄芡，再把虾片倒入，颠翻均匀，淋入麻油装盘，随意食。

［功能］滋肾补肝，养血明目。

［益宜］肝肾阴亏之早衰、遗精、腰膝酸软等。脾虚湿伏、湿热者慎服。

淮杞炖狗肉

［配制］狗肉 1 000g（漂洗干净，切小块），淮山药、枸杞子各 60g（洗净，山药切片），鸡清汤 1 000g。铁锅烧热，倒入猪油，油热爆煸狗肉、姜、葱，烹料酒，一并入砂锅，加山药、枸杞、鸡汤和适量精盐。文火炖 2 小时，以狗肉熟烂为度。拣去葱、姜，调入味精、胡椒粉，当菜或点心食。

［功能］滋补肝肾，益精养血。

［益宜］肝肾精血亏虚之体弱，腰酸腿软，阳痿早泄，头昏眼花，视力下降等。

槐花包子

［配制］槐花 1 000g，猪肉 500g，各洗净剁碎末，肉末入盆分 3 次调酱油 350g 匀，加糯米粉少许，拌开再加骨头汤 700g，槐花末、葱花、香油，搅拌均匀为馅。面粉 1 000g，常规制为发面，切为 60 个面团，每面团包馅 25g。做好生包子后上屉，旺火蒸 20 分钟左右。随意食。

［功能］滋补肝肾，凉血止血。

［益宜］肝肾不足之腰膝酸软、偷运耳鸣、小便带血、肠道湿热之大便下血等。

还精明目酒

［配制］黄连 18g，石决明、草决明、生姜、石膏、黄硝石、薏苡仁、秦皮、山茱萸、当归、黄芩、沙参、朴硝、炙甘草、车前子、淡竹叶、柏子仁、防风、制乌头、辛夷、人参、川芎、白芷、瞿麦、桃仁、细辛、地肤子、白芍、泽泻、肉桂、荠子各 10g，龙脑 1.5g，丁香 6g，珍珠 3g。诸药共研细末，装纱布袋，入坛，加酒 2.5 升或 5 进，密封 7～14 天，滤酒装瓶，每日 1～2 次，饭后 10ml，可逐增加，以不醉为度。

［功能］复精益神，明目除障。

［益宜］肝阴虚引起的视物不清，内外障，失眠。忌大寒、大热、大劳、大怒，忌生冷黏滑、酒、鸡、鱼、猪、马、牛肉。不宜枯睛损破等。

还童酒

［配制］熟地黄、秦艽、麦冬各 90g，生地、当归、五加皮各 120g，萆薢、怀牛膝、陈皮、续断、枸杞子、牡丹皮、木瓜各 60g，羌活、独活、小茴香、乌药各 30g，苍术 10g，肉桂 95g。诸药研粗末，装纱布袋内，放酒坛内加好酒 5 000ml，密封，隔水加热 90 分钟，待凉埋入地下 7 天，起出过滤装瓶。每服 15～30ml，每日 2 次。

［功能］补养肝肾，活血行瘀，祛风散寒除湿。

［益宜］肝肾不足，气血虚弱，风寒湿邪痹阻经络，关节疼痛，筋骨痿软等。

鸡肝明目汤

[配制] 水发银耳15g，鸡肝100g，枸杞子5g，茉莉花24朵，水豆粉、调料适量。鸡肝洗切薄片与水豆粉、料酒、姜汁、盐拌匀；银耳洗净、切小片；茉莉花去蒂，洗净；枸杞洗。汤勺置火上，入清汤加料酒、姜汁、盐、味精，下银耳、鸡肝、枸杞，烧少沸，打去浮沫，待鸡肝熟，盛入碗，撒入茉莉花。

[功能] 养肝益肾明目。

[益宜] 肝肾阴虚视物模糊、面容憔悴、遗尿等。可作夜盲症辅助治疗。

加味养身酒

[配制] 牛膝、枸杞子、杜仲各6g，五加皮12g，菊花、白芍、山茱萸各6g，木瓜、当归各3g，桑寄生12g，桂枝1g，龙眼皮24g，烧酒1 500g。诸药浸，入酒中浸7日，封固。后过滤，每饮2小杯，日2次。

[功能] 祛风活血，补益肝肾。

[益宜] 肝肾精血不足，兼感风湿之头晕，目暗，腰膝疼痛，四肢麻木等。

甲鱼杞子女贞汤

[配制] 甲鱼一只，按常法治净，枸杞子30g(洗)，山药45g(洗，切)，女贞子15g(洗，纱布包)。诸品同置锅中炖烂，拣去药包。日分2次食完，连服3～5天为佳。

[功能] 补肝肾，丰肌。

[益宜] 肝肾气不足，形瘦体弱等。

解毒补肾核桃蜜

[配制] 百部、枯草各150g，洗净、泡，煎取汁500ml；黑芝麻300g，洗净，炒熟；核桃仁1 000g，入已炒热的精盐，不停翻炒至嫩黄色(约10分钟)离火后仍翻炒防焦，待稍凉后，筛去细盐，吹去核桃仁衣。将药汁、蜂蜜、冰糖同入锅小火烧开，徐徐倒入芝麻、核桃肉，不停搅拌，约10分钟，离火，冷却、装瓶。每食1匙，日2次，细嚼核桃肉、芝麻，米饮或开水送下。2个月为1疗程。

[功能] 平补肝肾，降压和血，抑菌解毒。

[益宜] 肝肾阴亏，相火偏旺。如：习惯性便秘，高血压，肾结核坚持服2～4个月，可效。

韭子粳米饮

[配制] 韭子1 200ml，粳米1 800ml，加水6 000ml，煮取汁3 600ml。每日服1 200ml，3日服完。另方：韭子4 200ml，醋煮2小时，焙，研末炼蜜丸。

[功能] 补肝肾，暖腰膝，壮阳固精。

[益宜] 虚劳尿白遗精。另方：女人带下，男肾虚冷，梦遗。

菊花鸡嗉

[配制] 鲜菊花2朵，鲜鸡嗉500g，葱白、鲜姜、酱油各10g，精盐3g，白糖2g，淀粉5g。

菊花瓣摘下，洗净，鸡嗉肌肉部分剔下，切成两瓣，切面上剞成交叉花刀，收入碗加酱油、葱、姜片、腌喂 10 分钟，捞出。用 1 小碗加精盐、白糖、味精、鲜汤、淀粉、绍酒兑成汁。炒勺内加宽油，待油 7 成热时，倒入鸡嗉冲炸 1 下，起锅倒漏勺内，炒勺稍留底油，投菊花瓣，鸡嗉翻炒几下，将兑好之滋汁泼流入勺，翻炒即速出锅。随意食。

[功能] 疏肝和胃，消热消食。

[益宜] 肝胃不和之脘胁胀痛，嗳气呃逆，恶心呕吐、脘腹嘈杂，食积所致的腹胀、腹痛，不思饮食、反胃、消渴、口干苦，心烦易怒等。

菊花酒

[配制] 甘菊花 200g，生地黄 1 000g，当归 500g，枸杞子 500g，大米 3 000g，酒曲适量。方前 4 味，洗煎，滤汁；大米煮半熟沥干，和药汁混匀蒸熟，拌酒曲、盛瓦坛，四周用棉花或稻草保温发酵，直到味甜。日 2 服，每服 3 匙，开水冲。

[功能] 养肝肾，利头目，抗早衰。

[益宜] 肝肾不足之头痛、头晕、耳鸣耳眩，手足震颤等。

菊花老酒

[配制] 杭菊花、生地黄各 1 000g，当归、枸杞子各 500g，大米 500g，酒曲适量。前 4 味洗加水适量，煎煮 1 小时，滤汁备用；将大米煮半熟，加药汁混匀，再蒸至熟，适温时加酒曲拌匀装瓦坛中，密封口，保温至发酵有甜味即成。每取 50g，开水冲服。日 2 次。

[功能] 补益肝肾，清窍明目。

[益宜] 肝肾不足之痛头晕，视物昏花，手足震颤，耳鸣耳聋等。

菊花延龄膏

[配制] 鲜菊花瓣 500g，炼蜜蜂 250g，花瓣水煎 3 次，3 次合浓缩黏稠，加炼蜜收膏。每服 12g，1 日 2 次，白开水冲服。

[功能] 明目清肝。

[益宜] 肝上火之目赤肿痛，视物不清，耳鸣头痛等。

菊花羊肝汤

[配制] 鲜羊肝 400g，洗净，片去筋膜，切薄片，用料酒、盐、蛋清、豆粉浆好；鲜菊花瓣、化猪油各 50g，枸杞、熟地、生姜、葱各 10g，各佐料适量。菊花洗净；枸杞温水洗净；熟地温水冲洗，煎 2 次，取汁 100ml，姜、葱洗切片、段，锅至旺火，猪油六成热时，下姜片煸出香味加清水 1 000ml 加入地黄汁、胡椒粉、盐、肝片，煮至沸时，用筷子将肝片轻拨散，即下枸杞、菊花、放味精，撒上葱花，起锅淋香油。佐餐。

[功能] 养肝明目。

[益宜] 肝肾精血不足之眼目干涩，视物昏花、夜盲、头晕耳鸣等。

菊苗粥

［配制］甘菊新鲜嫩芽或幼苗，粳米各 50g，冰糖适量。菊花芽或苗洗净，切碎，煎取汁 100ml，入粳米、冰糖，再加水 400ml，煮稀粥。日 2 次，温食。

［功能］清肝泻火降血压。

［益宜］肝阳上亢之高血压、高血脂。脾虚胃寒，慢性腹泻不宜。

橹豆首乌塘虱鱼汤

［配制］塘虱鱼 1 条（约 90g），去腮、肠杂，制净；橹豆 60g，洗，清水浸 3 小时；制首乌 15g，龙眼肉 15g，珠兰少许各洗净。前四味入锅，加橹豆水适量，武火煮沸，文火煮 3 小时，加入珠兰煮半小时，调味，随量食。

［功能］养肝血，止头痛。

［益宜］肝血不足之偏头痛，如头痛头眩，发作频繁，易怒烦躁、失眠多梦等。

鹿角胶蜜奶

［配制］鹿角胶 6g，牛奶 250g，先将鹿角胶加水溶化，再煮牛奶沸，两液合加适量蜂蜜，搅匀，早晚饮。

［功能］滋养肝肾，补益阴阳。

［益宜］肝肾亏虚之腰脊酸痛，倦怠乏力，面色不泽，月经不调等。

蔓荆子粥

［配制］蔓荆子 30g，（又方：10g），研末，水煎绞清汁，去渣，入粳米 50g（又方：100g）煮粥。空腹食。

［功能］清利头回，平肝止痛。

［益宜］风热上挠清窍之眩晕头痛、目痛、赤等。

茅根墨鱼羹

［配制］白茅根 30g，丹皮 15g，牛膝 3g，墨鱼 200g。前三味洗，纱布包与墨鱼同炖鱼熟，去药包，入精盐少许，食鱼饮汤。

［功能］清肝凉血，引血归经。

［益宜］肝郁吼经行吐衄，症见行经前、经期规律吐衄，烦躁易怒、两胁胀等。

耐老酒

［配制］生地黄、枸杞子、菊花各 250g，糯米 250g，细曲末 200g，前 3 味研粗末，加水 3 350ml，煎取 1 675ml，盛于酒坛，糯米蒸饭，凉后拌曲末，倾入酒坛与药液拌匀，加盖密封置保温杯处 21 天后启封，过滤，每日 3 次，各饭前温饮 20～30ml。

［功能］补益肝肾，资阳精髓，益寿明目。

［益宜］肝肾不足之头晕目眩，视力减退、须发早白，腰膝酸软等。

宁杞牛肝汤

[配制] 牛肝100g,枸杞子30g,2味共煮至熟,食肝饮汤。

[功能] 补肝益肾,养血明目。

[益宜] 肝血不足之眩晕、面色无华、视物模糊、夜盲等。

牛肝杞子汤

[配制] 鲜牛肝100～150g,枸杞子50g。牛肝切片,先煎枸杞,10分钟后加入牛肝片,加少量盐、生姜,至肝热。饮汤食肝及枸杞子。

[功能] 补肝肾,益脑明目。

[益宜] 肝血不足之头晕、目花、夜盲等。

杞黄猫肉汤

[配制] 枸杞子、黄精各20g,新鲜猫肉200～250g,龙眼肉10g,猫肉洗净。切 块与枸杞、黄精、龙眼一起入砂锅,加水适量,文火炖煮50分钟,肉熟饮汤食肉。

[功能] 补肝益肾,通络散结。

[益宜] 肝肾不足所致腰痛足软、目暗不明、痰气凝结之瘿瘤、瘰疬等。

青豆方饮

[配制] 青豆、麻子仁各50g,橘皮30g。先将麻子仁打碎,煮汁,去渣,备用;青豆煮至将熟下橘皮、麻子仁汁,再蒸豆熟,去橘皮,吃豆饮汁。空腹日服2次。

[功能] 行气通淋,润肠。

[益宜] 肝气郁、淋证,症见两胁、小腹、腰胀痛、小便短涩。大便溏者不宜。

祛风药酒

[配制] 生地黄、当归、枸杞子、丹参各30g,熟地黄45g,茯神、地骨皮、牡丹皮、川芎、白芍、女贞子各15g,薏苡仁、杜仲、秦艽、续断各24g,牛膝12g,桂枝8g,桂圆肉120g。诸味切,盛袋,放入酒坛加黄酒20 000ml,密封浸月余后开封,早晚每饮15～30ml。

[功能] 补益肝肾,养血活血,祛风胜湿。

[益宜] 肝肾亏虚,气血不足,风湿内浸之关节筋骨楚酸疼痛、腰膝无力、头昏、心悸怔忡,夜寐不安、面色萎黄等。

人参益气汤

[配制] 黄芪24g,生甘草、人参各15g,白芍药9g,柴胡7.5g,炙甘草、升麻各6g,五味子140粒。研粗末,分四份,每份水煎、泡,空腹温服。

[功能] 补气养肝,固元升清。

[益宜] 热伤元气,两手指麻木,四肢困倦,怠惰嗜卧。

桑寄生煲鸡蛋

[配制] 桑寄生15～30g,鸡蛋1～2个,桑寄生洗净切,鸡蛋洗,同下锅煮蛋熟,捞起去壳,再煮片刻,吃蛋饮汤。

[功能] 补益肝肾,强壮筋骨,养血祛风,安胎催乳。

[益宜] 肝肾不足兼风湿腰痛,四肢麻木,肾虚胎元不固之胎动不安。亦宜高血压。

砂锅天麻鱼头

[配制] 鲜鱼头800g,洗净,去腮,对剖,油稍炸入砂锅,天麻片15g,川芎片10g,盛纱布袋,姜、葱稍煸后入肉汤烧沸与药袋同倾砂锅内,加水发冬菇、水发玉兰片、猪瘦肉各50g,熟鸡肉150g和调料,中火炖1小时,弃药包,食鱼头饮汤。

[功能] 平肝潜阳,祛风止痛。

[益宜] 肝阳上亢及肝阳化火生风之头晕目眩、痛、肢体麻木震颤,失眠等。

山药枸杞蒸鸡

[配制] 净母鸡1只(约1 500g),山药40g,枸杞子30g,水发香菇、火腿片、笋片各25g,料酒50g,清汤1 000g,调料适量。净鸡去爪,剖开脊背,抽去头颈骨留皮,入沸水锅内氽一下,取出洗净血秽;山药去皮,切成长7～10cm,厚0.2厘米的片;枸杞洗净。鸡腹向上,放在汤碗内,诸料铺在鸡面上,加入料酒、精盐、味精、清汤,上笼蒸2小时至鸡肉烂熟。随意服食。

[功能] 补肝肾,健脾胃,益精血。

[益宜] 肝肾阴虚之头晕眼花,耳鸣耳聋,倦怠乏力,腰膝酸软等。亦可为慢性肾炎,早期肝硬化,贫血等患者保健膳食。

山茱萸粥

[配制] ①以山茱萸与粳米煮粥后,加入蜂蜜适量调匀,稍煮;②山茱萸肉20g,粳米100g,白糖适量,前2样洗,煮粥,熟时加白糖调匀服,5日为1疗程,病愈后仍可连续服食。

[功能] 补益肝肾,涩精敛汗。

[益宜] 肝肾不足之头晕目眩,耳鸣腰酸,遗精遗尿,小便频数,虚汗不止,带下淋漓等。

生萝卜汁

[配制] 生白萝卜适量,捣烂取汁,尽量饮服。

[功能] 清肝凉血。

[益宜] 肝经郁火之经行吐衄,经前或经期吐衄,色红量多,头晕耳鸣,烦躁易怒、两胁胀痛等。

首乌黑豆

[配制] 小黑豆500g,枸杞子60g,首乌30g,核桃12个,童便适量。先煎首乌、枸杞、取

其汁煮黑豆、核桃仁，熟后加童便搅拌，阴干。每早晚空腹食豆 30 粒。

[功能] 养血益精，活血祛风。

[益宜] 肝肾精血亏虚之脱发、白发、血热生风之少年白发等。

首乌苡仁酒

[配制] 首乌 180g，生薏仁 120g，白酒 1 000ml，共浸泡 15 天，每饮 2 小盅，日 2 次。

[功能] 补肝肾，祛风湿。

[益宜] 肝肾不足，兼风湿四肢麻木，头晕目眩，腰膝疼痛等。

熟地枸杞炖甲鱼

[配制] 鳖 1 只（约 250g），沸水烫，治净，熟地 15g，切小片，枸杞 30g，洗净，共至炖盅内，加水适量，炖盅盖，文火隔水炖 2 小时，调味食。

[功能] 滋阴补肾。

[益宜] 肝肾阴虚之肾病症见腰酸头晕、盗汗、潮热心烦、口燥咽干等。

熟地寄生羊肉汤

[配制] 羊肉洗净、切，熟地 24g，桑寄生 15g，当归 12g，川芎 9g，各洗净，同入锅内，加清水适量，文火煮 3 小时。调味；随量食饮。

[功能] 滋补肝肾，养血祛风。

[益宜] 肝肾阴虚之荨麻疹，如奇痒、风数、疔色淡红伴头晕、口渴心烦。

熟地米粥

[配制] 熟地 30g，加水煎取浓汁，入粳米 40g，煮稀粥食。晨起空腹，温食，日 1 剂，10 日为 1 周期。

[功能] 养肝血，补肾阴。

[益宜] 肝肾阴虚之眩晕、潮热、骨蒸、盗汗等。

双菊槐花茶

[配制] 万寿菊 15g，菊花、槐花各 10g。三味混匀，分 3 次泡茶饮。每日 1 剂。

[功能] 平肝清热，祛风凉血。

[益宜] 肝郁化火，风阳上挠型高血压。

双子补益酒

[配制] 菟丝子、五味子各 30g，好米酒或黄酒 500g，同盛大瓶中，封严口，7 日后饮，每次 1～2 小杯，日 2 次。

[功能] 补益肝肾，养心安神，收敛精气。

[益宜] 肝肾不足之腰酸痛，头晕眼花，遗精尿多、失眠健忘等。

四物乌鸡汤

[配制] 乌骨鸡1只，治净，去脚，入沸水稍余，洗净；当归、白芍、熟地各10g，川芎6g，4味净，切片，盛纱布袋；调料适量。将锅置旺火上，加鲜汤1 000ml，入鸡、药包，沸腾后去浮沫，再加姜、葱、绍酒各适量，改文火炖至鸡肉和骨架松软，加精盐、胡椒面、味精调味，除去药包、姜、葱。酌量佐餐服食。

[功能] 滋阴养血。

[益宜] 肝阴虚之头痛眩晕、目肝昏花、胁肋胀痛、急躁易怒等。

天冬黑豆饼

[配制] 天冬1 000g，黑豆500g，白蜜60g，芝麻12g。天冬加水煎取浓汁300ml，加蜂蜜熬炼，再入芝麻、黑豆粉、共做成饼。佐餐或作点心。

[功能] 滋阴润燥，补益肝肾。

[益宜] 肝肾阴虚火燥之齿早脱，发早白，体衰早老者。

天麻焖鸡块

[配制] 母鸡一只(约重1 000g)，天麻15g，水发冬菇50g，鸡汤500g，调料适量。天麻洗净，切薄片，放碗上屉蒸10分钟后取出；鸡净后去骨，切成3厘米见方块，用油氽一下，捞出；葱、姜用油煸出香味，加入鸡汤和调料，倒入鸡块，文火焖40分钟；入天麻片，焐5分钟，淀粉勾芡浇，盛盘。

[功能] 平肝熄风，养血安神。

[益宜] 肝阳上亢之眩晕头痛，风湿痹痛之肢体麻木酸困，中风偏瘫，神经性偏正头痛，神经衰弱之头痛、头昏、失眠等。

天麻蒸鱼

[配制] 天麻25g，川芎、茯苓各10g，鲜鲤鱼1 250g(共2条)，调料适量。鱼净后从背部切开，每条切4段。将天麻、川芎、茯苓切薄片，分8份，夹入鱼块。入碗加绍酒、姜、葱，兑上清汤，上笼蒸30分钟后取出，拣去葱、姜，翻扣碗中；再将原汤汁倒入勺内，调入白糖、食盐、味精、胡椒粉、麻油、湿淀粉、清汤各适量，烧沸，打去浮沫，浇在各份鱼上。每服1份。

[功能] 平肝熄风，滋养安神。

[益宜] 肝风眩晕，顽固性偏、正头痛，肢体麻木及神经衰弱，高血压等。

团鱼二子汤

[配制] 团鱼1只，治净切块，与女贞子20g，枸杞子30g加水同煮至熟。饮汤食肉。分2～3次服。

[功能] 补肝肾，益精血。

[益宜] 肝肾阴虚所致的腰痛、遗精、头晕、眼花、低热等。

乌发汤

［配制］熟地、山药、菟丝子各 3g，丹皮、泽泻、天麻各 1.5g，枣皮 2g，制首乌 5g，当归、红花各 1g，黑豆 6g，胡桃肉 3 个，黑芝麻 5g，侧柏叶 1g，羊肉 500g，羊头 1 个，羊骨 500g，调料适量。诸药纱布袋松装扎口待用；羊肉去筋膜，沸水焯去血水，同羊骨头、羊头（打破）同置锅中（羊骨垫底），入药袋，葱、姜、胡椒、清水各适量，武火烧沸，去浮沫，捞出羊肉切片，回放锅中，文火炖 1.5 小时，待羊肉熟烂，去药袋，加食盐、味精调味。分数次，饮汤食肉。

［功能］滋补肝肾，养血润燥，乌须黑发。

［益宜］肝肾不足，血虚风燥之须发早白及脱发等。

五加芽粥

［配制］五加芽（五加科落叶灌木五加的嫩芽）10g，粳米 100g。五加芽焙干，水煎，去渣取汁，入米煮粥，空腹食。

［功能］明目止咳。

［益宜］风热上攻之头昏眼花，视物不清，口渴咽干等。

夏枯草决明菊花茶

［配制］夏枯草 9g，决明子 15g，菊花、金钱莲各 6g，红糖适量。各洗净，加水 2 000ml，沸后文火煎 30 分钟，取滤汁加红糖适量。每日晨饮 1 剂。一周 3 次。不愈可续服 4 天。

［功能］清神爽气，潜肝除臭。

［益宜］肝火过剩之血压升高，口臭，烦躁失眠，头痛耳鸣，便秘等。

仙人粥

［配制］何首乌 15g，粳米 100g。先将首乌切片煮烂，后入米煮作粥。空腹食。

［功能］养血祛风，补益肝肾。

［益宜］肝肾阴虚之须发早白、头晕、腰膝软弱，筋骨疼痛，遗精，崩带，久疟，久痢，瘰疬，痔疮等。

鲜青葙花烩田鸡

［配制］鲜青葙花 60g，去梗除杂质，洗净，切米粒状；田鸡后腿 600g，由关节处剁成两节，剔去腿骨（腿肉不要剖开）；火腿 75g，冬笋 100g，均切与田鸡腿样长条；油菜薹 300g，择用嫩尖，洗净；鸡汤 100g，各佐料适量。葱、姜、切细薄片，冬笋、火腿各 1 根穿入田鸡腿内（剔骨孔），沾薄玉米粉，入沸水中稍烫，捞出控水。用鸡汤、盐、味精、白糖、胡椒面、香油、水淀粉兑汁备用。火上锅内放猪油 25g，菜薹下锅，料酒炮，放少量味精、盐稍煸，倒漏勺控水。热锅放猪油 1 000g，滑田鸡腿透，倒出沥油。热锅煸葱、姜香，速将田鸡腿、菜薹、鲜青葙花下锅，烹入料酒，倒入兑好的芡汁，翻炒均匀，淋少量油。佐餐。

[功能] 清肝明目，利水消肿。

[益宜] 肝经热盛之目赤肿痛，羞明流泪，水肿腹水等。

香附鸡杂

[配制] 香附 10g，煎取汁 50ml，鸡杂 500g，洗净各切块、段；鸡肉 200g，洗，切；洋葱 2 个，萝卜 1 个，芹菜 1 束，各洗净，切丝、片、段；粉条 2 把，温水浸软，斩短；油豆腐适量，切开；酒、砂糖各适量。鸡肉垫铺锅底，上放鸡杂，再置放配菜，加酒 3 大匙，倒入香附汁，入糖、酱油、鸡汤或清汤。先大火煮开，转中火，熟烂食。

[功能] 疏肝解郁，调经止痛。

[益宜] 肝郁所致的胁痛、腹痛、月经不调等。

香橼饮

[配制] 鲜香橼 1 个，麦芽糖适量。香橼洗净切片，与麦芽糖共置碗内，盖上盖，隔水蒸 3～4 小时，至香橼烂熟。每次服 1 小酒杯，日 2 次。

[功能] 理气宽胸，养心安神。

[益宜] 肝郁气滞之胸中窒塞，时而作痛等。

玄参炖猪肝

[配制] 玄参 15g，猪肝 500g，菜油、葱、姜、酱油、白糖、黄油、水豆粉各适量。猪肝洗净与玄参入锅加水适量，煮半小时捞出猪肝，切成小片；炒锅内加菜油，入葱、姜稍炒，放入切好的肝片中；将酱油、糖、料酒少许兑加原汁少许，收汁勾水豆粉成透明汤汁倒入肝片中，拌匀。佐餐食。

[功能] 养肝明目。

[益宜] 肝阴不足之两目干涩、昏花、夜盲、及慢性肝病等。

益精养血膏

[配制] 海参、黑桑葚、黑芝麻、熟地、何首乌各 15g，蜂蜜 200g，海参水发洗净，与诸药同入锅加水，小火煮，每 40 分钟滤液 1 次，共 3 煎。合 3 次滤液，慢火熬浓稠加蜜，稍沸停火。凉，装瓶，每日以开水冲服 2 汤匙服。

[功能] 益肾养肝止痛。

[益宜] 肝肾两虚之痛经即少腹空痛，绵绵不止，腰酸痛等。

萸肉粥

[配制] 山萸肉 15g，糯米 50g，各洗净，萸肉切细共入砂锅煮粥，至粥稠，表面见粥油为度，调红糖适量，晨起空腹温顿食。连续 10 天。

[功能] 补益肝肾，收敛固涩。

[益宜] 肝肾亏虚之腰膝酸软，头晕耳鸣、阳痿遗精，小便频数，月经不调等。

鹧鸪杞杜汤

[配制] 鹧鸪 1 只,治净,与枸杞 50g,杜仲 7g,共煮,待肉熟,去药,调味食。

[功能] 滋补肝肾。

[益宜] 肝肾亏虚之腰膝酸软疼痛、头晕眼花等。

助阳益寿酒

[配制] 党参、熟地黄、枸杞子各 20g,沙苑子、淫羊藿、公丁香各 15g,远志 10g,沉香 6g,荔枝肉 60g。诸药研,盛纱布袋,置器皿加白酒 1 000ml,密封置阴凉干燥处浸泡 3 天后稍开封口,以文火煮沸 30 分钟,取下待稍冷加盖浸凉水去火毒,在密封 21 天后,滤清饮。每日 2 次,早晚温饮 10～20ml。

[功能] 补肾壮阳,养肝健脾,延年益寿。

[益宜] 肝肾亏虚,阳痿,遗精早泄,头晕眼花,心悸,纳呆,面色萎黄,腰膝酸软,呃逆,泄泻等。阴虚火旺者慎用,饮酒期禁服郁金。

滋肾猪肝糕汤

[配制] 猪肝 250g,去白筋,洗净,用刀背捶茸,淘清水匀,用纱布滤,弃渣;鸡蛋清 2 个,熟地、枸杞子、桑葚、酒炒女贞子各 10g,菟丝子、车前子、肉苁蓉各 6g,枸杞温开水泡,余 6 味中药研极细末;鸡汤、油等各佐料适量。切姜片、葱节入肝汁中浸泡 10 分钟后,拣去不用,加蛋清,精盐 2g、胡椒面、绍酒各 1g,置中药末于肝汁碗内,搅匀上屉旺火蒸 5 分钟,使肝汁药末合为糕,炒锅置旺火上,倒入清汤、盐,绍酒烧开,入味精。再将药末猪肝糕用竹刀划开,注入清汤,撒入枸杞,滴入鸡油。

[功能] 滋补肝肾。

[益宜] 肝肾不足,精血亏虚之视物昏花、眼目干涩、头晕耳鸣、遗精遗尿等。

五、脾胃门类康复方

八宝粥

[配制] 芡实 、山药、茯苓、莲肉、薏仁米、白扁豆、党参、白术各 6g,大米 100g,糖适量。前 8 味洗净入锅加水煮 40 分钟,捞出党参、白术渣,再入淘净大米,继续煮烂成粥。分顿食服。

[功能] 健脾胃,养气血。

[益宜] 体皆乏力,虚肿,泄泻等。

白茯苓粥

［配制］白茯苓粉15～30g，粳米60～100g。两者加水适量煮粥，粥成适当调味（或盐或糖）。空腹食。

［功能］健脾益胃，利水消肿。

［益宜］脾虚泄泻，食欲不振，小便不利，老年水肿，肥胖症等。脱肛小便多不宜。

白果鸡丁

［配制］嫩鸡肉350g，白果100g，青、红椒各1个，调料适量。鸡肉切丁，放蛋2个，酱油、湿粉各适量，拌后腌半小时以上，白果去壳，剖四半，青、红椒各切小方块；油烧七成熟，炸白果金黄捞出沥油；入鸡丁划散，熟后捞出沥油；净油锅爆炒葱、姜、青椒等，下沥油后的鸡丁、白果丁，武火拌炒匀，入精盐、料酒、白糖、味精、香油各适量，翻炒片刻。

［功能］补气养血，平喘，止带。

［益宜］脾虚湿重之久咳，痰多，气喘，小便频，湿浊下带，慢性支气管炎，肺气肿等。

白果苡米羹

［配制］去壳白果仁8～12粒，薏苡仁100g。白糖（或冰糖）适量。前2味加水适量，煮熟后入糖调味。空腹食。

［功能］健脾利湿，清热消肿。

［益宜］脾虚之泄泻，水肿，青年扁平疣等。

白鸡汤

［配制］赤小豆60g，母鸡1只（约500g），鸡治净，去肠脏，赤小豆放于鸡腹内，加水适量，文火炖熟，调味。食鸡、豆，饮汤。

［功能］温中利气，利水消肿。

［益宜］脚气病水肿，营养不良性水肿，心性水肿，肾性水肿以及肝病水肿等。

白及牛奶

［配制］白及6g，蜂蜜50g，牛奶250g。牛奶煮沸后，调蜂蜜、白及粉。顿服。

［功能］补虚益胃，收敛止血。

［益宜］胃及十二指肠溃疡。

白术红枣饼

［配制］白术25g，干姜5g，红枣250g，鸡内金末10g，面粉500g，调料适量。前2味装纱布袋，扎口，与红枣同煮至烂，去药包、枣核，枣肉捣泥与面粉、内金末和枣汤揉面，制薄饼，文火烙熟。当点心食。

［功能］益气健脾，开胃消食。

［益宜］食后脘闷，饮食无味，大便溏泻等。

白术苡仁饭

［配制］炒白术 25g，炒枳壳 15g，荷叶一张，苡仁 50g，米适量。调料适量。米蒸饭；荷叶铺蒸笼内，放诸药于其上，再上置米饭，加油、盐适量，蒸 30 分钟。服米饭及苡仁。

［功能］补气健脾，开胃消食，化湿利水。

［益宜］脾虚失运之食少纳导、水肿等。

白糖米醋蛋

［配制］鸡蛋 1 个，白糖 30g，米醋 60ml，醋煮沸，入白糖调溶，打入鸡蛋煮至半熟，全部服食。日 2 次。

［功能］健脾消食，和胃止呕。

半夏鸡子粥

［配制］制半夏 10g，炮姜 10g，鸡子白 1 枚，白面 100g。先煎前 2 味去渣取汁，白面水调，作棋子状，入药汁中煮，后下鸡子白 1 枚，几沸，空腹食。

［功能］温中降逆止呕。

［益宜］脾胃虚寒之呕吐痰涎、不下饮食等。

荜拨粥

［配制］荜拨 10g，净，研细末，胡椒末 3g，粳米 100g。粳米煮粥，将熟时入前 2 味药末，稍煮即成。早晚空腹各食 1 小碗，连服 3～5 天为 1 疗程。另方：荜拨、桂心、胡椒各 3g，为末，粳米煮粥，调药末，加盐调味服。

［功能］温胃散寒止痛。另方：温中健脾。

［益宜］中焦虚寒之胃脘暴痛、肢冷汗出、呕吐清水等。另方：脾胃气虚之心腹冷气刺痛、腹胀、不欲饮食等。

荜澄茄粥

［配制］荜澄茄细末 1～2g，粳米 50g，红糖适量。粳米洗，与红糖同入砂锅，加水 400ml，煮粥，沸后调药末，熟，温服。每日 2 次，3 日为 1 疗程。

［功能］温中散寒，行气止痛。

［益宜］中焦虚寒之胃脘冷痛、呃逆呕吐、小便不利或频数、大便溏等。阴虚火旺忌。

扁豆粥

［配制］白扁豆 20g（鲜者 30g），粳米 50g，红糖适量。扁豆、米共煮粥，熟，调红糖食。日 2～3 次。温服。

［功能］健脾止泻，清暑化湿。

［益宜］脾虚湿困之慢性腹泻，妇女赤白带下及暑湿吐泻等。

冰糖芡莲

[配制] 湘莲子150g,入盆加食碱50g,倒开水800g,并小竹帚连续打去衣,再入清水漂去碱味,捞起刀切莲子两头,剔去莲心,入沸水烫3次入锅;上中火,加芡实100g(制治)、水,烧沸,撇去浮沫;加冰糖300g,待溶化后,再撇浮沫,盖上盖,改文火焖小时至酥烂,加蜜桂花5g。另方无芡实。

[功能] 补脾止泻,益肾固精。

[益宜] 脾虚久泻,带下,遗精,尿频,尿浊等。

薄荷莲子

[配制] 莲子150g,泡去皮、心,干薄荷适量(或薄荷油数滴),冰糖适量,桂花少许。薄荷洗净,入适量沸水中稍煮;去渣取汁;黄连煮透,加糖溶化,调入薄荷汁(或数滴薄荷油),桂花,文火煮1～2沸。随意食。

[功能] 补肾健脾,养心安神。

[益宜] 心脾不足之泄泻、遗精、崩漏带下、心烦不寐、多梦易惊等。

补脾粥

[配制] 粳米100g,山药、赤豆各50g,芡实、薏米、莲心各25g,大枣10枚,白糖适量。山药去皮,切丁;先煮米半小时后下余药,文火炖至稠烂。食时调入白糖。

[功能] 健脾止泻。

[益宜] 脾胃虚弱之食少乏力、面黄肌瘦、久泻不止等。

补元散

[配制] 人参、白术、白茯苓、蜜炙黄芪、苦葶苈、山药各30g,木香15g,制附子20g。共为粗末,每服6g,加生姜、大枣各少许,水煎服。

[功能] 补气益脾,温阳渗湿。

[益宜] 水肿消后,服之调补。

参姜术汤

[配制] 肉鸽1只,党参15g,白术、干姜各9g。肉鸽去毛及内脏,洗净与后三味(共盛纱布袋,扎口),同煮,至肉熟,弃渣,调味,食肉饮汤。

[功能] 温中健脾。

[益宜] 脾胃虚寒,脘腹冷痛,手足不温,肢软无力等。

参姜饮

[配制] 人参9～15g,炙甘草1～1.5g,炮姜1.5g。水煎,徐徐服之。

[功能] 温中补气。

[益宜] 脾肺胃气虚寒,呕吐,咳嗽气短;小儿吐乳。

参鹿粥

[配制] 人参3～5g(或党参15～20g),红枣5枚,鹿角霜10g,粳米100g,红糖适量。参、鹿角霜先煎,取汁(人参可用3次),与粳米煮粥,调入适量红糖。日分1～2次,连续3～5日。

[功能] 健脾温中、养血止血。

[益宜] 脾胃虚寒之便血紫黯,甚则黑如柏油,腹部隐痛、喜热饮、面色暗等。

参芪鸡粥

[配制] 吉林生晒参末10g,黄芪30g,鸡脯肉50g,生姜末、葱各3g,绍酒5ml,粳米250g,味精、盐各适量。黄芪煎1:2浓汁,鸡肉、姜、葱、米等煮粥,熟加芪汁、参末稍煮、入葱、姜、盐、味精等。分盛随意服。

[功能] 温阳散寒,补益脾肾。

[益宜] 脾肾阳虚之咳喘气短、食少纳呆、形寒肢冷、小便清、大便溏等。

参芪山药眯粥

[配制] 党参60g,北芪、山药各30g,炮姜6g,粳米100g。用清水800ml,煎参芪姜取汁,去渣,入山药粳米加水适量煮粥。每日2服。

[功能] 健脾益气摄血。

[益宜] 脾虚摄血无权之腹痛隐隐,喜热喜暖,便血紫暗或黑,面色无华,舌淡,脉细。

参芪酥鸭(另方:参芪鸭条)

[配制] 黄芪、党参、白术、茯苓各20g。甘草6g,鸭1只,鸡蛋3枚,肥肉100g,火腿50g,葱、姜佐料各适量。另方无白术、茯苓等,用陈皮、绍酒。鸭治净,入沸水氽,冲洗、晾水干,抹盐、绍酒与鸭,入蒸碗,加佐料蒸2小时许,待冷,去骨,切片,并将肥肉、火腿切片,共入盆加各类佐料适量,浸渍1小时,以鸭包肥肉、火腿片及方前五味所制药末,外摊鸡蛋糊,油炸金黄,捞出撒椒盐少许,装盘随意食。另方不炸,撕鸭肉碎加原汤汁即可。

[功能] 补脾益气养血。另方曰:补中益气,利水消肿。

[益宜] 脾胃气虚,食欲低下,面色萎黄,乏力肢倦等。另方:水肿。

参杞粥

[配制] 人参3～5g(或党参15～20g),枸杞15g,红枣5枚,粳米100g,红糖适量。将前3品三煎取汁,入粳米煮,熟加红糖、令煮化。日服1～2次。

[功能] 温阳散寒,补益脾肾。

[益宜] 脾肾阳虚之咳喘气短、食少纳呆、形寒肢冷、小便清、大便溏等。

参芡薏米粥

[配制] 党参、芡实、薏苡仁各30g,山药60g,粳米100g。清水800ml煮党参30分钟,去

渣加入洗净之后4品煮粥。每日3次内服。

［功能］健脾益气，祛湿止带。

［益宜］脾虚湿伏之带下清稀如水，或色白如涕，量多无臭，腰酸痛，四肢不温，乏力，纳少便溏，面色无华、舌质淡、苔薄百，脉沉迟。

参术补脾糕

［配制］党参、白术各20g，干姜、甘草各10g，鸡蛋4枚，肥肉200g，白糖、淀粉各100g，红糖150g，饴糖20g，菜油、食红等各适量。前4味烘干研细末，肥肉切长条沸水焯捞出，拌中药末匀；鸡蛋打与淀粉搅糊，拌上酱末之肉条，置油中炸金黄色捞起；红糖下锅熬起泡，加饴糖和炸好之肉丝，离火炒匀，倒盘内压糕，上撒白糖，滴食红数滴，凉后切条，随意食。

［功能］温中祛寒、健脾益气。

［益宜］中焦虚寒之腹泻肢凉、呕吐腹泻、不思饮食等。

草果煲牛肉

［配制］草果6g，牛肉200g，食盐少量，两品洗净，入砂锅煨至牛肉熟烂，盐调味，饮汤食肉。

［功能］温脾暖胃，祛寒除湿，消食止痛。

［益宜］脾胃虚寒之胃痛，脘腹胀满、食欲不振、手足不温等。

草果豆蔻煲乌鸡

［配制］母乌鸡1只(约500g)，草果、草豆蔻各5g，葱、姜、味精、精盐适量。乌鸡制净，草果、草豆蔻纳鸡腹内，竹签缝口，加葱、姜、盐煲熟，味精调服食。

［功能］温中健脾，燥湿行气，止痛。

［益宜］脾胃虚寒之大便溏泄、食欲不振、胃痛等。

菖蒲粥

［配制］石菖蒲末5g。粳米50g，冰糖适量。粳米、糖入锅煮粥，未稠调菖蒲末。或用鲜菖蒲20g，洗，切，煎取汁，入米、糖同煮粥。日2次，温服。

［功能］芳香化湿，开窍宁神。

［益宜］湿浊阻滞中焦之胸脘闷胀、不思饮食，及湿浊蒙窍，热入心包之神昏、耳鸣、健忘。阴亏血虚、精滑多汗者不宜。

陈皮油烫鸡

［配制］嫩公鸡1只，治净，去内脏，洗净，沥；陈皮15g，姜、葱各10g，精盐5g，花椒、味精各2g，冰糖25g，菜油1 000g(耗75g)，卤汁适量。陈皮切碎，葱、姜洗，拍破。将锅内加清水适量，下陈皮一半及葱、姜、花椒、盐和鸡同煮鸡六成熟，捞出，晾凉。锅中倒入卤汁，烧沸，鸡放进卤汁内，文火煮鸡熟。另锅入卤汁少许，加糖、味精、盐收成汁，调味，抹鸡表面。锅炼油熟，炸陈皮捞起，油离火，鸡倒提，用油反

复淋烫至颜色红亮，再稍抹芝麻油。将鸡斩，装盘，撒上炸陈皮丝。

[功能] 温中益气，燥湿健脾。

[益宜] 脾虚湿盛致胸腹胀满、不思饮食、呕吐、反胃等。

赤小豆薏苡仁汤

[配制] 赤小豆、薏苡仁、甘草各等份(每份可用至 20g。编者)，水煎，食前 1 小时或食后 1 小时服。

[功能] 清热化湿，解毒排脓。

[益宜] 胃痈初起，中脘隐痛微肿，寒热如疟，身皮甲错，无咯嗽、咯吐脓血，脉洪数。

纯一丸

[配制] 白术、山药、芡实各 1 000g，薏苡仁 250g，肉桂皮 120g，砂仁 30g。为细末，炼蜜为丸，每日 30g，分 2 服。

[功能] 燥湿化痰。

[益宜] 男子肥胖，痰湿素盛，精中带湿，不易生子者。

大麦汤

[配制] 草果 5 个，羊肉 1 500g，大麦仁 500g，食盐适量。淘净的大麦仁放入锅内，加水煮粥成，倒出备用。再将洗净的羊肉、草果放入锅内，加水煮至肉熟。捞出羊肉、草果，倒入麦仁粥，合匀，文火炖熬至沸，加入切成小块的羊肉，调入食盐，温热服。

[功能] 温中下气，暖胃除胀。

[益宜] 脾胃虚寒之腹胀，腹痛。

大麦粥

[配制] 羊肉(切细)150g，草果 10g，大麦 100g。先煎草果，去渣取汁，入羊肉、大麦，慢火煮粥。空腹服。

[功能] 温中下气。

[益宜] 脾胃积滞，冷气腹胀腰痛。

大米干姜粉粥

[配制] 大米 100g，干姜粉 3～6g。两者煮粥。晨起空腹食。

[功能] 温中散寒，止痛止呕。

[益宜] 胃虚寒之胃脘隐痛，嗳气胀满，或恶心呕吐等。

大山楂丸

[配制] 山楂肉 960g，炒麦芽、神曲(麸炒)各 144g，白糖 624g(按原方缩小 10 倍，编者注)为细末，炼蜜为丸，每丸 9g 重，每服 1 丸，温开水送下，日 2 次。

[功能] 调和脾胃，消食导滞。

[益宜] 脾胃不和，饮食停滞，脘腹胀满，消化不良。

大蒜炒肚片

[配制] 猪肚300g，大蒜250g，调料适量。猪肚洗净，加黄酒、姜片、清水。文火煮至7成烂，再斜切成片，大蒜切断，放入六七成熟的油中煸透，下肚片，调入精盐、白糖，炒约5分钟，加味精。温热食。

[功能] 祛寒健胃，消食止泻。

[益宜] 脾胃虚寒者之水泻。

大蒜烧鲫鱼

[配制] 鲫鱼1条(约250g)，大蒜10g，鲫鱼去鳞及内脏，洗净，大蒜去皮，装入鱼腹中，外裹干净白纸，用水浸透，放入谷糠内烧熟，日1剂，蒜、鱼全食。

[功能] 健脾补虚，化气行水。

[益宜] 脾胃两虚之水肿胀满等。多用于肾炎水肿、心脏水肿、营养不良性水肿。阳水及有外感发热者不宜。

大蒜羊肉

[配制] 羊肉250g，大蒜15g，调料适量。羊肉洗净，煮熟切片，大蒜捣烂，同放大盘内，加适量熟食油、酱油、精盐等拌匀食。

[功能] 温胃助阳。

[益宜] 肾，命门之火衰阳痿，腰膝酸软，遗尿，尿频等。

党参百合猪肺塘

[配制] 党参15g，百合30g，两品洗，纱布包，猪肺250g，洗净，切块，与纱布袋同入砂锅，加水，炖熟烂，弃药袋，加盐少许调味。佐餐食。

[功能] 益气健脾，补肾固精。

[益宜] 脾肾气虚之腰膝酸软、下肢浮肿、神疲倦怠、小便清长或少尿、胸脘胀闷、食少便溏等。可作慢性肾炎者膳食。

党参陈皮鸡

[配制] 净公鸡1只，党参18g，草果1g，陈皮、桂皮各3g，干姜6g，胡椒10粒，调料适量。诸药放鸡腹内，加姜、葱、酱油、盐共蒸或煮至熟烂。弃药，佐餐食。

[功能] 益气温胃。

[益宜] 中焦虚寒之食少、脘腹凉痛，便溏等。

党参黄米茶

[配制] 党参15～30g，炒米30g。两味入锅，加水适量煎至一碗半，代茶饮，隔日1剂。

[功能] 补中散寒。

[益宜] 脾虚食少，倦怠、便溏、腹胀、妇女白带清稀等。

党参牛肉

[配制] 鲜牛肉、党参各500g,桂皮、姜、绍酒、味精、酱油、精盐各适量。牛肉切块,入沸水氽透,捞出倒砂锅,原汤去浮沫倒入砂锅。党参,洗,切薄片,与各调料齐入牛肉锅,旺火烧开,小火炖烂,拣去桂皮、姜块、葱段,加味精。单食或佐餐。

[功能] 补中健脾,益气养血。

[益宜] 脾胃虚弱,气血两亏之倦怠乏力,食少口渴,久泻,脱肛等。产后或久病体虚者更宜。实邪者忌。

党参鸭条

[配制] 老鸭1只,治净,除去内脏、脚爪,洗净,沥干,外用酱油抹匀,入八成热油锅炸金黄色,捞出,稍凉,温水洗去油腻,盛砂锅内(锅底垫上瓦碟);猪肉100g,切块,沸水稍氽即起,放入鸭腹内,加党参15g,陈皮10g及料酒、葱、姜、盐。砂锅置火上沸后文火焖鸭熟烂弃药与姜、葱,将鸭拆去大骨,切成指条,放大碗中摆好,倾入原汤汁。佐餐。

[功能] 补中益气,利水消肿。

[益宜] 脾气不健之食少乏力、便溏浮肿等。

丁桂散

[配制] 丁香、肉桂等份。为散,每服1～2g,日2次。

[功能] 祛寒止痛。

[益宜] 胃脘寒痛,脐腹冷痛,腹泻。外敷,用治疮肿,损伤肿痛等。

丁蔻散

[配制] 丁香3g,豆蔻9g。研末,每服1.5g,白米酒送下。

[功能] 暖胃止逆。

[益宜] 胃冷恶心。

丁香肉桂红糖煎

[配制] 丁香1.5g,肉桂1g,红糖适量。丁香、肉桂用温水浸透,武火煮沸,文火煮20分钟,取汁,调入红糖,每服5～10ml,日3次。

[功能] 温胃散寒止呕。

[益宜] 胃寒痛,呕吐清水等。

丁香糖

[配制] 白糖500g,公丁香3g,姜汁10g。后两味加水煮沸30分钟,取汁,入白糖文火熬30分钟,至用筷子挑起糖液呈丝状时,倒入涂有植物油的搪瓷盘内,摊平,稍冷后,用刀划成80块。每服3小块,日3次。

[功能] 温胃降逆止呕。

[益宜] 胃寒呕吐,胃痛等。

冬瓜番茄汤

[配制] 冬瓜250g,番茄200g,味精、葱适量。按常法做汤,调入味精、葱花,少或不放盐。佐餐食。又方:海带60g,冬瓜1 000g,去皮蚕豆瓣60g,常法做汤。

[功能] 健脾利尿,养胎去毒。又方:清热、消暑、利水。

[益宜] 脾虚水肿,妊娠浮肿。又方:暑热烦渴、汗多,甲状腺肿大及各种水肿。

杜仲虾腰

[配制] 杜仲、菟丝子、生姜、大蒜有各10g,猪肾250g,鲜虾仁100g,绍酒25g,葱15g,白糖3g,干淀粉20g,鸡汤100ml,食盐、味精各适量,鸡蛋1只。杜仲、菟丝子煎2次,取浓缩汁50ml,加绍酒、盐、糖、味精、淀粉调匀备用,剖开猪腰洗净去筋膜、臊腺切成腰花;姜、蒜切片,葱切3cm节段,锅中加油热至八成时,入腰花速溜去油;鲜虾仁入蛋清和适量盐,入油锅炒散、沥油;倒出油,剩油加热煸姜、蒜香,加鸡汤煮沸,入腰花、虾仁拌炒,即入药汁芡浆勾芡,翻匀起锅。

[功能] 补肝肾,强筋骨,壮腰膝,降血糖。

[益宜] 肾虚所致腰痛、膝软、阳痿、遗精、尿频、夜尿或小便失禁等。

蛾眉豆花猪瘦肉馅馄饨

[配制] 鲜蛾眉豆花30g,洗净去梗,剁末;猪前腿瘦肉300g,洗,用刀背硒泥;海米15g,开水泡涨,剁末;鸡蛋1个,各佐料适量,馄饨皮100张,鸡汤2 000g。将前制好3品和鸡蛋加姜汁、盐、料酒、酱油调和匀为馅,馄饨皮包。鸡汤加水适量及各调料适中。煮馄饨熟食。

[功能] 健脾和胃,清暑化湿。

[益宜] 暑湿困脾之胸闷脘痞、纳差、便溏等。

鲂鱼健脾汤

[配制] 鲂鱼500g,党参15g,山药12g。鲂鱼去鳞片、内脏洗净与党参、山药煮熟,调味。食肉饮汤。

[功能] 健脾益气。

[益宜] 脾虚气弱之食少、乏力、消瘦、浮肿等。

佛手酒

[配制] 佛手300g,浸白酒1 000g,密封瓶口,经常摇动,10日后滤液饮。每饮30~50ml。

[功能] 顺气、和脾、温胃。

[益宜] 胃虚冷痛,纳差肢冷等。

扶脾散

[配制] 莲子肉(去心)45g,陈皮、茯苓各30g,白术(土炒)60g,炒麦芽15g。共为细末,每服6g,加白砂糖6g,白开水送下。

[功能] 健脾益气。

[益宜] 脾泄,气弱易饱,大便稀溏等。

扶中汤

[配制] 山药、炒白术、龙眼肉各30g,水煎服。

[功能] 健脾止泻。

[益宜] 久泻、气血俱虚,身体羸瘦。若小便不利,加炒花椒9g。

茯苓包子

[配制] 茯苓100g,三煎均滤汁,弃渣,合液和面,常规发酵包肉馅或素馅包子。随意食。

[功能] 健脾和胃,利水,渗湿。

[益宜] 脾虚湿盛之脘闷呕恶、小便不利、大便溏泄等。

茯苓饼

[配制] 米粉、茯苓细粉、白糖各等份。3粉加水调糊,平锅内微火摊薄饼,随意食。

[功能] 抗癌,补气,益脾胃。

[益宜] 脾胃虚弱之心悸气短、食欲不佳、疲乏、失眠、大便溏软。放、化疗、病后更宜。

茯苓茶

[配制] 黄芪15g,茯苓9g,山药9g,桂枝9g。前3味加水1 200ml合煎,25分钟后入桂枝煎5分钟。每日随意饮用,忌冰镇食品。

[功能] 补中益气,利水强筋。

[益宜] 肥胖、虚肿。

茯苓豆沙寿桃

[配制] 茯苓100g,研细末,掺面粉750g,加水揉面团发酵,红小豆250g,煮烂,捣,滤,制豆沙馅;将发酵揉合醒软面团,包馅做成寿桃形,上炉烤2分钟,上笼蒸6～7分钟,随意食。

[功能] 厚肠益脾,补虚益寿。

[益宜] 脾虚腹胀、大便溏泻、肾虚尿频、遗尿、遗精、消渴等。

茯苓莲蓉包

[配制] 云茯苓、炒白术各100g,莲子300g,面粉1 000g,酵面50g,碱8g,白糖250g,花生油200g。茯苓、莲子煮烂磨糊,炒白术研细末,3品共加糖、花生油制馅;面粉发酵后,揉入碱液,以不黄不酸为宜,好,匀制50份,制皮包馅,上笼蒸熟。随

意食。

[功能] 健脾助化,益肾涩精,宁心安神。

[益宜] 脾虚湿盛之脘腹胀、食少、便溏、遗精、白带多等。

茯苓枣糕

[配制] 茯苓 60g,大枣 10 枚,糯米面 400g,桂花白糖适量。茯苓研细末。大枣洗净切丝,与糯米一起用清水调,蒸烂。熟、撒上桂花白糖,切块。

[功能] 健脾利湿,养血安神。

[益宜] 脾胃虚弱之食欲不振,脘腹痞胀,面色萎黄,大便稀溏,乏力体倦等。

茯苓造化糕

[配制] 茯苓、莲实(去皮、芯)、山药、芡实各 50g,粳米 1 000g,白糖 500g。前 5 品磨细粉,糖和粉清水调糕状,上笼武火蒸 20～30 分钟。日作早或晚餐。

[功能] 补虚益损,健脾理胃。

[益宜] 脾胃虚弱之食欲不振、泄泻等。糖尿病者慎。

干姜人参半夏散

[配制] 干姜、人参各 50g,制半夏 100g,共为细末,每服 3g,生姜汁调成糊状,米汤送下,日 3 次。

[功能] 温胃止呕,温中降逆。

[益宜] 妊娠呕吐不止,脾胃虚之呕吐。

干姜粥

[配制] 干姜 5～6g,茯苓 10～15 g,粳米 100g,红枣 5 枚,红糖适量。前两味与枣同煎汁,弃渣入粳米煮粥,调入红糖。日 1 剂,分 2 次温服,连服数日。

[功能] 祛寒除湿,温经通络。

[益宜] 寒湿腰痛,冷痛,遇阴雨天加剧。

干橘皮散

[配制] 柑橘皮 30g,炒后研末。每取 6g,加白糖适量,温开水调匀,空腹服。

[功能] 理气温胃。

[益宜] 胃寒气滞之胃脘冷痛,痛势绵绵,嗳气腹胀或恶心等。

干烧黄芪鱼

[配制] 鲫鱼 500g,黄芪 35g,白茯苓 30g,猪肉 160g(肥瘦相间),姜末 10g,酱油 13g,蒜末 10g,泡辣椒 1 根,楞糟汁 30 g,葱白 20g,精盐 1 g,清汤 300g,麻苎 25 g,白糖 1g,绍酒 15g,熟猪油 140g,芽菜 15g,黄芪、茯苓净后,烘干研末。鱼净后在两侧划三四刀,抹上中药末和盐。泡辣椒去蒂、籽,切成节,芽菜洗净切碎。肉剁成绿豆大小颗粒。油入锅中烧热后放入鲫鱼,炸进皮捞起。肉粒下锅炒酥,加入

泡辣椒、姜、葱、蒜，烧出香味，下酱油、绍酒、榜糟汁、清汤，炸鱼，移小火上烧 10 分钟，翻面再烧至汁干油亮，淋上麻油，佐餐。

[功能] 益气补脾，利水消肿。

[益宜] 脾胃气虚之食欲不振，消化不良，水肿，子宫脱重，乳少等。

甘菊苗拌肚丝

[配制] 甘菊苗 50g，熟猪肚 250g，调料适量，甘菊苗洗净，切丝，开水烫一下捞出沥水，熟肚切丝，过沸水稍烫，沥水，装盘，甘菊苗丝放其上，蒜捣泥，加酱油、醋、味精、香油调成汁，倒在二丝上。佐餐或单食。

[功能] 清胃泻火。

[益宜] 胃火上攻之口舌生疮，齿衄。

甘蓝饴糖液

[配制] 鲜甘蓝(洋白菜)500g。切碎，加盐少许使软。绞取汁液后，入饴糖令溶。每服 200ml，日 2 次，饭前饮服。

[功能] 缓急止痛。

[益宜] 胃及十二指肠溃疡，见上腹部节律性疼痛等。

甘蓝汁饮

[配制] 甘蓝(洋白菜)适量。绞汁。每服半杯，日 2 次，5～7 天为 1 疗程。

[功能] 补胃和中。

[益宜] 胃溃疡之上腹节律性疼痛，嗳气反酸等。

甘松粥

[配制] 甘松 5g，粳米 50～100g。甘松煎去滓，取汁；粳米煮粥，粥成入甘松汁，稍煮 1～2 沸。随意食或日 2 服。空腹温食。3～5 天为 1 疗程。

[功能] 行气止痛，补脾健胃。

[益宜] 气郁胸痛，脘腹胀痛，脾虚食欲不振，胃寒呕吐等。发热者不宜。

龟肉炖枳壳

[配制] 龟肉 250g，炒枳壳 15g。加水同炖，食肉饮汤。

[功能] 升提中气。

[益宜] 中气下陷，胃下垂，子宫下垂，脱肛，小肠疝气等。不宜于猪肉、苋菜、瓜等同食。

桂心粥

[配制] 桂心、茯苓各 2g，桑白皮 3g。粳米 50g。前 3 味煎取汁入米煮粥，随意食。

[功能] 健脾去湿，温化水饮。

[益宜] 阳虚水泻，胃脘水饮停留，纳差、咳逆，痰稀白，欲呕等。

鳜鱼补养汤

[配制] 鳜鱼1条,去鳞、腮、内脏;黄芪、党参各15g,山药30g,当归12g,诸药煎煮去渣取汁,入鱼煮熟调味。食肉喝汤。

[功能] 补养气血。

[益宜] 脾虚气血生化不足之食欲不振、面目虚浮、倦怠乏力、心悸气短等。

果仁排骨

[配制] 草果仁10g,薏苡仁50g,排骨2 500g,冰糖200g,料酒、卤汁等各项佐料适量。前2味炒香,捣碎,煎取药液5 000ml,入洗净,修砍整齐排骨,加治净拍破之姜、葱、花椒,煮排骨七成熟打净浮沫,捞出排骨,晾凉。将卤汁倒锅内,文火炖沸,放进排骨,卤至熟透起锅。原汤汁倒锅内加冰糖、味精、食盐用文火收浓汁,烹入料酒后,均匀涂在排骨外面,抹上香油。

[功能] 健脾燥湿,作气止痛,消食和胃。

[益宜] 脾虚湿盛之骨节疼痛、食少便溏、肢体困重等。

和气散

[配制] 青皮、炒小茴香、苍术(米泔水浸)、陈皮、肉桂(去粗皮)、炒高良姜、炒香附、炙甘草各30g,桔梗90g。共为细末,每服6g,加盐少许,沸汤调服。

[功能] 温中理气和胃。

[益宜] 脾胃不和,中脘气滞,心腹胀满,呕吐酸水等。

红扒猴头菇

[配制] 干猴头菇200g,鸡汤250g,调料适量。猴头菇热水泡软,捞出挤干,从根部往上批成片,加清汤上屉蒸(中间换2次汤)至酥烂,猪油75g烧热,放入酱油,料酒、精盐、味精、白糖、鸡汤,再入菇片,烧沸后,淀粉勾芡,熟,加猪油25g和香油适量。单食或佐餐。

[功能] 和中安神。

[益宜] 消化不良,胃溃疡,神经衰弱及胃癌等。

猴头菇孔雀汤

[配制] 孔雀肉500g,瘦肉100g,猴头菇350g,淮山药10g,扁豆10g,芡实10g,莲子10g,陈皮1小片(冷水下)。前2品沸水稍氽,切,猴头菇洗、切、氽洗净,全料放至煲内,沸后,改文火煲2小时。调味食。

[功能] 补气血,益脾胃,消暑祛湿,排毒养颜。

[益宜] 脾胃不调,暑祛内滞,面生色斑等。

胡萝卜山药内金粥

[配制] 胡萝卜250g,淮山药20～30g,鸡内金15g,红糖少许。前2味洗净,与内金加水

同煮,30 分钟后加红糖调匀食饮。

[功能] 健脾消食。

[益宜] 脾胃气虚纳差、腹胀等,慢性胃炎患者可常食。

花椒粥

[配制] 花椒粉 5g,大米 50g,米煮粥,沸时加砂糖、葱白 3 根、渐熟,调入花椒粉,再文火煮 5～6 分钟。每日早晚两顿温服。

[功能] 温中养胃炎,散寒止痛,杀虫驱蛔。

[益宜] 中焦虚寒,脘腹冷痛,汗湿泄泻,疝痛,蛔虫等。阴虚火旺忌。中病即止。

花生米炖大蒜

[配制] 花生米 100～150g,大蒜头(去净衣、皮)50～100g,同置砂锅内加水炖熟后食。可隔天隔 1 次,连服 2～4 次。

[功能] 开胃健脾,祛寒除湿,消肿解毒。

[益宜] 脾虚寒湿之下肢浮肿。

花生仁乌贼骨散

[配制] 花生仁(生、熟)各 150g,乌贼骨 150g。共研细末。混匀,蜜封装瓶。每服 1～2 匙,日 3 服。当日见数,7～10 天为 1 疗程。

[功能] 消炎止痛,养胃补脾。

[益宜] 脾胃虚弱、胃炎、胃溃疡、胃脘隐痛、喜按等。

淮山药三泥

[配制] 淮山药 200g,打粉,掺白糖 50g,合水和泥,盛碗;豆沙(盛碗)15g,京糕 150g,磨泥,加糖 20g,拌匀盛碗。三泥碗上笼蒸透。炒锅加猪油、炒山药泥呈膏泥盛大盘中间,同法炒京糕泥、豆泥分别盛山药泥两边。炒勺熬白糖 80g,用水豆粉勾芡汁、浇入盘中。随意食。

[功能] 健脾和胃。

[益宜] 脾虚胃炎弱之便溏、泄泻等。

黄芪鲤鱼

[配制] 黄芪 30g,鲤鱼 500g。黄芪洗净,鲤鱼去鳞、鳃、内脏。同入砂锅,加少量生姜、盐,武火煮沸,文火煮鱼熟,加少量葱、蒜稍沸。饮汤食鱼。

[功能] 补益脾胃,利水消肿。

[益宜] 脾胃虚弱之消瘦食少、疲乏无力,水肿等。

黄芪米酒

[配制] 黄芪 60g,洗净,干燥,捣粗末,装瓶加米酒 500ml,封口,每日振摇 1 次,7 日后,滤,每饮 20ml,日 2 次。

[功能] 益气健脾，补肺固表。

[益宜] 脾胃虚弱之饮食减少、心悸乏力、脱肛、肺卫不固气短、多汗等。

黄芪汽锅汤

[配制] 黄芪片20g，子母鸡1只，各佐、香、调料适量。子母鸡治净，去毛、内脏，剁寸见方块，入沸水锅烫3分钟捞出，洗净血沫蒸气锅内，黄芪洗净同置，加葱、姜、食盐、味精、绍酒、花椒水等，盖上盖，上笼蒸3小时取出，拣去葱、姜、黄芪。又方：黄芪30g，塞鸡腹蒸。

[功能] 补中益气。

[益宜] 脾气亏虚之泄泻、倦怠乏力、疮疡久溃不敛等。

黄芪粥

[配制] 生黄芪20g，糯米50g，陈皮末1g，红糖适量。黄芪煎取汁入米、糖煮粥熟，调入陈皮末，稍煮。早、晚温服，连续7～10天。

[功能] 健脾养胃，补益元气，利水消肿。

[益宜] 脾胃虚弱，倦怠乏力，食少便溏，脱肛、阴挺等。

黄羊桂茴汤

[配制] 黄羊肉500g，肉桂3g，小茴香6g，生姜15g。4物洗净，羊肉切，同入锅，加水煮八成熟，入精盐适量，肉熟，食肉饮汤。

[功能] 益气健脾胃，驱寒止痛。

[益宜] 脾胃虚寒之食欲不振，脘腹隐痛，大便溏薄等。

茴姜糖水

[配制] 小茴香60g，红糖适量，干姜15g。先小茴香、姜，煎取滤液120ml，加红糖稍煎糖溶解，分早、晚2次，温服。

[功能] 温中暖肾，固带散寒。

[益宜] 脾肾虚之带下清稀、量多，面暗无光、食欲不振、腰痛等。

藿菜鲫鱼羹

[配制] 藿菜120g，洗净、切段；鲫鱼250g，治净，起油锅，煸姜，鱼爆至微黄，加开水适量，煮半小时，再下菜煮熟，撒胡椒粉少许，用盐调味随量食菜和鱼肉，饮汤。

[功能] 益气健脾，开胃消食。

[益宜] 溃疡病、慢性胃炎属脾胃气虚者，症见食欲不振、食入不化、胃脘饱胀、大便溏薄等。

藿香黄鳝

[配制] 鲜嫩藿香叶、黄鳝、各适量。黄鳝治净、做成菜肴，藿香叶洗净切碎，放入鳝肴调匀，佐餐。

［功能］化湿和中。

［益宜］脾虚湿阻之胸脘满闷、呕恶纳呆，头重如裹等。

鸡蛋三味汤

［配制］莲子(去心)、芡实、怀山药各9g，鸡蛋1个。前3味水煎，去渣留汤入鸡蛋、煮熟，加蔗糖调味。吃蛋喝汤，日1剂。

［功能］补益脾胃，固精安神。

［益宜］脾虚纳呆，肾虚遗精等。

鸡内金炒米粉

［配制］炙鸡内金100g，糯米1 000g，白米适量。鸡内金研粉；糯米浸2小时，捞出晒干蒸熟，再烘干(或晒干)磨成粉。两粉混合，再磨1次，筛粉装瓶。日2次，每次加白糖半匙，冲开水适量，拌匀，煮沸吃。三个月为1疗程。

［功能］补中益气，健胃消食，化石止泻。

［益宜］中气虚弱之消化不良好、胃下垂等，可防胆结石。

鸡肉茯苓馄饨

［配制］黄母鸡肉120g，茯苓末60g，面粉180g。鸡肉洗净剁茸，拌入茯苓末作馅；面粉和匀作皮包馄饨，汤汁内加豉汁煮。空腹食。

［功能］健脾利湿，益气补血。

［益宜］脾虚食少便溏，痰饮内停之咳逆胸闷等。

鸡头粉雀舌丸子

［配制］羊肉500g，草果5个，回回豆50g(打去皮)，鸡头粉(即芡实粉)1 000g，豆粉500g，姜汁、葱、盐适量。先将羊肉、草果、回回豆同熬汤滤净，再用汤和鸡头粉、豆粉做丸子，羊肉切细与丸子同煮，入葱、盐食之。

［功能］补中焦，益精气。

［益宜］脾肾阳虚而起的久泄不止，或五更泄、小便频数、尿浊、梦遗滑精、腰膝疼痛等。

麂肉煮党参

［配制］麂肉250g，党参30g，调料适量。麂肉切片，与党参同煮至熟，加葱、姜、盐调味。佐餐食。

［功能］补中散寒。

［益宜］脾胃虚寒之食欲不振、泛吐清水、腹痛腹泻等。

鲫鱼健脾汤

［配制］鲫鱼1条，去腮、鳞、内脏，洗净；党参、白术各15g，山药30g，3味同煎，去渣取汁，用煮鱼熟。食鱼饮汤。

［功能］健脾益气，开胃暖气。

［益宜］脾胃虚寒之食少消瘦、食后腹胀、倦怠少气、便溏泄泻等。

鲫鱼湿中羹

［配制］大鲫鱼1尾，草豆蔻、生姜、陈皮各6g，胡椒0.5g。鱼治净，豆蔻研末，撒鱼腹内，线扎定，加各佐料，煮熟，稍加盐调味食。

［功能］补脾温中，健胃消食。

［益宜］中焦虚寒、饮食不化、食欲不振、脘腹凉痛，完谷不化，乏力等。

鲫鱼熟烩

［配制］鲜鲫鱼500g，羊肉汁、胡椒、干姜、莳萝卜、荜拨、橘皮、酱、醋各适量。鱼治净，切块放入羊肉汁内。加诸药及调料煮熟。空腹温服。

［功能］温中散寒，健脾开胃。

［益宜］脾胃虚寒之心腹冷痛，呕吐吞酸，腹满食不下，虚弱无力等。

鲫鱼煮茴香

［配制］鲫鱼1条，治净，小茴香6g，加水同煮鱼熟，顿服。

［功能］健脾利湿，行气止痛。

［益宜］脾虚水停之脘腹胀痛、纳少乏力、小便不利，寒气凝结小肠疝气疼痛等。

鲫鱼紫苑汤

［配制］大鲫鱼1条，治净，紫苑3粒，研末纳鱼腹内，胡椒、陈皮、生姜各适量。各料下锅同煮鱼熟。食鱼饮汤。

［功能］健脾和胃，行气宽中。

［益宜］脾虚湿阻之不思饮食、倦怠乏力、脘腹胀满、恶心呕吐、大便不调等。

建中固本茶

［配制］黄芪18g，白芍9g，桂枝、炙甘草、干姜各6g，红枣6枚，生姜4片，饴糖30g。除桂枝、饴糖，诸品入锅加水2 000ml，烧开后，文火煮25分钟，加桂枝、饴糖煎5分钟，滤汁分2～3服。每服于饭后1小时。连续2周为住。

［功能］养脾胃，建中固本，益精气，养精涩肠。

［益宜］气血不足之肌肉麻木，关节酸痛，便溏，腹痛，胃肠溃疡等。

健脾脆皮鱼

［配制］赤鲤鱼1尾(约700g)，去鳞、鳃，治净，鱼身两面立刀进0.8cm，平刀进2.4cm，各剞六七刀，鱼头砍破；党参、白术、黄芪、白茯苓各15g，净，焙，研细末，加精盐、绍酒、酱油调匀，抹欲身内外，码10分钟；葱10g，一半切葱花、一半切丝，泡椒2根，切丝；炒锅油热八成时，用湿淀粉匀涂鱼身后，提鱼尾，用沸水淋几勺，再投油中炸至金黄色入盘，滗去炸油，留适量入姜、葱、蒜花炒香，即用酱油、湿淀粉、白糖、绍酒、醋、盐、味精、麻油兑成滋汁，烹入锅中，熟，用手拍松鱼，淋芡鱼身

上，撒上葱、椒丝。佐餐。

［功能］开胃健脾，利尿消肿。

［益宜］脾胃虚弱之食欲不振、腹胀便溏、尿少浮肿等。

姜桂猪肚汤

［配制］生姜15g，肉桂3g，猪肚1只（治净）。猪肚切小块入碗加姜片、肉桂、盐、调料等。隔水炖熟烂，食饮。可分数次。

［功能］健脾养胃，温中散寒。

［益宜］脾胃虚寒之胃脘冷痛，呕吐清水，大便溏泄等。

姜橘椒鱼羹

［配制］鲫鱼1条（250g），生姜30g，橘皮10g，胡椒3g。鱼治净，姜、橘皮净切丝，与胡椒同用纱布包，填入鱼腹内，加水适量，小火煨熟。加盐调味食。

［功能］温中和胃，健脾益气。

［益宜］胃寒之胃脘疼痛，食欲不振，虚弱无力等。

姜汁牛肉饭

［配制］鲜牛肉100～150g，洗净，切碎剁糜加入姜汁20～40滴，酱油、花生油少许拌匀，粳米500g煮饭，焖饭时牛肉糜倒入饭面蒸熟，服食。

［功能］安中益气和胃，补虚解郁消肿。

［益宜］脾胃虚弱之筋弱神疲，大便溏泄，久泻脱肛以及体虚浮肿等。

椒盐火腿

［配制］火腿瘦肉150g，洗净切薄片，放碟中，上铺姜1片，净葱、去根，隔水蒸熟；花椒适量，洗净与食盐适量同炒至花椒脆，待凉研为椒末。用火腿片蘸椒盐末随意或佐餐食。

［功能］温补脾肾，理气和胃。

［益宜］脾肾虚寒之神经衰弱、呃逆、胸痞不畅、睡眠欠佳，面色苍白、手足不温、食少困倦、腰膝无力等。亦宜虚寒腹者。

韭姜糖汁

［配制］鲜韭菜汁10g，生姜汁5g，白糖适量，拌匀，饭前服。1日3次。

［功能］暖脾化浊，降逆止呕。

［益宜］脾阳虚痰浊上逆之妊娠恶阻。

韭汁姜汁炖牛奶

［配制］鲜韭菜汁2汤匙，生姜汁1汤匙，鲜牛奶250ml，共置大碗内，隔水炖熟，饭前喝。

［功能］温中下气，和胃止呕。

［益宜］脾胃虚寒之噎膈反胃、进食即吐等。

橘红糖

[配制] 橘红末 100g,白糖 500g,先加水熬白糖黏稠,挑起见丝,纳橘红末,拌匀,起入抹油的盘中,按平,切块。每食 10～20g,日 2～3 次。

[功能] 健脾开胃,化痰止咳。

[益宜] 痰饮、食积之食欲不振、咳嗽痰多等。

橘皮姜枣汤

[配制] 橘皮、生姜各 12g,红枣(去核)7 枚。水煎服,日 2 剂。一方:用大红枣 10 枚,鲜橘皮 10g(干品 3g),将枣炒焦,共泡茶。

[功能] 理气温中,止痛止呕。一方:开胃消食。

[益宜] 胃脘冷痛,喜温喜按,食后痛减,泛酸吐清水等。一方:脾虚食滞、食欲不振、大便不调等。

莱菔子粥

[配制] 莱菔子末 15g,粳米 100g,二品共煮粥,早、晚温热服。

[功能] 化痰平喘,行气消食。

[益宜] 脾胃不和之痰饮犯肺,慢性支气管炎,肺气肿,咳嗽,纳呆等。

良姜香附蛋糕

[配制] 高良姜、香附各 6g,共制净,烘,研末;鸡蛋 5 只,打大碗内竹筷搅匀,加入前药末及葱花 50g、淀粉 15g、精盐、味精各适量,加水少许,搅匀。炒锅置中火上,入花生油 130g 至六成熟,移至小火,舀出油约 30g,将蛋浆倒入锅内,将舀出的油倒在蛋浆中间,盖上锅盖烘 10 分钟,用竹签插入鸡蛋糕反面,再烘 2 分钟,切三角形入盘。随意食。

[功能] 温胃理气,散寒止痛。

[益宜] 中焦寒凝气滞所致脘腹冷痛、呕吐泄泻、脘腹胀闷等。

菱粉粥

[配制] 菱粉、粳米各 60g,红糖少许。米洗后下锅煮,文火熬半熟加菱粉、红糖。熬熟食。

[功能] 健脾胃,补气血。

[益宜] 脾虚之泄泻。亦可做胃癌、食道癌患者的辅膳。

六味异功煎

[配制] 人参 9g,白术、茯苓各 6g,炙甘草、陈皮各 3g,炒干姜 6g。水煎服。

[功能] 补脾胃,理气,祛寒利湿。

[益宜] 脾胃虚寒,呕吐泄泻而兼微滞。

秘方噎膈膏

[配制] 人乳(或牛乳)、人参汁、龙眼肉汁、蔗汁、梨汁各等份,姜汁少许。共置碗内,隔水炖成膏状。调炼蜜少许,徐徐频服。

[功能] 温补脾胃。

[益宜] 气虚阳微之长期饮食难下,形寒气短,泛吐清涎,面目浮肿,腹胀等。

蜜调金银花茶

[配制] 金银花30g,水煎取汁,凉后调入蜂蜜30g。再分次冲调代茶饮。

[功能] 清热解毒。

[益宜] 阳热亢盛之身热、面赤耳聋,胸闷脘痞,下利稀水,小便短赤等。

蜜饯阳桃

[配制] 阳桃1 000g,洗净,顺棱纵切成条,放铝锅内加水适量煮至七成熟,将干加蜂蜜,小火煎收汁,凉后装瓶。日服1～2次。

[功能] 清热解毒,生津开胃。

[益宜] 水土不服,肉食积滞等。

蜜汁红莲

[配制] 白莲子300g,白糖200g,红枣5枚,猪板油60g,莲子泡,去皮、心,洗净;猪板油洗净切丁,红枣温水洗净。砂锅置火上,放入莲子,红枣加水淹没莲子,烧沸小火焖1小时,入白糖,猪板油续焖20分钟当汁干。随意食。

[功能] 健脾益肾,养心安神。

[益宜] 脾虚泄泻,肾虚遗精,心虚失眠等。

蜜汁山药

[配制] 生山药500g,蜂蜜50g,青红丝10g,白糖50g。山药去皮,洗净,切滚刀块,沸水煮分钟捞起。炒锅置火上投白糖、蜂蜜、水1 000ml,熬糖黏稠,入山药块,小火慢炖。熟,撒上青红丝。随意食。

[功能] 健脾补肺,固精。

[益宜] 脾虚泄泻,久痢,肺虚咳嗽,肾虚遗精,尿频等。

牡蛎白术煮猪肚

[配制] 煅牡蛎、白术各30g,苦参15g,猪肚1个。前3味装纱布袋,扎口;猪肚洗净与药袋下锅加水同煮,熟后去药,入食盐等调味。饮汤食肉。

[功能] 健脾益气,涩精止遗。

[益宜] 脾虚食少,乏力;肾虚遗精,早泄,小便频数等。

内金散

［配制］鸡金内金炒研末，每用 9g，和乳汁适量饮服。

［功能］健脾消食。

［益宜］脾虚胃弱之食积腹满，胀痛，纳呆厌食，大便溏薄等宜。

牛肚补胃汤

［配制］牛肚 1 000g，鲜荷叶 2 张，茴香、桂皮、生姜、胡椒、黄酒、盐各适量。牛肚洗 1 次后用盐、醋半碗反复擦洗，再用冷水反复洗净；鲜荷叶洗净垫砂锅底，入牛肚加水浸没，旺火烧沸后中火炖 30 分钟，取出切小块复入砂锅加黄酒 3 匙，茴香桂皮少许，小火煨 2 小时，加盐、姜、胡椒粉少许，续煨 2～3 小时，直至肚子烂。每次饮汤 1 小碗，日 2 次，牛肚佐餐。

［功能］补中益气，健脾消食。

［益宜］脾胃虚弱而致胃下垂、脘胀闷胀、食欲不振等。

牛肚苡米汤

［配制］牛肚 1 个，苡仁米 20g。沸水浇牛肚内面，刮去黑膜，加水煮八成熟，入苡仁，煮至苡仁米熟汤成，捞出牛肚切片，饮汤食肚。

［功能］补中益气，除湿醒脾。

［益宜］脾虚食少，口淡乏味，体倦无力，大便溏薄，水肿等。

牛肚枳壳砂仁汤

［配制］牛肚 250g，炒枳壳 10～12g，砂仁 2g。入锅加水共煮，肚熟饮汤食肚。

［功能］补脾健中，消痞除满。

［益宜］脾胃虚弱而致的胃下垂及脘腹胀满等。

牛奶蜂蜜白及饮

［配制］牛奶 250g，煮沸，调入蜂蜜 50g，白及粉 6g，服。

［功能］养胃愈疡。

［益宜］胃及十二指肠溃疡。

牛肉脯

［配制］牛肉 2 500g（去筋膜，洗净，切大片），胡椒、筚拨各 25g，橘红、苹果、缩砂仁、良姜各 10g（胡椒共六味同为末）。将肉片与药末、姜、葱汁、盐拌匀，腌制 2 日取出，烤焙作脯。随意食。

［功能］温中散寒，补益脾胃。

［益宜］气脾胃虚寒之脘腹阴痛，喜温喜按，不思饮食等。

牛肉浓汁

[配制] 牛肉500～1 000g。牛肉洗净切小块,加水适量,以文火煮成浓汁,入食盐少许调味,时时饮食。

[功能] 补益脾胃,滋养润燥。

[益宜] 脾胃虚弱,营养不良之面浮足肿,小便短少及脾胃阴虚之口渴多饮等。

牛乳韭菜汁饮

[配制] 牛乳一盏,韭菜汁60g,生姜汁15g。和匀温服。

[功能] 和胃益损。

[益宜] 翻胃。

糯米山药散

[配制] 糯米500g,水浸一宿,沥干,小火慢炒,熟,与山药50g共研细末。每晨取15～30g,加红或白糖、胡椒粉少量,沸水调食。另方:糯米30g(略炒),山药粉15g,煮粥。

[功能] 补益脾胃;另方:健脾暖胃。

[益宜] 脾胃虚弱之食少、便溏或久泻不止等。

蟠龙黄鱼

[配制] 黄鱼(石首鱼)500g,去腮、鳞片、内脏洗净,两侧斜刀划十字花;黄芪10g,党参6g,(各洗切薄片),枸杞子5g(洗净),水发香菇(切开)、冬笋片各15g,各种配料适量。砂锅注油烧六成热,炸鱼金黄色,倒漏勺,砂锅入猪油、白糖适量成枣红色,入炸好黄鱼上色,并入前3料及姜、葱、蒜、料酒、盐、酱油、清汤等。沸后改文火煮熟。将鱼、参、杞、芪盛盘,去葱、姜、蒜,把笋片、香菇放汤内,调入味精,沸后去沫,湿淀粉勾芡,洒上猪油、浇鱼身。佐餐。

[功能] 补中益气,补肾填精。

[益宜] 中气不足之食少、倦怠乏力,头晕、肾精亏虚,腰膝酸软、遗精、尿频等。

佩兰渍兔肉条

[配制] 佩兰叶50g,煎取浓汁;兔肉200g,洗净,切2cm×1cm长条,放入碗内,用盐,淀粉拌匀,后加入佩兰汁,鸡蛋3个,苏打粉少许,猪油适量,搅拌匀。火上锅内猪油五成热时下兔肉糊条,漏勺迅速推散,熟,起锅沥油。炒锅留油少量煸葱、姜末香,入甜酱、黄酒、白糖、味精、酱油、白汤炒拌成糊,倒入兔肉盘内。淋少量麻油,佐餐食。

[功能] 补中益气,醒脾化湿,解暑辟浊。

[益宜] 暑湿伤中之纳呆气滞、倦怠便溏等。

蒲公英根散

［配制］净后晒干之蒲公英根制成散剂，每日 3 次，每次 1.5g，饭后温开水调下。

［功能］祛瘀止痛消肿

［益宜］胃、十二指肠溃疡病。

蒲公英酒酿饮

［配制］蒲公英 15g，酒酿 1 食匙，水煎两次混合，早、中、晚饭后服。

［功能］湿脾健胃。

［益宜］慢性胃炎。

七味枳术汤

［配制］枳实 3g，炒白术、神曲、炒麦芽各 9g，茯苓 60g，赤小豆、车前子各 3g。后 3 味煎汤代水，再入前诸味煎服。

［功能］祛湿化痰，补脾理气。

［益宜］湿痰挟气阻滞胸腹，痞满不思食，腹胀减轻，喘肿未除者。

芪杞炖乳鸽

［配制］黄芪、枸杞子各 30g，乳鸽（未换毛的幼鸽）1 只。前 2 味煎水取汁，浓缩；乳鸽水焖后，去毛，治净，放入炖盅内，倾入杞芪汁，隔水蒸熟，食时加食盐，味精调味。3 天炖服 1 次。连续数次。

［功能］补中益气，滋养肝肾。

［益宜］脾虚气弱倦怠乏力，食少便溏，疮疡溃后不愈，腰膝酸软，目眩不明等。

乾坤蒸狗肉

［配制］连皮狗肉（去骨）2 000g，将皮面在火上燎焦，泡软，刮去焦皮，凉开水浸泡，待狗肉发胀时，用木棒在狗肉上反复轻轻敲打，边打边洗，至肉松，血滴净，切指条，再凉水浸泡，待用；母鸡 1 只（1 500g），剔去胸脯肉，砍成 8 块；猪肘子 500g，砍 8 块；猪瘦肉 500g，洗净，剁茸；枸杞子 15g，天门冬、生地黄各 10g，甘草 3g，共用纱布包，扎口；味精、芝麻油各 3g，葱、绍酒各 30g，生姜 20g，胡椒粉 6g。姜切片，葱切段，水泡待用。大锅烧水沸后，下一段柏木（或松木），再下狗肉、生姜、葱、绍酒，中火煮透，捞起狗肉，凉水漂。鸡块、肘块清沸水氽透，冲洗。将锅内加清水适量，投鸡肉、猪肘、生姜、葱，武火烧沸，去沫，文火炖鸡、猪肉烂熟，加狗肉、枸杞子和天冬等三味药包，烧沸，加绍酒、胡椒粉，冲入猪肉茸，用勺推匀起涡旋，肉茸浮，减弱火力，用小眼漏勺捞出肉沫，浇汤入罐子内，湿棉纸封口，上屉大火蒸熟烂，取出，捞出药包，又将汁滗锅内烧沸，冲入鸡胸脯肉茸水，倒入狗肉内，盖上盖，复蒸大气。另将柠檬去皮、去瓤，切细丝分两碟，豆瓣酱用麻油淋后分两碟，与狗肉同时上席。按各人所好取柠檬丝或豆瓣酱伴食。

［功能］补中益气，温肾助阳。

［益宜］脾肾虚弱之胸腹胀满、腰膝软弱、消瘦、浮肿、体虚食少等。

芡实山药猪肚蒸

［配制］芡实、山药各 100g，猪肚 1 具（治净）。芡实、山药放入猪肚内，扎口，蒸熟食。佐餐。

［功能］补脾止泄。

［益宜］脾虚泄泻日久不止。

强筋健骨茶

［配制］桑寄生 9g，当归 6g，黄精 9g，甘草 6g，蛋 1 个。上诸味净，入容器加水 1 000ml，文火煮 20 分钟，喝汤吃蛋。可连续一周。

［功能］补脾益气，强筋健骨。

［益宜］腰膝酸软，筋肌僵硬。

青皮核桃酒

［配制］青皮核桃 300g，洗净，打碎，装瓶加白酒 500g，密封曝晒 20 天，待酒与核桃均呈黑色，过滤，加入单糖浆 135ml，每服 10ml，1 日 2 次，或痛时即服。

［功能］理气止痛。

［益宜］胃、十二指肠溃疡及胃炎的疼痛，止痛迅速。

青皮核桃酒

［配制］青皮核桃 300g，洗净，打碎，装瓶加白酒 500g，密封曝晒 20 天，待酒与核桃均呈黑色，过滤，加入单糖浆 135ml，每服 10ml，1 日 2 次，或痛时即服。

［功能］理气止痛。

［益宜］胃、十二指肠溃疡及胃炎的疼痛，止痛迅速。

人参丁香散

［配制］人参 15g，丁香、藿香叶各 7.5g。为散，每取 9g，水煎温服，不拘时候。

［功能］温阳理气，补虚祛寒。

［益宜］妊娠恶阻，胃寒呕逆，反胃吐食，心腹刺痛。

人参养胃饮

［配制］人参 10g，粳米 50g，老姜 25g，橘皮 15g，葱 3 根，枣 3 枚。参切片。米、姜（切细）同炒至米黄，合参片、枣、橘皮同入砂锅，煎 20 分钟后入葱白，稍煎。取汁 200ml 左右，温顿服，可日煎 2 次或同时煎 2～3 次取汁 500～600ml，随意作茶饮。

［功能］培元固本，扶正养胃。

［益宜］外感风寒，内伤生冷，肢寒体重，不欲饮食。

人参饮子

[配制] 麦冬0.6g,人参、当归身各0.9g,黄芪、甘草各3g,五味子5个。为粗末,水煎泡稍热服。

[功能] 补脾健胃,养肝止血。

[益宜] 脾胃虚弱,呼吸气促,精神短少,血衄吐血。

肉桂甘草牛肉

[配制] 黄牛肉2 500g,切块,沸水煮三成熟,捞起切成肉条,置小火铁锅中,加入肉汤,放入牛肉条(汤淹没牛肉),加肉桂10g,甘草10g,盐、八角、姜片、醪糟汁、白糖、熟植物油适量,煮6小时(随时翻动),肉烂,汤将尽,翻炒至锅中油爆时起晾凉,拣去佐料,冬季佐餐。

[功能] 补益脾胃,温中散寒。

[益宜] 营养不良性浮肿、体虚、消瘦、脾寒胃脘胀痛等。阴虚火旺者忌。

三仁汤

[配制] 薏苡仁7.5g,桃仁、牡丹皮各4.5g,冬瓜仁6g。水煎服。

[功能] 止痛通气,化瘀通络。

[益宜] 胃痛,肠痛,腹痛,烦闷不安,胀满不食。

三圣散(原名:三圣丸)

[配制] 白米120g,橘仁30g,炒黄连15g,神曲50g,共为细末。每服10g,生姜煎汤调下。

[功能] 平调寒热,和胃降逆。

[益宜] 寒胃脘食后胀,不适,嘈杂。

三味苡仁羹

[配制] 苡仁、山药、莲米各30g,莲米浸泡米后去心,与另2味文火同煮,熬羹,日1剂,7日为1疗程。

[功能] 健脾除湿。

[益宜] 脾虚湿盛之水肿,泄泻,带下量多等。

三仙内金散

[配制] 炒山楂、炒麦芽、炒谷芽、鸡内金、神曲各30g,橘皮15g。诸药干燥,共为细末。每服3～6g。米汤送下。日3次。

[功能] 消食和胃。

[益宜] 食积气滞之脘腹胀痛、呕恶恶食、大便溏薄等。

三香生姜煮鲃鱼

［配制］鲃鱼500g(去鳞、内脏、洗净)与肉桂、蔻仁、茴香、生姜各适量，下锅同煮熟，佐餐食。

［功能］温胃暖肾，散寒止痛。

［益宜］脾肾虚寒之腰膝冷痛，腹冷胀痛、反胃纳呆等。

三消饮

［配制］炒麦芽、炒谷芽、焦山楂各10g，白糖30g，前三味水煎15分钟，过滤取汁，调白糖，趁热服，日2～3次。

［功能］消食化滞。

［益宜］食积不化之脘腹痞满，嗳腐舌酸，呕恶纳呆等。

沙枣饮

［配制］沙枣50g，加水适量，煮成。又方：配以蜂蜜调制。

［功能］补脾健胃，止泻，止渴。又方：滋阴润燥。

［益宜］胃痛、泻泄、肺热咳嗽、体虚乏力、消化不良。又方：身体虚弱，肺燥干咳等。

砂丁母鸡

［配制］母子鸡1只，砂仁、干姜、公丁香各3g。鸡制净，留鸡心、肝、肺。将鸡切块，放砂锅内，文火炖烂熟。后3品研细末，加鸡汤内调味食。每3日吃1只鸡，一日2食。一般吃1～5只鸡。

［功能］补中益气举陷。

［益宜］脾胃气虚之胃下垂、子宫下垂、头晕乏力等。

砂锅人参鸡

［配制］嫩母鸡1只(1 000g左右)，治净，去爪，沸水氽透，捞起控水，人参30g，洗净，切薄片；调料适量。锅烧热煸葱，姜适量出香味，烹料酒、加奶汤1 500ml，并入盐，烧数沸后去葱、姜，倒入砂锅，入鸡、参，文火炖鸡肉烂熟，去浮油，加味精单食或佐餐。

［功能］温中益气，填精补髓。

［益宜］脾肾亏虚之食少、泄泻、小便频数或不利，肢冷畏寒冷、崩漏、带下等。

砂仁肚条

［配制］砂仁末10g，猪肚1 000g，洗净，沸水氽透，刮去内膜，放入清汤锅内，下葱、姜、花椒适量，煮沸，打去浮沫，熟捞起晾凉、切片。锅内注原汤汁500g，加热下肚片条、砂仁末、胡椒粉、猪油、味精翻匀，加水豆粉芡略翻匀。随意食或佐餐。另方加：枳壳10g，党参20g，升麻5g，为末，用醪糟汁调四药末及五香粉\精盐，抹熟猪肚片上，卷起，扎，挂通风处晾，蒸食。再方：砂仁6g，黄芪20g，纳洗净之猪肚

内，炖服。

[功能] 行气止痛，化湿醒脾。另方：补中益气，健胃升提；再方：行气健胃炎，化湿健脾。

[益宜] 脾虚湿盛之食欲不振等。另方：脾胃气虚、中气下陷之胃下垂、胃脘食后胀闷、嗳气等。再方：胃脘疼痛、喜温、按、食少便溏、胃下垂、胃炎等。

砂仁荷叶饼

[配制] 砂仁20g(去壳，研极细末)，猪油适量，砂糖500g，发酵面3 000g，苏打20g。除猪油外，余4品共揉匀，反复揉匀后，搓长条切，制成饼状，刷上猪油，捏制荷叶状态，入笼15分钟，随意食。

[功能] 健脾理气化湿。

[益宜] 脾胃气虚、湿阻中焦之脘腹胀闷、纳食不振、呕吐泄泻等。

砂仁鲫鱼

[配制] 大鲫鱼1 000g，砂仁6g。鲫鱼常法治净，砂仁研末与胡椒面、葱、姜、陈皮、荜拨、小茴香、蒜加盐和匀塞鱼腹内。鲫鱼油煎两面黄后加适量清水，调料煮熟。佐餐。另方：用3g砂仁，塞一尾鱼腹中(重150g)加佐料烧汤。

[功能] 温补脾胃、化湿利水。另方：醒脾开胃，利湿止呕。

[益宜] 脾胃虚寒之食欲减退、腹部胀痛，呕吐泄泻，喜暖畏寒等。另方谓：脾虚湿盛之恶心呕吐，不思饮食，脘腹胀闷，身困便溏等。

砂仁粥

[配制] 砂仁末3～5g，粳米50g，砂糖适量。米、糖加水煮粥将成入砂仁末，文火稍煮。早、晚温服。

[功能] 暖脾胃，助消化，调中气。

[益宜] 脾胃虚寒之腹痛、腹泻，脘腹胀、纳差、胎动，妊娠恶阻，气逆呕吐等。

山药炖羊肚

[配制] 山药200g，羊肚300g，调料适量。羊肚洗净，切成3厘米长，2厘米宽的块；山药洗净，切成1厘米厚的片。同置锅内，加水、葱、姜、盐、黄酒，烧沸后转用文火炖熟。早晚空腹温热服食。

[功能] 补脾胃，滋肺肾。

[益宜] 消渴多尿。

山药蜂蜜煎

[配制] 山药30g，鸡内金9g，蜂蜜15g。前2味水煎取汁，调入蜂蜜，搅匀，日1剂，分2次温服。

[功能] 健脾消食。

[益宜] 脾气虚弱，运化不健之食积不化，食欲不振。湿浊中阻之脘胀满者不宜。

山药麻条

［配制］山药500g，洗净，去皮，切长条，芝麻15g，熟猪油、白糖适量。猪油锅置火上，待油四成热时投入山药条，炸至金黄色，捞出。净锅内炒芝麻熟，又净加水和冰糖，熬至糖可挑丝，倒入山药条，并离火，边撒芝麻边颠锅，装盘。随意食。

［功能］益肺滋肾，补益脾胃。

［益宜］脾胃虚弱之食欲不振、消瘦乏力，肾虚之小便频数、遗精、白带多等。

山药杞子芪枣炖兔肉

［配制］兔肉120g（洗、切），淮山药24g，枸杞子、黄芪各12g，大枣18g，共煎弃渣取汁，代水煮兔肉熟，入油、盐调味。1次服完，日1剂。

［功能］健脾益气。

［益宜］脾虚气弱之食少、消瘦、便溏等。

山药三七粥

［配制］山药粉100g，桂圆肉10g，炮姜炭6g，三七粉10g，红糖适量。桂圆、炮姜先煎30分钟，去姜渣，入山药粉、三七粉，文火共煮粥，调入红糖。日1剂，分2～3次温服。

［功能］温中健脾止血。

［益宜］脾胃虚寒之大便下血。血热妄行及血热损伤脉络之便血者不宜。

山药汤圆

［配制］山药50～150g，白糖90g，糯米500g，胡椒粉少许，或芝麻粉50g。山药洗净，剁成碎末，置碗内，上笼蒸熟后，加白糖、胡椒粉或芝麻粉，拌匀成馅。糯米用冷水浸泡3小时后成水磨糯米粉，沥干揉成面团，摘坯包馅，煮熟。每服1小碗，早晚温热食。

［功能］补脾益肾。

［益宜］脾虚食少，久泄，久痢，肾亏腰膝酸软，消渴尿频，遗精早泄，带下，白浊等。连服3～5日。糖尿病者不用糖。

山药菟丝粥

［配制］山药30～60g，菟丝子10～15g，粳米100g，白糖适量。前2者水煮取浓汁，分两份与粳米50g，同煮成稀粥，调入白糖。日1剂，分两次温热服。

［功能］健脾胃，补肝肾，益精髓。

［益宜］脾胃虚弱，肝肾不足之小便频数淋漓，遗精，腰痛，目暗头晕，食欲不振等。

山楂神曲粥

［配制］山楂30g，神曲15g，粳米100g，红糖6g，将山楂、神曲洗净捣碎，入砂锅煎取药汁，去渣取汁。米淘净入砂锅加清水煮开后，倒前2品汁煮成稀粥，加红糖，温

热服。

[功能] 清健脾胃,消积食,散瘀血。

[益宜] 脾虚停食之呕恶纳差,腹痛,腹泻等。

山楂元宵

[配制] 江米面575g,面粉50g,鲜山楂250g,核桃仁、红丝各75g,芝麻50g,桂花卤10g,糖粉250g,植物油、香油各12.5g,玫瑰香精适量。山楂净,蒸烂,捣烂与糖粉、面粉混合,加入擀碎的核桃仁和其他配料,加油拌匀,装入木模框中压平、压实。脱模后切成18毫米见方的块,为馅。取平底容器,倒入江米面,用漏勺盛馅蘸水,倒入江米面中滚动,反复多次成元宵后煮熟。

[功能] 开胃消食,降低血脂。

[益宜] 食积不化之食欲不振,呕恶嗳腐等。可作冠心病患者膳食,老幼皆宜。

鳝鱼粥

[配制] 鳝鱼250g,去内脏,洗净,切段与苡仁、山药各30g(洗净),生姜3g(切末),共煮粥,调入少量盐,随意食。连用数日。

[功能] 健脾利水。

[益宜] 脾虚水肿、纳差、水肿、尿少、便溏等。

神仙药酒丸

[配制] 木香9g,丁香、檀香各6g,茜草60g,砂仁15g,红曲30g。诸药治净,焙干制细末,炼蜜为丸,再泡白酒500ml,5～7天。日2服,每饮10ml。

[功能] 健脾开胃,顺气消食,宽胸快膈。

[益宜] 脾虚食滞之胃脘胀痛,食欲不振,呕吐,噎呃,胸膈痞满等。阴虚火旺者忌。

神效煮兔方

[配制] 桑白皮30g,兔肉250g。兔肉切成小块,同桑白皮加水适量煮熟,加食盐少许调味,顿服。

[功能] 补中益气,行水消肿,泻热止渴。

[益宜] 脾虚水肿,小便不利等。亦宜营养不良性水肿,糖尿病口渴等。

生姜刀豆饮

[配制] 柿蒂5个,刀豆子20g,生姜9g,红糖适量。刀豆子切碎与柿蒂、生姜适量加水煮,去渣,加红糖调服。日2～3次。

[功能] 温中下气,降逆止呃。

[益宜] 胃寒之呃逆,呕吐等。

生姜煨红枣

[配制] 生姜、红枣各适量。生姜,切,挖孔,嵌入红枣1枚,放炭火中炙烤,待姜皮焦黑,

取造细细嚼食。每服 5～6 枚，日 2 次。

［功能］补脾温中，和胃止呕。

［益宜］脾胃虚寒之呕吐腹痛，食入即吐，吐物清稀，神疲纳差，脘腹冷痛，喜温喜按等。胃热呕吐不宜。

生姜乌梅饮

［配制］乌梅肉、生姜各 10g，红糖适量。3 味加水煎取 200ml。每服 100ml，日 2 次。

［功能］和胃止呕。

［益宜］肝胃不和或妊娠恶阻之呕吐剧烈、吐物色黄酸苦、脘闷心烦等。

生津养胃饮

［配制］绿豆 15g，鲜青果 20 个(去核)，竹叶 3g，橙子 1 个(洗连皮切碎)。4 味同置锅内加水 750ml，煎一小时，静置片刻，取上清汁随意温服。

［功能］生津止渴，清胃除烦。

［益宜］胃热口干，食少气逆，或肺热咽喉肿痛，胸膈烦热等。

石斛润津清胃茶

［配制］石斛、玄参、生地、麦冬、甘草各 6g，芦根、天冬各 9g，枇杷叶 3g，诸药入砂锅，加水 2 000ml，打火煮沸，小火煮 25 分钟，每日 1 剂，饭后 30～60 分钟饮。

［功能］养胃阴，除胃火。

［益宜］胃阴虚火旺之呕吐、反胃、口臭、口干舌燥等。如胃炎，便秘。

石仙桃炖猪肚

［配制］鲜石仙桃 60～90g(干品 30g)，猪肚 1 个。猪肚洗净后放石仙桃加清水适量，隔水炖熟，调味。食肉饮汤，日内分 2～3 次服完，隔 2～3 天 1 剂，连服 3～5 剂。

［功能］养阴健脾，消疳化积。

［益宜］胃虚夹热型慢性胃炎，胃及十二指肠溃疡，小儿疳积等。

蜀椒参姜汤

［配制］蜀椒 9g，党参 12g，干姜 12g，饴糖 60g。前 3 味加水 3 碗，煎至大半碗，入饴糖烊化，调匀，1 次服。

［功能］温中补脾，散寒止痛。

［益宜］溃疡性结肠炎属虚寒盛者，症见脘腹挛痛、腹中肠鸣，便溏，日 1～3 次，无黏液，无里急后重，恶心口淡等。

薯蓣半夏粥

［配制］山药、半夏各 30g，白糖适量。半夏先以温水淘洗数次，加清水煮沸 50 分钟，取汁 2 杯，山药研细末，用 2 杯半夏汁调和，加适量清水煮 3～5 分钟。1 日 3 餐，加白糖调幅。

［功能］健脾和中，降逆止呕。

［益宜］胃虚气逆之呕吐不止及闻药气则吐益甚等。

术苓砂仁六味饮

［配制］白术、茯苓各 10g，砂仁、厚朴、陈皮各 5g，益智仁 7.5g。共水煎取汁代茶顿服。

［功能］补脾止泻。

［益宜］脾虚泄泻。症见腹胀、泄泻、食则呕吐。

四白汤

［配制］白术、白芍、白茯苓、白扁豆、人参、黄芪各 3g，甘草 1.5g，生姜、大枣适量。水煎服，或沸水泡服。

［功能］益脾胃，补气血。

［益宜］脾虚胃弱之色疸（血少面黄，编者注）。

四君蒸鸭

［配制］嫩活鸭 1 只，治净，去嘴、足、入沸水滚一遍捞起，将翅盘向背；党参 30g，白术 15g，茯苓 20g，切片，装双层纱布袋中，放入鸭腹；鸭置蒸碗内，入姜、葱、绍酒各适量，用湿纸封碗口，上屉武火蒸约 3 小时，取出鸭腹药袋，葱、姜，加精盐、味精。饮汤食肉。

［功能］益气健脾。

［益宜］脾虚之食品少，面色萎黄，大便溏薄等。

糖渍橘皮

［配制］鲜橘皮（或干橘皮泡软）适量，洗净，切丝，置锅中，加入橘皮同重量糖，添水没过橘皮，煮沸后改文火煮至汁干，装盘待凉，再撒橘皮一般重量的糖，拌匀。

［功能］开胃理气，化痰止咳。

［益宜］脾胃不和之食欲不振、腹胀，痰阻胸肺，胸闷，咳嗽，痰多等。

土党参大枣饮

［配制］土党参 15～30g，大枣 9～15g。水煎服。

［功能］养脾健胃涩肠。

［益宜］脾虚泄泻。

土豆姜橘汁饮

［配制］土豆 100g，生姜 10g，橘子 1 个。土豆、生姜洗净，去皮及芽眼，切碎；橘子去皮、核，共捣取汁。每餐前服 1 汤匙。

［功能］健脾和胃，降逆止呕。

［益宜］胃肠神经官能症之呕恶纳差等。

土豆蜜膏

［配制］鲜土豆500g,蜂蜜适量。土豆去皮及芽眼,洗净、捣烂、绞汁,武火将土豆汁烧沸,文火煎熬至黏稠,加入约于等量的蜂蜜,搅匀,熬至稠膏,冷却装瓶。每服2汤匙,日3次,饭前空腹服。

［功能］和胃调中,润肠健脾。

［益宜］胃及十二指肠溃疡性疼痛,慢性胆囊炎之胁痛,习惯性便秘及皮肤湿疹等。

土豆汁饮

［配制］鲜土豆适量。去皮及芽眼,洗净捣汁。每次2汤匙,饭后温服。

［功能］和胃调中,健脾消炎。

［益宜］胃及十二指肠溃疡性疼痛,慢性胆囊炎之胁痛,习惯性便秘及皮肤湿疹等。

乌贝散

［配制］乌贼骨(去壳)255g,浙贝母(去皮脐)45g,共为细末,每服3g,日2～3次,空腹白开水送下。

［功能］化瘀愈疡,抑酸。

［益宜］胃及十二指肠胃酸过多。

乌发糖

［配制］黑桃仁、黑芝麻250g,红糖500g,植物油少许。黑桃仁炒熟;红糖入锅文火煎至糖液稠厚时,入芝麻,黑桃仁搅匀,停火,将糖倒入涂有植物油的搪瓷盘内,摊平,稍凉时划小块,装盆,每服3块,日2次。

［功能］补肾健脑,生发乌发。

［益宜］肾精亏虚之失眠健忘,头发早白,脱发等。糖尿病者忌。

乌龟肉煲猪肚

［配制］乌龟肉200g,猪肚200g。2者洗净,切成小块后,入瓦煲内加水适煲熟,加食盐少许调味。日内分2～3次服完。

［功能］补中益气,养胃滋阴。

［益宜］胃病之暖酸,胃疼等。

乌及散

［配制］乌贼骨、白及各等份。为细末,每服3g,日3次(米汤送服佳)。

［功能］益胃愈疡。

［益宜］胃及十二指肠溃疡。

乌梅膏

［配制］乌梅2 500g,饴糖适量。乌梅煮烂,去核,浓缩汁、肉捣膏,加饴糖拌匀,冷却装

瓶,每服 10ml,日 3 次,饭前服。另方:乌梅不拘量,煎成膏含化。

[功能] 滋阴生津,和胃止痛。另方曰:止久咳。

[益宜] 胃阴不足之胃脘疼痛,灼热嘈杂,食欲不振等,亦宜萎缩性胃炎胃酸分泌不足。胃酸过多者忌。

乌贼骨炖鸡

[配制] 乌贼骨 12g(打碎),鸡肉 90g(洗净,切块),2 品置瓷罐内,加水 500g,盐适量,上笼蒸熟,食时加味精。顿服,1 日 2 次, 连续服 3～5 次。

[功能] 益气温中,收涩止血。

[益宜] 脾虚型崩漏,下血色淡,面色萎黄等。

乌贼骨炖猪皮

[配制] 乌贼骨 15g,猪皮 60g。将 2 者洗净,猪皮切小块,同放碗内,加水适量,隔水文火炖至猪皮熟透。食猪皮,日 2 次,连续 2～5 次。

[功能] 健脾益气,固涩止血。

[益宜] 脾虚乏力,虚弱羸瘦,及血热型崩漏等。

五君子饮(原方名:五君子煎)

[配制] 人参 10g,白术、茯苓各 7g,炙甘草、干姜(炒黄)各 4.5g。水煎服。

[功能] 温阳祛寒,利湿止呕。

[益宜] 脾胃虚寒,呕吐泄泻兼湿者。

五味子散

[配制] 北五味子(拣)60g,吴茱萸(细粒,绿色者)15g。两味同炒香为末,每服 6g,陈皮汤送下。

[功能] 补脾涩肠。

[益宜] 五更泄泻

五香参肚卷

[配制] 猪肚 1 个,升麻 4g,砂仁 10g,炒枳壳 20g,党参 25g,柴胡 4g,胡椒面 5g,五香粉 30g,蒜末 10g,姜末 10g,精盐 8g,醪糟汁 30g,味精 2g。将升麻、柴胡五味净,烘干,研末,猪肚净切片,盐、中药末诸调料调拌均匀,抹于猪肚片上,以内向外裹紧成卷,用麻绳均匀扎好,挂通风处风干或烘干。吃时蒸熟,晾凉,切成圆片形。

[功能] 益脾胃,升清气。

[益宜] 脾胃气虚所致之胃脘饱胀,嗳气,疲乏无力,气短,消瘦,胃下垂等。

五香酒

[配制] 甘草、菊花、甘松、官桂、白芷、藿香、山李、青皮、薄荷、檀香、砂仁、丁香、大茴香 12g,细辛、红曲、木香各 1.8g,干姜 1.2g,小茴香 1.5g,烧酒 900g。诸 18 味绢袋

盛,浸入多年陈存的烧酒中,密封 10 天。早、晚各饮 1～2 盅。

[功能] 温中散寒。

[益宜] 脾胃气滞,中焦虚寒的脘痛,食欲不振,寒凝肝脉的小肠疝气及暑月感受风寒等。

五香烤鹅

[配制] 肥鹅肉 750g,干姜 6g,吴茱萸、肉豆蔻各 3g,肉桂 2g,丁香 1g,调料适量。鹅肉切块,五味药共研细末,抹鹅肉表面,放入调好的酱油、料酒、白糖、味精、盐卤中,浸 2～3 小时后放进烤箱文火烤 15 分钟,翻边再烤 15 分钟。佐餐食。

[功能] 补脾肾,固肠止泄。

[益宜] 脾胃虚阳之腹痛肠鸣、五更泻、腹冷喜暖、喜温食,体倦疲等。

鰕虎鱼附子汤

[配制] 鰕虎鱼 100g,制附子 15g,桂皮 3g。鰕虎鱼治净两药水煎至肉熟,弃药渣。饮汤食肉。

[功能] 补肾壮阳。

[益宜] 命门火衰之阳痿、尿频、畏寒肢冷、精神萎靡等。

仙人掌炒牛肉

[配制] 鲜仙人掌 30g,牛肉 60～90。仙人掌净,去针刺,切细;牛肉切片,调味同炒。佐餐或单食。

[功能] 行气活血,健脾清热。

[益宜] 气滞血瘀或胃有积热之胃脘疼痛等。

鲜菇炒鱼片

[配制] 鲩鱼 120g,洗净,切片,用盐、姜汁、花生油、芡粉拌腌;鲜草菇 200g,摘洗净,沸水拖过,沥水;热油锅先炒姜丝、草菇、调味,再投鱼片炒熟,入葱花、湿淀粉。随量食。

[功能] 补益脾胃,清烦除热。

[益宜] 高血压,动脉粥样硬化者头目晕眩,手脚麻木,体倦无力等。

鲜姜炒肉丝

[配制] 鲜姜 20g,去皮,切细丝,猪瘦肉 200g,切细丝。热油锅煸葱、姜、肉丝,见肉丝断生加酱油、绍酒、精盐、味精翻炒。淋入香油,出锅。佐餐食。

[功能] 温中散寒,健胃止呕。

[益宜] 脾胃虚寒之呕吐恶,食少便溏,胃脘冷痛,形寒肢冷。

鲜藕粥

[配制] 鲜藕 250g,洗净,切薄片,与粳米 100g(淘洗),红糖适量或蜜砂糖煮粥。早晚

分服。

[功能] 健脾补虚，开胃止泻。

[益宜] 中老年脾虚之食欲不振，久痢，久泻，久嗽，呕吐，出血等。

香砂糖

[配制] 香橼末 10g，砂仁末 10g，白糖 500g。糖入锅加少量水熬浓稠加前味药末搅匀，起丝时起火，倒入抹油的搪瓷盘内，摊平，晾凉，切块，装盛。每日早、晚食，每食 3 块。

[功能] 开胃健脾。

[益宜] 脾虚胃弱之食后腹胀、食欲不振等。

香酥鹌鹑

[配制] 鹌鹑 8 只，治净，去头、爪，放大碗内用料酒，精盐，椒末各 3g，大茴香 10g(捣末)、白蔻仁 5g(捣末)，官桂 3g(捣末)，生姜片、葱段各 10g，腌 2～3 小时，上笼武火蒸 20 分钟取出，凉后切块，滚一层湿淀粉(备 150g)，待旺火上锅中油八成热时，下锅炸透装盘；将前蒸碗汁原汁加糖 5g，味精 1g 和湿淀粉勾芡，淋鹌鹑块上，淋香油，佐餐食。

[功能] 补益脾胃，行气消食。

[益宜] 脾胃虚弱之不欲饮食，，食积气滞、胸脘痞闷，吐逆反胃等。

香酥山药

[配制] 山药 500g，洗净，蒸熟去皮，切 3cm 长段，纵剖两片，拍扁；烧锅油 7 成熟，下山药炸金黄色捞出沥油。锅内留油少许加白糖 125g，水 100ml 和炸好的山药条，文火烧 15 分钟后转武火，加醋、味精、用水、生粉勾芡，淋上熟油，随意食。

[功能] 健脾养胃，补肺益肾。

[益宜] 肺虚气喘咳嗽，脾虚食少，泻泄，肾虚遗精、尿频。可为肠炎、营养不良、糖尿病者食。

薤白煮鸡蛋

[配制] 薤白 120g，洗净，切碎，加入鸡蛋 2 枚(打)，共煮为汤，早晚空腹顿服。

[功能] 补阳益气。

[益宜] 阳虚久泻腹痛。

延年薯蓣酒

[配制] 薯蓣、白术、五味子(碎)，丹参各 32g，防风 40g，山萸肉 120g(碎)，人参 8g，生姜(屑)21g。诸味粗研，盛袋浸酒 1 500ml，密封 5 日。每温服 40ml，日 2 次，稍加，忌桃李雀肉等。

[功能] 益气健脾。

[益宜] 脾气虚弱之头目眩晕不能食等。

羊肉补酒

［配制］嫩肥羊肉750g，杏仁（去皮、尖）100g，木香7.5g，曲100g，糯米2 500g。糯米蒸饭，肥羊肉、杏仁同煮烂取汁，倒米饭中，加木香、曲共酿，10天后压出糟渣即成。每空腹饮2～3杯，日3次。

［功能］益气健脾。

［益宜］脾胃虚寒之胃脘冷痛，神倦乏力、纳差便溏等。

养阴清热健胃茶

［配制］徐长卿、麦冬、丹参、各3g，黄芪4.5g，生甘草、绿茶各1.5g。共为粗末，沸水冲泡，代茶频饮。日1剂，连续饮90天。

［功能］养胃阴，清胃热。

［益宜］虚弱性萎缩性胃炎，见胃痛隐隐有烧灼感，口干不欲食等。

苡仁煨鲤鱼

［配制］薏苡仁50g，泡，洗净，加水上屉蒸熟；鲤鱼1尾（约600g），去腮、鳞、内脏，洗净。鱼身两面切识字花刀，沸水汆，即捞起沥干；各佐料适量。火上炒勺加猪油50g，热煸葱、姜，烹绍酒、醋，加花椒水、白糖、精盐、清水适量煮鱼，沸后去浮沫，加薏米，改慢火炖熟透，拣去葱、姜块，加味精，旺火收汁勾芡，淋香油，抹蒜末，佐餐食。

［功能］健脾利湿。

［益宜］脾虚湿停水肿，小便不利，腹泻食少，肢体困倦，关节疼痛等。

益脾饼

［配制］白术30g，干姜6g，盛纱布袋内，与红枣200g，下锅加水，沸后文火煮1小时，去药袋与枣核，枣肉捣泥待用；将鸡内金15g研末与面粉500g合和匀，再倒入枣泥，加水适量，揉面团，再揉面团成条，掐小团，抹油、盐，做成薄饼，文火烙熟。单食或佐餐。

［功能］健脾益气，开胃消食。

［益宜］脾虚之食欲不振，食后胃痛，慢性腹泻等。

益智仁粥

［配制］糯米50g，煮粥，将熟调入益智仁粉末5g，盐少许，稍煮粥稠密。每日早、晚温服。

［功能］温脾止泻，补肾固精，止遗缩尿。

［益宜］脾肾虚寒之脘腹冷痛、泻，遗精，早泄，遗尿，尿频，多涎等。温热并，阴虚火旺者忌。

薏米陈皮鸭肉汤

［配制］野鸭肉250g，洗净，切块，炒薏米30g，莲子30g（去皮心），陈皮6g，生姜2片各洗

净,切细。全料入锅,加清水适量。武火烧沸,文火煮肉烂,调味食。

[功能] 补益脾气,健胃去湿。

[益宜] 脾虚湿热之肠炎、纳呆,消化不良、大便泄泻或肢体浮肿等。

茵陈附子粥

[配制] 茵陈、制附片、生姜各 10～15g,甘草 10g,红枣 5～10 枚,粳米 100g,红糖适量。附片、茵陈、甘草先煎服 1.5 小时,取汁去渣,入米、枣(剖开),生姜(切片)共煮粥,熟调入红糖,稍煮可食。日分 2 服。

[功能] 温化寒湿,健脾和胃。

[益宜] 寒湿发黄证,见黄色晦暗、纳少、脘闷或腹胀、大便不实,神疲畏寒等。

鳙鱼豆豉汤

[配制] 鳙鱼 500g,去腮、鳞、内脏、洗净;豆豉 6g,先煎,沸后入鱼和陈皮 3g,姜片 3g,胡椒 1.5g,盐少许。煮至鱼熟。食鱼肉喝汤。

[功能] 理气温中。

[益宜] 中焦虚寒之食欲不振、脘痛便溏、倦怠乏力等。

榆钱花鲜菇塌豆腐

[配制] 豆腐 2 块,切长方条,放入盘内,用盐、料酒、生姜汁腌渍,牙签豆条上扎眼,使其入味。榆钱花 10 朵,洗净。鲜蘑菇、鸡蛋、淀粉、油及各佐料适量。鸡蛋打入碗内搅匀。鲜蘑菇切片。炒锅注花生油,烧至六成热,把渍好的豆腐撒上淀粉、裹上鸡蛋液,逐片下入油中,炸呈金黄色,捞出沥油,去掉渣,整齐摆盘。炒锅放少量猪油,六成热时烹入料酒、鸡汤、下菇片、入盐、味精、姜汁调味,再入炸好的豆腐,撒上榆钱花,小火煨、汤将干,淋香油。

[功能] 健脾利水。

[益宜] 心脾不足之心悸失眠、食少乏力、便溏浮肿等。

玉米刺梨汤

[配制] 玉米 30g,刺梨 15g。水煎。顿服或代茶频饮。

[功能] 健胃消食,清热解毒。

[益宜] 脾胃不健之消化不良,饮食减少或泄泻等。兼有暑热者尤宜。

圆白菜白糖饮

[配制] 圆白菜全棵,白糖适量,将圆白菜洗净绞汁,入白糖,搅匀后饮用。每饮 1 小杯。

[功能] 促进溃疡愈合,缓解疼痛。

[益宜] 胃及十二指肠溃疡,疼痛等。

芸豆卷

[配制] 芸豆 500g,红枣 250g,红糖 150g,糖桂花适量,芸豆水发后文火煮至烂熟,稍冷,

置布上搓成泥;红枣以水泡发后去核,煮至烂熟,加红糖、糖桂花拌压成泥,将芸豆泥制成1厘米的长条片,上面铺一层枣泥,纵向卷起,用刀与糕条垂直切成糕块。日1次,当早餐。

[功能] 健脾利湿。

[益宜] 脾胃虚弱之食欲不振,便溏,水肿等。

枣柿饼

[配制] 柿饼50g,红枣50g,山萸肉15g。先将柿饼去蒂切块,红枣去核心与山萸肉同捣匀,做饼焙干食。

[功能] 健脾和胃,滋补肝肾,宣肺通窍。

[益宜] 脾胃虚弱,肝阴不足所致耳鸣耳聋,口干食少,倦怠懒动,动则气喘,心烦等。

泽泻鲤鱼

[配制] 泽泻15g,洗,切薄片后放绍酒5g,白糖10g,浸泡备用。鲤鱼1尾约500g,去鳞、鳃、内脏、洗净,鱼身两侧划兰花刀备用。精盐、青豌豆、香油各5g,味精3g,葱、姜末各2g,白糖150g,榨菜丁、绍酒各10g。炒勺加猪油30g,热入葱、姜、榨菜丁炒熟,加精盐、绍酒和鲜汤一碗,再入鱼、白糖和泽泻,沸后改小火,炖鱼熟透,汤汁浓时放味精、豌豆,转旺火收汁出勺。泽泻摆码鱼两侧,汤汁加香油炒匀,浇鱼身。随意食。

[功能] 渗湿利尿,消肿通乳。

[益宜] 脾失健运,水湿内停之水肿、小便不利、脘闷、产后乳少等。益宜慢性肾炎者。滑精者慎。

鹧鸪健脾益气汤

[配制] 鹧鸪1只,治净,党参、五味子各15g,山药50g,3药盛纱布袋,与鹧鸪共煮至肉熟。去药袋。饮汤食肉。

[功能] 补益气血,敛汗。

[益宜] 脾肺气阴两虚之食少倦怠、心悸气短、自汗水、咳嗽、气喘等。

炙肝散

[配制] 白术、白芍、山白芷、桔梗各120g。各为细末;用不入水獖猪肝150g,切小片或块;切葱白2寸,入盐3g和药末45g匀,拌猪肝匀后,以竹签作串,慢火炙香熟。空腹时吃,米饮送下。半月安。

[功能] 逐胃中风,益脾进食。

[益宜] 脾泄久不愈,虚弱瘦损,食少倦怠。或大便频泻不止。

雉肉抄手

[配制] 雉1只,如食法治净,切细;陈皮15g,洗,切,2品和加花椒、葱末、盐、酱油、味精调和成馅饼。面粉适量,和揉面团,制抄手皮,包馅做馄饨,煮熟。空腹温热

服食。

[功能] 补中益气,理气和胃。

[益宜] 脾胃虚弱之下痢,日夜无度,不思饮食等。

滋阴和中茶

[配制] 竹茹 3g,鲜青果 10 个,川朴花、羚羊角各 1.5g。将青果去尖,研碎,共为粗末,水煎代茶饮,日 1 剂。

[功能] 滋阴、养肺胃。

[益宜] 肺胃阴虚之口干欲饮,胃纳不香,咽红疼痛,咳嗽少痰等。

紫苏陈皮葱

[配制] 紫苏叶 9g,陈皮、葱各 15g。水煎服,日 1 剂。

[功能] 散寒和胃。

[益宜] 寒客中焦引起的呕恶不食,腹胀腹泻,寒热身痛等。

紫苑烧鱼

[配制] 紫苑 5g,陈皮 5g,大鲫鱼 2 条(约 500g),调料适量。鲫鱼常法洗净,沸水稍氽,捞出;前 2 味切碎,和匀,放入鱼腹。锅内猪油烧六成熟煸姜片、葱花香,略加清汤,放盐、酒、糖、胡椒粉烧沸,放入鱼,中火烧 15 分钟,鱼捞起入盘,湿淀粉调鱼汤,稠后浇鱼碗内。佐餐。

[功能] 健脾利湿。

[益宜] 脾虚之食少腹胀,便溏水肿等。

六、肺门类康复方

阿胶膏

[配制] 阿胶、杏仁各 90g,白羊肾 3 对,山药 60g,薤白一握,黄牛酥、羊肾脂各 120g。各品研末,和匀盛瓶内,蒸半日成膏,每服 1 茶匙,温酒调下。

[功能] 补肾养肺。

[益宜] 肺气喘急,下焦虚冷。

艾煨白果

[配制] 白果 10g,陈艾 5g。白果煨熟,去壳取仁,陈艾捣绒,同适量米饭混合作团,将白果仁包合其中,外用菜叶包裹,放火炭中煨香。取白果食,日 2 次。

[功能] 温肺益气,平喘止咳。

［益宜］肺气虚寒之喘咳上气。

白菜干腐皮红枣汤

［配制］白菜干 100g，腐皮 50g，红枣 10 个。加水适量煮汤，油盐调味，佐膳服食。
［功能］清肺润燥，滋阴养胃。
［益宜］老人慢性支气管炎干咳，秋冬肺燥咳嗽，及肾热、肠燥大便干结。

白果玫瑰球

［配制］核桃仁末、红枣（去皮核）、青梅末、橘饼、莲米末各 15g，南瓜子仁末 6g，同猪板油、白糖各 30g 及玫瑰酱拌匀，撒干淀粉 10g，搓“百果丸”（10～12 只）；用 4 只鸡蛋清入浅汤盆中，筷子打至起细泡沫，加干淀粉 30g，拌匀，再放入红米汁拌成红色；锅中放植物油 1 500g，旺火烧三成熟，将百果丸入蛋清糊碗滚满糊，入油炸，细壳，肥大时捞起；再待油烧至六成，投入全部“百果丸”，漏勺翻炒至淡黄，捞出装盘，撒糖，任意食。
［功能］补脾和胃，止咳定喘。
［益宜］哮喘，慢性支气管炎，肺结核等。健康者常食可防病延年。

白果全鸭

［配制］白果 200g，猪油 500g，水盆鸭 1 只，胡椒粉、料酒、鸡油、清汤、姜、葱、盐、味精、花椒各适量。白果去壳、膜、两头、心，沸入氽，入猪油锅稍炸；鸭净，去头、爪，食盐、胡椒粉、料酒拌将鸭身内外抹匀入盆，加姜、葱、花椒、切开鸭背去尽骨头，铺碗内，齐碗口修圆。修下余肉切白果大小颗粒，与白果匀放在鸭脯上，倒入原汁上笼蒸 30 分钟，待鸭肉烂，翻入盘中。向锅内掺入清汤，加入余下的料酒、食盐、味精、胡椒面，用水豆粉勾芡，放猪油少许，将白汁蘸在鸭肉上。
［功能］益肺补肾，消咳止喘。
［益宜］骨蒸劳热，咳嗽水肿，哮喘痰咳等。

白果小排汤

［配制］小排骨 500g，白果肉 30g（去红衣），调料适量。排骨洗净加黄酒、姜、水各适量。文火焖 1.5 小时后白果入内，加盐再煮 15 分钟，加佐料调匀葱末。
［功能］止咳平喘。
［益宜］咳嗽痰多气喘等。

白花膏

［配制］款冬花、百合（蒸）各等分。前 2 味共为细末，每服 5～7g。蜜、姜汁调膏服。
［功能］润肺化痰，止咳平喘。
［益宜］喘咳不已，或痰中带血。

白及蛋花

［配制］白及粉 5g，鸡蛋 1 只。打鸡蛋入白及粉搅匀。晨起制用沸水冲成蛋花服。

［功能］滋阴养血，收敛止血。

［益宜］肺痨咳嗽，痰中带血等。

白及豆腐汤

［配制］白及 50g，麦冬、甘草各 15g，豆腐 500g。前 3 味水煎取汁，再煮豆腐调味。佐餐或单食。

［功能］清热解毒，止血生肌。

［益宜］热毒肺痈之咳吐脓血、胸痛烦渴等。

白萝卜茶

［配制］白萝卜、生姜、梨各适量。切片，水煮数沸，取汁，代差频饮。

［功能］化痰止咳。

［益宜］咳嗽痰多，怕冷，胸闷。

白蜜银耳椰子盅

［配制］大椰子 1 个，剥衣，刮洗净，在蒂部横锯下 1/5，留作盖，倒出汁，水发银耳 80g，洗净，入沸水氽去味，入椰盅内，白蜜 120g 同入，生姜 150g，捶茸加开水 500ml，煎取汁入椰盅盖上盖，将椰盅放入大碗里，上大火蒸 2 小时。

［功能］补肺润肺，化痰止咳。

［益宜］肺虚或肺阴虚所致的干咳少痰、喉痒、痰中带血等。

百部蜜膏

［配制］百部 30g，蜂蜜 60g，百部煎取汁，浓缩，加蜂蜜，文火收膏。每服 1 汤匙，开水化，日 2 次。

［功能］润肺止咳。

［益宜］肺虚久咳，干咳少痰，咽喉干燥，及肺痨咳嗽等。

百蛤散

［配制］百合 60g，蛤蚧粉 60g，百部 30g，洗净，焙干，研细末。每服 6～10g，蜜调服，日 2～3 次。

［功能］养肺、止嗽、止血。

［益宜］慢性支气管炎，支气管扩张，咯血等。

百合党参猪肺汤

［配制］百合 30g，党参 15g，猪肺 250g。3 味各洗净，加水炖至肺熟，加盐少许调味。饮汤吃猪肺。

[功能] 补肺气,养肺阴。

[益宜] 肺虚久咳,反复发作,难于治愈者。

百合炖鳗鱼

[配制] 鳗鱼肉 250g,鲜百合 100g,调料适量。百合撕去内膜,用盐埋过,洗净,盛于碗内,鳗鱼肉用少许盐、黄酒渍 10 分钟,放于百合上,撒上青葱、味精,上屉蒸熟。佐餐食。

[功能] 养阴补虚,润肺止咳。

[益宜] 干咳少痰,肺结核,淋巴结核等。

百合杏仁赤豆粥

[配制] 百合 10g,杏仁 6g,赤小豆 60g,白糖少许。赤小豆净,武火煮沸。文火煮米熟,加前二味与糖,同煮至熟。早晚食。

[功能] 润肺止咳,除痰利湿。

[益宜] 肺燥咳嗽、喘促,小便不利等。

百合杏仁粥

[配制] 鲜百合 50g,杏仁 10g,粳米 50g,白糖适量。杏仁水泡,去皮尖,捣碎与百合、米煮粥,熟加白糖适量、稍煮。早晚食。

[功能] 润肺止咳,养心安神。

[益宜] 病后虚热,干咳少痰,虚烦不眠等。风寒咳嗽,脾胃虚者不宜。

百合雪梨汤

[配制] 大雪梨 1 个,百合 10g,麦冬 10g,胖大海 5 枚。梨洗净后切小块与后 3 味同煎,梨 8 成热时,入适量冰糖(亦可不用)。饮汤食梨。

[功能] 养阴生津润肺。

[益宜] 肺阴亏虚咽喉干燥,干咳少痰,鼻腔干燥,声音嘶哑等。

百花散

[配制] 款冬花、炙五味子、紫苑、天花粉、牡丹皮、桔梗、橘皮、麦门冬、前胡、百合、玄参、沙参、薄荷、炒蒲黄、炒杏仁、柿霜、川贝母各 150g。为细末,储瓷瓶,密封。每服 3~5g,日 2~3 次。蜜调下。

[功能] 养阴润肺,理气化痰。

[益宜] 肺热虚火,咳嗽痰喘,口干声哑,痰中带血。

保健饼(另方:独圣饼)

[配制] 人参 25g,蜜蜡 100g,蛤蚧 1 对,糯米适量。蛤蚧用酒、蜜涂,炙熟,低温烘干,冷却后与人参共研细末,将蜜蜡溶,纱布滤去杂质,和药末调 25 个药饼。每早、晚嚼服药饼 1 个,糯米稀粥 1 碗送下。

[功能] 补肺气，益脾肾，顶喘嗽。

[益宜] 肺肾两虚之咳嗽气喘，气短乏力、四肢浮肿等。

北杏炖雪梨

[配制] 北杏 10g，雪梨 1 个，白砂糖 30～50g。雪梨，净，切块与北杏、砂糖同放炖盅内，加水适量，隔水炖 1 小时。食梨饮汤。

[功能] 化痰止咳，清热润肺。

[益宜] 秋冬燥咳，慢性支气管炎干咳，口干咽痛，肠燥便秘等。

北杏仁猪肺汤

[配制] 猪肺 250g，北杏仁 10g，姜汁 1～2 汤匙。猪肺切块洗净与杏仁加水适量煲汤，汤将好时冲入姜汁，食盐调味。饮汤食肺，日 2 次，随量。

[功能] 止咳化痰，补肺润燥。

[益宜] 慢枝属阴虚者，及肠燥便秘等。

贝母甲鱼

[配制] 甲鱼 1 只，川贝母 5g，鸡清汤 1 000g，将甲鱼净后切块，置蒸钵中入鸡汤，加贝母、盐、料酒、花椒、姜、葱。上笼蒸 1 小时。趁热佐餐服食。

[功能] 滋阴补肺。

[益宜] 阴虚咳喘，低热，盗汗等。常人服，能防病强身。

鳖鱼滋阴汤

[配制] 鳖鱼 250g，去肠脏及头爪，百部、地骨皮、知母各 9g，生地 24g(4 药盛纱布袋，扎口)，与鳖鱼同煮至肉熟烂，弃药袋，食肉饮汤。日 1 剂，分 2～3 次服。

[功能] 滋阴清热。

[益宜] 肺阴不足，虚火内盛之潮热、盗汗、手足心热等。肺结核者宜常食。

冰糖杏仁糊

[配制] 南杏仁 15g，北杏仁 3g，大米 30g，冰糖适量。2 仁清水泡软去尖、皮，大米泡软，共捣烂，加清水，冰糖煮稠糊，早晚温服。

[功能] 润肺止咳，祛痰平喘，下气润肠。

[益宜] 慢性支气管炎，干咳，老人肠燥便秘等。

参芪补肺汤

[配制] 人参、黄芪、白术、茯苓、陈皮、当归、山茱萸、山药、五味子、麦冬、甘草各 1.5g，熟地 4.5g，牡丹皮 3g，加生姜 3 片，大枣 3～5 枚，煎服。

[功能] 益脾气扶元固本，补脾肾养阴益金。

[益宜] 肺痈、肾水不足、虚火上炎、咳吐脓血、发热作渴、小便不调等。

参芪肺宝饮

[配制] 丹参 15～20g，黄芪 30g，胆南星 5～10g，僵蚕 10g，蜂蜜 10g。前 4 味煎，取浓汁 200ml，入蜜调，每服 1/2 份，日 2 次。连续数日。

[功能] 益气、化痰、通络。

[益宜] 慢性阻塞性肺气肿。实验证明可显著降低血清 TNF～α 及 IL～8 含量。

参味猪肺汤

[配制] 北沙参 20g，五味子 10g，诃子 6g，猪肺 1 具。猪肺洗净切块，置砂锅中加洗净之前 3 味及适量调料，加水文火炖 60 分钟，饮汤食猪肺。

[功能] 补肺养阴，收敛止嗽。

[益宜] 肺气两虚之慢性咳嗽，痰少不易咯出，短气言微，喘促等。

苍耳猪肺汤

[配制] 猪肺 1 副，山楂、诃子各 9g，苍耳草 30g。取猪肺尖部的两个小叉(即猪倒肺)，苍耳全草，山楂、诃子洗净，切，入砂锅加水 1 000ml，煎取 500ml，再加水 500ml，煎取 300ml，去渣即成。服时可加食盐少许，分 2～3 次服完。体虚或久病者加用桂圆或荔枝煎汤，调冰糖。

[功能] 清肺经郁热。

[益宜] 肺经郁热所致的肺脓肿(未溃或排脓后宜)。

川贝冰糖柑

[配制] 川贝粉 2g，冰糖 20g，广柑 1 只。广柑去皮，在碗内压　去核，与川贝粉、冰糖混匀，上笼蒸 10 分钟。1 次服完，日 2 次。

[功能] 清热化痰，润肺止咳。

[益宜] 肺虚久咳。脾胃虚寒及湿痰者不宜用。

川贝鸡蛋

[配制] 川贝 5g，鸡蛋 1 个。川贝研细末，鸡蛋敲一如 1 分硬币大小的孔，川贝粉渗入鸡蛋内，湿纸将孔封闭，蒸熟。每服 1 个，早晚各 1 次，连用数日。

[功能] 化痰止咳，清金养肺。

[益宜] 咳嗽日久不愈，顿咳等。

川贝江米梨

[配制] 鸭梨 2 只(约 300～400g，削去皮，挖去梨核)，川贝母 6g，江米 100g，熟猪油 10g，白糖 150g，桂花卤 3g，湿淀粉少许。川贝研末，装入备好的梨中，梨置碗内。江米淘净放另碗中，加水上屉蒸烂，取出加白糖、桂花卤、猪油拌匀，倒入盛梨碗内，用油纸封住碗口，上屉蒸 1 小时，取出，扣入碗中。锅内放水加糖 100g，沸后用湿淀粉勾稀流芡，浇在江米梨上。日 1 剂，分 2 次服。

［功能］清热化痰，润肺止咳。

［益宜］虚劳咳嗽，肺热咳嗽，百日咳，急慢性气管炎等。

川贝莱菔茶

［配制］川贝母、莱菔子各15g。共研粗末，加水煎汤，去渣取汁。代茶饮。

［功能］化痰理气止咳。

［益宜］慢性支气管炎，咳嗽痰多症等。

大丁草饮

［配制］豹子药(大丁草别名)6g，煎水服，红糖作引。

［功能］止咳化痰。

［益宜］咳喘症。

大飞杨草汁饮(别名:大飞杨、白乳草、奶母草等)

［配制］大飞杨全草一握，捣烂，绞汁半盏，开水冲服。

［功能］清热解毒。

［益宜］肺痈。

大火根草炖肉(别名:野棉花根、土白头翁)

［配制］大火根草、红猪毛七各30g，炖五花肉250g服。

［功能］化痰散瘀止咳。

刀豆鹌鹑丁

［配制］鹌鹑肉、刀豆各150 g，鸡蛋1个，调料适量。将刀豆切丁，入沸水脑淖3分钟，再用冷水冲淋，鹌鹑肉切丁，加少许黄酒、精盐与蛋清，生粉拌匀。把油烧至六成爆肉丁，用武火翻炒，入刀豆，再加适量白糖，味精调味，淋上油，佐餐用。

［功能］补脑润肺，增乳补虚。

［益宜］呼吸系疾病，心血管疾病属阴者。地栗拌海蜇

［配制］海蜇头250g，冷水泡发，洗净，切丝，浸于冷开水开20分钟，捞起沥干，荸荠(地栗)100g，去皮切丝，拌和海蜇丝，将油加热，爆香葱白末，加酱油、精盐、味精等调成汁，作蘸料。佐餐。

［功能］清肺化痰。

［益宜］痰热咳嗽，棉尘肺等。

炖雪梨川贝

［配制］雪梨1个，川贝母5g。将雪梨去核，川贝母捣碎纳入，盖好切挖口，用牙签插固，入蒸碗，蒸约1小时。食梨饮汤。每日1次，3～5次为1疗程，不愈可重复。

［功能］清热化痰，滋阴润肺。

［益宜］阴虚肺燥之咳嗽痰少、干咳等。

二冬二母膏

［配制］天冬、麦冬各150g，知母、贝母各50g，冰片200g(糖尿病者可用木糖醇食品胶替代。编者注)。前4味水煎3次，取汁2 000ml，入糖，文火收膏加防腐剂。每服15～20g，日3次。

［功能］滋阴，清肺，凉血。

［益宜］肺阴虚之干咳，经期及经前期有规律性的吐血，咯血，血量多，头晕耳鸣，烦躁易怒，两胁胀痛等。

二冬膏

［配制］天门冬(去心)、麦门冬(去心)各等份，水煎浓缩，加蜜收膏，不时噙咽。又方：天冬、麦冬各25g，川贝母60g，蜂蜜适量。2冬水煎取汁，加川贝母粉，炼蜜收膏。每服10ml，日3次。

［功能］清心润肺，降火消痰。又方：滋润肺肾，清热止咳。

［益宜］肺胃燥热痰涩咳嗽。又方：肺肾阴虚或有热之干咳少痰，咽喉疼痛，声哑失音，虚劳咳嗽、咯血，骨蒸潮热等。

二母团鱼汤

［配制］鳖1只，知母、贝母、银柴胡、甜杏仁各15g，将鳖洗净，取肉切块，与4药同入锅，加适量水，煎煮至肉熟，加食盐少许。饮汤食肉。亦可将药研焙为末，与鳖骨末合肉汁为丸服。

［功能］滋阴清热，润肺止渴。

［益宜］肺肾阴虚之骨蒸潮热，五心烦热，盗汗，咳嗽咽干等。

番石榴花溜三白

［配制］番石榴花40朵(去梗除萼洗净)，熟山药130g(去皮，切长4cm，厚0.3cm的片)，鲜蘑菇75g，净鲜笋50g(3品各切与山药相仿的片)，黄豆芽170g，香糟卤等佐料适量。将碗放湿淀粉10g，加盐1g调稀糊，投山药片抓匀。炒锅置中火上，投花生油待油五成热时，逐个下山药片至糊熟倒入漏勺。原锅留底油略煸菇、笋片即投番石榴花、鲜汤、、精盐、白糖、味精、山药片，糟卤，湿淀粉勾芡，淋香油盛盘，随意食。

［功能］健脾补肺，固肾益精。

［益宜］肺虚咳嗽、脾虚食少泄泻、肾虚遗精、遗尿等。

蜂房豆腐汤

［配制］露蜂房(有仔者)10g，豆腐50g，白糖20g。蜂房加水煎30分钟，取汁，入豆腐，白糖再煮10分钟。饮汤食豆腐，日1剂量，分2服。

［功能］祛痰镇咳。

蜂蜜百合

[配制] 百合 100g,蜂蜜 20g。百合洗净,盛碗加蜜,蒸熟食。日分 2～3 次。

[功能] 滋润心肺。

[益宜] 肺阴虚之干咳、声哑、咽痛、心阴虚之心烦、失眠等。亦为肺结核者辅食。

蜂蜜炖川贝

[配制] 川贝母(碾碎)6～12g,蜂蜜 15～30g。两者合加水炖服。日 1 次,连续服 20～30 日。

[功能] 清肺、化痰、定喘。

[益宜] 痰热蕴肺之呼吸急促、喉中痰鸣、痰黏难出、口苦咽干、常欲饮冷等。

蜂蜜萝卜汤冲蛤粉

[配制] 蛤蚧数只,焙干研末;蜂蜜 30g,鲜萝卜适量。每服蛤蚧粉 6g,以后 2 味煎汁,送下。日1 次,常服。

[功能] 养阴清肺,祛瘀散结。

[益宜] 火燥伤阴之干咳,咯痰少量或痰中带血、短气等。

蜂蜜羊胆汁

[配制] 鲜羊胆汁 120g,蜂蜜 250g。混匀蒸 2 小时,待冷,装瓶。每服 15～20g,早晚各1 次。

[功能] 清肺化痰止咳。

[益宜] 痰热犯肺之呼吸急促、喉中痰鸣、痰黏难出等。

蜂蜜蒸梨

[配制] 大白梨 1 个,挖去核,入蜂蜜 30g 内,加盖置碗中,上笼蒸熟。每食 1 个,日 2 次。

[功能] 润肺止咳。

[益宜] 阴虚肺燥之干咳、久咳痰少、咽干口燥、手足心热、盗汗等。

腐皮白果粥

[配制] 白果 6 个,豆腐皮 30g,粳米 30g。白果去壳、皮、心,洗净,豆腐皮切碎。粳米洗净,与白果、豆腐皮同入锅,加水文火煮粥,调味食。

[功能] 益气养胃,敛肺平喘。

[益宜] 慢支,哮喘肺虚者,症见咳喘日久不愈,动则尤甚,体倦气短等。

腐竹白果粥

[配制] 白果 20g(去壳皮),腐竹 30g,粳米 100g。白果打碎,腐竹泡开,粳米洗净,共煮粥。日 1 剂,分 2 温服。

[功能] 温肺益气,养胃消痰,固肾止带。

［益宜］肺虚喘咳，肾虚遗尿，小便频数，带下清稀；腰酸乏力等。

附子干姜粥

［配制］制附片 10g，干姜、红糖各 5g，葱白 2 茎，粳米 100g。附片、姜片洗净，入砂锅煎 1 小时，取汁，去渣；再与粳米加水适量，同煮粥，葱白后下，粥熟调红糖，令化。日分 2～3 服。

［功能］化气行水，温阳散寒。

［益宜］阳虚咳嗽反复发作，迁延难愈，痰涎清稀，畏寒，肢体沉重，甚则四肢逆冷等。

干冬菜粥

［配制］干冬菜（霉干菜）30～50g，粳米 100g.，煮粥。调少许植物油。日 1 剂，连服数日。

［功能］清肺润燥。

［益宜］肺燥津伤之声哑，喉燥，干咳无痰等。

干枣补肺饮

［配制］干枣肉 720g，杏仁、生姜汁、饴糖、酥蜜各 180g。微火煎稠，每服 1 匙。

［功能］温肺散寒。

［益宜］肺寒损伤，气咳，鼻塞多呼声。

甘草醋茶

［配制］甘草 6g，蜂蜜 30g，醋 10g，沸水冲泡，代茶饮。早晚各 1 次。

［功能］化痰止咳平喘。

［益宜］慢性支气管炎。

甘蔗百合葧荠饮

［配制］甘蔗汁 50g，葧荠汁 25g，百合 15～20g。水煎，水沸 30 分钟。取汤饮用。

［功能］润肺止咳。

［益宜］肺阴虚之干咳痰少、咽干等。

甘蔗粥

［配制］甘蔗汁 50～100ml，粳米 100g。甘蔗兑水适量同粳米煮粥。空腹食。

［功能］清热生津，养阴润肺。

［益宜］肺燥咳嗽及热病津伤，心烦口渴，大便燥结等。能解酒毒。

蛤蚧炖冰糖

［配制］蛤蚧数只，冰糖 15g，蛤蚧火焙干研末，每用 5g 与冰糖炖服。日 1 服，连服 20～30 日。

［功能］温肺补肾，纳气平喘。

［益宜］肺肾两许之喘息气逆、动则尤甚。

蛤蚧人参粥

［配制］蛤蚧 2 个(制,研粉),人参粉 3g,糯米 50g。糯米洗煮粥,将熟加蛤蚧、人参粉、稍煮,搅匀。温服。又方:蛤蚧 1 只,党参 30g,粳米 50g。

［功能］补肾敛肺。

［益宜］肺肾两虚,咳嗽气喘、动则尤甚、气短乏力、腰膝酸软等。

蛤蚧羊肺汤

［配制］蛤蚧 6g,羊肺 100g。羊肺洗净,炖汤,将入蛤蚧末搅匀,少加食盐,稍煮,食羊肺饮汤。

［功能］补益肺肾。

［益宜］肺肾两虚之咳嗽喘短气,动则加剧。

瓜蒌饼

［配制］瓜蒌瓤 250g,白糖 100g,面粉 800g。瓜蒌瓤去籽,与白糖加水一同煨熬。水干后糖、瓤拌匀压成馅备用;面粉制成发酵面团,加馅包制成面饼,烙熟或蒸熟食用。

［功能］清热化痰,宽胸散结,润肺滑肠。

［益宜］肺热咳嗽。见咳嗽痰少黄稠,胸痛,便秘等。

桂花橘皮茶

［配制］干桂花 3g,橘皮 10g。一同放入杯中,沸水冲泡,代茶,每日 1 剂。

［功能］燥湿化痰,理气散瘀。

［益宜］痰湿咳嗽。

鳜鱼羹

［配制］鳜鱼 250g,百合、薏苡仁各 30g,调料适量。将鳜鱼治净,切段,与 2 药同煮熟,略加猪脂,食盐调味服食。佐餐食。

［功能］益脾滋肺。

［益宜］脾肺不足,食少神疲、久咳不愈等。肺结核者益常食。

寒食粥

［配制］杏仁、旋覆花、款冬花各 10g,粳米 50g。前 3 味煎去渣取汁,入米煮粥。空腹食。

［功能］止咳平喘。

［益宜］痰饮阻肺之咳嗽喘促、痰涎清稀。

蔊菜生姜汤

［配制］蔊菜 60g(鲜品 90g),生姜 10g,各洗净,切,含煎取汁,温服,日 3 次。又方:鲜蔊

菜60g,鲜萝卜汁60g。焯菜捣取汁,2汁合1服。

[功能]温肺化痰止咳。又方:清热化痰。

[益宜]风寒犯肺或寒饮郁肺元咳嗽、吐痰清稀、畏寒等。又方:痰黄。

旱莲贝母鸡

[配制]贝母鸡(食贝母而长)1只1 400g,绍酒50g,姜块25g,葱结40g,花椒25粒,精盐6g,味精1.5g,清汤250g。鸡治净,用精盐3g,绍酒50g,姜末15g,葱10g,花椒10粒拌匀,在鸡身内外抹匀,腌1小时,入沸水氽,沥干水入盆,加清汤,和剩余佐料,用湿纸封口,蒸2小时至熟烂。去姜、葱、花椒加味精。随意食。

[功能]补益肺肾,化痰止咳。

[益宜]肺热咳嗽痰黄,肺燥咳嗽咯痰不爽,肾虚阳痿,腰酸等。

诃子饮

[配制]诃子、杏仁各30g,通草7.5g。研粗末。每服12g,加生姜5片,水煎服。

[功能]敛肺化痰,下气,抗恶变。

[益宜]久咳语声不出。

化痰饮

[配制]雪梨汁一杯,生姜汁1/4,蜜半盅,薄荷细末一钱。和匀器盛,重汤煮一小时,任意与食。

[功能]泄肺降痰。

[益宜]痰气壅塞,降痰如奔马。良验。

黄精银肺

[配制]黄精25g,纱布袋盛,扎口;猪肺300g,洗净,猪透,捞起洗净,切片;海米2g,开水稍烫,捞起备用,绍酒、花椒水、精盐、海米、猪肺,上火浇沸,除去浮沫,改文火炖熟,烂,拣去纱布袋、葱、姜,加入味精、花椒面、醋、香油,开锅后,随意食。

[功能]滋心肺,补中气。

[益宜]肺气阴两虚之肺痨咳嗽,痰中带血,颧红盗汗,潮红骨蒸,及倦怠乏力,食少便溏等。亦宜肺结核,产后气血不足等。

黄芪膏

[配制]生黄芪、生石膏、鲜茅根各12g,水煎取汁500ml,调甘草、山药细末各6g,煮以勺搅之,勿使药末沉锅底,稠膏成再调入蜂蜜30g,令微沸,日内3次服。

[功能]补益肺脏,清热润燥。

[益宜]肺气阴两虚,肺尖清肃之喘咳不已,冬季尤甚者。亦宜作预防养生。

黄芪茅根膏

[配制]生黄芪、鲜茅根、生石膏各12g,蜂蜜30g,甘草末6g,山药末9g,前3味煎取汁,

去滓取汁，调入甘草、山药末同煎成膏，再入蜜，令微沸，分 3 服，日 1 剂。

[功能] 培元祛风，补肾益肺。

[益宜] 肺有痨病，薄受风寒即喘咳，冬时愈甚者。

蕺菜炖猪肚

[配制] 鱼腥草 120g，猪肚 1 个，2 物洗净，鱼腥草放猪肚内，缝，小火炖汤服。

[功能] 清热解毒，补脾益肾。

[益宜] 肺脾两虚之咳嗽，盗汗，食少乏力等。

蕺菜宁肺汁

[配制] 鲜蕺菜(鲜鱼腥草)250g，洗净，捣，绞取汁，日分 3 服。

[功能] 清肺排脓。

[益宜] 咳嗽，咳吐脓痰，痰腥臭，发热等。

加味竹沥梨膏

[配制] 黄梨 100 个，鲜竹叶 100 片，鲜芦根约 6 厘米长 30 支，橘红 30g，荸荠 50 个，竹沥 30ml。梨、荠、芦根煎取汁，竹叶、橘红另煎兑入，并入竹沥，文火浓缩至稀流膏状。每服 10～20ml，日 2～3 次。

[功能] 清热化痰，润肺止咳。

[益宜] 阴虚劳咳痰多色黄，或痰中带血，咽干口渴，声哑、潮热。大便溏者不宜。

简化补肺阿胶粥

[配制] 糯米 30g，阿胶 15g，杏仁(捣)、马兜铃各 10g，冰糖适量。杏仁、马兜铃水煎取汁，与糯米同煮粥，阿胶热水烊化，与冰糖共调入粥内。日 1 剂，分 3 服(可易马兜铃为玉竹、紫菀各 10g)。

[功能] 补肺阴，清肺热，止咳喘。

[益宜] 肺阴虚火盛之咳嗽喘促、痰中带血等。

姜豉饴糖

[配制] 干姜 30g，淡豆豉 15g，共煎至液稠时加饴糖 250g，调匀，继续熬至起丝，不粘手时倒抹过油的盘中，稍冷，切块，随意食。

[功能] 发表透邪，温肺化饮。

[益宜] 外寒内饮之咳嗽气喘，吐白黏泡沫痰、发热、胸闷、烦躁等。

姜汁糖

[配制] 赤砂糖(或砂糖)250g，生姜汁一汤匙。糖入锅加水少许小火熬稠，加姜汁、调匀，熬至起丝，不粘手，倒入抹油的方盘中，稍凉切块，空腹食数块。

[功能] 健脾和胃，温化寒痰，止嗽。

[益宜] 肺寒型慢性支气管炎、咳嗽、吐白痰、食欲不振、呕恶等。

金龟虫草参煲

[配制] 金钱龟 1 000g,沸水烫 3 分钟,去硬壳、头、爪、刮去黄皮,再剁四块,沸水氽后捞出;虫草 6g(洗),沙参 7g(泡透切片),火腿肉 30g,猪瘦肉 95g,鸡汤 250g,猪油、盐等佐料适量。猪油锅起火,烧热后煸炒葱、姜、龟肉,烹料酒,加开水烧沸 5 分钟后捞出。取一大盆将沙参放盆底部,上放龟肉,虫草、火腿、猪瘦肉放龟肉四周,倒入鸡汤,调料盖好盖,上屉蒸至龟肉熟烂透,择出火腿、瘦肉、调料,加盐、味精、胡椒粉。佐餐。

[功能] 养阴、补气、补血、固本、扶正。

[益宜] 肺肾阴亏之干咳、咯血、五心烦热等。肿瘤患者食宜。

粳米桃仁粥

[配制] 粳米 100g,桃仁 30g(浸、去皮、尖,研)。2 味煮粥。空腹食。

[功能] 行气止痛。

[益宜] 上气咳嗽,胸膈伤痛。

酒蛤蚧

[配制] 黄酒 250g,蛤蚧 10 对。竹片将蛤蚧之头、足、鳞去掉,切小块,用黄酒浸后,微火烘干,研细末。每服 1～1.5g,日 2 服,温开水送下。

[功能] 补肾壮阳,纳气定喘。

[益宜] 肺肾两虚之咳喘短气、阳痿、尿频、腰腿痛等。外感、阳热症不宜。

桔梗甘草茶

[配制] 苦桔梗 100g,甘草 100g,共研为末,每用 10g,泡茶。

[功能] 宣肺降气,止咳化痰。

[益宜] 肺气滞阻,咳嗽有痰。

橘红酒

[配制] 橘红 30～50g,洗净,切小块,投 500g 酒中,封口,浸泡 7 日。每晚睡前饮 1 小盅。

[功能] 化痰止咳。

[益宜] 痰湿阻肺之咳嗽痰多,喘促喉鸣等。

橘皮饮

[配制] 橘皮 10g,杏仁 10g,老丝瓜 10g,白糖适量。杏仁温水泡,去皮尖,橘皮、丝瓜洗净,加水同煮 20 分钟,去渣留汁,加糖搅化。代茶饮。

[功能] 化痰止咳。

[益宜] 痰湿阻肺、胸闷、咳嗽、痰多等。

苦菜膏

［配制］苦菜1 000g,大枣40枚。苦菜洗净,煎烂,取煎液煮大枣,待枣皮裂开后取出,余液熬膏。早、晚各服1匙,大枣1枚。

［功能］清热、化痰,止嗽。

［益宜］慢性气管炎。

苦丁茶

［配制］构骨叶、茶叶各500g。2者研末,加面粉糊作黏合剂,用模型压成方块状或饼状,烘干,即得。每块重约4g,每次1块,1日2次。开水冲泡,当茶饮。

［功能］滋阴清热,祛风止痛。

［益宜］阴虚咳嗽、咯血、心烦、腰膝酸软、潮热盗汗等。

款冬花百合饮

［配制］款冬花15g,盛纱布袋,扎口;百合15g,洗净。同置砂锅煮至于百合熟烂,去款冬花,加白糖或蜜适量,食百合喝水。又方:冬花9g,百合15g,煎。

［功能］润肺化痰止咳。

［益宜］肺阴不足,久咳不已,痰中带血等。

款冬花川贝梨炖猪肺

［配制］款冬花干蕾3g(去杂,理净),川贝母15g(洗净),雪梨2只(去皮,切1cm见方丁,猪肺50g入灌水洗净,挤沫,除污净,切2cm×1cm的条),冰糖少许。将猪肺、川贝母、雪梨放入砂锅,加冰糖、清水适量,武火烧沸后,文火炖肺熟烂,入款冬花略煮,随意食。

［功能］祛痰、润肺、止咳。

［益宜］肺虚咳嗽,痰少难咯,口干气短等。宜为慢性气管炎、肺结核者膳食。

栝楼饼

［配制］栝楼瓤250g,去子,放入锅内,加水适量,白砂糖100g,面粉750g。以栝楼瓤加水与白糖一起,小火煨熬,拌压成馅;面粉揉面团发酵,加碱揉匀,掐面包馅制饼。或烙或蒸食之。

［功能］润肺、散结、化痰、滑肠等。

［益宜］肺燥津亏之咳嗽、少痰、胸痛、便秘等。

栝楼薤白酒汤

［配制］栝楼实1枚(捣),薤白110g,白酒1 400ml,同煎取汁400ml,温分2服。

［功能］通阳散结,行气化痰。

［益宜］胸痹,喘息咳嗽,胸背痛,短气,寸口脉沉而迟,关上小紧数者。

腊梅花茶

[配制] 腊梅花 5g,入杯,沸水冲泡,代茶饮。每日 2 剂。

[功能] 清热散瘀,顺气止咳。

[益宜] 痰热咳嗽等。

莱菔子饮(莱菔子即萝卜成熟的种子)

[配制] ①莱菔子 100g,研,煎汤,食前饮;②白萝卜子,焙干,研细粉,白砂糖水送服少许,日 1 次;③莱菔子,研,以水滤汁,浸缩砂 30g,1 夜,炒干,又浸又炒,反复 7 次,为末。每次米汤饮 3g。

[功能] 下气定喘,消食化滞,化痰。

[益宜] ①积气上气咳喘;②百日咳;③气胀气臌。

灵芝末蒸肉饼

[配制] 灵芝末 3g,猪瘦肉 100g。猪瘦肉剁成肉酱,与灵芝末拌匀加酱油少许调味,碗盛隔水蒸。佐餐,日 2 次。

[功能] 益气养阴安神。

[益宜] 气阴两虚之慢性支气管炎、慢性胃炎及神经衰弱等。

灵芝沙参百合茶

[配制] 灵芝 10g,南、北沙参各 6g,百合 10g。先将灵芝用温水浸半小时,再加后 3 味煎沸,共储热水瓶中,分 2～3 次温饮。每日 1 剂。

[功能] 益肺补虚,补痰止嗽。

[益宜] 慢性支气管炎或支气管哮喘,风寒(热),痰热已去,仍咳嗽不已,偶有咳痰、气急等。

琉球芍杞桃红

[配制] 核桃仁 500g,泡去皮,沸水氽,晾干,热油中炸浮捞起;枸杞 15g,白芍 10g,煎取浓汁;炒置火上加油 25g,烧锅热倒药汁,微火烧五成熟,加白糖熬搅,待糖冒细泡时,加入核桃仁颠翻均匀,随后倒案板上,筷子拨开,晾凉。随意食。

[功能] 养肝补血,强腰益肾,润肺定喘。

[益宜] 肺肾虚之气短喘咳,动则尤甚,肝虚之腰腿无力,头晕等。

罗汉果猪肺汤

[配制] 鲜猪肺 250g,罗汉果 1 个。猪肺洗净,切小块,放热油锅煸炒,猪肺呈咖啡色,加罗汉果和适量清水,煮沸 1～2 小时,调味食,每日 1 剂,连服 3～5 日。

[功能] 清心润肺,止咳化痰。

[益宜] 慢性咳嗽。

罗裙带根煲猪肺

[配制] 罗裙带头去皮切片,同猪肺煲食。

[功能] 清火解毒,止嗽。

[益宜] 痰壅咳嗽不止。

马勃糖

[配制] 马勃粉200g,白糖500g。白糖放锅内,加少许水,文火煎熬至稠,倒入马勃粉,拌匀停火。倒入涂有植物油的搪瓷盘内,摊平,待稍凉,刀切成小块。每次1小块。含服,日3次。

[功能] 清肺平喘。

[益宜] 肺热之咳嗽气喘,咽喉肿痛,咯血,鼻齿出血等。

马兰头汤

[配制] 马兰头50～100g,择,洗净,水煎服,连服1～2周。

[功能] 解毒化痰止喘。

[益宜] 慢性支气管炎。

麦冬平肺饮

[配制] 人参、麦门冬、赤芍药、槟榔、赤茯苓、陈皮、桔梗各3g,甘草1.5g,水煎服。

[功能] 益气养阴,化痰排脓。

[益宜] 肺痈初起,咳嗽气急,胸中隐痛,吐脓痰。

麦门冬粥

[配制] 麦门冬20～30g,煎取汁;粳米100g,煮粥半熟,加入麦门冬汁和适量冰糖,熟。随意食。

[功能] 清心、润肺、养胃。

[益宜] 肺阴亏虚,咳嗽咯血,潮热盗汗,胃阴不足之纳少反胃,咽干口燥等。

满山红酒

[配制] 满山红叶60g(研粗末),浸白酒500ml,7日后过滤,每服15～20ml,日3服。

[功能] 止咳、祛痰。

[益宜] 慢性支气管炎。

蜜饯白果

[配制] 白果100g,去壳、洗净,沸水汆,捞出去皮、心,漂洗入锅,中火煮40分钟,捞出沥水,凉,置放盘内,撒上白砂糖50g和匀,装入洁净小坛内,加蜜封口,存放24小时,每食5～10g,日2次。不宜多食。

[功能] 敛精气,补脾定喘。

［益宜］脾肺气虚之久喘不止，动则喘甚。

蜜饯百合

［配制］干百合100g，洗净，放大搪瓷碗内，注入蜂蜜150g，上笼蒸1小时取出，趁热调匀，待冷装瓶。每服1汤匙，日2次。另方用鲜百合120g，蜜60g。

［功能］润肺止咳。

［益宜］肺痨久咳，咯稠痰，低热烦闷等。另方：鼻咽干燥，大便秘结等。

蜜桃银杏脯

［配制］银杏肉150g，开水煮10分钟，取出洗净；水蜜桃700g，去皮核，切两半；红樱桃10粒，冰糖150g，湿淀粉25g。水蜜桃置碗中，加冰糖80g，加盖旺火蒸10分钟，樱桃摆蜜桃中间。银杏肉旺火烧熟，起锅，摆蜜桃四周。湿淀粉加冰糖勾芡淋水蜜桃碗内。

［功能］补益肺气，生津化痰，止咳平喘。

［益宜］肺气不敛之喘咳气逆，痰多口渴，肾虚之遗精、遗尿等。

蜜饴百部姜汁膏

［配制］蜜、饴糖各250g，生姜汁、生百部汁各125ml，枣泥、杏仁泥各75g，桔皮末60g。杏仁加水1 000ml，煮减半去渣取汁，入其余各配料，文火熬取1 000ml，每温酒调服2匙，日2次，细细咽。

［功能］养肺生津，滋肺止咳。

［益宜］风寒伤、肺气虚之语音嘶塞、咳逆上气，喘嗽等。

宁嗽粥

［配制］百部15g，麻黄9g，生紫苑10g，甘草1g，杏仁10g，粳米80g，冰糖40g。前5味洗净，煎取汁，入粳米，中火烧开20分钟加糖，小火煮稀粥，温食。

［功能］平喘止咳。

［益宜］急、慢性支气管炎。

牛蒡老萝卜头汤

［配制］牛蒡、老萝卜头（亦名：地骷髅）各60g，切碎，煎汤，代茶饮。

［功能］清肺化痰，行气利水。

［益宜］肺热咳嗽，面目浮肿等。

牛髓白蜜煲（*原方名：牛髓汤*）

［配制］牛髓1个，白蜜250g，杏仁、山药（炒）、胡桃仁各120g。髓、蜜先于砂锅内熬沸，以绢滤去滓，盛瓶入后3味，隔水煮一昼夜，取出冷藏，每服1～2匙，晨起白汤化下。

［功能］壮腰健肾，助阳益精，润肺止咳。

［益宜］咳嗽。

牛髓四养膏

［配制］炼牛髓120g,胡桃肉120g,杏仁120g,山药末250g,炼蜜500g。5物同捣成膏,以瓶装盛,汤煮1日(瓶加盖,隔水煮)。空腹,每服1匙。

［功能］补精润肺,壮阳养胃。

［益宜］肺燥咳嗽,肾阳不足腰膝酸软,胃气虚纳差等。

牛胎盘酒

［配制］牛胎衣(蕃牛)1只,三蒸酒350ml。共煎煮,酒剩150ml时停火。每服30～50ml,日2～3次。

［功能］益肺平喘。

［益宜］虚寒性哮喘痰鸣,面青肢冷,形瘦神疲等。

胖大海饮

［配制］胖大海3～5枚,白糖适量。用滚开水泡胖大海10分钟,饮时取汁加白糖少许,再饮再沏,每日1剂,不隔夜,代茶。

［功能］清热利咽喉。

［益宜］肺热之喉干咽痛,声音嘶哑,咳嗽不爽,大便干燥等。

枇杷核饮

［配制］琵琶核晒干、捣碎,约18g,煎汤,沸后15分钟服时加少量白或冰糖,1日2次。

［功能］化痰止咳,疏肝理气。

［益宜］咳嗽。

枇杷叶膏

［配制］鲜枇杷叶(去毛)2500g,川贝母、天门冬各150g,莲子(去心)、麦门冬、玄参、大枣、生地黄各300g。熬汁去渣,收清膏,1∶2兑蜜收膏储。每服30g,开水冲下。

［功能］清热化痰止嗽。

［益宜］虚热咳嗽,气逆喘促,咽肿声哑,口燥舌干,痰中带血等。

枇杷叶粥

［配制］枇杷叶10～15g,粳米100g,冰糖适量。将枇杷叶用纱布包好入砂锅加水200ml,煎取100ml,去渣取汁入米,再加水600ml,煮粥。每日早晚温服,连服3～5日。

［功能］清肺化痰,止咳降气。

［益宜］肺热痰盛之胸闷,咳喘,痰多,呕恶等。风寒咳嗽者忌。

枇杷竹叶茶

［配制］鲜枇杷叶、鲜竹叶、鲜芦笋各 18g。切碎，加水煎代茶，每日 1 剂。

［功能］清热止咳。

［益宜］肺热之咳嗽低热，痰稠而黏，口渴津少等。

平喘茶

［配制］麻黄 3g，黄柏 4.5g，白果仁 15 个（打碎），茶叶 6g，白糖 30g，前 4 味加水适量，共煎取汁，加白糖即可。每日 1 剂，分 2 服。

［功能］宣肺肃降，化痰，止咳，平喘。

［益宜］支气管久咳，久嗽，喘者。病发呼吸困难者尤宜。

期颐饼

［配制］芡实 180g，淘去皮，晒干，磨成细粉；鸡内金 90g，洗净，晒干，研细末，沸水泡 4 小时，加入芡实粉，白面 250g，适量白糖，拌匀，做成小薄饼，烙成金黄色。随意食。

［功能］益气消痰。

［益宜］气虚痰盛之胸部满闷，胁下作痛、痰嗽不止、体倦乏力等。

清燥润肺茶

［配制］沙参 6g，西洋参 6g，麦冬 9g，天冬 9g，玄参 6g，地骨皮 6g。诸药入砂锅内加水 800ml，文火煮 25 分钟。

［功能］滋阴润肺，解热镇咳。

［益宜］慢性支气管炎、肺结核患者。

蘘荷紫苏橘皮汤

［配制］蘘荷 15g，橘皮、紫苏各 10g，煎汤服。

［功能］祛痰止咳，散寒平喘。

［益宜］外感风寒引起的咳喘气短、微恶风寒等。

人参冬花散

［配制］人参、款冬花各 15g，知母、贝母、半夏各 9g，御米壳 60g，为末，每 15g，加乌梅 1 个，水煎泡服。

［功能］益肺气，止咳化痰。

［益宜］喘嗽久不已。

人参乌鸦汤

［配制］乌鸦 1 只，人参 15g，花椒 3g。将乌鸦洗净，去内脏及肠杂，把人参、花椒装入鸦腹中，用线扎定或缝合，加水煮熟，饮汤食肉。

［功能］补阴血，益肺气，杀痨虫。

［益宜］虚劳咳嗽，咯血，骨蒸劳热等。

人参养肺汤

［配制］人参、阿胶（蛤粉炒）、贝母、炒杏仁、桔梗、茯苓、桑白皮、枳实、甘草各 3g，柴胡 6g，五味子 1.5g，生姜 3 片，大枣 1 枚。研粗末，水煎后，食远服。

［功能］养肺阴，止咳化痰。

［益宜］肺痿咳嗽有痰，午后发热声嘶。

润肺膏

［配制］羊肺 1 具，柿霜、真酥、天花粉各 30g，白蜜 60ml。先将羊肺洗净，次将五味入水搅黏，灌入羊肺中，白水煮沸熟，如常服食。

［功能］补肺润燥。

［益宜］肺痨，气阴不足，失于宣降，久咳，甚则咳逆上气。

三仁膏

［配制］松子仁，胡桃仁、南杏仁各等份，白蜜适量。三仁共捣为泥，加白蜜调为膏。每服 6g，饭后半小时，开水调下，日 2～3 次。

［功能］润肺止咳，滋阴滑肠。

［益宜］久咳痰少，动则气喘，便秘等。便溏，滑精，湿疹者不宜。

三鲜凉血饮（原三鲜饮）

［配制］鲜茅根、鲜藕各 120g，鲜小蓟根 60g，水煎服。

［功能］凉血止血。

［益宜］虚劳。痰中带血，兼有虚劳。

三子养亲汤

［配制］①苏子、白芥子、莱菔子，各洗净，微炒，每剂 9g，绢裹，水微煎，代茶饮（寒冬加生姜 3 片）；②山楂核、莱菔子、白芥子各等量研末，共 9g，水煎分两服或煎代茶饮。

［功能］①降气消食，温化痰饮，消胀定喘；②消食化痰。

［益宜］①咳嗽喘逆，痰多胸痞，食少难消，舌苦白腻，脉滑；②食积痰滞，胸腹饱满，食欲不振，恶心呕吐，或时吐痰等。

桑白皮酒

［配制］桑白皮 200g，切碎，用米酒 1 000g，浸 7 天。每服 20ml，日 3 次。

［功能］清泄肺热。

［益宜］肺热咳嗽，喘，吐黄稠痰等。

桑白皮猪肺

［配制］猪肺 1 000g，洗净，下锅煮透，捞起切片，投砂锅加入清水，桑白皮、葱白、绍酒各

10g,鲜姜片、花椒(包)各 5g,胡萝卜(切)20g,木耳 5g,精盐 3g,炖 1 小时,熟后拣去葱、姜、花椒,调入味精、香菜、香油、胡椒面。随意食。

[功能] 泻肺平喘,利水消肿。

[益宜] 邪热壅肺,肺失宣降之水肿喘满、吐血、小便不利等。可做肺炎、胸膜炎、支气管炎者的保健膳食。肺寒及外感咳嗽不宜。

桑叶茶

[配制] 经霜桑叶 30g。洗净,加水 500～1 000ml,煎 15 分钟,去渣取汁,每日 1 剂代茶饮。

[功能] 祛风平喘,止咳化痰。

[益宜] 气虚咳痰,喘息难愈。

桑叶杏仁参贝茶

[配制] 桑叶、杏仁各 10g,沙参、象贝母、梨皮、冰糖各适量。前 5 味水煎取汁,溶入冰糖。代茶常饮。

[功能] 疏风散热,清肺止咳。

[益宜] 风热感冒之急性支气管炎、病后余热、干咳无痰等。

沙百鸭汤

[配制] 北沙参 50g,百合 30g,肥鸭肉 200g。将沙参、百合切片,鸭肉切小块,加水适量,放入葱、姜调料,精盐共煮汤。鸭肉熟后饮汤食肉。每日 1 剂或两日 1 剂。另方:沙参 50g,干橘皮 1 只,煨鸭 1 只。

[功能] 滋阴清热,润肺止咳。

[益宜] 阴虚火旺所致的咳嗽,咯痰不爽,痰中带血等。

沙参鸡蛋

[配制] 北沙参 30g,红皮鸡蛋 2 只,冰糖适量。沙参洗,切,鸡蛋洗净,加水适量共煮,水沸 10 分钟后取蛋去壳,入汤再煮并加冰糖,50 分钟后成,取汤温服,食蛋。每日 1 次,连用 1 个月。另方:沙参 20g,鸡蛋 1 只。

[功能] 滋阴润燥,生津凉血。

[益宜] 肺胃阴虚所致的咳嗽、痰中带血、口渴喜饮、咽喉干痛、咳痰不爽。

沙麦粥

[配制] 沙参 20g,麦冬 15g,粳米 100g,冰糖 6g。前两味洗、切,煎取汁,入洗净米,加水适量煮粥,熟入糖稍煮。另方:沙参一味与米煮粥。

[功能] 润肺清胃,养阴生津。

[益宜] 肺胃阴亏所致的干咳少痰、口渴咽干、饥不欲食等。

沙枣花饮、散

［配制］沙枣花 6g(蜜炙),或鲜品 9～15g 水煎服。每日 2 次;或沙枣花 30g(蜜炙),白芥子、杏仁(去皮,蜜炙)、前胡各 9g,甘草 3g。共研细末,每服 9g,日 2～3 次。

［功能］止咳、平喘。

［益宜］慢性支气管炎。

砂仁萝卜饮

［配制］砂仁 6g(捣碎),萝卜 500g,洗,切小片,同煎,分 3 次食后半小时服。

［功能］消积化痰,下气宽中。

［益宜］痰阻气滞之胸膈满闷,脘腹皮塞、喘咳纳差等。

生鱼葛菜汤

［配制］鲜生鱼 1 条(约 100～150g),塘葛菜(蔊菜)约 60g。鱼治净与菜入锅同煮 1～2 小时,调味。佐餐。

［功能］清热解毒,利水消肿。

［益宜］肺炎、咽喉炎、肾炎水肿、小便不利等。

石耳蒸猪肉

［配制］石耳 15g,猪瘦肉 90g。石耳温水浸软,猪肉切片,共加水适量和盐少许,蒸熟。顿服,日 2 次,第一次只饮汤,第二次全服饮。

［功能］化痰止咳,滋养补虚。

［益宜］老年慢支,且咳嗽痰多,气短等。提醒:少数人服后头昏,胃肠不适,乏力等反应,2～3 天自行消失。

石膏杏仁枇杷叶清燥热润肺饮

［配制］石膏 15g,杏仁 6g,枇杷叶 2 张(去毛、蜜炙),共煎,沸腾后加雪梨 1 只(捣碎),再煎 30 分钟,去渣取汁,储。每饮兑蜂蜜适量。

［功能］清肺润燥养阴。

［益宜］燥热伤肺之身热,干咳无痰,气逆反而喘,咽喉干燥,鼻燥,心烦口渴等。

薯蓣粥

［配制］生淮山药 30g,研极细末,和凉水调入锅内,置炉上不停搅拌,2～3 分钟沸成粥。小儿食可稍加白糖。

［功能］健脾益肺。

［益宜］肺脾两虚之劳嗽咳喘、泄泻、乏力等。

双冬益气润肺止咳茶

［配制］天门冬、麦门冬各 6g,西洋参、党参各 9g,川贝母粉、蜂蜜各酌量。前 4 味各洗

净，切片，入砂锅加水 2 000ml，煎 30 分钟后调川贝粉、蜂蜜。每日 1 剂。服完。

［功能］滋阴养肺，补虚止咳。

［益宜］素有痼疾咳嗽、哮喘、秋后频繁发作者，常食为效。

双果汤

［配制］苹果 1 个，梨 1 个，分别去皮，切成小块；白糖 50g，橘皮少许。置锅内，加清水适量，煮熟，食饮。

［功能］润肺止咳，利尿通便。

［益宜］肺燥咳嗽，肠燥便秘及高血压等。

双花杏仁茶

［配制］旋覆花 5g，款冬花、杏仁各 10g，红糖 30g。前 3 品共入砂锅加水煎汤，去渣取汁，调入红糖，代茶饮用。每日 1～2 剂。

［功能］疏风散寒，宣通肺气。

［益宜］风寒咳嗽，声重，气急咽痒，咳痰稀薄色白等。

双仁冲剂

［配制］甜杏仁 15g，胡桃仁 15g，蜜或白糖适量。将两仁微炒，共捣碎研细，加蜜或糖，分 2～3 次，开水冲服。

［功能］润肺止咳，润肠通便。

［益宜］久患喘咳致肺肾两虚之干咳无痰，少气乏力、阴虚亏之肠燥便秘，或老人大肠传送无力之大便秘结等。

双仁蜜饯

［配制］炒杏仁、核桃仁各 250g，蜂蜜 500g，杏仁加水煎煮 1 小时，入桃仁继续煎煮，练汁将干时，加蜂蜜，拌匀熬至沸。随意服食。

［功能］补肾益肺，润燥止咳。

［益宜］肺肾两虚之久咳短气，咳声低弱、干咳少痰，形瘦神疲等。

丝瓜花蜂蜜饮

［配制］丝瓜花 10g，蜂蜜 15g。丝瓜花开水冲泡，候温调入蜂蜜，代茶饮。每日 2 剂。

［功能］清热解毒，镇咳化痰。

［益宜］痰热咳嗽。

丝瓜花蜜饮

［配制］丝瓜花 10g，蜂蜜 15g。花洗净，入杯开水冲泡，加盖焖 10 分钟，倒入蜂蜜。饮时去花，趁热，日 3 次。

［功能］清肺平喘。

［益宜］肺热咳喘。

丝瓜藤汤

[配制] 干丝瓜藤 90～240g，切碎浸；煮 1 小时以上，滤汁，加水复煎；2 次煎液合浓缩至 100～150ml，加适量糖调。每服 50～100ml，日 2～3 次，10 天为 1 疗程。

[功能] 祛痰止咳。

[益宜] 慢性支气管炎，反复发作，咳嗽，咯白色黏液或稀薄泡沫痰，或伴喘息。

四花饮

[配制] 银花、菊花、栀子花、白菜花各 10g，雪梨 1～2 个，四花淘洗后共煎取汁，雪梨捣汁，混匀。日分 2～3 次服食。

[功能] 清热润肺止血。

[益宜] 风热伤肺之咽痒咳嗽，痰中带血，口鼻干燥等。

四汁膏

[配制] 雪梨、甘蔗、藕、薄荷各等分。捣汁，入瓦锅，加水适量，慢火熬成膏。随意以白开水送服。

[功能] 养阴清热，凉血止血。

[益宜] 肺胃阴伤之口干咽燥，舌红少苔，食少便秘，干咳少痰，或热盛吐血、衄血等。

松子抗衰膏

[配制] 松子仁 200g，黑芝麻 100g，核桃仁 100g，蜂蜜 200g，黄酒 500g。前 3 味共捣膏状，入砂锅，加黄酒，文火煮沸约 10 分钟，倒入蜂蜜收膏。每服 1 匙，日 2 服。

[功能] 滋润五脏，益气养血。

[益宜] 肺肾亏虚，久咳不止，腰膝酸软，头晕目眩等。亦可健脑益智，抗衰防老。

松子仁糖块

[配制] 松子仁 250g，白糖 500g。白砂糖水化，熬制成拉糖见丝投入松子仁，搅匀后盛瓷盘内压平，切块。每食 1 块，日 3 次。

[功能] 润肺止咳，健脾止血。

[益宜] 肺脾两虚致慢性支气管炎咳喘，支气管扩张咯血等。

松子粥

[配制] 松子仁 20g，粳米 50g，松子仁研碎，同粳米煮粥。食时可调适量蜂蜜。早、晚 2 次分，温服。

[功能] 补虚、养津、润肺、滑肠。

[益宜] 肺燥咳嗽咯血，脾胃虚致便溏腹泻，痰多胸满，胃脘胀满，食欲不振等。痰湿素盛者不宜。

苏米粥

［配制］苏子 20g，粳米 50g，苏子捣烂如泥巴，水煎取浓汁，米入苏子汁煮粥，熟，温热服食。

［功能］降气化痰，止咳平喘。

［益宜］痰气结胸，胸闷，咳嗽，气喘等。大便溏薄者不宜。

糖贝饮

［配制］川贝母 100g，研极细末。每用 3g，调冰糖 3g，鸡蛋清 1 枚，沸水冲服。

［功能］养阴润燥止咳。

［益宜］劳咳（肺结核、肺阴不足之咳嗽）

糖溜白果

［配制］白果 150g，水发，去壳、皮、心，上笼蒸熟，取出；锅内放白糖 100g，倒入蒸熟白果，加清水 250g，武火烧沸，去浮沫，湿淀粉 25g，勾芡匀。盛盘单食或佐餐。

［功能］敛肺气，定喘咳，止带浊，缩小便。

［益宜］久咳、喘，白滞，尿浊，遗精，小便频数等

糖水百合

［配制］生百合 100g，白糖适量。百合扳瓣洗净，文火煮烂，加糖，分 2 服。

［功能］滋阴安神。

［益宜］心肺阴虚之虚烦失眠，干咳，痰中带血等。

糖枣芝麻丸

［配制］白糖适量，大枣（去核）、黑芝麻、胡桃仁、枸杞子各 25g。各制为泥、末，炼蜜为丸。每丸 10g，每食 1～2 丸。日 2～3 服。

［功能］健脾胃，补肝肾。

［益宜］肺肾两虚之咳喘短气，动则尤甚，腰软乏力等。

天门冬烧卖

［配制］猪肉 400g，天门冬 40g，鸡蛋 1 个，面粉 600g，嫩笋 2 只，洋葱 2 个，藕粉（或慈姑粉）适量。先用面粉、鸡蛋清少许盐制揉好烧卖皮：将猪肉、笋、洋葱及天门冬洗净，浸泡 1 小时，分别切碎合，加鸡蛋 1 个及揉面时剩下的 1 各蛋黄、酱油、盐、糖、麻油等搅拌均匀做馅。包时将面皮放于左手，取适量馅放在面皮中央，左手收拢，再将面皮稍捏紧，即成。包齐，上笼蒸 20～30 分钟，皮透明时既熟。一般可做大烧卖 50 个，可供 10 人食用。可随意蘸酱油、醋等调味料。

［功能］养阴清热，润肺滋肾。

［益宜］阴虚肺燥所致干咳咳痰少，咽干口渴，咯血等。

天门冬粥

［配制］天冬15～20g，粳米100g，冰糖少许。先煎天冬，去渣取汁，入米煮粥，熟，入冰糖少许，稍煮。空腹食。

［功能］养阴清热，润肺滋肾。

［益宜］肺肾阴虚之咳嗽咯血，阴虚发热，咽喉肿痛，消渴便秘等。忌虚寒。

土大黄酒饮

［配制］金不换草根（土大黄根）30g，捣汁酒煎服3次。

［功能］清热解毒。

［益宜］肺痈病。

土大黄叶酒饮

［配制］金不换叶（土大黄）7片。捣汁酒煎服3次，不论口臭吐秽物者皆效。

［功能］清热散瘀消肿。

［益宜］肺痈病。又：春夏跌打疼痛，风气。

土党参百合莲米五花肉汤

［配制］土党参、百合、川贝、百部、莲米、甜杏仁。炖五花肉内服。

［功能］补肺气祛痰止咳。

［益宜］肺虚咳嗽症。

土党参胡椒艾叶煎

［配制］土党参60～120g，白胡椒、艾叶各9g。水煎服。

［功能］养肺，祛咳，止痰。

［益宜］肺虚寒咳。

土人参煲

［配制］土人参、隔山撬、通花根、冰糖，炖鸡服。健脾润肺止咳。

［功能］健脾，润肺，止咳。

［益宜］虚劳咳嗽症。

土燕窝百合羹

［配制］土燕窝、百合各适量加冰糖蒸服。

［功能］滋阴养肺。

［益宜］肺痨吐血。

乌梅罂粟散

［配制］乌梅、罂粟壳各等分，蜂蜜适量。将乌梅、罂粟壳微炒研末。每服3～6g，沸水冲

蜂蜜送下,或调服。

[功能] 敛肺止咳。

[益宜] 久咳不愈等。

乌贼骨散

[配制] 乌贼骨 500g,砂糖 1 000g,乌贼骨焙干,研粉末,与糖调匀。成人每服 15～24g,小儿按年龄酌减,开水送服,日 3 次,连续半月。

[功能] 敛痰止喘。

[益宜] 慢性哮喘。忌食萝卜。

五君饮

[配制] 茯苓、山药各 12g,百合 10g,大枣 10 枚(去核),藕 120g(净,切片),白糖少许。几味与百合同置锅内,加水适量,煮沸后文火续煮 30～40 分钟,去渣留汁,加白糖搅匀。代茶饮用。

[功能] 补脾养肺。

[益宜] 脾肺两虚之咳嗽且痰中带血,或食少,大便不实等。

五味子鸡蛋.

[配制] 北五味子 250g,新鲜红皮鸡蛋 10 个。五味子煮汁,待冷后入鸡蛋浸没 6～7 天。晨起用沸水或热黄酒冲服,加白糖适量。

[功能] 温补肺肾,止咳平喘。

[益宜] 虚寒型咳嗽;慢性支气管炎,热天服本方,预防复发效佳。痰黄有热者不宜。

西瓜膏

[配制] 西瓜 2 只(不得少于 30 斤),陈皮 60g,生石膏、制半夏、炒苏子、百合、甘草各 30g,炒杏仁、阿胶各 15g,五味子 39g,上诸药熬汁,去渣过滤,将汁炼至滴毛头纸上背面不洇为准,收清膏,每斤清膏兑蜜适量收膏,每服 30g,开水冲调。

[功能] 养年阴润肺,化痰止咳。

[益宜] 咳嗽多痰,痰中带血,口燥咽干,胃热作呕。

鲜地黄膏粥

[配制] 鲜地黄 5 000g,洗净捣汁,每 500g 汁,入白蜜 120g,熬膏收储;每用 50g 粳米煮粥,熟,入地黄膏 10g,酥油少许。空腹食。

[功能] 滋阴养血润肺。

[益宜] 肺阴虚干咳少痰,骨头蒸劳热,咯血,血崩,便秘等。

鲜芦根竹茹汤粥

[配制] 鲜芦根 90g,竹茹 15g,各洗净,煎取汁,去渣入粳米 60g,煮粥,分食。

[功能] 清泄肺热,化痰止咳。

［益宜］气管炎、肺炎之痰热者，咳、气喘，痰黄稠，发热，烦渴，小便短黄者。

鲜生地粳米粥

［配制］鲜生地 50g，煎取汁，去渣，入大米适量煮粥食。日 1 剂量。

［功能］滋阴清热。

［益宜］肺阴不足之咳嗽，咯血，低热，盗汗等。肺结核者掺食益。

鲜石斛膏

［配制］鲜石斛 500g，麦冬 100g。两品洗净切碎，水煎 3 次，滤汁，合 3 次滤汁，文火收汁成膏以不渗纸为度。1∶1 兑蜜收为稠膏。每服 25g，日 2 次，热开水冲服（用量较原方缩 10 倍，原方无“药膳”。编者注）。

［功能］养阴润肺，生津止渴。

［益宜］肺气久虚，咳嗽不止，咽干口燥，烦闷耳鸣。

鲜笋炒生鱼片

［配制］生鱼片 120g，洗净，切片，腌好；鲜竹笋 500g，治净，切片，温水浸 0.5 小时，沸水去苦涩；热油锅先将鱼片炒熟，再烩入竹笋。打芡，随意食。

［功能］清热生津，化痰止咳。

［益宜］痰热证急性支气管炎，咳嗽痰多，黄稠难咯，胸膈不利，大便干硬，及热并后烦渴、小便不利等。

香砂藕粉

［配制］砂仁末 1.5g，木香 1g（研细末），同藕粉 50g，适量白糖调匀，开水冲服。日 1～2 次。

［功能］开郁、润燥、化痰。

［益宜］痰气交阻之吞咽梗阻，胸膈痞满或疼痛、形体消瘦等。

香橼酒

［配制］鲜香橼 100g，蜂蜜 50ml，60°白酒 200ml。香橼洗净，切，加水 200ml 入锅煮烂，入蜂蜜、白酒煮沸。灌小口瓶，密储 1 月后服。每饮 10ml，日 2 次。

［功能］润肺下气止咳。

［益宜］肺燥气逆咳嗽日久不愈证。

小芥子酒

［配制］小芥子（捣碎）600g。绢袋盛，好酒 1 400ml，浸 7 日。空腹温服适量，日 2 次，渐渐加，以知为度，酒尽徐徐添，无所忌。

［功能］疏气平喘。

［益宜］气喘。

蟹黄芥菜

［配制］鲜嫩芥菜心500g,洗净,沸水氽5成熟,凉水过,整齐码盘;蟹黄300g;起锅加入鸡油100g,鸡汤一大碗,绍酒10g,精盐、白糖各5g,再放入盘中菜,开锅后移小火煮熟,芥菜重新捞起码盘,蟹黄倒入锅内汤中,用手勺推匀,加味精5g,淀粉勾芡,浇芥菜上。随意食。

［益宜］宣肺豁痰,温中利气。

［益宜］痰浊内阻之胸闷气短,咳嗽痰多,脘痞纳呆等。

杏仁膏

［配制］光杏仁、紫苏子、阿胶各60g,酥油90g,白蜜500g,生姜汁45g,杏仁研碎;阿胶切碎,炒黄,紫苏子微炒,研如膏。3味相和加酥油、蜜、姜汁置砂锅内,加水文火熬成膏。每服1匙,1日3次。

［功能］止咳化痰,润肠通便。

［益宜］阴虚津伤之干咳痰稠,喘急胸闷,咳嗽咯血,大便干结等。

杏仁琼脂膏

［配制］甜杏仁125g,水泡去尖皮后浸泡,用小磨磨成浆,过滤细浆;琼脂50g,洗净,切碎入碗,加清水300ml,上屉蒸化;白糖250g熬化倒入琼脂液,搅匀,锅离火,稍凉加杏仁浆搅拌,并分装10只汤碗中,置凉处冷却,即凝成杏仁琼脂膏。于碗内将脂膏划成小块。锅中加水1 000ml,入白糖300g,熬成糖水,晾凉,盛杏仁琼脂膏碗,再将5只糖水樱桃切两瓣匀放碗内。每服1碗,日2～3碗。另方用:杏仁90g,洋粉6g,大米15g,菠萝罐头1/4瓶。

［功能］润肺止咳,润肠通便。

［益宜］肺虚久咳,肠燥便秘等。

杏仁蒸肉

［配制］猪五花肉(带皮)500g,洗,切方块;甜杏仁18g,水泡去皮,纱布包;旺火铁锅内入猪油,冰糖15g,炒油深红,肉下锅翻炒,肉块呈红色,下葱、姜、酱油、料酒,水和包好的杏仁袋。沸后去浮沫,倒砂锅,上文火炖,六七成烂时,再加冰糖15g,肉九成烂时,取出杏仁铺碗底,将肉块皮朝下摆杏仁上,倒入一些原汁,上笼蒸烂取出,扣在盘里。将剩下原汁烧开,加湿淀粉勾芡,浇在肉上。每日2服,随量。

［功能］补肺润肠,止咳定喘。

［益宜］肺结核,慢支,慢性咳嗽,喘,便秘等。亦可为癌症者辅助食品。

燕窝参

［配制］燕窝3g,西洋参3g,燕窝泡发,择去毛,与西洋参共置炖盅,加滚开水适量,盖。隔水炖3小时。饮汤食燕窝、参。

［功能］益肺阴,清虚热。

［益宜］肺阴亏虚之干咳，咯血，潮热、盗汗等。

燕窝川贝梨

［配制］燕窝 3g，川贝 5g，冰糖 3g，大雪梨 1 个。燕窝水发，洗净，雪梨去核，川贝洗。将燕窝、川贝、冰糖放梨中，将削下梨帽盖上，扦插紧。放碗中，隔水炖至梨熟。随意食。另方无川贝，用冰糖 10g。

［功能］补益肺肾，化痰止咳。

［益宜］肺肾两虚之咳嗽，痰粘难咯，气短乏力等。

饴糖食、饮

［配制］①白萝卜捣汁 1 碗，饴糖 15g。蒸化，趁热缓缓呷之；②蔓菁、薤子煎汤，取汁入饴糖煎 1 沸，顿服；③饴糖 15g。砂仁泡汤化服。

［功能］补虚，生津，润燥。

［益宜］①大人小儿顿咳不止；②伤寒大毒嗽；③胎坠不安。

银耳百参汤

［配制］银耳、百合瓣各 10g，沙参 15g，冰糖 20g。银耳凉开水发，洗净，百合、沙参洗净同入砂锅，加冰糖、水文火煮 1 小时，饮汤食物。

［功能］养阴润肺，清热止咳。

［益宜］肺阴不足之干咳少痰，咯痰不爽，痰中带血，口干便秘等。

银耳参蛋汤

［配制］银耳 10g，凉开水泡发软，北沙参 15g，洗净，2 味同煎 30 分钟，用红皮鸡蛋 1 只，打搅匀，倒入，加冰糖。蛋熟饮汤食银耳、鸡蛋。

［功能］滋阴润肺。

［益宜］肺阴不足之咳嗽日久不愈，咽喉干痛，干咳无痰或痰黏不易咯出等。

银杏膏

［配制］银杏肉（去皮，捣烂），陈细茶（焙为细末）、核桃肉（捣烂）各 120g，蜂蜜 250g。共入锅加水熬膏。每服 1 匙，1 日 3 次。

［功能］化痰止咳，敛肺定喘。

［益宜］老年肺虚久咳嗽，胸闷气喘等。

银杏全鸭

［配制］银杏 200g，去壳，沸水泡去皮，切去两头、心，沸水氽去苦味，猪油稍炸，沥油；鸭 1 只（约 1 000g）治净，去头、爪，用盐、胡椒面、料酒将鸭身内外抹透匀，入盆加姜、葱、花椒，上笼子蒸 1 小时取出，拣去葱、姜、椒，从鸭背脊切口，除去骨头，铺于碗内，齐碗口修下之肉切银杏大小样丁。拌银杏匀，放于鸭脯上，倒入原汁，加汤上笼蒸 30 分钟，取出扣盘，另以料酒、食盐、味精、胡椒面、水豆粉少许勾芡，

放猪油少许,匀浇鸭盘内,日 2 次,佐餐。

[功能] 敛肺定喘,利水消肿。

[益宜] 肺虚饮停之哮喘咳嗽,日久不愈等。

鱼腥草拌莴笋

[配制] 鲜鱼腥草 100g,莴笋 500g,调料适量。鱼腥草择洗,烫加盐少许,拌盐渍待用;莴笋去叶、皮,切 3～4cm 长丝,少许盐渍,沥水,将鱼腥草、莴笋装盘,加酱油、味精、香油、醋、姜、葱、蒜拌匀食。

[功能] 清热解毒,利湿排脓。

[益宜] 肺痈胸痛,脓痰腥臭,肺热咳嗽,妇女带下质黏味臭,膀胱湿热,小便短赤热痛等。

鱼腥草煲猪肺

[配制] 鲜鱼腥草 60g,猪肺 200g。将猪肺切片,用手挤去泡沫,加清水适量同鱼腥草煲汤。加食盐少许调味。日 2 次内服。

[功能] 清热止咳。

[益宜] 肺热所致的咳嗽气喘、咯痰黄稠、胸痛等。

玉参焖鸭

[配制] 玉竹、沙参各 50g,老鸭 1 只,料理净后,放入砂锅,沙参、玉竹同置入,先用武火烧沸,文火焖 1 小时以上,使鸭肉烂,放入葱、姜、味精、精盐各适量。饮汤吃鸭。

[功能] 补肺滋阴。

[益宜] 肺阴虚之咳喘、胃阴虚之慢性胃炎,津亏肠燥引起的大便秘结以及糖尿病等。

玉竹炖肉

[配制] 玉竹 15～30g,猪瘦肉适量。猪肉切块,与玉竹同煮至熟烂。食肉饮汤。

[功能] 滋阴润燥。

[益宜] 肺阴虚之久咳痰少等。

郁李汁煮薏仁饭

[配制] 郁李仁 60g,研,以水滤汁,煮薏苡仁饭,日 2 次食之。

[功能] 止喘利水。

[益宜] 水肿喘急。

月季雪梨银耳羹

[配制] 月季花 3 朵,贝母 5g,雪梨 2 个,银耳 50g,冰糖 100g。月季花洗净,贝母醋浸,雪梨切片,银耳泡软去硬根。诸品除月季,入锅加水,煮半小时,入月季稍煮片刻。适宜食饮。

[功能] 益气滋阴止咳。

［益宜］肺虚咳嗽少痰，短气乏力等。

枳椇子甘蔗煲猪心肺

［配制］枳椇子 30g，甘蔗 500g，猪心 150g，猪肺 100g，甘蔗去皮、劈开、切小段、猪心、肺洗净切块，4 品入锅，加水适量，煮汤食饮。

［功能］补中益气，补肺润燥。

［益宜］肺脾两虚之咳嗽日久不愈、纳食不香等。

制饴糖

［配制］饴糖 180g，干姜 180g(末之)，豉 60g。先以水 500ml，煮豉沸，去渣，纳饴糖，消，纳干姜末，分三服。

［功能］缓中，补虚。

［益宜］卒得咳嗽。

猪肚侧耳根炖(侧耳根叶即鱼腥草)

［配制］猪肚 1 个，侧耳根叶 60g。将鱼腥草置治净之猪纳肚子炖汤服，每日 1 剂，连用3 剂。

［功能］清热解毒，止喘汗。

［益宜］肺病咳嗽盗汗。

猪肺白及煲

［配制］白及 30g，猪肺一具(另方:250g)，挑去血筋、膜，洗净，同置瓦罐中，加酒少许煮熟，食肺饮汤。(另方:或稍加盐调味，佐餐;或单煮猪肺，蘸白及末食)。

［功能］补肺止咳嗽，止血生肌。另方:补肺止血。

［益宜］肺痿(咳吐浊唾涎沫，气息短促)，肺痈(咳嗽胸痛，咯吐腥臭浊痰，甚则脓血兼之、气急喘促等)。另方曰:肺痨之咳嗽、咯血等。

猪肺川贝蛋

［配制］鲜鸡蛋 2 个，全猪肺(带气管)1 副，川贝母 10g，白胡椒 0.3g。川贝、胡椒研细末，用 2 个鸡蛋清调末为糊，并将糊灌入洗净的猪气管并轻拍入肺，结扎气管口，置砂锅加适量水文火煮熟即成。食时可加少量酱油调味，不可入盐。

［功能］补肺化痰止咳。

［益宜］肺虚咳嗽，痰少难咯等。青少年支气管息发作服效佳。

猪肺冬虫夏草汤

［配制］猪肺 250g，冬虫夏草 10～15g，猪肺洗净，切块与虫草同煮，熟后饮汤食肺、虫草。

［功能］补益肺肾。

［益宜］肺肾两虚之喘咳反复发作。亦宜支气管哮喘及喘息性支气管炎的预防等。

猪肺蘸苡仁末

[配制] 薏苡仁30g,猪肺1具。苡仁研细末,猪肺洗净煮熟拦,蘸苡仁末食之。
[功能] 补肺。
[益宜] 肺虚咳嗽,咳血等。

猪肺粥

[配制] 猪肺500g,洗净,加水。料酒,煮沸七成熟,捞出,凉,切片;薏米50g,粳米100g。葱、姜、盐、味精各适量。将薏仁米、大米淘净,连同猪肺一同入锅,加葱、姜、盐、味精、料酒,武火烧沸,文火煨熬,至粥成。当饭吃。常食效果显著。
[功能] 益气止咳。
[益宜] 肺气虚之久咳、多痰、咯血等。

竹沥粥

[配制] 竹沥250ml,粳米100g。先煮粳米为粥,熟入竹沥搅匀。任意食。
[功能] 清热化痰。
[益宜] 风热痰火,肺热咳嗽,痰多色黄。另方:小米粥,竹沥30g。

紫菜萝卜汤

[配制] 白萝卜300g(洗净,切丝),紫菜200g(切碎),香菜5g(洗净),鸡汤500ml,精盐2g,味精3g,香油2g,鸡汤入锅上火烧开,加萝卜丝再沸,撇去浮沫,入紫菜、精盐、味精、香菜、香油、装碗,随意食。
[功能] 降气祛痰,消食软坚。
[益宜] 痰湿阻肺之咳嗽胸闷、喉中痰鸣、脘胀胀满,痰核瘿瘤等。

紫金牛猪肺煲

[配制] 紫金牛60g(洗净、捣烂),猪肺1个(去筋膜,洗净)。将紫金牛末灌入肺管内,加河、井水各3碗煮猪肺烂,至五更,去紫金牛,连汤食之。
[功能] 镇咳,祛痰,止血,解毒。
[益宜] 肺热、吐血。

紫苏子粥

[配制] 紫苏子15g,粳米100g,姜、葱、豉适量。先将紫苏子水研取汁,去渣,入米煮粥,将熟时入姜、葱、豉各少量。空腹食。
[功能] 降气平喘,祛湿消肿。
[益宜] 胸腹气滞之胸闷咳喘,腹胀纳差等。

七、肾门类康复方

八味肾气散

[配制] 干地黄 240g,山药 120g,山萸肉 120g,泽泻 90g,茯苓 90g,丹皮 90g,桂枝 30g,炮附子 30g。共为细末,每服 7～10g,蜜调黄酒送下。日 2 次。

[功能] 温补肾阳,益气养筋。

[益宜] 肾阳不足之腰酸脚软,少腹拘急,脉虚弱,痰饮,消渴等。

巴附羊肉

[配制] 瘦羊肉 200g,鹿尾巴、熟附子、巴戟天各 15g,杜仲 9g,生姜 1g。羊肉洗净,切小块,与诸药同入炖盅内,加水,加盖,隔水炖 3 小时,调味食。

[功能] 补肾壮阳。

[益宜] 肾阳亏损所致的性机能减退,骨痛腰酸,夜多小便等。

巴戟天煎鸡肠

[配制] 巴戟天 15g,鸡肠 2～3 副。鸡肠剪开洗净,同巴戟天加清水 2 碗,煎至 1 碗,加食盐少许调味。饮汤食肠,顿服。

[功能] 补肾固精。

[益宜] 肾虚所致遗精,早泄等。

扒鹿尾白蘑

[配制] 熟鹿尾、蘑菇各 200g,冬笋 25g,调料适量,鹿尾顺骨缝切段;冬笋切片,沸水烫透;大蘑菇切半,三者同用沸水焯后,沥去水分;油锅烧油五成熟时炸葱、姜金黄色,加鸡汤,沸后去葱、姜、放黄酒、盐、味精、鹿尾、冬笋、蘑菇,沸后文火煨 2 分钟转武火,加水生粉勾芡,淋上猪油,推匀出锅。佐餐。

[功能] 补肾壮阳。

[益宜] 肾阳不足之腰痛、阳痿、早泄等。

白鸽杞精汤

[配制] 白鸽 1 只,枸杞子 24g,黄精 30g。白鸽去毛及内脏,洗净切快,与枸杞、黄精煮至熟。食肉饮汤。

[功能] 滋肾益气。

[益宜] 肾虚之眩晕耳鸣、腰膝酸软、遗精等。

白果冬瓜子饮

［配制］白果10枚，冬瓜子30g，莲实15g，胡椒粉1.5g，白糖少许。白果去皮，冬瓜子仁洗净，莲实温水泡后，去皮、心，3者同放锅内，加清水适量，武火烧沸后，文火煮30分钟，去渣，加白糖搅匀。日分3次服完。

［功能］固肾摄精，分清泌浊。

［益宜］肾气虚固摄无权之尿中白浊，尿频急数，余沥不尽等。

白羊肾羹

［配制］白羊肾2对，肉苁蓉50g，羊脂200g，胡椒、荜拨、草果各10g，陈皮5g，面粉150g，调料适量。面粉制成面片，羊肾洗净，去臊腺脂膜；羊脂洗净；苁蓉、胡椒及其后3味盛纱布袋，扎口；将羊肾、脂，药袋同入锅，加清水适量，武火烧沸后，转文火炖肾熟透，入葱、盐、面片、煮熟。佐餐或单食。

［功能］壮肾阳，暖脾胃。

［益宜］肾阳不足之腰膝无力，阳痿遗精，脾虚食少及胃寒腹痛等。

补骨脂煲猪腰

［配制］补骨脂15g，猪腰1个，猪腰洗净，去脂膜，切成小块。补骨脂切片，纱布包。同入砂锅加水煮熟。以食盐少许调味，食腰子饮汤。

［功能］补肾固精。

［益宜］肾虚引起的五更泻、遗精、耳聋、腰痛等。

补骨脂鱼鳔汤

［配制］补骨脂15g，鱼鳔20g。共煮汤，熟后食鱼鳔饮汤。

［功能］补肾添精，强身健体。

［益宜］肾虚所致的遗精、尿多、阳痿、腰痛等。

补肾精种子酒

［配制］白茯苓100g，红枣肉50g，胡桃肉36g，黄芪、党参、白术、当归、川芎、炒白芍、生地、熟地、小茴香、覆盆子、陈皮、沉香、木香、枸杞子、官桂、砂、乳香、没药、北五味子、甘草各60g，白蜜600g，白酒2 000g，米酒1 000g。诸药与酒共浸瓷罐内15天。每饮30ml，日2次。

［功能］生精种子。

［益宜］肾虚精冷不育、宫寒不孕等。

菖蒲羹

［配制］菖蒲15～30g，米泔水浸12小时，洗，切；猪肾1对，对剖，去臊腺，洗净，切片；葱白适量，洗净拍破。用水2 500ml，煎菖蒲取汁2 200ml，入猪肾片，葱白及五味煮羹。空腹温服或以羹煮粥。

[功能] 益肾开窍。

[益宜] 肾虚之耳聋、耳鸣如风水声，腰痛酸软、乏力等。

长生药酒秘方

[配制] 生羊肾 1 具，沙苑蒺藜(筒纸微焙)200g，桂圆肉 200g，淫羊藿(用铜刀去边毛，羊油拌焙)200g，仙茅(要真者，用糯米汁泡去赤汁)200g，薏苡仁 2 000g，滴化烧酒 10 公斤，将药浸酒中 21 日后，酌量时时饮。

[功能] 种子延龄，乌须发。

[益宜] 不孕、不育，须发早白等。

虫草红枣炖甲鱼

[配制] 活甲鱼 1 只，虫草 10g，红枣 20g。甲鱼治净，切块与虫草、红枣置汤碗中，加料酒、盐、葱、姜、蒜瓣和鸡清汤，上笼屉或隔水蒸 2 小时，取出，拣去葱、姜、蒜等。佐餐食。日 2 次。

[功能] 滋阴益气，补肾固精。

[益宜] 肾精不足腰膝酸软、遗精、阳痿、早泄、神疲乏力、月经不调、头晕耳鸣等。常人服久可增强体质，防病延年。

川断杜仲炖猪尾

[配制] 川断 25g，杜仲 30g，猪尾 1～2 条。猪尾去毛净后，同两药同入陶瓷器皿中，加水煮至猪尾烂熟，调入精盐。早晚餐温热食。

[功能] 补肾固精。

[益宜] 肾亏之遗精，滑泄，精神萎靡，头晕耳鸣，腰膝酸软等。

磁石羊肾粥

[配制] 磁石 30g，煎煮 1 小时，去渣取汁，羊肾 1 对，剖去臊腺、内脂，切细与粳米 100g(洗净)，入前煎汁煮粥，熟入黄酒少许，稍煮、空腹食。又方：猪肾粥。

[功能] 益肾聪耳。

[益宜] 肾虚引起的耳聋耳鸣、腰膝酸软、滑精早泄等。

苁蓉羊肉羹

[配制] 肉苁蓉 25g，精羊肉 125g，生姜、葱白、生粉、食盐各适量。苁蓉洗净，切，煎汤去渣取汁，羊肉洗净，切肉丁入苁蓉汁，稍加水，煮至肉烂熟，加姜、葱末、细盐、生粉，文火煮 5～7 分钟。随意食。

[功能] 助阳益精，温补气血。

[益宜] 阳气不足，肾气乏之体虚，恶寒怕冷，腰膝冷痛，小便频数，阳痿、遗精及女子宫冷不孕，便秘等。

苁蓉鱼球

［配制］鱼肉 50g，肉苁蓉 12g，鸡蛋 1 只，荸荠 5 只，淀粉 30g，盐 3g，胡椒粉、酒、味精各适量。鱼肉剁茸，苁蓉研粉，荸荠压泥，共置碗中，加蛋清拌匀，搓成汤圆大小。淀粉与蛋黄加水调糊。油锅烧五成热，鱼球蘸满糊浆入油锅炸，至外脆里熟捞起盛盘。再用胡椒粉、料酒、味精、做成少许汤，浇鱼球上，即可食。

［功能］开胃壮阳，益气补肾。

［益宜］肾阳亏虚之阳痿、遗精、早泄、女子不孕、小便频数、遗尿等。

淡菜炖狗肉

［配制］淡菜 100g，温开水发软，洗净；狗肉 250g，洗净，切块。2 品置放砂锅内，加生姜、胡椒、料酒、清水适量，用武火煮沸，改文火炖肉烂熟，加盐调味，佐餐食。

［功能］温补脾肾，助阳散寒。

［益宜］脾肾虚寒，阳痿，腹痛。

当归狗肉膳

［配制］狗肉 2 000g，洗净，清水煮去血水腥味，入清水浸泡洗后，切 2 厘米见方的块；当归 30g，肉桂 6g，洗净；鲜橘叶 10g，洗净扎把；绍酒 80g，曲酒 80g，味精 1g，酱油 20g，精盐 12g。炒锅置旺火上，下菜油至七成热时，入狗肉煸炒干水分，烹绍酒继续煸炒，加酱油、盐、清水、当归、肉桂、橘叶、曲酒烧开。再将狗肉舀砂罐内，封住罐口，加黄泥糊密封口，移炭火煨 3 小时，拣出橘叶、当归、肉桂。

［功能］养血活血，补肾壮阳。

［益宜］肾阳虚所致腰膝冷痛，浮肿，耳聋，阳痿，小便频数、清长等。

当归牛肉尾巴汤

［配制］当归 30g，牛尾巴 1 条。牛尾巴去毛，洗净，切 4 段，与当归同加水适量炖汤，加盐少许调味。饮汤食牛尾巴。

［功能］养血、补肾、强筋骨。

［益宜］肾虚阳痿，腰痛，下肢酸软乏力等。

冬瓜煨草鱼(另方:冬瓜鲩鱼汤)

［配制］冬瓜 500g，草鱼 250g，调料适量。鱼治净，油煎金黄色，加黄酒，加去皮切成方块之冬瓜及盐、葱、醋、清水各适量，武火烧沸，文火炖鱼熟，再入味精。食鱼，瓜、饮汤。另方用鱼尾，无葱、醋，煲汤。

［功能］平肝泄热。

［益宜］肝阳上亢之头痛眼花，高血压等。

二仙羊肉烧

［配制］仙茅 15g，仙灵脾 15g，生姜 15g，羊肉 250g，调料适量。前 3 味装纱布袋中，扎

口;羊肉切片,同药袋共煮至羊肉熟烂,去药袋,加盐,调料。食肉饮汤,日2次。

[功能] 补肾阳,祛寒湿。

[益宜] 肾阳不足之腰膝酸软无力,肢冷畏寒,性功能低下,风寒湿痹等。

附子地羊肉

[配制] 地羊肉(犬肉)1 000g,制附片、熟地、生姜各30g,陈皮、精盐各10g,葱白40g,胡椒粉1g,花椒15粒,味精2g。犬肉顺筋切二三块,入清水中捶打,洗净血水,入沸水锅氽煮几分钟,清水再洗;将砂锅置伙上,加开水,用几节排骨垫底,入狗肉、生姜、葱、附片,煮沸后打去泡沫,再加熟地、陈皮,炖至肉熟时,共约2小时,取出佐料,将肉切小条、块,回锅加胡椒粉、味精、葱花。随意食。

[功能] 温补肾阳,益精养血。

[益宜] 肾阳恶寒肢冷,面色萎白,下利清谷,或遗精阳痿,多尿,不禁等。

干地黄散

[配制] 生干地黄60g,人参、黄芪、玄参、菖蒲、茯苓、炙甘草各30g,远志15g,共为粗末,每服12g,水煎温服。

[功能] 滋阴清热。

[益宜] 肾劳实热,胀满,四肢黑色,耳聋多梦,见大水,腰脊离解。

干姜羊肉汤

[配制] 干姜30g,羊肉150g。羊肉切块,与干姜共炖肉烂,调入盐、葱、花椒面、味精。食肉饮汤。

[功能] 温里散寒,补虚。

[益宜] 脾肾两虚之畏寒肢冷,腰酸腿软,小便清长,或肢浮肿、泄泻、带下梦多,月经后期,小腹发凉等。

葛根五味子芝麻膏

[配制] 鲜葛根1 000g或干品500,五味子250g,洗净煎取二次汁,浓缩;黑芝麻500g,洗净,炒熟,研细末,于前两味合熬,加蜂蜜500g,搅匀稍熬,收储。每服1大匙,饭后1小时服,细嚼咽,食后饮开水适量。

[功能] 养胃阴,补肾气,润燥通便。

[益宜] 肾虚腰痛、尿频、咳喘日久不止,津亏肠燥便秘等。

蛤蚧补骨脂散

[配制] 蛤蚧1对,去头、爪、酒炒烘干,补骨脂25g(焙)。2味共研细末。每服10g,日1～2次,温米酒送下。

[功能] 补肾壮阳,敛肺定喘。

[益宜] 阳痿、腰痛、遗精、尿频、泄泻、肺肾两虚之喘咳日久不愈等。

蛤蚧酒

［配制］蛤蚧1对(去头、爪、鳞,切小块),浸白酒1 000ml中。封固2个月后,每饮30g,日1次。

［功能］壮腰补肾。

［益宜］肾虚腰痛,阳痿等。

狗鞭酒

［配制］狗鞭1具,精制白酒1 000g,狗鞭切片状,装酒瓶内,密封30天后,取每服5ml,日3服。

［功能］补肾壮阳。

［益宜］命门火衰之阳痿、早泄、宫寒不孕等。

枸杞核桃仁鸡丁

［配制］枸杞子90g,核桃仁200g,鸡肉600g,调料适量。枸杞子洗择净;核桃仁浸、去皮;鸡肉切丁;盐、味精、白糖、湿淀粉、胡椒粉、麻油、鸡汤兑滋汁。核桃仁热油炸透,枸杞炸片刻,鸡丁滑透,各沥油尽;锅内留油少许,投煸葱、姜、蒜香,入鸡丁,烹滋汁,速炒,再入桃仁、杞子翻匀,盛。随意食。

［功能］益气血,补肾壮阳。

［益宜］肾阳不足之阳痿、尿频,肺肾两虚之咳嗽、气喘等。

枸杞肉丝(另方:枸杞青笋炒肉丝)

［配制］枸杞、青笋各30g,瘦猪肉100g,油、盐、味精、酱油、淀粉各适量。肉、笋切丝,洗净,枸杞洗净,共下热油锅爆,炒熟。入佐料调味。1日1料。

［功能］滋阴潜阳。另方:滋阴补肾。

［益宜］肾虚之头目昏眩、心烦易怒、情志失常、手足心热、经量多、漏下淋漓或耳鸣心悸、潮热盗汗等。另方:视物模糊等。久食保护视力,增强体质。

枸杞桑葚饮

［配制］枸杞子250g,桑葚150g。两味共水煎,代替茶常饮。

［功能］舒经通络,补肝肾,降血压。

［益宜］高血压、头痛、心跳、手麻。

枸杞山药茶

［配制］枸杞子30g,生山药200g。加水煎汤,代茶饮。每日1剂。

［功能］滋补肾阴,益气补脾。

［益宜］肾阳亏损,阳痿不举,或早泄,腰膝酸软,大便干燥。五心烦热等。

枸杞油爆虾

［配制］虾 500g，枸杞子 40g。枸杞洗净，半量蒸熟，半量煎 2 次，取浓缩液 20ml；虾去须洗净，入热油中炸虾壳脆，锅内留油少许，热，投葱、姜、白糖、精盐、味精、料酒、清汤和杞子汁，沸后倒入炸虾和熟杞子，翻炒片刻，淋入香油。

［功能］助阳补肝肾，益气托脓。

［益宜］肾虚所致的阳痿，滑精早泄、小便频数等。

骨碎补煲猪肾

［配制］骨碎补 6g，猪腰 1 个，猪腰洗净，切开，剔去筋膜臊腺，纳入研碎之骨碎补，用线扎紧，加水煮熟。饮汤食肉。

［功能］壮腰补肾。

［益宜］肾虚腰痛，久泻不止等。

归附乌鸡子煲

［配制］乌骨鸡仔 1 只，制附片 30g，当归身 20g，熟猪油 120g，调料适量。鸡治净，剔骨、切成小块；当归切片；炒锅置旺火上，下熟猪油烧至六成熟时入姜、葱、花椒粒各适量，稍微煸，再入鸡块，煸至发白断血，加酱油、精盐、肉汤、冰糖各适量，再下当归，附片煮沸，去沫，再用小火煨至鸡肉熟软，加胡椒 12 粒，榜糟汁 20ml 略煮，拣去大料，酌量餐食。另方：党参、当归各 15g，炖母鸡。

［功能］温肾助阳，补养精血。

［益宜］肾阳不足之畏寒肢冷、面色萎黄、下利清谷，或五更泄泻、腰膝酸痛、遗精、阳痿等。

龟鹿二仙胶

［配制］鹿角 1 000g，败龟板 500g，枸杞子 180g，人参 90g。前 2 味打粗末 3 煎时约 4 小时，取三煎汁，枸杞、人参（切），另煎 2 次，取汁，2 汁合慢火熬炼成胶。每服 4.5～6g，空腹酒化下。

［功能］大补精髓，益气壮阳。

［益宜］肾气衰腰背酸疼，遗精目眩。

海参丸

［配制］海参 500g，当归（酒炒）、巴戟天、怀牛膝（盐水炒）、补骨脂、龟板、枸杞子各 120g，羊肾（去筋生打）10 对，杜仲（盐水炒）、菟丝子各 240g，胡桃肉 100g，胡脊髓 10 条（去筋）。共捣烂研细末，用鹿角膏 120g，烊化和丸。每服 12g，温酒服送服。

［功能］益精血，固肾气。

［益宜］肾虚腰痛，梦遗，滑精等。

海带草决明饮

[配制] 海带 20g,草决明 15g。两味加水煎,吃海带喝汤。每日 1 次,连用数日。
[功能] 潜肝阳,降血压。
[益宜] 肝阳上亢,血脂偏高之高血压者。

海狗肾炖鸡

[配制] 海狗肾 30g,山药、枸杞子各 15g,杜仲、巴戟天各 9g,嫩鸡 1 只(约 750g)。鸡治净海狗肾切成薄片,烧酒浸泡 1 夜,再与余 4 味和鸡血同放盆内,注入八成满滚水,加盖,隔水炖 4 小时,调味。食鸡肉饮汤,每周服 2 次。
[功能] 补肾壮阳益精。
[益宜] 肾阳不足之腰膝冷痛、畏寒肢冷,小便清长、阳痿滑精等。

海狗肾人参酒

[配制] 海狗肾 1 具,人参 15g,山药 30g,白酒 1 000g。海狗肾酒泡后切片,与人参、山药同白酒浸泡 7 天。每服 2 汤匙,日 2 次。
[功能] 补肾、壮阳、益精。
[益宜] 肾阳虚之阳痿、神萎不振、体倦等。阳盛、阴虚火旺等不宜。

海狗肾丸

[配制] 海狗肾 1 具,人参、巴戟天、菟丝子、怀山药、石斛各 60g,五味子 50g。海狗肾酒浸 1 天,取出用纸裹好,微火炙酥,为细末,余药干燥后共为细末,过细筛。两末混,炼蜜为丸,每丸重 9g,每服 1 丸,日三服,温开水送下。
[功能] 温肾益精。
[益宜] 肾亏之阳痿、滑精、腰痛、畏寒等。

海马牛尾

[配制] 海马 10g,温水洗净;去毛带皮牛尾一条(750g),洗净,剁成段,入沸水煮透,捞出洗净,鸡汤 1 000g,各佐料适量。用一大锅放入海马、牛尾段、鸡汤、加绍酒 250g,胡椒面、葱、姜、当归、精盐,旺火烧沸,文火煨至熟烂,拣出葱、姜,加入味精、香菜、香油。随意食。
[功能] 补肾壮阳,调气活血,添精益髓。
[益宜] 肾虚之阳痿、遗精、早泄、腰膝酸软、久不受孕、遗尿、虚喘等。

海马童子鸡

[配制] 海马 10 个,净仔公鸡 1 只,水发香菇 30g,火腿 20g。净鸡在沸水中煮 5 分钟,除骨取肉,连皮切条,整齐摆在蒸碗内,分别放上海马、香菇、火腿及葱、姜、盐、料酒、清汤,蒸 1.5 小时,取出拣去葱、姜,加少许味精,调好味,即可食。
[功能] 温阳固摄。

［益宜］阳痿、早泄及白带清稀。

海马丸子

［配制］鲜羊肉 500g，洗净剁泥，放小盆内加鸡蛋 1 个，精盐、味精各 5g，葱、姜末各 3g，淀粉 10g，香油 5g 调匀；海马 10g，洗净入砂锅加满水煮 1 小时，捞出海马，小白菜 250g 洗净。煮海马清汤微沸，将羊糊挤丸子入锅，丸子浮起汤面即熟，加入小白菜、味精、香油。单食或佐餐。

［功能］补肾壮阳。

［益宜］肾虚之阳痿早泄，久不受孕、遗尿、虚喘、难产、疔疮肿毒等。孕妇及阴虚火旺者忌。

海马乌骨鸡

［配制］海马 25g，乌鸡 1 只（约 750g），治净，鸡背切，去内脏，洗净，沸水中烫、捞起放砂锅内，加满开水，旺火烧沸，去浮沫，再加海马、绍酒 15g，精盐 3g，葱、姜、花椒各适量，文火炖烂熟，去葱、姜、花椒，加味精，盛盘，随意食。

［功能］补肾壮阳，补血和血，养阴退热。

［益宜］肾阳亏损之阳痿、遗精、不孕、虚喘，脾虚之滑脱泄泻、面色萎黄、爪甲不荣及疔疮肿毒等。阴虚火旺者慎。

核桃炖蚕蛹

［配制］核桃肉 100～150g，蚕蛹（略炒过）50g，同放入炖盅内，隔水炖熟。随意食。隔日 1 剂。

［功能］补脾益肾。

［益宜］阳痿、滑精、小儿疳积、胃下垂等。

核桃仁韭子酒

［配制］核桃仁 1 枚，炒韭子 6g，黄酒适量。前 2 品水煎后加黄酒适量饮服。日 1 次，每 5 日加核桃仁 1 枚，加至 20 枚止，周而复始服食。又方：生核桃仁 60g，日内服完，连服月余。

［功能］补肾固精。又方：同前。

［益宜］肾虚之阳痿、遗精。又方：同前。

核桃鸭子

［配制］北京鸭 1 只，治净，从背部切开，去内脏，沸水汆透，沥干，放入盆内，加葱、黄酒、盐少许，上笼蒸烂，放晾拆骨，斩两片，去皮；鸡肉茸 100g。核桃仁 200g，荸荠 150g，油菜末适量，蛋清 1 只，各配料，油适量。用鸡茸、蛋清、玉米粉、味精、黄酒、盐调成糊，将桃仁、荸荠剁碎，调糊内，用调好蛋清、桃仁糊涂满鸭肉内腔。炒勺加油置旺火上，油六成热时，将鸭炸酥，捞起沥油。切长条装盘。佐餐。

［功能］补肾固精，温肺定喘，润肠。

［益宜］肾虚之咳嗽，腰痛，阳痿，大便燥结以及小便滴沥。

胡桃炖龟肉

［配制］乌龟 1 只（约 500g），核桃末 60g，杜仲、续断、寄生、枸杞各 12g，姜块 20g，葱结 25g，精盐 8g，陈皮 15g，猪大骨 400g，绍酒 20g，味精 1g，龟至沸水焖烫，去头、爪，刮净粗皮，弃肚肠，切块，中药洗，装纱布袋，扎口。姜、葱洗净。砂锅置旺火上，加清水，猪大骨垫锅底，入龟板、肉，烧沸撇出血沫，加药袋及诸佐料，文火炖至熟烂，弃药袋、姜、葱、陈皮、大骨，调入盐、味精、佐餐或单食。

［功能］补肾益精。

［益宜］肾精亏损之腰痛、头晕、耳鸣等。

淮药桃

［配制］鲜山药 500g，洗净，蒸熟，去皮捣烂，和熟面粉 150g，掺和牛奶揉成面团，另取适量之白瓜子仁、胡桃仁、蜜饯冬瓜条剁成碎末，放入糖 150g 和桂花酱。另用湿淀粉和糖 100g 勾汁。把各种配料用揉好淮山药面团做成八个桃形，蒸透，把糖汁蘸桃上即成。

［功能］补肾固精。

［益宜］肾虚不固之遗精、滑精，小便频数等。

槐花酥炸大虾

［配制］槐花 160g，洗净，沥干水，盛盆加少许盐、料酒、味精腌，大虾肉 500g，挑去背部黑筋，切两片，鸡蛋清 3 个，玉米粉、面粉、油各佐料适量。把面粉、蛋清加少许盐、猪油调蛋清糊，虾片用盐、料酒、白糖、味精、胡椒面、葱、姜拌匀腌。锅烧热，注 150g 猪油，油三四成热时，把虾片裹蛋清糊，投入炸虾熟，捞起盛盘，又将槐花蛋清糊，入锅炸熟，沥油围虾酥四周。上桌蘸椒盐，佐餐。

［功能］补肾壮阳，温经止血。

［益宜］肾阳亏虚之腰膝冷痛、阳痿不举、气不摄血之便血、尿血等。

茴香羊肾

［配制］八角茴香 10g，焙，研细末；鲜羊肾 500g，去外膜、内臊腺，洗切薄片，入碗加盐、味精、胡椒粉、香油适量，腌渍一会，入蛋清 30g，淀粉上浆；另用香醋、精盐、味精、白糖、绍酒、淀粉、茴香粉兑成卤汁；勺内放宽油，置旺火上油四成热时滑浆好的羊肾片，熟透倾漏勺。炒勺少留底油，煸姜、葱块，香，去葱、姜倒羊肾片，烹卤汁，翻炒勺，淋香油，盛盘撒上香菜。随意食。另方：茴香 15g。

［功能］暖胃祛寒，行气止痛。另方：温肾、散寒、止痛。

［益宜］肾阳虚损所致腰脊冷痛、寒疝睾丸偏坠、少腹冷痛；脾胃虚寒之脘腹胀痛，食少呕吐等。另方：肾虚腰痛。阴虚火盛者忌。

茴香药膳

［配制］①茴香适量，炒研末猪腰子剖开，去臊腺作薄片，不令切断。层层掺药末，水纸裹，煨热，细嚼，酒咽；②小茴香 6g，桑螵蛸 15g，装入猪膀胱内，焙干研末，每次 3g，日 2 服；③小茴香 15g，食盐 4.5g 同炒焦，研细末。打入青壳鸭蛋 1～2 只同煎饼，睡前温米酒送服。连服 4 日为 1 疗程。间隔 2～5 天，再服第二疗程。

［功能］温肾散寒，和胃理气。

［益宜］①肾虚腰痛，转侧不能，嗜睡疲弱者；②遗尿；③鞘膜炎积液和阴囊象皮肿。

鸡肝菟丝子汤

［配制］雄鸡肝 2 具，菟丝子 15g。鸡肝洗净，切，菟丝子洗装纱布袋。一并入砂锅加清水 750ml，武火煮沸，文火熬 30～40 分钟，去袋，饮汤食肝。每日 1 剂。

［功能］补肾固精，益气壮阳。

［益宜］阳气虚、阳痿、早泄、滑精遗尿和女子胎漏等。

鸡鸽鹑蒸高丽参

［配制］母鸡 1 只(约 1 000g)，白鸽 1 只，鹌鹑 1 只，高丽参 6～10g。前 3 品按常食法治净，高丽参放鹑腹，鸽再放进鸡腹，鸡放入大碗内，碗至瓦煲中，封严，隔水蒸 2 小时取出，饮汤食肉。

［功能］补肝肾，益精气，安胎。

［益宜］孕妇肝肾不足，脾胃气虚之腰酸腿软，小腹坠胀，胎动不安或习惯性流产等。

鸡肾草猪蹄汤(鸡肾草为兰科植物鸡肾草的全草，别名：鸡肾子、腰子草等)

［配制］鸡肾草 30g，猪前蹄 1 对，生姜 5 片，葱白 3 根，胡椒 10 粒，花椒 30 粒，食盐适量。猪蹄治净，鸡肾草洗，两品同下锅加水及诸佐料，以文火煮猪蹄熟烂，随意食猪蹄喝汤。

［功能］补肾。

［益宜］肾虚腰膝酸软、遗精早泄、头晕耳鸣、体倦乏力等。

加味龟板槐蕈炖瘦肉

［配制］淮山药、女贞子各 15g，山萸肉 9g，龟板 30g，槐蕈 6g，瘦猪肉 60g。前 5 味煎汤去渣，汁炖肉服食。日 1 剂，常食。

［功能］滋补肝肾。

［益宜］肾阴虚之头晕耳鸣、腰膝酸软，阴道流血以及宫颈癌等。

甲鱼猪髓汤

［配制］甲鱼 1 只，猪脊髓 200g，调料适量。猪脊髓洗净后放碗内；甲鱼沸水烫后去甲、头、爪、内脏，置锅内，加水武火烧沸后，加姜、葱、胡椒粉，改文火加猪脊髓，同煮至熟，放味精。食肉饮汤。佐餐服食。

[功能] 滋阴补肾，填精益髓。
[益宜] 肾阴不足之头昏目眩、多梦遗精、腰膝酸痛等。

健阳酒

[配制] 当归、枸杞子、补骨脂各90g，与酒1 000ml，盛坛中，密封，浸泡3～5天后，隔水煮30分钟，再静置浸泡24小时。取酒酌量饮。
[功能] 温肾壮阳，补益精血。
[益宜] 肾阳不足，精血亏虚之阳痿、遗精、腰膝段、视力减、压尿频等。

江瑶柱皱瘦肉汤

[配制] 江瑶柱(干贝)30～50g，猪瘦肉200g。加水炖汤，食盐调味，佐餐。
[功能] 滋阴补肾。
[益宜] 肾阴虚之心烦口渴，失眠、多梦、夜尿多等。

金锁玉关散

[配制] 芡实、莲子肉、莲花蕊、藕节、茯苓、山药各60g。为细末，用金樱子1 000g，去毛刺，槌碎，水熬去渣，浓缩为膏，入前末吸干烘为干散，密储。每服15g，温米汤或甜米酒下。空腹。
[功能] 补肾、化浊、涩精。
[益宜] 遗精白浊，心虚不宁。

金樱补肾膏

[配制] 金樱子，不拘多少，经霜后红熟者。去刺、核，捣碎煮，滤渣，渣反复榨干，取汁熬膏；枸杞子、杜仲(姜汁炒)、芡实肉、山茱萸肉各120g，人参、山药、桑螵蛸(新瓦焙燥)各60g，薏苡仁150g，益智仁30g，青盐90g。研粗末，煎两次，去渣熬膏，与前膏各半和匀。空腹用白开水调30ml服。
[功能] 补肾固精。
[益宜] 虚劳遗精、白浊。

金樱桑螵粥

[配制] 金樱子、桑螵蛸各12g，粳米100g。金樱、桑螵治净，煎浓汁备用；粳米淘，入锅加水适量，加药汁，煮粥。熟，食。
[功能] 补肾助阳，收敛固涩。
[益宜] 肾虚不固之遗尿、遗精、早泄、尿频等。

金樱子桑螵蛸粥

[配制] 金樱子、桑螵蛸各12g，粳米100g，前2味洗净煎去渣，取汁，入米煮粥熟，食。
[功能] 补肾助阳，收敛固涩。
[益宜] 肾气虚弱，固摄无权之尿频、尿失禁或遗精、滑泄等。

九香虫酒

[配制] 九香虫 30g,白酒 500g。九香虫入酒内浸泡 7 天后,滤,澄清服。每服 10～20ml。日 2 次。

[功能] 补肾助阳,温脾止痛。

[益宜] 肾虚阳痿。不宜,阴虚阳亢者。

莲芡山药银耳膏

[配制] 莲肉、芡实各 200g,山药 300g,银耳 120g,水煎取汁,白糖收膏。每服 3 匙,1 日 3 次。又方:莲子 25g,芡实、山药各 15g,银耳 10g,鸡蛋 1 只,熬汤。

[功能] 补肾涩精。

[益宜] 肾虚之遗精,遗尿,白带过多等。

莲子枸杞酿猪肠

[配制] 莲子、枸杞各 30g,猪小肠 2 小段(洗净),鸡蛋 2 个。将莲子浸泡后与枸杞、鸡蛋(打)混匀,装入猪肠内,扎紧肠两端,入锅加清水 2 斤,煮,待猪小肠熟后切片食。一般食 7～10 天见效。

[功能] 温肾健脾止带。

[益宜] 肾虚带下,白带清冷、量多、淋漓不断、腹酸痛、少腹冷等。

龙虾桃仁两仙煎

[配制] 龙虾肉 50g,胡桃肉、仙茅、淫羊藿(仙灵脾)。水煎,日 2 服,连续服用。

[功能] 滋阴、补肾、壮阳。

[益宜] 阳痿。

龙眼芡实乌梅山药羹(原名:龙莲芡实丸)

[配制] 龙骨、莲须、芡实、乌梅肉各等份,为末,每用 10g 左右,米汤调山药做羹服。

[功能] 补肾敛精。

[益宜] 肾元亏损,精关不固,滑精不禁。

鹿鞭膏

[配制] 鹿鞭 1 对,洗净,温水浸润,切片,干燥。同热砂子炮炒,至鞭片松泡,取出研末;取阿胶 250g,捣碎放碗内加水、黄酒各半,隔水蒸煮,等溶化后加入鹿鞭末及冰糖 120g,拌匀,蒸透即成。每服 10g,1 日 2 次,白开水送。

[功能] 补肾壮阳,强筋健骨。

[益宜] 肾精亏虚之阳痿不起,宫寒冷不孕、滑精早泄,腰痛畏寒等。

鹿角膏粥

[配制] 鹿角胶 15～20g,粳米 100g,生姜 3 片。煮粳米粥,待沸后,加入鹿角胶、姜米煮

粥成。每日 1～2 次，3～5 日为 1 周期。

[功能] 补肾阳，益精血。

[益宜] 阳痿、早泄、遗精、腰酸痛，妇女宫冷、不孕、崩漏带下等。阴虚火旺者忌。

鹿角胶散、酒、膏

[配制] ①鹿角胶研碎(炒令黄燥)30g，覆盆子、车前子各 30g。捣细，箩为散。每于食前温酒调下 6g；②鹿角膏 90g。末之，以白米酒 400ml，烊和。温分 3 服。瘥止。

[功能] 补血益精。

[益宜] ①虚劳梦泄；②虚劳尿精。

鹿茸海参

[配制] 鹿茸片 10g，海参 20g，葱、姜、盐各适量。将鹿茸片放锡纸上，用微或加热，刮去上面茸毛；海参按常规水发透。将 2 品放在盆内，加入调料、清汤，蒸 1～2 小时，吃鹿茸、海参，喝汤。

[功能] 补肾壮阳。

[益宜] 阳痿、腰膝酸软、女子宫寒不孕等。

鹿茸煎

[配制] 鹿茸 156g，清酒 1 500ml。将鹿茸去毛，炙黄、捣烂为末，以清酒调和，放入银器中用慢火熬成膏药。盛入瓷器中。饭前空腹服半匙，温开水送下。

[功能] 补肾益精。

[益宜] 骨髓空虚，精液少清冷等症。

鹿茸口服液

[配制] 鹿茸 5g，蜂蜜、白酒各 50g。鹿茸除净杂质，打碎，盛净器中加入白酒，浸泡 7 天，每天摇振 1～2 次；滤出鹿茸酒(鹿茸可再用)加蜜和凉开水 150ml，搅匀，再滤青液保存。每饮 10ml，日 2 次。

[功能] 温肾壮阳，生精益血，补髓健骨。

[益宜] 肾阳亏虚之畏寒乏力、阳痿遗精、尿频眩晕、腰膝酸软等。

麻雀丝子苁蓉酒

[配制] 麻雀 3 只，菟丝子 15g，肉苁蓉 30g，黄酒或米酒 1 000g。麻雀治净，菟丝子洗，肉苁蓉水浸切片，同入酒中，封严。隔水蒸 1 小时，浸 7～15 天后，每饮 1～2 杯，日 2 次。

[功能] 补肾壮阳。

[益宜] 肾阳虚、命门火微之阳痿、早泄、腰膝冷痛、小便频数等。

麻雀菟丝枸杞汤

[配制] 麻雀 2 只，菟丝子、枸杞子各 15g，后 2 味洗净，盛纱布袋内扎口。麻雀治净与药

袋同下锅炖熟烂。食肉饮汤。

[功能] 温壮肾阳，补命门火。

[益宜] 下元虚冷之小便清长频数，早泄、滑精、阳痿、腰膝酸软等。

美发果冻

[配制] 荔枝肉、龙眼肉、葡萄干各 70g，黄精、麦冬、桑葚子、金樱子、覆盆子、山茱萸各 10g，冻粉 300g。黄精至山萸 6 味洗，文火煎煮 40 分钟，取滤液，反复 3 次，得浓汁 200ml，加白糖、冻粉搅匀，入香精、荔枝、龙眼肉、葡萄干调和倾入盛器冷却。随意食。

[功能] 益肾养肝。

[益宜] 肝肾亏虚之毛发早白、脱发及阳痿、早泄、遗精等。

蘑菇鹿鞭

[配制] 新鲜鹿鞭 1 支，顺长切开，剔去尿道层，沸水烫掉外皮，再撕去一层白膜，开水中再煮 1 小时左右，用冷水漂净，放锅内加清汤 1 000g，与干贝 30g，金钩(大海米)30g，香菇 30g(水发)，嫩母鸡 500g，带皮猪肉 500g，葱、姜各 15g，共炖烂。将炖烂的鹿鞭捞出，切斜薄片。锅内倒入鸡清汤 750g，加罐头蘑菇 90g(切)，料酒 10g，胡椒面 1g，湿淀粉 15g，盐少许和鹿鞭片同烩，加味精，盛盘，淋鸡油。佐餐食。

[功能] 补肾壮阳。

[益宜] 肾阳亏虚之阳痿、早泄、腰膝冷痛、宫寒不孕等。

牡蛎面条

[配制] 鲜牡蛎肉 100g，面条适量。先煮牡蛎肉熟，再将面条与调味品一起煮熟。每日 2 次，当点心吃。

[功能] 补益精气，强健筋骨。

[益宜] 肾虚，佝偻病等。

男宝粥

[配制] 金樱子 50g，粳米 10g。金樱子加水 200ml，煎取 100ml，入米后再加水 600ml，煮粥。早晚温服，5～7 天为一周期。

[功能] 温肾固精。

[益宜] 肾气不固所致遗精，性功能减退，遗尿，小便余沥不尽等。

宁杞杜仲酒

[配制] 宁杞 30～60g，杜仲 30g，白酒 250g。前二味浸酒 3～5 天后饮。每饮 15～30ml，日 2 次。

[功能] 补肾调经，温阳益气。

[益宜] 肾虚月经不定期，量少，色淡，面色晦暗，头晕目眩耳鸣，腰膝酸软，少腹空痛等。

牛鞭韭子散

［配制］牛鞭1具，置瓦上文火焙干，磨细；韭菜子25g，淫羊藿15g(加少许羊油，文火铁锅炒黄)，菟丝子15g，3味共研细末，与牛鞭合和匀。每晚黄酒冲服1匙(约7～10g)，或用蜜调丸，黄酒送下。

［功能］补肾壮阳。

［益宜］阳痿或早泄。

牛肾粥

［配制］牛肾一枚(去筋膜、净、切细)，阳起石30g(布包)，粳米100g，葱白2茎，生姜3片，食盐少许。先煎阳起石，去渣取汁入米，牛肾及调料煮粥，空腹食。

［功能］益肾壮阳。

［益宜］肾阳不足之腰痛，腰脚软弱无力，阳痿早泄等。

牛髓汤

［配制］牛脊髓2～3条(每条约35cm)，杜仲、巴戟各15g，山药、芡实各30g。共入锅加水2 000ml，炖至300ml左右，加适量调味品，任意服食。

［功能］补肾助阳，壮腰益精。

［益宜］肾虚之腰膝酸软无力、阳痿、遗精、小便频数，以及阳虚泄泻等。

七味地黄饮(原名：七味地黄丸)

［配制］熟地240g，山茱萸、山药各120g，牡丹皮(酒洗、微炒)、茯苓(人乳拌、焙)、泽泻(淡盐、酒拌炒)各90g。肉桂(去皮)30g。诸味为末，每，蜜，淡盐汤煎5～10分钟服，日2次。

［功能］补肾阴抑虚火，固本培元。

［益宜］肾水不足，虚火上炎，发热作渴。牙龈溃烂，口舌生疮，或形体憔悴，寐中发热等症。

期颐酒

［配制］当归、陈皮、石斛、牛膝、枸杞子各12g，黑豆、仙茅各25g，肉苁蓉、菟丝子、淫羊藿各18g，诸药共研粗末，盛纱布袋内，放入酒坛，加黄酒1 500ml，好烧酒3 500ml，密封，隔水加热90分钟后再将酒坛埋土中7天后饮。

［功能］助阳益精，祛风除湿，强壮筋骨。

［益宜］肾阳不足，精血亏损之腰膝酸软，小便频数，耳鸣，视物昏花等。阴虚火旺者忌。

芪鳔羊肉汤

［配制］黄芪、鱼鳔各30g，新鲜羊肉200g，肉皮少许，精盐、姜丝、调料各适量。羊肉洗，切块，与黄芪、鱼鳔、肉皮共置锅内，放入佐料，加水约500ml，文火炖90分钟。食羊肉、鱼鳔等，饮汤。

［功能］温补阳气，强壮腰肾。

［益宜］脾肾阳虚，遗尿，尿频清长，畏寒肢冷，腰膝痿软等。

杞菟麻雀汤

［配制］枸杞子、菟丝子各25g，麻雀15只，花椒水、姜末、葱末、鸡汤、料酒、食盐各适量。麻雀腌，治净，入沸水氽，漂净；菟丝子洗净盛纱布袋，扎口；枸杞子择净；两品入锅加盐、料酒、花椒、姜、葱、鸡汤。中火炖1小时，弃纱布袋，随意食。

［功能］助阳道，壮腰膝，补肝肾，起痿止带。

［益宜］阳痿早泄，腰膝酸软，妇女带下等阳虚所致症。

起阳鸽蛋

［配制］鸽蛋3个，川椒、生姜各3g，小茴香、大茴香各9g，后4味装纱布袋，入锅加水适量，煮取药液300ml，去药袋。再加火烧沸打入鸽蛋，煮熟，吃蛋喝汤。每日晨1服，连续1月余。

［功能］补肾兴阳，补脑益智。

［益宜］肾阳虚，脑髓不足之早衰、记忆减退、性发育不良、阳痿、早泄等。

千两金酒

［配制］淫羊藿300g，米酒或高粱酒3 000g。共装大口瓶中，密封贮存2个月药。每服1小杯。

［功能］温肾壮阳，添精种子。

［益宜］阳虚之阳痿不育，阴虚火旺，遗精不止者禁用。

琼浆药酒

［配制］人参6g，鹿茸、桂圆肉各3g，熟附片12g，陈皮9g，狗脊、枸杞子、补骨脂各12g，冬虫夏草6g，淮牛膝、灵芝各12g，当归、佛手、驴肾各6g，雀脑5g，红糖300g，红曲24g，白蜜50g，白酒（45度）3 000ml。上药置净容器内，加酒，隔水加热半小时，浸泡，1周后滤汁，适量饮。

［功能］补肾壮阳。

［益宜］肾阳不足，命门衰之腰酸寒冷，四肢乏力，手足不温、精神不振、阳痿不举、阴囊湿冷，遗精早泄，妇女白带青稀等。阴虚火旺者忌。

人参枸杞鹿茸酒

［配制］人参100g，枸杞250g，鹿茸10g，白酒（中等品级）2 000ml。参茸切片，枸杞净与酒共置入坛中，封口不漏气。10～15天后，滤酒出，每饮30～50ml左右。渣晒干，研细末随酒吞服。每服5g左右。

［功能］虚证劳损，脾肾两亏。

［益宜］食少，乏力，自汗，眩晕，腰痛，男子阳痿，精少，贫血及营养不良，精神衰弱等。

人参清汤鹿尾

[配制] 鹿尾200g,人参30g,清汤1 000g,精盐3g,料酒5g,味精适量。人参切极薄片,用白酒浸泡提取人参酒液(参片留用);鹿尾除骨,切成厚0.6cm的金钱片。锅内放清汤,入料酒、盐、鹿尾片、人参酒液,待沸,撇去浮沫,倒入大碗中,把人参片置于汤上,调入味精。宜秋冬季早晚空腹服。

[功能] 大补元气,补肾壮阳。

[益宜] 肾虚腹痛,阳痿,遗精,头晕耳鸣,倦怠乏力等。

肉苁蓉豆豉汤

[配制] 豆豉150g(压碎),萝卜90g(洗净,切丝),芋头5个(洗,去皮),豆腐2块(切碎),肉苁蓉煎取汁,去渣,放入豆豉和少量盐,烧沸后入萝卜丝、芋头,再沸入豆腐,煮熟调味食饮。

[功能] 补脾益肾,强身延年。

[益宜] 脾虚肾亏,性功能低下等。

肉苁蓉炖羊肾

[配制] 肉苁蓉30～50g,羊肾(腰子)1对。羊肾去脂膜臊腺,切片,与苁蓉共煮熟,去苁蓉,调味服食。

[功能] 补肾、益精、壮阳。

[益宜] 肾虚阳痿、夜多小便、腰膝盖酸痛、耳聋、便秘等。

肉苁蓉羹

[配制] 嫩肉苁蓉200g,山药50g,羊肉100g。苁蓉刮鳞,酒洗,去黑汁,切薄片;山药、羊肉各切片,洗净。诸品入锅,加水煮,入适量调料,羹成后食。

[功能] 补肝羊肾,滋阴扶阳。

[益宜] 阳痿、腰痛、畏寒等。

肉苁蓉羊肉粥

[配制] 肉苁蓉30g,羊肉150～200g,大米适量,食盐、味精少许。羊肉洗净切片,入锅与苁蓉同煮肉熟,去苁蓉,入米煮煮粥,熟,加食盐等调味。另方有:鹿角胶10g。

[功能] 温阳、补肾、益精。

[益宜] 肾阳亏虚之腰膝冷痛、阳痿遗精、面色灰暗等。另方:宫冷不孕。

肉桂益智猪脬

[配制] 肉桂3g,益智仁30g,猪脬1具。肉桂、益智仁捣碎,共炖至数脬熟烂。调味,食脬饮汤。

[功能] 补阳散寒冷,缩尿。

[益宜] 肾阳不足或下肢受凉致小便频数、遗尿、小便失禁、尿色清白等。

三宝猪腰贴片

[配制] 猪腰子200g(去净臊腺,洗,切横薄片),杜仲10g,核桃肉50g,补骨脂8g(去净灰渣,烘干,研细末),火腿150g(切猪腰片大小的薄片),猪肥膘肉200g(切猪腰片大小薄片),面粉50g和酱油5g,精盐2g,味精1g,胡椒面1g,熟猪油5g,湿淀粉10g,鸡蛋清适量及前中药末为糊状。再摊开肥膘肉抹上蛋清糊贴上腰片,再抹上蛋清糊贴上火腿片,然后全部涂上蛋糊,逐个做完。投七成热之菜油锅内炸成金黄色捞起,撒上花椒面、佐餐。

[功能] 补肾固精。

[益宜] 肾虚所致腰酸痛、阳痿、遗精、尿频等。

三才封髓散饮(原方名:三才封髓丸)

[配制] 天冬(去心)、熟地、人参各15g,黄柏90g,砂仁45g,炙甘草22.5g。为细末,每服6g,肉苁蓉15g,酒浸1夜后取出,煎汤去渣,冲末空腹送下。

[功能] 滋肾阴,降心火,养血固精。

[益宜] 虚火上炎,梦遗失精。

三耳汤

[配制] 银耳、黑木耳、侧耳(平菇,编者注),均为干品各10g,冰糖30g,前3品水发,去杂,净后入大碗,加冰糖,适量水上笼蒸小时,可分1次或2次服,1日2剂。

[功能] 滋阴补肾胃润肺。

[益宜] 肾阴虚之血管硬化,高血压。眼底出血,肺阴虚之咳嗽,喘息等。

三物天雄散

[配制] 天雄90g,白术2.4g,桂心1.8g,研为散,每服1.5g,姜汤送下,日3次。

[功能] 温阳益脾肾。

[益宜] 男子体虚失精,脾肾虚寒之腹痛泄泻。

沙苑蒺藜鱼胶汤

[配制] 沙苑蒺藜12g,鱼胶15～30g,花生油、食盐少许。沙苑洗净,纱布包,扎紧,鱼胶切碎,同置瓦锅,加清水煲汤,熟后花生油、食盐调味,饮汤食鱼胶。

[功能] 补肾益精,养血明目。

[益宜] 肾虚遗精,夜多小便,遗尿,腰痛,耳聋视蒙等。

沙苑子团鱼

[配制] 活甲鱼1只(约700g),沙苑子15g,熟地、葱、酱油各10g,姜15g,精盐2g,椒末、味精各1g,肉汤500ml。甲鱼常规治净;姜拍,葱切长段;沙苑子、熟地洗净,布包;团鱼入锅加清水,大火烧沸文火煨30分钟,放入温水内,剔除背壳、腹甲,洗净切块,入蒸钵内加肉汤、药包及调料,用湿棉纸封严碗口,上笼大火蒸2小时,

除去药包、葱、姜,入味精调料。佐餐。

［功能］滋补肝肾,强腰固精。

［益宜］肾虚引起的腰痛、遗精、早泄、头晕眼花、小便频数等。

山稔子煲塘虱鱼

［配制］鲜山稔子 60g(干品 15g),塘虱鱼 1～2 条,油、盐少许。前 2 者加水 3 碗煲至 1 碗,入油、盐调味。饮汤食鱼。

［功能］补肾固精。

［益宜］肾虚不固之遗精,滑泄等。

山萸胡桃猪腰

［配制］山萸肉 10g,胡桃肉 15g,猪腰子 2 个。猪腰剖开,去臊腺,洗净。前 2 样装腰子中,扎紧,煮熟。日 1 剂,分 2 次温热服食。

［功能］补肾涩精。

［益宜］肾虚腰痛,遗精等。

山楂汁

［配制］生山楂片、白糖各适量。山楂片洗净,置茶壶中,开水冲泡,加盖,静置冷却。加白糖,稍搅。少量,频饮。

［功能］提神醒脑,增进食欲,软化血管,降低血压。

［益宜］高血脂,高血压者。胃酸过多者不宜服。

山茱萸酒

［配制］山茱萸 30～50g,白酒 500g,山茱萸洗净,入白酒内浸泡 7 天。每服 10～20ml 日 1～2 次。

［功能］补益肝肾,敛汗涩精。

［益宜］肾虚腰痛,遗精,体虚多汗等。

生焖狗肉

［配制］带骨狗肉、鸡清汤各 1 500g,蒜苗、辣椒、调料各适量。狗肉净,切块,蒜苗切段,辣椒切丝;锅热后,下狗肉炒干水,取出;旺火烧锅热,下花生油 30g,入蒜泥、豆瓣酱、芝麻酱各适量爆炒,再下姜片、蒜苗、狗肉,边炒边加花生油,约炒 5 分钟,入料酒、鸡清汤、盐、陈皮、酱油、红糖,烧沸后转砂锅,焖 90 分钟,食前入味精。佐餐。

［功能］温肾壮阳,健脾益胃。

［益宜］肾虚遗尿,小儿发育迟缓等。

熟地山药粥

［配制］熟地 15g,山药 30g,茴香 3g,茯苓 20g(另方:无茴香、茯苓)共煎取汁,入粳米

100g(淘净),煮粥熟,调红糖适量(另方:冰糖)温服。

[功能] 益肾、安神、定志。一方:滋阴养血,益气生津。

[益宜] 恐伤肾之精神委顿,胆怯不宁,失眠,性机能减退等。另方曰:阴血不足之低热,口燥咽干、盗汗、耳鸣目昏等。

熟附煨姜炖狗肉

[配制] 狗肉1 000g,熟附片30g,老姜150g,油、调料适量。狗肉洗净,切小块,老姜切片,附片洗,3味共煨至狗肉熟,取出狗肉,另起一锅,加水炖至狗肉烂熟。分餐适量食之。另方加大蒜适量。

[功能] 温肾散寒。另方:温补脾肾。

[益宜] 肾阳不足、阳痿、夜尿频多、畏寒、四肢不温,感冒者不宜。

双子雀蛋汤

[配制] 麻雀蛋10个(或鹌鹑蛋5~6个),菟丝子、枸杞子各9g,雀卵煮1~2分钟,浸冷,剥壳,刺数个小孔;菟丝子、枸杞子加水500ml,煎至350ml,入雀蛋,文火煎15分钟,去药渣。饮汤食蛋,连服多次。

[功能] 补肾壮阳。

[益宜] 肾虚之腰虚酸软、阳痿、早泄等。

蒜子焖羊肉

[配制] 蒜子40g,羊肉250g,蒜子去皮洗净,羊肉洗净切块,共投油锅略炒,加清水适量,焖至羊肉熟,加盐调味。随意或佐餐。

[功能] 温肾暖脾,消肿解毒。

[益宜] 肾虚之阳痿,反复浮肿,腰膝冷痛等。

锁阳鸡

[配制] 锁阳、金樱子、党参、山药各12g,五味子9g(各洗净,共盛纱布袋中),小公鸡1只(500g,治净,去双脚,切块,头颈亦切开)。共入砂锅加水煎煮,沸,改文火炖2小时,去药袋,调味,日内分2~3次食完。隔3日1剂。

[功能] 益气壮阳,固肾涩精。

[益宜] 肾虚阳痿、遗精、早泄等。

锁阳粳米粥 药膳

[配制] 锁阳50g,粳米50~100g。锁阳切薄片,与米共煮稠粥。一次食。

[功能] 补肾阳,壮筋骨,益肠。

[益宜] 肾虚阳痿,遗精,腰痛及老年阴虚气弱便秘,及健身益宜寿。

桃肉补骨鸡

[配制] 老肥鸭1只,陈甜酒50g,核桃肉90g,好酱油20g,补骨脂100g。鸭治净,去内

脏；核桃肉、补骨脂用酒、酱油拌和，后者盛袋，填入鸭肚内，以线缝合放大盆内，不加水，盖严，用湿绵纸封固，置锅中隔水蒸至鸭熟烂，去补骨脂盛袋。食肉、桃仁，喝汤。可随意。

［功能］补肾阴，养肾阳，纳肾气。

［益宜］肾阴阳两虚之腰膝酸软无力，阳事不兴，尿频，咳嗽气喘等。

甜酒酿山药羹

［配制］甜酒酿 500g，山药 150g，糖桂花少许，白糖 50g，水淀粉适量。山药洗净，去皮、切丁，沸水中略烫，捞起置锅内加开水 500g，煮 5 分钟，加入甜酒酿、白糖、再烧开，淀粉勾芡，沸后盛碗，撒桂花少许。随意食。

［功能］益气生津，健脾补肺，固肾益精。

［益宜］脾肾亏虚之倦怠少气，食少乏力，便溏、遗精、带下、小便频数等。

菟丝子甲鱼汤

［配制］沙苑蒺藜、菟丝子各 30g，洗净，盛纱布袋内，扎口；甲鱼 1 000g，制净，去肠杂，留肝，切大块洗净。炒锅置旺火上，加植物油，油热投姜片、甲鱼块，翻炒几分钟，加水，再焖烧几分钟，盛入砂锅内，放入药袋，加清水浸没，大火烧开后，改小火炖熟烂，弃药袋，加盐等调味。佐餐。

［功能］补肾壮阳。

［益宜］肾虚之阳痿、遗精、腰酸、失眠等。

菟丝子烧海参

［配制］水发海参 300g，洗净，切斧状片，入沸水汆透，捞起，备用；熟地、制附片各 20g，炒山萸、制菟丝、杜仲、枸杞炒鹿角胶各 10g，归身 8g，炒山药、花椒各 15g，肉桂 5g，制净，盛纱布袋内，扎口；羊肉 500g，洗净，浸泡 30 分钟，沸水煮 5 分钟，捞出，入冷水浸泡后切 3cm×2cm×1cm 厘米小块；葱结、冰糖各 20g，湿淀粉 15g，酱油、绍酒各 30g，味精 2g，猪油 50g。炒锅置火上，待油八分热时羊肉下锅煸炒，再加油汤 1 300g，烧开，撇去泡沫，加药袋与佐料，移文火烧烂软，取出药包，加海参烧 20 分钟，待汁浓时，下湿淀粉勾芡。装盘。

［功能］补肾阳，益精血。

［益宜］肾阳虚损，精血亏耗之腰膝酸痛，精少不育，宫冷不孕等。

菟丝子粥

［配制］菟丝子 30～60g(鲜品 60～100g)，洗净捣碎或鲜品捣烂，水煎取汁，去渣，合米煮粥，熟，入糖稍热。早晚食，连续 7～10 日后隔 3～5 日再服。

［功能］补肾益精，养肝明目。

［益宜］肝肾不足之阳痿、遗精、早泄、小便频数、不尽，耳鸣及妇人白带多等。

腽肭脐酒

[配制] 腽肭脐(海狗肾)1具,肉苁蓉50g,浸白酒500g。调后每饮1杯,日3次。

[功能] 补肾壮阳。

[益宜] 沈阳虚损之阳痿不起、早泄等。

旺水补益饮

[配制] 熟地黄、山药、芡实各30g,沙参、茯苓各15g,五味子3g,地骨皮9g。水煎2～3次,合煎汁分2～3次服。

[功能] 滋肾壮水,固汗止遗。

[益宜] 纵欲过渡,梦遗不止,腰足萎弱,骨内酸疼,夜热自汗,肾水涸者。

温肾益阳茶

[配制] 鹿茸3g,山茱萸、盐杜仲、枸杞子各9g,熟地、淫羊藿、巴戟天各6g。共洗入砂锅加清水2 500ml,烧开,小火煮30分钟,分服或代茶,以10天为1周期,每个月饮服10天,可搭生姜羊肉汤、山药料理共调理。

[功能] 补阳温肾,补血填精。

[益宜] 筋骨酸软,阳痿,早泄及妇女不孕等。

乌梅金樱膏

[配制] 乌梅、金樱子各500g。两者洗净捣碎,加水2 500ml,砂锅微火熬取汁250ml,每服5ml,连续7天。

[功能] 益肾固经。

[益宜] 肾虚之月经过多且无瘀块等。

五合面

[配制] 黑豆、黄豆、糯米、全麦粒、黍米各等量。各品炒熟,磨面,和匀。食时加红糖或白糖适量,开水调服。

[功能] 温肾健脾,固肠止涩。

[益宜] 肾阳不足之五更泄泻,畏寒肢冷等。

五味子鸡煲

[配制] 母鸡1只,五味子30g。鸡治净,五味子纳胎中,缝合入盆,加水约350ml,加盖,于滚水锅中炖约3小时。食鸡饮汤,3次服完,连服多次。

[功能] 补肾益肺,敛汗生津,涩肠止泻。

[益宜] 虚劳羸瘦,肺虚咳嗽,及肾虚之梦遗滑精,久泻久痢等。

虾制药膳

[配制] ①虾米500g,蛤蚧2枚,茴香、罗椒各200g,以青盐化酒炙炒,和木香粗末50g,

匀，乘机收新瓶中密封，每服1匙，空心盐酒嚼下；②连壳虾150g，入葱、姜、酱煮汁，先吃虾，后吃汁，紧束肚腹，以翎探取吐。

[功能] 补肾壮阳，通乳，托毒。

[益宜] ①补肾壮阳；②宣吐风痰。

仙茅炖肉

[配制] 仙茅、金樱子各15g，猪肉适量。前2味洗净，布包同肉炖1～2小时。食肉，喝汤。

[功能] 补肾阳，壮筋骨。

[益宜] 肾虚阳痿，耳鸣等。

仙茅炖瘦肉

[配制] 仙茅15g，猪瘦肉200g，炖服。

[功能] 补肾壮阳。

[益宜] 精液异常。

仙茅米酒

[配制] 仙茅、益智仁、山药各50g，米酒(或白酒)1 000g。前3味置酒内浸泡20日后饮。每饮30～60ml，日2次。

[功能] 温补下元。

[益宜] 肾虚之遗尿、少腹冷痛。泄泻、遗精、白浊、血崩等。阴虚火旺，实热症不宜。

校验九香虫

[配制] 九香虫30g，油炒熟，入少量花椒粉、盐，嚼食，酒或温开水下。

[功能] 补肾助阳。

[益宜] 肾虚阳痿，常食效。

薤白炒猪腰

[配制] 猪腰子2只，对剖去臊腺、筋膜，切片，鲜薤白240g，洗净，切。胡桃仁60g，泡去皮，沥干，油爆赤，铲起，即下薤白，腰片爆炒，熟，调味入桃仁。随量食。

[功能] 益精补肾、通阳降浊。

[益宜] 肾虚、痰浊阻瘀之听力障碍、腰酸、乏力、反应迟钝、大便秘结者。

玄宗鹿肾长龟汤

[配制] 白马鞭、鹿鞭、牛鞭、黄狗鞭、龟肉、鸡肉各250g，枸杞150g，菟丝子、大芸、熟地各30g，海马、枣皮、虎骨(牦牛骨替，编者注)各15g，附片6g，鹿茸3g，调料适量。前3味发胀后去净表皮，顺尿道剖两瓣，洗净冷水漂半小时；狗鞭油炒炮，温浸泡半小时，洗净；三肉洗净入沸水汆去血水，入凉水漂洗。上7品入锅加水烧开后，去浮沫，入花椒、姜、料酒，文火煮六成熟滤去花椒、老姜，放入盛袋的后7味

续炖，至四鞭酥烂时取出，切成半寸长的节，三肉切一寸长条，可分层摆好碗中，添入原汤，加味精、盐、油调味。佐餐用，可单食。

[功能] 暖和肾壮阳，益精补髓。

[益宜] 肾阳不足，精血亏损之阳痿不举、遗精早泄、形寒畏冷，神疲乏力，及妇女少腹疼痛、宫冷不孕等。

雪莲酒

[配制] 雪莲 500g，木瓜、桑寄生、党参、芡实各 50g，独活 35g，秦艽、巴戟天、补骨脂各 25g，杜仲、当归、黄芪各 40g，鹿茸、五味子各 15g，香附、黄柏各 20g，冰糖 1 500g。前 16 味研粗末，放酒坛内加白酒 7 500g，密封浸泡 30 天，压榨过滤取汁加糖搅溶，再行过滤。每饮 15～20ml，日 2 次。

[功能] 温肾助阳，养血生精，祛风除湿，强筋健骨。

[益宜] 肾精亏虚，气血不足，风湿痹阻之关节肌肉疼痛，腰膝酸软，月经不调等。

延寿获嗣酒

[配制] 生地黄 360g(用益智 6g 同蒸 30 分钟，去益智仁)，覆盆子、山药、芡实、茯神、柏子仁、沙苑子，山萸肉、肉苁蓉、麦冬、牛膝各 120g，鹿茸 1 对，龙眼、核桃肉各 250g，入瓮浸好酒 4 500ml，封固，隔水加热 3.5 小时后，埋入土中 7 天后取出。每晚饮 4～5 盅，勿醉。

[功能] 温阳补肾，壮腰益精，育嗣。

[益宜] 肾阳虚弱、精关不固、阳痿遗精。如婚后无嗣或孕后易流，须发早白等。

羊骨粥

[配制] 羊脊骨 1 对(打碎)，陈皮 10g，良姜 10g，草果 6g，生姜 6g，粳米 100g，盐少许。羊脊敲碎与诸药同煎汁，去渣入粳米、盐煮粥，分数次温服。

[功能] 补肾阳，强筋骨，理气化痰，温中止呕。

[益宜] 阳虚腰膝无力，胃脘冷痛，脘腹胀满，痰饮痞满，反胃呕吐，腹痛泄泻，小便频数等。

羊藿米酒

[配制] 淫羊藿叶 50g，米酒 500g。2 品合浸 20 日。每次 2～3 匙，日 2～3 次。

[功能] 补肾阳，祛风湿。

[益宜] 肾阳虚阳痿、尿频、神疲无力以及风湿痹症、高血压等。

羊乳山药羹

[配制] 羊乳 500ml，炒山药 30g。羊乳煮沸后，加入炒山药细末，调匀食。日 1 剂，分 2 次服。

[功能] 滋肾阴，养胃阴，益脾气。

[益宜] 肾阴虚口渴，腰酸，反胃，慢性肾炎，慢性胃炎属阴气不足者。

羊肾苁蓉杞子羹

［配制］羊肾1对，肉苁蓉30g(酒浸10～12小时)，羊肾去脂膜、臊腺切片；苁蓉去皮、切片；枸杞洗净。共入水作羹，加少许调料调味食。

［功能］益肾精，壮腰膝。

［益宜］肾虚精亏腰膝酸软或疼痛，头晕目眩，阳道不兴、阴冷、便秘等。

羊石子粥

［配制］羊石子(羊睾丸)1对，粳米100g。羊石子破洗干净，细切，与米同煮粥。空腹食。

［功能］补肾、益精、助阳。

［益宜］阳气不足，肾虚之腰痛，滑精，带下，阳痿，消渴，小便频数，疝气，睾丸肿痛等。内热火盛者不宜。

羊外肾丸

［配制］羊外肾(睾丸)2对，鹿茸、菟丝子各30g，茴香15g，后3味共研末，羊外肾入酒煮烂，和药末捣泥成丸，阴干。每服3～5g。温酒送下，日3次。

［功能］补肾、益精、助阳。

［益宜］肾虚阳痿，滑精，小便频数。

阳痿食疗方

［配制］雄鸡肝4只，鲤鱼胆4只，菟丝子粉30g，麻雀蛋1枚。前2味风干，加菟丝子粉、麻雀蛋清拌匀。做成黄豆大丸，烘干或晒干。日3服，每服1丸，温开水送下。

［功能］补肾助阳。

［益宜］阳痿。

养元鸡子

［配制］鸡蛋2个，附片、山药各10g，小茴香5g，青盐2g，后4味入锅，加水煎2小时以上，用正沸药汁冲调鸡蛋，可加少许蜂蜜服。每晨1次，月余见效。

［功能］补肾、壮阳、益精。

［益宜］肾阳衰、肾精亏之遗精、阳痿、腰膝酸软、头昏乏力等。

养元鸡子

［配制］鸡子2枚，小茴香6g，菟丝子、桑寄生、蜜炙黄芪各15g。后4味加水适量煎煮2小时，趁沸时滤汁冲入蛋花，可调白糖或食盐。每晚睡前服。

［功能］补神健脑，强壮元阳。

［益宜］肾虚之早衰。

一味薯蓣饮

［配制］山药120g，白糖少许。山药洗净，去皮，切成薄片放锅内，加水适量，用武火烧沸后用文火煮50分许，取汁，使汁稍凉，加糖搅匀。代茶饮服。

［功能］润肺补脾，益肾固肠。

［益宜］脾肾两虚之小便不利，大便溏泻及肺燥，咳嗽等。

饴糖生地炖鸡

［配制］母鸡1只，治净，生地30g，饴糖100g。生地、葱调料纳腹腔内，再灌入饴糖，切口缝合朝上，置瓦锅内，加水小火煨炖，熟烂即可。单食或佐餐。

［功能］养阴，温中，益气，补髓。

［益宜］脾肾两虚之体弱、消瘦、低热、盗汗、纳差等。

宜男酒

［配制］全当归、茯神、枸杞子、川牛膝、杜仲（醋炒断丝）、桂圆肉（去皮核）、核桃肉、葡萄干各60g，好粮食烧酒1 500g，浸7日，封口常摇。饮时适量。

［功能］养精壮神，调经种子。

［益宜］肾精亏虚，久不种子者。

益气生精汤

［配制］人参、水发蘑菇各15g，山药、黄芪各20g，麻雀脑5个，母鸡1只，调料适量。将鸡、雀脑制净，入锅加水煮，七成熟时加黄芪、山药、香菇和调料，文火煨辣。人参井水泡涨后，上屉蒸半小时，切片。饮汤食肉嚼人参。

［功能］益气促精。

［益宜］脾肾虚弱之精少不育，可增强精子活力。

银耳化液汤

［配制］甲鱼1只，沸水烫制，揭甲鱼壳，去内脏、头、爪，切块入锅，加水、姜、葱，武火烧沸，改文火至肉熟投知母、黄柏、天冬、女贞子各10g，所盛之布袋与已经水发好的原干银耳15g，续炖至肉烂，去药袋，加盐、味精等调味，食肉饮汤。

［功能］滋阴化液。

［益宜］阴虚精液不化症。

银杏乌鸡

［配制］乌骨鸡1只，治净，去内脏，白果肉15枚，去皮衣；莲子肉30g，泡发去皮衣；糯米15g，洗净，胡椒末3g。后4味和纳鸡腹内，加调味品适量。用文火煮熟食。

［功能］补肝肾，止带浊。

［益宜］肾虚带下，尿浊、遗精、小便频数等。

淫羊藿鸡血藤酒

[配制] 淫羊藿 50g,鸡血藤 50g(各洗净,晾干,捣碎,共盛布袋扎口),米酒 500g。将药袋置大口容器中,加入米酒,密封口,每日振摇 1 次,浸 10 天以后,每饮 30ml,日 2 次。

[功能] 温肾通络,养筋健骨。

[益宜] 肾阳虚之腰膝冷痛,筋骨酸疼,绵绵不休,不耐劳累。

淫羊藿五味子茶

[配制] 淫羊藿、五味子各 10g。放保温杯内沸水沏,加盖焖 30 分钟,代茶,每日 1 剂。

[功能] 补肾壮阳,涩精。

[益宜] 肾阳不足之阳痿,精液清冷,腰酸肢冷等。

玉涎酒

[配制] 山药 500g,米酒或高粱酒 300ml。山药切片,入瓶内酒中,密存 2 个月。每日饭前或睡前饮 1 小杯。

[功能] 强体添精,止遗。

[益宜] 遗精,滑泄。

玉竹燕麦

[配制] 燕麦片 100g,玉竹 15g,蜂蜜适量。玉竹用冷水泡发,煮沸 20 分钟取汁,再加清水煮 20 分钟取汁;合 2 次汁入麦片,文火煮粥,加蜂蜜适量。空腹食用。

[功能] 清热息风。

[益宜] 动脉粥硬化,高血压、风心、冠心、心衰等。

炸补骨腰子

[配制] 补骨脂粉 30g,胡桃仁 200g,浸,去皮,晾干,入油炸金黄色,晾凉研末,猪腰子 2 对,对剖去脂膜,切大薄片,盛碗中加绍酒等佐料拌匀,渍浸 1 小时,取腰片包蘸前 2 味粉末,卷。扎,裹上蛋清粉糊,逐个入油中至金黄色,捞起装盘,撒上椒盐。随意食。

[功能] 补肾壮阳,纳气平喘,强筋壮骨。

[益宜] 肺气虚摄纳无权之哮喘,腰膝酸软,动则汗出等。

钟乳补肾酒

[配制] 干地黄、钟乳石各 50g,桂心、炙甘草各 10g,地骨皮 60g,仙灵脾 30g,牛乳 200g,白酒 2 000g。钟乳石用甘草汤浸 3 日,取出放瓷器内,以牛乳浸泡,上屉蒸 1 小时,取出洗,捣碎如豆大,余药研粗末,共装布袋内浸酒中,5 日后可饮。每次 30ml。

[功能] 补肾壮阳。

[益宜] 肾阳虚之阳痿、面浮水肿等。

种子药酒

[配制] 淫羊藿 250g,生地 120g,枸杞子 60g,胡桃肉 120g,五加皮 60g,白酒适量。诸药净、切,浸白酒中,隔水加热至药片蒸透,取出。浸数日后,适量服。

[功能] 补肾壮阳,益精种子。

[益宜] 肾阳虚衰肾精亏损之男子精少不育,女子宫寒不孕等。饮酒期慎房。

猪肚煮石英

[配制] 白石英 60g,捣碎,盛纱布袋,扎口,人参(去芦、切片)、生姜(切片)各 15g,生地(洗切片)、羊肉(洗、切片)、豆豉各 30g,葱白 7 茎(洗、切段),猪肚 1 个,用盐揉搓,冲洗干净,粳米 60g(淘),川椒 49 粒。诸药、米纳猪肚内诸物,取猪肚及汤做羹食。每年于 4 月以后连食 3～5 剂量。中年以上者可适当加量。

[功能] 补虚损、健脾胃、益肝肾。

[益宜] 脾虚之泄泻、食少、消瘦、肾虚之腰膝酸软、小便频数,心神不宁静,健忘等。

猪肾陈皮馄饨

[配制] 猪肾 1 对,制净,研烂入陈皮末 15g,花椒末、酱油作馄饨馅,包馄饨代作主食。每日 2 次。

[功能] 补肾,止久痢。

[益宜] 肾阴亏虚、气血瘀滞之赤白下痢,日久不止,腰痛腿软等。

猪肾胡桃补肾汤

[配制] 猪肾 1 具,胡桃肉 10g(或杜仲、补骨脂各 15g),各制、洗净。炖熟后,饮汤食肾。

[功能] 补肾固精神,壮腰强膝。

[益宜] 肾精亏虚之腰膝酸软腿疼,遗精等。

猪肾酒

[配制] 猪肾 1 副,骨碎补 15g,米酒 500g,将猪肾剖开洗净,骨碎补洗净放砂锅内,加入米酒,密封锅口。每天晚用文火煮熟。次晨饮酒,食猪肾俞。

[功能] 补肾壮腰,温阳止泻。

[益宜] 肾阳不足之久泻不止、腰酸腹冷等。

猪肾煨附子

[配制] 猪肾 1 对,对剖两片,去脂膜臊腺,洗净,纳熟附子末 3g,于中,合以湿纸张裹包,置柴火中煨熟,空腹温食。

[功能] 温补肾阳。

[益宜] 肾阳不足之阳痿遗精、腰膝酸软、尿频、遗尿等。

猪肾煨骨碎补

[配制] 猪肾1个，骨碎补9g。猪肾去脂膜臊腺，洗净，虚刀切片，骨碎补研末撒猪肾内，于砂锅内煨熟食。又方：猪肾1对，骨碎补切（布包）同煨汤食。

[功能] 补肾止泻。

[益宜] 肾虚久泻不止，耳鸣耳聋。又方：益五更泻。

壮味酒

[配制] 五味子955g，米酒或高粱酒3 000ml。五味子晒干后同酒盛大口瓶内，密存4个月。每日饭前、睡前饮2～3小杯。

[功能] 镇静安神，补肾壮阳，滋养回春。

[益宜] 肾虚之腰膝酸软，头晕耳鸣，失眠健忘，阳痿等。

紫桂乳鸽

[配制] 活乳鸽4只(每只约100g，洗净，去爪，从脊背剖，除去内脏、洗净，入沸水稍烫，捞出抹上酱油，紫桂10g，黄瓜250g，鸡汤750g，各佐料适量。锅内放宽油，七成热时，把子鸽放入炸金黄色时捞起备用，炒勺加猪油50g，烧热放葱段、姜片、绍酒、香醋、白糖、精盐、鸡汤、紫桂、花椒大料（纱布包），再把鸽子入锅盖，加水，开锅后盖上盖，移入旺火收汁，淋入香油出勺。摆在盘中间，再黄瓜切成佛手形，摆在盘边即可。随意食。

[功能] 补肾助阳，撒热寒止痛。

[益宜] 脾虚之脘腹冷痛，腰膝痹痛，小便不利、腹泻日久不愈等。

八、诸病种类保健疗疾方

艾蒿酒

[配制] 艾蒿（切）1握。加水、酒各1盏，煎至八分，去滓。分2次温服。

[功能] 软坚。

[益宜] 诸如鱼骨鲠在喉。

鹌鹑炖赤小豆

[配制] 鹌鹑1只，赤小豆30g，生姜数片。鹌鹑洗治净，与另2味同煮至熟。温热服食，日2次。

[功能] 补虚利湿，解毒止痢。

[益宜] 痢疾，泄泻。

八珍牛肉

［配制］黄牛肉3 000g，党参、当归、熟地各20g，茯苓、白术各10g，白芍15g，川芎5 g，大枣10枚，调料适量。牛肉洗净，切块与诸药食料同入锅，加黄酒、酱油、糖、盐、葱、姜、花椒、大料等，用武火煮沸，撇去浮沫，改用文火炖约4小时，以肉烂为度。捞出牛肉置盘中，余汁另锅熬稠倒于牛肉上。佐餐服食。

［功能］双补气血，疏理气机。

［益宜］气血两虚之脱疽及久病缠绵不愈者。

巴戟炖猪大肠

［配制］猪大肠250g，巴戟50g，调料适量。猪大肠洗净，巴戟天净后装入其内，置搪瓷碗内加葱、姜、盐及清水适量，隔水炖熟，再加少许味精。日1次，连续服用。

［功能］温肾阳、补下元。

［益宜］妇女子宫脱垂(阴挺)

巴戟羌活石斛酒

［配制］巴戟、石斛(去根)各80g，当归120g，牛膝(去苗)40g，川椒(去目及闭口者微炒出汗)、生姜各80g。前各味粗研，盛袋，以酒2 000ml浸，密封7日开。每于食前暖1小盏服。

［功能］祛风除湿。

［益宜］治筋骨疼痛。

鲃鱼黄芪鱼鳔煎

［配制］鲃鱼1条(去鳞、内脏、洗净)与鱼鳔10g，黄芪15g同煮，调味食。

［益宜］下元虚寒之遗尿、小便失禁，尿频等。

白扒银耳

［配制］银耳50g，豆苗100g，精盐、料酒、味精、鸡油、玉米粉、胡椒粉及清汤适量。将汤锅置火上，加入适量清汤，加味精、精盐、胡椒粉调好味，加入发好焖软的银耳烧2～3分钟，后用湿玉米粉勾芡，淋上鸡油，人翻锅后装盘，豆苗洗净烫熟后撒在银耳上。空腹食。

［功能］补阴养胃，润肺生津。

［益宜］津液亏损之口干舌燥，大便秘结等。

白背叶根猪骨汤

［配制］鲜白背叶根90g(干品30g)，猪骨(脊骨较好)200g。猪骨剁小块，与白背叶根共加清水与碗，煎至1碗，加食盐少许调味。日内分2服。

［功能］疏肝解郁，养阴活血。

［益宜］慢性肝炎肝区钝痛等。

白菜红糖饮

［配制］鲜白菜、生萝卜各 3 片，红糖适量。前 2 品煎取汁，加糖，分 2 服。

［功能］解毒。

［益宜］木薯中毒。

白菜黄豆汤

［配制］黄豆 60g，白菜干 45g，水煎服，日 1 剂。

［功能］利湿退黄，解毒宽肠。

［益宜］急性黄疸肝炎，身目俱黄，食欲不振，胃肠胀气等。

白菜解毒汤

［配制］白菜适量，白矾 15g，豆油 100g。白菜绞汁，加白矾。豆油搅匀。多量频服。

［功能］解毒。

［益宜］石油中毒。

白菜薏米粥

［配制］小白菜 500g，苡米 60g，苡米煮稀粥，加洗净切好的小白菜，煮 2～3 沸。不加盐或少加盐(低盐)食，日 2 次。

［功能］健脾祛湿，清热利尿。

［益宜］阳证水肿小便不利，尿色黄褐，烦热口渴及急性肾炎浮肿少尿等。

白矾葱椒煎

［配制］白矾 1.5g，红葱 10cm，花椒 2 粒。共水煎 2 次取汁。日分 2 次服。

［功能］解毒杀虫。

［益宜］蛔虫病，蛲虫病。

白花丹参酒

［配制］白花、丹参各适量，研粗末，浸入适量的 55 度白酒中，封 15 天，药酒浓度为 5%～10%。每饮 20～30ml，日 3 次。

［功能］活血化瘀。

［益宜］气血瘀滞型脉管炎，症见患肢紫红或青紫，足背动脉消失等。

白花蛇酒

［配制］白花蛇 1 条，曲、糯米适量。白花蛇肉盛袋，同曲置于缸底，糯米饭盖，3～7 日酒成，滤过，瓶储，或将白花蛇肉用好酒 500g，浸泡数日。早、晚各饮 1 杯。

［功能］祛风除湿。

［益宜］风湿疥癞，骨节疼痛，半身不遂，口眼歪斜，语言謇涩，肌肉麻木、破伤风、小儿惊风等。

白花蛇舌草炖乌龟

[配制] 乌龟1只，柴胡9g，桃仁9g，白术15g，白花蛇舌草30g，将乌龟治净，待诸药煎汤去渣后放入，炖至熟。食龟喝汤，2～3日1剂，常服。

[功能] 疏肝散瘀，解毒化痰。

[益宜] 鼻咽癌属肝郁痰凝者。

白及冰糖燕窝

[配制] 白及15g，燕窝10g，冰糖少许。燕窝去毛，白及洗净，切成薄片，置瓷碗内，武火隔水炖熟，去百及。冰糖敲碎，置锅中加水熬化后兑入燕窝汁内。食燕窝饮汤，日1～2次。

[功能] 补肺养阴，宁咳止血。

[益宜] 肺结核咯血，老年慢性支气管炎，肺气肿，哮喘等。

白萝卜饴糖饮

[配制] 白萝卜500g，饴糖100g，萝卜榨汁，入饴糖，加温至溶。每服10ml，日3次。

[功能] 润肺化痰，健脾补虚。

[益宜] 百日咳后期脾虚胃弱干咳不止，气短乏力，潮热多汗，不思饮等。

白茅根炖猪皮

[配制] 猪皮500g，白茅根60g，冰糖适量。茅根煎取汁，入治净猪皮，炖至汤汁稠粘时，入冰糖拌匀，日1剂，分4～5餐食，连服数剂。

[功能] 清热解毒，凉血止血。

[益宜] 血小板减少性紫癜属于热毒郁营型，紫斑鼻衄、牙衄，尿血，小便黄赤等。

白茅根饮

[配制] 鲜白茅根500g，洗净，捣烂，煎汤代茶饮。

[功能] 清热、利水、解毒。

[益宜] 黄疸肝炎。连饮3周可望愈。

白茅花炖猪鼻(白茅花别名：茅盔花、茅针花。为植物白茅草的花穗)

[配制] 白茅花15g，猪鼻1个。同炖约1小时，饭后服，服多次，可望根治。实验家兔每日口服水煎剂0.5g/kg，共服3天，服药的第五天起，凝血和出血时间均较对照组短。作用可维持数天，并能降低血管通透性。

[功能] 止血凉血。

[益宜] 鼻衄等。

白蜜马齿苋汁

[配制] 鲜马齿苋1 000g，白蜜30ml(或白糖适量)。马齿苋用温开水洗净榨汁，入白蜜

调匀,1 次服下,日 2 次。

[功能] 清热解毒,凉血止痢。

[益宜] 温热或热度血痢,赤白痢,里急后重,肛门灼热,小便短赤、急性菌痢等。虚寒滑泻者不宜。

白糖豆芽汁

[配制] 绿豆芽 50g,捣烂绞汁,入白糖适量,调溶饮服。

[功能] 清热利尿。

[益宜] 湿热蕴结小便淋沥、涩、痛等。

白头翁解毒汤

[配制] 白头翁 50g,金银花、木槿花、白糖各 30g。前 3 味煎取浓汁 200ml,入白糖,溶后温服。日 3 次。

[功能] 清热解毒,凉血止痢。

[益宜] 湿热痢下,赤痢,里急后重;热诉血痢,壮热烦躁;中毒性急性菌痢的辅助治疗。虚寒痢疾忌服。

白头翁酒

[配制] 白头翁草 1 握。研烂,以醇酒浸。顿服。

[功能] 祛风。

[益宜] 诸风痛攻四肢百节。

白杨皮秫米酒

[配制] 圆叶白杨皮 400g,见风切,入水 5 000ml,煮取 2 000ml,渍曲末 200g,秫米 5 000g,以常法酿酒,每服 1 盏,可再服。

[功能] 祛痰活血化结。

[益宜] 瘿瘤。

百部榧子蜜膏

[配制] 百部 30g,榧子 30g,蜂蜜适量。榧子去壳,研粉;百部加水 300ml,煎取 150ml,去渣加蜂蜜收膏,入榧子粉,调匀,装瓶。每服 20ml,空腹温服,日 3 次。

[功能] 杀虫。

[益宜] 蛲虫病。

百合贝母煲猪肉

[配制] 百合 50g,川贝母 9g,天花粉 15g,猪瘦肉 60g,食盐适量。前 3 味煎汤,去渣,取汁,加入猪片煮熟,加食盐调味服。每 1～2 天一剂,连服 20～30 天。

[功能] 益肺通窍。

[益宜] 鼻咽癌患者辅疗膳食。

百花煎

［配制］生地黄汁、藕汁、清酒各 160g，牛乳 240g，胡桃仁 10 枚（研如糊），生姜汁 80g，干柿 5 枚（研如糊），大枣肉 21 枚（研如糊），黄明胶（炙燥为末）、秦艽末各 15g，杏仁（炒，研如糊）90g。先以清酒煎前 7 味，再入后 3 味同减，减半，入蜜 120g，文火再煎，每服 1 匙，糯米饮或黄酒调下，日 3 次。

［功能］化邪火养肺止血，润肺滋阴止咳化痰。

［益宜］咳嗽不已，吐血不止。

柏归生发蜜

［配制］柏子仁、全当归各等份，蜂蜜适量。柏子仁、当归研粉，混匀储器。每服 6g。蜂蜜水送下。

［功能］滋阴养血。

［益宜］阴虚血燥之脱发及老年肠燥津亏之便秘等。

斑蝥鸡蛋烤

［配制］斑蝥 1～3 只（去头、足），鸡蛋 1 只，一头轻叩小孔，置入斑蝥，用绵纸和泥封头，置火上烤熟，去斑蝥吃鸡蛋，每日 1 个（斑蝥用量可从 1 只开始，3 只为限）。

［功能］破瘀化毒。

［益宜］肝癌、胃癌属瘀结痰聚者，证见右胁下或胃脘肿块、凹凸、疼痛难耐。

保金宣毒饮

［配制］沙参、麦门冬、贝母各 9g，百合、笋头、糯米各 15g，鲫鱼 1 尾（治净）。水煎服。

［功能］宣肺气，散壅塞，养阴化痰。

［益宜］疮证误治，毒气入肺，通身浮肿，咳嗽喘促，胸满壅塞，不能平卧，痰鸣鼻动，小便短少，诸证患急者。

北芪枸子炖乳鸽

［配制］北芪、枸杞子各 30g，乳鸽 1 只。鸽治净与北芪、枸杞同置搪瓷碗内，加清水适量。隔水炖熟，加盐、味精调味，食肉饮汤。3 日 1 次，连续 3～5 次。

［功能］补中益气，托疮生肌。

［益宜］中气虚弱之体倦乏力，自汗，以及痈疮溃后久不愈合等。

壁虎散

［配制］壁虎 1 条，米适量同炒至焦黄，研细末，分 2～3 次以少量黄酒调服（1 日服完）。

［功能］解毒散结。

［益宜］食道癌属痰瘀交结、气机阻滞、见进食梗阻、痰涎壅盛等。

鳖甲红枣汤

[配制] 鳖甲 15g,小火炒 5 分钟,另外米醋两匙,白糖半调匀,倒入正炒好的鳖甲,迅速翻炒,汁干,倒入砂锅,加入红枣 10 枚(洗净),冷水一大碗,小火煨 1 小时,至枣酥烂止,弃鳖甲,喝汤吃枣。连服 2 个月。

[功能] 疏肝软坚,清热利湿。

[益宜] 早期肝硬化,右胁疼痛,腹胀食少,恶食油腻等。

鳖鱼槟榔汤

[配制] 鳖鱼 1 只,槟榔 12g,大蒜适量。将鳖鱼去肠杂、头、爪,与槟榔、大蒜同煮至肉熟。食肉饮汤,日 1 剂,分 2～3 次食,连食数日。

[功能] 补肝肾,消鼓胀。

[益宜] 鼓胀痛,腹大如瓮,青筋暴露,喘息气短,食少便难等。

槟榔炖猪排

[配制] 槟榔 10g,猪大排 500g,各佐料适量。将猪肉切块,入油锅爆炒,加料酒、盐、姜、葱、糖、大料和槟榔和清水适量。烧沸后除去浮沫,慢火炖烂。拣出槟榔、大料、葱、姜,调好味口,随意食。

[功能] 引气杀虫利水。

[益宜] 虫积腹痛,食积气滞、水肿脚气等。

槟榔花蕾糖蒸肉

[配制] 鲜槟榔花蕾 50g,去杂质、洗净、猪五花肉 500g,洗净,切条块,盛大碗内,加硝水(极少许)、酱油 10g,绍酒 10g,胡椒粉 0.5g,蜜桂花 3g,槟榔花蕾,白糖 110g,葱花 2.5g,姜末 2.5g,熟大米粉 100g,一起拌匀腌渍。另取一碗放白糖 50g,清水 50g,溶化成糖水。腌渍肉碗上屉蒸 1 小时后,取出拔松蒸肉,浇入融化的糖水再蒸 30 分钟。翻扣入盘,佐餐食。

[功能] 杀虫消积,健胃止渴。

[益宜] 虫积、食滞引起的厌食、腹胀、消瘦、大便不调等。

槟榔粥

[配制] 槟榔 15g,酸石榴根皮 30g,粟米 100g(另方用槟榔 12g,粳米 60g)。将前两味捣粗末,水煎取汁,去渣,入粟米煮粥。空腹顿食,以大便微泄虫为度。

[功能] 杀虫破积,下气引水。另方:消食导滞,行气除胀。

[益宜] 虫积腹痛。另方:食积内停,大便不爽。

冰糖炖海参

[配制] 水发海参 50g,洗净,挖去内脏加水适量,隔水炖熟;另用锅加水熬冰糖少许,调入海参。

［功能］补肾益精，养血润燥。

［益宜］肾阴亏损，精血不足，肝阳上亢，高血压，动脉硬化等。

冰糖燕窝

［配制］燕窝 30g，枸杞子 15g，冰糖 180g。燕窝沸水浸泡，去绒毛及污物，于碗中加清水 90g，入笼蒸 30 分钟，使燕窝发好，捞入大碗；冰糖、枸杞和清水 500g 入另一大碗同蒸 30 分钟，两碗合调后食。

［功能］滋阴养肝，健脾强身。

［益宜］肺结核、慢性支气管炎及支气管扩张等。

菠菜猪血汤

［配制］菠菜、猪血各 500g。菠菜洗净，切段，猪血煮凝切条。热锅倒猪油，煸葱、姜香，入猪血煸炒，烹料，炒水干，放入肉汤、盐、胡椒粉、菠菜，稍直，盛汤食。佐餐。

［功能］养血、止血、润燥。

［益宜］血虚肠燥，贫血及出血者等。

薄荷砂糖饮

［配制］薄荷、砂糖各适量。沸水冲泡薄荷，加白糖饮。

［功能］解表利咽，清窍利目。

［益宜］风热之头痛目赤，咽喉红肿疼痛，气滞脘腹胀满等。

补气黄芪汤

［配制］黄芪、人参、茯神、麦门冬（去心）、白术、五味子、肉桂（去粗皮）、熟地、陈皮（去白）、阿胶（炙燥）各 30g，当归、白芍药、牛膝（酒浸）各 10g，炙甘草 15g。为粗末，每服 20g，加生姜 3 片，大枣 2 枚，水煎去渣，饭后服。

［功能］益气养阴。

［益宜］肺痨，饮食减少，气虚无力，手足颤抖，面浮喘嗽等。

补虚正气粥

［配制］黄芪 30g，人参（或党参 15g），粳米 100g。黄芪、参切薄片，同煎取汁，去渣，下米汁中，加水煮粥。

［功能］益气健脾。

［益宜］气虚久痢不止，神靡羸瘦，脾虚纳差，便溏等。

补中益气膏

［配制］鸡蛋 10 个，党参、黄芪、红枣各 20g，炙甘草 6g，当归、白术各 9g，升麻、柴胡各 5g，陈皮 9g，生姜 15g，白糖 600g，苏打 2g。将方中第 2 至第 11 味，洗净，烘干，研细粉。鸡蛋打入盆内，用掸蛋机掸成泡，加入白糖继续掸，使蛋、糖相溶，加适量面粉和药粉、苏打继续掸泡，使之合为一体。蒸笼内垫一层草纸，将蛋倒入擀

平，蒸约10分钟，取出翻案板上，用刀切成20个条形方块。

［功能］补中益气。

［益宜］气虚发热及脾虚气陷之子宫脱垂、久泻脱肛等。

参耳芝麻茶

［配制］黑木耳120g，黑芝麻30g，各洗净，炒熟、香，和匀储，密封。每用6g，加人参片3g，用沸水泡茶，常饮食。

［功能］凉血止血，润肠通便。

［益宜］血热便血，痔疮便血，肠风下血，痢疾下血等。常用强身益寿。

参归三圣散饮

［配制］人参、当归、肉桂各等份。为末，每服15g，水煎，去渣服，早、晚各1次。

［功能］养元气，调经脉。

［益宜］风中血脉，左半肢废，口目右歪。

参甲散(原名：三甲散)

［配制］西洋参8g，酒炒地鳖虫5g，醋炒鳖甲6g，土炒穿山甲5g，生僵蚕5g，柴胡4g，桃仁6g，白芥子3g。舌质暗紫者加地龙6g，赤芍5g；舌淡有痰声者加菖蒲6g郁金6g。研粗末，每日1剂，水煎取300ml，分6次服或代茶频饮，连续服28天，(期间可根据变化加减)。

［功能］降逆理气，通经活络，化痰祛瘀。

［益宜］中风后言语不利，得益优良。

参苓饮子

［配制］麦门冬、五味子、白芍药、熟地黄、黄芪各90g，白茯苓8g，天门冬、人参、甘草各15g。共为粗末。每服9g，加生姜3片大枣2枚，乌梅1个，水煎，去渣。食后温服。

［功能］生津增液，养胃进食。

［益宜］消渴、口干燥、不思饮食。

参芪膏

［配制］人参30g，炙黄芪、白饴糖各500g。前2味反复煎煮3次，取浓汁2 000ml，入饴糖，文火浓缩成膏。每日3次，每次1小匙(约20g)。

［功能］补气摄血，升阳举陷。

［益宜］气虚月经多，脏器下垂等。

参术膏

［配制］人参240g，白术、熟地各180g，3味各打粗末，分熬稠膏，分储瓷瓶中，密储。如脾虚食少，食不知味，食而不化；或精神欠佳，懒于言动，短气自汗水；如腰膝酸

软，腿脚无力，皮肤手足粗涩枯槁者；或气血脾胃无偏月生者。依秩食人参、白术、熟地膏 3∶2∶1 匙，用好酒 1 杯炖服，及各 3 匙和 2 匙化服。早晚各 1 次。

［功能］益气健脾。

［益宜］痈疽，发背等出脓后气血大虚者。

参术芪苓汤

［配制］人参、白术、黄芪、茯苓各等份。研末，每服 15～21g，水煎。

［功能］益气补肺。

［益宜］肺损而皮聚毛落。

参枣桂圆汤

［配制］人参 5g，红枣、桂圆各 10g。3 味洗净，人参冷水浸泡，后入枣、圆，隔水蒸 30 分钟，分饮。人参可用 3 次，枣圆每次添加。

［功能］益气补血，健脾养胃，养心安神，抗癌。

［益宜］癌及心脾两虚之心神不宁，心悸怔忡、心中烦闷、失眠多梦。亦宜肝炎。

蚕蛹汁、粥

［配制］蚕蛹 50g。研烂，生布绞取汁，空腹顿饮之。或曝干，捣萝为末，和粥饮之。

［功能］驱虫。

［益宜］治蛔虫。

苍耳膏（原：苍耳膏，方名）

［配制］鲜苍耳全草 50～70 斤。洗净，切碎，煮烂，滤汁浓缩成膏，每服 1 匙，黄酒送下。

［功能］养血祛风。

［益宜］白驳风（近乎：现代白癜风，编者注）。

苍术茯苓膏

［配制］苍术 500g，白茯苓 300g，蜂蜜 800g。茯苓研细末，苍术水煎 2 次，滤汁合，浓缩并入茯苓搅匀，煮沸，加蜂蜜，稍煮。待冷储瓶。每服 1 汤匙，以温黄酒送。

［功能］祛风除湿。

［益宜］风湿痹阻腰腿疼痛、麻木、步履艰难，及脾虚湿盛便溏腹胀等。

苍术膏（原：苍术膏，方名）

［配制］苍术 500g，水煎浓缩黏稠，加蜂蜜 200g 和匀，每服 2 羹匙，空腹白开水调下。日 2 次。

［功能］祛风除湿。

［益宜］湿疥，疥疮焮肿作痛，破津黄水，甚流黑汁。

柴胡白术炖乌龟

［配制］乌龟1只，柴胡9g，桃仁10g，白术15g，白花蛇舌草30g。龟按常食法治净，诸药煎汤去渣，取汁。龟入药汁炖熟烂，食肉饮汤，2～3天1剂，常食。

［功能］扶正，活血，抗癌。

［益宜］鼻咽癌患者辅疗药膳。

柴胡疏肝糖浆

［配制］柴胡、白芍、香附子、枳壳、生麦芽各30g，甘草、川芎各10g，白糖250。前7味水煎，去渣取汁1 500ml，加入白糖。每饮30g，日2次。服完再配制饮。

［功能］疏肝解郁，理气宽中，健胃消食。

［益宜］慢性肝炎，肝郁气滞之胁痛低热者。

柴胡郁金茶

［配制］柴胡10g，郁金15g，佛手10g，海藻15g，红糖20g，前4味研粗末，与红糖同放保温杯中，冲入沸水，盖焖30分钟，代茶饮。每日1剂。

［功能］舒肝解郁，理气化痰。

［益宜］肝郁气滞，湿痰凝结型甲状腺功能亢进。

蟾蜍丸

［配制］蟾蜍粉、雄黄。将活蟾蜍晒干烤酥研细末，过筛后和面粉做成黄豆颗大小的丸。面粉和蟾蜍粉之比为1∶3。每100丸用雄黄1.5g为衣，成人每次服5～7丸，日3服，饭后开水送下。

［功能］攻毒消瘤。

［益宜］肝癌和其他腹腔癌肿属瘀郁结聚者，症见肿块坚硬，实痛拒按，消瘦腹胀等。

长宁风湿酒

［配制］当归120g，土茯苓90g，生地120g，防风60g，威灵仙90g，防己、红花各60g，木瓜30g，高粱酒(60度)1 500ml。诸药浸酒3周后滤液，药渣加水煮，过滤去渣取药汁，另用蝮蛇、眼镜蛇、赤练蛇(均用活蛇)各500g，分别浸酒1 000g，3周后滤出酒液，等量混合为“三蛇酒”。将药酒、药汁、三蛇酒等量混合为长宁风湿酒。每次饮10～15ml，日1次。

［功能］祛风除湿。

［益宜］类风湿关节炎及其他关节炎。

车螯酒

［配制］车螯壳1～2个，火煅为细末，灯芯草30茎，蜜一大匙，瓜蒌一个。灯芯草碎，剥瓜蒌，用酒1 000ml，煎灯芯草、蜜、瓜蒌熟。调车螯8g服。

［功能］清热解毒。

[宜宜] 发背痈疽。

车前草煲猪小肚

[配制] 鲜车前草 60～90g(干品 20～30g),小肚 200g,洗净,小肚切小块,与草加水煮至熟烂,加食调味。酌量饮汤食肚。

[功能] 清热泻火,凉血止血。

[宜宜] 下焦热盛之尿血鲜红或小便黄赤灼热,心烦口渴等。

车前草茶

[配制] 车前草 20g,研粗末,煎水或冲泡。代茶饮。

[功能] 利水消肿。

[宜宜] 慢性肾盂肾炎,膀胱炎,慢性肾炎水肿,高血压等。

匙叶草炖猪肉(匙叶草为白花丹科植物补血草的根或全草)

[配制] 鲜匙叶草根 60g,配猪肉加水炖服。

[功能] 清热、止血。

[宜宜] 痔疮下血。

虫草银耳汤

[配制] 冬虫夏草 10g,洗净,晒干,研末,白木耳 15g,发,洗净,入砂锅,与虫草末共炖,木耳烂,入白糖或冰糖 30g。早晚空腹食。食后漱口。

[功能] 补肺益肾,补虚益脑,和血化痰。

[宜宜] 肺结核及其他慢性咳嗽。

樗白皮豆芽萝卜汁饮

[配制] 樗根白皮(切碎),生绿豆芽、生白萝卜各 120g,各榨取鲜汁,混合后加水煎,滤汁,冲黄酒适量,临睡温热。小儿酌减。

[功能] 除热,凉血,止血。

[宜宜] 便血。

除痘连翘茶

[配制] 茯苓、白茅根、仙鹤草、连翘各 9g,天花粉、生地、甘草各 6g。各洗,共入砂糖,加水 6 碗,沸后小火煮 30 分钟,取汁代茶,连服 10～14 天,并配以降火之蔬菜水果。

[功能] 消肿祛痘。

[宜宜] 青春期痘疮。

川贝炖猪瘦肉

[配制] 川贝 9g,天花粉 15g,紫早根 30g,猪瘦肉 60g,前 3 味水煎去渣,加猪瘦肉块炖

熟，入盐调味。饮汤食肉。1～2 天服 1 剂，连服 20～30 天。

［功能］养阴清热解毒。

［益宜］肺肾阴虚之鼻咽癌患者。

川贝酿梨

［配制］雪梨 8 个，川贝 12g，糯米、蜜饯冬瓜条各 100g，冰糖 180g，白矾适量。川贝打碎；白矾 10g，溶水 2 000ml；糯米淘净蒸饭；冬瓜条切颗粒；梨削去皮，切下一小段，浸没白矾水中，以免变色；用小勺挖去大段梨内核，入沸水中烫片刻，冷水冲凉，沥水；把糯米饭、冬瓜条颗粒与打碎的一半冰糖合匀，装梨，再把川贝冰分装 8 只梨，盖上梨把，盛盘，上笼蒸 40 分钟，取出。烧开水 200ml，将另一半冰糖溶化，收浓汁，浇在梨面上。每服 1 个，日 2～3 次。

［功能］清热化痰，润肺止咳，生津止渴。

［益宜］肺结核，百日咳，急慢性支气管炎干咳，久咳，痰中带血，肺热咳喘等。

川贝雪梨煲猪肺

［配制］川贝母 10g，雪梨 2 个，猪肺约 250g。雪梨削去外皮，切块；猪肺洗净后切片，挤去泡沫，与川贝一起入砂锅。加冰糖少许，清水适量，慢火熬煮 3 小时，加调料饮食。

［功能］除痰，补肺润肺。

［益宜］肺结核所致咽干，咳嗽，咯血等。

川椒乌梅汤

［配制］川椒 4.5g，乌梅 2 只，生姜 3 片。共水煎服。

［功能］温中止痛。

［益宜］蛔虫扰腹痛，其痛有时。

川乌川芎散

［配制］川芎、羌活（去芦头）、荞草各 20g，细辛、炙甘草各 30g，炒黑豆 60g。6 味共研粗末，分 8 份。每用酒 100ml，煎 1 份取 50ml。热含嗽，日 4～5 次，咽亦无妨。

［功能］祛风除湿，活血化瘀。

［益宜］热毒风邪致口面㖞斜及偏风。

川乌酒

［配制］川乌（挫）200g，黑豆 500g。上药同炒半黑，以酒 3 000ml 泻于容器内急搅，以绢滤取汁。微温服 1 小盏。若口不开者，拗开口灌之。未效，加乌粪 100g 炒，入酒中服，以瘥为度。

［功能］祛风除湿。

［益宜］产后中风之角弓反张，口噤不语者。

川乌粥

［配制］生川乌米12g，香米100g。用慢火熬稠粥，加生姜汁一茶盅，蜜3大匙，搅匀于空腹时啜之。若湿重者薏苡仁6g，煮粥尤佳。

［功能］除寒湿，祛风通络。

［益宜］风寒湿痹，麻木不仁。

川芎酒

［配制］川芎30g，白酒500g。川芎洗净，浸入白酒泡7天。每饮10～20ml，日2～3次。

［功能］祛风止痛，行气活血。

［益宜］跌打损伤，偏头风痛。阴虚火旺，肝阳上亢头痛，出血性疾病不宜。

春花木酒（春花木为蔷薇科植物车轮梅的枝叶或根。别名：春木、石斑木等）

［配制］石斑木干1 500g，切片，川牛膝120g，浸烧酒5 000g，1月后去渣取酒，每早晚按酒量饮适量。

［功能］活血通络止痛。

［益宜］足踝关节陈伤作痛。

椿根白皮汤

［配制］鲜椿根白皮、白糖或蜜各30g，前1味洗净，切碎，加水300ml，煎取汁150ml，调入糖或蜜，微煮。每饮30ml，日2～3次。

［功能］清热燥湿，涩肠止泻。

［益宜］湿热带下，淋证、痢疾等。

慈姑红曲烧肉

［配制］猪肋条肉750g（带皮），整块沸水氽透捞起，切1.5cm见小块，慈姑500g，刮去外皮，洗净，沥干，切片，红曲、料酒各佐料适量。锅内放水，倒入红曲烧开，小火熬成红汁，捞出红曲，把切好的肉块下锅，拌匀红曲汁。另锅烧热，放入少许油和糖炒成糖色，再入肉、慈姑、葱、姜末煸炒片刻，放入料酒、白糖、盐、清水（浸过猪肉），大火烧开，撇尽浮沫，转小火焖烂。收汁，调入味精。佐餐食。

［功能］清热解毒，消痈散结。

［益宜］肿瘤之属热毒壅盛证。

慈姑煎

［配制］慈姑根块180g，加水适量煎煮熟食。

［功能］通淋。

［益宜］淋浊。

慈菇蒸蜂蜜米泔

[配制] 生慈姑数枚。去皮捣烂,和蜂蜜、米泔水同拌匀,饭上蒸熟,热服。

[功能] 行血止嗽血。

[益宜] 肺虚咯血。

雌鸡小豆粥

[配制] 黄雌鸡1只(治净),赤小豆50g。同煮至于豆烂。吃肉食粥。

[功能] 温阳利水。

[益宜] 阳虚水气不化之腹胀尿少,四肢浮肿等。

雌鸡粥

[配制] 黄雌鸡1只(治净),山药30g,肉苁蓉10g,阿魏3g(可用山楂、神曲代之)。诸品共煎煮成汤,入粳米100g煮作粥。调味空腹食粥、鸡肉、汤。

[功能] 温肾健脾。

[益宜] 脾肾两亏之食少,腰酸、小便不利等。

刺苋头菜煲猪大肠

[配制] 鲜刺苋菜头洗净,切碎,猪大肠洗净,一同放入锅,加清水适量,煨2小时以上,调味饮汤吃肠。佐餐

[功能] 清热去湿,凉血解毒。

[益宜] 热伤络脉之内痔出血。

葱白灯芯丝瓜汤

[配制] 鲜灯芯草50g(或干灯芯球5扎),葱白3根,鲜丝瓜150～200g,3物切,加水三碗煎至一碗半,去渣饮汤,日内分2～3次饮完。

[功能] 清热解毒,利水消肿。

[益宜] 膀胱湿热之尿急、尿频、尿涩少而痛等。

葱白冬瓜炆鲤鱼

[配制] 葱白6根,冬瓜500g,鲤鱼1条(约500g),麻油、食盐适量。鲤鱼治净、去鳞。内脏与冬瓜、葱白同炆熟,加油,调味(肾炎水肿淡食或低盐)。1日内分2～3次佐餐。

[功能] 健脾利水。

[益宜] 脾肾虚水肿,小便不利,纳差便溏、畏寒乏力等。

葱白琥珀饮

[配制] 葱白100g,琥珀末1～1.5g。洗净,切细煎汤,冲琥珀末,日2次。

[功能] 化瘀消石通淋。

［益宜］泌尿系结石症。

葱头薏仁米粥

［配制］葱白4茎，牛蒡根（切）30g，豆豉10g，薄荷6g，薏苡仁30g。先煎前4味，去渣取汁，入薏苡仁煮粥，空腹食。

［功能］祛风止痛。

［益宜］中风之头痛心烦、筋骨疼痛、口眼歪斜、言语不利。

葱薤粥

［配制］葱白、薤白各15g，粳米60g。前2味洗，切细，米淘净，共煮粥。空腹食。

［功能］行气解毒。

［益宜］痢疾，腹泻。

醋浸乌梅枣

［配制］乌梅80g，黑枣1 000g，各洗净；将乌梅入一大碗陈醋中浸泡3天，再入枣浸4天，每日翻拌2～3次。将3味倒砂锅内小火熬醋干离火，弃乌梅，将黑枣及余汁储。儿童每日食2～3枚，日2～3次。

［功能］健脾柔肝，涩肠止血。

［益宜］脾虚气陷之脱肛反复不愈，兼便血等。胃酸过多者不宜。

大(小)蓟速溶饮

［配制］鲜大蓟（或小蓟）2 500g，白糖500g，大蓟（或小蓟）洗净切碎，中火煮1小时，去渣取汁，文火浓缩成浸膏，待温，加入白糖，吸取药液，冷却晾干，轧粉装瓶。每次10g，滚开水冲，温服，日3～4次。

［功能］清热凉血，止血。

［益宜］饮啖革热，热邪伤肺，呕吐出血。

大脖子药

［配制］大脖子药80g，泡酒服，并擦患处。

［功能］消积化痰。

［益宜］甲状腺肿大。

大大金牛草(别名:肥儿草,疳积草,大金不换等)

［配制］①鲜大金牛草30g（干者15g），和冰糖炖服，虚火盛者加麦冬9g；②大金牛草、牛大力、红苓根、白筋根。共煎服。

［功能］止咳，消积，活血散瘀。

［益宜］①肺痨咳嗽，咯血；②风热咳嗽。

大丁草酒

[配制] 豹子药(大丁草别名)30g,泡酒服。
[功能] 祛风活血。
[益宜] 风湿麻木。

大豆散

[配制] 大豆720g,川椒、干姜各90g,研为散,每服5g,温酒下。
[功能] 温中养脾,活血通络。
[益宜] 中风,口不开,身不着席。

大豆乌蛇酒

[配制] 大豆2 000g,麻子仁(研碎)2 000g,乌蛇(去头尾皮骨重120g克槌碎)1条。上3味相合和匀,就甑内蒸,临熟去甑底汤,将好酒1 000ml,就甑中淋出,候热酒又淋,凡7~8遍,入瓷瓶中密封,候冷,量性饮,常带气下。
[功能] 清热解毒。
[益宜] 热毒风肿成疽日夜热痛。

大飞杨草羹(别名:大飞杨、白乳草、天泡草、奶母草等)

[配制] 大飞杨草15~24g,赤痢加白糖,白痢加红糖,用开水炖服。
[功能] 清热解毒,渗湿。
[益宜] 赤白痢疾。

大飞杨草饮(别名:大飞杨、节节花、白乳草、奶母草等)

[配制] 大飞杨草30~150g,水煎分3次服;或制成片剂,每次5片,日服3~4次。
[功能] 解毒渗湿。
[益宜] 急性肠炎及菌痢。

大飞杨根炖肉(别名:夜合叶根)

[配制] 夜合叶根30g,茵子串、鲜茅根、金樱子各15g。炖肉吃。
[功能] 敛阴安神涩精液。
[益宜] 盗汗遗精,夜尿多。

大海茶

[配制] 胖大海5枚,甘草3g,炖茶饮,老幼患者加冰糖少许。
[功能] 清热润肺,利咽解毒。
[益宜] 外感而致的干咳失音,咽喉燥痛。

大蓟饮

[配制] 大蓟汁、生地黄汁各 30g,和匀,入姜汁、生蜜少许,搅和匀冷服。

[功能] 凉血,止血。

[益宜] 吐血,呕血。

大金香炉(别名:假豆稔,石老虎,白爆牙郎)

[配制] 白爆牙郎、地桃花根 30g,水煎服。

[功能] 滋收敛,止血,解毒。

[益宜] 痢疾。

大麻仁粥

[配制] 大麻仁 10g,粳米 50g,麻仁捣烂后水和滤汁,与粳米煮粥,任意食。

[功能] 润肠通淋,活血通脉。

[益宜] 产后血虚便秘,小便不通利,关节酸涩,风痹经闭等。

大麦(别名:倮麦、牟麦、饭麦、赤膊麦等)

[配制] 大麦 90g,以水 2 大盏,煎取 1 盏 3 分,去滓,入生姜汁,蜜各适量,相和。分 3 次饭前服。

[功能] 和胃,宽肠,利水。

[益宜] 卒小便淋涩痛。

大麦姜汁汤

[配制] 大麦 100g,生姜汁、蜂蜜各 1 匙。大麦水煎取汁,加姜汁、蜂蜜搅匀。饮前分 3 次服。

[功能] 利尿解毒。

[益宜] 卒然小便淋涩疼痛,小便黄。

大米荔枝粥

[配制] 荔枝干 30g,大米 100g 克共煮粥。分 2 次空腹服食。

[功能] 壮阳益气。

[益宜] 脾虚泄泻,产后水肿,老人五更泄。阴虚火旺者慎用。

大母猪藤(别名:野葡萄、绿叶扁担藤)

[配制] 大母猪藤 30～60g,煎服;浸酒或炖肉服。

[功能] 消肿毒,除风湿,通经络。

[益宜] 牙痛,风湿性关节炎,无名肿毒。

大宁散

［配制］黑豆 20 粒，生甘草 2.5 寸，罂粟壳（半生、半炒）2 个。共为粗末，加生姜 3 片，水煎，食前服。

［功能］涩肠止泻。

［益宜］妊娠下痢赤白，泄泻疼痛剧烈者。

大三五七散

［配制］天雄、细辛各 90g，山茱萸、干姜各 150g，山药、防风各 210g，共为细末，每服 2g，甜米酒（原清酒）送下。日 2 次。

［功能］温经通络，解痉祛风。

［益宜］头风眩晕，耳聋，口眼歪斜。

大生地酒

［配制］大生地 120g，杉木节 50g，牛蒡根（去皮）120g，丹参 30g，牛膝 50g，大麻仁 60g，防风 20g，独活、地骨皮各 30g，好酒 1 500ml。前 9 味共捣碎布包，浸酒于器皿中，密封口，7 日后滤酒贮存。饭前饮适量。

［功能］利水消肿。

［益宜］足胫虚肿，烦热疼痛，行步困难等。

大蒜冰糖茶

［配制］蒜头 2 个，冰糖（亦可白糖）适量，大蒜捣烂，加入冰糖或白糖，沸水冲泡，滤汁。代茶频饮。

［功能］润肺止咳。

［益宜］百日咳，气管炎，痢疾等。

大蒜炒腐竹

［配制］大蒜、腐竹各 250g，虾皮 25g，调料适量。腐竹用水浸发撕开，切丝，虾皮加适量黄酒，水浸发，大蒜切丝。油烧热，下大蒜丝，翻炒十多下，加腐竹，虾皮炒匀，加少许水煮沸 3 分钟，调入姜、盐，再煮 3 分钟，加味精，淋上麻油，佐餐食。

［功能］杀虫除湿，解毒消积，滋养补虚。

［益宜］痢疾，泄泻等，尤宜于青少年患者。

大蒜醋泥

［配制］大蒜数瓣，醋一小杯。蒜捣烂如泥，入醋中浸渍。每服 10g，日 2 次，缓缓服食。

［功能］温胃行气，解毒杀虫。

［益宜］痢疾。

大蒜豆腐

[配制] 嫩豆腐 400g,青大蒜 100g,调料适量。菜油烧熟,待降温至六成熟时,放入蒜段煸炒至软,加入豆腐块,边炒边加入适量黄酒、酱油、精盐、白糖等调味品,再炒少许水煮熟,勾薄芡,调入味精,单食或佐餐。

[功能] 补虚解毒。

[益宜] 可为恶性肿瘤患者之膳食。

大蒜炖猫肉

[配制] 大蒜 30g,猫肉 250g,调料适量。将大蒜去皮,猫肉洗净,切小块,同放炖盅内,加清水适量及少许油/盐调味,隔水炖熟。饮汤食肉。

[功能] 健脾补血。

[益宜] 血小板减少之脾虚气血不足者。

大蒜海带鸭蛋汤

[配制] 大蒜去皮,海带水发泡各 60g,鸭蛋 2 个,加水适量同煮,鸭蛋熟后去壳再煮 3 分钟,饮汤吃鸭蛋、海带,每服 1 剂,日 1～2 次,亦可佐餐。

[功能] 滋阴,解毒,散结

[益宜] 瘰疬初起。春季食尤佳。

大蒜鲫鱼汤

[配制] 鲜鲫鱼 500g,大蒜 2 头,鱼净后切块,大蒜去皮后同鱼煮汤调味,饮汤食鱼肉,日 1 次,连续数天。

[功能] 清肠解毒治痢疾。

[益宜] 病毒性痢疾。

大蒜烧鸭

[配制] 净鸭 1 只,大蒜 50g,大蒜去皮,装入鸭腹内,扎好口,烧熟,随意服食。

[功能] 温阳利水。

[益宜] 阳虚小便不利,水肿,泄泻等,外感初起者不宜。

大蒜西瓜汁饮

[配制] 大蒜 100～150g,西瓜 1 只。西瓜洗净,切一个三角形口,放入去皮的大蒜瓣,再用切下的瓜封口。将配好的瓜放入盆内,隔火炖熟,随意吃瓜喝汁。

[功能] 利水消肿解毒。

[益宜] 慢性肾炎,肝硬化腹水等。

大蒜鸭蛋汤

[配制] 大蒜 150g,鸭蛋 2 个,大蒜去皮,鸭蛋煮熟去壳,2 者同煮,温热食,连用数日。

[功能] 解毒散结。
[益宜] 瘰疬,(颈淋巴结结核)。

大枣芹菜根

[配制] 大枣 10～15 枚,鲜芹菜根 60g。水煎服。
[功能] 益脾利水。
[益宜] 高血压病者。

大枣茵陈汤

[配制] 大枣 250g,茵陈 60g,水煎取汁。含枣饮汤。日 1 剂,分 2～3 次温服。
[功能] 补益脾胃,利湿退黄。
[益宜] 黄疸。

丹参白花蛇酒

[配制] 丹参 50g,白花蛇 10～25g。2 味切,浸泡 60 度白酒 1 250ml,密封浸泡 7 天。每饮 10～20ml,日晚睡前 1 次。
[功能] 搜风活络,活血化瘀。
[益宜] 风湿痹着肌肉经络之肢体酸软沉重、关节筋骨疼痛、游走不定。

丹参杜仲酒

[配制] 丹参、杜仲各 30g,川芎 20g,江米酒 740ml。前 3 味共捣米酒渍,5 日后去渣,不拘时候,随意温饮。
[功能] 祛风除湿。
[益宜] 腰腿酸痛。

丹参酒

[配制] 丹参 200g,研粗末,浸 50 度米酒 1 000ml,封密瓶口 14 日,过滤,压榨药渣合并酒液,再过滤澄清。每饮 20ml,日 2 次。
[功能] 祛风除湿。
[益宜] 癫痫,神经衰弱,脑震荡后遗症,头痛失眠等。

丹参石斛酒

[配制] 石斛(去根)60g,丹参、川芎、杜仲(去粗皮)、防风(去芦)、白术、党参(去芦)、桂心、五味子、白茯苓、陈橘皮(浸出白炒)、黄芪各 30g,干姜(炮)45g,炙甘草 15g,山药 30g,牛膝 45g,当归 30g,清酒 2 000m。诸中药共为粗末,用生白布袋盛,置净器中,酒浸封口,7 日后开取,滤渣。饭前温饮 1～2 杯,渐加至 2～3 杯,日 2 次。
[功能] 祛风除湿。
[益宜] 脚气痹弱,筋骨疼痛。

当归炖鸡

[配制] 母鸡1只,当归30g,醪糟汁60g,鸡治净,当归洗去浮灰;将鸡放入砂锅内,同时加水、醪糟汁、当归、姜、葱、盐,盖严锅口,旺火烧开,去浮沫,小火炖3小时,出锅时撒上胡椒面。佐餐。

[功能] 补气养血,润肠。

[益宜] 气血不足、头昏眼花、耳鸣心悸、盗汗无力、月经不调、老人及产后便秘等。

当归獐肉

[配制] 獐肉100g,腌雪里蕻60g,当归10g。獐肉先冷水浸半小时,置冷水锅中烧沸,去尽血水、腥味,捞出、沥干,切块;雪里蕻,洗,切;锅置旺火上放热猪油36g,热后下獐肉炒1分钟,加水淹没獐肉,放入当归、酱油,烧开加葱、姜、盐、白糖改小火炖,獐肉7成熟,另用一锅旺火下猪油10g,略炒雪里蕻,倒入獐肉锅,炖肉九成烂,再用旺火烧汤汁至一半,以湿淀粉勾薄芡。单食或佐餐。

[功能] 活血补血,保肝。

[益宜] 贫血、血小板减少症状,肝病等。

刀豆炒腰片

[配制] 刀豆(挟剑豆)250 g,猪腰1对,调料适量。猪腰对剖,去臊腺,净,用沸水煮后切薄片,加适量酒,盐腌15分钟,拌上湿淀粉,在温油中爆香姜片,入腰片滑热盛起,刀豆横切成片,放温油中煸炒透后,加少量水煮沸,调味焖煮3分钟,下腰片炒匀,勾芡食用。

[功能] 温胃益肾。

[益宜] 胃寒腰痛,肾虚腰痛,妊娠期妇女和中老年人膳食。

灯芯花鲫鱼粥

[配制] 灯芯花(灯芯)5～8根,鲫鱼1～2条,粳米50g,鱼治净与灯芯草同煎汤,去鱼刺、骨等入米煮粥。食粥、鱼肉。

[功能] 清热降火、利水消肿。

[益宜] 营养不良性水肿,慢性肾炎,肠风下血,呕吐,小便赤涩等。

地骨皮粥

[配制] 地骨皮30g,桑白皮13g,麦冬15g,面粉100g。前3味煎,取汁与面粉煮稀粥。随意食。

[功能] 清肺、生津、止渴。

[益宜] 消饮、多饮、身体消瘦等。

地黄花粥

[配制] 地黄花适量。阴干,捣为末,备储,粟米100g,煮粥,熟入地黄花末3g,搅匀,更煮

令沸。任意食。

[功能] 滋肾、清肺、除烦、止渴。

[益宜] 消渴及肾虚腰痛等。

地黄茅根豆腐汤

[配制] 水豆腐 90g,生地、白茅根各 30g。后 2 味洗,浸 1 小时,加清水 300ml,煎取汁,水豆腐入汁稍煮,入盐少许。每日 3 次,内服。

[功能] 凉血止血。

[益宜] 血热妄行之鼻衄,色鲜红,口唇干、舌质红无苔,脉细数。

地栗猪肝片

[配制] 猪肝 250g,鸡蛋 1 个,荸荠 100g,调料适量。猪肝切薄片,拌酒、盐、蛋清、淀粉渍 15 分钟,地栗(荸荠)去皮切丁,拌干淀粉;猪肝油爆熟捞起,余油中加荸荠丁翻炒,加水少许煮沸,调味,推入肝片,勾芡,撒上青葱。佐餐。

[功能] 清利湿热,滋补压养肝。

[益宜] 慢性肝炎,急性肝炎病后的调补。

地龙炒鸡蛋

[配制] 活蚯蚓 3～5 条,放盒内排出污泥后,洗净,炒鸡蛋 2～3 个,熟食。隔日 1 次。

[功能] 平肝,通络。

[益宜] 高血压者。可食至血压降至正常时止。

地龙桃花饼

[配制] 干地龙 30g,酒浸去腥,烘干研粉;红花、赤芍各 20g,当归 50g,黄芪 100g,川芎 10g,水煎 2 次,取汁;玉米面 400g,面粉 100g,白糖适量混匀,用药汁调,加地龙粉,制饼 20 个;桃仁 20g,去皮尖,打碎略炒,匀放于饼上,入烘箱烤熟(或笼蒸熟)。随意食。

[功能] 益气活血,化瘀通络。

[益宜] 卒中后遗症气虚血瘀,偏枯不用,肢体痿软无力等。

地榆附子酒

[配制] 干地榆 100g,附子 4g,酒 1 000ml,浸 5 宿。每饮 10～30ml,日 3 次,服尽更作。

[功能] 祛肠风。

[益宜] 休息痢。忌猪肉,冷水。

蝶菊蜜茶

[配制] 绿茶、菊花、玉蝴蝶(刀豆)各 3g,蜂蜜 1 匙。玉蝴蝶水煎,沸片刻,冲泡绿茶、菊花,焖煮,调入蜂蜜。徐徐饮。

[功能] 解热,解毒,润喉。

［益宜］火热炎上，喉咙干痛，声音嘶哑等。慢性喉炎者可常饮。

丁香风干鸡

［配制］母鸡一只（约 1 500g），盐 6g，丁香 2g，葱节、姜片各 60g，山枣、白芷各 3g，料酒 12g，从鸡门上部破一横口，掏去内脏，将膛内洗净，用盐将鸡内外抹匀。将丁香、山枣、白芷和 1/2 葱节、姜片塞进膛内，取料酒一半撒在鸡身，放冰箱内一昼夜，再挂通风处晾两天，冷水洗净，去膛内物。置碗盆内下剩余葱膛姜和料酒，隔水蒸烂。拣去葱、姜，趁热将鸡骨剔净，净肉放回蒸汤内浸没，存入冰箱，吃时取出，皮朝上切块。

［功能］祛风散寒，提神醒脑。

［益宜］风湿痹痛及慢性腹泻等。

丁香梨（又方：丁香煨梨）

［配制］大雪梨一个，公丁香 15 粒，冰糖 20g。梨去皮，用竹签均匀扎 15 个小孔，每孔置入一粒丁香，再把梨放在大小合适的盅内，用纸封严盅口，蒸 30 分钟。把冰糖加少许水溶化，熬成糖汁。抠去梨内丁香，浇上冰糖汁，吃梨喝汤，日服 1 个。又方：梨 1 个（个大的），丁香 15 粒。梨洗净，挖去核，放入丁香，外用菜叶包裹，于火灰中煨熟食（或将放入丁香的梨封固，蒸熟食）。

［功能］理气化痰，益胃降逆。又方：益胃养阴，温中止呕。

［益宜］痰气交阻或胃阴亏虚之噎膈，反胃，呕吐等。可供食道癌，胃癌患者食。又方：胃气虚弱或胃寒所致反胃吐食，药物不下等。

冬瓜赤豆汤

［配制］冬瓜 500g，赤豆 30g。煮汤，不加盐或低盐，食瓜、豆，饮汤。日 2 次。

［功能］利水消肿，清热解毒。

［益宜］水肿发热，小便短赤，急性肾炎浮肿少尿。慢性肾炎脾肾两虚者不宜。

冬瓜鲤鱼汤

［配制］冬瓜 100g，鲤鱼 1 条。冬瓜切块，鲤鱼去鳞及肠脏，白水煮汤。食冬瓜、鱼，喝汤。

［功能］利水消肿。

［益宜］慢性肾炎浮肿等。

冬瓜皮蚕豆汤

［配制］冬瓜皮 30～60g，蚕豆 60g。共煮汤，调味。饮汤食豆。另方用：连皮冬瓜，无豆。

［功能］健脾化湿，利水消肿。

［益宜］脾虚水停之全身悉肿，按之深陷，小便不利，身重倦胸闷纳呆等。

冬瓜皮麦冬饮食

［配制］冬瓜皮 50～100g，麦冬 50～100g，加水煎取汁，分 2～3 次饮。

［功能］利尿、止渴、除烦。

［益宜］多渴、多食、少尿、消瘦之糖尿病人。

冬瓜苡米汤

［配制］冬瓜 200～400g，苡仁米 30～60g。共煎水，或糖或盐少许调味，代茶饮，每日或隔日 1 次。

［功能］清热解暑，健脾利水。

［益宜］暑疖痱毒，膀胱湿热之小便短黄，腹水及子宫颈癌，舌癌等。

冬葵四味猪肉汤

［配制］冬葵叶（冬苋菜）60g，元胡荽 90g，紫花地丁 60g，车前草 30g，猪瘦肉 90g，肉切块，余药净盛纱布袋，扎口。加水共炖至肉烂，除药袋。食肉饮汤，顿服。

［功能］清热解毒，利湿退黄。

［益宜］湿热黄疸等。

豆腐牛膝汤

［配制］水豆腐 90g，牛膝 30g。用清水 300ml，煮牛膝去渣，再加水豆腐煮成汤，入食盐少许，每日 3 次内服完。

［功能］清热止痛。

［益宜］风火牙痛及齿龈肿、口干渴、尿黄、脉细数。

豆卷散

［配制］大豆黄卷、板蓝根、贯众、炙甘草各 30g，研为散，每服 1.5～3g，甚者 9g，浆水、油数点，煎服。

［功能］祛风、解毒、化痰。

［益宜］小儿慢惊风未退，别生热症，有反为急惊风。

豆壳瓜皮茶

［配制］蚕豆壳、茶叶各 20g，冬瓜皮 50g。研粗末，放入茶壶，沸水沏，代茶饮，每日 1 剂。

［功能］健脾除湿，利尿消肿。

［益宜］急慢性肾炎水肿，心脏性水肿。

杜仲核桃炖猪腰

［配制］猪腰 1 对，对剖去臊腺、筋膜，切；核桃肉 30g，杜仲炭 30g，金樱子 30g（后两味洗净，金樱子捣碎，共煎 40 分钟取汁），以杜仲、金樱子汁煮猪腰、核桃肉熟。

［功能］补肾摄尿。

[益宜] 阴阳两虚糖尿病。

杜仲叶茶

[配制] 杜仲叶 6g,高级绿茶 6g,开水冲泡,加盖 5 分钟后饮,每日 1 杯。

[功能] 补肝肾,强腰膝,降血压。

[益宜] 高血压合心脏病者。

杜仲汁炖银耳

[配制] 白木耳、炙杜仲各 10g,冰糖 50g,白木耳发,炙杜仲水煎 3 次,取 3 次滤汁 1 000ml,入白木耳、冰糖、文火炖木耳熟烂。随意食。

[功能] 滋养肝肾,补益气血。

[益宜] 高血压、动脉硬化属肝肾阴虚者,症见头晕、耳鸣、失眠等。

煅荷叶糖饮

[配制] 荷叶适量,煅烧存性研末。每取 6g,赤痢用蜂蜜冲汤下,白痢用砂糖冲汤下,日2 次。

[功能] 解毒止痢。

[益宜] 赤白下痢。

二宝粥

[配制] 生山药 60g,三七面 6g。山药捣碎,煮粥糊,用稀糊粥送服三七面,分 2 次服完。

[功能] 温阳健脾,化湿祛瘀。

[益宜] 寒湿下痢,痢下不爽,白多赤少,腹痛,里急后重,脘闷厌食,头重身困等。

二参汤

[配制] 人参、玄参各等份。水煎服。又方:人参、玄参、柴胡、麦冬、甘草各等份。水煎服。

[功能] 降胃经虚火。又方:祛气虚壮热。

[益宜] 牙龈腐烂,牙龈或齿缝出血。又方:宜痘疮壮热,经日不除。热退即止。

二冬膏

[配制] 天冬、麦冬各 320g,水熬去渣,加川贝母粉 80g,炼蜜为膏。每服 1 匙,1 日 3 次。

[功能] 养阴、益津、清热。

[益宜] 虚劳潮热,心烦口干,手足心热,经期延后、量多等。

二海丸

[配制] 海藻(酒洗)、昆布(酒洗)各等份。为末,炼蜜为丸,杏核大。每服 1 丸。日 2～3 次。

[功能] 化瘀祛结。

［宜］气瘿，随忧愁消长者。

二核汤

［配制］杧果核、黄皮核各 20g。加水，武火煮沸后改文火煮 30 分钟，日服 3 次，1 日服完。

［功能］理气化痰，消肿止痛。

［宜］睾丸肿大。

二花茶

［配制］荠菜花、蚕豆花各 12g。开水冲泡，代茶徐徐饮之。

［功能］潜阳醒脑明目。

［宜］血压高者之头晕目眩等。

二花公英泥鳅汤

［配制］泥鳅鱼 120g，活杀，去肠杂，开水掩去黏潺及血水，蒲公英、金银花各 30g，洗净，生姜去皮，洗，切碎。全部用料同下锅内，加清水适量，武火煮沸后，文火煮 1～1.5 小时，调味随量食。

［功能］泻火解毒，清热去湿。

［宜］急性胆道感染属湿热内蕴者，症见发热、肿胀、口苦、恶心、小便短黄。

二花山楂桑茶

［配制］菊花、金银花、山楂各 24g，桑叶 12g。共研粗末，分 4 次用沸水泡茶叶饮，每泡 10～15 分钟，两次换。不宜煮。

［功能］凉血降脂。

［宜］高血压病之动脉硬化，胆固醇高，头晕等。

二花芎荷减肥茶

［配制］玫瑰花、代代花、茉莉花、川芎、荷叶各等份。共研粗末。用滤泡纸袋分装，每袋 5g，每天 1～2 袋，沸水冲泡，10 分钟后，代茶饮。

［功能］宽胸理气，利湿化痰，降脂减肥。

［宜］痰湿理阻，膏厚脂肥，气滞胁胀等。

二仁瘦肉汤

［配制］白果（去心）、玉竹、沙参各 15g，甜杏仁、麦冬各 9g，猪瘦肉 60g。玉竹、沙参、麦冬水煎后去渣，入白果、杏仁、瘦肉块，炖熟，调味。饮汤食肉。

［功能］养阴清热解毒。

［宜］肺肾阴虚之鼻咽癌。

二子茶

［配制］枸杞子 15g,茺蔚子 10g。保温杯沏,盖焖 30 分钟,代茶饮。每日 1 剂。
［功能］清肝泄热,养阴平逆。
［益宜］肝火上炎型眩晕。

发菜红枣炖鸽肉

［配制］鸽 1 只,红枣 15 枚,发菜 10g,鸽治净与红枣、发菜共炖熟,调味。佐餐食,亦可单食。
［功能］清热疏风。
［益宜］神经性皮炎早期出现皮疹或红斑,阵阵瘙痒,舌红,苔微黄或微腻。

发菜粥

［配制］发菜 15g,粳米 50g。菜洗净切细,与米煮粥,空腹食。
［功能］软坚散结,益精养血。
［益宜］瘿瘤及须发早白等。

翻白疔疮煎

［配制］翻白草根(或全草)30g,洗净,加黄酒适量煎服。
［功能］清热解毒疔疮。
［益宜］痈肿疔毒之未成脓者。

防风松叶酒

［配制］松叶 160g(10 月初采),麻黄、防风各 30g,制附子 15g,独活 30g,秦艽、肉桂各 20g,牛膝盖 36g,生地 30g,醇酒 1 500ml。诸药捣碎,纱布包盛,与酒浸泡净器中,封口,春秋 7 日,冬 14 日,夏 5 日,日满去渣,储。每温饮 1 杯(约 10ml),日3 次。
［功能］祛风除湿。
［益宜］风湿所致的关节疼痛,四肢麻木,步履艰难等。

飞廉(为菊科植物飞廉的全草或根。别名:飞轻,天荠,飞廉蒿,老牛错等)

［配制］老牛错(全草)500g,何首乌 90g,生地 250g。用酒浸泡 1 周,每天服 1 小杯。
［功能］利湿,散瘀。
［益宜］关节炎。

榧子鸡蛋

［配制］榧子末 3g,调入鸡蛋搅匀,热油煎服。连服 2～3 天。
［功能］驱蛔虫。
［益宜］蛔虫症。

榧子煎服

［配制］榧子 49 枚(另方 100 枚)。用砂糖水煮熟,每日空腹食 7 枚。
［功能］驱虫。
［益宜］钩或蛲虫等症(原曰:寸白虫)。

榧子蒜片汤

［配制］榧子(切碎)、使君子(切细)、大蒜(切片)各 50g。水煎取汁,日 3 次,空腹服。小儿用量酌减。
［功能］驱虫。
［益宜］虫积之面黄肌瘦、脐周腹痛阵作、食欲不佳等。

分心木黄酒(分心木为胡桃科植物胡桃果核内的木质隔膜)

［配制］分心木 300g,黄酒 2 500ml,浸泡 10 分钟后,煮沸去渣。每服 5～10ml,1 日 3 次。
［功能］利尿清热。
［益宜］肾炎。

蜂蜡鸡蛋

［配制］鲜鸡蛋 5 枚,阿胶珠粉 10g,蜂蜡 30g。蜂蜡加水溶化,打入鸡蛋,加阿胶珠粉,搅匀。日 1 剂,分 2 服。
［功能］活血软坚。
［益宜］慢性白血病之肝脾肿大。

蜂蜜车前马齿苋汤

［配制］蜂蜜、车前草、马齿苋各 30g。后 2 味洗净,煎取汁,加蜂蜜调服。
［功能］清热解毒,利湿止痢。
［益宜］湿热下血之泄泻、痢疾、腹痛等。

蜂糖藕羹

［配制］鲜藕 750g,去皮、节、洗净,切丁,入白矾水中煮沸,捞起漂洗 2 次,投砂锅中,加清水 1 000ml 烧沸,入藕丁煮 5 分钟,加白糖 100g,蜂蜜 75g,续煮 5 分钟,用湿豆粉勾芡。随意食。
［功能］补心益脾,清热止血。
［益宜］心脾不足之食少、健忘、心悸、阴虚火旺之吐血便血。

凤尾草炖大肠

［配制］凤尾草 21～30g。同炖大肠,大肠熟去草,食肠饮汤。
［功能］清热、解毒、利湿。

［益宜］大便下血。

凤尾草海带汤

［配制］凤尾草 30g(鲜品 60g)，海带 30g。加清水 3 碗煎至 1 碗，以食盐少许调味，去渣，饮。

［功能］清热解毒，凉血利尿。

［益宜］尿道炎，膀胱炎，血热鼻衄等。

凤尾草米泔汤

［配制］凤尾草 30g(鲜品 60g)，取第二次淘米水 3 碗加入，煎至 1 碗半，加食盐少许调味。

［功能］清热解毒，利尿通淋。

［益宜］泌尿系炎症，见尿频、尿急、尿痛、血尿等。

凤仙当归酒

［配制］凤仙花 90g，当归尾 60g，浸酒饮。

［功能］活血消肿。

［益宜］跌打损筋骨并血脉不行。

佛手柑炖猪小肚

［配制］鲜佛手柑根 15～24g，猪小肚(膀胱)1 个洗，加水适量煮服。

［功能］理气敛消。

［益宜］男人下消，四肢酸软。

茯苓山药蒸包

［配制］茯苓粉、山药粉各 150g，共调糊蒸熟，调猪油、果料适量，白糖 250g 为馅，面粉 600g，揉发酵，加碱揉匀，制成包子皮，包馅蒸熟。

［功能］补气，补脾胃，固精。

［益宜］脾胃不健之食欲不振、遗尿、尿频等。

茯苓粥

［配制］茯苓末 100g，粳米 150g。粳米常法煮粥，半熟加茯苓末和匀，煮熟，随意食。

［功能］健脾、抗癌。

［益宜］肿瘤患者脾虚之食欲不佳、形体消瘦、轻度水肿，咳嗽多痰。

腐竹水鱼煲

［配制］水鱼 1 只(约 100g)，沸水烫，令其排尿，然后切开，去内脏；川贝母 15g，腐竹 50g，温水浸软；葱 5 根，姜 8 片，花椒 5g。全料投瓦锅，加清水适量，文火煲 2 小时，至水鱼甲上硬皮脱落，调味，随量食。

［功能］滋肺阴，退虚热，止咳喘。

［益宜］糖尿病人并发肺结核，烦渴多饮，口干舌燥，潮热，盗汗等。

富贵狗肉

［配制］狗肉2000g，洗净切块，氽去血水，凉水洗净，与炮附子10g，油肉桂10g，姜10g，怀牛膝30g，郁金10g，桃仁9g各中药所盛入之纱布袋同置砂锅内（砂锅底垫瓷片）加清水及调料适量。武火烧沸，撇去浮沫，中火炖2小时至肉烂，弃药袋。佐餐食。

［功能］温阳散寒，活血通络。

［益宜］脱疽。亦宜血栓闭塞性脉管炎者的常用膳食。

蝮蛇酒

［配制］蝮蛇1条，人参15g，白酒1 000g。活蛇置净器中，用酒醉死，加人参，7日后取，适量频饮。

［功能］祛风解毒。

［益宜］牛皮癣者。

覆盆子烧牛肉

［配制］覆盆子50g，洗净，用黄酒湿润；黄牛肉1 000g，洗净，切小块；各佐料适量。炒锅内放油2匙，大火翻炒牛肉5分钟，加黄酒2匙、酱油4匙，再焖炒5分钟，加入覆盆子和茴香少许，加水浸没牛肉，沸后改文火炖2小时。佐餐，每食1小碗，2～3天食完。

［功能］健脾益胃，补肾缩尿。

［益宜］肾虚固摄无权之夜尿频多，小便不禁等。

干地黄饮（原条目：干地黄）

［配制］①干地黄90g，切碎，加水600～800ml，煎滤药液300ml，1次或2次服完。疗效显著。②生地黄90g，切碎，加水1 000ml，煎煮1小时，过滤得液约300ml，1次或2次服完。

［功能］滋阴养血。

［益宜］① 风湿、类风湿关节炎；②湿疹，荨麻疹，神经性皮炎。

干葛平胃散

［配制］葛根、苍术、厚朴、陈皮、甘草，配1∶0.5∶0.5∶0.5∶0.5（编者加），共为散，每用50g，水煎服。有寒热加柴胡1份，头痛身热，恶寒加羌活1份。

［益宜］塞湿痢，胸满。

干姜白术散

［配制］干姜、葛根、枳壳各50g，白术100g，陈皮10g，甘草6g，共研细末，每服10g，蜜调

糊，粥汤下。

［功能］化积，利水，止逆。

［益宜］酒癖痰，水不消，两肋胀满，呕吐，腹中有水声。

干姜茯苓粥

［配制］干姜 5～6g，茯苓 10～15g，粳米 100g，红枣 5 枚，红糖适量。前 2 味与枣同煎汁，弃渣入粳米煮粥，调入红糖。日 1 剂，分 2 次温服，连服数日。

［功能］祛寒除湿，温经痛络。

［益宜］寒湿腰痛，冷痛，遇阴雨天加剧。

干姜末清酒饮

［配制］干姜 20g，清酒 600ml。温酒热，即下姜末于酒中，频服，立愈。

［功能］温中散寒。

［益宜］老人冷气逆气痛结，举动不得等。

干姜散

［配制］干姜、川椒、豆豉、神曲、麦芽各 360g，共研为散，每服 15g，1 日 3 次。

［功能］温中散寒，消食和胃。

［益宜］胃脘受寒，胀不能食，心意愈然不思饮食。

干柿去黑斑方

［配制］干柿饼适量。日日食，久服有效，胃寒者忌(编者注)。

［功能］润心肺，去面黑干。

［益宜］面部黑斑，黑痣。

干柿粥

［配制］干柿 3 枚，豆豉 10g，粳米 100g。干柿切细，豆豉洗净，与米同煮粥。空腹服。

［功能］聪耳通窍。

［益宜］耳聋鼻塞。

甘草干姜汤

［配制］炙甘草 60g，干姜 30g。水煎，去渣，分 2 次服。

［功能］温中益气。

［益宜］肢冷咽干，烦躁吐逆，及肺萎吐涎沫而不咳，其人不渴，遗尿，小便数。

甘蔗白藕汁

［配制］鲜甘蔗、白藕 500g。甘蔗，净，去皮，绞汁；藕，净，切碎，以甘蔗汁浸半日后绞汁。日内 3 次服完。

［功能］清热泻火，凉血散瘀。

［益宜］小便赤热，衄血；泄泻及尿急、尿频、尿血、尿痛等。虚寒癃闭者不宜。

甘蔗莱菔汤

［配制］甘蔗汁 120g，鲜萝卜 120g。萝卜切碎，水煮至烂熟，去渣取汁兑甘蔗汁，温，随量服。

［功能］清热除烦，解酒化食，和胃下气。

［益宜］酒食过度之烦热面赤、呕逆少食等。

橄榄酸梅汤

［配制］鲜橄榄（连核）60g，酸梅 10g，2 物洗净，稍捣，加清水 3 碗煎成 1 碗，去渣加砂调饮。

［功能］清热解毒，生津止渴。

［益宜］热毒上壅，咽喉肿痛，咳痰稠，酒毒烦渴。辅治疗咽炎、扁桃体炎。

高粱粥

［配制］高粱米 100g，桑螵蛸 20g 水煎 3 次，每次过滤取汁，3 次汁取 500ml，用煮高粱米粥，早晚餐温热服食。

［功能］健脾补肾，固精缩尿。

［益宜］肾气不足之遗尿、夜尿频多，遗精等。

葛粉面条

［配制］干葛根粉 300g 或干葛根 300g 研粉，清水拌和擀成面条；荆芥穗 6g 豆豉 180g，煎汤去渣，取汁入面条煮熟，调味空腹食。

［功能］清热生津除烦，息风开窍。

［益宜］中风语言不利，神志不清，手足不遂等。

葛根茶

［配制］葛根 30g。洗净，切片，水煎汁，代茶饮，日 1 剂。

［功能］降血压。

［益宜］高血压、病之头痛。

葛根粉粥

［配制］葛根粉 15g，粟米 30g。粟米洗煮粥，将成时入葛根粉拌匀，稍煮调味，即食。随量。另方：葛粉 15g，粳米 50g，姜 6g，蜜少许煮粥，调食。

［功能］清胃热，除烦渴。

［益宜］糖尿病胃热伤津，易饥食多，形瘦，烦渴引水，大便干硬等。

葛根槐花茶

［配制］葛根 30g，槐花、茺麻子各 15g。共为粗末，沸水冲泡。代茶饮，日 1 剂。

［功能］降血压。

［益宜］高血压病。

葛根汤

［配制］白干葛、枳壳(炒)、制半夏、茯苓、生干地黄、杏仁 15g，黄芩、甘草各 7.5g。上药挫碎。每用 9g，加黑豆 100 粒，生姜 5 片，白梅 1 个，水煎服。

［功能］运气滋阴。

［益宜］酒痔者。

葛根薏苡仁粥

［配制］粉葛根 120g，洗净，去皮，切片；生薏苡仁、粳米各 30g(各洗)，三味同入砂锅，加水煮粥，随意服食。

［功能］清热利尿。

［益宜］高血压病，冠心病属肝阳亢盛，痰湿壅塞之头晕头胀，胁闷心烦，口苦咽干，肢体发麻，小便不利及风湿性关节病属湿热者。

葛花荷叶茶

［配制］葛花 10g，荷叶半张切丝，同煮 10 分钟。去渣，取汁，代茶频饮。每日 1 剂。

［功能］养肝降浊。

［益宜］解酒毒，降血脂。

蛤蚧冬虫散

［配制］蛤蚧 1 对，去头足，焙干研粉；冬虫夏草 15g，贝母 30g，黄精 30g，陈皮 15g 各治净研粉，和匀装瓶储。每服 5g，以蜂蜜或白糖调。日 2～3 次。

［功能］益肺补肾，健脾理气，纳气平喘。

［益宜］肺肾两虚，咳喘泡沫痰，久咳不愈等。

蛤士蟆油蒸白木耳(蛤士蟆油为蛙科动物中国林蛙或黑龙江林蛙雌性的干燥输卵管)

［配制］蛤士蟆油、白木耳各适量，蒸服。

［功能］润肺止血。

［益宜］肺痨吐血。

功劳叶夏枯草黄连茶

［配制］十大功劳叶(鲜)150g，夏枯草 30g，黄连 5g。前 1 味捣，绞汁，渣与后 2 味同煎，2 次，各取汁后，合汁，分次代茶饮。

［功能］清热除痨。

［益宜］各类结核病患者，尤佳。

勾儿茶炖猪蹄(勾儿茶为鼠李科植物牛鼻拳的根)

[配制] 勾儿茶60～90g,炖猪蹄1个或鸡蛋2只吃。
[功能] 祛风湿,活血通络。
[益宜] 风湿关节痛,腰痛。

钩藤根酒、膳

[配制] ①钩藤根120g,五加根皮、枫荷根60g,水煎去渣,同老鸭1只炖服;②钩藤根240g,浸烧酒适量,1日后,分2服;③钩藤根45g,水煎去渣,汁同鸡1只,炖服。
[功能] 舒筋活络,清热消肿。
[益宜] ①半身不遂;②关节痛风;③妊娠水肿。

狗脊炖狗肉 药膳

[配制] 狗脊、金樱子各15g,狗肉300g。狗肉切块,狗脊切片状,加金樱子煮炖。熟烂加适量姜、盐调味品,服食。
[功能] 补肾止遗。
[益宜] 肾虚之遗尿、遗精、小便频数等。

枸骨茶

[配制] 枸骨嫩叶30g,烘干,开水泡,当茶饮。
[功能] 益肾,养气血。
[益宜] 肺痨咳嗽,失血等。枸杞麦冬蛋丁
[配制] 枸杞子30g,洗净,沸水稍烫;麦冬、洗净,煮熟,切碎末;鸡蛋5只,打碗中,加稍许精盐调匀,蒸熟,冷后切丁;猪瘦肉30g,洗,切丁;花生仁30g,炒煎脆。武火烧油锅热,炒肉丁熟,投蛋丁、杞子、麦冬翻炒均匀,加少量精盐,湿淀粉勾芡后停火。酌放味精,花生仁撒匀。佐餐。
[功能] 滋阴养血,保肝健身。
[益宜] 慢性肝炎,早期硬化。肝阴亏虚之有胁隐痛、头晕痛、低热、易怒、大便干结等。亦养生健体。

枸杞叶炒猪心

[配制] 枸杞叶150～200g,猪心1个,各洗净,猪心切片,共炒熟,加盐调味食。
[功能] 除烦益智,养血宁心。
[益宜] 神经衰弱、癫痫、癔症、精神分裂症之心血不足者。

谷精草煲羊肝

[配制] 谷精草30g,羊肝150g。羊肝洗净切片,谷精草洗净切细,纱布包好,与羊肝入锅,加水煨汤,熟去药袋,稍调味服。
[功能] 祛风散热,益血补肝,明目退翳。

［益宜］肝血不足之夜盲症、视力减退、小儿角膜软化症、风热赤眼等。

骨碎补鹿角霜粉

［配制］骨碎补 200g，鹿角霜 100g，共为细末，每 6g 黄酒送，日 2 次。

［功能］补肾温阳，强筋健骨。

［益宜］老年性关节炎

固肾止渴饮

［配制］黄芪、山萸肉各 20g，生地、山药各 30g，生猪胰适量。先将猪胰脏干燥，研粉。前 4 味煎汤 3 次，分 3 次饮，每饮送服猪胰末 10g。

［功能］益气滋阴，固肾止渴。

［益宜］消渴病。

罐焖仔鸡

［配制］雄仔鸡 1 只（约 750g），洗净，清水浸 2 小时，捞起切块，热油稍炸入蒸罐；当归、鸡血藤各 20g，桃仁、桂枝各 10g，生麻黄 3g，共盛纱布袋，扎口，投罐内，加生姜、葱白各 10g，绍酒、面酱各 25g，花椒 3g，兑进老汤及适量水，上屉蒸 1 小时，取出鸡汤入炒勺内，鸡肉扣于盘中，弃药袋、葱、姜块。炒勺起火烧沸，湿淀粉勾芡匀，浇入鸡盘内。

［功能］温阳散寒，活血通络。

［益宜］阳虚寒凝之脱疽（血栓闭塞性脉管炎）。饮酒可少饮白酒，助药膳之力。

归参鳝鱼

［配制］鳝鱼 500g，当归、党参各 15g，调料适量。鳝鱼去头、骨、内脏，洗净切丝；当归、党参入纱布袋，扎口与鳝丝置锅内，加清水适量，武火烧沸，去浮沫，加黄酒，转文火熬 1 小时，去药袋，加盐、味精。食鱼饮汤。

［益宜］久病体弱，气血不足之疲倦乏力，面黄消瘦等。

龟板胶

［配制］①龟胶 30g，肉桂 15g，白术 60g（土拌炒），分 5 剂，煎服；②龟胶 9g，酒溶化，每日清晨调服。

［功能］滋阴补肾，化湿止淋。

［益宜］①寒热久发，疟疾不止；②妇人淋带赤白不止。

桂圆红枣三米粥

［配制］桂圆肉、红枣、薏苡仁各 15g，紫米 180g，糯米 240g，白糖 90g，玫瑰糖、红绿丝各 9g，红糖适量。3 米常法煮粥，待米粒开花时，加桂圆、红糖、红枣煮熟稠，分盛数碗。再取玫瑰糖、白糖、红绿丝拌匀，撒粥面上。随意食。

［功能］补益气血，和中健脾，抗癌。

［益宜］肿瘤病人之食欲不振、消瘦乏力、面色无华等，为放、化疗病人之膳食佳。

桂圆灵芝饮

［配制］桂圆肉 10g，紫灵芝 15g。2 品水煎，每日 1 剂，上、下午各服 1 次，连续 15 日以上。

［功能］补益心神，养血安神，抗癌。

［益宜］肿瘤患者心血虚之失眠、健忘、惊悸、盗汗，脾胃虚弱之久泄不止，食欲欠佳等。

桂枝酒

［配制］桂枝、茯苓各 40g，川芎、独活、炙甘草、牛膝、山药、制附子、杜仲、陆英根，炮姜、闹洋花各 30g，防风、白术各 35g，茵芋 20g(原方有天雄、猪椒根皮)。诸药研碎，放酒坛内，加酒 2 500ml，密封 7 天启封滤渣。每日睡前饮酒 5～10ml。

［功能］寒湿痹着经脉，四肢拘挛抽搐、肌肉疼痛、关节不利、口噤或口眼歪斜、言语不清等。孕妇忌。

锅巴莲肉散

［配制］锅焦 120g(为末)，莲肉 120g(去心、研末)，共调白糖 120g，密储，勿受潮。每服 3～5 匙，日 3 服。食远下。

［功能］消食、止泻。

［益宜］老弱脾虚久泻不愈。

海参白芨散

［配制］海参 250g，白芨 150g，各焙干，龟板 60g(炙酥)，3 味共研细末。每服 15g，日 3 服，温米酒调下。

［功能］滋阴补血，摄血止血。

［益宜］阴虚咯血，吐血，崩漏下血等。

海参木耳炖猪大肠

［配制］海参 100g，猪大肠 150g，木耳 150g，盐适量。海参切；猪大肠反复洗净，切段；木耳洗净，去带。3 物同放锅内，加水适量，小火煨至猪大肠熟透，调入少量盐，佐餐，每日 1 次，间断常食。

［功能］滋阴润肠。

［益宜］老年血虚津亏，肠燥便秘，习惯性便秘等。

海带猴头菇汤

［配制］熟地 15g，当归 12g，桃仁 9g，红花 6g，海带 20g，猴头菇 30g，调料适量。前 4 味煎去渣，汁入海带，猴头菇煮熟，作料调味。食菇、海带、饮汤。日 1 剂，连服 20～30日。

［功能］滋阴养血，散结行瘀。

[益宜] 食管癌属阴虚血瘀者，见噎膈不通，体瘦，舌燥，便结等。

海松子药膳

[配制] ①松子仁 240g，麦门冬（不去心）300g，金樱子 240g，枸杞子 240g。熬膏，少加炼蜜收。每早、晚白汤调服几茶匙；②松子仁 30g，胡桃仁 60g，研膏，和熟蜜 15g 收之。每服 6g，食后沸汤冲服；③松子同米煮粥食。

[功能] 养津，熄风，润肺，滑肠。

[益宜] ①风痹寒气，虚羸少气，五脏劳伤，咳嗽吐痰，骨蒸盗汗，心神恍惚，饮食不香，遗精滑泄；②肺燥咳嗽；③润心肺。

海桐皮地黄汤

[配制] 海桐皮、薏苡仁各 60g，生地黄 300g，牛膝、川芎、羌活、地骨皮、五加皮各 30g，甘草 15g。诸药制净，切细，盛纱布袋内，泡好酒 3 000ml，浸时冬 27 天，夏 17 天。每饮 15ml，每日早、中、晚各 1 次。酌酒量令醺醺。禁毒食。

[功能] 养肾、祛风、通经、活络、止痛。

[益宜] 腰膝痛不可忍。

蔊菜玉米须饮

[配制] 蔊菜、玉米须各 60g，各洗净，合水煎取汁，分 2～3 次服，或代茶饮。

[功能] 清热利胆，利尿。

[益宜] 湿热黄疸，小便不利等。

旱莲车煎汁饮

[配制] 旱莲草、车前子各等份，捣煎汁服。另方旱莲草为末、米饮服 6g。

[功能] 清热凉血；另方：清肠止血。

[益宜] 小便下血。另方：脏毒下血。

合欢花蒸猪肝

[配制] 鲜合欢花 20g，或干品 10g，入碗加水浸泡，新鲜猪肝 150g，去膜，洗净，切片，加盐少许，放入合欢花，隔水蒸熟，调味。佐餐。

[功能] 养肝明目。

[益宜] 夜盲症。

何首乌酒

[配制] 何首乌 120g，当归身、当归尾、炙穿山甲、生地黄、熟地黄、蛤蟆各 30g，侧柏叶、松针、五加皮、制川乌各 12g。诸药研粗，盛袋扎口，入坛浸黄酒 20 斤，封口，隔水煮 2 小时，埋 7 日后取酒，时时饮用，令醺醺作汗，避风。

[功能] 祛风益肤。

[益宜] 大麻风。

荷蒂汤

［配制］鲜荷蒂去茎5个，冰糖少许。荷叶洗净，剪碎，加水适量煮1小时，取汤，酌加冰糖，温服。日2～3次。

［功能］清热凉热。

［益宜］血热便血、尿血。

荷叶蒂散

［配制］荷叶蒂7个，烧存性，为末，黄酒调下。

［功能］止血，清暑去湿。

［益宜］小便出血和乳癌破溃。

荷叶散

［配制］①败荷叶烧存性，研末。每用6g，米饮调下，日3服；②荷叶烧研，每服6g；红痢用蜜；白痢用砂糖下；③贴水荷叶，焙，研，酒服6g，并以荷叶盛末坐之。

［功能］清暑利湿，升发清阳，止血。

［益宜］①阳水浮肿，吐血不止，吐血咯血；②下痢赤白；③脱肛。

荷叶饮

［配制］鲜荷叶2张，红糖30g。荷叶洗净，切与红糖入锅加清水煮沸后，文火煎30分钟。取汁凉，任意饮。

［功能］止血安神。

［益宜］血热妄行之吐、衄血、尿血等。

核桃炖蚕蛹

［配制］核桃肉100～150g，蚕蛹（略炒过）50g，同放入炖盅内，隔水炖熟。随意食。隔日1剂。

［功能］补脾益肾。

［益宜］阳痿、滑精、小儿疳积、胃下垂等。

鹤虱饮

［配制］鹤虱15g，研细末，米汤调服。日1次，连服3日。

［功能］杀虫。

［益宜］蛔虫症、蛲虫症。

黑豆酒

［配制］黑豆100g（炒黑），白花蛇20g（酒浸，炙微黄），大麻仁200g（蒸熟），五加皮（锉）、苍耳子（炒微黄）各20g，牛蒡子100g（酥炒微黄）。诸药共捣粗末，纱布袋盛，浸好酒3 000ml，封口7日方开瓶。每食前饮1中斛。

［功能］祛风利水。

［益宜］风肿无间冷痛。

黑豆鲤鱼汤

［配制］黑豆 30g(洗,浸泡 3 小时),鲤鱼 1 条(约 250g,去鳞、腮、内脏、洗净),生姜 1 片。鱼入热油中略煎,投豆、姜加水,武火煮沸,文火煮至黑豆稔,调味随量食。

［功能］补肾利水。

［益宜］肾病水肿,以下半身肿为多,小便不利,口干,面色皖白。

黑豆蛇肉羹

［配制］黑豆 90g,蛇 1 条(不论有无毒,去头、皮、内脏,蛇胆另服),生姜、红枣少许。各洗净,枣去核,蛇肉切断,同放瓦锅,加水适量,文火煮 2 小时,调味随量食。

［功能］养血祛风,通络除湿,

［益宜］类风湿关节炎、风湿性坐骨神经痛、肢节挛痛、麻木不仁、心悸等。

黑色二豆汤

［配制］野黑豆 30g,黑色豇豆 30g。两豆洗净,文火煲汤,入盐少许,分 1～2 次服(晚上乘热空腹服)。

［功能］补肾生精,养肝明目。

［益宜］糖尿病属肝肾亏损,症见视物模糊、视力下降、头晕耳鸣、腰酸无力、夜尿频数、形体消瘦等。

黑鱼羹

［配制］大黑鱼 1 条(去鳞腮、肠杂、洗净),苍耳子适量(洗净)。后一味装满鱼腹,扎紧。锅中放苍耳叶,鱼埋叶中,加水煮熟,不用醋、盐等调味,食鱼饮汤。

［功能］镇痫定搐。

［益宜］癫狂。3～4 次可效。

黑芝麻枸杞地黄饴糖露

［配制］黑芝麻 60g,枸杞了、干地黄各 30g。后两味洗净,文火煎 1 小时后弃渣,取汁,入前 1 味,煮沸片刻,再加饴糖 30g,溶化调匀。随量食用。

［功能］益肝肾,润肤泽。

［益宜］肝肾阴虚之甲状腺功能减退、皮肤黄糙、厚多屑、毛发粗易落。

黑芝麻饴糖羹

［配制］黑芝麻粉 150g,生甘草 30g(文火煎半小时取汁),饴糖 150g,入甘草汁中烊化后加入黑芝麻粉,煮成糊状。随量食。

［功能］滋补肝肾,养血祛风。

［益宜］肝肾不足之荨麻疹.疹见环、块、片状,奇痒且反复发作。

恒山煮黄牛肉

[配制] 黄牛肉 500g，恒山 9g。同煮熟，食肉饮汁，癖必自消。

[功能] 补脾胃，消癖积。

[益宜] 腹中癖积。

红白美肤美色酒

[配制] 桃花 125g，白芷 15g，古井贡酒 500g。共浸密封 30 天。早、晚各饮 20ml，另倒酒少许于手掌，两掌对搓，待手热，按摩面部患处。

[功能] 润肤祛斑，活血通络。

[益宜] 面色晦暗，黄褐斑等。妊娠哺乳妇女忌。

红蓖麻根煮鸡蛋

[配制] 红蓖麻根 60g，黑醋 10ml，鸡蛋 2～4 个，蓖麻根洗净，水煮，取汁 200ml，趁汤热打入鸡蛋，加黑醋。日 1 次，10 天为 1 疗程。

[功能] 息风止痉。

[益宜] 痫证。

红柿粥

[配制] 红柿适量，糯米 50g，蜂蜜少许，柿子下筛取汁，和糯米煮粥，调蜂蜜。任意食。

[功能] 清热润肺，止渴。

[益宜] 热病后烦渴，干咳咯血，口疮舌烂，吐血等。

红枣红糖煮南瓜

[配制] 鲜南瓜(削皮)500g，红枣(去核)15～20 枚，红糖适量。同煮烂，适量食。

[功能] 补脾胃，敛肺气。

[益宜] 支气管哮喘，老人慢性支气管炎等。

红枣花生衣汁

[配制] 干红枣 50g，带衣花生米 100g，红糖少许。花生米洗，温水浸泡 30 分钟，取衣备用；枣洗后温水发；两品入锅，倒入浸花生米的水，加适量清水，煮 30 分钟，捞出花生衣，加红糖。日 3 次，吃枣饮汁。

[功能] 补血、润肺、健脾。

[益宜] 贫血，肺结核出血等。

猴头菇焖鸡肉

[配制] 鸡肉 90g(洗净、切块)，鲜猴头菇 30g(温水浸软，洗净，切片)，豆腐 4 块(切)，绿豆粉丝 30g，起油锅下鸡肉炒香，加猴头菇、豆腐，适量清水、文火焖 1 小时，再入绿豆粉丝，稍焖，调味，随量食。

［功能］益脾胃，助消化。

［益宜］溃疡性结肠炎症见纳呆、食积、便溏、神疲等脾胃虚弱者。

胡桃肉茶叶饮

［配制］雨前茶 9g，胡桃肉 15g，川芎 1.5g，寒多加胡椒 0.9g。疟发前，入茶壶内以滚水冲泡，乘热频服之，直到临发时，不可住。

［功能］截疟。

［益宜］三阴疟。

胡桃益智山药汤

［配制］胡桃肉 15g，益智仁 12～15g，怀山药 15～20g。水煎。饮汤食桃肉、山药。日分 2 服。

［功能］补肾缩尿。

［益宜］肾气不足之小便频数、夜尿多等。

瓠子汤

［配制］羊肉 500g，草果 5 个，瓠子 6 个去瓤、皮，白面 100g，生姜、葱、盐、合拌；再将面做成面条，用肉汤煮熟后，放入草果汁，姜、葱末，盐、醋与瓠子、熟肉合调食。佐餐。

［功能］止渴利尿。

［益宜］水饮停滞，津液不能上润之口渴，小便不利等。

花生赤豆红枣羹

［配制］连衣花生米、赤小豆、红枣各 90g。煮汤。一日数次饮用。

［功能］补益气血，利水。

［益宜］贫血、脚踝肿（脚气）等。

花生大枣膏

［配制］连衣花生仁 15g，大枣（去核）30g。大枣洗净，加清水 500ml，煎 20 分钟，取出大枣与花生仁捣泥膏。每日 1 剂，大枣汤送服。

［功能］健脾养心，补血止血。

［益宜］贫血、血小板减少紫癜、过敏性紫癜、子宫出血、肝病出血等。

华佗醋蒜

［配制］大蒜头 1 000g，米醋 2 000g。醋入净器中，蒜头洗净，晾干，入器蒜中，盖上盖，浸泡月余。单食或佐餐。

［功能］驱蛔虫等肠道寄生虫。

［益宜］蛔虫及肠道寄生虫等病。

滑石红糖茶

［配制］滑石 12g(布包)煎 40 分钟，弃渣取汁，入红糖 10g，代茶饮，日 1 剂。
［功能］清利湿。
［益宜］湿热发黄，之面目皮肤皆黄，黄色鲜明、发热口渴、小便黄赤、右胁疼痛等。

滑石瞿麦米粥

［配制］滑石 30g(研极细末)，瞿麦 50g(煎取汁，去渣)，粳米 50g(淘洗净)，葱白 4 茎(洗切)，盐少许。粳米入药汁中煮粥，将熟加葱、盐、入滑石末，稍煮至稠合。日 3 服。另方：无瞿麦。
［功能］清热利湿。
［益宜］产后小便不利、淋漓涩痛等。另方：热病烦热口渴。

槐花大肠汤

［配制］猪大肠 1 条，去肥油，翻以盐腌，清水洗净，槐花 30g，金银花 30g，各洗净，纳大肠内，线扎两端，入锅武火煮沸，改文火煮 1～2 小时，调味即可。随量食饮。又方：无银花。
［功能］清肠止泻。又方曰：清热凉血止血。
［益宜］急性肠炎、痔疮出血，腹痛泄泻等。又方：大肠湿热、痔疮肛裂等。

槐花糕

［配制］鲜槐花 100g，清水洗净，沥干，玄参 20g，鲜茅根 30g，两味水煎，提取药汁 2 次，玉米面 1 000g，白糖适量。以药汁和玉米面，加槐花白糖，拌匀后摊蒸屉上，蒸成发糕。做主食。
［功能］补中健胃，凉血化斑。
［益宜］血分热盛之皮肤发斑，色鲜红、伴咽喉疼痛、大便干结等。

槐花米煲牛脾

［配制］槐花米 15g，牛脾 200～250g。牛脾治净，切与槐花米同煲汤，不加盐，饮汤食牛脾。
［功能］清热利湿，凉血止血，健脾消积。
［益宜］下焦湿热之痔疮疼痛、出血等。

槐花芝麻肉饼

［配制］鲜嫩槐花 500g，洗净、沥水、剁碎末，干淀粉 250g，豆腐 150g，猪肉 100g，洗净，剁泥，熟芝麻、鸡蛋各佐料适量。槐花、肉末放入盆内加入葱、姜末、味精、精盐、鸡蛋、干淀粉调成馅。芝麻洗净，炒熟装盘，将制好槐花馅挤成丸子，粘上一层熟芝麻，按成圆饼。炒锅烧热，注花生油，油至六成热时，逐个炸饼呈金黄色，沥油，盛盘。

［功能］凉血止血。
［益宜］热伤脉络之便血、尿血等。为痔疮、肛裂者保健食品。

槐菊茶

［配制］槐花、菊花、绿茶各 3g，沸水冲泡，代茶频饮。
［功能］清肝泻火。
［益宜］肝火炎上之耳聋、耳痛等。可为慢性中耳炎者辅助疗茶。

槐军散煨鸡蛋

［配制］黑槐子末、大黄末各 2g(混匀)，鸡蛋 2 枚(每枚蛋一端均打一孔，灌入 2 味药末，搅匀，用白面糊口，蒸熟。每 1 服，连服 4 次停 2 日续服，以愈为益。多饮开水。
［功能］凉血止血。
［益宜］血淋。

槐枝酒

［配制］槐枝叶(细研)1 400g，槐子仁(捣碎)140g，苍耳茎叶(细铿)700g。3 味入釜中加水 7 000ml，煮取 3 500ml，去滓澄清，入糯米 3 500g，蒸令熟。稍冷拌和酒曲末 300g，入瓮，盖覆。候酒熟。任性温服，常令似醉，久服神效。
［功能］清肠止血。
［益宜］痔疾数年不瘥。

环草猪心、肺煲(环草别名：小石斛，小金钗)

［配制］生环草 30g，同猪心、肺煲服。
［功能］养阴清热。
［益宜］痰伤咯血。

黄雌鸡

［配制］黄母鸡 1 只，治净，草果 6g，赤小豆 30g，食盐、味精、生姜、葱适量。将草果、赤小豆洗净，与鸡同置砂锅内，加水适量，配以适量姜、葱、食盐，武火烧沸，文火炖鸡肉、赤小豆熟烂，调味精。
［功能］利水消肿。
［益宜］阳气不足，气不化水之面肢浮肿等。

黄独零余子酒

［配制］黄独干珠芽 300g，切片，62 度白酒 3 000g，共盛小陶罐内，石膏封，糠火慢烧或隔水蒸 2 小时，稍冷放凉水中浸 7 天 7 夜，过滤，成人每服 50ml，少量频饮，以不醉为度。
［功能］化痰消结。
［益宜］食管癌、子宫癌、直肠癌。

黄果茄炖猪腰或鸭蛋(黄果茄为茄科植物黄果茄的根、果实及种子)

[配制] 黄果茄根7株，马鞭草根5株，灯笼草根7株，合猪腰子炖服，或与青壳鸭蛋炖服亦可。

[功能] 化瘀、消肿，止痛。

[益宜] 睾丸炎。

黄果茄根炖鸡

[配制] 鲜黄茄根60～90g，炖母鸡吃。

[功能] 活血，化瘀，止痛。

[益宜] 风湿性关节炎，手足麻木。

黄花马齿苋饮

[配制] 黄花菜、马齿苋各30g，洗净，入锅加水煎取汁。随意饮。

[功能] 清热，解毒，明目。

[益宜] 肝火上炎之头胀痛，两目红赤肿痛等。

黄花母草炖肉(黄花母为锦葵科植物白背黄花稔的全草)

[配制] 鲜黄花母全草60g，合猪瘦肉炖服。

[功能] 活血止血。

[益宜] 劳力过度吐血。

黄精山药炖鸡

[配制] 黄精15～30g，山药100～200g，鸡1只。鸡洗净，切块与前2品同入盆中，隔水炖熟，调味服食。隔日1剂，连服数剂。

[功能] 补益肝肾，滋阴潜阳。

[益宜] 更年期综合征之肝肾阴亏，阵发性潮红，五心烦热，头晕多汗，失眠等。

黄焖参术羊肝

[配制] 羊肝500g，洗净沸水烫，切长条，用竹签在长条划一个口；水发兰片50g，切；水发冬菇50g，切片，沸水烫；苍术、玄参各10g，洗煎浓汁；余各配佐料适量。炒锅置中火上，下猪油50g，六七成热，入白糖35g，炒至变色，入清汤、酱油、葱、椒泥、姜、玉兰片、冬菇翻炒几下，盛碗内。锅中制油炒甜面酱出香味，加羊肝、药汁、清汤、烧酒、冬菇、兰片，煨汤至1/3时，拣去葱、姜，盛碗。佐餐。

[功能] 补肝、明目、健脾。

[益宜] 肝血不足之夜盲、青盲等。

黄藤酒

[配制] 雷公藤130g，黄芪100g，全虫6g，蜈蚣3条。藤、芪洗净，切薄片与2虫同浸50

度左右白酒 1 000ml。搅动后密封 20 天，过滤，澄清每喝 5～15ml，1 日 3 次。饭后 30 分钟服，儿童老人酌减。

[功能] 消肿、止痛，降低血脂、C-反应蛋白。

[益宜] 类风湿性关节炎各期者。

[致验] 服用者 55 人，愈 17 人，显效 21 人，有效 13 人，无效 4 人，总有效率 92.73%。血脂、C-反应蛋白分别由服用前 $78.65\pm9.23mm.h^{-1}$，$32.24\pm4.32mg.L^{-1}$ 降到服用后的 $30.23\pm5.26h^{-1}$ 和 $11.18\pm3.23L^{-1}$。

茴香喜蛋

[配制] 喜蛋 1 只（孵化小鸡未出壳的完整蛋），小茴香 3g，黄酒 20ml。喜蛋置火焙焦后同小茴香研末，以黄酒冲服，服后取汗。

[功能] 温肾散寒，行气止痛。

[益宜] 寒疝，见腹痛绕脐、腹坚硬如石、痛引睾丸、痛作则汗出等。

茴香羊肉

[配制] 茴香子 5g，羊瘦肉 200g，胡萝卜片 90g，蛋清 30g，各样佐料适量。茴香研末羊肉洗，切柳叶片，入碗加精盐、味精、香油各 1g，腌渍一下加蛋清和干淀粉 5g 浆好。另碗兑白糖、茴香末、精盐、味精和水淀粉滋汁，炒勺放火上加油 500g，油四成熟时滑浆好之羊肉片开，再放入胡萝卜片，起炒锅倒漏勺内，并留油 5g，煸葱、姜末香倾滑好的羊肉、胡萝卜片，翻炒几下，烹滋汁，炒匀，淋香，出锅。佐餐。

[功能] 散寒理气止痛。

[益宜] 寒凝肝脉之少腹睾丸引作痛，肢冷面青等。

火炭母草根炖肉（火炭母草根为蓼科植物火炭母的根）

[配制] 鲜火炭母根 60g。合猪肉炖熟，加酒再炖十多分钟服。

[功能] 活血化瘀。

[益宜] 跌打损伤。

火腿香菇蒸冬瓜

[配制] 火腿 60g，干蘑菇 15g，冬瓜 500g，黄酒、葱白、细盐各适量。火腿洗净，切成长薄片，干蘑菇洗净，滤干，用瓷盆一只，码好冬瓜片，撒细盐少许（宜淡），火腿排放其上，四周放上蘑菇，淋黄酒一匙，撒上葱白，用旺火隔水蒸 1 小时，离火。

[功能] 补脾开胃，益肝利水，滋阴养肾，生津止渴。

[益宜] 肝硬化等病。对肝病有辅助疗效及预防癌变的作用。

藿香菖蒲鸡肉汤

[配制] 鸡肉 90g，藿香（鲜品）15g，石菖蒲 6g，砂仁 6g，生姜、红枣少许。诸品各洗净，鸡肉切，枣去核。全料入砂锅，武火煮沸后，文火煮半小时，调味，随量食。

[功能] 芳香化浊，宣通鼻窍。

［益宜］过敏性鼻炎属浊壅滞鼻窍者，症见鼻流浊涕，色白味腥，头痛等。

鸡肠莲脂苦参散

［配制］雄黄鸡肠4具（洗净，炙黄），黄连、肉苁蓉（酒洗）、赤石脂（另研）、白石脂（另研）、苦参各150g。为细末。每服6g，饭前米酒送下。日3次（昼2夜1）。

［功能］补虚利湿，固元。

［益宜］膀胱虚热，小便不禁。

鸡肠散

［配制］鸡肠1具，龙骨、牡蛎、茯苓各10g，肉桂6g，桑螵蛸30g。鸡肠洗净，焙干研细末，余5味洗净，烘干，共研细末，与鸡肠末合匀。每服6g，早、晚各1次，白开水冲下。

［功能］温下元，固小便。

［益宜］肾虚致遗尿。

鸡肠山药散

［配制］鸡肠1具，山药15g。鸡肠用盐或醋洗净，焙干研末；淮山药炒微黄，研末。2末混匀。早晚空腹服，日1剂，连服3～4剂。

［功能］补脾肾，固下焦。

［益宜］脾肾两虚之小便频数，遗精，尿浊等。

鸡肝狗肝菜汤

［配制］鸡肝、狗肝菜各30g。清水300ml，煮狗肝菜去渣取汁，入鸡肝煮成汤，加少许食盐。每日3次。

［功能］补肝养血明目。

［益宜］小儿疳眼，羞怕明日眼闭，隐涩多泪等。

鸡肝黄芪汤

［配制］鸡肝60g，黄芪30g。清水300ml，煮黄芪，去渣，加入鸡肝煮汤，加食盐、花生油少许。每日3次，内服。

［益宜］气血不足之青风内障，头目疼痛，眩晕，目视昏蒙等。

鸡谷草炖瘦肉

［配制］鸡骨草全草60～90（儿童30～60g），瘦猪肉60g，加水1 000ml，同煎。沸后文火煎至300ml，每日3次分服。直至痊愈。

［功能］清热解毒，舒肝散瘀。

［益宜］急性传染性肝炎。

鸡谷草瘦肉蛋汤

［配制］鸡谷草、山栀根各 30g，瘦猪肉 50g，红皮鸡蛋 1 只，白砂糖少许。猪肉切片，鸡蛋、山栀根、鸡谷草洗净，同置锅中水煮 10 分钟，取出鸡蛋去壳再放入共煮 30 分钟，加白糖续煮 30 分钟。取汤饮之，食猪肉、鸡蛋。每日 1 次。

［功能］清热利湿润，舒肝止痛。

［益宜］湿热蕴结所致的肝区隐痛、烦热、尿黄、乏力、食欲低下等。

鸡谷草田基黄煲田螺

［配制］鸡谷草、田基黄各 30g，田螺 300g。田螺清水养 1～2 天，除去泥，切去田螺尾部少许，与前 2 味共煲汤，每日 2 次内服。

［功能］清热解毒。

［益宜］膀胱湿热致小便刺痛等。早期肝硬化者可常食之。

鸡冠花猪肺汤

［配制］白鸡冠花 20g，猪肺 1 具。猪肺冲洗（不可灌洗）切块，与鸡冠花共加水炖 1 小时。饭后服，日 2 次。

［功能］补肺止咳，凉血止血。

［益宜］肺虚久咳不愈，咯血不止等。

鸡血藤膏

［配制］鸡血藤 2 400g，冰糖 1200g。鸡血藤水煎 3～4 次，取汁，浓缩，加冰糖熬稠膏，每服 30g，温开水冲服。

［功能］养血和血。

［益宜］血不养筋，筋骨酸痛，手足麻木，月经衰少。

蕺菜山楂汤

［配制］鱼腥草（蕺菜）60g，山楂 6g。共水煎服。

［功能］清热止痢，健胃消食。

［益宜］赤白痢疾。

鲫鱼冬瓜皮苡米汤

［配制］鲫鱼一尾，去腮、鳞、内脏洗净，与冬瓜皮 60g（洗净），苡米 30g（洗）共煮汤，待瓜皮、苡米熟烂后，饮汤食鱼。

［功能］利水消肿。

［益宜］脾虚水肿，纳少便溏等。

鲫鱼黄芪汤

［配制］鲫鱼 150g，黄芪 20g，炒枳壳 9g。鲫鱼去腮、鳞、内脏，洗净；后两味先煎煮 30 分

钟下鱼，加姜、盐调味，共煮鱼熟，取汤饮之。

［功能］补气升陷。

［益宜］气虚下陷之气短、乏力、脱肛、子宫脱垂、胃下垂等。

加减古方五汁饮

［配制］蜜柑 2 个（去皮、子），鲜藕（去节）120g，荸荠（去皮）20 个，青果（去核）20 个，生姜（去皮）1 薄片。共捣如泥，用布拧汁，随意饮汁。

［功能］清肺利咽，开胃止呕。

［益宜］咽肿目赤，烦渴咳嗽，纳呆欲呕者。

加味青鸭羹

［配制］青头鸭 1 只，党参 30，黄芪 20g，升麻、柴胡各 15g。鸭治净，诸药捣碎布包纳鸭腹内，加水煮至鸭熟，调味。空腹服食。

［功能］补中益脾，升阳利水。

［益宜］前列腺肥大属中气下陷者，小便困难，小腹坠胀、时欲小便而不得出，神疲懒言、胃纳不佳等。

加味猪腰子汤

［配制］磁石、牡蛎、生地黄各 12g，白术、白芍药、人参各 3g，玄参 6g，甘草 1.5g，猪肾 2 枚。前八味共煎取汁，入治净之猪腰片，烧汤，调味，分服。

［功能］补气益肝肾，定志安神。

［益宜］肾火，口燥咽干，面红耳赤，耳流脓血，不闻人声。

健美减肥茶

［配制］花茶 500g，生山楂片、赤小豆、草决明、藿香、生麦芽、陈皮、茯苓、泽泻、神曲、莱菔子各 10g，夏枯草 6g。将生山楂后共 11 味加水煮煎 2 次，取其汁文火浓缩至黏稠，茶叶置瓷盘摊开，均洒药汁，不停翻动，至茶叶匀粘药汁、晾茶叶干，收储。每饮取茶叶 5～10g。开水沏泡，每日 1 剂。益久服。

［功能］疏肝理气，养脾益胃。

［益宜］血脂过高之肥胖症，高血压，健美减肥降血脂。

健脾温肾补血养生丸

［配制］鹿茸 8g，鹿角胶，何首乌、丹参、阿胶、桂圆肉、黄精、仙鹤草、冬虫夏草各 60g，巴戟天、天冬各 30g，鸡血藤、熟地、紫河车、菟丝子各 90g，春砂仁 15g。诸药共研为细末，炼蜜为丸，每丸 9g，日服 2～3 次。亦可储散、每用药末 9g，调和温开水送下。

［功能］补气血，健脾温肾，养五脏和血舒经。

［益宜］再生障碍性贫血。症见面色无华，眩晕，心悸神疲，少气无力等。

姜茶乌梅饮

[配制] 生姜 10g，乌梅肉 30g，绿茶 5g，红糖适量。姜切丝与余三品置茶杯中沸水冲泡。趁热顿服，日 3 次。

[功能] 涩肠止痢。

[益宜] 细菌性痢疾和阿米巴痢疾。

姜葱米枣陈皮茶

[配制] 生姜 25g，粳米 50g，葱白 3～5 茎，枣 3～5 枚，陈皮 10～15g。姜洗净，拍碎，与粳米、陈皮同炒至米香，加水 600ml，入枣子（洗，擘），同煎沸后，文火煮 15 分钟，入葱白（洗净）2～3 分钟，取汁饮。

[功能] 健脾养胃，解表理气。

[益宜] 感冒初起和病后纳差、嗳气等

姜皮酒

[配制] 生姜皮（不拘多少），作屑末，取适量和酒服。

[功能] 温阳行水。

[益宜] 偏风（歪）。

僵蚕糖藕

[配制] 藕 500g，僵蚕 7 个，红糖 120g，藕洗净，切厚片，与僵蚕、红糖加水煎煮。吃藕饮汤。日 1 剂，连用数天。

[功能] 补血止血。

[益宜] 痔疮便后反复大出血，日久不止等。

降糖茶

[配制] 老茶树叶（需 30 年以上老茶树叶）10g。研粗末，沸水沏，代茶饮。每日 1 剂。将叶嚼咽更优。连续 15～30 天。

[功能] 降血，利湿浊。

[益宜] 糖尿病及前期糖尿病者。

椒附酒

[配制] 蜀椒（去目并闭口者）、附子（去皮脐）、生干地黄（焙）、当归、牛膝（去苗）、细辛（去苗叶）、薏苡仁、酸枣仁、麻黄（去根节）、杜仲（去粗）、萆薢、原蚕砂、羌活（去芦头）各 40g，研粗末，用好酒 14 000ml，浸 5 日。不拘时，温饮 1 盏，常觉醺醺为妙。

[功能] 祛风通络，强筋壮骨。

[益宜] 中风引起的半身不遂或言语微涩、口眼歪斜、举动艰辛等。

解酒毒汤

［配制］柑子皮(洗焙干)80g,捣细罗散,每炒 12g,以水 1 中盏,煎 3～5 沸,入少许盐花,如茶旋呷,未效更服。

［功能］清解酒毒。

［益宜］饮酒后醉昏、闷、烦、满。

金刚刺炖猪肉(金刚刺为百合科植物短梗菝的根茎)

［配制］金刚刺 20～60g,炖猪肉吃。

［功能］解毒、活血、消结。

［益宜］颈淋巴结核。

金莲花石斛茶

［配制］金莲花 9g,石斛 12g,生甘草 6g。石斛制粗末,与另两味放入杯中,沸水冲泡,代茶。每日 1 剂量。

［功能］清热解毒,滋阴益胃。

［益宜］尿路感染,小便不利,短涩频数等。

金钱兰炖猪肉

［配制］金钱兰 30g,猪肉 120g(切勿带骨)炖熟,冲入黄酒适量。每日 1～2 次,分 2 天服完。

［功能］祛风湿,舒筋络。

［益宜］风湿及类风湿性关节炎。

金钱双花炖肉

［配制］金钱草 80g(鲜者 200g),金银花 60g(鲜品 150g),猪瘦肉 1 000g,黄酒 20ml。前 2 味洗净,纱布包同肉块下锅加水浸没,武火烧沸加黄酒,改文火炖 2 小时,弃药包。饮汤食肉,每次 1 小碗,日 2 次。过夜复煮沸,2 日内服完。

［功能］清热解毒,化石排石。

［益宜］胆囊炎,胆管炎,胆石症。

金丝桃根鸡蛋汤(金丝桃为藤黄科植物金丝桃的全草)

［配制］金丝桃根 30g,鸡蛋 2 只,共水煎,蛋熟破壳,总计煎 2 小时,吃蛋喝汤,日分 2 服。

［功能］祛风止痛。

［益宜］风湿性腰痛。

金针菜红糖饮

［配制］金针菜 30g,水煎。加红糖适量,饭前 1 小时服,连续 3～4 天。

[功能] 止血。

[益宜] 内痔出血。

荆芥馄饨

[配制] 荆芥 6g(研细末)与面粉 200g,和制馄饨皮;猪精肉 150g,鸡汤、排骨诸佐料适量,制馄饨馅,煮熟,适量食。

[功能] 发表,祛风,理血归经。

[益宜] 风伤血络之大便下血。

荆芥粥

[配制] 荆芥穗、薄荷、豆豉各 30g,洗净煎汤,去滓,入粳米同煮粥。随意服食。

[功能] 散风、理血、通络。

[益宜] 风中经络之口眼歪斜、言语蹇涩等。

九宝散

[配制] 大腹子(连皮)、肉桂、炙甘草、苏叶、杏仁(去皮芒)、桑白皮各 30g,麻苎(去根节)、炒陈皮、薄荷各 90g,为粗末,每服 3g,加乌梅 2 个,生姜 5 片,以水一大盛,童便半盏煎,食后,临睡服。

[功能] 化痰祛寒,止喘。

[益宜] 积年病喘,秋冬辄据。

菊花茯苓茶

[配制] 野菊花、土茯苓各 30g。土茯苓研粗末,与菊花同置壶中,沸水沏,代茶饮。每日 1 剂。

[功能] 清热解毒,利湿消肿。

[益宜] 丹毒。

菊花钩藤茶

[配制] 菊花、钩藤、夏枯草各 10g。水煎取汁,代茶饮。每日 1 剂量。

[功能] 疏风清热,平肝熄风。

[益宜] 肝郁化火,风阳上挠型高血压。

菊花狗肝菜汤

[配制] 菊花、狗肝菜各 30g。洗净,用清水 300ml,煮菊花,去渣再入狗肝菜煮汤。加食盐少许,日 2 次服。

[功能] 清热明目。

[益宜] 大行赤眼,见日赤肿,涩痛,害明怕热,多泪,隐涩难开等。

菊花普洱茶

[配制] 菊花 6g,山楂、普洱茶各 9g,蜂蜜适量(热饮改冰糖或麦芽糖)。前 2 味加水 2 000ml,煮沸,文火煎 20 分钟,放入普洱茶,待凉快后加入蜂蜜调味。每天饭后代茶饮用。

[功能] 解毒、消脂,化痈。

[益宜] 脾失运化之脂肪厚水饮,毒结火壅等。

橘饼龙眼肉煎

[配制] 橘饼 30g,龙眼肉 15g,冰糖 15g,水 2 碗,煎 1 碗、露一宿,温服,不露亦可。

[功能] 宽中、下气、止痢。

[益宜] 诸色痢。

橘皮醒酒汤

[配制] 陈皮 50g,檀香、葛花、精盐各 20g,绿豆花 25g,白豆蔻、人参各 10g。诸味各焙干研末,装瓶密储,服取 1 汤匙,温开水冲调服。

[功能] 解酒毒。

[益宜] 饮酒过量之酒醉不醒。

橘朴茶

[配制] 橘络、厚朴、红茶各 3g,党参 6g,共为粗末,置茶杯中,沸水冲泡,代茶饮。

[功能] 理气化痰。

[益宜] 痰阻气滞之梅核气,及慢性咽炎者。

橘味醒酒汤

[配制] 橘子罐头半瓶,莲子罐头半瓶,青梅 25g(切丁),红枣 50g,去核,洗净,白糖 300g,白醋 30g,桂花少许。全料入砂锅,加清水适量烧沸,温服。

[功能] 解酒。

[益宜] 饮酒过多引起的食欲不佳、神志昏乱、恶心呕吐等。

巨胜子酒

[配制] 巨胜子(炒)250g,薏苡仁(炒)125g,生干地黄 30g。3 味共捣,盛白布袋,浸酒 1 000ml,封口。春、夏 3～5 日,秋、冬 6～7 日后开封,去渣。每日卧前空腹温饮 1～2 小杯。另方用巨胜、苡仁各 200g,干地黄 250g,浸酒 4 000g。

[功能] 祛风除湿。

[益宜] 风湿痹痛,脚膝无力,筋挛急痛等证。

瞿麦花车前叶粥

[配制] 瞿麦花 20g,车前草 40g,各洗净,切碎,煎取汁,弃渣,入粳米 150g(淘洗净),煮

粥熟，调入食盐，味精少许，葱白末适量。随意食。

[功能] 清热利尿，清肝明目。

[益宜] 热淋之小便短赤涩痛，或频数有灼热感，或肝火亢目赤肿痛、视物不清等。

瞿麦花蒸青鱼

[配制] 瞿麦花穗15g，洗，煎汤，纱布滤汁；鲜青鱼1尾(约1 500g)，去腮、鳞、内脏，洗清血水，劈成两半，将鱼肉切5cm×3cm的长方条块；大米粉40g，各佐料适量。将已切好的鱼背、鱼肚切长方鱼块(约500g)盛入钵内，加酱油、少量药汁、精盐、胡椒粉、味精、姜末、绍酒拌匀，腌渍片刻后将鱼块两面粘上米粉，逐块摆屉，上笼蒸10分钟。大碗内抹匀猪油，把蒸好的鱼块摆入碗内，再上屉蒸10分钟，取出翻扣盘中。炒锅猪油，中火烧热，加入鸡汤100g、药汁、酱油、绍酒、醋、葱花、味精、湿淀粉勾芡，浇鱼块上，淋麻油，撒姜末、葱花，佐餐。

[功能] 清热利水，活血通经。

[益宜] 水肿、小便不利、闭经、脚气等。

决明子茶

[配制] 决明子炒微黄，每用5～10g泡，代茶饮。又方：草决明20g，沸水冲泡，加蜜调或无蜜。

[功能] 降脂，降压、通便等。

[益宜] 高脂血症、高血压、血管硬化、便秘等。

决明子苁蓉饮

[配制] 决明子、肉苁蓉各10g，蜂蜜适量。先将决明子炒熟，研末，与肉苁蓉同放茶杯中，沸水冲泡。调入蜂蜜代茶频饮。每日1剂。

[功能] 润肠通便。

[益宜] 习惯性便秘，老年性便秘。

决明子烧茄子

[配制] 草决明30g，捣碎加水适量，煎30分钟，去渣取汁浓缩至50ml待用，豆油250g，下锅烧热；茄子500g，洗，切，入热油中炸至两面黄，捞出控油，锅底留少许油，入蒜片炮后倒入炸好的茄块，再用决明汁调姜、葱、淀粉入锅翻炒匀。日2次，佐餐。

[功能] 清肝降逆，润肠通便。

[益宜] 高血压、高血脂、冠心病、及妇女更年期综合征。

决明子粥

[配制] 炒决明子12g，白菊花9g，同煎取汁，入粳米100g煮粥，熟调冰糖少许。温服。

[功能] 平肝、潜阳、降火。

[益宜] 肝火上炎目赤肿痛，肝阳上亢头晕痛，及高血压等。

开洋扒冬瓜片

［配制］冬瓜250g，开洋（虾米）25g，番茄50g，调料适量。冬瓜切片，虾米用酒、水浸发；油热爆香姜末，虾米连汁倒入，煮沸下冬瓜片，酒适量，5分钟后加精盐、味精调味，并加入切丁之番茄，着薄芡，淋上麻油。

［功能］解毒利尿。

［益宜］尿道炎，肾盂肾炎，膀胱炎等。

苦竹速溶饮

［配制］鲜苦竹叶500g（或干品250g），白糖粉250g。苦竹叶洗净，切碎，煎煮1小时，去渣取汁，小火继续浓缩到较稠黏，停火待凉后，拌入干燥的白糖粉，把药液吸净，混匀，晒干后压碎装瓶。每服以10g沸水冲饮。日2次。

［功能］生津、清热、益神。

［益宜］热病口渴，烦躁，失眠等。

葵花籽芹菜汁饮

［配制］葵花子6g，芹菜汁100ml，葵花籽研末与芹汁搅拌，睡前糖水冲服，连续一个月。

［功能］举清降浊。

［益宜］高血压、高胆固醇、动脉粥样硬化高危人群。

葵心首乌红枣汤

［配制］向日葵杆内白芯6g，何首乌15g，红枣10个，水煎服。

［功能］健脾养血，利湿化浊。

［益宜］胃癌属气血不足、湿浊内停，胃脘隐痛，食欲不振，倦怠乏力等。

葵心饮

［配制］葵心（向日葵茎中的白心）4～6g。煎汤饮。日1次。

［功能］化瘀毒，抗癌。

［益宜］胃癌。

喇嘛酒

［配制］胡桃肉、龙眼肉各80g，枸杞子、何首乌、熟地各20g，白术、当归、川芎、牛膝、杜仲、豨莶草、茯苓、丹皮各10g，砂仁、乌药各5g。盛纱布袋，入瓷瓶内，浸醇酒1250g，隔水煎浓候冷，加滴花烧酒3750ml，密封9日。随量饮。

［功能］祛风通络。

［益宜］半身不遂，风痹麻木。

榄海蜜茶

［配制］绿茶3g，橄榄、胖大海各3枚，蜂蜜1匙。橄榄入清水中煎沸片刻，冲泡绿茶、胖

大海，闷盖片刻，入蜜调匀，徐徐饮汁。

［功能］清热利咽。

［益宜］咽痛、声哑等。

鲤鱼赤小豆商陆汤

［配制］活鲤鱼1条，去鳃、鳞、洗净；赤小豆15g（洗），商陆9g（切碎），2味填入鱼腹内，用线缚住开口，置锅内水煮，鱼熟烂后饮汤。另方：鲫鱼240g，赤小豆120g，商陆3g。隔日1剂。另方：不拘时饮。

［功能］补虚利尿消肿。另方：行气利水消肿。

［益宜］水肿日久不消。另方：水肿、小便不利等。作肾炎、肝硬化腹水辅助疗。

鲤鱼冬瓜赤豆汤

［配制］鲤鱼250g，冬瓜50g，赤豆30g，水煎服。

［功能］清热利尿。

［益宜］水肿小便不利。亦可作小儿急性肾炎的辅疗膳食。

鲤鱼蒜头赤小豆

［配制］鲤鱼1条，蒜头100g，赤小豆100g，陈皮5g。各治净，入锅煮熟。佐餐食，日2次。另方：无蒜头，又方：用赤小豆30g，无蒜头、陈皮。

［功能］健脾和胃，益气利水。

［益宜］脾虚湿浊下注之脚气病（下肢水肿）。

鳢鱼汤

［配制］鳢鱼500g，泽泻、泽漆、桑白皮、紫苏、杏仁各10g。鳢鱼治净，水煎煮至鱼熟，取出。用鱼汤煎煮诸药，去渣取汁。每于食前温服1小碗。鱼可另蒸热，调味食。

［功能］利水消肿，泻肺平喘。

［益宜］肺失肃降之水肿、咳喘难以平卧，小便不利等。

栗壳汤汆肉片

［配制］栗壳50g，水煎取制，放渣，猪瘦肉100g，洗切片，入汁煮熟，调味食。每日1剂，连服20～30剂。

［功能］散结。

［益宜］瘰疬（颈淋巴结核）(1)。

连翘败毒膏

［配制］连翘、金银花、大黄各240g，桔梗、甘草、木通、防风、玄参、赤芍药、白鲜皮、黄芩、浙贝母、紫花地丁、蒲公英、栀子、白芷各180g，天花粉、蝉蜕各120g。水煎取汁，浓缩炼清膏，清膏每300g加炼蜜600g，微炼收膏，每服30g，白开水送下，日2次。

[功能] 清热解毒,消肿止痛。

[益宜] 诸疮初起,红热肿痛,无名肿毒,丹毒疮疹,疥疮癣疮,痛痒不止。

连翘归尾酒煎

[配制] 连翘 24g,归尾 9g,甘草 3g,金银花 120g,红藤 120g。用甜米酒煎服。

[功能] 泻火解毒。

[益宜] 一切无名痈毒、丹毒、流注等毒有火证。

莲肉茯苓米膏

[配制] 莲子肉、粳米(炒黄)各 200g,茯苓 100g。3 味共研细末,储,每食 5～6 匙,加砂糖、水煮糊膏食。

[功能] 健脾开胃,补胃固精。

[益宜] 肿瘤患者脾肾两虚,食欲不振,遗精尿频,白带过量等。

莲肉芡实银耳羹

[配制] 莲子、芡实各 10g,山药 15g,银耳 6g,白糖适量。前 4 味洗净入锅同熬,白糖调味。每日 1～2 剂。

[功能] 补肾固精。

[益宜] 肿瘤病人肾虚之腰膝酸软、阳痿、早泄、遗精、滑精等。

莲心栀子汤

[配制] 莲子芯 3g,栀子 9g,连翘、甘草各 6g,凉开水洗净,开水泡频饮。每日 1 剂,连服 2～3 剂。

[功能] 凉血降火。

[益宜] 心火上炎之口腔溃疡。

莲子芡实粥

[配制] 糯米 100g,空心莲子 50g,芡实 50g,白糖 15g,桂花卤 6g。前 3 品同入锅,加水煮粥,熟加白糖,桂花卤,煮沸,随意食。

[功能] 补中益气,养心安神。

[益宜] 肿瘤病人之心脾两虚之心悸怔忡、多梦、食欲不振、腹胀泄泻等。

莲子散、膳

[配制] ①老莲子(去心)60g,为末。每服 3g,陈米汤调下;②鲜莲肉 30g,黄连 15g,人参 15g。水煎浓,细细与呷;③石莲肉(连心)180g,炙甘草 30g。共研细末,每服 6g,灯芯草煎汤调下;④益智仁、龙骨(五色者)、莲肉各等份,共为细末、每服 6g,空腹清米汤调下;⑤莲实(去皮)不拘多少,用好酒浸 1 宿,入猪肚内,用水煮熟,焙干,研极细末,储。每服 10～15g。温酒调送下(米酒为好);⑥莲肉、粳米各 120g(炒),茯苓 60g,共为末,砂糖调和,每服 30g 左右,白汤送下;⑦石莲实

45g，白茯苓30g，丁香15g，共为末，不拘时，用姜汤或米汤调下，日2服。

［功能］养心、补脾肾、涩肠。

［益宜］①久痢不止；②下痢饮食不入，噤口痢者；③心经虚热；④小便白浊；⑤补虚益损；⑥病后胃弱；⑦产后胃寒咳逆，呕吐腹胀等。

莲子鲜奶露

［配制］浸大莲子300g，入沸水氽1分钟，捞倒瓦钵，加白开水250g，入屉蒸35分钟至六成熟，加白糖100g，再蒸35分钟取出；炒锅内加沸水750g，白糖350g，烧沸后下鲜奶，后下莲子，烧沸，用湿淀粉50g，勾芡，入锅，随意食。

［功能］养心安神，益肾固精，健脾止泻。

［益宜］肿瘤病人心肾不足之心悸、失眠、脾胃虚打嗝反胃、食少泄泻、崩漏带下等。

楝脂二香脬

［配制］猪脬1个，洗净，小茴香、大茴香、补骨脂、川楝子各适量等份，洗净，填入猪脬内，满，扎口，加盐、白酒少许，煮熟。取出种族个药焙干为末。每服3～6g，温酒送下，日2～3次，食脬肉。

［功能］温里散寒，理气止痛。

［益宜］寒凝肝脉之疝气坠痛。

凉血止痛饮（原名：藕花饮）

［配制］鲜藕200g，洗，切碎，榨汁，金银花15g，麦冬、鲜生地各20g，3味煎2次，共取浓汁400ml，雪梨2个，洗净，榨汁。每服取药汁150ml，兑入藕、梨汁合40ml。冷服，日2～3次。亦可用合汁冲服延胡索末3g。

［功能］清热养阴，活血止痛。

［益宜］热毒蕴结之脱疽，患肢奇痛，有烧灼感，局部肿胀，色紫黑等。

鲮鱼逐水汤

［配制］鲮鱼1条，去鳞、腮、内脏、洗净；党参18g，茯苓、薏苡仁、山药各15g，共盛纱布袋中，与鲮鱼同煮，鱼熟后去药带，加调料适量调味。食鱼饮汤。

［功能］行气、活血、利水。

［益宜］结气血裹之水聚腹水。

六一散冲豆浆

［配制］六一散6g（六一散由滑石6份、干草1份，研细末而成），豆腐浆500ml。同煮沸，加白糖适量调味。顿服。

［功能］清暑利尿。

［益宜］暑热季节小便不畅，短赤而痛等。

龙眼花生仁

[配制] 龙眼肉 10g,连衣花生米 15g。共煮。入盐适量。熟任意服食。
[功能] 补血益气。
[益宜] 贫血。

鹿藿煮豆腐(鹿藿别名:野绿豆、乌眼睛豆等,为豆科植物鹿藿的茎叶)

[配制] 鹿藿 15g,豆腐适量。加水同煮服。
[功能] 凉血解毒。
[益宜] 瘰疬。

鹿蹄根猪肉煎

[配制] 鹿蹄根 60～120g,肥猪肉 120～180g。水煎服。
[功能] 凉血、清热、解毒。
[益宜] 血热瘙痒、疥疮、湿疹。

露蜂房汁炖豆腐

[配制] 鲜豆腐 50g,白糖 20g,露蜂房 3g。蜂房水煎 30 分钟,去渣取汁,入豆腐、白糖煮 10 分钟。吃豆腐喝汤,日 2 次,连服数日。
[功能] 清热止咳。
[益宜] 百日咳痉咳期(痉咳:阵发性痉挛性咳嗽,编者注)。

绿豆海带羹

[配制] 绿豆 90g,海带 45g。2 品共煮豆烂,加冰糖适量,溶后搅匀。随意服食。
[功能] 柔经凉靴,化瘀。
[益宜] 预防高血压病、高血脂症等。

绿豆银花丹参汤

[配制] 绿豆 60g,银花,丹参各 30g。先煎银花,丹参,去渣取汁,绿豆入药汁猪熟烂。每日 2 次内服。
[功能] 清热解毒。
[益宜] 红斑性肢痛症,见两足皮肤潮红、充血、灼热、疼痛等。

罗汉果速溶饮

[配制] 罗汉果 750g,白糖 500g。罗汉果打碎,加水适量,煎煮,每 30 分钟滤煎汁 1 次,共煎 3 次。合 3 次煎液浓缩,待煎液将干锅时,停火,待冷后,拌入白糖粉,待药液吸净,混匀,晒干,压碎装瓶。每 10g,以沸水冲化饮,次数不限。
[功能] 清利咽喉。
[益宜] 上焦火盛之咽肿痛、声哑等。

萝卜橄榄饮

[配制] 萝卜 100g,橄榄 50g。煎水代茶饮。每日 1 剂,连服 5～7 剂。

[功能] 消肿理气。

[益宜] 风热侵咽发炎,恶寒发热,头痛脑胀,咽部红肿,口干灼热。

麻子仁酒

[配制] 大麻子仁适量。捣,以酒和绞取汁,温服。熬蒸益佳。

[功能] 祛风。

[益宜] 卒偏风。

马鞭草茶

[配制] 马鞭草 30g,白糖适量。马鞭草研粗末,装纱布袋,加白糖,沸水冲泡。代茶频饮。

[功能] 利胆除湿。

[益宜] 黄疸型肝炎(恢复期)。

马齿苋槟榔茶

[配制] 马齿苋、槟榔各 10g。共煎,去渣,取汁。代茶温饮。

[功能] 清热利湿。

[益宜] 湿热痢见腹痛,里急后重,下痢赤白,1 日数次或 10 余次,肛门灼热,小便短赤,舌红苔腻微黄,脉滑数者。

马齿苋蛋清饮

[配制] 鲜马齿苋 120～200g 或干品 30～50g,绿豆 50～100g,马齿苋洗净切碎与绿豆煮至豆熟。取汁 500ml,入蛋清 3 只,分 2 次温服,日 1 剂。

[功能] 清热解毒。

[益宜] 痢疾,肠炎,痈肿,疮疡等。虚寒痢及脾虚泄泻不宜。

马齿苋金针汤

[配制] 黄花菜、马齿苋各 50g,红糖 100g。前 2 味水煎取汁,调入红糖。每天 1～2 次饮服。连用数天。

[功能] 清肠祛毒。

[益宜] 疫毒痢疾。见发病急促,高热腹痛,烦躁,可见稀便,也可为血水或浓血,甚则神志不清,反复惊厥等。

马齿苋绿豆煎饮

[配制] 马齿苋 120g,绿豆 60g。各洗净,同煎取汁,代茶频饮。

［功能］清热解毒，除湿退黄。

［益宜］急、慢性肝炎患者辅疗。

马齿苋汤

［配制］马齿苋，铁苋菜，辣蓼。水煎服。

［功能］清热解毒。

［益宜］菌痢，肠炎。

马齿苋粥

［配制］马齿苋 30g，山楂肉 15g，粳米 50g。两味水煎取 3 次汁，与粳米煮粥。一日 2 次。

［功能］清热利湿，消积止痛。

［益宜］湿热痢疾，热毒血痢，湿热泄泻及湿热脚气，头面水肿，心腹胀满，小便淋涩等。虚寒下痢不宜。

马甲子根（为鼠李科植物马甲子的根）

［配制］马甲子根 30～60g，同猪肉煲服。

［功能］解毒，祛风湿。

［益宜］肠风下血。

马兰汤

［配制］鲜马兰(嫩茎叶)60～120g。洗净，水煎，取汁服。

［功能］清热，解毒，止血。

［益宜］痔疮肿痛，便血等。

马兰养肺汤(马兰为菊科植物马兰的全草。别名：鳖蜞菊，鱼鳅串，毛蜞菜，蓑衣莲等)

［配制］蓑衣莲根 120g。炖猪心肺服。

［功能］凉血，清热，解毒。

［益宜］肺结核。

马钱子药蛋

［配制］取马钱子 120g，砸碎(已形成窦道的颈淋巴结核加川黄连 30g)，用开水浸泡 1 小时，再放入鸡蛋 7 个，文火煮 1 小时，将蛋捞出，用冷水浸泡片刻，再放回原药液中浸泡 1 小时，即成。捞出放阴凉处备用。每天早晨吃药蛋 1 个，7 天为 1 个疗程。间隔 7 天，再继续下一疗程。一般 2～4 个疗程。煮蛋及泡蛋过程中蛋不能破，破则必须弃去，禁用。《疾病的食疗与验方》用马钱子 12g，制用法相同。

［功能］散血热，消肿。

［益宜］结核病，如淋巴结核、结核性腹膜炎、纤维空洞型结核等。

马蹄煲猪肚

［配制］马蹄（荸荠）150g，猪肚 200g。荸荠洗净，去皮，切片；猪肚洗净，切成小块；同煮熟。淡食或低盐服食。

［功能］健脾化积，益气消肿。

［益宜］脾虚食滞之呕恶厌食以及肝病腹水，肾病水肿等。

马蹄金冰糖饮

［配制］鲜马蹄金 30～60g，冰糖 15g，水炖服。

［功能］清热止淋。

［益宜］尿血。

马蹄蕹菜汤

［配制］鲜蕹菜 400g，马蹄（荸荠）10 枚。蕹菜洗净，马蹄去皮。水煮取汁，日 1 剂，分 2～3 次服，连用 7 天。

［功能］清热，凉血，通便，消积。

［益宜］肠热便秘，小儿口渴尿赤等。

马尾松针汤

［配制］鲜马尾松针 60g，鲜茅根、藕节各 30g，仙鹤草 15g。水煎 2 次取汁。日 1 剂，分 3 次服。连续服至症状消失 1 周以上停。

［功能］凉血止血。

［益宜］血小板减少性紫斑。

马牙半枝（为景天科植物凹叶景天的全草。又名：马牙苋，六月雪，酱板豆草等）

［配制］①六月雪同猪肉炖服；②马牙半枝做菜常食；③芝麻 1 把，核桃 1 个，石马牙苋适量。共捣烂滚酒冲服。

［功能］清热解毒，止血利湿。

［益宜］①吐血，衄血；②瘰疬；③淋疾。

麦豆炖猪肉

［配制］浮小麦 50g，黑豆 200g，新鲜瘦猪肉 250g，精盐、调料各适量。豆洗，肉切片，小麦包，共置砂锅内加水适量及盐、调料，文火炖煮 1 小时。饮汤食肉。

［功能］益气养阴，敛津止汗。

［益宜］气阴两虚所致的自汗、盗汗等。

鳗鲡山药汤

［配制］鳗鲡 500g，山药 30g，鱼去鳞及内脏，洗净，与 3 共煮至肉熟。调味，食肉喝汤。

［功能］健脾利水。

［益宜］脾虚水湿停骤之水肿、小便不利、食欲不振等。

满天星蒸公祭

［配制］白公鸡(刚开叫)1只，治净，去皮及内脏(留肝)，满天星适量洗净，填入鸡腹，至满，封好蒸熟。先食新鲜鸡血，再吃鸡肉，忌盐。

［功能］清热养肝。

［益宜］肝阴不足之胁痛、目昏、饥不欲食等。可为慢性肝炎者保健膳食。

蔓荆子酒

［配制］蔓荆子(微炒)1 000g，以酒2 000ml浸，寒7日，暑3日，去滓。任性饮之。虽聋亦瘥。

［功能］通经聪耳。

［益宜］耳聋失聪。

猫须草白兰淮萸煲猪腰

［配制］猫须草100g，白玉兰花30g(干品12g)淮山药15g，山萸肉15g，大猪腰子1只，调料适量。前4味盛纱布袋，猪腰子剖去臊腺、膜洗净，共入锅煲汤。待猪腰子熟，去药袋，调味，饮汤食腰子。

［功能］补脾肾，化浊消食，清热利尿。

［益宜］肾气虚热，湿热，小便淋沥，排除白色分泌物之前列腺肥大者。

毛冬青炖猪爪

［配制］毛冬青150g，猪蹄1只，调料适量。毛冬青洗净，猪蹄去毛洗净；2者同放锅内，入葱、姜、盐、黄酒、清水适量，沸后文火炖4小时，加味精少许调味。食肉饮汤，日内分3次服完，20天为1疗程，每疗程间隔5～7天。

［功能］活血通脉，解毒托疮。

［益宜］血栓闭塞性脉管炎。

茅根汤

［配制］白茅根、芦根、拔葜各60g，石膏45g，炒乌梅肉15g。共研粗末，每用12g，水煎服，日2～3次。

［功能］清热养阴，生津止渴。

［益宜］消渴，口干，小便数。

茅根鸭煲

［配制］鲜白茅根250g(或干品100g)，鸭1只(约1 500g)，黄酒2匙。白茅根洗净，鸭治净，去内脏(留肝)，切大块。同置砂锅中加水旺火烧开后加黄酒，文火炖2～3小时。不加盐，饮汤食鸭，日2次，3日内食完。

［功能］清热、利湿、养肝、化瘀、消水。

［益宜］肝硬化腹水初起，腹中有水气，小便不利，口干舌燥，呕恶纳差等。

鸡肫茅根汤

［配制］生鸡内金 15g，白术 20g，鲜茅根 60g。茅根、鸡内金、白术先煎汤数盅，加生姜 5 片，稍煎服，早晚各 1 次。

［功能］利水消臌。

［益宜］水鼓、气鼓并病，亦宜单腹胀、单气鼓胀，单水鼓胀。

茅根猪肉羹

［配制］鲜白茅根 150g（或干品 50g），瘦猪肉 250g，茅根切，洗净，肉切丝，同入锅，加水适量煮熟，酌加盐、佐料少许，分顿喝汤食肉。

［功能］清热、利湿、退黄。

［益宜］湿热蕴结之目黄、身黄、小便黄、胁痛纳呆等。

梅枣杏仁饼

［配制］乌梅 1 个（去核），红枣 2 个（去核），杏仁 7 个（去皮）。3 味同捣烂制小圆饼吃。顿服 1～3 个。日 1～2 次。

［功能］利毛和血，甘缓益中，安蛔止痛。

［益宜］胃气升降失调之上脘或右上腹疼痛。胆道蛔虫之绞痛及胆囊炎、胆石症亦可食。

米醋煮海带

［配制］鲜海带 120g（干者 60g），米醋适量。海带漂洗净，切丝，与醋同煮。佐餐或单食。

［功能］软坚散结。

［益宜］淋巴结核，单纯性甲状腺肿，脚气病，水肿等。

米醋煮羊血

［配制］固体羊血 200g，切小块，入米醋 1 碗，煮熟，入少许盐调味食。

［功能］化瘀止血。

［益宜］内痔出血，大便下血等。

米酒海藻

［配制］海藻 500g，洗净晾干，入米酒 2 000ml，浸泡 7 天后取出晒干，研细末。每服 15g，用浸海藻酒 50ml 送下，日 3 服。连服 30 日。

［功能］化痰散结。

［益宜］瘰疬呈半珠样，按之坚实，推之能动，无痛感(2)。

米汤冰糖慈姑糊

［配制］慈姑 4～5 个，米汤半碗，冰糖适量。慈姑去皮捣烂，加米汤、冰糖，隔水蒸熟至

糊状。日 1 次,连服数日。

[功能] 化痰止咳。

[益宜] 百日咳,肺虚咯血等。

蜜饯金橘

[配制] 金桔 500g,洗净,去核;鲜橘皮 50g,切细丝;槟榔 20g,研末;连翘、夏枯草各 20g,加水 1500ml 煮 30 分钟,去渣取汁;蜂蜜 50g。将药液注入锅内,入金橘、橘皮、槟榔共煮至金橘烂熟,入蜂蜜稍煎收汁。待冷收储。每服 10~15g。日 3 次。

[功能] 疏肝理气,清热解毒。

[益宜] 痰火,气郁之痤疮等。

蜜酒

[配制] 沙蜜 120g,糯米饭 120g,干曲 150g,熟水 1 500ml。4 物共盛瓶中,封 7 日成酒,去渣另储。每食前温饮 1 杯,日 2 次。

[功能] 祛风疗癣。

[益宜] 风疹、风癣。

蜜糖银杏花露

[配制] 二双 50g,加水 5 000ml,煎取汁,冷调入蜜 50g,日 1 剂,分 3~4 次饮。

[功能] 辛凉解表,清热解毒。

[益宜] 风热感冒之身热口渴,咽喉肿痛,咳吐黄痰等。

蘑菇炒螺肉

[配制] 螺肉 90g(选肥大田螺,养,去污泥,水略煮捞起,取肉),蘑菇 250g,洗净,削去根蒂,用开水拖过,滤干。起油锅爆煸姜丝,爆香螺肉,另起油锅,放入蘑菇,调味,烹酒,放入螺肉略炒,下葱花,用湿淀粉打芡,炒匀随量食。

[功能] 补气健脾,除湿退黄。

[益宜] 脾虚食少或急性黄疸性肝炎属湿热者,症状食少、黄疸、小便短赤等。

牡蛎大蒜面条

[配制] 大蒜 15g,剥皮,打碎,牡蛎肉 50g,洗净,共煮熟后下面条 100g,调味食。每日 1 剂。服食时间不限。

[功能] 软坚散结。

[益宜] 瘰疬(5)。

木耳扁豆散

[配制] 木耳、扁豆各等份。洗净,干燥,共研面。每服 9g,日 2 次。

[功能] 补五脏,止消渴。

[益宜] 糖尿病之口渴多饮等。

木耳当归汤

［配制］黑木耳10g，当归、白术、黄芪、甘草、陈皮、桂圆肉各3～4g。各料洗净后入器皿，加水蒸熟。饮汤，食木耳、桂圆肉。

［功能］和血补血，消瘀化结。

［益宜］子宫颈癌，阴道癌等。

木耳豆腐汤

［配制］黑木耳30g(水发)，豆腐250g。煮汤，调味服食。日1～2次，连服数天。

［功能］凉清肠解毒，凉血止痢。

［益宜］细菌菌痢之发病急促，腹痛，腹泻前有高热，头痛，烦躁，口渴，便稀，或为脓血便等。

木耳海参煨猪大肠

［配制］黑木耳30g，海参30g，猪大肠150～200g，调料适量。各料洗净，肠切小段，加清水适量同煮，以食盐、味精调味服食。

［功能］补肾益精，消散症瘕。一说：滋阴补血，润燥滑肠。

［益宜］肿瘤患者膳食。一说：血虚肠燥便秘等。

木耳红糖饮

［配制］黑木耳30g，红糖50g(另方：白糖15g)。木耳慢火水煮，调红糖，日1剂，分2服。

［功能］凉血止血。

［益宜］血热型妇女功能性子宫出血及高血压等。

木耳红枣酱

［配制］黑木耳10g，红枣50g，白糖适量。木耳洗净，干燥，粉碎；红枣熟烂，去皮、核；木耳粉、红枣、白糖共煮，收膏。随意服食。

［功能］补血。

［益宜］贫血之皮肤黏膜苍白，劳动后心悸气促，注意力和记忆力减退等。

木耳鹿角胶散

［配制］干木耳30g(炒)，鹿角胶7.5g(炒)。共为末，每服9g，温酒调下。日2次。

［功能］祛风止血，解毒。

［益宜］新久泄利。

木耳肉片汤

［配制］水发黑木耳150g，瘦猪肉150g，绿叶菜25g，熟笋片50g，清汤1 250g，调料适量。木耳洗净，沥干；瘦肉切片入碗加盐0.5g，干淀粉适量拌匀浆好；清汤、木耳、笋

片入锅烧沸，加精盐 1g，下绿叶菜、肉片氽熟；汤沸时撇去浮沫，放酱油、味精，出锅后撒上胡椒粉。食木耳、肉，饮汤。

［功能］滋阴滋燥，强身健体。

［益宜］阴虚津枯之消渴羸瘦，燥咳痰少，肌肤干燥，大便秘结，痔疮下血痔。

木耳柿饼汤

［配制］黑木耳 6g，柿饼 50g，红糖 50g。木耳洗净，3 品同置器中，加水适量，煮汤。日 1 剂，连服 5～6 日。

［功能］活血祛瘀。

［益宜］痔疮，痔疮初发，黏膜瘀血，肛门瘙痒不适，伴有异物感，或轻微出血，疼痛等。

木耳芝麻茶

［配制］黑木耳 60g，黑芝麻 15g。木耳 30g 入锅炒焦黑，芝麻炒香，加清水 1 500ml，下生、熟木耳，中火煮 30 分钟出锅，双层纱布过滤，贮瓶。每饮 100～120ml，加白糖 20～25g，日服 2～3 次。

［功能］清热，凉血，止血。

［益宜］血热之痔疮便血，肠风下血，痢下浓血等。

木耳粥

［配制］白木耳 50g(水发，洗净，切细)，粳米 50g，豉汁、葱、椒、盐适量。先将木耳、米、豉汁煮粥，入葱、椒、盐调味。空腹食。

［功能］滋阴润燥。

［益宜］久病伤阴所致口舌干燥等。

木瓜羹

［配制］鲜木瓜 4 个，白蜜 500g。木瓜蒸熟去皮研为泥，与白蜜和匀，贮器。每服 10～15ml，沸水调冲，空腹服，日 1 次。

［功能］祛风通络，散寒除湿。

［益宜］行痹，见肢体关节疼痛，游走不定，屈伸不利等。

木馒头汁蒸猪肝(木馒头为桑科植物薜荔的干燥花序托)

［配制］薜荔果(木馒头)，煎汁蒸猪肝食。

［功能］活血生津。

［益宜］夜盲症。

木棉花糖水

［配制］木棉花 30～50g。白砂糖适量。加清水 2.5 碗，煎至 1 碗，去渣饮。

［功能］利湿清热。

［益宜］肠炎，尿道炎，湿疹等。

墓头回糖姜汤

[配制] 墓头回 30g,红糖 30g,生姜 3 片,水煎服。

[功能] 活血祛瘢,散邪和胃。

[益宜] 白血病属湿浊瘀阻者,证见手足烦热,四肢酸痛、咽干口燥,面色淡黄无华,皮下瘀斑等,或胃癌症见噎膈,食欲不振、上腹饱胀等。

奶汤鹿筋

[配制] 水发鹿筋 250g,口蘑 10g,火腿 15g,白油 75g,奶汤 500g,清汤 150g,料酒、姜汁、盐水及菜心各少许。鹿筋沸水氽过切长 1.5cm,直径 3mm 的圆段,用清汤 150g,清水 250g,盐水少许,料酒 5g 度过,捞出控净水。炒勺放火上,加白油烧至 6 成熟,放入料酒烹,入奶汤、鹿筋,旺盛火烧开,放火腿薄片,加氽过的口蘑薄片及灵芝菜的菜心,姜汁,搅匀食。

[功能] 祛风湿,强筋骨。

[益宜] 风湿疼痛,肢体软弱。

南瓜花煮猪肝

[配制] 南瓜花适量,猪肝 200g,调味料适量。前 2 物洗净,切,同煮,调味食。

[功能] 养肝明目。

[益宜] 夜盲症者。

内金清粥饮

[配制] 鸡内金 60g(微炙),菟丝子 60g(酒浸 3 宿,曝干,捣为末),鹿茸 30g(去毛,涂酥炙微黄),桑螵蛸 15g(微炒)。诸药研细末,每服 6g,以温清饮调下。

[功能] 补脾益肾,益精缩泉。

[益宜] 虚劳,上焦烦热,小便滑数,不可禁止。

泥鳅粉

[配制] 活泥鳅 2 000g,清水养 1 天,次日放进干燥箱内烘干或焙干研末密储。每取 10g,温开水送下,日 3 服。15 日为 1 周期,连续 3--4 个周期。

[功能] 温中益气,解毒。

[益宜] 肝炎、癌症等。

柠檬荸荠汤

[配制] 柠檬 1 个,荸荠 10 个(去皮)。水煎,常饮。

[功能] 降血压。

[益宜] 高血压者。

柠条根饮(柠条根为豆科植物中锦鸡儿的根)

[配制] ①鲜柠条根24～30g,水煎取汁加白糖适量,分3次服;②柠条根9～15g,蘑菇6g。水煎服。

[功能] 潜阳、滋阴、养血。

[益宜] ①高血压、头晕;②心慌、气短、疲乏。

牛蒡酒

[配制] 牛蒡子、生干地黄、枸杞子各12g,牛膝20g(去苗)。4味锉,绢袋盛,以好酒2 000ml,于瓷器内浸,密封,春夏7日,秋冬14日。每空腹服1小盏,晚食后再服,常令醺醺妙。

[功能] 祛风活血。

[益宜] 柔风不瘥,四肢缓弱等。

牛蒡子茶

[配制] 牛蒡子(拣去杂质)200g,入锅小火烧至微鼓,外呈黄色,略有香气,出,放凉,研细末。每用10g,开水冲泡,代茶徐徐饮之。

[功能] 清热解表。

[益宜] 外感风热之发热,微恶寒,咽喉肿痛,咳嗽痰少,色黄黏稠,鼻塞头痛之热毒不甚者。

牛筋花生羹

[配制] 牛蹄筋100g,带衣花生米100～150g,2者共煮至牛筋熟烂,汤液浓稠,随意服食。

[功能] 补气养血。

[益宜] 贫血及白细胞减少症等。

牛筋去瘀汤

[配制] 牛蹄筋100g,当归15g,紫丹参20g,雪莲花10g,鸡冠花10g,香菇10g,火腿15,调料适量,牛筋温水洗净,待5 000g清水淋时,入碱15g,倒入牛筋,加盖焖2分钟,捞出以热水洗去油污,如此反复洗焖多次,至牛筋涨发,切段入蒸碗,当归、丹参入纱布袋,放置周边,雪莲、鸡冠花点缀、香菇、火腿摆其上,并放入、姜、葱、汾酒、味精、盐等调料,入蒸笼3小时,出笼牛筋熟烂,去药袋,佐餐或单食。

[功能] 调气活血,通络止痛。

[益宜] 血栓塞闭性脉管炎属血瘀阻滞者,患肢黯红、青紫、下垂尤甚,抬高则苍白,持续疼痛等。

牛脾粥

[配制] 牛脾150g,洗净,切细,粳米1 000g,煮粥。空腹食用。

［功能］健脾消积。

［益宜］脾虚食滞，兼治痔疮下血。

牛乳汤

［配制］荜拨 10g，牛乳 800ml，同煎至 400ml，空腹服。

［功能］下气止痛，温中补虚。

［益宜］痢疾偏于气滞，痢如蟹沫，腹痛里急等。

牛腿骨汤

［配制］鲜牛腿骨 1 根，净、剁，加入炖汤（不加油盐），煮至汤稠。饮汤，2 日内服完。

［功能］止血。

［益宜］血小板减少性紫癜，皮肤紫斑，出血等。

牛膝附子酒

［配制］牛膝、秦艽、天冬各 15g，薏苡仁、独活、细辛（炙）、制附子、巴戟天各 10g，五加皮 15g，肉桂 10g，杜仲 15g，石楠叶 10g，青酒 1 000ml。诸药共捣细，浸酒瓶中，冬 10 日，春 7 日，秋 5 日，夏 3 日后，去渣存酒，每饮 15ml，渐加至 25ml，早、中、晚各 1 次。

［功能］祛风除湿。

［益宜］手臂麻木不仁，腰膝酸痛，行步脚弱，屈伸挛急，阳痿，肌肉酸痛等。

牛膝酒饮

［配制］牛膝一大把并叶，不以多少，酒煮饮之。

［功能］散结止痛。

［益宜］小便不利，茎中痛欲死，妇人血结腹坚痛。

牛膝木瓜酒

［配制］牛膝、木瓜各 50g，浸白酒 500g。7 日后饮，每晚睡前饮一次，视各人酒量而饮。

［功能］活血通络。

［益宜］手术后肠粘连。

牛膝石斛酒

［配制］石斛（去根）8.5g，牛膝（九浸切焙）1.5g，杜仲（炒断丝、去粗皮）12g，丹参 9g，熟地黄（焙）15g，肉桂（去粗皮）6g，前诸味共研为粗末，浸酒 2 000ml 于瓷瓶，密封口，以开水煮沸百回，取出令冷，开封，去渣备用。每温服 1～2 杯，不拘时，常令如微醉。初服 15ml，渐加，有感觉为度，对目昏头晕者极佳，长期服。

［功能］祛风除湿。

［益宜］风寒湿气痹阻腰脚，腰腿软弱无力，麻木不仁等。

牛膝薏米酒

［配制］牛膝、薏苡仁、酸枣仁、赤芍药、制附子、炮姜、石斛、柏子仁各30g，炙甘草20g，好酒1 500ml。诸药共捣碎，浸酒，封口，7日后取饮。每温饮15～20ml，不拘时，旋添酒渍药，味薄即止。

［功能］祛风除湿。

［益宜］手臂麻木，腰膝冷痛，筋脉抽挛，肢节不利，风湿痹症。

藕粉糯米糕

［配制］藕粉150g，糯米粉150g、白糖150g。共调蒸糕，分食。

［功能］补虚养胃，化瘀止血。

［益宜］白血病及肿瘤患者膳食。

藕节黑豆塘虱鱼汤

［配制］鲜藕节120g，洗净，切块；塘虱鱼1条（约100g），去肠、杂、腮，治净；黑豆30g，洗净，温水浸3小时；党参、龙眼肉各15g，洗净。全料入锅加水适量，武火烧沸后，文火煮3～4小时，调味食饮。

［功能］健脾益气，养血止血。

［益宜］溃疡性结肠炎便血，血色淡红量少，日1～2次，无腹痛，里急后重，神疲无力等。

藕汁银花露

［配制］鲜藕300g，洗净，捣绞取汁；金银花30g，洗净，水煎取汁，放凉后兑藕汁中。频饮徐服。

［功能］清热润肺止血。

［益宜］风热伤肺，咳嗽咽痒，咳痰带血，口鼻干燥、身热等。

枇杷花炖肉

［配制］枇杷花6g，鲜地棕根120g，珍珠七（羊耳蒜）60g，石竹根60g，淫羊藿60g。炖肉服。

［功能］止血止嗽。

［益宜］枯痨咳嗽，痰中带黑血。

枇杷叶糯米粽

［配制］糯米250g，新鲜枇杷叶洗净叶背绒毛适量。糯米洗，浸1宿，用枇杷叶包粽，蒸熟食。每天吃1次，连续3～4天。

［功能］补中益气，温脾和胃，止汗。

［益宜］自汗、盗汗、产后多汗等。

葡萄莲藕地黄汁饮

[配制] 鲜葡萄汁 100ml,鲜藕汁 100ml,鲜生地汁 50ml。同置砂锅煮沸,加蜂蜜适量或开水稀释服,一日一剂。另方熬膏。

[功能] 清热凉血,利尿通淋。

[益宜] 热淋,小便涩少、疼痛,砂痛沥血等。可作急性尿道炎、膀胱炎膳饮。

蒲公英茶

[配制] 干蒲公英 20g,洗净,切碎。水煎,代茶叶饮。日 1 剂量,连续 3～5 天。

[功能] 清热解毒。

[益宜] 扁桃体炎、急性咽炎、气管炎之属热渡炽盛者。

蒲公英茵陈红枣汤

[配制] 蒲公英、绵茵陈各 30g,红枣 6 个。水煎去渣,加少量白糖服。

[功能] 清热解毒,利湿退黄。

[益宜] 急性胆囊炎属热毒内盛者,胁痛连肩背、发热口渴、小便黄、轻度黄疸。

蒲公英玉米须汤

[配制] 蒲公英、玉米须各 60g。洗净,加水浓煎取汁、代茶饮。

[功能] 清热、利尿、利胆。

[益宜] 热淋小便色赤,湿热黄疸等。

蒲桃煎

[配制] 蒲桃叶、藕汁、生地黄汁、蜂蜜各等份。混合煎成稀糖状。每服 15～20ml,日 1 次,食前服,隔日再服。

[功能] 清热止血,通淋。

[益宜] 热淋,小便淋漓涩痛、尿血等。脾虚便溏者不宜。

七宝养颜茶

[配制] 茯苓 15g,牛膝 9g,当归 6g,枸杞 9g,菟丝子 6g,补骨脂 9g,何首乌 9g。加水 1500ml,文火煎煮 30 分钟,早晚饮用,连续 10 天,可配羊肉或乌骨鸡煲汤。

[功能] 补肾、养肝、养颜美发。

[益宜] 肝肾两虚,发枯皮糙。

七德散(原名:七德丸)

[配制] 乌药、吴萸、炒干姜、炒苍术各 60g,木香、茯苓各 30g,补骨脂 120g,神曲 200g。诸味共研细末。开水调服,每服 20～30g。

[功能] 温脾胃,益肠止痢、止痛。

[益宜] 生冷伤脾,泻痢腹痛。

七品蒸鸭

［配制］白鸭一只(2 000g 左右)，连翘、丹皮各 15g，金银花、白茅根各 30g，赤芍 20g，元参、延胡索各 10g，调料适量。鸭治净，沸水焯透，冷水洗净，沥干。把诸备料全部纳入鸭腹，入砂锅中，兑入清汤，加黄酒、胡椒粉、生姜、葱、盐等调料，盖上锅盖，用湿棉纸封好砂锅口，大火蒸 3 小时。取出，凉，除去腹中诸料，喝汤，食肉，佐餐或单食。日 1～2 次，适量。

［功能］清热育阴，活血止痛。

［益宜］热毒蕴绪之脱疽。

杞橘螃蟹餐

［配制］螃蟹 2 只，枸杞 10g，橘子、李子各 3 个。螃蟹蒸熟，当馔；枸杞、橘、李煎汤，代茶饮。每天吃 1～2 只螃蟹，饮剂杞橘李茶。

［配制］补虚散结。

［益宜］气虚气滞所致的乳岩(如小叶增生、早期乳腺癌等。编者注)

杞莲宁神粥

［配制］枸杞子、莲子肉、百合各 6g，云茯苓粉 2g，糯米 50g，白糖或木糖适量，蜜桂花少许。前 3 味与米洗净熬粥，熟加茯苓粉、桂花、糖或木糖，适量服食。日 2～3 次(糖尿病者用木糖醇或榨菜均可)。

［功能］补肝肾，益肺脾，宁心安神。

［益宜］老年脾胃虚弱，心悸失眠等。

千斤拔(又名：土黄鸡、牛大力、千斤吊、大力黄、牛尾荡)

［配制］①千斤拔 21～30g，同猪蹄一只，以酒、水各半炖烂，去渣，食肉喝汤；②千金拔 21～30g，酒、水各半煎服；③千斤拔 21～30g，同猪瘦肉 60～90g，水炖服，去渣，食肉及汤。

［功能］祛风利湿，散瘀解毒。

［益宜］①风湿筋骨痛及产后关节痛；②跌打损伤；③妇人白滞。

千金拔狗脊炖猪尾

［配制］千斤拔、狗脊 30g，猪尾 1 条。前 2 味洗净，纱布包好；猪尾巴去毛洗净，同至锅炖熟，弃药包，调味饮汤食肉。日 2 次，连服数日。

［功能］祛风散寒，利湿。

［益宜］寒湿痹，肢体关节痛，痛有定处。

秦艽酒

［配制］秦艽、附子、桂心、天门冬、牛膝、五加皮各 50g，巴戟、杜仲、石楠叶、细辛各 33g，独活 68g，薏苡仁 14g，清酒 3 000ml 浸饮之。

[功能] 祛风活血，通络化痹。

[益宜] 四肢风，手臂不收，髀脚疼弱或拘急挛缩，屈指，偏枯等。

青橄榄膏

[配制] 青橄榄 5 000g。入石舀捣烂，煎熬成，加白矾末 24g 搅匀，每服 1 小酒盅，早、晚各 1 次，滚水送下。

[功能] 祛风化痰镇痫。

[益宜] 癫痫。

青果膏

[配制] 鲜青果 5 000g，胖大海、天花粉、麦冬、诃子各 200g，锦灯笼 100g，山豆根 50g。酌切，水煎 3 次，取 3 次滤汁合煎熬浓缩至膏状，1∶1 加蜜。每服 10～15g，日 2 次，温开水调化送下。

[功能] 清咽止渴。

[益宜] 咽喉肿痛，失音声哑，口燥舌干。忌辛辣动火之物。

青果酒

[配制] 干青果 50g，青黛 5g，白酒 1 000g。青果洗净，晾干，拍碎，与青黛同放酒中，用力摇匀，封口，浸 15 天。隔 5 日摇 1 次。早晚各饮 1 盅。

[功能] 清热利咽，凉血解毒。

[益宜] 上焦火盛之咽喉肿痛、口渴、烦热等。

青蒿醪

[配制] 鲜青蒿 1 000g（或干品 200g），糯米 500g，酒曲适量。鲜青蒿洗净，捣汁（或干品煎去渣取汁），用汁煮糯米饭，按常法拌曲，发酵成酒酿。每日随量或佐餐食用。

[功能] 截疟。

[益宜] 疟疾。

青蒿茵芦茶

[配制] 青蒿 45g，茵陈 20g，芦根 30g。各洗净，煎汤去渣代茶饮。

[功能] 清热、利胆、退黄。

[益宜] 急性黄疸传染性肝炎。

青荷鸭蛋

[配制] 鸭蛋 10 个，一端打孔，倒出蛋清、蛋黄备用；鲜百合 30g，水发木耳 30g，虾仁 20g，各洗净剁碎，火腿 30g，切丁，共加精盐 2g 调匀倒出之蛋清、黄盛入蛋壳内，装至 8～9 分时，用洗净之鲜荷叶 1 小片封口，外层再包荷叶。将蛋孔朝上置锅内蒸熟。佐餐食。

[功能] 清热解暑，养阴润燥。

[宜忌] 热病烦渴,燥咳声哑、目赤咽痛、泄泻等。

青囊药酒

[配制] 苍术(米泔浸、炒)、乌药、牛膝、杜仲(姜汁炒)各 60g,陈皮、厚朴(姜汁炒、当归、枳壳(麸炒)、独活、槟榔、木瓜、川芎、白芍、桔梗、白芷、茯苓、半夏(姜汁炒)、麻黄、肉桂、防己、甘草各 30g。研粗末,盛纱布袋内,用酒 4 000ml 悬浸、密封坛口,锅内煮 1 时久,3 日后取药袋,酒随量饮。渣晒干为末,每用酒调服 10g。空腹食。

[功能] 祛风除湿、温经止痛。

[宜忌] 风湿相搏,腰膝疼痛,或因坐卧湿地,雨露新袭,遍身骨节疼痛。

青小豆粥

[配制] 青小豆 50g,小麦 50g,通草 5g,白糖适量。先煮通草去滓去汁,以汁煮豆、麦成稠粥,加白糖调服。

[功能] 利尿通淋。

[宜忌] 湿热下注,膀胱气化不利而致小便涩少、淋漓作痛等。

青鸭羹

[配制] 青头鸭 1 只,治净备用,赤小豆 250g,淘洗净与草果 1 个同装入制治之鸭腹内,鸭置铁锅内,加水适量,大火烧沸,文火炖熟后加食盐、葱、等适量调味。空腹食鸭、喝汤。

[功能] 健脾、开胃、利尿。

[宜忌] 脾肾虚水肿,小便不利,胃纳呆滞等。

清热利胆茶

[配制] 玉米须、蒲公英、茵陈各 30g,白糖适量。前 3 味加水 1 000ml,煎后去渣,加白糖适量。每日 3 次,每饮 200ml,温服。

[功能] 健胃利胆,清热解毒。

[宜忌] 胆囊炎。常饮尤佳。

清蒸参芪鸡

[配制] 党参 30g,蜜炙黄芪 160g,母鸡 1 只(重约 1 000～1 500g),精盐、黄酒适量。前 2 味洗,党参以黄酒 1 匙浸润;鸡制净切块,与前 2 味入瓷盆内,拌匀,撒入盐和料酒,隔水蒸 3 小时。饭前空腹食,每食 1 小碗,日 1 次。

[功能] 补气益胃、生津。

[宜忌] 消渴病中消证,症见多食易饥、口渴多饮、消瘦乏力等。

秋水仙茶

[配制] 秋水仙鳞茎 5g,绿茶 2g。将水仙鳞茎剥片,按量与绿茶同放杯中,沸水沏加盖焖

10 分钟，代茶频饮，可冲泡 3～5 次，1 日 1 剂。

［功能］清热解毒，止痛利湿。

［益宜］老年痛风（水仙鳞茎可抗癌解毒，但其毒性强，宜从 1～2g 用起，逐渐加至 5g，编著注）

全蝎酒

［配制］白附子、僵蚕、全蝎各 30g，醇酒 250ml。前 3 味研细，浸酒瓶中，3 宿后饮。每饮 10ml，不拘时候，常令有酒力。

［功能］祛风活血。

［益宜］中风之口眼歪斜，口目颤动等。

人参豆蔻散

［配制］人参、肉豆蔻、干姜、厚朴、甘草、陈皮各 30g，川芎、桂心、诃子、小茴香各 15g。前诸药为细末，每用 9g 加姜 3 片，大枣 1 枚，煎泡服。

［功能］扬清降浊，补脾养胃。

［益宜］妇人久泄不止。

人参炖马鬃蛇

［配制］高丽参或吉林参 10g，马鬃蛇 2 只。将马鬃蛇剥去皮，去内脏，与参同置炖盅内，加清水适量，隔水炖熟。一次服食。（马鬃蛇：变色树蜥，《动物学大辞典》名：树蜥蜴。编者注）

［功能］益气，补肾。

［益宜］肾虚腰膝酸痛，阳痿及风湿筋骨痹痛等。

人参蛤蚧散

［配制］制蛤蚧 1 对（酥炙黄色），杏仁（去皮兴炒）、炙甘草各 150g，知母、桑白皮、人参、茯苓（去皮）、贝母各 60g。共为细末，煎、冲泡服 5～10g，日 2～3 次。

［功能］补气养肺，升清降浊。

［益宜］久病气喘，咯唾浓血，满面生疮，遍身虚肿。

人参旱莲草粥

［配制］人参、旱莲草各 9g，粳米 60g，白糖适量。将旱莲草煎汤，去渣后入粳米，白糖煮粥；人参另炖，加入粥中服食。日 1 剂，连服数日。

［功能］补气摄血。

［益宜］气不摄血之过敏性紫癜。

人参五味散

［配制］黄芪、当归、陈皮、前胡各 6g，人参、白茯苓、熟地黄、地骨皮、桑白皮各 9g，白术、枳壳各 4.5g，桔梗、柴胡、甘草各 2.4g，五味子 1.2g。诸药为粗末，加姜 2 片，乌

梅半个,水煎服。
[功能] 滋阴培元,补虚止嗽。
[益宜] 虚劳病,潮热盗汗,咳嗽痰红。

人参燕窝汤

[配制] 白燕窝 6g,人参 3g。将两者净后放入瓷杯中,加水适量,再隔水炖熟。徐徐服食。
[功能] 补益脾胃,增进饮食。
[益宜] 泻痢干呕欲吐,饮食少进等。

榕树叶茶

[配制] 干榕树叶 10g,洗净,切丝,水煎取汁,调入白糖适量。代茶饮。
[功能] 清热利胆。
[益宜] 湿热黄疸。

肉桂地黄韭汁粥

[配制] 肉桂、熟地各 5g,韭菜汁适量,粳米 100g,前 2 味煎汁,取汁与米煮粥熟,加韭菜汁,精盐少许。熟,温服,日 1～2 次。
[功能] 温阳,补肾,固涩。
[益宜] 消渴病阴阳两虚,见小便频数量多,浑浊如脂,甚饮一溲一,面色黧黑,耳轮干瘪等。

肉桂鸡肝

[配制] 肉桂 5g,雄鸡肝 1 具,调料适量。鸡肝洗净,切 4 片,肉桂洗净,捣碎,共置碗内,加葱、姜、盐、黄酒、清水适量,隔水炖熟,加味精,佐餐。
[功能] 温肾散寒。
[益宜] 肾虚腰冷、小便多、小儿遗尿等。

肉糜荠菜粥

[配制] 荠菜 250g,猪瘦肉 250g,大米 100g。调料适量。猪肉剁泥巴,加黄酒、油、淀粉搅成肉糜,用植物油烧熟,待用;将荠菜洗净沥干,切碎末;大米熬粥成,推入荠菜末煮 5 分钟,调入肉糜,调味煮沸。空腹食。
[功能] 益阴补肾止血。
[益宜] 肾结石,尿血等。

入地金牛煲鸡蛋

[配制] 入地金牛根 15g,鸡蛋 1 个,前 1 味净与鸡蛋同入锅内,加清水 2 碗煎煮者,蛋熟后去壳,再入煎汁煮剩 1 碗。饮汤食鸡蛋。
[功能] 祛风通络,消肿止痛。

[宜宜] 风湿痹痛,胃痛,牙痛,软组织扭伤疼痛等。

三宝粥

[配制] 生山药(轧细)50g,三七(轧细)6g,鸦胆子(去皮)50 粒。先用水调和山药末,煮粥,1～2 沸即熟。用其送服三七末,鸦胆子(《中医辞海》为鸭蛋子,应为误,改)。

[功能] 清热解毒,固摄气化。

[宜宜] 久痢,休息痢,浓血腥臭,肠中欲腐,兼下焦虚痹,气虚滑脱。

三黑猪脐汤

[配制] 黑补骨脂、黑大豆各 30g,黑芝麻 15g,猪膀胱 1 具。前 3 味冷水浸泡 2 小时,纳入洗净之猪膀胱内,扎口,置砂锅文火煮熟。隔日 1 剂。3 剂为 1 周期。食前入盐少许。药、膀胱、汤一起服饮。

[功能] 温肾缩尿。

[宜宜] 肾阳不足遗尿或小便失禁,肢冷畏寒,腰膝酸软等。

三甲软坚粉

[配制] 鳖甲(醋炒)300g,龟板(酥炙)200g,穿山甲(沙炒)100g,白糖或蜂蜜适量。前 3 味共研细末,和匀。每服 5g,日 2 次,饭后用甜米酒送下,2 个月为 1 个周期。肝胃燥热者,可用蜂蜜温开水调下。

[功能] 滋阴潜阳、补肾柔肝,软坚散结,通脉祛瘀。

[宜宜] 肝硬化患者。一般 1～2 个周期始见征效。

三金茶

[配制] 金钱草、海金沙各 10g,鸡内金 15g,海金沙布包与另 2 味同煎,去渣,取汁,代茶频饮。

[功能] 清热通淋。

[宜宜] 不淋者尿中实挾有沙石,尿黄赤浑浊,小便艰涩灼痛,时或突然阻塞,尿意窘迫,尿道赤痛,或腹痛腰痛难忍,甚或尿中带血,舌质偏红,脉略数。

三七酒

[配制] 三七 30～50g,浸优质的酒 500～1 000ml,7 日后每服 5～10ml,日 2 次。

[功能] 活血止血,消肿止痛。

[宜宜] 跌打损伤,瘀阻疼痛等。

三七麦冬膏

[配制] 海松子、枸杞子、金樱子各 120g,麦冬 150g,炼蜜适量。前 4 味煎取汁,浓缩,炼蜜收膏。每日早晚用开水调服 4 汤匙。

[功能] 养阴润燥,收涩固精。

[宜宜] 阴虚燥热之咳嗽咽干,虚羸少气,虚烦盗汗,遗精滑泄等。

三七藕汁鸡蛋羹

［配制］鸡蛋1枚，打开和三七末3g，藕汁1杯，陈酒半小杯，膈汤炖熟食。日1～2次。
［功能］养血止血。
［益宜］吐血，血不行经。

三七饮

［配制］①三七末9g，米泔水调服。②三七末3～6g，淡白酒调服。③三七末3g，米汤调服。
［功能］止血痢，养血归经。
［益宜］赤痢血痢①，大肠下血②；产后血多③。

三奇汤

［配制］桔梗90g（蜜拌蒸），甘草60g（半生半炒），诃子（大者）4个（去核，两个炮，两个生）。前3味干燥，为细末。每服30g，入砂糖1小块，水煎，时时细呷，1日尽服。
［功能］润喉，其声速出。
［益宜］感寒语声不出。

三仁散（原名：三仁丸）

［配制］①柏子仁、松子仁、火麻仁各30g，为细末，每服6g，食前用蜜与米汤调下；②郁李仁、杏仁、薏苡仁各等份，为细末，每服6g，米糊与蜜调服。
［功能］生津，润肠通便，抑喘。
［益宜］①大肠有热，津液燥渴，里急后重，大便秘结；②水肿喘急，二便不通。

三仁粥

［配制］①桃仁、海松子仁各9g，郁李仁3g，同捣烂和水滤汁，入碎粳米少许，煮粥。空腹时服；②柏子仁、松子仁、甜杏仁各等份，捣加糯米，煮粥食之；③海松子30g（去皮），桃仁30g（泡、去皮尖），郁李仁10g（泡去皮），粳米30g，前3味捣烂，水滤取汁，入粳米煮为粥，空腹食。
［功能］润肠通便。
［益宜］①老人，虚人大便秘结；②脾肺燥湿，便难瘙痒；③老人忽然头痛，腹痛，不思饮食，脘腹胀满，大便干结。

三蛇酒

［配制］乌梢龙1 500g，大白花蛇200g，脆蛇100g，生地黄500g，冰糖500g，白酒100升（自制饮缩小10倍或20倍。编者注）。将三种蛇去头，用酒洗润切成短截干燥，生地洗净切碎备用；冰糖置锅中，加水适量上火加热，融化，使糖汁至黄色时，趁热用一层纱布过滤去渣备用。将白酒装入坛中，三蛇、生地放入酒中，加盖密封并每天搅动1次。10～15天开坛过滤，加入冰糖搅匀，再过滤1次服。

每服 10～20ml，日服 2～3 次。

［功能］祛风除湿。

［益宜］风寒湿痹之筋骨疼痛，肢体麻木，屈伸不利，半身不遂，跌打损伤之瘀肿，疼痛，风寒入络之抽搐，惊厥，骨结核，卒中后遗症等。

三味固本化毒汤

［配制］猴头菇、白花蛇舌草、藤梨根各 60g，洗净，水煎服，日 1 剂。

［功能］固本化瘀解毒抑瘤。

［益宜］咽癌、喉癌、食管癌、胃癌等。

三五七散

［配制］①人参、麻黄(去节)、川芎、官桂、当归各 30g，制川乌、甘草各 15g。上药为末。每服 6g，茶饮送下，日服 3 次；②人参、制附子、细辛各 9g，甘草、干姜、山茱萸、防风、山药各 15g，为粗末，每服 12g，加生姜 3 片，大枣 2 枚，水煎，食前服，日 2 服。

［功能］温经散，祛风，化痰，止痛。

［益宜］①口眼歪斜；②阳虚眩晕，头痛，恶寒，耳鸣或耳聋。

桑菊豆豉茶

［配制］桑叶、甘菊花各 10g，淡豆豉 15g。磨粗末，沸水冲沏，代茶饮用。每日 1 剂。

［功能］祛风散热，清肝解毒。

［益宜］风热型头痛。

沙参龟

［配制］北沙参 30g，洗净用黄酒匙湿润；乌龟 1 000g，治净，沸水氽去薄膜，沥干，入砂锅，加水浸没，中火烧开加黄酒 2 匙、细盐 1 匙，改小火煨 2 小时，加沙参后在煨 2 小时，至龟肉酥，甲骨散。食肉喝汤。饮前和睡前服，每次 1 小碗。日 2 次，2～3天吃完。

［功能］补心肾，养肺阴，止久咳。

［益宜］肺结核，肾结核，骨结核，淋巴结核等久治不愈属肾虚肺燥病者。

砂锅羊头

［配制］羊头 1 个，洗净，入开水锅加葱、姜、花椒、大料等，煮熟捞出，凉后劈开去筋、骨及杂物，撕碎盛大碗，加黄芪 40g，当归 20g，何首乌 20g，桂枝 10g，细辛 3g 研末之药袋及葱、姜、料酒，上屉蒸烂取出；另砂锅内加鸡汤、半杯奶、油、料酒、姜末各适量，熬至色白，倒入羊头，文火煨至烂熟，入盐、味精、半杯牛奶、蒜末，单或佐餐食。

［功能］补中益气，养血散寒通络。

［益宜］四肢逆冷，脉细欲绝，皮色青紫，面色苍白，耳为雷诺氏症，冻疮者保健品。

山慈姑花白茅花茶

[配制] 山慈姑花15g,白茅花20g。混匀,分3～5次,沸水冲泡,代茶饮,每日1剂。

[功能] 清热利湿,通淋排石。

[益宜] 湿热蕴结型尿路结石。

山鸡药膳

[配制] ①雉1只,治净,切细,和盐、豉作羹食;②野鸡1只。治如食法,细切,着橘皮、椒、葱、盐,酱调和作馄饨,煮熟,空腹食下。

[功能] 补中益气,生津止渴。

[益宜] ①消渴饮水无度,小便多,口干渴;②脾胃气虚下痢,日夜不止,肠滑不下食及产后下痢,腰腹痛等。

山栗粥

[配制] 栗子150g,粳米100g。先将栗子煮熟,入米煮粥食之。

[功能] 健脾养胃,补肾强筋。

[益宜] 脾虚气弱之肢体软弱,头目手颤,食欲不下,泄泻下痢,亦宜反胃,呕吐,风痹麻木不仁。

山药煲猪胰

[配制] 淮山药60g(洗净),猪胰100g(洗净,切片),共置砂锅加清水适量,煲汤熟,入盐少许调味。日2服。

[功能] 补脾肺,益精气。

[益宜] 老人肺虚咳喘,糖尿病。

山药茶

[配制] 生山药120g,切片,煎去渣取汁,代茶温饮。

[功能] 健脾补肺,固肾益精。

[益宜] 肺结核发热,脾肾俞气虚,小便不利之大便溏泻等。

山药炖猪胰

[配制] 山药60g,猪胰1条,食盐少许。前2味洗净切片,共炖熟,食盐调味。日1剂,食胰、山药,饮汤。

[功能] 健脾补肺,固肾益精。

[益宜] 糖尿病。

山药桂圆炖甲鱼

[配制] 山药片30g,桂圆肉20g,甲鱼一只(约500g),甲鱼宰杀,去肠杀,洗净,与山药、桂圆加水煮。先用武火烧沸,转文火烧至肉烂。日2次,吃肉喝汤。

[功能] 滋阴退热,软坚散结。

[益宜] 阴虚低热,症瘕痞块等。如肝硬化,慢性肝炎,肝脾肿大等。

山药酒

[配制] 生山药300g,刮去皮,切碎,研令细烂。于铃中煮酒,酒沸下薯,不得搅,待熟著盐、葱白,更添白酒。酌量饮。

[功能] 温中散寒。

[益宜] 下焦虚冷之小便频数,瘦损无力等。

山药萸肉粥

[配制] 山药60g,山萸肉20g,粳米100g,前2者煮取浓汁,取汁煮粳米稀粥。日1剂,分2服,5～7日为1疗程。

[功能] 益阴固肾。

[益宜] 小便频数量多,混浊如脂膏,口干舌燥,尿甜等

山药玉竹白鸽汤

[配制] 白鸽1只,山药、玉竹、麦门冬各15g,将白鸽取肉切小块,与后3者加水煎至肉熟,饮汤食鸽肉。

[功能] 养阴滋阴止渴。

[益宜] 消渴饮水不知足。

山萸牛膝桂10散

[配制] 山茱萸、牛膝(去苗)各30g,桂心0.9g,研细末,每于食前温酒调下6g。

[功能] 养肝益肾。

[益宜] 腰痛,下焦风冷,腰膝无力等。

山楂根茶

[配制] 山楂根、茶树根、荠菜花、玉米须各10g,前2品研粗末,玉米须切碎。4品合水煎,取汁。代茶频饮。

[功能] 运脾消积,利水退肿。

[益宜] 肥胖症,高脂血症。

山楂枸杞茶

[配制] 生山楂、枸杞子各15g,温开水洗净后,开水冲泡30分钟。代茶徐饮。

[功能] 益肝肾,生津髓。

[益宜] 继发性脑萎缩症。

山楂花叶茶

[配制] 山楂花、山楂叶各6g,沸水冲泡,代茶饮,每日2剂。

[功能] 益气血化膏脂(降脂降压)
[益宜] 高血压,高血脂症。

山楂决明茶

[配制] 生山楂片炒焦 9g,草决明 12g,白菊花 9g,开水冲泡,代茶温饮。
[功能] 清肝降脂明目。
[益宜] 高血压病者。

山楂马蹄糕

[配制] 马蹄粉 300g,面粉 200g,山楂酱、冰糖各 150g,鸡蛋 2 个,发酵粉 15g。马蹄粉与面粉混合,加发酵粉、蛋液、冰糖(化成糖水)合匀,在 35～40℃温度下待发。盛器四周涂上熟猪油,倒入发酵粉糊,约为容器 1/3 量,上笼用武火蒸 15 分钟,取出铺上山楂酱,再倒 1/3 糊,蒸 15 分钟。作点心,任意食。
[功能] 利湿清热,开胃凉血。
[益宜] 湿疹,荨麻疹,寻常疣,痤疮等。

山楂肉干

[配制] 山楂片 100g,猪瘦肉 1 000g,植物油 250g,调料适量。肉去筋膜,洗净。山楂拍破,取一半放锅内,加 2 000g 水,用武火烧沸后,入肉同煮至六成熟捞出,切成长约 3cm 的粗条,加酱油、葱段、姜片、黄酒、花椒面拌匀,腌 1 小时后,沥水。油烧至八成熟倾入肉条,炸至色微黄,捞出沥油。大油倾出留少许,把另一半山楂倒入锅中略炸后,再入肉条,反复翻炒,少淋麻油,加盐、白糖拌,用文火收干汤汁,调味精,随意服食。
[功能] 消食化滞,降低血脂。
[益宜] 伤食,高血压,高血脂患者之膳食。

山楂肉散

[配制] 山楂净肉。为末,艾汤调下。
[功能] 除湿,止血,祛风。
[益宜] 便血,肠风,用寒药、热药及补脾药俱不效者。

山楂消脂饮

[配制] 鲜山楂 30g,生槐花 5g,嫩荷叶 15g,草决明 10g,白糖适量。前 4 品洗净煎煮,待山楂烂时,碾碎入锅再煮,去渣取汁,调入白糖。频频饮。
[功能] 降血压,降血脂。
[益宜] 高血压,高血脂患者饮料。

山楂银花汤

[配制] 山楂片 50g,银花 10g,白糖 100g,山楂片、银花置勺内,文火炒 5～6 分钟,加白

糖，武火炒成糖饯。糖饯用适量开水冲泡，作饮料常服。

［功能］消积，散瘀血，止痢疾。

［益宜］食积，湿热痢疾等。

山楂银菊茶

［配制］山楂、银花、芍花各10g，3味洗净，山楂拍碎，共煎汤，取汁，代茶饮。

［功能］化脂消积。

［益宜］肥胖，高血脂，高血压等。

伤科药酒

［配制］参三七、红花、生地黄、当归身、川芎、乌药、落得打、乳香、五加皮、防风、川牛膝、干姜、丹皮、肉桂、延胡索、姜黄、海桐皮各15g，具粉碎，盛纱布袋，浸入好酒2 500ml中，容器封固定，隔水加热1.5小时，取出，数日后适量饮，日2次。

［功能］活血化瘀，通筋止痛。

［益宜］跌打损伤，气滞血瘀之筋骨疼痛、活力受限等。

商陆五花肉饮

［配制］商陆3g，五花肉60g，加水400ml，煎取300ml，日分3服（不食肉）。

［功能］利水消肿。

［益宜］急、慢性肾炎及其他原因水肿，腹水。无副作用。

商陆粥

［配制］商陆5g，煎煮1小时，取汁适量，入粳米50～100g，煮粥，每日或隔日1次。

［功能］通利大小便，利水消肿。

［益宜］慢性肾炎水肿，肝硬化腹水等。可从3g开始，不宜久，孕妇忌。

烧肾散

［配制］磁石、附子、巴戟、川椒各40g。研为散，每服用猪肾1只（去筋膜臊腺切）葱白、薤白各1g，和前药散4g，盐适量，调匀猪肾中，以10层重湿纸裹，于燻火内烧熟，空腹细嚼，酒调薄粥下之。

［功能］温阳补肾，养精益髓。

［益宜］耳聋。

芍药枣仁乌梅

［配制］白芍药、酸枣仁、乌梅各适量。水煎服。

［功能］养阴敛汗。

［益宜］肝虚自汗。

蛇草薏苡仁粥

［配制］白花蛇舌草 80g，菱粉 50g，薏苡仁 50g。将白花蛇舌草洗净，加水 1 500ml，大火煮开，小火煎 15 分钟，去渣取汁，加苡仁煮至苡仁裂开，加菱粉煮熟。分数次，温热食。

［功能］清热解毒，健脾利水。

［益宜］前列腺癌并伴小便困难者辅疗膳食。

蛇蜕煨鸡蛋

［配制］蛇蜕 3～6g（剪碎），鸡蛋 3 枚。将鸡蛋打一小孔，流出蛋清，每个鸡蛋内装碎蛇蜕 1～2g，用湿纸封口，置火中烤热，去壳内服。每服 1 个，日 1 剂。

［功能］清热解毒，祛风消肿。

［益宜］风热毒邪瘀滞之淋巴结核（瘰疬）。

神曲酒

［配制］神曲（拳大）1 块，酒 2 大盏，神曲烧通赤，淬酒便饮令尽，仰卧少烦即安。

［功能］止痛活血。

［益宜］闪挫腰痛。

神应酒

［配制］茵芋 20g，闹洋花 10g，制附子、丹参、川椒、炙甘草、肉桂、制乌头、独活、地骨皮、秦艽、防风、川芎、人参、当归、白芷、藁本、生地黄、白鲜皮、蔓荆子各 30g。诸药研细，放入酒坛，加白酒 2 500ml，密封浸泡 7 日启封，日 2 服，每服 10～20ml，饮后进米饭少许。

［功能］温经胜湿，搜风止痒。

［益宜］风寒湿痹之手足酸痛，皮肤溃疡，乍寒乍热，或身体遍痒，眉睫坠落，面目浮肿，指甲脱落等。忌油腻发物，不宜久服，过量。

升麻黄芪炖鸡

［配制］升麻 9g，黄芪 15g，鸡一只（约 750g），鸡去内脏洗净后，腹内纳升麻、黄芪，加水一碗半，上笼旺火蒸熟。食肉喝汤，日 2 次。

［功能］升阳，补益气血。

［益宜］气血亏损之子宫脱垂，面白乏力等。

升麻芝麻炖猪大肠

［配制］升麻 15g，黑芝麻 100g，猪大肠 1 段（30cm），调料适量，前 2 味装入洗净的大肠内，扎紧两头，放入砂锅，加姜、葱、盐、黄酒、清水适量，文火炖 3 小时，至猪大肠熟透。

［功能］升提中气，补虚润肠。

[益宜] 脱肛、子宫脱垂及便秘等。

生炒螺蛳

[配制] 螺蛳 500g，米酒 25ml，调料适量。螺蛳清水养半天，洗净沥干，油热爆香葱、姜，再倒螺蛳翻炒，边烹入米酒，并加酱油、精盐、味精调味，煮沸。

[功能] 清热利尿。

[益宜] 白浊，小便不利等。

生炒鳝片

[配制] 黄鳝 2 条(约 500g)，大葱(胡葱)100g，调料适量。鳝活取肉，用盐捏后，沸水淋冲，切片，加酒、姜汁、酱油各适量，渍 20 分钟；油热爆香蒜茸、姜片，入鳝片，炒透，加少许水焖煮，5 分钟，加盐、味精调料，淋上麻油，撒上葱花。佐餐食。

[功能] 降血糖。

[益宜] 糖尿病患者。

生地煲鸭蛋

[配制] 生地 30～50g，鸭蛋 2 个。2 品加清水一碗半同煲，蛋熟后去壳再煎片刻，或加少许冰糖调味，饮汤食蛋。

[功能] 滋阴清热。

[益宜] 虚火牙痛，阴虚手足心发热等。

生地丹参茶

[配制] 生地 30g，丹参 15g，地榆炭 10g。共研粗末，沸水冲沏，每日 1 剂。

[功能] 滋阴清热，凉血解毒。

[益宜] 阴虚蕴毒，热迫血溢型急性肾炎。

生地黄酒

[配制] 生地黄 60g，杉木节 20g，牛蒡子(去皮)60g，丹参 8g，牛膝(去苗)20g，大麻仁 30g，防风(去叉)12g，独活、地骨皮各 12g。诸药粗研，用纱布袋盛，以酒 3kg 浸泡 6～7 日。饭前随量饮(注：据原方均去掉一个零)。

[功能] 利水消肿。

[益宜] 脚气肿满之烦疼少力等。

生地酒

[配制] 生地黄汁 500ml，酒 500ml，桃仁(去皮尖，研膏)30g。前 2 味共煎沸，下桃仁膏再煎数沸，去渣，收储备用。每温服 1 杯，不拘时。

[功能] 活血散瘀。

[益宜] 倒下跌损筋脉。孕妇不宜。

生地莲芯甘草汤

［配制］生地 9g,莲子芯、甘草各 6g,水煎服,每日 1 剂,连服数剂。

［功能］养阴祛火。

［益宜］阴虚火旺之口腔溃疡,症见反复发作、伴心悸、失眠等。

生地石膏粥

［配制］生地 15g,粳米、生石膏各 30g,后一味先煎 1 小时去渣取汁,入前 2 味煮粥。日 1 服。

［功能］清心泻火。

［益宜］牙龈破溃,口中热臭,口舌溃烂,烦躁不安等。

生苦瓜汁饮

［配制］生苦瓜 100g,红糖 100g,将苦瓜捣烂,加糖搅匀,2 小时后挤汁。1 次冷饮。日 1～2次,连服数天。

［功能］清热解毒利湿。

［益宜］痢疾属湿热者,起病急,畏寒发热,腹痛腹泻,里急后重,便次增多,初呈水样,继则便脓血,肛门灼热等。

生料四物汤

［配制］生地黄、赤芍药、川芎、当归、防风各 15g,黄芩 4.5g。研粗末,水煎服。

［功能］疏风清热,活血止痒。

［益宜］血热生疮,遍身肿痒。

生南瓜

［配制］南瓜适量,切片。成人每服 500g,儿童每服 250g,嚼食,2 小时再服泻剂,连服 2 天。

［功能］驱虫。

［益宜］蛔虫病之腹痛、嗜食、消瘦等。

生石膏豆豉生姜粥

［配制］生石膏 45g,葱白 3 茎,豆豉 10g,生姜 10g,粳米 100g。先煎石膏 1 次,下葱、豉、姜再煎取汁,去渣,入米煮粥。空腹食。若渴加葛根 30g。

［功能］祛风清热。

［益宜］疮疡初起,全身恶寒,发热,头痛轻重,局部红肿、热、痛等。

石耳粥

［配制］石耳 15g,粳米 50～100g。石耳洗净,水煮 1～2 沸,入米煮粥。空腹食。

［功能］益精明目,养阴止血。

［益宜］老年视物昏花，肾虚腰痛；亦宜劳咳吐血，肠风下血，痔漏、脱肛等。

石膏绿豆粳米粥

［配制］石膏粉 30g，粳米、绿豆各适量。石膏水煎取汁，去渣，入粳米、绿豆煮粥食。重者 1 日 2 次，轻者每日 1 次，连服 1 周。

［功能］去火凉血。

［益宜］肺胃火旺之口气（臭）、牙龈红肿等。

石斛酒

［配制］石斛（去根）16g，丹参、川芎、杜仲（去粗皮）、防风（去芦头）、白术、人参（去芦头）、桂心、五味子、白茯苓、陈橘皮（汤浸白焙）、黄芪、薯蓣、当归各 9g，干姜（炮裂）、牛膝（去苗）各 12g，甘草（炙微赤、锉）4g。上研粗末，纱布袋盛，浸酒 3 500ml，于酒中渍 7 日开。初温服 10ml，日再服。

［功能］祛风除湿。

［益宜］脚气痹热，筋骨疼痛。

石斛爵床藕饮

［配制］石斛 30g，爵床、藕片各 15g。共水煎取汁，代茶饮。

［功能］降虚火止痛。

［益宜］虚火牙痛。

石花胶冻

［配制］石花菜 250g，白糖适量。石花菜切碎加水煮沸待化，捞去渣，加白糖搅匀令溶。每服 1 汤匙。

［益宜］燥热便结，痔疮出血等。脾肾虚寒，孕妇不宜。

石榴汁

［配制］鲜石榴（以酸石榴为好）1 个。洗净，连皮切块，捣烂，绞取汁。1 次饮尽。

［功能］涩肠止泻。

［益宜］痢疾便脓血，腹泻等。

石榴子糖浆

［配制］石榴子、白糖（或冰糖）各适量。石榴子榨汁后加糖制成糖浆。用以含漱或内服。

［功能］生津止渴，杀虫。

［益宜］各种口腔炎症。

石楠牙茶

［配制］嫩石楠芽 200g。蒸熟，火焙，炒至叶干香透。每次 3g，开水冲泡，代茶饮。

［功能］祛风除湿。
［益宜］因风湿引起的关节疼痛、腰背酸痛，神经性偏头痛，及肾阳虚之阳痿、滑精，女子宫冷不孕、月经不调等。

石英粥

［配制］白石英 30g，磁石 30g，粳米 100g。水浸前 2 味一宿，取水与米煮沸。
［功能］温肺肾，祛风湿。
［益宜］风寒湿痹，肢节疼痛，肺寒咳喘等。

柿饼蒸、膏

［配制］①青州大柿饼若干，饭上蒸熟，劈开，每用 1 枚，掺真青黛 3g，卧时食，薄荷汤下；②青州柿饼 500g（去蒂），枇杷叶（刷去毛）、白果肉（去衣）、熟地黄各 120g，生姜皮 30g（炒焦黑），百部 150g，天门冬（俱去心）各 180g。煎 3 次，每次各滤汁，合熬稠，加蜜 180g 收膏。日 3 服，每次服 1～2 匙，白汤调下。
［功能］润肺止血。
［益宜］①痰嗽带血；②吐、咯、嗽血；咳血，小便淋血，肠风泻血，痔血。

柿子饼藕节荠菜花汤

［配制］柿饼、藕节各 30g（洗净），荠菜花 15g（洗净）。前两味切碎与荠菜花一起水煎 15 分钟，取汁加蜜 1 日内分次服完。久服效。
［功能］凉血止血。
［益宜］血友病患者。

首乌大枣粥

［配制］制首乌 30g，冰糖适量，大枣 3 枚，粳米 50g。制首乌取兼汁同大枣、粳米、冰糖煮粥。早、晚服食。
［功能］益肾抗老，养肝补血。
［益宜］阴血亏损之头晕耳鸣、头发早白、便秘。亦宜神经衰弱，高血脂、血管硬化等。忌葱、蒜、萝卜、猪、羊肉。

首乌寄生参杞茶

［配制］何首乌、桑寄生、人参各 6g，枸杞子 9g。各洗净，首乌、人参切薄片，共入砂锅，加水 1 500ml，煮沸后文火煮 25 分钟。每日 1 剂，饭后 1 小时分服。
［功能］益气通络养心。
［益宜］气虚络阻之心脑血管硬化，心肌缺血，胆固醇增高等。

首乌山萸肉煮鸡蛋

［配制］何首乌 30g，山萸肉 9g，鸡蛋 1 个。前 2 味煎取汁，去渣入鸡蛋煮熟。饮汤食蛋，早晚各 1 次，连服数天。一方用首乌 100g，取汁煮蛋。

［功能］补中益气，固肾盛精。

［益宜］中气下陷之子宫脱垂，肝肾亏虚之遗精、头晕耳鸣等。

瘦身山楂茶

［配制］山楂 15g，决明子 60g，车前子 3g，陈皮 3g，甘草 3g，加水 2 000ml，以小火煮 30 分钟，饭后随意适量，常饮。

［功能］潜阳、消积、瘦身

［益宜］肥胖、血脂、血压高者。

舒筋活血酒

［配制］老鹳草 125g，红花 50g，桂枝 75g，当归 50g，赤勺 50g。诸味研末入酒坛，入 50 度白酒 5 000ml 浸泡。一月后每饮 10～15ml，日 2～3 次温服。

［功能］舒筋活血，强健筋骨。

［益宜］跌打损伤，风湿痹痛等。

熟地山药瘦肉汤

［配制］熟地 24g，淮山药 30g，泽泻 9g，小茴香 3g，猪瘦肉 60g。各洗净，肉块同瓦锅内，加清水适量。武火煮，文火煮 1 小时，调味，食肉饮汤。

［功能］滋阴固肾，补脾摄精。

［益宜］糖尿病之脾肾虚证，小便频数量多，尿浊如泔，困倦乏力，便溏。

熟地瑶柱牛骨汤

［配制］牛骨 500g，洗净，斩件，熟地黄 60g，洗净，切片，江瑶柱 30g，洗净，浸软撕开。全料下锅加水适量，武火煮沸改文火煮 3～4 小时，调味，随量食饮。

［功能］滑肠降血压。

［益宜］高血压病，习惯性便秘等。

熟军苦丁茶

［配制］熟军 3g，苦丁茶、茜草各 10g，共为粗末，沸水冲泡。代茶饮。

［功能］滑肠降血压。

［益宜］高血压病、习惯性便秘等。

黍米阿胶粥

［配制］黍米 50g（淘净）煮粥，将熟和阿胶 30g（炙、为末），稍煮。空腹时服。

［功能］益脾止泄。

［益宜］年老体弱、下痢不止，日渐黄瘦无力，纳食减少。

蜀椒粥

［配制］蜀椒 10g，炒面 30g，粳米 50g。先煎椒，去渣留汁，和粳米煮粥，入炒面搅匀，空

腹食 3～5 匙。

[功能] 温中止痛,燥湿杀虫。

[益宜] 虫积腹痛,手足不温等。

树参猪肺汤

[配制] 鲜黄花远志根 60g,猪肺 120g。水煎,服汤食肺。

[功能] 滋肺,化痰,止咳。

[益宜] 肺结核。

双参蒸猪肝(双参别名:子母参,合合参,为川续断科植物大花囊包花的块根)

[配制] 双参 30g,蒸猪肝服。

[功能] 补血、活血。

[益宜] 肝炎。

双菇烩蛇羹

[配制] 大乌梢蛇 2 条,料理净,切段,加黄酒、葱、姜、陈皮,隔水蒸 1 小时,取肉留汤;香菇、口蘑各 25g,分别水浸,洗净,去蒂,切丝;陈皮 3g,芫荽 10g,调料适量。猪油烧热,爆香葱、姜末,加清水煮沸,下蛇骨(用纱布包),文火煮 30 分钟,弃骨入原汤,口蘑、香菇丝,蛇肉,陈皮,味精,勾玻璃芡,撒上胡椒粉和芫荽末。随量食,煮食 3～4 剂。

[功能] 解毒祛风。

[益宜] 皮肤湿疹反复发作,过敏性皮炎,皮肤化脓等。

双菇竹荪汤

[配制] 水发竹荪 50g,水发香菇 50g,水发蘑菇 50g,青菜叶 50g,西红柿 50g,精盐、味精、姜、麻油、素油、鸡汤制成。

[功能] 益气补血,软脉通经。

[益宜] 高血压、冠心病、动脉硬化、高脂血症、癌症患者、体质虚弱者等。

双瓜花粉茶

[配制] 冬瓜皮、西瓜皮各 15g,天花粉 12g。稍加水煎,代茶饮。

[功能] 滋阴消渴。

[益宜] 糖尿病。

双桂甘草茶

[配制] 肉桂 15g,桂枝 12g,甘草 9g。研粗末,沸水冲沏,代茶饮。每日 1 剂。

[功能] 温肾肝心阳,煦阳运血。

[益宜] 低血压。

双核茶

[配制] 荔枝核、橘核各10～15g,水煎,去渣,取汁。加红糖适量,代茶温饮。

[功能] 理气化结,温胃止痛。

[益宜] 寒滞肝脉之疝气作痛。

水八角根酒(水八角根为菊科植物水八角的根)

[配制] 水八角根15～30g,泡酒服。

[功能] 化瘀止痛。

[益宜] 风湿关节炎。

水牛肉羹

[配制] 水牛肉500g,冬瓜、葱白、豆豉各适量。牛肉、冬瓜分别洗净,去皮切块,葱白切段,与豆豉焖煮为羹,视口味加醋调味,空腹服。

[功能] 健脾利水。

[益宜] 水道不通,小便涩少,甚则尿闭腹胀等。

水蛇粟饭丸

[配制] 水蛇1条(料理后,去内脏,文火炙黄,捣末),蜗牛15只(水浸5日去涎,开水烫死,挑出肉,烘干研末),麝香0.5g(研末),粟米150g,姜适量。粟米煮饭将水蛇末、蜗牛末、蜗牛涎水、麝香末与饭拌匀,制成绿豆大小饭丸。每服10丸,姜汤送服,日2次。

[功能] 清热除烦,生津止渴。

[益宜] 消渴之四肢烦热,口渴心烦等。

水肿食疗方

[配制] 葱白6根,冬瓜500g,鲤鱼1条(约500g)。冬瓜切块,鲤鱼洗净,入锅加水,葱白,文火炖熟,加油盐调味。食鱼饮汤。

[功能] 健脾利水。

[益宜] 脚气病水肿,营养不良性水肿,心、肾性水肿等。注意:肾性水肿宜低盐。

水煮豌豆

[配制] 青豌豆适量。水煮,淡食。

[功能] 和中生津。

[益宜] 消渴证。

丝瓜番茄豆腐羹

[配制] 丝瓜150g,嫩豆腐400g,番茄100g,调料适量。丝瓜去皮切斜块,炒锅油6～7成熟,煸姜丝香,入丝瓜炒透;加少许水,推入豆腐,边用勺划散,加精盐、白糖调

味煮沸，下番茄片在煮 2 分钟，勾薄芡。加味精，淋上麻油。佐餐或单食。

［功能］清热解毒。

［益宜］咳嗽，咽痛等。

丝瓜金针蚌肉汤

［配制］蚌肉 30g，金针菜 15g，丝瓜络 10g，盐适量。煮汤，调味。佐餐或单食，日 1 剂，连续 10～12 剂。

［功能］清营凉血，祛风止痒。

［益宜］神经性皮炎属血热风盛型。

丝瓜藤煲猪瘦肉

［配制］近根部丝瓜藤 1～1.5 米，洗净，切与猪瘦肉 60g(洗，切块)，同置锅内煮汤，至肉熟，加盐调味。饮汤食肉，日 1 次，5 次为 1 疗程，连续 1～3 个疗程。

［功能］清热解毒，通窍活血。

［益宜］慢性鼻炎急性发作及萎缩性鼻炎，脑重头痛等。

丝瓜叶粥

［配制］丝瓜叶 15g，粳米 50g。先煎丝瓜叶取汁，入米煮粥。空腹食。

［功能］清热，凉血。

［益宜］热痢，血痢。

丝瓜饮

［配制］老丝瓜 1 段，白糖少许。丝瓜洗净，入锅加清水适量，武火烧沸后，文火煮 15 分钟，去渣留汁，加糖搅匀。代茶频饮。

［功能］凉血止血。

［益宜］热盛动血之尿血、便血、痔漏下血等。

丝瓜饮

［配制］老丝瓜 1 段，白糖少许。丝瓜洗净，入锅加清水适量，武火烧沸后，文火煮 15 分钟，去渣留汁，加糖搅匀。代茶频饮。

［功能］凉血止血。

［益宜］热盛动血之尿血、便血、痔漏下血等。

丝瓜汁饮

［配制］鲜丝瓜 2 条，红糖(或白糖)适量。丝瓜切 10～12cm 长，用竹笋叶或厚纸包裹，放红火灰里煨热，取出纱布包绞汁，加糖拌匀。日 1 剂，分 2 次冲服。

［功能］清热解毒，凉血治痢。

［益宜］细菌性痢疾等。

丝瓜粥

[配制] 丝瓜1条，去皮、瓤，切小块，入粳米50g(淘净)，置锅内加水适量。武火烧沸，文火煮至米烂成粥，加白糖少许。日2次，早晚餐食。

[功能] 清热解毒，活血通络。

[益宜] 疮疡痈疽，热盛未溃或已溃而毒热未清者。阴证疮疡不宜。

四味鱼腹裹

[配制] 鲫鱼1条(250g)，去鳞、腮、肠杂，洗净，纳月季花6g，沉香10g，芫花8g(齐洗净)于鱼腹内，扎紧，入置加米酒200ml及清水，煮鱼熟，去药，吃鱼肉饮汤，1次吃完，日1剂，连服10～15天。

[功能] 理气化痰，散结。

[益宜] 瘰疬(4)。

四汁饮

[配制] 葡萄汁、生藕汁、生地黄汁，白蜜各75g，和匀后，文火熬沸，不拘时服。

[功能] 清热祛湿，化浊。

[益宜] 热淋，小便赤热疼痛。

松针猪肝(或鸡肝)汤

[配制] 嫩松针50g，猪肝(或鸡肝)适量。松针洗净，切，纱布包裹，与猪或鸡肝同煮，去松针。喝汤吃肝。

[功能] 清肝明目。

[益宜] 夜盲症。

松竹酒

[配制] 松叶30g，竹叶15g，蜂蜜20g，白酒300ml。前二味洗净，切碎，晾干，与蜂蜜同置酒中摇匀，浸泡一月。每饮15ml，日饮2次。

[功能] 提神醒脑，消除疲劳，柔筋软脉。

[益宜] 动脉硬化等症。

松子仁金黄鸭

[配制] 净鸭1只，松子仁100g，瘦猪肉250g，鸡蛋2个，调料各适量。鸭拆骨，切6块(胸4腿2)；肉剁细末，加料酒、酱油等调料拌匀分6份；鸡蛋与淀粉调糊，涂抹鸭肉后再涂肉泥末于外，用手按紧抹平，撒满松子仁，投热油锅中待鸭肉炸上色捞出，置砂锅中加白糖、料酒、酱油、精盐、清水，文火炖鸭熟。捞起将鸭肉切斜刀块，皮向上装盘；原汤汁加味精调味收浓，浇鸭肉即可随意服食。

[功能] 滋阴、养胃，润肺，利水。

[益宜] 肺胃阴虚所致的劳热骨蒸，咳喘，便秘，吐血等。

粟米冬麻子粥

[配制] 冬麻子60g(炒熟,去皮,研细),白粟米250g,薄荷叶30g,荆芥穗30g。先煎后两味,去渣取汁。入粟米、麻子仁末,加适量水煮粥。每日空腹服1次。

[功能] 祛风润燥。

[益宜] 中风之手足不遂,语言謇涩,大便艰涩等。

粟米冬麻子粥

[配制] 冬麻子60g(炒熟,去皮,研细),白粟米250g,薄荷叶30g,荆芥穗30g。先煎后两味,去渣取汁。入粟米、麻子仁末,加适量水煮粥。每日空腹服1次。

[功能] 祛风润燥。

[益宜] 中风之手足不遂,语言謇涩,大便艰涩等。

酸浆草茶

[配制] 酸浆草6g,研粗末,入冰糖适量,沸水冲泡,代茶饮。

[功能] 清热利咽。

[益宜] 急慢性咽喉炎、急性扁桃体炎。

酸浆酒饮

[配制] 酸浆草一握,研取自然汁,与烹酒相半。和服立通。又每服半盏,暖酒半盏调。顿服立出。

[功能] 通淋,利产。

[益宜] 小便不通,气满闷。又益难产。

蒜泥马齿苋

[配制] 蒜30g,摘皮捣为泥;马齿苋500g,摘为5～6cm长段,洗净,沸水烫透,沥干;黑芝麻10g,炒香捣碎;葱白10g,洗切。把烫好的马齿苋抖散拌上蒜泥,黑芝麻,葱、白糖、精盐、花椒面、味精、酱油、醋等。佐餐食。

[功能] 清热解毒,消肿止血。

[益宜] 湿热泄泻,痢疾等。

蒜煮鸭蛋

[配制] 大蒜90g,略微捣烂,鸭蛋2只,洗净,与蒜共煮至蛋熟,取蛋剥壳,再煮15分钟,候凉,饮汤食蛋。1次服完,日1剂,食时不限。

[功能] 消肿散结。

[益宜] 瘰疬(3)。

算盘叶炒米煎

[配制] 算盘子叶60g,炒大米30～60g。水煎,不拘时服。

[功能] 清热利湿。

[益宜] 黄疸腹胀等。

算盘子草炖鸡

[配制] 鲜算盘子全草 30～60g。合雄鸡炖汤服。

[功能] 解毒消肿。

[益宜] 喉痈。

锁阳龟肉汤

[配制] 龟1只(肉、甲并用,治净,去肠杂,洗净,切块),锁阳 10g,熟地黄 30g,陈皮少许(各洗净)。全部用料投瓦锅内,加清水适量。文火炖 2～3 小时,调味随量食饮。

[功能] 补养肝肾,强壮腰膝。

[益宜] 结核性关节炎、类风湿关节炎属肝肾不足证。症见腰酸、消瘦、无力等。

锁阳桑葚蜜饮

[配制] 锁阳 15g,桑葚 15g,蜂蜜 30g。前2味洗,切共煎取汁,去渣,调入蜜,分2次服。

[功能] 补肾壮阳、润肠通便。

[益宜] 肾阳亏虚之腰痛、阳痿、遗精、大便秘结等。

锁阳萸肉鹌鹑汤

[配制] 鹌鹑1只(约 90g,治净,去肠杂,切块),锁阳 18g,山萸肉 30g,制附子 9g,茯苓 30g(诸品各洗净),全部用料入锅,加清水适量,武火烧沸后,文火煮3小时,调味,随量食。

[功能] 温补肾阳,通调小便。

[益宜] 肾阳虚之前列腺肥大,小便无力、次多,余沥,腰酸肢冷,神疲乏力等。

太子参烧羊肉

[配制] 熟羊肋条肉 350g,太子参 75g,水发香菇、玉兰片各 25g,鸡蛋1个,调料适量。太了参水煎取 50ml 备用;羊肉切成薄片;鸡蛋、淀粉加糖色少许搅成糊,入肉调匀;香菇、玉兰片切成坡刀片,同葱姜丝放在一起,将锅中油烧五成熟时下锅,炸成红黄色,出锅沥油,锅底留油约 50g,入花椒 10 余个炸黄捞出,随将葱、香菇、姜、玉兰片下锅煸炒,再入清汤 400ml,酱油、精盐、味精、料酒各适量后将羊肉及太子参浓缩汁放入,烧至汁浓菜烂时,出锅盛盘。

[功能] 温中补虚,益气生津。

[益宜] 肺虚咳嗽,脾虚食少,虚劳瘦弱,精神疲乏,心悸自汗,产后虚冷,及年老气虚体弱等。

糖醋蒜头

［配制］嫩鲜蒜头500g，食糖（红或白）350g，老醋250g酱油200g，花椒2g。蒜头去须梗，剥去两层外皮，放清水泡7天，每天倒缸1次，此后捞出晾晒，至外皮皱折时装缸，倒入前面配料，封缸30天左右。佐餐。

［功能］清肠止泻。

［益宜］感受湿寒之泄泻、痢疾等。

糖醋豌豆

［配制］鲜豌豆粒250g，用刀轻斩破皮，入热油锅炸熟捞起；另白糖50g，醋50g，合加入适量的葱、姜末、蒜泥，辣椒油搅匀倒入豌豆内拌匀。随意食。

［功能］和中下气，利小便。

［益宜］中气不足之饮食不清、腹胀、水肿、小便不利等。

藤筋汤

［配制］鸡血藤30g，红枣6枚，鹿筋45g（或牛筋、猪筋）。鹿筋清水浸12小时后，用沸水泡过，再用清水洗净，与另2味同下锅，加清水适量炖煮至鹿筋熟烂，加食盐调味。食肉饮汤，日1剂。

［功能］补益气血，强壮筋骨。

［益宜］气血不足，风湿痹痛，跌打损伤，月经不调等。

天胡荽（为伞形科植物天胡荽的全草。别名：滴滴金、破铜钱等）

［配制］鲜天胡荽30～60g，白糖30g，酒水各半煎服，每日1剂。

［功能］祛湿，利胆，解毒。

［益宜］急性黄疸型肝炎。

天花粉菊花茶

［配制］天花粉、滁菊花各30g，生甘草6g。3味加水浸泡2小时，煮沸后文火煮15分钟，去渣取汁。每日3次，以汤代茶饮。

［功能］养阴清热。

［益宜］艾滋病的早期应用。

天花粉散饮药茶

［配制］天花粉、生地黄各30g，葛根、麦冬、五味子各15g，甘草0.3g。为粗末。每用9g，加粳米100粒，水煎服。

［功能］润肺，生津，止渴。

［益宜］消渴。

天花粉山药粥、药膳

［配制］鲜天花粉 15g(干品亦可)，鲜山药 60g(干品亦可，不可炒)。天花粉切成骨牌片，同放锅内，加水适量，文火慢煮至烂熟。淡食为佳，亦可入少许盐调味。

［功能］生津止渴，固肾安中。

［益宜］消渴之口干食燥，尿频量多等。

天花粉粥、药膳

［配制］天花粉 30g，粳米 100g。先煎天花粉，去渣，取汁，入米煮粥。任意食。

［功能］清肺，生津，止渴。

［益宜］消渴及肺热咳嗽等。

天龙生军散

［配制］活天龙(守宫)1 条，旧瓦上整条焙酥，研细末和生军末 3g(为 1 服料)；白花蛇舌草 50g，煎汤去渣取汁，150ml，送服天龙生军散。口服 2 次(2 料)。

［功能］散瘀结，消岩瘤。

［益宜］食道癌患者的早期尤佳。

天麻炖甲鱼

［配制］甲鱼 1 只(约 450g)，天麻片 15g，调料适量。甲鱼宰杀后净，挖净体内黄油，用甲鱼胆在壳背上涂 1 周，腹盖向上置器中，天麻片、葱、姜覆盖其上，加黄酒适量，加盖后隔水蒸 1.5～2 小时。食时蘸麻油或随喜好调制蒜泥等调味汁水。

［功能］滋养肝肾，平肝潜阳，活血散瘀。

［益宜］高血压，肝炎恢复期等。

天麻钩藤白蜜饮、药膳

［配制］天麻 20g，钩藤 30g，全蝎 10g。白蜜适量。天麻、全蝎加水 500ml，煎取 300ml，入钩藤煮 10 分钟，去渣，加蜜调匀。每服 100ml，日 3 次。

［功能］熄风止痉，通络止痛。

［益宜］中风中经络之半身不遂，口眼歪斜，舌强语塞，头痛目眩等。

天麻钩藤双桑饮

［配制］天麻 15g，钩藤、茯神、杜仲、桑寄生各 9g，生地、桑葚各 6g。各洗、切入砂锅加水 2 500ml，沸后文火煎 30 分钟，日 2 次，分饭后 1 小时服。连服 2～3 周。

［功能］降肝火，降血压，清热安神。

［益宜］肝阳上亢，血压增高之眩晕、头痛、耳鸣、四肢麻木、动脉硬化等。

天麻酒

［配制］天麻(切)80g，怀牛膝 80g，盐附子 80g，杜仲 80g，诸研粗末。以绢袋盛，浸好酒

2 000ml。浸经 7 日,每饮 1 小盏。

[功能] 祛风除湿,活血通络。

[益宜] 妇人风痹,手足不遂等。

天麻肉片汤

[配制] 天麻浸泡软,切薄片 10g 左右,猪瘦肉 50g,切片。2 品入锅共煮汤,少许调味。药、汤俱食。

[功能] 滋阴潜阳,平肝熄风。

[益宜] 肝阳上亢,风疾上拢之眩晕,头痛等。多用于高血压、耳源性眩晕等。

天麻砂锅鱼头

[配制] 鳙鱼(胖头鱼)头 1 个(带肉重约 500g),天麻 10g,肥肉 50g,净冬笋、熟火腿、水发蘑菇各 30g,净油菜心 3 颗,奶汤 1 500g,香菜段 10g,调料适量。天麻切薄片入酒 20ml 泡;肉、冬笋切片;鱼头洗净沥干,入七成熟油中稍炸,捞出;油倒出,入姜稍炸,入肉、笋片煸炒。再入料酒、醋、奶汤、精盐、味精、胡椒面,调好后烧开倒入砂锅。把鱼头(口朝上)、冬笋片、火腿片?蘑菇片放入汤内,汤开去浮沫,入天麻、酒,加盖,文火炖 30 分钟,入油菜心、天麻片,去姜,炖 5 分钟停火,撒上葱丝和香菜段。佐餐,单食。

[功能] 平肝熄风,滋养安神。

[益宜] 眩晕头痛,肢体麻木及高血压,神经衰弱所致的头昏、失眠等。

天麻烧牛尾

[配制] 天麻 10g,牛尾 1 条,母鸡、肘子、干贝、调料各适量。肘子、母鸡炖汤。天麻洗净,放入罐内,加清水蒸透切片。牛尾净,按骨节缝剁开,放入锅内,加清水、葱、姜、白酒,煮开,去异味;锅内放入煮好的肘子、鸡汤,再放入牛尾、火腿、干贝,调色味,文火煨 2 小时,待熟捞出牛尾,整齐码入盐中,镶上天麻片,用炖罐中的汤勾芡,淋香油,浇入盘中。

[功能] 祛风湿,止痛,行气活血。

[益宜] 头晕,头痛,风湿痛。

天麻鸭子煲

[配制] 天麻 15g,生地 30g,鸭子 1 只(约 500g)。鸭宰杀,去毛及内脏,与天麻(切片),生地黄炖至鸭烂熟,或加食盐、味精等调味。食肉饮汤。

[功能] 滋阴潜阳,平肝熄风。

[益宜] 阴虚阳亢之妊娠先兆子痫,或妊娠晚期出现头目眩晕,耳鸣头痛,口苦咽干等。

天香炉煲猪瘦肉(天香炉为野牡丹科植物金锦香的带根全草或根)

[配制] 天香炉 30g,猪瘦肉 100g。加清水煲汤,肉烂入盐少许调味。饮汤食肉。

[功能] 祛风化湿,活血止痛。

［益宜］风火牙痛，妇女经闭，风湿痹痛，软组织损伤等。

田基黄煮鸡蛋

［配制］鲜田基黄 120g，或干品 30～60g，鸡蛋 2 个，木香 3～5g。田基黄与鸡蛋水煮，蛋熟后去壳，加木香末略煎。饮汤食蛋。另方无木香。

［功能］疏肝利胆，清热利湿。

［益宜］肝胆湿热之胁肋胀痛或剧痛难忍，痛引肩背、寒热往来、口苦呕恶等。

田螺茶

［配制］田螺适量。饿养清水中，使吐尽泥污，洗净，再放入清水中浸泡 1 夜，取上清液，煮沸，渴即饮之。须每日更换田螺及水。

［功能］清热止渴，除湿解毒。

［益宜］糖尿病患者。

田螺坤草汤

［配制］田螺 250g，鲜嫩坤草（益母草）125g，车前子 30g，广木香 10g。田螺漂洗干净，去尾尖，坤草切碎，车前子及广木香用布包好；诸物加水煎汤去药包，饮汤食田螺及坤草。

［功能］清热利湿，行气通滞。

［益宜］前列腺肥大属膀胱湿热者，见小便频数，量少，短赤灼热、甚者小便不通等。

田螺汤

［配制］大田螺 10～20g，黄酒 50～100ml。田螺漂养于水中，漂去泥，取肉，入黄酒搅和，加水炖熟。食肉饮汤。日 1 次。

［功能］清热利水。

［益宜］湿热黄疸，小便不利，短少黄赤，及消渴等。

田七末藕汁炖鸡蛋

［配制］鸡蛋 1 个，藕汁 30ml，田七末 3g，冰糖或白糖少许。鸡蛋打入碗加藕汁、田七末，和糖拌匀起泡，加水适量，隔水蒸熟。空腹食。

［功能］凉血止血。

［益宜］胃中积热之吐血鲜红或暗紫，脘腹胀闷，甚则疼痛，或湿热蕴结之便血鲜红，大便不畅，口苦等。

土白蔹散酒

［配制］土白蔹晒干研末，每次 3g，泡酒服。

［功能］清热利湿，散结消肿。

［益宜］关节疼痛及风痹筋急症

土白蔹猪大肠汤

［配制］茅瓜(土白蔹)鲜块根30g,酌加猪大肠,水煎服。

［功能］清热,利湿,消肿

［益宜］痔漏症。

土萆薢汤(茶)

［配制］土萆薢(即土茯苓)100～150g。水煎,不拘时徐服。

［功能］除湿解毒。

［益宜］杨梅疮及瘰疬,咽喉恶疮,痈漏溃烂,筋骨疼痛。若病久或服攻击之剂致伤脾胃气虚,以此一味为主,外加对症之药,无不神效。

土鳖酒

［配制］滚黄酒适量,土鳖十余个(焙干),研末,酒冲服。

［功能］破血逐瘀,续筋接骨。

［益宜］跌打损伤,骨折。

土常山末鸡蛋饼

［配制］土常山15g,研细末,调鸡蛋1～3只,煎成淡味蛋饼,在发冷前1小时吃完;或用土常叶煎汁服。

［功能］清热解毒,截疟。

［益宜］疟疾病。

土大黄根叶百合饮

［配制］土大黄鲜根连叶21～30g,百合9g,冰糖30g,水煎服。

［功能］清热解毒,杀虫止血。

［益宜］痨伤吐血症。

土丁桂饮

［配制］土丁桂30～60g,红糖15g。水煎服,日服2次。

［功能］清热利湿,解毒。

［益宜］痢疾症。

土丁桂猪尿瓢汤

［配制］土丁桂60g,猪膀胱1个。水煎服。

［功能］养肾化湿。

［益宜］遗尿症。

土茯苓茶根饮

[配制] 土茯苓、茶根各15g。水煎服,白糖为引。

[功能] 止血,除湿。

[益宜] 血淋症。

土茯苓龟煲

[配制] 土茯苓400g,乌龟2只。调料适量。乌龟放入盘中,加热水,使其排尽尿水,开水烫死,去头、爪、内脏,洗净。土茯苓洗净,水煎1小时,再将龟连甲一并放入,加适量盐、葱、姜、黄酒,煎3小时,调入味精,早晚餐食肉饮汤。

[功能] 养血补血,祛风湿,强筋骨。

[益宜] 风湿所致盘骨挛痛,恶疹痈肿,慢性湿疹,牛皮癣等。

土茯苓水酒煎饮

[配制] 土茯苓30g或15g,水酒浓煎服。

[功能] 解毒,除湿。

[益宜] 杨梅疮毒。

土瓜皮点酒汤

[配制] 土瓜皮点水酒煎汤服。

[功能] 通络化瘀理气。

[益宜] 膀胱偏坠气痛,或一子大硬(疝气类)。

土瓜饮

[配制] 红土瓜30g,红糖或蜂蜜为引,水煎服。

[功能] 清肝利胆。

[益宜] 慢性肝炎。

土木贼茶

[配制] 成人每天取鲜草30~60g,或干草30g,煎水当茶饮。

[功能] 清热利湿。

[益宜] 急性黄疸肝炎。据82例观察,大部分病例服茶后尿量增多,食欲好转,黄疸明显消退。

土牛膝地桃花根汤

[配制] 土牛膝15g,地桃花根15g,车前草9g,青蒿9g,水煎,冲蜜糖服。

[功能] 清热,利湿,解毒。

[益宜] 痢疾病。

土牛膝酒煎饮

[配制] 土牛膝连叶(鲜)30～60g,以酒煎服数次。

[功能] 散瘀祛湿,清热解毒。

[益宜] 男女诸淋,小便不通。血淋尤验。

土牛膝猪脚红酒汤

[配制] 鲜土牛膝 18～30g(干 12～18g),猪脚一只(7 寸),红酒和水各半,煎服。

[功能] 活血散瘀,祛风化湿。

[益宜] 风湿性关节通症。

土千年健酒

[配制] 土千年健、刀枪药各 60g。泡酒服。

[功能] 舒经通络,活血止痛,消炎。

[益宜] 风湿性关节症。

土千年健散

[配制] 土千年健研末,每服 1.5g,开水送服。

[功能] 活血止痛,杀虫。

[益宜] 蛔虫痈症。

土人参金樱根汤

[配制] 土人参 60～90g,金樱根 60 g,共煎服,日 2～3 次。

[功能] 补脾养肾敛湿。

[益宜] 多尿症。

土人参猪肚汤

[配制] 土人参 60g,猪肚 1 个,炖服。

[功能] 健脾敛汗。

[益宜] 盗汗,自汗症。

兔肉粥

[配制] 兔肉 60g,粳米 100g。兔肉切片,花生油炒,再入粳米煮粥,加少许食盐调味。每日 2 次服食。

[功能] 养阴生津益气。

[益宜] 气阴不足之消渴病,症见口渴引饮、尿多、消瘦等。

菟丝明虾酒

[配制] 菟丝子、明虾各 120g,胡桃肉、杜仲、柏子仁、续断、炒巴戟、枸杞子、牛膝、骨碎

补、朱砂各 60g。将前 10 味研粗末，盛纱布袋，扎口，放大酒坛内，加白酒 10 000ml，封口煮 90 分钟，浸泡 5 天，启封滤，滤酒撒朱砂末，搅匀，再静置过滤，澄明。每早、晚饮 10～20g。酒尽后，渣晒干为末，炼蜜为丸，每服 6g，早、晚温酒或开水送下。

[功能] 补益肝肾，壮阳强腰，通利血脉。

[益宜] 肝肾亏虚之腰酸背痛、关节不利、食欲不振、多梦易惊、阳痿、尿频等。

瓦楞子蒸鸡肝

[配制] 火段瓦楞子 10g，鸡肝 1 具，调料适量。瓦楞子研细粉，鸡肝切片，与葱、姜、盐、黄酒同置碗内拌匀，上笼蒸至鸡肝熟，加味精。

[功能] 化痰消积，补肝养血。

[益宜] 肺痨及小儿疳积等，亦用于淋巴结核。

王瓜根老酒炖瘦肉(王瓜根为葫芦科植物王瓜的根)

[配制] 王瓜根 60g，猪瘦肉 120g，加老酒适量炖服。

[功能] 泻热消肿。

[益宜] 睾丸肿大。

薇菜水皂汤

[配制] 大巢菜(薇菜)、水皂角各 30g，水煎服。

[功能] 利水消肿。

[益宜] 小便不利，水肿等。

蕹菜车前草汤

[配制] 蕹菜 120g，鲜车前草 60g，水煎服。

[功能] 清热利尿，凉血止血。

[益宜] 湿热蕴结下焦，小便黄赤不利，或兼血尿等。

乌豆汁煮酒。药膳

[配制] 乌豆 1 000g，加水 5 000ml，煮取 3 000ml 汁，去滓，加酒 5 000ml，煮取 3 000ml。分若干次饮。不愈，再制饮。

[功能] 除湿利水。

[益宜] 身肿。

乌鸡虫草山药汤

[配制] 乌鸡肉 100g，冬虫夏草 9g，淮山药 50g，共煮汤，常食佳。

[功能] 滋肺、健脾、益肾。

[益宜] 老人体虚，肺结核潮热不退，身体消瘦等。

乌鸡茴香良姜煲

［配制］乌骨鸡 1 只，去毛、肠，用茴香、良姜、红豆、陈皮、白姜、花椒、盐，同煮熟烂。以鸡令患者嗅之，使闻香气，如欲食，令饮汁食肉，使胃气开。

［功能］养阴退热，解毒止痢。

［益宜］噤口痢因涩药太过伤胃，厌食口闭，四肢逆冷，亦宜久痢。

乌鸡酒

［配制］乌雌鸡 1 只(打理净，去嘴、脚、内脏)，用江米酒 4 000g，煮取 1 000g，早、中、晚各 1 服。汗出可愈。

［功能］祛风活血。

［益宜］体虚中风之背强口噤，舌硬不得语，目睛不转，烦热苦渴，身重瘙痒等。

乌金浸酒

［配制］黑豆炒熟捣碎 1 400g，防风(去芦头)、桂心、附子(炮裂去皮脐)、羌活各 80g，熟干地黄 120g，乌鸡粪(雌者以大麻子喂 7 日后取粪)40g。诸药细挫盛生绢袋中，用好酒 1 4000ml，于瓷瓮中，重汤缓火，煮候瓮子内有香气。日 3 度，温饮 1 小盏。

［功能］祛风除湿。

［益宜］风疾。

乌麻浸酒

［配制］乌麻 500g，酒 1 000g。将乌麻熬碎，拿酒浸一宿，适量饮。

［功能］养血通络止痛。

［益宜］手脚酸痛兼微肿。

乌梅膏

［配制］乌梅 2 500g，饴糖适量。乌梅煮烂，去核，浓缩汁、肉捣膏，加饴糖拌匀，冷却装瓶，每服 10ml，日 3 次，饭前服。另方：乌梅不拘量，煎成膏含化。

［功能］滋阴生津，和胃止痛。另方曰：止久咳。

［益宜］胃阴不足之胃脘疼痛，灼热嘈杂，食欲不振等，亦宜萎缩性胃炎胃酸分泌不足。胃酸过多者忌。

乌梅木瓜汤

［配制］乌梅、木瓜、炒麦芽、草果仁、甘草各 15g。共为粗末，每用 12g，加生姜 5 片，水煎，不拘时服。

［功能］补益脾肾，润燥化积。

［益宜］嗜酒积热，熏蒸五脏，津枯血燥，小便反多，肌肉消铄，嗜食冷物寒浆者。

乌梅粥

[配制] 乌梅(槌碎)15g,粳米 100g,共水浸泡 1 宿,去乌梅,取米、汁煮粥,每日空腹食。
[功能] 清热生津,敛肺涩肠。
[益宜] 消渴及虚热烦渴,久咳久泻,或肠风下血,血色鲜红。

乌梅煮白鲞

[配制] 白鲞 30g,乌梅 6g,盐适量。白鲞切碎与乌梅加盐清煮后,食肉饮汤,顿服。
[功能] 开胃醒神,收敛止泻。
[益宜] 大肠癌伴大便溏泻等。

乌梢蛇酒

[配制] 乌梢蛇 1 条浸于酒 500ml,3～4 日。每服 10～20ml,日 3 次。另方:乌梢蛇、糯米饭、酒曲酿酒。
[功能] 祛风除湿。
[益宜] 风湿痹痛,肌肤麻木,骨、关节结核,小儿麻痹症,皮肤瘙痒等。

乌蛇浸酒

[配制] 乌蛇 180g,防风、桂心、白蒺藜、五加皮各 60g,熟地黄 120g,天麻、牛膝盖、枳壳、羌活各 90g,无灰酒 2 000ml。诸中药研粗末,袋盛,悬酒坛,酒浸,坛口封固,7 天后饮。每次 1 小盅,日 3 次,忌食毒性,黏滑食物及猪肉、鸡。
[功能] 祛风养血。
[益宜] 白癜风。

乌鸦瓜蒌白矾汤

[配制] 乌鸦一只,料理净,去内脏;瓜蒌一个,切碎,白矾 15g,合入乌鸦腹内,以线扎合,加水煮熟,分 4 次服。
[功能] 润肺化痰,收敛止血。
[益宜] 肺痨咳嗽,咯血等。

乌鱼溜冬瓜

[配制] 乌鱼 500g,冬瓜 250g,调料适量。乌鱼治净,切块后在爆香姜片的温油中略煎,烹上黄酒,加少许水焖煮 20～30 分钟,加冬瓜片,再煮 5 分钟,撒上葱花和味精,任意服食。
[功能] 利水消肿。
[益宜] 肾脏病水肿等。

无花果炖猪肠

[配制] 无花果 10 枚,猪大肠 1 段。大肠洗净切断,与无花果加水同煎煮服食。

［功能］补虚润肠，固脱止血。

［益宜］痔疮出血，脱肛，肠热便秘等。

无花果炖猪瘦肉

［配制］无花果(干品)100g，猪瘦肉200g。猪肉去筋膜，切块，与无花果合加水适量，隔水炖熟，加适量调味品调味。任意服食。

［功能］健胃清肠，消肿解毒。

［益宜］痔疮，慢性肠炎等。

无花果根(为桑科植物无花果的根)

［配制］无花果根炖猪瘦肉或煮鸡蛋吃。

［功能］祛风止痛，活血。

［益宜］筋骨疼痛，风湿麻木。

无花果蘑菇汤

［配制］无花果200g，蘑菇100g，将无花果切碎，蘑菇切条，共放进锅中，加花椒、生姜、大蒜和清水炖猪烂熟，去椒、姜，调味食。

［功能］防癌抗癌。

［益宜］肺、胃、肠癌及白血病患者食膳。

无患子根猪骨汤

［配制］无患子根30g，猪骨(脊骨为佳)200g。加清水3碗，煎至1碗，食盐少许调味。饮服。

［功能］清热泻火，解毒。

［益宜］风火牙痛及胃热牙痛等。

蜈蚣鸡蛋

［配制］蜈蚣1条，鸡蛋1个，蜈蚣焙干研末，分3份，用1份蒸鸡蛋1个(打，搅匀)吃。日2次，饭后服，连续3个月。

［功能］解毒散结。

［益宜］颈、腋部淋巴结核。

蜈蚣山甲海马散

［配制］蜈蚣6g，海马、炙山甲各10g，黄酒适量。将前3味干燥，研极细末。每服3g，日3次，连用15～20剂为1疗程。

［功能］疏肝、解郁、散结。

［益宜］肝郁气滞之乳腺癌。

五白糕

[配制] 白扁豆、白莲子、白茯苓、白山药各50g,面粉200g,白糖100g。前5味磨粉与面粉调,加水和面,入酵母发酵,发好后揉入白糖,上笼沸水武火蒸30分钟,至熟,切块,作主食。

[功能] 健脾除湿,增白润肤。

[益宜] 妇女面部黄褐斑(蕴湿型)。

五加酒

[配制] 五加根茎(细挫)500g,曲末300g,黍米1 000g,以水煎五加根茎汁,用汁淘米,浸曲拌黍米饮,常法酿酒。每服1盏,暖饮,渐加。

[功能] 活血滋补。

[益宜] 关节肿痛。

五加皮五味子茶

[配制] 五加皮、五味子各6g,白糖适量。开水冲泡代茶饮,每日1剂。

[功能] 补气益神。

[益宜] 贫血,神经衰弱等。

五粒松酒

[配制] 黄芪、独活、秦艽、川芎、防风各8g,五粒松叶(大叶)420g,麻黄(去节)28g,牛膝16g,生地60g,无灰清酒2 400ml渍,春7日,冬20日,夏5日。满日2~3度服。

[功能] 活血,通络,祛风。

[益宜] 一切风疾。

五粒松叶浸酒

[配制] 五粒松叶(10月初采)180g,麻黄(去根节)、防风(去芦头)、独活、肉桂(去皱皮)各12g,天雄(炮裂去皮脐)4g,秦艽(去苗)8g,牛膝(去苗)16g,生地黄120g。诸药细挫均匀,以生绢袋盛,用好酒2 800g浸,春秋7日,冬27日,夏5日。日满每温服1小盏,日3服,忌毒、滑、动风物。

[功能] 活血,祛风,除湿。

[益宜] 风疾。

五味蛋白蛋

[配制] 北五味子250g,鲜青壳鸭蛋12个,白糖4匙。先将五味子入砂锅,加水3碗,浸1小时后,文火煮约1小时,剩药汁半碗,弃渣;汁加白糖,小火煮沸溶化,倒入器中;鸭蛋连壳煮至半熟(蛋黄尚未凝结),逐个用剪刀打一小洞,流出蛋黄,注入五味子甜汁,以两层纸封洞口,并用黄泥将蛋糊上一层,入笼,隔水蒸1小时。每服1个,食蛋白饮药汁,日2次。

[功能] 养脏补虚，生津解毒。

[益宜] 肝硬化，见肝肿大或坚硬，消瘦乏力等。

五味子炖蜜

[配制] 五味子 3g，蜜 25g。加水少许，放盅内，隔水炖 1 小时，开水稀释服。

[功能] 敛肺止咳。

[益宜] 肺痨久咳不愈，老年慢性支气管炎咳嗽等。

五味子粉糖茶

[配制] 五味子粉、白糖各 3g，开水冲服，日 3 次，30 天为 1 疗程。

[功能] 补虚养肝。

[益宜] 黄疸肝炎转氨酶增高。

五味子红枣炖冰糖

[配制] 五味子 10g，红枣 10g，冰糖适量。水煎，日 1 剂，分 2 次服。

[功能] 补虚养肝。

[益宜] 肝炎转氨酸增高。

五枝酒

[配制] 夜合枝、花桑枝、槐枝、柏枝、石榴枝(各味均取东南嫩者挫)3g，防风(去芦头)、羌活各 4g，糯米 500g，小麦曲(末)30g，黑豆(择紧小者)200g。上 5 枝用水 700ml，煎取 300ml，去渣，澄滤浸米及豆，两宿，滤出蒸熟，后于药汁内入曲，并防风、羌活等末，同搅入瓮，如法盖覆，候酒熟时，饮 1 盏，常令醺醺，甚有大效。

[功能] 祛风除湿。

[益宜] 中风，手足不遂，筋骨挛急等症。

五爪金龙酒(五爪金龙为葡萄科植物狭叶崖爬藤的全株或根)

[配制] 五爪金龙根或全株 60～90g，泡酒 500g。浸 7 日后内服，每次 10ml，1 日 2～3 次。

[功能] 祛风除湿，活血通络。

[益宜] 风湿性关节炎，跌打损伤。

五爪龙冰糖饮(五爪龙为旋花科植物五爪金龙的根或茎叶，无毒)

[配制] 五爪金龙茎叶(鲜)30g，煎汤去渣，加冰糖炖服。

[功能] 清热，利水，解毒。

[益宜] 诸淋症。

五子补肾茶叶

[配制] 覆盆子 9g，莲子、五味子各 30g，菟丝子 6g，枸杞子 9g，芡实 15g，诸药洗净下锅，

加水 2 500ml，沸后以小火煮 30 分钟。1 日 1 剂，任时可饮。

［功能］补益肝肾，强筋生精。

［益宜］疲倦乏力，尿频、遗精、性功能减退等。

西瓜大蒜散

［配制］西瓜 1 个，大蒜适量。西瓜掏空，装满大蒜，盖好，用纸泥封固，于微火煨干，研末。每次 3～5g，温开水吞服。

［功能］利水消肿。

［益宜］肾性水肿，肝硬化腹水等。

西瓜番茄汁

［配制］西瓜 1 500g，番茄 1 000g。番茄洗净，西瓜取瓤，去子，分别用洁净纱布挤绞汁液，2 液合并。代茶随意饮。

［功能］滋阴、清热、止渴。

［益宜］热盛之口渴心烦、高热、小便短赤，或因阴虚胃热，食少纳差，消化不良等。为夏季防暑饮料。

西瓜子糯米粥

［配制］西瓜子 50g，糯米 30g。西瓜子捣烂和水煎，去渣取汁，入米煮稀粥。随意食。

［功能］清肺润肠，和中止渴。

［益宜］热病后烦渴喜干。

溪黄草泥鳅汤（溪黄草为唇形科植物线纹香茶菜的全草）

［配制］溪黄草 30g，洗净，泥鳅 250g，治净，开水拖去黏潺及血水，生姜 4 片。3 品共入锅，加清水适量，武火煮沸，文火煮 1～2 小时，调味食。

［功能］清热利湿。

［益宜］急性肝炎、急性胆囊炎属湿热者，症见胸胁胀痛、面目黄，大小便不畅等。

豨莶草煨羊肉

［配制］羊肉 700g，洗净，入沸水汆几分钟，清水漂，切小条；酒制豨莶草 50g，入砂锅，水煎取汁；白萝卜 100g，洗净切块；各佐料适量。砂锅加水，用羊骨垫锅底，入羊肉煮沸后去沫，加姜、葱、花椒、绍酒，转中火煮 30 分钟改文火，加药汁。白萝卜煨至熟软，拣去姜、葱、花椒，放精盐、胡椒面，调入味精。佐餐食。

［功能］祛风散寒，利湿补虚。

［益宜］寒湿痹证。

豨桐芝麻烫

［配制］豨莶草 15g，臭梧桐 15g，芝麻梗 30g。水煎服。

［功能］祛风通络，强壮筋骨。

[益宜] 卒中后遗症之半身不遂、肢体麻木、筋络拘挛,时痛等。

仙鹤草红枣汤

[配制] 仙鹤草 30～60g,红枣 10 个。水煎服。日 3 次,代茶。

[功能] 健脾补血,凉血止血。

[益宜] 血虚有热之吐血、咯血、尿血,便血,月经过多及创伤出血等。

仙鹤红枣汤

[配制] 仙鹤草 30～60g,红枣 10 个,水煎每日 3 服或代茶饮。

[功能] 健脾补血,凉血止血。

[益宜] 血虚有热,吐、咯、尿、便血,月经过多及创伤性出血等。

仙灵脾酒

[配制] 仙灵脾 500g,另方:600g;无灰酒 2 500ml,另方:酒 1 000ml,浸 3 日后,每服 20～30ml,另方:随时饮。

[功能] 补阳气,强身壮体。另方:益丈夫,兴阳。

[益宜] 半身不遂,筋痿骨弱等。另方:腰膝冷痛等阳虚之证。

仙茅参蒸酒(别名:毛草七、水防风、条参、茅草细辛。为菊科植物白茎鸦葱的根)

[配制] 仙茅参 9～15g,蒸酒服。

[功能] 调经益血。

[益宜] 跌打损伤,月经倒行。

仙茅菟丝当归炖羊肉

[配制] 仙茅 18g,菟丝子 15g,当归 9g,羊肉 60g,盐少许。菟丝子布包与仙茅、当归共煎取汁 3 碗,入切碎之羊肉炖汤,以盐调味服,日 1 剂,连服 7～8 剂。

[功能] 调摄冲任,养血润燥。

[益宜] 牛皮癣属冲任不调者(见妇女皮损在孕期减轻或消失,但产后复发或加重)。

仙人掌草酒(备注:《中华本草》、《中药大辞典》均无此药名。仅《本草纲目》仙人杖根条下见)

[配制] 仙人掌草 1 000g,甘草、酒各适量。两草共浸酒。酌量饮。

[功能] 清热凉血。

[益宜] 肠风下血。

仙人掌猪肚汤

[配制] 仙人掌 30～60g,猪肚 1 个,仙人掌去刺,切,装入猪肚内,文火炖猪肚烂熟。饮汤食肉。

［功能］行气活血，健脾益胃。

［益宜］气滞血瘀，胃痛年久等。

仙人仗浸酒

［配制］仙人仗草根并苗 60g，羌活（去芦头）8g，两味细挫，杏仁（去皮尖，研炒）8g，入醇酒 1 000ml，于瓶内密封，7 日后取开。每日空腹暖服 1 盏，临睡再服。

［功能］清热解毒。

［益宜］食风热毒气，结成瘰疬。

仙人杖根酒

［配制］仙人杖根（洗刮去土皮）76g，用生绢囊储，以酒 1 400ml 浸 7 日。每日温饮 1～2 盏，酒欲尽，再入 350ml，依前浸服。

［功能］祛风。

［益宜］柔风脚膝痿弱，久积风毒，上冲有膊胸背疼痛，及妇人产后中风等。

鲜地黄汁

［配制］鲜地黄 500g，榨取汁，调入冰糖末适量。每服 20ml，日 3 服，中病即止。

［功能］养阴清热，凉血止热。

［益宜］阴虚发热，血热失血等。

鲜功劳叶菜

［配制］鲜功劳叶 60g，洗净，切碎，水煎数沸，去渣取汁，代茶频饮。

［功能］清热滋阴。

［益宜］结核病患者（肺结核尤佳）

鲜荷叶汁

［配制］鲜荷叶一张，洗净，榨汁，加冰糖适量调匀，每服 150～200ml，日 3 服。

［功能］凉血止血，清热解暑。

［益宜］血热妄行之吐、衄、咯、尿血，感受暑热头胀胸闷、口渴、小便短赤等。

鲜藕柏叶汁

［配制］鲜藕 500g，连节洗净，切细粒榨汁，鲜侧柏叶洗净，榨汁，两汁合加蜂蜜 15g，文火隔水炖 5 分钟。随量饮。

［功能］清热凉血，散瘀止血。

［益宜］血热兼血瘀月经痛，症见先期，量多，经期长，色红而有血块等。

鲜柿液

［配制］未成熟柿子 250g。洗净，切片，捣碎，绞汁，分 2 次用沸水冲服。

［功能］补碘。

［益宜］单纯性甲状腺肿大。

香椿拌豆腐

［配制］鲜香椿叶或水发干香椿 100g，豆腐适量。将香椿切成碎末；豆腐煮，过凉开水，切丁与香椿末入盘加盐、味精、麻油、拌匀佐餐。

［功能］清热解毒，和胃健脾，利湿。

［益宜］内热湿重，肌肤易生粉刺者。

香蕉皮柿饼饮

［配制］香蕉皮 60g，柿饼 10 个，香蕉皮洗净，与柿饼共煎 30 分钟，取汁，日分 2 次服；或用青柿子捣烂挤汁，每服 1 小酒盅，早晚各 1 次。

［功能］清热、生津、止渴、润肺、降压等。

［益宜］高血压及有中风倾向的患者。

香连猪肚丸

［配制］木香 5g，黄连、生地、青皮、银柴胡、鳖甲各 30g。为细末，入猪肚内缚定，砂锅内煮烂，取出捣丸，梧桐子大（小儿服作秫米大），每服 30 丸，米饮送下。

［功能］养肝脾，清虚火内热。

［益宜］骨蒸疳痨羸瘦、痨痢等症。

向日葵托红枣汤

［配制］向日葵托 1 个，红枣 20 个，共洗净加水 3 碗，煮至 1 碗。饮汤食枣。

［功能］益阴养精。

［益宜］降压及高血压头痛等。

消渴汤

［配制］生猪胰子 100g，黄芪、山萸肉各 15g，生地、山药各 30g。后 4 味洗加水浸泡 2 小时后，煮沸文火煎 40 分钟，纱布滤取药液，加水二煎 30 分钟，滤汁，两液合入洗净之生猪胰子，煮熟。食肉饮汤。

［功能］补气生津。

［益宜］气阴两虚之糖尿病、多饮、多尿、消瘦、乏力等。

消暑冬瓜茶

［配制］荷叶、生地各 9g，冬瓜 300g，夏枯草 6g，红糖适量。前 4 味加水 2 000ml，沸后文火煮 30 分钟，加红糖调味。温或凉后代茶饮。

［功能］凉血降暑，除心烦，困倦，口渴。

［益宜］暑热生疮疖，痱子，心烦、困倦、口渴，身体发热，出汗等。

消肿饮

［配制］灯草1把(先用水500g,煎至250g),萝卜子30g(微炒),砂仁6g(微炒)。将后2味研末,倾入灯草汤内,略滚即入茶壶内,频饮,不效,如前再制。候腹响放屁,小便量多而重即退。

［功能］消胀利水。

［益宜］水肿,腹胀。

小豆叶羹方

［配制］小豆叶500g,调料适量。小豆叶洗净,切碎,加水,调入五味,熬浓汤。日2～3次。温热饮。

［功能］缩尿止遗。

［益宜］小便频数,遗尿等。

小果千金榆(为桦木科植物小果千金榆根皮。别名:大叶马料、野梅树等)

［配制］小果千金榆根30～60g,米酒煎服。

［功能］解毒除湿。

［益宜］赤白淋症。

小红参泽兰酒(小红参,别名:滇紫参,小活血,小红药)

［配制］小红参、女金芦、泽兰各150g。泡酒2.5千克。浸泡半月后,每服20～40ml,日一服。

［功能］舒经,活血,通络。

［益宜］面神经麻痹。

小茴香粥

［配制］炒小茴香20g,粳米100g。小茴香放入纱布袋内,扎口,水煎半小时,入洗净粳米煮粥。作早晚餐,服时酌加精盐、味精调味。

［功能］健脾暖胃,行气止痛。

［益宜］阴寒腹痛,小肠疝气,睾丸偏坠肿胀,呕吐食少等。实热及阴虚火旺者不宜。

小麦(别名:麸)

［配制］①小麦煮饭及煮粥食之;②小麦360g,通草60g,水1 080g,煮取汁360g,饮之。

［功能］止渴,益肾,除热。

［益宜］①消渴口干;②老人五淋,身热腹满。

小茄(别名:小寸金黄,为报春花科植物小茄的全草)

［配制］小寸金黄30g,藤乌9g。泡酒服。

［功能］除湿止痛。

［益宜］风湿性关节痛。

辛夷炖猪脑

［配制］辛夷花 15g，川芎、白芷各 10g，猪脑（牛、羊脑亦可）1 具。猪脑洗净（剔去杂质，挑破血筋）备用；前 3 味置砂锅加水 200ml，文火煮 30 分钟取汁，置碗中入猪脑，隔水煮 60 分钟，熟，饮汤吃猪脑。

［功能］补脑通窍，扶正祛邪。

［益宜］体质虚弱，邪阻清窍所致的慢性鼻炎、记忆力减退等。

辛夷煮鸡蛋

［配制］辛夷花 10g，红皮鸡蛋 2 枚。辛夷花置砂锅加水 300ml，煎 30 分钟，再将鸡蛋洗入锅煮 10 分钟，取出蛋去壳，在蛋白上刺孔，再入锅煮 20 分钟。食蛋饮汤。

［功能］扶正祛邪，通窍止痛。

［益宜］邪滞清窍，久病体虚所致的鼻流脓涕、头痛脑重等。

杏仁梅枣糊

［配制］乌梅 1 枚，黑枣 2 枚，杏仁 10 粒。黑枣去核，杏仁温水泡去皮、尖。3 味共研泥糊，男性用酒，女性用醋调和送服。

［功能］生津止渴，健脾和胃，滋补肝肾，祛痰止咳，润肠平喘，抗癌。

［益宜］肺癌见咳嗽、气喘、痰多胸闷，胃纳不佳，口燥便干等。

杏仁奶茶

［配制］杏仁 200g，牛奶、白糖各 250g。杏仁浸去皮，磨取杏仁汁，入锅加糖、牛奶，烧沸，随意饮服。

［功能］止咳化痰，平喘，润肠，抗癌。

［益宜］肝癌咳嗽、气喘，胸闷，气急。

萱草茅根汤

［配制］黄花菜 30g，鲜白茅根 30g，水煎取汁，代茶饮。

［功能］凉血止血。

［益宜］血热出血、量多、血色鲜红、伴身热、烦躁、舌红苔黄等。

玄参磁石酒

［配制］玄参 180g，磁石（烧令赤，醋淬 7 遍，细研，水飞）180g。以生绢袋盛，酒 3 000ml，浸 6～7 日。每服 1 盏，空腹临卧温服。

［功能］通经脉化寒痰瘀结。

［益宜］瘰疬寒热，先从颈腋诸处起者。

玄霜雪梨膏

[配制] 雪梨汁 1 000ml，藕汁、生地黄汁、茅根汁各 500ml，麦门冬汁、生莱菔汁各 250ml。过滤诸汁，火上煎炼，入蜂蜜 500g，饴糖 250g，生姜汁 125g，再熬成膏，每服 3～5 匙。

[功能] 生津止渴，凉血止血，化痰止嗽。

[益宜] 阴虚痰嗽喘，及劳嗽久不愈，咯血者。

玄菟散(原名：玄菟丸，方名)

[配制] 菟丝子(酒浸，为末)300g，五味子(酒浸，为末)210g，茯苓、莲子肉各 90g(为末)，山药 180g(为末)。共和匀，每服 10～15g，白米酒或黄酒加米汤调服，每日 2 次。

[功能] 健脾利湿，补肾益精。

[益宜] 三消渴利，遗精白浊。

血藤牛筋汤

[配制] 牛筋 50g，鸡血藤 30g，补骨脂 9g。3 味洗净水煎，待牛筋热后去药。食筋喝汤。

[功能] 补血养体。

[益宜] 白细胞减少症。

鸭蛋姜汁羹

[配制] 生姜适量(捣、绞取汁)，鸭蛋 1 个，打碎调姜汁内匀。共煎八分熟，入蒲黄 9g，煎 5～7 沸。空腹温服。

[功能] 健脾化湿。

[益宜] 妇人胎前产后赤白痢。

腌醋蒜

[配制] 鲜蒜头 5 000g，食盐 300g，糖色 100g，清水 1 000g。蒜头泡去两层外皮，清水浸泡 6 天。每天倒换 1 次。拔出辣味，沥水，晒至表皮起皱，装缸。再将醋、盐、糖色，混合，烧开，趁热倒进蒜缸。腌渍 40 天。佐餐食。腌汁加盐、醋、糖可续用。

[功能] 解毒止痢。

[益宜] 泻痢日久不止。

延年生石斛酒

[配制] 生石斛 180g(槌碎)，牛膝 60g，杜仲、丹参各 32g，生地黄 20g(切，暴令干)。诸药盛袋，浸酒 1 400ml，封器口 7 日。每食前温服 20ml，日 3 夜 1 次。

[功能] 利关节，坚筋骨。

[益宜] 风痹脚弱，腰胯疼冷等。

羊肝谷精白菊汤

[配制] 羊肝 60g,谷精草、白菊花各 10g。羊肝洗净切片,谷精、菊花洗净盛纱布袋,扎口,与羊肝同炖至肝熟,去药袋。食羊肝饮汤。

[功能] 羊肝益血,清热平肝。

[益宜] 肝虚之夜盲、视物模糊,及肝肾两虚之痫证日久不愈等。

羊肝韭子粥

[配制] 羊肝 50g,韭子 10g,粳米 100g。羊肝切细,韭子炒研细,水煎取汁,入米及羊肝煮为粥。调味,空腹服。

[功能] 养肝明目。

[益宜] 肝血虚之视物昏花,雀盲等。

羊肝四物汤

[配制] 羊肝 200g,洗净,切薄片,入精盐 2g,酱油、绍酒、湿淀粉调匀;旱莲草 6g,熟地 10g,当归 6g,川芎 6g,白芍药 8g,炒枣仁 6g,枸杞子 10g,诸味净,煎取药汁;熟猪油 12g,精盐 6g,味精 2g,胡椒粉 1g,水发木耳 20g,绍酒 2g,湿淀粉 20g,黄花 10g,酱油 3g,鸡汤 400g。炒锅置旺火上,加药汁,鸡汤、木耳、黄花煮开后将木耳、黄花捞入碗内,肝片抖散下锅,汤开时,撇去泡沫,肝片浮起即加盐,胡椒面、熟猪油、味精、盛入碗内。

[功能] 补血养肝,明目安神,舒心理气。

[益宜] 夜盲症、眼花心悸、失眠健忘等心肝血虚证,以及妇女月经失调等。

羊肝益睛汤

[配制] 羊肝 100～150g,谷精草、白菊花各 5g。各洗净,切片、段,一同煎煮服。每日 1 服。

[功能] 清窍明目。

[益宜] 夜盲症,角膜、白内障。

羊胫骨大枣汤

[配制] 羊胫骨 1 根,大枣 100g。羊胫骨砸碎入锅与大枣同加水煮,沸后文火煮 1 小时。饮汤食枣,分 2～3 次。15 日为 1 个疗程。另方用羊胫骨浸酒。

[功能] 补髓生血。另方曰:活血化瘀。

[益宜] 再生障碍性贫血,血小板减少性紫癜等。

羊肉氽冬瓜

[配制] 羊肉、冬瓜各适量。羊肉洗净,切片,冬瓜去皮,切片。按常氽汤。

[功能] 补益气血,利水消肿。

[益宜] 体虚妊娠水肿。

羊肉鱼鳔黄芪汤

[配制] 羊肉150～250g，鱼鳔50g，黄芪30g。羊肉洗净，切片，同鱼鳔、黄芪同加水煎煮，放入适量桂皮、姜、盐煮熟。饮汤食肉及鱼鳔。

[功能] 益气温脾补肾。

[益宜] 脾肾阳虚所致的遗尿、尿频、畏寒等。

羊乳饮

[配制] 羊奶250ml，竹沥15ml，蜂蜜20g，韭菜汁10ml。羊乳煮沸加入后3味。再沸。代茶饮。

[功能] 豁痰涎，化瘀血。

[益宜] 中风痰壅，瘀血所致之噎膈、反胃等。

羊头烩

[配制] 羊头1个，调料适量。羊头治净，上屉武火蒸至烂熟，取出晾凉，切成2cm长，1.5cm宽的块，入锅加适量清水、葱、姜、盐、味精、黄酒等，武火炼至入味。吃肉喝汤。

[功能] 补虚羸，止眩晕。

[益宜] 虚风内动之眩晕。

羊脂阿胶黍米粥

[配制] 羊脂50g，阿胶10g，蜡10g，黍米100g。诸品入锅加水煮粥。空腹食。

[功能] 温中补虚，缓急止痛。

[益宜] 下痢腹痛，久痢不愈等。

野大豆藤红枣汤

[配制] 野大豆藤30～120g，红枣30～60g。加堂煮。食枣饮汤。

[功能] 健脾益阴敛汗。

[益宜] 盗汗。

野菊花粥

[配制] 野菊花200g，粳米100g，麻油10g，盐3g，味精1g，水1 000g。菊花洗净切段。米洗，加水煮粥，将熟，加菊花、盐、味精、麻油、稍煮，熟，即成。随意食。又方：菊花末10g，北粳米50g，冰糖少许。

[功能] 清热解毒，明目去翳。

野葡萄末炒鸭蛋(野葡萄又名：蛇葡萄、山葡萄、酸藤、蛇白蔹、过山龙等)

[配制] 山葡萄叶粉15g，放鸭蛋白内搅匀，用茶油煎炒，另取山葡萄枝30g，煎汤，一半代茶配前炒蛋内服，另半洗擦皮肤。

[功能] 消炎利尿。

[益宜] 慢性肾炎。

夜明砂猪肝煎

[配制] 夜明砂 10g,猪肝、食油各适量。先在热锅内放适量清油,再将切片之猪肝与夜明砂煎炒,熟,入盐等佐料。分数次吃完。另方:夜明砂 6g、猪肝 90g。蒸法。

[功能] 滋阴补肝。

[益宜] 目翳证。见目睛红赤、迎风流泪、痛涩难睁、白膜遮睛,甚或夜盲。

苡仁附子败酱散煎

[配制] 薏苡仁 15g,附子 3g,败酱草 7.5g。共研粗末。水煎顿服。

[功能] 排脓,消肿。

[益宜] 慢性阑尾炎急性发作,腹痛柔软,压痛不明显等。

苡仁竹叶散

[配制] 薏苡仁、滑石、茯苓各 20g,竹叶、连翘各 12g,白蔻仁、通草各 6g。共治净,焙干,研极细末。每服 20g,日 3 次。

[功能] 化湿解毒。

[益宜] 湿郁经脉,身热身痛,汗多自利,关节不利等。

薏根公英鬃草柳根汤

[配制] 薏苡根 10g,蒲公英、猪鬃草、杨柳根各 3g。水煎服。

[功能] 利水通淋,凉血止血。

[益宜] 肾盂肾炎,泌尿系感染或结石,如血尿紫红、小便热涩刺痛。

薏米防风饮

[配制] 生薏米 30g,防风 10g,煎水当茶饮。

[功能] 散风利水。

[益宜] 风邪水肿,恶风、小便不利等。

薏米粉

[配制] 薏米粉 20g,盛纱布袋内,松紧扎紧口,中火熬 30 分钟后取汁倒茶盅内调入软骨素 1g,鱼肝油 30g,酌量饮之,日饮 1 次。

[功能] 细腻皮肤。

[益宜] 肌肤粗糙,痤疮,扁平疣等。

薏米绿豆百合粥

[配制] 薏米 50g,绿豆 25g,鲜百合 100g,白糖适量。百合扳成瓣,撕去内膜,用盐轻捏一下,洗净,去苦味。绿豆、薏米洗净。水煮五成熟,加百合,文火焖成粥,加

糖食。

［功能］润肺益气，利湿解毒。

［益宜］湿疹、酒刺、肺燥咳嗽等。

薏苡仁菱角半枝汤

［配制］薏苡仁、菱角肉、半枝莲各30g。水煎取汁，日内分2次服。

［功能］利湿解毒，抗癌。

［益宜］湿盛毒素之胃癌，宫颈癌患者食饮。

茵陈车前子茶

［配制］车前子300g，茵陈150g，水煎取汁，代茶饮，2日1剂，连服半月。

［功能］清热利湿，利疸退黄。

［益宜］黄疸性肝炎，小便不利，身黄等。

茵陈膳饮

［配制］①茵陈（适量，洗净），细切，煮羹食之，生食益宜；②茵陈蒿250g，配以精盐、味精、白糖、麻油制成；③茵陈500g，水1 500g，蜂蜜250g。茵陈水煎，浓缩，加蜜收膏，每天早、晚各服1次，每次1汤匙；④金钱草5g，败酱、茵陈各30g，水煎取汁1 000ml，加白糖调匀，温，代茶饮；⑤茵陈、橘皮各10g，煎代茶饮；⑥茵陈15g，代茶饮，每日1剂，1月为1疗程；⑦茵陈、山楂、生麦芽各15g，为1日量，加工成糖浆500ml，日3服，连服三个月。

［功能］清热利湿，利胆退黄，降脂排石。

［益宜］①大热黄疸，风热瘴疟，小便不利；②湿热黄疸，小便不利等；③慢性肝炎，身黄便秘等；④慢性胆囊炎、胆结石；⑤发热不退，脘痞腹胀、恶心呕吐，便溏，小便浑浊等；⑥高胆固醇；⑦高脂血症。

茵陈五苓散

［配制］茵陈240g，泽泻33g，猪苓、茯苓、白术各10g，桂心6g，为末，每服10g，开水冲泡，弃渣，日3次。

［功能］祛湿，利胆，行水，退黄。

［益宜］湿热黄疸，小便不利，偏湿重者。

茵陈粥

［配制］茵陈30～60g，粳米50～100g，白糖适量。茵陈洗，煎服去滓，取汁，入粳米煮粥，熟加白糖煮一二沸（宜薄）。每日2～3服，7～10天为1疗程。

［功能］清利湿热，退黄疸。

［益宜］肝胆湿热引起的急性传染性黄疸型肝炎。

银白粥

[配制] 银花 10g,白头翁 6g,洗净,煎取汁,去渣,入粳米 100g,煮粥调红糖少量。日 2 服。

[功能] 清热,凉血,解毒。

[益宜] 疫毒痢,症见脓血便,壮热口渴,腹痛。

银花散

[配制] 蒲公英、银花各 400g,薄荷 200g,甘草 100g,胖大海 50g,淀粉 30g。先取前 2 味之一半与第 3、4、5 味洗净,焙干,研极细末;前 2 味另半煎煮滤汁 2 次,合 2 次液熬浓稠,淀粉调和药汁成糊,投前研药末,和匀,过 20 目筛,烘干即可。每服 10g,日 3 服,开水冲服。

[功能] 清热解毒。

[益宜] 热毒炽盛之咽喉肿痛、声哑等。

鹰不泊瘦肉汤

[配制] 猪瘦肉 250g,洗净,切块;鹰不泊根、白背叶根各 30g,洗净,切碎;红枣 4 个,洗净,去核;全料入锅,加水适量,武火煮沸,文火煮 2 小时,调味食。

[功能] 舒肝活血,化瘀散结。

[益宜] 慢性肝炎,早期肝硬化属肝郁血瘀者,症见胁肋痛、肝脾大等。

蘡薁根炖肉

[配制] 蘡薁根 60g,猪瘦肉 60g,酒、水各半,同煎,喝汤食肉。现代用法,清水煎,加黄酒 1 匙。14 天为 1 疗程。

[功能] 清湿热,消肿毒。

[益宜] 湿痰流注。现代用于急性黄疸型传染性肝炎。

鳙鱼川芎白芷

[配制] 鳙鱼 1 条,川芎、白芷各 60g,将鳙鱼去鳞、鳃及内脏,洗净;2 袋盛纱布袋,扎口,同鱼炖至鱼熟,弃药袋,调味。食肉饮汤。

[功能] 祛风止痛。

[益宜] 风寒头痛。

油浸白果

[配制] 半青带黄表面无丝毫损伤的大粒新鲜白果摘下适量,不水洗,不去柄,浸入生菜油中,满 100 天方可服食。早、中、晚饭前各食 1 粒(小儿酌减),连服 1~3 个月有效。

[功能] 化痰、止咳、定喘。

[益宜] 肺结核。

玉米糊

[配制] 玉米粉 30～60g。调糊，锅中水沸后倒入，搅匀。熟入麻油、葱、姜、食盐调味。空腹食。

[功能] 降血脂。

[益宜] 高脂血症、高血压、冠心病等。

玉米西瓜香蕉汤

[配制] 玉米须、西瓜皮、香蕉各适量。水煎，代茶饮。

[功能] 滋阴平肝，清热除烦。

[益宜] 原发性高血压病。

玉米须冬瓜赤小豆茶

[配制] 玉米须、冬瓜皮、赤小豆各适量。煎汤取汁，代茶饮。

[功能] 利水消肿。

[益宜] 急性肾炎之浮肿、尿少等。

玉米须煎

[配制] 玉米须 30g，煎汤适量。水牛角磨水兑入，红糖调匀，日 1 剂，分 2 服。

[功能] 泄热平肝。

[益宜] 高血压头痛、头胀，心烦易怒，夜眠不宁等。

玉米须速溶饮

[配制] 玉米须 1 000g，加水适量，煎 1 小时，滤汁，文火煎至 100ml，待冷后，拌白糖 500g，令吸尽药汁，晒干，装瓶备用。每用 10g，开水冲，日 3 服。

[功能] 利消肿，清热平肝。

[益宜] 水肿，小便不利，肾炎水肿，肾结石腰痛，尿血等。

玉米须茵陈汤

[配制] 玉米须 30g(鲜品加倍)，茵陈、车前草各 30g，白糖适量。前 3 味加水适量，浓煎去渣，入白糖调。每 200ml，日 3～5 次。

[功能] 清热除湿，利胆退黄。

[益宜] 湿热黄疸，身目俱黄，发热口渴，小便深黄，，胆囊炎等所致黄疸。急性期每日 2 000ml，分 3～4 次服。

玉米汁鲫鱼汤

[配制] 鲫鱼 1 条(约 350g)，玉米须、玉米芯各 100g，调料适量。玉米须、芯加水煮沸 20 分钟，取汁；鲫鱼去鳞、肠杂，净，酒渍片刻，氽入汁水中，加黄酒、姜片烩 30 分钟，撒上葱花、味精。食鱼饮汤。

［功能］利水消肿。

［益宜］水肿、尿少、尿频、尿急、尿痛等尿道感染。

玉楂冲剂

［配制］玉竹、山楂各500g，糖粉、白糊精各适量。山楂水煎2次，每次15分钟，玉竹水煎熬2次，每次30分钟，合并2液，沉淀，取上清液，浓缩成浸膏入3倍量的糖水，1倍量的白糊精，搅匀，制颗粒，干燥，过筛。每服22g，开水冲服，日3次。

［功能］滋阴活血通脉。

［益宜］冠心病，心绞痛，血脂高症等。

玉竹参果猪肉汤

［配制］玉竹、沙参各15g，麦冬9g，3味煎汤，去渣，取汁，加入猪片猪熟，加食盐调味服。每1～2天1剂，连服20～30天。

［功能］益肺通窍。

［益宜］鼻咽癌患者辅疗膳食。

玉竹参果猪肉汤

［配制］玉竹、沙参各15g，麦冬9g，3味煎汤，去渣，取汁，加入猪片猪熟，加食盐调味服。每1～2天1剂，连服20～30天。

［功能］益肺通窍。

［益宜］鼻咽癌患者辅疗膳食。

玉竹茶

［配制］玉竹9g，制成粗末。沸水冲泡代茶饮。

［功能］养阴润燥，生津延年。

［益宜］更年期口干舌燥者。

玉竹食醋旱莲草饮

［配制］玉竹15g，食醋适量，旱莲草9g。玉竹、旱莲草煎水，加醋后调匀饮。每日1剂，连服数剂。

［功能］养胃阴，祛虚火。

［益宜］胃中虚火引起的牙龈出血。

芋艿糕

［配制］糯米粉350g，粳米粉150g，芋艿500g，熟猪油、白糖适量。前2味粉混合，加糖，水搅厚糊；芋艿煮熟，去皮切丁，拌糊内，盛器内涂一层猪油，入芋艿糊，上屉蒸20～25分钟。随意食。

［功能］软坚散结。

［益宜］为肿瘤患者之膳食。

芋粥

［配制］鲜芋头 100g,洗净,刮皮,切细片,与粳米 50g 同煮粥,熟,入白糖少许调匀。空腹食。

［功能］消疬散结,宽肠胃。

［益宜］瘰疬,肿毒,气虚食少等。

郁李苡仁粥

［配制］郁李仁 50g,薏苡仁 60g。郁李仁捣、煎取汁,去渣;以汁煮苡仁成粥。早、晚当饭吃 1 碗。另方以郁李仁 15g,取汁煮粳米 50g。

［功能］利尿通便消肿。

［益宜］肾阳虚致局部水肿、全身浮肿或轻度腹水。另方:亦宜肝硬化。

元肉花生汤

［配制］花生仁(连红衣)250g,大枣 15g,桂圆肉 12g。大枣去核,与花生仁、桂圆肉加水同煮后服食。日 1 剂。

［功能］健脾补心,养血止血。

［益宜］脾虚肌衄或虚劳血虚等。多用血小板减少性紫癜及贫血。

芸香草酒(芸香草别名:香茅筋骨草,韭草等。为禾本科植物芸香草全草)

［配制］香茅筋骨草、牛舌头根、松节、石岩姜,泡酒服。

［功能］活血化瘀,祛风止痛。

［益宜］鹤膝风(大骨节病,风湿,类风湿等。编者注)

枣花翳还眼散

［配制］车前子、知母、茺蔚子、人参、防风、茯苓、玄参各 6g,黄芩 4.5g。共为粗末,水煎,去渣服。

［功能］补气养血,化翳,明目。

［益宜］枣花内障。症见:白睛之内,映出白翳,如枣花锯齿之状。

泽肤膏

［配制］牛骨髓、真酥油各等份。合炼一处,以净瓷器储之。每服 3 匙,空腹时用热酒或蜜汤调喂。

［功能］滋阴养血,润肺止嗽。

［益宜］皮肤枯燥如鱼鳞;肺燥咳嗽。

泽兰炖团鱼

［配制］活甲鱼 1 只,泽兰 10g。活团鱼先用热水烫皮使其排尿后,切开去肠脏。泽兰叶焙干研末,纳治净之甲鱼腹内,加清水适量,放瓦盅内隔水炖熟,加少许米酒服

食，隔日1次，连续3～5次，显效。

[功能] 活血滋阴，软坚散结。

[益宜] 疟疾后之脾肿大、妇女经闭等。

增液汤加味饮

[配制] 元参30g，麦冬24g，细生地24g，麻子仁20g(水研捣，滤汁)。以麻子仁滤液煎前3味，取汁适量顿服，日1剂。

[功能] 增液润燥滑肠。

[益宜] 内热，津液亏损，肠失濡润，数日不便，口渴，舌干红，脉细数等。

蔗鸡饮(蔗鸡为禾本科植物甘蔗节上茁生之嫩芽)

[配制] 蔗鸡90g，清水5碗，煎取1碗，不拘时温服。

[功能] 滋阴生津解渴。

[益宜] 糖尿病患者。

蒸带鱼女贞子

[配制] 鲜带鱼1条，女贞子20g。鲜带鱼治净，去内脏、头鳃，切段，入笼蒸熟，取上清油与女贞子混合，加水再蒸，20分钟后取汁服。

[功能] 补益肝肾。

[益宜] 肝肾不足之腰痛、胁痛、消瘦乏力等。可为慢性迁延性肝炎的助疗。

芝麻猪肝片

[配制] 猪肝250g，豆油100g(实耗)，芝麻100g，面粉50g，鸡蛋2个，精盐、葱、姜各适量。肝切薄片，用葱姜末调，沾上面粉、蛋汁、芝麻，入热油中炸透。佐餐。

[功能] 滋肝肾，养阴血。

[益宜] 肝肾不足，阴血虚少之目昏睛暗，夜盲等。

止痢茶

[配制] 鲜马齿苋750g，洗净，干蒸5分钟，捣烂取汁，再加适量冷开水捣取汁液，合并3汁。随意当茶饮，日1次。

[功能] 清热止痢。

[益宜] 细菌性痢疾，急性胃肠炎，急性阑尾炎，功能性子宫出血等。

枳椇子粥

[配制] 枳椇子15～20g，粳米50g。枳椇子加水200ml，煎取100ml，去渣，入粳米，再加水400ml，煮为稀粥。每日2次温服或空腹顿食。

[功能] 止渴、除烦、解酒毒。

[益宜] 热病烦渴，醉酒及酒精中毒等。

枳壳糖浆 药膳

［配制］炒枳壳 60g，升麻 15g，黄芪 30g，红糖 100g。前 3 味加水 800ml，煎取 500ml，加红糖。每服 20ml，日 2 服。

［功能］补气升阳。

［益宜］气虚下陷之阴挺、腹坠腰酸等。多用于子宫脱垂。阴虚火旺及肝阳上亢者不宜。

雉肉炖虫草

［配制］雉肉 250g，冬虫夏草 9g，雉肉洗净，切小块，与冬虫夏草同炖至肉熟。佐餐服食。

［功能］益气固肾。

［益宜］肾虚小便频数，气短乏力等。有痼疾者不宜食。

钟乳山萸薏仁酒

［配制］钟乳石、山茱萸、薏仁米各 100g，丹参、石斛、杜仲、天冬、牛膝、防风、黄芪、川芎、当归各 60g，制附子、肉桂、秦艽、干姜各 30g。共研细末，盛布袋内，放入酒坛，入酒 2 500ml，密封浸泡 3 天后，每温饮 10ml，日 2 次。可逐渐加量，以不唇麻为度。

［功能］温经散寒，祛风除湿，活血止痛。

［益宜］风寒湿痹之肢体疼痛，关节不利，腰膝软弱等。

猪(　　)

［配制］山药 30g，人参 6g，大枣 10 枚，猪瘦肉适量。同炖至熟。日 1 剂，分 2 次温热服食。

［功能］补气健脾，益肺固肾。

［益宜］再生障碍性贫血之属脾肾两虚者。

猪肚药食

［配制］①猪肚 1 枚，洗净，以水 5 000ml，煮令熟烂，取 2 升，去肚，投入适量豆豉，渴即饮之。肉亦可吃，亦可和米煮粥，调味食；②健猪肚（雄猪肚）1 个（不落水，翻出屎净，在砖墙上磨去秽气）。将大蛤蟆纳肚内，磨扎紧，煮熟，去蛤蟆，连汤淡食，勿入盐醋。

［功能］祛烦渴，利水消鼓胀。

［益宜］①消渴，日夜饮水数斗，小便数，瘦弱；②鼓胀水肿。

猪脊羹

［配制］猪脊骨 1 具，红枣 150g，莲子去心 100g，木香 3g，甘草 10g。后两味盛纱布袋扎口，猪脊骨洗净剁碎，与药袋同置锅内，加水适量，小火炖 4 小时。分顿服。喝汤食肉、莲子、枣。

［功能］滋阴生津止渴。

［益宜］消渴病之善饥多饮。

猪皮筋枣汤

［配制］净猪皮100g,水发猪蹄筋30g、大枣20枚。猪皮、洗净,切条;大枣、去核,洗;蹄筋切断,共放砂锅加水炖2小时,调味。饮汤食蹄筋、皮、大枣。

［功能］益气,养血,止血。

［益宜］气血亏虚之贫血、白细胞减少,血友病,出血性紫癜等。

猪肉猫爪草煎

［配制］猪瘦肉30g,猫爪草15g,各洗净加水共煎煮。喝汤,日3次。

［功能］化痰散结。

［益宜］瘰疬(淋巴结核)。

猪胰菠蛋汤

［配制］猪胰脏1具,菠菜60g,鸡蛋3个。先将猪胰切片煮熟,再将鸡蛋打入,加菠菜煮沸,连汤食之。每日1次。亦可猪胰、苡仁同煮食,连服10日。

［功能］降血糖、尿糖。

［益宜］糖尿病、多食、多饮、多尿、消瘦乏力等。

猪胰玉米须汤

［配制］猪胰1具,玉米须30g。猪胰洗净,切碎,玉米须洗净一并入砂锅内。加清水800ml,盐少许,武火煮沸,文火炖煮60分钟,食胰,饮汤。

［功能］滋阴清热,润燥止渴。

［益宜］糖尿病,症见烦渴多饮、消谷善饥、口干舌燥。

猪胰蘸山药末

［配制］猪胰1具,山药30g,洗,焙干研细末。猪胰洗净。入锅加水煮熟烂,切片。食时用猪胰片、蘸山药末。

［功能］滋阴益精,润燥渴。

［益宜］糖尿病,烦渴多饮,消谷善饥,小便多频。

竹沥酒

［配制］高粱酒500ml。选活南竹1根(生地未伐),在第4、5、6节的上端,各钻2个孔,灌酒于竹节内,每节灌满2/3,用木钉塞竹孔紧,再用煅石膏粉调分敷在周围,封固,经40天,以竹叶渐黄、枯萎为度,并将竹子从根部砍倒,打穿竹节取酒,春分至夏至间制取。饮入烫杯,隔水烫热饮。

［功能］通经络,化痰热。

［益宜］为高血症,动脉硬化者的饮料。

竹叶石膏粥

[配制] 淡竹叶15g,生石膏30g,粳米100g,砂糖30g。先煎竹叶、石膏,去渣取汁,下米煮粥,候熟,入糖搅匀。空腹食。

[功能] 清热生津,解毒消肿。

[益宜] 热病口渴,发背痈疽,诸热肿毒等。

紫背天葵银花羹

[配制] 鲜紫背天葵30g,银花15g,玫瑰花12g(各洗净,入锅加水1 500ml,煮取800ml,去渣取汁),以马蹄粉30g(湿化)和煮,加冰糖适量。得羹500ml。随意食。

[功能] 清热解毒,养阴生津。

[益宜] 系统性红斑狼疮,两颧红斑成片,状若蝴蝶,低热(38℃以下),口干口苦,小便短赤。

紫菜蛋卷

[配制] 紫菜20g,鸡蛋3个,象贝粉3g,牡蛎粉3g,鲜橘皮5g,猪肉馅100g,各佐料适量。将鸡蛋摊为蛋皮;肉馅、贝粉、牡蛎粉拌为黏稠糊,加橘皮末、葱、姜末,盐、味精和成馅,在摊好的蛋皮上铺上一层发好的紫菜,放上馅,卷成卷,装盘,上屉蒸20分钟。随意食。

[功能] 疏肝理气,消痰散结。

[益宜] 甲状腺功能亢进之属气郁痰凝者。

紫菜黄药子酒

[配制] 紫菜50～100g,黄药子50g,高粱酒500g。3品共浸10天,封口蜜藏。适量饮,日2次。

[功能] 软坚散结。

[益宜] 瘿瘤。现代人作甲状腺肿大者保健酒。

紫菜西瓜皮汤

[配制] 鲜西瓜皮500g(洗净,削去外皮,切2分厚的片),紫菜10g,精盐3g,味精3g,香油2g,鲜汤1 000g。鲜汤入锅煮,去掉浮沫,入西瓜皮、盐、味精,再沸入紫菜(撕碎),淋香油。随意食饮。

[功能] 清热利湿,化痰软坚。

[益宜] 瘿瘤、瘰疬、脚气、水肿等。

紫珠叶茶

[配制] 鲜紫珠叶30g。洗净,加水2碗,煎取1碗或泡茶。随意常饮。

[功能] 利咽。

[益宜] 一切咽喉疼痛。

棕榈叶茶

[配制] 鲜棕榈叶 30g,槐花 10g,沸水冲泡。代茶饮,日 1 剂。

[功能] 降低血压。

[益宜] 高血压病。

祖师麻汤煮鸡蛋

[配制] 祖师麻 9g,水煎取汁,煮鸡蛋 10 个。每日早晚各食 1 个,并喝汤 1～2 口(冬季为好)。

[功能] 祛风除湿,止痛散瘀。

[益宜] 风湿痹四肢麻木。

篇三

疗疾篇

一、诸病种类疗疾方

阿胶猪肤

［配制］上等阿胶25g，猪肤500g，葱白15g，姜5g，花椒水20g，绍酒20g，味精5g，酱油5g，蒜末3g，香油2g，白糖5g。①阿胶盛碗加糖和10g绍酒，蒸化；②猪皮下锅煮透，捞起，里外刮净，切丝，入净锅内加2 000ml水及葱、姜、花椒水、精盐、绍酒，旺火烧开，转慢火熬至丝化，候锅内剩汁约500ml时用洁净纱布滤，滤汁加烊化之阿胶、味精，倒入盘冷为冻膏，切块。蘸蒜酱食。

［功能］滋阴补血、润燥安胎，美容养颜。

［益宜］阴血虚少，虚火妄动致不眠、胎动、流产、失声、咳、咯血等。实热或挟有瘀滞、脾胃虚弱者慎用。

八仙糕

［配制］人参、山药、茯苓、芡实、莲子肉各180g，糯米720g，粳米1 480g，白糖（绵白糖）1 250g，蜂蜜500g。前7味为末，再将白糖与蜜隔汤炖化与诸粉末趁热和匀，摊与笼内，切成条糕蒸熟，火上烘干。每日清晨或饥时泡服数条。又方：炒枳实，土炒白术、山药、山楂、白茯苓、莲实、党参各5g，炒陈皮3g，粳米粉600g，糯米粉400g，白糖100g。莲实用温水泡后去皮、心，与它药入锅加水，武火烧沸文火煮30分钟，取汁调粳米、糯米粉、白糖。揉面制糕，上笼蒸30分钟。作早餐食品。

［功能］养脾胃，助元阳。又方：益脾胃，止泄泻。

［益宜］脾胃虚弱，精神短少，饮食无味，饥不思食，及脾虚食少，呕泻。有方：脾胃虚损之泄泻等。

八珍散

［配制］当归、川芎、熟地、白芍、人参、白术、茯苓（去皮）、炙甘草各30g，为粗末，每煎10g，加生姜5片，大枣1枚，服。又方：人参、白术、黄芪（蜜水炙）、山萸、茯苓（去皮）、炒粟米、炙甘草、白扁豆（蒸）各30g。为细末，每煎服6g，加姜3片，枣1枚。日3～4次。

［功能］补脾胃，实肠止痛

［益宜］妇人月水不调，脐腹疼痛，不思饮食，脏腑怯弱，泄泻，小腹坚痛，时作寒热等，又方：脾虚胃弱，不思饮食。

扒脊髓菜心

［配制］猪脊髓10条（约重500g），油菜心10棵，鸡汤500g，调料适量，脊髓洗净，放入开水锅中烫一下捞出，锅中放鸡汤250ml，入盐、姜（拍松）、葱、料酒各适量，并放入脊髓，汤开后文火煨5分钟，捞出晾凉，除去筋皮，轻轻剥出脊髓，油菜心洗净，放开水锅中烫透，捞出挖去水分入盘，炒锅中入鸡汤250ml及葱、姜、料酒适量，加糖、盐、胡椒面调好口味，放入脊髓、油菜心，汤开去浮沫，文火烧5分钟后转武火，淋入淀粉、葱、酱油15ml，翻匀，淋入鸡油，整齐地盛盘内。佐餐用。

［功能］益阴血，填精髓。

［益宜］阴虚之骨蒸劳热，消渴，及带浊遗精等。

虫草全龟

［配制］金钱龟1 000g，治净，切4块，沸水氽透（筷子插进不见血水）捞出，温水洗净；虫草5g，沙参6g，火腿肉25g，鸡汤250g，猪瘦肉100g，各种调料适量。沙参温水焖透切片；猪油烧热，入葱、姜煸香后，放龟肉煸炒片刻，加黄酒、开水、煮沸3～5分钟，去浮沫 ，捞出；沙参放入盆底，上置龟肉，四周放虫草、火腿片、猪肉，再加鸡汤、葱、姜、酒、盐、椒、味精，盖好盆盖。入笼屉武火蒸至肉烂熟。取出。去火腿、猪肉、葱、姜等。另方用：虫草10g，沙参30g。

［功能］养阴补血。

［益宜］久病体虚，肺燥咳嗽咯血等。

丹参黄豆汁

［配制］丹参500g，黄豆1 000g，蜂蜜250g，冰糖30g，黄酒1匙。黄豆洗净，去杂质，冷水泡1小时，捞出，倒锅内，加水5～6碗，旺火烧开，加黄酒1匙，小火煮3小时，至黄豆烧烂，剩下浓汁1碗半时离火，豆汁滤出。丹参净后，入瓦罐冷水浸泡1小时，以水淹为度，中火烧开，小火煎半小时，剩下药汁一大碗时，滤汁，再加两碗，煎取半小时，得滤液半碗，两煎混合，入黄豆汁，加蜂蜜、冰糖，隔水蒸2小时，离火，冷却，装瓶。日服2次，每次1匙，饭后1小时服。

［功能］补心血，缓肝气，健脾胃，通血脉，利大肠，消水肿。

［益宜］主动脉粥样硬化和慢性肝炎等。

冬瓜药饮

［配制］①冬瓜一枚，削去皮，埋在湿地，1月将出，剖开，取汁饮之；②冬瓜1枚，黄连300g。上截瓜头尖，去瓤，入黄连末，火中煨之，候黄连熟，布绞取汁。每服1大盏，日再服，但服2～3枚瓜，以瘥为度。另方：瓜汁和黄连末，为丸如橘子大，以瓜汁空腹下30丸，日再服，不瘥，增数丸。忌猪肉，冷水；③捣冬瓜绞汁饮之；④冬瓜1枚，黄土泥厚滚5寸，煨令烂熟，去土绞汁服之。

［功能］清热解毒，生津止渴，凉血。

［益宜］①消渴；②消渴能饮水，小便甜，有如脂麸片，日夜60～70起；③小儿生1～5个

月，乍寒，乍热，渴者，小儿渴痢，食鱼中毒；④伤寒后痢，日久津液枯竭，四肢浮肿口干。

高良姜羊肉汤

［配制］高良姜、桂心、当归、赤芍药各 40g，羊肉 60g（另煮熟，取汁）。前 4 味水煎去渣和羊肉汤分 5 次服。

［功能］祛寒、通脉、止痛。

［益宜］寒疝，心腹痛及胁肋里急，不下饮食。

葛根鲢鱼汤

［配制］鲢鱼 1 条（重约 750g，治净，去鳞、鳃，洗，沥水）；生葛根 250g，去皮，洗净，切厚片；红枣 10 枚，洗去核。砂锅加水先煮红枣沸，加葛根武火烧 10 分钟，再入鱼后文火煮 2 小时，调味，随量用。

［功能］解肌清热，利水降压。

［益宜］脾经湿火、妊娠眩晕或头痛而重，连及颈项、血压升高、口干渴饮或肢体浮肿。

桂圆猫肉

［配制］桂圆肉（洗净）、猫后腿肉（切 6 分块）各 50g，猪排骨 100g，绍酒、精盐各佐料适量。猪排剁段，葱、姜切。炒勺置旺火上加油煸葱、姜，烹绍酒、加清水煮猫肉，撇浮沫，待猫肉透，捞出温水洗净，猪排沸水氽汤捞起。取砂锅加鸡汤，再放排骨、猫肉、桂圆肉、精盐、绍酒、花椒水、白糖、姜、葱，大火烧开，改文火炖烂，拣去葱、姜，调味精、胡椒粉、香菜、香油。

［功能］健脾，益气，养心神。

［益宜］劳伤心脾，气血不足之失眠、健忘、多梦、惊悸怔忡、体倦乏力、消瘦、面色萎黄、盗汗虚热、腹泻便溏等。

黑豆黄芪红枣牛肉汤

［配制］牛肉 200g，黑豆 60g，黄芪 30g，红枣 10g。4 物各洗净，枣去核，牛肉切片。同入锅加佐料适量，武火煮沸后，文火煮至黑豆稔，调味饮汤、食肉。

［功能］健脾益气固表。

［益宜］脾虚气弱、卫气不固之神经衰弱，自汗盗汗、面色皖白，体倦神疲等。

黑豆浸黄酒

［配制］黑豆 250g（炒），白芷 30g，薏苡仁 60。共研粗末，浸黄酒 1 500ml。3 昼夜后去渣随量饮酒。又方：黑豆 250g，丹参 150g，黄酒 2 000ml，前两味粗碎后与酒入瓶，灰火煨，至酒减半，去渣取酒，每饮 1～2 杯。日 2 次。

［功能］补肾壮骨强筋。又方：祛风通络。

［益宜］肾气不足之眩晕、筋急、小便不利。又方：中风手足不遂。

黑芝麻粥

［配制］黑芝麻15g，粳米100g。芝麻用布包裹，浸泡，捋去皮，再研，水滤取汁，水滤取汁，稍煎，后入粳米煮粥。空腹食。

［功能］补肝肾，益五脏。

［益宜］肝肾不足眩晕耳鸣，大便燥结，妇人乳少等。

黄芪皱纱肉

［配制］五花猪肉500g，槟榔芋头300g（刮皮，洗净），芋头上屉蒸熟，碾茸；肉入沸水煮软烂，取出皮上插几个小孔，用布抹干，抹酱油着色，投中火上砂锅里五成热之猪油内，浸炸皮呈金黄色，捞起沥油，切长方形；炒黄芪30g、白术15g，烘干碾末；砂锅置炉上，加开水1 000g，投方肉煮几分钟，捞起漂清水中，反复4次。空砂锅用竹篱垫底，加开水、糖各400g，放进肉块，加盖中火焖30分钟，将肉取出，排在蒸碗内，皮朝下；再将砂锅移火上，投油100g，加芋头泥，改用小火缓炒，边炒边加糖300g，炒至糖熔，放在猪肉上，上屉蒸20分钟，取出扣汤盅内，另以湿淀粉勾芡，淋。佐餐。

［功能］益气补肺。

［益宜］肺气虚引起的气短自汗，易于感冒等。

黄山蕨菜

［配制］蕨菜100g，择净，沸水烫熟，温开水泡1小时，取出切段；香菇100g，择洗净，切粗丝，沸水氽捞起挖水备用；胡萝卜20g，青椒1个，分别洗净，切丁；葱、姜各3g，各佐料适量。炒锅上火，倒入色拉油30g，热煸炒葱、姜丝，入香菇、蕨菜段、胡萝卜、青椒，颠炒，烹料酒，倒入盐、味精、酱油、湿淀粉调汁，翻炒即成。佐餐。

［功能］健身减肥，益气养阴。

［益宜］热盛神昏，肠风热毒，二便不畅通，妇女带下等。

简化清燥救肺汤

［配制］生石膏（捣碎，加水先煎30分钟）、桑叶各20g，沙参、麦冬、杏仁（去皮尖、捣碎）各15g，甘草10g，白糖或鲜梨汁适量。余诸药各洗净入石膏汤内共煎取汁，调入糖、梨汁。代茶饮。

［功能］养阴润肺，清热止咳。

［益宜］燥热伤肺之发热烦渴，干咳无痰稠难咯、大便干燥、小便短赤等。

鹿茸散

［配制］鹿茸（酥炙）、熟地黄、山茱萸、五味子、黄芪、煅牡蛎各40g，为细末，每服8g，温酒送下。

［功能］壮腰健肾。

［益宜］房劳之眼赤身黄，骨髓烦疼，头目昏痛，喜卧，夜多梦泄，腰脚酸疼等。

麦冬瓜条

[配制] 麦冬 15g，黄瓜 500g，海米、绍酒、淀粉各 10g，火腿、精盐、味精、白糖、葱各 5g，姜 3g，香菜 2g。麦冬洗净，入碗加鸡汤、绍酒、白糖上屉蒸 1 小时，取下顺长切片；黄瓜切宽 2.4cm、长 4.5cm 的条，备用；炒锅置火上，加油适量，入葱、姜翻炒出味后，去葱、姜，加麦冬汁、海米、火腿片、精盐、味精和麦冬、瓜条炒透，水淀粉拢芡，淋香油，单食或佐餐。

[功能] 养阴润肺，清心除烦。

[益宜] 肺阴不足、干咳、盗汗、消渴、五心烦热、失眠、咽干口燥、便秘等。肺实邪者慎。

蜜汁山药段

[配制] 山药 1 000g，去皮，沸水中稍汆，切 9cm 长、手指粗条，再入沸水汆一遍；鸭梨 2 个，苹果 1 个，各去皮、核，切丁；砂锅放白糖 200g，水 2 碗，武火烧开放入山药段，沸，改小火煨，加入梨、苹果丁，煮 30 分钟。捞山药等装盘，上撒金糕、瓜子仁、葡萄干、冬瓜条、青梅各 10g，再将山药汁过箩，熬浓，入桂花卤后浇入盘内。每日 2 食。

[功能] 健脾益肾，补肺润燥，固涩止遗。

[益宜] 肺脾气虚之食欲不振，倦怠，久泄，痢，咳喘，消渴尿频，早泄等。

气血益补汤

[配制] 乌骨鸡肉、净鸭肉各 500g，均入沸水稍汆，捞过凉水切大小均匀条块；鸡血藤、夜交藤各 30g，仙鹤草 25g，制狗脊 20g，墨旱莲、桑寄生、女贞子各 15g，合欢皮 10g，白术、生地、川断各 8g，人参 6g，各洗净，切薄片，煎取浓汁；姜 15g，葱 20g，味精 2g，绍酒 30g，精盐 12g，胡椒面 1g，花椒 5 粒，鸡或鸭及猪骨各适量，鲜汤适量。砂锅置火上，掺鲜汤一锅，将已备骨头斩短，放入锅底，入鸡、鸭肉烧沸，去浮沫，加姜、葱、绍酒、花椒、药汁，小火炖至肉烂熟，拣去葱、姜、花椒、骨头，加精盐、胡椒、味精。佐餐。

[功能] 补气血，强筋骨，安心神。

[益宜] 气血两亏，精神疲倦，失眠，健忘，头晕，眼花，腰膝酸软，四肢无力等。

人参粥

[配制] 人参 10g，薤白 12g，鸡子 1 枚(去黄，用清)，粟米 50g，人参用慢火煎取汁，加粟米煮粥，将熟，下鸡子清及薤白，煮熟，早晚分两次服。又方 1：人参 5～10g，防风 15g，磁石 30g，猪肾 1 对，粳米 100g，姜、葱、盐少许。先煎磁石 20 分钟，入防风共煎 20 分钟，去渣，人参为末或单末煎兑入，猪肾洗净去膜切细，与粳米同入药汁煮粥，并入姜、葱、盐等佐料，煮熟。空腹服。又方 2：人参 10g，生姜 10g，粟米 100g，将人参、生姜为末，与粟米煮为稀粥，随意食用。

[功能] 益阳通气，豁痰怯风。又方 1：益肾填精，聪耳开窍。又方 2：益气健脾。

[益宜] 中风偏枯，冒闷烦躁，不能饮食，或胸痹作痛，气虚乏力。又方①肾亏不足之耳

目失聪，神疲乏力，腰膝酸软等。又方②脾虚气弱之全身乏力，呕吐不思饮食。

双鞭壮阳汤

［配制］牛鞭 500g，狗鞭（狗肾）50g，羊肉 500g，菟丝子、枸杞子各 50g，肉苁蓉 30g，母鸡肉 250g，调料适量。牛鞭浸泡发胀，去净表皮，顺尿道对剖成两块，以冷水漂 30 分钟；狗鞭用油砂炮后，以温水浸泡 30 分钟，刷净；菟丝子、枸杞、苁蓉纱布袋装好；羊肉洗净，沸水中焯去血水，捞入凉水漂洗，牛鞭、狗鞭、羊肉共置锅中，加水烧开，撇去浮沫，放入鸡肉，姜、葱、绍酒、花椒各适量，煮至六成熟时，除去葱、姜、花椒，放进药包，炖牛鞭、狗鞭熟烂，捞起牛鞭，切成 3cm 长条，狗鞭切成 1cm 短节，羊肉切片，鸡肉成丝，分装 10 碗，将原汤加入碗中，加盐和佐料调味，每服 1 份。

［功能］补肾壮阳，益精补髓。

［益宜］肾阳不足，阳痿不举，遗精早泄，刑寒畏冷，妇女少腹冷痛，宫冷不孕等。

松叶饮食

［配制］①松叶不以多少，细切，更研，每日食前以酒下 6g，亦可以粥汁服之。初服稍难，久自便矣；②松叶 12g，切细，酒适量入煎，适量饮用；③鲜松叶 30～60g，水煎服；④松叶 30g（切细），粳米 90g。松叶先煎取汁，煮粥熟，空腹食；⑤嫩幼松叶适量，用水洗净，捣碎，加水搅拌后，用布过滤，饮用生汁，日 3 次，空腹服。

［功能］祛风燥湿，杀虫止痒，补养血气，益寿延年。

［益宜］①轻身益气，绝谷不饥渴；②预防疫病；③失眠。维 C 缺乏，营养性水肿；④风湿痿痹和湿疱浮肿等；⑤心肌梗死。

腽肭脐粥

［配制］腽肭脐（海狗鞭）15g，温水浸 24 小时后，以尿道处纵剖两片，去筋膜，洗净，切段，入锅加葱、姜、料酒、盐、水各适量，武火煮沸腾，改文火煮沸海狗肾半熟，再入洗净之粳米 50g，煮粥，熟，佐餐食。

［功能］温补肾阳。

［益宜］命门火衰之阳痿不举、精冷无力，妇女不孕等。阴虚火旺者不宜。

鲜莲子鸡丁

［配制］鸡脯肉 250g，去筋切丁，用蛋清一个和少许湿淀粉浆；鲜莲子 100g，去皮、心、沸水稍氽，滗水；水发香菇、玉兰片各 15g，熟火腿 10g，各切小菱形块；鸡丁用热油滑七成熟，沥油投入配料，加料酒、精盐，勾芡，淋上鸡油，倒入莲子，翻炒两下，调入味精。佐餐。

［功能］健脾补肾，宁心安神。

［益宜］心脾亏虚之食欲不振，肢软无力，失眠，心烦不安，遗尿，遗精等。

鲜芦根冰糖茶

［配制］鲜芦根120g，冰糖50g，加清水适量入瓦盅，隔水炖，取汁。代茶饮。
［功能］清热解毒，生津止渴。
［益宜］热病伤津身热，汗出、烦渴、咳嗽等。

鲜芦根苡仁粥

［配制］鲜芦根100g，冬瓜仁，豆豉各15g，共煎去渣取汁，入苡仁米、粳米各30g（洗净），煮为稀粥。日1剂，分2服。又方：粳米100g，芦根150g，煮粥。
［功能］清热除烦止呕。
［益宜］身热不扬，身重肢倦，胸闷脘痞，大便溏泄等湿热证。又方：热病后口渴、心烦、胃热呕吐等。

鲜竹沥粥

［配制］鲜竹沥30g，干地龙粉1～2g，粳米100g（煮粥，熟）和前两味匀。早、晚分服。
［功能］凉肝息风，清热导痰。
［益宜］肝风痰热之眩晕头痛，胸闷乏力、心烦失眠、口干、多痰、便秘等。

鱼制药膳

［配制］①生鱼1条（约250g），白芍20g。两味加水约800ml，煎至300ml，日1次，连服2～3次；②生鱼、白菜（或西洋菜）各适量。洗净后，水煎服；③生鱼1条约500g，赤小豆、大蒜各适量，鱼净后，豆、蒜置鱼腹内，以厚纸包数层，绑实，火中煨熟，取出淡食，日内分数次服完，连用数日；④生鱼1条，苍耳子、苍耳叶各适量。鱼净，苍耳叶塞满鱼腹，苍耳子置锅内，鱼置其上，加水，文火煮熟，去皮骨淡服。
［功能］①泻火平肝；②清热解毒；③补虚利水；④清热解毒，祛湿杀虫。
［益宜］①肝火头痛，两侧太阳穴隐隐作痛等；②热毒疮疖，烦渴等；③慢性肾炎水肿不消者；④疮癣疥癞等。

二、综合门类疗疾方

阿胶白皮粥

［配制］阿胶、桑白皮各15g，糯米100g，红糖8g。桑白皮水煎2次，取汁，米淘入锅加水煮10分钟，倒入药汁、阿胶，煮熟加红糖调食。
［功能］补血滋阴，润燥清肺。

［益宜］阴虚、血虚之久咳咯血、月经过少、崩漏、胎动等。

八味汤

［配制］人参、干姜、白术、甘草各60g，橘仁、茯苓、制附子、砂仁各30g。诸药研磨，每服12g，水煎服。

［功能］健脾胃，止泄泻。

［益宜］泄泻，不喜饮食，水谷不化者。

白菜姜葱汤

［配制］白菜120g，生姜10g，葱白10g。白菜连根茎洗净，切碎与后2品同加水煎煮，去渣，代茶饮。

［功能］解毒散邪。

［益宜］感冒初起之发热咳嗽等。

白荷花露

［配制］白荷花500g。阴干切碎，水浸2小时，于蒸馏器中蒸2小时，收集蒸馏液。每服60ml，日2次。

［功能］解暑清心，消痰止血。

［益宜］感受暑热后烦热口渴，咳嗽痰血等。可为夏日消暑之佳品。

白芍灵芝饮

［配制］白芍、灵芝各10g。白糖适量。前2味煎水取汁，加糖调，饮服。

［功能］敛阴抑阳，安神健胃。

［益宜］神经衰弱，失眠健忘，食欲不振等心血虚，脾气虚之证。

白糖番茄

［配制］番茄120g，沸水浸烫，去皮，捣烂加白糖适量，拌匀。任意服。

［功能］益胃生津，清热除烦。

［益宜］热病或胃热伤阴之烦渴口干等。

白鲞粥

［配制］白鲞（干黄花鱼）11尾（去内脏洗净），粳米50g，先煮白鲞，吃肉，其汤合粳米煮作粥，入姜、豉少许。空腹食。

［功能］开胃悦脾，消食行水。

［益宜］食积，胃纳不香及暴痢腹胀等。

白杨皮酒

［配制］白杨皮50g，切片，浸于白酒500ml内，封3日后服。晨起服20～30ml。

［功能］祛风毒，化积痰。

[益宜] 风毒脚气,腹中痰癖如石者。

白芷白菊茶

[配制] 白芷、白菊各9g,开水冲炮,代茶饮。

[功能] 祛风止痛。

[益宜] 头痛,三叉神经痛。

百合地黄粥

[配制] 百合30g,生地30g,粳米30g。生地先煎2次,取汁与百合、粳米共煮粥。1日内服完。

[功能] 滋阴润肺,凉血宁心。

[益宜] 阴虚肺燥之咳嗽痰血、潮热盗汗、手足心热、心中烦忧、夜寐不安等。

半夏山药粥

[配制] 生山药、清半夏各50g。白糖适量。山药研末;半夏煎汁约700ml,去渣,调入山药为粥,再煎二三沸,调入白糖。空腹服。

[功能] 健脾益气,和胃降逆。

[益宜] 胃气上逆呕吐不止,诸药不能下。

北地太守酒

[配制] 制乌头、甘草、川芎、黄芩、桂心、藜芦、附子各160g,白敛、桔梗、半夏、柏子仁、前胡、麦门冬各240g。诸药以绢袋盛,沉瓮底,加上曲、秫米,如常法酿酒,秋7日,夏5日,冬10日。每空腹服30ml,日3次。

[功能] 祛风解毒。

[益宜] 万病蛊毒,风热寒热。

北芪炖鲈鱼

[配制] 北芪50g,鲈鱼500g,调料适量。鲈鱼治净,北芪切片盛纱布与鱼同置器中,加葱、姜、醋、盐、黄酒、清水各适量,隔水炖熟。每日或隔日服1次。《补品补药与补益良方》北芪30g,鲤鱼500g,共煎汤。

[功能] 益气安胎,健脾生肌。

[益宜] 小儿消化不良,妊娠水肿,胎动不安,及术后伤口难愈等。

贝母鸭子

[配制] 川贝母10g,白鸭胸脯肉120g。鸭肉清炖至八成熟时,入贝母,少许食盐,再炖至熟。饮汤食肉,日1次。

[功能] 养阴清热,润肺止咳。

[益宜] 麻疹后诸症缓解,见燥咳无痰,日轻夜重,唇红干燥,舌红苔少等。

荸荠空心菜汤

［配制］鲜空心菜25g，荸荠10g。各择洗净，荸荠去皮，各切段、片，一同下锅煮汤。食荸荠、空心菜，饮汤。日分2～3次服。

［功能］清热、散结、通便。

［益宜］肠热便秘等。

必效酒

［配制］蒜瓣700g。以白酒2800ml，煮蒜令极烂。每服10～30ml，并渣顿服。

［功能］祛风解毒。

［益宜］金疮中风。

扁豆、扁豆花药膳

［配制］①扁豆600g，炒黄，磨成粉，每早、中、晚食前，大人用9g，小儿用3g。灯芯草汤调服；②白扁豆炒为末，用米饮每服6g；③白扁豆花，正开者，择净勿洗，以沸水烫过，和小猪脊脂肉一条，葱1根，胡椒7粒，酱汁拌匀；以烫扁豆花汁和面包作馄饨，炙熟食；④白扁豆花100g(紫者勿用)焙干为末，炒米煮饮，入末和少许盐，空心服；⑤干白扁豆花100g，制100%煎液。口服量按每次/KG体重0.5～1ml计算，每小时1次，7天为1疗程。

［功能］健脾和中，消暑化湿。

［益宜］①水肿；②赤白带下；③一切痢疾；④妇人白崩；⑤细菌性痢疾。

扁豆花粥

［配制］白扁豆花10～15g，粳米100g。米先煮粥。将熟入扁豆花，文火烧粥调为度。早、晚分热服。鲜白扁豆花须用25g。

［功能］解暑化湿，益气养胃，除烦消渴。

［益宜］夏感暑热之发热，心烦胸闷，吐泻及赤热白带下等。

扁豆肉丝

［配制］鲜嫩扁豆300g，掐头尾撕筋切丝，肉丝100g。味精、精盐、匆、姜适量。扁豆沸水氽，凉水过，捞出净水。炒勺置火上加油适量，烧入肉丝、葱、姜末翻炒熟，加入精盐、扁豆、味精、旺火炒熟，淋麻油适量。随意食。

［功能］健脾和中，消暑化湿。

［益宜］暑湿困脾、脾失健运之吐泻、脘痞腹痛、呕逆、食少久泄、倦怠乏力、消瘦、四肢浮肿、小便清长、妇女赤白带下、小儿疳积等。

槟榔饮

［配制］槟榔(打碎)、莱菔子各10g，橘皮1块(洗净，切)，白糖少许。另方：无橘皮，用生姜4片。前3味共煎取汁，入糖，代茶饮。

[功能] 消食导滞。另方:和胃降逆。

[益宜] 饮食停滞不化之脘腹胀痛、厌食等。另方加:呕吐、嗳腐酸。

冰糖冬瓜子汤

[配制] 冬瓜子 30g,洗净,研细末,加冰糖 30g,冲开水 500ml,入陶瓷罐内,文火隔水炖。代茶饮。

[功能] 清热利湿。

[益宜] 湿热带下,色如米泔,或黄绿如脓,或夹血液,味臭,搔痒,小便短赤,口苦咽干,舌红苔黄,脉数等。

冰糖薏仁米

[配制] 薏仁 100g,山楂糕 50g,冰糖 200g,桂花、精盐少许。薏仁捣净蒸熟,山楂糕切丁,锅中加清水 500ml,加热放冰糖、桂花、盐,待化汁浓时入薏仁、山楂丁,待其浮于汤面。任意食。

[功能] 健脾、祛湿、除痹。

[益宜] 湿热内行之水肿,小便不利,带下,及脾虚泄泻,肺痈,肠痈等。阳虚水湿内停者不宜。

冰糖蒸柿饼

[配制] 柿饼 3 个,冰糖适量。柿饼洗净加少量清水、冰糖,放碗中,隔水蒸至柿饼软绵。日 2 次。

[功能] 润肺,消炎,止血。

[益宜] 慢性支气管炎、高血压、痔疮出血等。

薄荷茶

[配制] 薄荷叶 30 片,生姜 5 片,人参 5g,生石膏 30g,麻黄 2g。共为粗末,水煎,滤汁代茶饮。

[功能] 辛凉解表,益气。

[益宜] 风热感冒,发热头痛、咽喉肿痛、咳嗽不爽等。

薄荷芦根茶

[配制] 芦根 30g,煎取汁,入薄荷 5g,稍煎,代茶频饮。

[功能] 疏风清热。

[益宜] 热感之发热,微恶风寒、咳嗽、口微渴等。

薄荷粥

[配制] 薄荷 5g,粳米 50g,先煮粳米粥,候熟,入薄荷,几沸,出香气,空腹食。

[功能] 疏散风热。

[益宜] 风热外感之发热恶风、头目不清，咽喉肿痛等。

补脾六君子汤

[配制] 人参 9g，白术、茯苓各 12g，炙甘草、生姜各 6g，陈皮、吴茱萸各 3g，红枣六粒。人参切薄片与各诸药入锅加水 2 500ml，煮沸，小火煎 30 分钟，连服 2 周。每晚睡前 1 小时或餐后 2 小时喝下。

[功能] 养肾补脾。

[益宜] 脾胃削弱之纳差、呕恶，消化不良好，便溏咳嗽等。

补中益气汤

[配制] 黄芪 3g，炙甘草 1.5g，人参 1g，白术 1g，当归身 6g，陈皮、升麻、柴胡各 0.6～0.9g。为细末，水煎去渣，食远稍热服(饭前或饭后 1～2 小时)。

[功能] 补中益气，升阳举陷。

[益宜] 脾胃气虚，身热有汗，喜渴热饮，头痛恶寒，少气懒言，饮食无味，四肢乏力及气虚下陷之脱肛，子宫脱垂，久痢，久疟等。若腹痛加芍药 1.5g，炙甘草 1g，恶寒冷痛加桂枝 0.3～0.9g，头痛加蔓荆子 0.6～0.9g，头痛甚者加川芎 0.6g。

参地炖猪肝

[配制] 生地、玄参各 15g，猪肝 500g，姜葱佐料、白糖各适量。猪肝洗净，与生地、玄参下锅中火煮 1 小时，捞起切薄片；油爆姜丝、葱花后炒猪肝片香，烹绍酒、酱油，加白糖，湿淀粉勾芡，炒匀起锅。

[功能] 养肝益阴，泻火解毒。

[益宜] 阴毒血热之眼睑红肿，咽喉肿痛，口干舌燥等。

参附粥

[配制] 人参 5～10g，附片 30～60g，粳米 50～100g。前两味合煎 1 小时，取汁入米煮粥，缓缓喂服。或加入一小碗鸡同熬粥。二煎药汁煮粥同前。

[功能] 益气回阳，扶持正固脱。

[益宜] 脱证之突然昏倒、不省人事、目合口开、鼻鼾息微、手撒遗尿、肢冷自汗、脉微欲绝者。

参归鸡

[配制] 反毛鸡 1 只，食治法，煮烂去骨，入人参、当归各 15g，盐适量，再同煮烂，食之至尽。

[功能] 温中补气，养胃益脾。

[益宜] 反胃等。

参橘煎

[配制] 人参 5～10g，橘红 6～12g。水煎服。另方加藿香，煎服。

[功能] 理气止喘。另方:理气止逆,和脾。

[益宜] 气虚喘逆、短气、腹胀。另方:益中暑泄泻,夏秋息发腹胀、烦闷口渴、暴泻喜水、痛泻交作,脉虚细。

参苓陈皮地麦膏

[配制] 人参100g,陈皮100g,茯苓250g,生地黄150g,麦门冬150g,沉香末10g,丁香末15g,蜜汁60g(原方无剂量)。前5味煎熬成膏,入后4味,调匀熬稠膏。每服2匙,粟米饭送下(有痰者加竹沥同熬)。

[功能] 理气养心,温脾止呕。

[益宜] 五膈五噎,呕逆食下。

参苓姜汤粥

[配制] 人参3～5g(研末),茯苓15～20g,生姜5g,2味2煎取汁,入粳米煮粥,将熟入人参末,稍煮熟,入白糖适量,调味服。

[功能] 益气补虚,健脾养胃。

[益宜] 气虚体弱,脾胃不足之倦怠,食欲差,反胃呕吐、大便溏泻等。

参芦散

[配制] 人参芦(不拘多少)为末。每水调下3～6g,或加竹沥和服。

[功能] 止吐虚痰。

[益宜] 虚弱者痰涎壅盛,胸膈满闷,温温欲吐。

参麦团鱼

[配制] 晒人参5g,大麦冬、生板猪油各20g,茯苓、生姜、葱白各10g,活甲鱼1只(500～700g),瘦火腿50g,食盐、味精、绍酒各适量。甲鱼治净,烫;背甲剥离保留原形,洗净内脏、腹甲、肉切成小块,摆入碗内,排列头甲,保持原样;人参切片铺甲下肉面、麦冬、茯苓、火腿片、生板油铺四周,注入泡参水,绍酒、姜、葱、食盐等,以湿棉纸封口,上笼蒸至熟烂,加味精调味,上撒葱花等,随意食。

[功能] 滋阴、益气、补虚。

[益宜] 阴虚之潮热,骨蒸劳伤,盗汗,神疲气短等。慢性肝炎和久虚者可作营养食膳。

参梅养胃茶

[配制] 北沙参15g,乌梅15g,白芍10g。3味研粗末,放入杯中,沸水沏,代茶饮。每日1剂。

[功能] 养胃育阴。

[益宜] 胃阴不足之厌食症,见口干多饮不喜进食、皮肤干燥少泽,大便干结等。

蚕豆花薏仁粥

[配制] 薏苡仁、蚕豆花各30g,2品洗净,放入砂锅,加水适量煎服。每日1次,连服5～

7日。

［功能］补脾利湿。

［益宜］温热带下。

苍耳子粥

［配制］苍耳子10～15g，粳米50g。苍耳子文火炒黄，加水200ml，煎至100ml，去渣留汁，入粳米，再加水400ml，煮粥。每日2次，温服。

［功能］通鼻窍，祛风湿，止痛。

［益宜］寒痹经络之头痛、鼻渊、牙痛、关节痛等。血虚头痛者不宜。

蝉衣粥

［配制］蝉衣（去头、足）6g，水煎取汁，与粳米30g，煮粥。日1剂，分2服，连用2～3天。

［功能］辛凉透表。

［益宜］麻疹初症见发热、咳嗽、流涕、目赤怕光、口腔白疹等。

长春鹑蛋

［配制］鹌鹑蛋3个（蒸熟），银耳3g（水发），莲米10g（去皮、心），冰糖30g，百合10g（洗净）。于铁锅中加适量水煮沸，入已去皮、心的莲米，洗净的百合，水发后的银耳，煮烂后加冰糖溶化，最后入蒸熟的鹑蛋。

［功能］安神益智，健脾开胃，延年益寿。

［益宜］神经衰弱，食欲不振，虚热咳喘等。

长生固本酒

［配制］人参、甘枸杞子、淮山药、辽五味子、天门冬、怀生地黄、怀熟地黄各60g，诸药切片，以绢袋浸于酒中，酒坛口用磐竹叶封固，再将酒坛置于锅中，隔水加热半小时，取出酒坛埋土中数日出火毒，静置后饮。每次饮1小杯，早、晚各1次。

［功能］养阴补气。

［益宜］气阴两亏致四肢无力，疲倦，腰膝酸软，心烦口干，心悸多梦，头眩，须发早白等。素体偏阴气不足而无明显症状者亦可饮此酒，有保健养生作用。

车前叶羹

［配制］车前叶500g，粳米50～100g，葱白数根，豆豉适量。车前叶，净，切碎，葱白切段，两者与米、豆豉加水煮羹。空腹服。

［功能］清热利水，通淋止痛，祛痰止咳。

［益宜］热淋之小便出血，茎中疼痛，及湿热泻痢，黄疸，目赤肿痛，痰多咳嗽等。

车前子饮

［配制］车前子30g，粳米米汤适量。车前子纱袋盛，加水500ml，煎至300ml，去药袋，加米汤。分2次服。

［功能］清热利尿，渗湿止泻。

［益宜］小便不利，淋漓涩痛，或湿热泄泻。见大便黄褐而臭，肛门灼热；多用于尿道炎，膀胱炎，及支气管炎咳嗽多痰等。

车前子粥

［配制］车前子 30g，粳米 100g。先煎车前子去渣取汁，入米煮粥，空腹任意服。

［功能］清热，利水，通淋。

［益宜］热淋，暑湿，泻痢等。

赤豆草果蒸鲤鱼

［配制］鲤鱼 1 条(500～1 000g)，赤豆 50g，草果 15g，陈皮 5g，猪油、食盐、葱、姜、椒、糖、香油各适量。鱼去鳞治净，赤豆、草果、陈皮、花椒洗净，塞入鱼腹，鱼置蒸碗内，加猪油及佐料，加水适量，入锅隔水蒸 90 分钟，取出加葱末汤，淋香油。

［功能］健脾利水，消肿解毒，排脓。

［益宜］脾失健运、湿热内盛致心源性水肿及肝硬化腹水等。

赤小豆当归散

［配制］赤小豆(浸令芽出，曝干)500g，当归 100g。为末，每服 10g，米汤调服，日 3 次。

［功能］清热利湿，和营解毒。

［益宜］湿热蕴毒，积于肠中，形成痈脓，肌表热不甚，微烦，欲卧，汗出。目四眦黑，能进食，脉数；亦宜大便下血，先血后便。

赤小豆当归散

［配制］赤小豆(浸令芽出，曝干)500g，当归 100g。为末，每服 10g，米汤调服，日 3 次。

［功能］清热利湿，和营解毒。

［益宜］湿热蕴毒，积于肠中，形成痈脓，肌表热不甚，微烦，欲卧，汗出。目四眦黑，能进食，脉数；亦宜大便下血，先血后便。

虫草鸡、鸭煲

［配制］①冬虫夏草 15～30g，炖鸡或炖肉；②夏草冬虫 3～5 枚，老雄鸭一只，治净，去肚杂，将鸭头切两瓣，纳虫草于中，仍以线扎好，加绍酒如常蒸烂食之；③冬虫夏草 15～30g，配老雄鸭蒸服。

［功能］补虚损，益精气，止咳化痰。

［益宜］①贫血阳痿、遗精；②病后虚损；③虚喘。

臭草粥

［配制］臭草 50g，煎取汁，入粳米 100g，加水如常法煮粥。

［功能］凉血解毒，消除暑气。

［益宜］夏日中暑之多汗、口渴、乏力皮肤灼热、头昏脑胀等。

川椒煨梨

［配制］川椒50粒，大雪梨1只，冰糖30g，面粉50g。梨削皮后用筷尖均匀地戳50个小孔，把川椒逐个置入。面揉团，擀薄皮包梨，放烘箱内烘热，或放在柴草灰中煨热，取出，去面皮，挑去花椒。再将梨装盘，冰糖入锅炼汁后浇在梨上。每服1个，日2次。

［功能］温肺化痰止咳。

［益宜］感受外邪之卒然咳嗽，急慢性气管炎等。

川芎白芷炖鱼头

［配制］川芎3～6g，白芷6～9g，花鲢或鳙鱼头1个，调料适量。鱼头去鳃洗净，药洗净装纱布袋，扎口。同入锅，加水适量及葱、姜、盐、黄酒，烧沸后转文火炖熟，调入味精。早晚餐温热服食。

［功能］祛风止痛，行气活血。

［益宜］男女头风，头痛，四肢拘挛，痹痛。阴虚火旺及肝阳上亢者不宜。

川芎茶叶煎

［配制］川芎3g，茶叶6g。水一盅，煎汁一半，食前热服。

［功能］通络止痛。

［益宜］风热头痛。

川芎薏米屈头鸡

［配制］屈头鸡（孵化已长毛，留在蛋壳未出的胚胎）2～5只，川芎6g，薏米9g。去头去毛，内脏，洗净略切；两药用纱布袋盛，同入锅煮汤，调味。饮汤食鸡。日1次，连续3～5天。

［功能］祛风胜湿。

［益宜］外感风湿所致头痛如裹，肢体倦重，胸闷纳呆，小便不利，大便溏薄，舌苔白腻，脉濡等。

莼菜鲫鱼羹

［配制］莼菜100g，活鲫鱼4尾（约500g），常规治净，同煮加调味剂后作羹。

［功能］清热利水消肿。

［益宜］身体瘦弱，消化不良，乳汁少，乏力，黄疸，痈肿，营养不良性水肿。

慈姑蒲公英粳米粥

［配制］慈姑花40g，摘，洗净，蒲公英60g（干品30g）洗净，切碎，煎取汁，去渣，入粳米150g，煮粥熟，下姑菇花及少许白糖，稍煮。日1剂，早、晚分食。

［功能］清热解毒，散结消肿。

［益宜］急性扁桃体炎、急性乳腺炎、蜂窝组织炎等病人膳食。

慈禧西瓜盅

[配制] 西瓜1个，鸡肉、火腿各150g，莲子(去心)、龙眼肉、胡桃肉、松子各50g，杏仁30g。西瓜洗净，沿西瓜蒂把一端在1/3处切开，挖出瓜瓤，挑出瓤中瓜子；把鸡肉丁、火腿丁及诸品放如空西瓜内，再放进去子西瓜瓤，盖上上1/3西瓜为盖。入瓷罐中盖严，置锅中，先武火，后文火隔水炖3～4小时，至肉酥烂。饮汤食肉、瓜。

[功能] 清热除烦安神。

[益宜] 热病后伤津之心热烦躁、牙痛等。

葱白神仙粥

[配制] 葱白5～7茎，洗，切细，生姜4片切丝，糯米60g，洗净，米醋适量。将米、姜丝入锅，加水文火煮粥，熟入葱白煮沸，调入米醋，稍煮，温食。

[功能] 发散风寒，温中和胃。

[益宜] 风寒感冒，发热、头痛无汗，鼻塞流涕，喷嚏，咽痒咳嗽，胃寒呕吐等。

葱白生姜甘草豆豉汤

[配制] 葱白3根，洗净，豆豉15g，生姜(切)，甘草各9g。水煎服，日1剂，连服2～3天。

[功能] 解表散寒。

[益宜] 风寒感冒。

葱豉豆腐汤

[配制] 豆腐250g，淡豆豉12g，葱白15g。豆腐略煎，入豆豉加水再煎30分钟，入洗净、切段之葱白，待香气大出，调味随量食。

[功能] 发散风寒，芳香通窍。

[益宜] 风寒感冒、头痛鼻塞，流涕、打喷嚏，咽痒咳嗽、微恶风。

葱豉酒饮

[配制] 葱根、豆豉各适量。洗净后浸米酒中，煮饮。

[功能] 解肌发汗，补虚。

[益宜] 伤寒头痛寒热，冷痢，肠痈等。

葱豉汤饮

[配制] 葱白3茎，豉6g，用水300ml，煮取100ml，顿服微汗。

[功能] 通阳发汗。

[益宜] 外感初起，恶寒发热，无汗水，头痛鼻塞等。

葱豉粥

[配制] 粳米50g，葱白3～5茎，豆豉10g。粳米洗，煮粥，将熟加葱(洗、切细)，豆豉，煮

沸，趁热服食得汗。

[功能] 解表发汗。

[益宜] 感受风寒之身痛、无汗。又方：益感冒恶寒、鼻塞等。

葱姜汤

[配制] 葱白(连须)30～50g，生姜 3 片。葱白洗净与姜片同煎取 2 次，去渣，加红糖适量，温服。服后盖被微取汗。

[功能] 解表散寒。

[益宜] 外感风寒之头痛、身痛、鼻塞等。

葱枣汤

[配制] 葱白 7 茎(洗、切)，红枣 20 个(擘)。水煎，睡前服。

[功能] 宣达胸阳，养血和营。

[益宜] 营卫不和之失眠多梦、胸中烦闷，或有寒热、头痛及神经衰弱等。

醋矾煎饮

[配制] 食醋 1 盅，生矾 1 小块。同煎温服。

[功能] 散瘀止痛，止血，燥湿。

[益宜] 心痛、黄疸、血证、白带多等。

醋芪桂芍汤

[配制] 食醋 100g，黄芪 30g，桂枝 6g，白芍 20g。水煎温服。日 1 剂，连服 7 日。

[功能] 调和营卫，散瘀止汗。

[益宜] 营卫不和，自汗畏风，翕翕发热等。

大泡通(见《贵州民间草药》别名：大通塔，柴厚朴，野正戟，隔子通)

[配制] 大泡通 15～30g，煎水服。

[功能] 通便。

[益宜] 大便燥结腹痛。

大青叶茶

[配制] 大青叶 15g，切碎，沸水冲泡，代茶饮，连用 3～5 天。

[功能] 清热解毒。

[益宜] 感冒、温病热甚烦渴等症。

大蒜炖生鱼

[配制] 大蒜 100～150g，乌鱼 400g，调料适量。大蒜去皮，生鱼去肠杂洗净，同置碗中，加醋、盐、黄酒、水适量，武火隔水炖熟，调入味精，早晚餐温热食。

[功能] 健脾利水消肿。

[宜忌] 营养不良性水肿,肝硬化腹水,慢性肾炎等,连用效佳,肾病不放盐。

大蒜姜糖水

[配制] 大蒜、生姜15g,红糖适量。前两味水煎,加入红糖。日1剂,分3次饮服。

[功能] 解毒散寒,温胃解毒。

[宜忌] 感冒,流感,症见发热,恶寒,无汗,头身痛,鼻塞流涕等。

大蒜粥

[配制] 紫皮蒜30g,粳米(或糯米)100g。大蒜去皮,切段,沸水煮1分钟捞出,将洗净的粳米放入煮蒜水内熬粥,待粥熟时再把蒜重心放入粥内(如用于结核,另加白及粉5g),煮至蒜熟,早晚温热服。

[功能] 抗结核,治痢,降血压。

[宜忌] 肺结核,急慢性痢疾,高血压,动脉硬化,慢性胃炎。胃及十二指肠溃疡者不宜用。

大血藤炖河蟹

[配制] 大血藤30g,河蟹2只(约250g),米酒50g。大血藤、河蟹洗净,放入陶瓷罐中,加水一碗半,用文火炖熟后,加米酒再炖片刻。日1剂,趁热吃河蟹饮汤。

[功能] 行气开郁。

[宜忌] 情志不舒,肝气郁结之月经后期小腹胀痛,精神不爽,胸闷不舒等。忌服柿子及柿饼等。

大枣粥

[配制] ①大枣50g(去核),粟米100g,水适量,将枣煮烂,去渣投米,煮粥食;②大枣10枚,茯神15 g,小米100g。先煮大枣、茯神,去渣,后下米煮粥。温食。

[功能] ①健脾益气,和中祛风;②益气养胃,安神定志。

[宜忌] ①脾胃虚弱四肢沉重,虚羸少气,中风,惊恐虚悸;②心脾两虚之神疲乏力,失眠心悸,精神恍惚。

胆汁绿豆粉

[配制] 猪胆汁100ml,绿豆粉500g。取新鲜猪胆汁100ml,拌和绿豆粉匀,用瓷瓶封存。成人每次服6~9g,儿童每次服0.9g,日3~4次。

[功能] 消炎解毒。

[宜忌] 湿热蕴结之急性胃肠炎、菌痢。

淡竹叶粥

[配制] 淡竹叶30g,粳米50g,冰糖适量。淡竹叶煎汤去渣、取汁,以汁煮粳米为粥,待熟加冰糖稍煮。每日早、晚温服。

[功能] 清心火,除烦热,利小便。

[益宜] 心经热盛，口渴多饮，心烦目赤，口舌、牙龈肿痛、小便短赤痛等。胃寒者不宜。

当归补血汤

[配制] 黄芪 30g，酒洗当归 6g，粗研，水煎服。

[功能] 补气生血。

[益宜] 劳伤血虚，产后血脱，疮疡溃后脓血过多，阴血亏虚等。

当归牛肉胶

[配制] 当归 250g，牛肉 2 000g。当归洗净，牛肉洗净切块，同放大砂锅内，加清水，武火烧开，去沫，加黄酒 30ml，文火炖肉烂，捞出当归渣，捣牛肉碎于汤中，文火收肉汁为胶，冷却装瓶，每隔 3～4 日蒸 1 次。日服 2～3 次，每 1～2 匙，饭后冲服，2 个月为 1 疗程。

[功能] 健脾暖胃，补血活血，温中止痛。

[益宜] 脾胃虚寒之脘腹冷痛，妇女月经不调，及产后血虚腹部冷痛等。

党参琥珀炖猪心

[配制] 党参粉、琥珀粉各 5g，猪心 1 个。猪心洗净，放入两药粉，入砂锅内加水炖熟，调味。饮汤食猪心。

[功能] 补益心脾，镇静安神。

[益宜] 心脾两虚之面色苍白、心慌气短、眩晕、身倦乏力、食欲不振等。

稻灰粥

[配制] 赤稻细稍若干烧灰绢包，用开水浸泡取汁，入丁香 1 支，白豆蔻半支，粳米 50g，煮作粥。空腹食。

[功能] 行气利膈。

[益宜] 气郁痰结，噎食不下，胸中闷满等。为食道癌者膳尤宜。

灯芯花苦瓜汤

[配制] 灯芯花(灯芯)4～6 扎，鲜苦瓜 150～200g(切开去瓤和核)，煎汤饮，任意喝。

[功能] 清热降火，利尿通淋。

[益宜] 伤暑自热、烦渴，小便短赤、风热目赤等。

地胆头猪瘦肉汤

[配制] 地胆头 30g(鲜品用 90g)，猪瘦肉 150～200g。2 者加清水 4 碗，煎至 2 碗，加食盐少许调味。1 日内分 2～3 次，饮汤食肉。

[功能] 清湿热，利小便。

丁香胶艾汤

[配制] 熟地 、白芍各 1g，川芎、丁香各 1g，生艾叶 3g，当归(酒洗)3.6g，阿胶 1.8g。水

煎前6味去渣，入阿胶微煎，空腹温服。

[功能] 温补血，驱寒通络。

[益宜] 劳役饮食不节，致心气不足，崩漏不止，自觉脐下如冰，欲求厚衣被以御其寒，白带量多，时有鲜血，右尺脉时微者。

冬虫夏草炖蛏干

[配制] 冬虫夏草30g，蛏干60g，将虫草冷水浸泡片刻后略洗，与蛏干同放炖罐中，加水750ml，先用棉纸封炖罐口，再加盖，炖3小时。任意食之。

[功能] 滋阴、清热、除烦。

[益宜] 脏躁证(发时自觉烦闷、急躁或悲伤欲哭)，及产后虚损，发热盗汗等。

冬虫夏草蒸猪脑

[配制] 冬虫夏草10g，猪脑1只，细盐、黄酒各适量。虫草净，猪脑挑去血筋，净，两品入瓷盆内加黄酒1匙，冷水2匙，精盐少许撒猪脑上，不加盖，隔水蒸2小时，离火。佐餐或单食。

[功能] 补脑益肾，除风眩，畅肺气。

[益宜] 肾虚之头晕，耳鸣，行步欲跌等。

冬瓜苡仁粥

[配制] 冬瓜仁20～30g，苡仁15～20g，粳米100g。冬瓜仁水煎取汁，与粳米、苡仁同煮粥。日服2～3次。

[功能] 健脾燥湿化痰。

[益宜] 湿痰咳嗽，痰多色白，咳声重浊，胸闷脘痞等。

冬瓜薏米绿豆粥

[配制] 冬瓜250g，苡仁30g，绿豆30～60g，鲜荷叶适量，藿香少许。后2味煎汁适量备用；冬瓜切成小块苡仁、绿豆煮稀粥，粥成入备用汁，再稍微煮。佐餐或随意饮。

[功能] 清暑辟秽化浊。

[益宜] 夏季感受暑热秽浊之气，猝然闷乱烦躁，头痛而胀，胸脘痞闷，呕恶等。

都梁茶

[配制] 白芷10g，白糖少许。白芷煎汤，调入白糖少许，代茶饮。

[功能] 祛风胜湿。

[益宜] 风湿头痛之头痛如裹，肢体倦怠，胸闷食少，阴湿无气尤甚。

豆蔻草果炖鸡肉

[配制] 鸡肉100～200g(洗，切块)，肉豆蔻24g(打碎)，草果18g，(煅烧存性)。3品共置砂锅，加水，隔水炖肉极烂，吃肉喝汤。每1～2日服1次，有效续食，以愈为度。

[功能] 健脾止泻。

［益宜］脾虚泄泻日久不愈。

独参汤

［配制］人参 30g，为粗末，加大枣 5 枚。水煎。不拘时服。

［功能］益气固脱。

［益宜］元气大亏，阳气暴脱，面色苍白，神情淡漠，肢冷汗出，脉息微弱。近代用创伤性休克，大出血，心力衰竭等重症抢救。

二豆羹

［配制］白扁豆 30g，绿豆 50g。共煮羹，空腹任意食。

［功能］清热、利湿、解毒。

［益宜］霍乱吐泻兼解鱼毒及醉酒。

二豆饮

［配制］白扁豉 15g，秋豆角 10g，红糖适量。前两味煎汤取汁，调入红糖。日 1 剂，分 2 次服。

［功能］健脾行水，平肝潜阳。

［益宜］脾虚肝胆之妊娠水肿，高血压等。

二葛汤

［配制］沙葛（豆薯、凉瓜）、葛根各 250g，洗净切块，加水适量煎服。日 1 次，连服 2～3 天。

［功能］解毒清热，生津止渴。

［益宜］风热感冒之发热，微恶风寒，咳嗽，咽痛，口渴等。

二黄酒

［配制］黄芩、黄连、甘草、各等份。水煎，加酒 ，食远服。

［功能］去上焦实火，火旺。

［益宜］头面大肿，目赤肿痛，心胸、咽喉、口舌、耳鼻热盛及生毒疮者。

二皮汤

［配制］西瓜皮、冬瓜皮各 15g。水煎沸 5 分钟，取汁。代茶饮。

［功能］清热，止渴，利尿。

［益宜］暑热烦渴，消渴，尿浊等。

二术膏

［配制］白术、苍术、茯苓各 250g，生姜 150g，大枣 100 枚。前 3 味洗净，烘干，研细过筛；大枣去核，与生姜同煮熟，去姜渣，压成姜枣泥。用姜枣泥调和药粉为膏，加防腐剂。早晚各 30g，米酒送服。

[功能] 除湿祛痰,活血通经。

[益宜] 体肥痰多,胸胁满闷,神疲倦怠,白带量多等。

二鲜三花饮

[配制] 鲜竹心 30 根,鲜荷根 30g,扁豆花、丝瓜花、南瓜花各 20 朵,泡参、绿豆各 30g。各洗净。煎煮泡参及绿豆,至绿豆开花时入前 5 样煮 30 分钟,取汁代茶饮。

[功能] 清热解暑,益气生津。

[益宜] 暑天身热息高,心烦尿黄,口渴多汗,肢倦神疲,脉虚无力等。

二鲜饮

[配制] 鲜茅根(切碎),鲜藕(切片),煮汁常饮用。又方:鲜芦根 3 两,鲜竹叶 1 两。水煎服。或再加鲜茅根 2 两,酌用童便为引。

[功能] 固元补虚。又方:清热解暑,生津止渴;又加方:清肺透热,养胃生津。

[益宜] 虚劳证痰中带血。又方:外表热病,肺胃津伤,身热不退,心烦口渴。又加方:利尿导热,清心降烦及暑热伤及肺胃之轻症。

二叶豆豉翠衣汤

[配制] 大青叶、鲜茯叶、淡豆豉各 9g,西瓜翠衣 15g,白糖适量。前 4 味共煎汤去汁,调入白糖。日 1 剂,连服 4~5 日。

[功能] 辛凉透表,清热解毒。

[益宜] 流行性乙型脑炎轻症,发热,微恶寒,头痛,精神不佳,微有呕吐,口渴不甚,舌苔薄白,脉浮数等。

二汁饮

[配制] 鲜藕、白梨等量。分别榨汁,混合。每服 1 盅,日 2~3 次。

[功能] 清热凉血,生津止渴。

[益宜] 上焦痰热,热病烦渴等证,

发汗豉粥

[配制] 豆豉 10g,荆芥 10g,麻黄 10g,葛根 15g,栀子 10g,生石膏 30g,葱白 7 茎(切),生姜 10g(切),粳米 100g。先煎诸药,去渣取汁,后入米煮稀粥。空腹食,卧床,得微汗出为度。

[功能] 祛风清热。

[益宜] 外感寒邪,内有蕴热之恶寒、壮热、头痛、无汗、口渴、喜饮、舌红苔黄、脉数浮之证。

法夏川芎扁豆瘦猪汤

[配制] 法夏 9g,炒扁豆 15g,川芎 9g,猪瘦肉 60g,调料适量。前 3 味为水煎取汁,去渣。瘦肉入药汁内煮熟。调味服。每日 1 剂,连续 4~5 天。

[功能] 化痰降浊。

[益宜] 痰浊中阻之胸脘满闷、恶心、吐涎沫、头胀痛而重等。

番红花海参牛肉

[配制] 番红花 20g，熟牛肋条肉 250g（切 5cm×0.3cm 肉条，码齐于碗内，加葱、姜、八角、料酒、酱油及洗净之番红花，上屉蒸 20 分钟），水发海参 80g（切 0.6cm 宽的长条、入沸水汆透，捞出待用）。蒸笼中取出牛肉，拣去葱、姜、八角。炒锅加油烧热，煸葱、姜香，滗入蒸牛肉的汤汁，加酱油、味精、海参改小火煨 2 分钟，转大火并用漏勺捞出海参，用筷子摆海参片于牛肉条上成十字形。锅内汤汁勾芡，浇牛肉碗内，淋麻油。佐餐食。

[功能] 益气养血，活血祛瘀。

[益宜] 气血不足，气血瘀滞之腹痛、真心痛、头晕、食少等。亦宜冠心病者等。

番石榴炒桂圆肉

[配制] 番石榴 8 个，洗净切成 2cm 见方的小块，桂圆肉 30g，炒锅投花生油，油八成热时入番石榴、桂圆肉，翻炒几下即可。每日食 2 次，一般 5～7 次有效。

[功能] 补益心脾，止血止泻。

[益宜] 心脾两虚之崩漏、泄泻、失眠等。

番泻叶茶

[配制] 番泻叶 3～10g。开水浸泡。代茶饮。

[功能] 泻热通便。

[益宜] 胃弱以及内热、大便干结、口干口臭、腹胀满或疼痛、面赤身热等。

芳香化浊饮

[配制] 藿香叶、佩兰叶、厚朴花、扁豆花各 5g，鲜荷叶、西瓜汁各适量。诸药洗净，鲜荷叶洗，切细，煎取汁适量，调入西瓜汁。日分数次代茶饮。

[功能] 清暑、辟秽、化浊。

[益宜] 夏季感受暑湿秽浊之气猝然闷乱烦躁，头痛、胀，胸闷，呕吐等。

防风粥

[配制] 防风 10～15g，葱白 2 根，粳米 100g。防风、葱白煎取汁；粳米常法煮粥，将熟加药汁，稍煮。任意食。

[功能] 祛风解表，散寒止痛。

[益宜] 外感风寒，发热恶风，自汗，头身痛等。

飞帘茶

[配制] 飞帘 30g，白糖适量。前一味煎汤，取汁，入白糖。代茶频饮，连用 3～7 天。

[功能] 利水退肿。

［益宜］乳糜尿，白带症。

扶桑膏

［配制］桑叶、芝麻、白蜜各等份。前 2 味洗净为细末，熬蜜为膏，或为糖块。早盐汤送下，晚酒送下。

［功能］养血祛风。

［益宜］体力羸弱，久咳眼花，肌肤甲错，风湿麻痹。

扶衰仙风酒

［配制］肥肉鸡 1 只(乌骨鸡更佳)，生姜 200g，大枣 250g。好酒 2 000～3 000ml。鸡治净，切片；枣洗净，沥干。3 品与酒共入坛，封口。隔水煮 1 日后，放凉水中出火毒。每次空腹随意服食鸡、酒、姜、枣。

［功能］补五脏，疗虚损。

［益宜］劳伤虚损，瘦怯无力，妇女赤白带下等。

茯苓煮鸡肝

［配制］鸡肝 30g(或猪肝 30～40g)，茯苓 10g。加水同煮，熟，食肝饮汤。

［功能］健脾补中，养肝明目。

［益宜］小疳症，见面黄肌瘦，双目羞明、毛发枯焦，肚大青筋，精神萎靡等。

附子粳米粥

［配制］炮附子 15g，粳米 100g，制半夏 30g，甘草 15g，大枣 10 枚。以水 1 500ml，煮米熟汤成，去渣，温服 150ml，日 3 次。

［功能］温阳化痰，散寒止痛。

［益宜］腹中寒气，雷鸣切痛，胸胁逆满，呕吐。

干贝猪瘦肉汤

［配制］干贝 50g，猪瘦肉 200g，干贝泡发好，肉洗净，切块同入锅内，加水煲汤，调入食盐，佐餐食。

［功能］滋阴补肾。

［益宜］肾阴虚之心烦口渴，失眠多梦，夜尿多等。

干葛粥

［配制］葛根 15g，粳米 50g。先将葛根煎汤，去渣后入米熬粥，随意食。

［功能］祛风，定惊。

［益宜］风热感冒，挟痰挟惊之发热头痛、呕吐、惊啼不安等。

干姜末

［配制］①干姜末，温酒服 5g，连续间隔时六七服。②干姜炮研末，饮服 6g。③干姜、高良姜各等份，每服 3g，水一盏煎至七分服。并干姜炒黑为末，临发时温酒服 5g。④干姜为末，童子尿调服 3g。

[功能] 温中逐寒，回阳通脉。

[益宜] ①卒心痛；②中寒水泻；③脾寒疟疾；④吐血不止。

干姜散

[配制] 干姜、川椒、豆豉、神曲、麦芽各 360g，共研为散，每服 15g，1 日 3 次。

[功能] 温中散寒，消食和胃。

[益宜] 胃脘受寒，胀不能食，心意愈然不思饮食。

干姜糖丸

[配制] 干姜 30g，蜂蜜适量。干姜研细末，炼蜜为丸，每丸 3g，每服 1 丸，日服 2 次，米汤送服。

[功能] 温中补虚。

[益宜] 中气虚寒之食少，畏寒，脘冷，乏力，消瘦等。阴虚火旺者及孕妇不宜。

干姜饮

[配制] 干姜 3g(研细末)，入米汤内温服，每日 1～2 次。

[功能] 温中逐寒。

[益宜] 虚寒胃痛，呕吐，泄泻等。

甘豆汤

[配制] 黑豆 30g，甘草 15g，水煎服。

[功能] 益元利水。

[益宜] 脚气浮肿。

甘蔗姜汁饮

[配制] 甘蔗、生姜各适量。甘蔗去皮，压榨取 100ml；生姜净后榨取汁 10ml，两汁混合，隔水炖温。每服 30ml，日 3 次。

[功能] 补胃和中，降逆止呕。

[益宜] 胃气不和之呕逆，烦闷、频吐痰涎，或妊娠胃虚呕吐等。

甘蔗马蹄饮

[配制] 红皮甘蔗 1 段，去皮，绞汁，取 300ml。马蹄(荸荠)7 个，洗净榨汁兑甘蔗汁内，搅匀。代茶饮。

[功能] 清热解毒，生津止渴。

[益宜] 邪热伤津之烦热，口渴欲饮等。

感冒茶

[配制] 黄皮叶粉、杧果叶粉、紫苏粉、薄荷粉、大叶龙胆草、岗梅根、桑叶粉、地头胆粉各 500g，甘草、茅根、菊花、如意花根各 250g，将方中大叶龙胆草、甘草、茅根、菊花

水煮2次，浓缩至适量。其余药洗净，烘干，研为细末，加入无根藤胶质（或米粉）做黏合剂，混压成每块重9g的方块，晒干。服取1块，开水泡，日2次。

［功能］辛凉解表。

［益宜］外感风热引起的发热重、微恶风寒、咽痛、咳痰黄稠等。

橄榄紫苏葱姜茶

［配制］橄榄4个，紫苏叶12g，葱白4条，生姜4片。水煎服，或制散冲泡，代茶饮。

［功能］解表散寒，理气和胃。

［益宜］风寒气滞之感冒恶寒发热、头痛、喷嚏、咽喉不利，胸闷腹胀等。

高良姜酒饮

［配制］高良姜、火炙令焦香。每用150g，打破，以酒1 000g（米酒为宜），煮取3～4沸，顿服。

［功能］安胃止喘。

［益宜］霍乱呕吐不止。

葛粉汤圆

［配制］葛粉300g，百果馅200g，白糖300g，水600g。葛粉置盘中，百果馅做成丸子，放葛粉中滚沾葛粉，满浸温水再滚，如此反复，至葛粉沾完。糖入水中煮沸，倒入碗中，汤圆煮熟，捞入糖水碗中。早、晚餐食。

［功能］解肌退热，生津止渴。

［益宜］风热感冒及热病口渴，可作冠心病、高血压病人膳食。

葛根荷叶田鸡汤

［配制］活田鸡250g，（治净、去头爪），鲜葛根120g（去皮，洗净，切块），鲜荷叶15g（洗、切丝）。前3味同入锅，加清水适量，武火煮沸，文火煮1小时，调味随量食、饮。

［功能］解暑清热，祛湿止泻。

［益宜］湿热内蕴之肠炎、身热烦渴、小便不利、大便泻下秽臭、肠鸣腹痛。

蛤蜊坤草汤

［配制］蛤蜊肉150～250g，坤草嫩苗500g，牛膝30g。各洗净，切，共煎汤调味食。

［功能］滋阴软坚、利尿。

［益宜］阴虚水停之口渴、水肿、尿少等。

古葶枣散

［配制］葶苈子（炒黄，为末）9g，大枣10枚。枣浓煎，去枣取汤，入葶苈子末，调匀食后服。

［功能］泻肺遂饮，下气平喘。

［益宜］肺痈胸满喘咳，或身面浮肿等症。

瓜皮散

[配制] 干冬瓜、牛皮胶各等份。为细末，酒调服。

[功能] 止汗养阴。

[益宜] 治伤后发汗。

瓜茄茶

[配制] 西瓜 2 500g，西红柿 200g，白糖适量。西瓜剥皮，去籽，用清洁纱布滤汁，西红柿开水烫，剥皮，去籽，纱布滤汁，2 汁合，入糖调匀，代茶随时饮。

[功能] 增食，利尿，降血压等。

[益宜] 食欲不振，小便不利，高血压等。

归地烧羊肉

[配制] 羊肉 500g，当归、生地各 15g，干姜 10g，羊肉洗净、切块置砂锅，归、地、姜洗与酱油、盐、糖、黄酒、清水各适量同入锅中，炖至肉烂，吃肉喝汤。

[功能] 益气摄血，温中补虚。

[益宜] 气虚之月经量多，过期不止，色淡而清稀，面色㿠白，气短懒言，及产后虚冷腹痛，虚劳羸瘦，困倦乏力等。外感邪热，内有宿热者不宜。

归葛饮

[配制] 当归 9～15g，葛根 6～9g。水煎，冷水浸凉徐服。

[功能] 养血解肌，退热生津。

[益宜] 阳明温暑时症，大热大渴，津液枯涸，阴虚不能作汗等。

归芪麦片粥(原名：归脾麦片粥)

[配制] 党参、黄芪各 15g，当归、枣仁、甘草各 10g，丹参 12g，桂枝 5g，诸位洗净入水 1 000ml 浸泡 1 小时后，煎取汁，入麦片 60g，桂圆肉 20g，大枣(剖)5 枚，共煮为粥。日服 2 次。

[功能] 健脾养心，益气补血。

[益宜] 气血两亏，心脾两虚之心悸气短、动则尤甚、面色苍白、汗出肢冷及脾不统血之崩漏或月经超前、量多色淡等。现多用于慢性心功能不全者的保健膳食，久服效佳。

归芪蒸鸡

[配制] 嫩母鸡 1 只(约 1 500g)，炙黄芪 100g，当归 20g，调料适量。鸡治净，于沸水中汆透捞出，放凉水内洗净，沥水，当归洗净，切小块同黄芪由鸡裆部装入腹内，腹向上置盆中，入葱段、姜片、清汤、黄酒、胡椒粉，用湿棉纸封盆口，上屉蒸 2 小时取出，去纸、葱、姜，加味精。

[功能] 补气生血。

［益宜］气血两亏之神疲乏力，面色萎黄，及妇女经、产后血虚发热等。

龟鹿补冲汤

［配制］党参、乌贼骨各 30g，黄芪 18g，龟板 12g，鹿角胶 9g。水煎服。

［功能］补肾、益气固中。

［益宜］劳伤冲任，肾气不固，崩漏，骤然下血，先红后淡，面色苍白，气短神疲，舌淡苔薄，脉大而虚。

桂皮山楂饮

［配制］桂皮 6g，山楂肉 10g，红糖 30g，前 2 味洗净，切，文火煎汤 30 分钟，滤渣，加红糖，装罐，随意饮。

［功能］温阳散寒，消积导滞。

［益宜］阳虚之寒凝痛绕；食滞之腹胀，不欲饮食等。

海参阿胶

［配制］海参、阿胶各适量。将海参焙焦存性，研细末储备用。每用取末 15g，加阿胶（捣碎）6g，用半杯水炖至溶化，空腹米汤冲服，日 2 次，连用 3～5 天。

［功能］补血止血。

［益宜］血虚之头晕眼花，心悸失眠，面色不泽，虚火灼伤脉络之胎漏，大便下血等。

海蜇荸荠膳、饮

［配制］①大荸荠 100 个，海蜇 300g，皮硝 120g，烧酒 1500g。共浸 7 日后，每早晚吃荸荠 1 个，加至 10 个止；②荸荠与海蜇同煮，去蜇食荠；③海蜇 30g，荸荠 4 枚，煎汤服。

［功能］清热，化痰，消积、润肠。

［益宜］①治痞；②小儿一切积滞；③阴虚痰热，大便燥结。

合欢花粥

［配制］合欢花 30g（鲜品 50g），粳米 50g，红糖适量。三品同入砂锅，加清水 500ml，文火煮粥稠。每于睡前 1 小时空腹温服。

［功能］安神解郁，活血消肿。

［益宜］忿怒忧郁，虚烦不安，健忘失眠，痈肿疮毒等。

和中散

［配制］人参、白术、茯苓、葛根、黄芪、炒白扁豆、藿香汁、炙甘草各等份。为细末，每服 9g，加大枣 2 枚，生姜 5 片，水煎，食前服。

［功能］和胃气、止吐泻、定烦渴。

［益宜］腹痛吐泻，烦渴不思食。

荷叶神曲茶

［配制］荷叶 12g，神曲 18g，陈皮 6g，白术 6g，山楂 6g，上方加水 1 200ml，文火煮 25 分钟，餐后 30～60 分钟随意饮用。

［功能］利水、消滞、除腻、助消化。

［益宜］胃肠功能紊乱，虚肿、胖之人。

荷叶熏鲢鱼

［配制］鲢鱼肉 500g，洗净，切 3cm 见方块 12 块；白蔻仁 3g，鲜荷叶 3 张，洗净，沸水烫软，冷水漂，切 12 块；猪花油 150g，米饭 60g，白糖 30g，茶叶 25g，各种调料适量。猪花油洗净，切 12 块，白豆蔻捣末。鱼块用酱油、料酒、精盐、白蔻粉、胡椒粉、味精、姜末腌渍 10 分钟，取花油包鱼肉，外包荷叶。锅内放米饭、茶叶、白糖和 500ml 水，上架箅子，荷叶包鱼块放起上。文火将水烧开后至水分干，米饭、茶等冒烟后熏 10 分钟，取荷叶包，食，去荷叶。

［功能］温脾胃，去湿邪。

［益宜］湿邪伤脾之食少腹胀、大便溏泻、胸闷身重等。

荷叶粥(另见:荷叶糯米粥)

［配制］新鲜荷叶 1 张，粳米 100g，冰糖少许。鲜荷叶洗切，煎取汁，入粳米煮粥，加冰糖稍煮，早晚温热食。

［功能］清暑利湿，升发清阳，止血，降血压、血脂。

［益宜］外感暑热之头昏胀，胸闷烦渴，小便短赤等。亦宜高血压、高血脂者。

黑豆续断糯米粥

［配制］黑豆、续断各 30g(洗、纱布包)，糯米 60g(洗)，共置砂锅加水 750ml，文火煮粥，日 1 剂。5～7 日可效。又方:黑豆 30g，桑枝(锉)30g，椿根白皮(锉)15(后 2 味，先煎取汁)，入黑豆(洗)，粳米 100g(洗)，煮粥，空腹食。

［功能］补肝肾，安胎。又方:活血利水，祛风解毒。

［益宜］肾虚之先兆流产，习惯性流产。又方:水肿、黄疸、脚气、风痹、痈肿等。

黑桂酒

［配制］黑豆(炒熟去皮)、肉桂、当归、芍药、炮姜、生地各 30g，炙甘草 20g，蒲公英(纸上炒)30g，酒 1 500g。诸药共研碎。浸酒于敬瓶中，七宿后开封。每饮食 15～30ml，日 3 次。

［功能］活血化瘀。

［益宜］产后气血瘀滞之身体肿满、亦宜泻寒热。

黑鱼黑豆汤

［配制］黑鱼 1 条(约 1 000g，治净，去内脏，留肝、切块)，黑豆 500g(去杂质、洗净，倒入

大砂锅,冷水浸泡约半小时),甘草 20g、黄酒、白糖各适量。旺火将浸好黑豆烧开,改小火煮 1 小时,倒入黑鱼块,加入甘草、黄酒(一匙)、白糖(四匙)。续慢煨 2 小时。每食 1 小碗,日 2 食,空腹作点心。

[功能] 健脾胃,补肝肾,消肿毒。

[益宜] 脾肾不足之腰酸纳少,水肿便溏等。肝硬化腹水、迁延性肝炎者常宜。

红扒猴头菇

[配制] 干猴头菇 200g,鸡汤 250g,调料适量。猴头菇热水泡软,捞出挤干,从根部往上批成片,加清汤上屉蒸(中间换 2 次汤)至酥烂,猪油 75g 烧热,放入酱油,料酒、精盐、味精、白糖、鸡汤,再入菇片,烧沸后,淀粉勾芡,熟,加猪油 25g 和香油适量。单食或佐餐。

[功能] 和中安神。

[益宜] 消化不良,胃溃疡,神经衰弱及胃癌等。

红枣芹菜汤

[配制] 红枣 200g,芹菜 500g,红糖适量。前 2 味洗净,加水适量煮汤,红糖调味。分数次饮。

[功能] 补血调中、理胃气,除烦热,降血。

[益宜] 慢性胃炎,高血压等。**胡椒葱姜汤**

[配制] 胡椒 2g,葱白 3 茎,生姜 6g,开水煮姜、葱沸,调胡椒末饮。胃疼时趁热饮下。另方:糯米 50g,葱白 3 茎,红枣 2 枚,胡椒粉 3~5g,煮粥食。

[功能] 暖胃行气止痛。疼时饮即刻缓解。另方:温中健胃,助火散阳。

[益宜] 胃寒痛喜温,遇寒剧,泛吐清水等。另方亦宜:大便溏薄,食欲不振。忌实热,溃疡,出血者。

化斑粥

[配制] 生石膏 30~60g,玄参 10g,水牛角末 6~9g,鲜荷叶半张(品 30g),绿豆 30g,白粳米 100g。玄参、荷叶洗净与石膏煎取汁,入粳米、绿豆煮粥,粥成入水牛角末稍煮,日分 2~3 次温服。

[功能] 清热凉血解毒。

[益宜] 高热口渴,烦躁不宁,肌肤发斑,甚或吐血衄血等。

槐花酒

[配制] 槐花 120g,黄酒 500g。槐花炒微黄,趁热入酒,煎数十沸,去渣。热服取微汗,疮毒未成者 2~3 服,已成者 1~2 服。

[功能] 清热解毒。

[益宜] 疮毒成或未成,但肿痛者。

黄芪膏

[配制] 黄芪 1 000g，炼蜜 1 000g。黄芪洗、切，水浸 12 小时，煎 4～5 小时滤汁。药渣加水复煎，共取 3 次。合并滤液，文火煎熬，浓缩至膏状态，兑蜜收膏。每服 15g，日 2 次，开水冲服。

[功能] 补中益气，调营固卫。

[益宜] 阳虚证，身瘦弱，痰嗽虚喘，四肢无力，内脏下垂，脱肛，自汗，遗精，便血，崩，带下，痈疽溃而不敛等。

黄芪猴菇汤

[配制] 黄芪 30g，洗，润；猴头菇 100g，冲洗净，温开水发 30 分钟，胀，去底柄。菇略洗切 2mm 厚大片；发菇液滤液备用；鸡肉 250g，洗净，切长条块；姜 15g，葱白 20g，洗净，切；小白菜洗净。将鸡块与葱、姜煸炒后加食盐、烧酒、发菇水、黄芪、清水，武火煮沸，改文火炖 1 小时。再将猴菇片盖鸡块上，略煮，熟，去黄芪片，盛碗，小白菜入汤稍煮，熟，铺鸡块旁，汤注入碗中。随意食。

[功能] 补养气血，健脾益肺。

[益宜] 脾虚之食少，神疲乏力；肺虚之自汗、乏力；气虚之眩晕、心悸、健忘等。亦可作病后、贫血、神经衰弱、慢性肾炎及糖尿病患者之膳食。

回春炖盅

[配制] 桑葚子、枸杞子、红枣各 30g，女贞子 20g，柏子仁 15g，菟丝子、覆盆子各 10g，诸味中红枣洗、去核，余洗净，煎取浓汁 500ml 备用；鸡腰子 20g，洗净，沸水汆即捞起，洗净沥干入炖盅内，加红枣，药汁，与老姜 3 片，葱 3 段，米酒、盐各适量。加盖入锅蒸至鸡腰子熟透。

[功能] 养心安神，补肾益精。

[益宜] 中老年人身体虚弱，腰膝酸疼，四肢冰冷，阳痿早泄，子宫虚寒等。

藿香姜糖饮

[配制] 藿香 10g，生姜 5g，红糖适量。前 2 味煎取汁，调入红糖。日 1 剂量，分 2～3 次饮。

[功能] 化湿和中，解表散寒。

[益宜] 外感风寒之头痛、鼻塞、胸闷满、恶心、呕吐等。

藿香苡仁饮

[配制] 藿香、厚朴花各 6g，苡仁、扁豆各 15g，鲜荷叶、西瓜汁各适量。将苡仁、扁豆，洗，水煎 30 分钟入藿香、厚朴花、且荷叶，再煎数沸取汁，调入西瓜汁。代茶频饮。

[功能] 芳香化浊，清热辟秽。

[益宜] 湿温，身热不拘，头重如裹，身重困倦，呕恶，便溏等。

藿香粥

［配制］鲜藿香、粳米各 30g，先煮粳米粥，临熟，入鲜藿香，搅匀，再煮片刻，香味出，空腹食。

［功能］芳香化湿，解表散寒。

［益宜］暑天外感引发恶寒发热、恶心呕吐、不思饮食等。

鸡蛋沙参银耳冰糖羹

［配制］鸡蛋 2 个，银耳 10g，北沙参 12～15g，冰糖适量。鸡蛋打入碗搅匀，银耳发透，去蒂洗净，沙参洗净与银耳同煮片刻，放入冰糖，煎 1 小时，兑入鸡蛋，稍搅动。饮汤食银耳。

［功能］滋阴润肺。

［益宜］肺阴亏虚之干咳不愈、咽干痛、口渴等。

鲫鱼炖臭豆腐

［配制］鲫鱼 1～2 条，臭豆腐适量，葱、姜、料酒，食盐各适量。将鲫鱼，治净，控水，过油，与葱、姜一起放入冷水锅中，大火煮沸后加料酒，放入臭豆腐改小火炖，加盐调。熟佐餐。

［功能］补肾益肺，养阴止咳喘。

［益宜］肺虚咳喘，男子早泄，妇女带多等。

鲫鱼萝卜汤

［配制］新鲜鲫鱼一条，白萝卜、胡萝卜适量，料酒、食盐等佐料适量。鲫鱼治净，热油锅煸葱、姜香，放鲫鱼，烹料酒，将鱼翻边，加水煮鱼，待见白汤时加入萝卜，续至汤浓加盐和糖适量，出锅时可加蒜丝。

［功能］固元顺气，滋阴润肺。

［益宜］寒、热感冒人群。

加味乌梅茶

［配制］乌梅 10 枚，糯稻根 30g，浮小麦(捣碎)20g。水煎 2 次，取汁混匀，代茶饮，每日 1 剂。

［功能］益气敛阴，清热除烦。

［益宜］盗汗。

姜醋

［配制］生姜 100g，净，切细丝末，浸 250g 米醋中，密闭保存。胃病者，每空腹食 10ml；鱼蟹中毒者用作调料佐餐食即可。

［功能］温胃止痛，解鱼蟹毒。

［益宜］胃气虚寒之胃脘冷痛，遇寒剧，得暖减，泛清水等。亦作疗鱼蟹中毒。姜附烧狗

肉(另方:姜附烩狗肉)

[配制] 熟附片30g,置砂锅先熬2小时,入生姜150g,狗肉1 000g(洗、切块),大蒜,水各适量炖煮,至狗肉熟烂,调味食。以冬季为佳,不可过量。另方:狗肉1 000～1 200g,制附片15g,姜片60g,水煮,提汁2次,取浓汁70ml,玉竹片60g,狗肉清水煮熟后加佐料蒸烂熟,再油炸后再加药汁等,文火焖烩。

[功能] 温肾散寒,壮阳益精。

[益宜] 肾阳虚之阳痿,夜尿频、畏寒、四肢冰冷等。亦宜慢性支气管炎、慢性肾炎。热证、实证及感冒者忌。

姜桂花防风苏枣茶

[配制] 老姜60g,桂枝、防风、紫苏各6g,红枣5枚。各洗净,姜拍碎,枣去核,共入砂锅加水1 500ml,沸后,小火煮15分钟,取汁加红糖30g调匀,趁热喝下,及时食热粥一碗。

[功能] 发表,祛寒。

[益宜] 淋雨、外感风寒之风寒头痛、呕吐、鼻塞、肢体酸痛等。

姜露

[配制] 生姜500g,水浸2小时,用蒸馏法取露。每饮9g,日2次。

[功能] 解表止呕,消食化痰。

[益宜] 风寒感冒之咳嗽痰多,恶心呕吐等。

姜糖苏叶饮

[配制] 老姜、苏叶各3g,红糖15g。前2味洗、切,沸水冲泡10分钟后,入红糖拌匀。

[功能] 解表清热,止吐降逆。

[益宜] 风寒感冒之头痛、发热、恶心、呕吐、胃痛、腹胀等。

椒面羹

[配制] 川椒9(为末),白面120g,豆豉适量,盐少许。前4味制为面条,煮熟食,又《圣济总录》、《普济本事方》做面糊吃。

[功能] 温中暖胃,定痛止呕。

[益宜] 中焦虚寒之心腹结痛、、呕吐、食不下。

绞股蓝茶饮

[配制] ①绞股蓝10g,绿茶2g,白糖适量。绞股蓝焙干去腥,加茶叶与水煎沸10分钟,加入白糖。每日1剂,不拘时饮;②绞股蓝30～45g,煎汤代茶,或开水冲饮。连服数月;③绞股蓝晒干研粉,每次3～6g,吞服,日3次。

[功能] 清热解毒,止咳祛痰,补脾益气,防癌抗癌。

[益宜] ①体弱多病,如心脏病、高血压、高脂血症及癌症患者;②肝癌晚期,气血亏损者;③慢性支气管炎等。

金银花饮

[配制] 金银花、连翘、大青叶、芦根、甘草各 9g。水煎代茶饮，每日 1 剂，连服 3～5 天。

[功能] 清热、解毒。

[益宜] 预防乙脑、流脑。

金樱子粥

[配制] 金樱子 30～50g(去毛、核)，粳米 100g。金樱子加水煎取液(去渣)，入粳米煮粥。每日早晚温服。5～7 天一周期。

[功能] 益肾补精，缩尿敛滑。

[益宜] 肾气亏虚，精神衰弱，遗尿，滑精，脾虚久泻，带下，子宫脱垂等。

金盏银盘饮(金盏银盘为菊科植物三叶鬼针草或金盘银盏的全草)

[配制] ①鲜三叶鬼针草 30～60g，水煎服或捣烂绞汁，调些食盐炖温服；②鲜三叶鬼针草 60g。水煎或捣烂绞汁调白砂糖服；③鲜三叶鬼针草捣烂绞汁 30～60g，加蜜或食盐少许调服；④一包针 15g，猪肝 60～90g，加水一大碗，另用一包针的秆子横架在锅内，将猪肝放在上面蒸熟，先吃汤，后吃猪肝；⑤鲜一包针 150～180g，水煎服取汁，加红枣 250g，红糖、黄酒适量炖煮，2 天服完。

[功能] 清热解毒，散瘀除毒。

[益宜] ①中暑腹痛吐泻；②淋浊；③急性咽喉炎；④小儿疳积；⑤腰痛。

荆芥薄荷豆豉米粥

[配制] 荆芥 5～10g，薄荷 3～5g，淡豆豉 5～10g，粳米 50～100g。前 3 味煎取汁，去渣；粳米另煮粥，将熟加药汁，稍煮。每日分 2 次温服。连续 2～3 天。

[功能] 固正发汗，表邪。

[益宜] 一切感冒之症。

韭菜饮

[配制] 鲜韭菜 500g，鲜生姜 50g，冰片 3g。前 2 味洗净，捣烂绞汁，再入冰片溶解，每日 1 剂，分 2 次饮。

[功能] 开窍醒神，回阳救逆。

[益宜] 中暑神昏，四肢冰冷，冷汗，恶心者。

菊花板蓝根饮

[配制] 菊花 10g，板蓝根 15g，白糖 30g。前 2 味洗净，入砂锅煎取汁，冲入白糖。随意饮食。

[功能] 疏风散热，清热解毒。

[益宜] 外感风热之头痛，目赤、肿；肝阳上亢之头晕目眩，及瘟疫上攻之头痛、大头瘟、喉痧等。益宜流感、乙肝、腮腺炎、猩红热等。

菊花茶调散

［配制］菊花、川芎、荆芥、甘草、防风、白芷、薄荷、僵蚕、蝉蜕、钩藤、蔓荆子各等份，为细末，茶水调服。每服 10～15g。

［功能］疏散风热，清窍明目。

［益宜］风热盛上攻，头晕目眩，及偏正头痛。

橘红茶

［配制］橘红 10g，白茯苓 15g，生姜 5 片，共煎取汁，去渣，代茶饮。

［功能］宽胸、理气、消积。

［益宜］食滞痰阻之胸闷脘痞、纳呆、咳嗽痰多等。

橘皮紫苏叶粥

［配制］陈橘皮 10g，紫苏叶 12g，生姜 4 片，各洗净，水煎去渣取汁，入粳米 60g(洗净)煮粥食。

［功能］行气化滞，和胃止呕。

［益宜］气滞食积，胃脘饱胀，呕吐恶心，嗳气频发等。

橘茹饮

［配制］橘皮、柿饼(2 味洗净、切细)、竹茹各 30g，生姜 3g，白糖适量。前 4 味共煎取汁，白糖调味。每服 200～300ml。

［功能］和胃降逆。

［益宜］各种呕吐。亦益痢疾、顿咳。

苦瓜茶

［配制］鲜苦瓜 1 个，茶叶适量，瓜对剖去瓤，纳入茶叶，再合，悬挂通风处阴干。水煎或开水冲泡，代茶饮。

［功能］凉血、降暑热毒。

［益宜］中暑发热等。

苦瓜豆腐汤

［配制］苦瓜 150g，洗去瓤，切片，猪瘦肉 100g，剁茸，豆腐 400g。油锅划肉茸，翻炒苦瓜片数下，倒入沸水，推入豆腐块，调味煮沸，勾薄芡，淋上麻油，佐餐食。

［功能］清热解毒。

［益宜］暑疖，痱子等。

葵菜粥

［配制］葵菜 100g(洗，切)，粳米 100g(淘)。共煮粥。任意食。又方：葱 4 茎、葵菜 200g，煎汁煮米粥。

［功能］润燥宽肠。又方：利尿通淋。

[宜] 肠胃津亏引起的大便干结。又方:尿频,急,涩少,痛等。

兰花芙蓉鸡蛋羹

[配制] 鲜兰花 6g,鸡蛋 4 个,百合 5g,调料适量。兰花洗净挖干放盘中,百合温水泡软后切碎末;鸡蛋打入碗内,搅散后加百合末、精盐、料酒、味精搅匀,上旺火蒸 5 分钟后转小火蒸少时取出,炒锅注入清汤烧沸后加味精、精盐、料酒、白胡椒面,去浮沫,放入兰花,淋入香油,倒在蒸熟的芙蓉碗内,顿服。

[功能] 滋阴养肺,清心安神。

[宜] 热病后期,肺燥咳嗽,声音嘶哑,及伏热心烦等。

梨蔗萝卜汁饮

[配制] 梨汁、甘蔗汁、莱菔汁各 100ml,鲜石菖蒲 45ml,生姜汁 2 滴。和匀,隔水炖温服。

[功能] 通气化痰,润肠。

[宜] 气郁挟痰阻胃脘。症见饮食入胃,便吐黏涎,膈塞不通,便秘,粪如羊屎。

李仁薏米糖汁

[配制] 薏米仁各 15g,白糖适量。李仁研烂与薏仁同煎,滤汁去渣,加白糖调,1 次服完。

[功能] 解毒利湿,通利大小便。

[宜] 湿热下注所致的脚气足肿、大小便不利。

理气消滞茶

[配制] 紫苏梗 120g,炒陈皮 90g,炒莱菔子 70g,炒山楂 100g。共研末,混匀,每取 40g,装入纱布袋,放保温中,沏沸水,盖焖 15 分钟,代茶频饮。

[功能] 理气和胃,消积导滞。

[宜] 气滞纳呆,腹胀,食欲不振,嗳气或恶心欲吐,大便不爽等。

荔枝粥

[配制] 干荔枝肉 25g,山药、莲子各 10g,大米 150g。山药(捣烂)、莲子(去皮、心)与荔枝肉加水煮,软烂加米,煮粥熟,温热空腹食,日 2~3 次。

[功能] 益气生津,健脾补血。

[宜] 气血不足,脾胃虚弱之头晕、气短、心悸怔忡等。温热病者忌。

莲子粉粥

[配制] 莲子粉 20g,粳米 100g,同入锅加水 750ml,煮沸文火熬 20~30 分钟。作早、晚餐或点心。

[功能] 养心补脾,益肾抗老。

[宜] 心肾不交之失眠多梦,脾虚慢性腹泻,肾虚夜尿多等。

良姜炖鸡块

[配制] 公鸡1只，良姜、草果各6g，陈皮、胡椒各3g，葱、姜、食盐适量，醋少许。鸡治，去内脏，洗切块，加良姜、草果、陈皮、胡椒及葱、姜、酱、食盐、清水适量小火煨炖，熟烂即可。

[功能] 补虚散寒，理气止痛。

[益宜] 中焦寒凝之胃痛、纳少、吐清水等。

良姜粥

[配制] 高良姜60g(切碎)，粳米50g(或高粱米)。先用水煮高良姜取汁去滓，以汁煮粥。当早餐食。

[功能] 温中下气，散寒止痛。

[益宜] 寒邪客胃致心腹冷痛、吐泻、转筋等。痛止即停，不宜久服。

流感三草茶

[配制] 蒲公英30～50g，苏叶10g，鸭跖草30g，3味研粗末，纳热水瓶中，沏沸水焖15分钟，取汁频饮，每日1剂。

[功能] 发散清热解毒。

[益宜] 流行性感冒，头痛，咽痛，发热，无汗，全身酸痛等。

龙眼蒸鹌鹑

[配制] 鹌鹑5只，料理净，去脚爪，入沸水中氽去血水；龙眼肉20g，温水洗净；生姜，净，拍破，葱，净，切长段；冬笋40g，切成片；肉汤1 000g，调料适量。鹌鹑入钵，加葱、姜、料酒、精盐、胡椒粉、冬笋片入清汤，用湿棉纸封严钵口，上笼武火蒸鹌鹑肉时取出，揭去棉纸，拣出葱、姜不用，入味精调味。佐餐或单食。

[功能] 补五脏，利湿热。

[益宜] 脾虚泄泻、浮肿及湿热痢疾等。平常人食可健体。

芦根桃仁浆

[配制] 鲜芦根30g，桃仁9g，芦根煎取汁，桃仁研末，调芦根煎汁为浆，少许频频含咽。

[功能] 益胃降火，破血散结。

[益宜] 气火郁结于血分所致的噎嗝反胃病。

芦根煮兔肉

[配制] 兔肉1 000g，鲜芦苇根100g，生姜20g，精盐、酱油、醋、香油适量。兔肉洗净，切块，入锅；鲜芦根洗净，切成2cm长的段，生姜切片，加兔肉锅内，再加适量的水，食盐。大火烧沸改文火焖煮，熟后大块兔肉捞起，切细丁，加酱油、醋、香油调匀。

[功能] 发表散邪，益胃除烦。

[益宜] 感受外邪之咳嗽，咽痛，恶寒，身痛，胃气不和纳呆，呕恶等。

芦荟排骨汤

[配制] 鲜芦荟叶3～4片，洗净，用刀划后拍碎，放瓷炖锅中；小排骨300g，洗净，切；柴鱼片10g，一共放入芦荟锅中加水、盐各适量，炖排骨熟，即可。

[功能] 清热凉肝，健胃通便。

[益宜] 精神不安、耳鸣、易怒，和癌症及各种原因之便秘者。

鹿肉大枣汤

[配制] 鹿肉150g，大枣30g。鹿肉洗净，略烫切小块，大枣洗净，同入砂锅，加水、姜与各佐料，武火烧沸，去浮沫，改文火炖2～3小时，当点心食。又方：鹿肉120g，黄芪、大枣各30g。

[功能] 益气养血，补虚增乳。

[益宜] 气血不足之心悸、气短、疲乏无力和妇女产后乳汁缺少。

鹿血酒

[配制] 新鲜鹿血200g，注入容器内，加白酒1 000ml，用筷子搅匀，静置24小时。取上层清液，饮时热水中加温至50℃。

[功能] 补虚弱，理血脉，散寒邪，止疼痛。

[益宜] 阳虚怕冷，腹痛，肾虚阳痿，虚寒带下，崩漏等。阴虚火旺痰热者忌。

绿豆饮

[配制] 绿豆粉40g，黄连、葛根、甘草各20g，为细末，匀。每服2～4g，温豉汤调下。

[功能] 解热毒，烦渴，作呕。

[益宜] 误服热毒之剂，烦闷躁乱或作呕、狂渴。

萝卜子粥

[配制] 莱菔子20g（小儿减半），水研滤取汁100ml，加粳米50g，清水350ml。同煮稀粥。日2次，温服。

[功能] 消食（积）除胀，祛痰降气。

[益宜] 食积气滞，嗳气吞酸，泻痢不爽及痰涎壅盛之气喘咳嗽等。体虚气弱不宜。

落花生粥

[配制] 落花生（不去衣）45g，怀山药30g，粳米100g，冰糖适量。前2味捣碎与米共煮粥，候熟入冰糖调匀。

[功能] 益气养血，健脾润肺，通乳。

[益宜] 气虚、血虚、肺燥，缺乳等证。

麻子仁

[配制] ①研麻子仁，以米杂为粥食之；②火麻子160g，杵研，滤汁取320g，和米50g。煮粥，着葱、椒及熟，空心腹之。

[功能] 润燥,滑肠,通淋。

[益宜] ①大便不痛,②五淋,小便赤少,茎中疼痛等。

马兰莱菔子汤

[配制] 鲜马兰(全草)60g,莱菔子 15g,焦米(粳米炒焦)10g。将鲜马兰洗净与莱服子、焦米水煎。饮汤。

[功能] 消食除胀,止泻。

[益宜] 大饱伤脾之食欲不振。脘腹胀满,腹痛腹泻等。

马铃薯汁

[配制] 马铃薯不拘量,洗净压碎,挤汁,纱布过滤。每早、午饭前空腹服 50～100ml。又方加蜜少量。

[功能] 通便。

[益宜] 各种原因引起的便秘。

马铃薯汁饮

[配制] 马铃薯不限,洗净,压碎,榨汁,纱布过滤去渣,取汁喝。每天早晨空腹及午饭前各饮半杯。

[功能] 滑肠通便。

[益宜] 各种原因引起的便秘。

麦玉茶

[配制] 麦门冬、玉竹各 150g,黄芪、通草各 100g,茯苓、干姜、葛根、桑白皮各 50g,牛蒡子 150g,干地黄、枸杞根、银花藤、薏苡仁各 30g,荜拨 24g。前 14 味洗净,焙干,研细末,调匀。另取楮树白皮、根切细,煎取浓汁,调诸药末,制成小饼,每重 15g,暴晒至全干,挂通风处。服时饼烤熟出香,捣碎,水煎,每日 1 个。

[功能] 清胃泻火,养阴保津。

[益宜] 胃热亢盛引起的烦渴多饮,消谷善饥,形体消瘦,口干舌燥,小便多等。

蔓菁粥

[配制] 蔓菁子(芜菁子)15g,粳米 100g,蔓菁子研碎,入水和绞出清汁,入米煮粥。空腹食。

[功能] 开胃下气,利湿解毒。

[益宜] 食积不化,热毒风肿之症。

毛青杠酒(毛青杠为紫金牛科植物毛茎紫金牛的全株。别名:斩龙剑,小紫金牛)

[配制] ①毛青杠(茎)30g,小血藤 6g。泡酒 1 500g,每次服药酒 30g;②毛青杠 3～6g,炖鸡服。

[功能] 活血通络。

[益宜] ①跌打旧伤发痛;②肾虚腰痛。

蜜四果

[配制] 山楂、栗子、白果、大枣、白糖各200g,蜜桂花5g,蜂蜜50g,食碱5g,芝麻油50g,前4味各洗净,山楂碱水煮熟,去核、皮,开水煮3分钟,清水漂2～3次,沥水干;板栗、白果蒸熟,晾干。炒锅热,入油25g,白糖25g,炒至浅红色,加水250ml,投蜂蜜、山楂、栗子、白果、大枣,煮沸,小火煮糖黏稠时,撒上蜜桂花、淋麻油,炒匀。

[功能] 健脾消食,止咳平喘。

[益宜] 食积停滞,脘腹胀闷,嗳腐酸臭,不欲饮,肺虚之咳喘久不愈等。

蜜汁黄瓜

[配制] 嫩黄瓜5条,切去两头、尾,去皮、心,洗净切条,入沸水中煮熟;山楂片30g,洗净,两次煎取汁,浓缩80ml;蜜、白糖各50g。净锅置火上,加入山楂液、白糖,小火慢熬,待糖化加蜜收汁,倒黄瓜条拌匀,装盘,随意食。

[功能] 清热、解毒、利水。

[益宜] 咽喉肿痛,疮癣,小儿痢疾等。常食有减肥作用。

蜜汁柚子

[配制] 柚子750g,红樱桃20个,冰糖40g,蜂蜜50g,白糖150g,桂花酱25g。柚子剥外皮,撕去筋、籽,扳小块码碗内,撒上白糖,上笼蒸10分钟,滗出汁(另用)。把150g冰糖砸碎撒上,用绵纸浸湿封严碗口,再蒸15分钟,取出翻扣盘内。将滗出汁倾炒锅,加冰糖、蜂蜜、桂花酱,小火熬化,滤渣,收浓汁,浇盘中柚子上,四周围摆樱桃。佐餐食。

[功能] 脘腹饮胀、嗳腐酸臭,食欲不振,咳嗽痰多,喘息等。

奶油冬瓜汤

[配制] 冬瓜250g,黄油(或猪油)50g,面粉30g,鸡汤500g,熟火腿25g,牛奶150ml,调料适量。冬瓜切细条,加鸡汤煮熟,黄油烧融,入面粉炒匀,加牛奶成糊后,倒入已调味的沸汤中,撒上火腿末。佐餐。

[功能] 解暑利尿,补虚扶弱。

[益宜] 感受暑热、烦热口渴、身体虚弱等。亦可作幼儿生长发育营养品。

南杏桑白皮炖猪肺

[配制] 南杏仁20g,桑白皮15g,猪肺250g。前2品洗净,猪肺反复清洗,挤净,切片。3品共置砂锅炖汤,猪肺熟烂,捞去杏仁、桑白皮,入调味品调味,喝汤食猪肺。佐餐,酌量。

[功能] 清热润肺止血。

[益宜] 风热伤肺之咽痒咳嗽,痰中带血、口鼻干燥等。

凝水石粥

［配制］凝水石(寒水石)30g ,先煎 40 分钟,入牛蒡子茎片(用 15cm 长,洗净,切片),40 分钟,去渣取汁,入粳米 100g,煮粥熟。空腹食。

［功能］清热解毒。

［益宜］痈疡肿毒,毒气内攻之发热恶寒,烦躁闷烦等。肿毒体质弱、无热者忌。

牛蒡根粥

［配制］粳米 50g,牛蒡根 30g,后一味洗净,切煎取浓汁,米煮粥熟,调入煎汁,温、凉食均可。连服 3～5 日。

［功能］散风,清热解毒,利咽喉散肿。

［益宜］风热感冒之发热咳嗽,咽喉肿痛等。

牛蒡粥

［配制］牛蒡根 30g,粳米 50g。牛蒡根先煎 15 分钟,去渣留汁,粳米煮粥成加白糖适量调味,日服 2 次。

［功能］益肺清热,利咽散结。

［益宜］肺胃虚热,复感外邪之咽喉肿痛、咳嗽、咯痰不爽,及麻疹未透等。

牛奶鹑蛋

［配制］牛奶 1 杯,鹌鹑蛋 5 个,白糖适量。牛奶煮沸后将鹑蛋逐个打入,加白糖适量。

［功能］补益五脏。

［益宜］肋膜炎,心脏病,哮喘,神经衰弱,营养不良等。

牛乳燕窝汤

［配制］燕窝 6g,牛奶 500g。燕窝隔水炖熟,牛奶煮沸,相混后服。

［功能］益脾和胃,滋阴润燥。

［益宜］胃气虚弱,胃阴不足反胃呕吐,噎膈或胃肠津液枯槁所致的饮食难下,大便燥结如羊屎等。

牛乳饮

［配制］牛乳 250ml,白糖少许,牛乳置锅内,文火烧沸,加白糖,再沸,日 1 次,作早餐食。《食医心鉴》名牛乳方,不加糖。

［功能］滋补津血。

［益宜］病后正气未复,津亏血少体弱羸瘦,倦怠乏力及消渴等。

牛膝肉桂酒

［配制］牛膝、秦艽、川芎、防风、肉桂、独活、丹参、云苓各 30g,杜仲、制附子、石斛、干姜、麦冬、地骨皮各 25g,五加皮 40g,薏苡仁 15g,大麻仁 10g,共捣细,浸青酒 1 500ml 中,瓶口密封,春夏 3 日,秋冬 7 日后开取,去渣。每服 15ml,空腹服,日 3

次。

[功能] 祛风除湿。

[益宜] 腰膝酸痛,阳痿滑泄,大便溏薄,腿脚虚肿,关节疼痛,四肢不温,腹部冷痛。

牛子芦根茶

[配制] 炒牛蒡子、樱桃核各10g(共研细末),鲜芦根30g(切碎),共入锅加水煎汤,取汁。代茶饮。

[功能] 发散解毒。

[益宜] 麻疹初起,疹发不透。

糯米双仁槟榔粥

[配制] 糯米100g,槟榔(炮,捣碎为末)15g,郁李仁(去皮,研为膏)15g,火麻仁15g。水研火麻仁,滤取汁,入糯米煮粥,将熟入槟榔、郁李仁搅匀,空腹食。

[功能] 理气,润肠通便。

[益宜] 胸膈满闷,大便秘结等。

藕姜汁

[配制] 生藕30g,生姜30g。各洗,切,捣碎,榨取汁饮。

[功能] 清热降逆止呕。

[益宜] 胃热气逆之呕吐不止、口渴等。

藕橘饮

[配制] 藕粉、白糖各适量,橘皮5~10g(洗净,煎汁),取汁调和前2品匀。日2服,连用数日。

[功能] 开郁润燥化痰。

[益宜] 痰气交阻之吞咽梗阻,胸膈痞满或疼痛等。

藕蜜地黄膏

[配制] 藕汁、蜂蜜各100g,生地黄汁200g。和匀,砂锅微火熬膏(忌铁锅熬)。每服半汤匙,含化徐徐咽下,日数次。

[功能] 滋阴清热,润肠通便。

[益宜] 阴虚内热之口渴,大便燥结,小便涩痛。脾虚便溏者不宜。

葡萄姜汁饮

[配制] 鲜葡萄100g,洗净,榨汁,绿茶叶5g,泡取浓汁1杯,蜂蜜15g,鲜姜榨取汁。取葡萄汁50ml加茶叶、姜汁、蜂蜜合温服。又方:姜汁50ml,葡萄汁50ml,绿茶浓汁1杯,蜂蜜适量,热服。

[功能] 补气血,强筋骨。又方:解毒止痢。

[益宜] 气血虚弱之心悸盗汗,气短乏力,风湿痹痛等。又方:赤白痢疾。

蒲公英金银花米粥

[配制] 蒲公英 80g，金银花 30g，洗，水煎，去渣，取汁，入粳米 50～100g 煮粥，任意食。另方：无金银花。

[功能] 清热解毒。另方加：消肿散结。

[益宜] 肝胆火盛之胁痛，乳房肿痛，目赤肿痛等。可为肝炎、胆囊炎、乳腺、扁桃体炎、眼结膜炎等病人的保健膳食。另方增：热淋、疖毒等。

牵牛子粥

[配制] 牵牛子末 1g，生姜 2 片，粳米 50～100g。粳米煮粥，沸后加前 2 味，煮成稀粥食。每日 1 次。

[功能] 泄水，消肿、通便下气、驱虫。

[益宜] 水饮内停之腹水胀满，小便不利，大便祕结，脚气浮肿，小儿蛔虫等。忌大量、久服、体弱、孕妇等。

芡实豌豆饺

[配制] 芡实 60g，嫩豌豆 4 小碗，猪肉 400g，面粉 400g，洋葱 8 个，佐料适量。芡实打碎、水浸 1 小时沥水；肉剁泥，洋葱切碎，与嫩豌豆同置大碗内，加芡实、盐、酒、酱油、麻油、胡椒等拌匀作馅。揉面擀作饺皮包馅。煎、蒸、水下食均可。

[功能] 健脾止泻，固肾涩精止带。

[益宜] 脾虚久泻，带下淋漓，肾虚精关不固，遗精尿浊等。

青蒿绿豆粥

[配制] 青蒿 5g，西瓜翠衣 60g，鲜荷叶适量，绿豆 30g，赤茯苓 12g。将青蒿(或用鲜绞汁)、西瓜翠衣、赤茯苓共煎取汁(不宜久煎)；绿豆淘洗与荷叶(切)同煮为稀粥，将成，入前 3 味煎汁，稍煮。绿豆与汤液一并缓服。

[功能] 清泄少阳伏邪。

[益宜] 邪在少阳寒热似疟，口渴心烦，脘痞，身热午后较重，入暮尤甚，天明得汗诸症稍减，但胸腹灼热始终不退等。

青蒿绿豆粥

[配制] 青蒿 5g，西瓜翠衣 60g，鲜荷叶适量，绿豆 30g，赤茯苓 12g。将青蒿(或用鲜绞汁)、西瓜翠衣、赤茯苓共煎取汁(不宜久煎)；绿豆淘洗与荷叶(切)同煮为稀粥，将成，入前 3 味煎汁，稍煮。绿豆与汤液一并缓服。

[功能] 清泄少阳伏邪。

[益宜] 邪在少阳寒热似疟，口渴心烦，脘痞，身热午后较重，入暮尤甚，天明得汗诸症稍减，但胸腹灼热始终不退等。

清蒸枸杞鸽

[配制] 枸杞子 30g(洗)，鸽子 1 只(制净，剖)，黄酒 1 匙。将枸杞子放入鸽腹，淋上黄酒

1匙，冷水2匙，用线扎牢鸽身，背贴瓷盆底，不加盖，旺火隔水蒸2小时。喝汤食肉，分2次服完。鸽肉可蘸酱油吃，枸杞子可食。

[功能] 补肾益精，养肝润肺，补血明目。

[益宜] 腰膝酸软，头晕耳鸣，视物昏花，偶干咽燥等。宜于糖尿病患者的调养。

琼玉露

[配制] 灵芝、芍药、丁香、枸杞子、新鲜蜂王浆各适量，浸优质高粱曲酒，半年以上。适量饮用。

[功能] 和胃消食，理气安神。

[益宜] 食积停滞之脘腹胀闷、呕恶纳呆，阴虚之失眠、梦多、易惊等。

曲米粥

[配制] 神曲10～15g，粳米60g。将神曲捣碎，煎汁去渣，煮粳米为粥。日1～2次，2～3日为1疗程。

[功能] 健脾胃，助消化。

[益宜] 功能性消化不良、食积、嗳腐容酸、脘闷腹胀、大便泄泻等。

曲术丸

[配制] 神曲(炒)90g，苍术(泔浸三宿，洗净晒干，炒)45g，陈皮30g。三药为末，用生姜汁单煮神曲末，调另2味为丸，如梧子大，每服30～50丸，不拘时候，姜汤送下。

[功能] 燥湿化饮，消食和中。

[益宜] 宿食，留饮停中脘，脘痛作胀，嗳气，吞酸，吐清水等。

人参散饮

[配制] 人参、柏子仁、熟干地黄各30g，枳壳、五味子、桂心、山茱萸、甘芍花、茯神、枸杞子21g，共为细末，每服3g，温酒调下。又方1：人参、丁香、菖蒲各等份，研细末，为散。每周3g，加姜1片，水煎泡服。又方2：人参、姜厚朴、陈皮各3g，当归、炮姜、炙甘草各1.5g，为末水煎，泡服。

[功能] 补心养心，安神；又方①：补气养胃；又方②：补气暖胃止痛。

[益宜] 胆怯虚冷，恐慌不能独卧，心悸，慌如人将捕，胸中满闷。又方①：小儿呕吐不止，心神烦闷，恶闻食乞。又方②：妇人脾胃虚寒，霍乱吐泻，心烦腹痛，饮食不入。

人参汤

[配制] 人参、麦冬、生地、当归、芍药、黄芪、白茯苓、炙甘草各30g。捣为粗末。每用9g，水煎泡服。可顿服亦可随意。

[功能] 祛风祛寒，散热软体。惊热加蝉蜕。治中风体硬，加麻苎、干葛、薏苡仁。

[益宜] 妇人小产后，流血过多；伤寒惊热，中风体硬。

肉桂酒

［配制］肉桂 6g，研末，浸酒适量。密封 3 日后，温服。

［功能］解表散邪。

［益宜］感寒之周身疼痛等。

三虫酒

［配制］脆蛇、干蟾蜍、全蝎、苦参、苍耳草、萆薢，浸酒服。

［功能］祛风散瘀，消肿解毒。

［益宜］大麻风。

三稔煲荠菜

［配制］三稔(杨桃)4～5 枚，荠菜 300g。将三稔切开，荠菜洗净，同煎汤，加食盐少许调味，饮汤吃菜桃，1 次尽。

［功能］清热，止渴，除烦，利小便。解酒，解乏。

［益宜］风热感冒之头痛发热，咳嗽，痰黄稠，口干舌燥，口鼻气热，大便秘结，小便短黄，体力劳动后肌肉酸痛，醉酒等。

三汁饮

［配制］①麦冬 10g，生地 15g(切)，藕 200g(切)，洗净。前 2 味与藕分别置容器中烧沸后，文火煎 20 分钟与 30 分钟。汁混合，酌加白糖，不拘次数，代茶饮。②鸭梨 1 只，洗净去核，切碎，去皮；荸荠 7 个，去皮；藕一小节，切片。前 2 味同煎，藕片煎浓汁，两汁相合调入白糖，不拘时，频频饮咽。

［功能］①生津润燥；②清肺利喉。

［益宜］①咽干口燥，咽食艰难，反胃呕吐等。②邪热伤肺，咳嗽声嘶哑，放热，咽喉疼痛，口渴心烦，舌红苔萱，脉数浮等。

三子麦冬膏

［配制］海松子、枸杞子、金樱子各 120g，麦门冬 150g，炼蜜适量。前 4 味水煎取汁，浓缩加炼蜜收膏。每日早晚开水调服 4～5 汤匙。

［功能］养阴润燥，收涩固精。

［益宜］虚羸少气，咳嗽咽干，虚烦盗汗、遗精滑泄等。

桑菊豆豉连翘薄荷茶

［配制］桑叶、菊花、杏仁、桔梗、甘草、连翘、苇根各 60g，淡豆豉 9g，薄荷 3g。前 8 味各洗净，放入砂锅内，加水 2 500g，沸后加水煮 25 分钟，放入薄荷再煮 5 分钟。取汁分服，每服于饭后 1 小时。连续服用 1 周。

［功能］扬清，化浊，解表，驱热。

［益宜］风热感冒之头痛、眼赤、咳嗽、发热、咽喉疼痛、口渴等。

沙参三味饮

［配制］沙参、玉竹各30g，黄精15g，猪瘦肉100g。共炖肉烂。食肉饮汤。
［功能］养阴清热。
［益宜］瘵后潮热，见麻疹后潮热不解，手足心发热，消瘦，皮肤干燥等。

沙参玉竹猪肝汤

［配制］沙参、肥玉竹各15g，银耳、生姜各10g，猪肺1具，葱25g，食盐、味精各适量，绍酒30g。前2味去杂质，洗净；猪肺洗，切，开水焯，洗净；银耳发透，去根，切。将猪肺、参、竹入砂锅，加绍酒、姜、葱和注入清水，武火煮沸后文火炖1.5小时，加味精、食盐调味，入银耳再煮10分钟。随意食。
［功能］养胃、润肺、宁心。
［益宜］肺胃阴虚所致的燥咳、咽干红、心悸怔忡、大便燥结等。

砂仁酒

［配制］砂仁30g，白酒500g，砂仁捣碎，纱布包，浸酒7日，饭后饮。
［功能］消食和中，下气止痛。
［益宜］食积气滞之脘腹胀痛、纳呆呕恶等。

山药饦

［配制］带骨羊肉5～7块，萝卜一个，葱白一根，草果5个，陈皮、良姜各5g，胡椒、缩砂各10g，山药、面粉各1 000g，前8味水煎去渣取汁，煮山药至熟，研泥，调味，搜面作饦，烙熟或蒸熟。早晚空腹食。
［功能］补诸虚，暖脾胃。
［益宜］五劳七伤，心腹冷痛，骨髓伤败等。

山一笼鸡(为舜床科植物山一笼鸡的根)

［配制］山一笼鸡9～15g，煨水服。
［功能］发汗解毒，清肺止咳。
［益宜］感冒发热，咳嗽。

山蓣苎麻根麦面饼

［配制］生山蓣1尺(研碎以棉白布绞滤取汁)，苎麻根1握(去皮，捣碎)，为末。入大麦面90g，和揉切细如棋子大，于葱韭羹汁内煮熟，随意食之。
［功能］补脾养胃，和胎气，止呕逆。
［益宜］妊娠衰阻呕逆，头痛痞，食物不下。

山楂(别名：鼠查、羊球、赤爪实、棠球子等)

［配制］①山楂120g，白术120g，神曲60g，3者为末，蒸饼10～15g，每服1块，白汤下；②山楂肉120g，水煮食，并饮汁；③山楂煎汤饮；④茴香、山楂各等份，烘干为细

末，每服3～6g，盐、酒调，空心热服。

［功能］消食积，散瘀血。

［益宜］①一切食积；②食肉不消；③诸滞腹痛；④寒湿气小腹痛。

山楂鱼块

［配制］鲜鲤鱼肉300g，山楂片25g，鸡蛋1个，调料适量。鲤鱼斜刀切成瓦片块，加黄酒、盐腌15分钟后，放入用鸡蛋与淀粉搅匀的蛋糊浸透，再沾上干淀粉，入爆过姜片的温油中余熟捞起。山楂片加少量水融化，加白醋、辣椒油、白糖；淀粉制成芡汁，倒入有余油的锅中煮沸，倾入炸好的鱼块，用中火急炒，待汁水紧裹鱼块，撒上葱花，佐餐用。

［功能］开胃消食，利水止泻。

［益宜］消化不良症，高血压病，高脂血症者。

蛇蜕炒鸡蛋

［配制］蛇蜕6g（成人及12岁以上儿童用量加倍），洗净，切碎，拌鸡蛋2枚，炒熟（可加盐）。1日服食完。

［功能］清热解毒，祛风消肿。

［益宜］外感风毒邪气之流行性腮腺炎。

神仙粥

［配制］糯米50g，生姜5片，带须葱白5～7根。姜、米洗煮粥，后入葱白，粥熟，加米醋半盏，和匀，吃粥，盖被取汗。

［功能］祛风寒，化疫气。

［益宜］感冒风寒初起，头痛骨疼及四时疫气流行等。风热、关节红肿忌。

升麻参芪枣草桂圆茶

［配制］升麻3g，黄芪15g，人参6g，大枣6枚，炙甘草、桂圆肉各9g。各洗切，入锅加水2500ml，以小火煮30分钟，晨起饮，每周3次。

［功能］培元升阳，益气解逆。

［益宜］低血压眩晕、心律不齐、嗜睡及虚脱等。

生地焖羊肉

［配制］羊肉500g，洗净，入放葱段的沸水中余透，捞出晾凉，洗净切4厘米见方块，用葱段、姜片、料酒、酱油各适量拌匀码肉块半小时，入七成熟之清油管锅炸黄捞起沥油；留锅底油50ml，加热入葱段、干姜片、花椒煸出香味，放酱油、清汤、羊肉、生地、当归、干姜各10g，料酒，倒砂锅武火烧开后文火慢煨，焖至七成烂时，放蒜，烂熟入白糖、味精，用水、豆粉勾芡，淋香油，装盘，放许香菜段。

［功能］益气补虚，温中暖下。

［益宜］病后、产后体虚、血虚宫冷崩漏等。冷库、水湿行业者常服，能御寒祛湿。

生地青果茶

[配制] 生地 30g,青果 5 枚。生地切碎,青果打碎,煎汤取汁。代茶饮。
[功能] 清热解毒。
[益宜] 麻疹伴咽喉肿痛。

生地枣仁粥

[配制] 生地、酸枣仁各 30g，枣仁研细与生地共煎取汁 200ml,粳米 100g,洗,煮粥,熟入药汁,再煮沸,早晚温服。
[功能] 滋阴清热,止汗安神。
[益宜] 阴虚内热之痰中带血,心烦不眠,潮热盗汗等。大便溏者不宜。

生姜百味饮

[配制] ①生姜 5 片,紫苏叶 30g,水煎服;②生姜 60g,饴糖 30g。水 3 碗,煎至半碗,温,徐徐饮;③生姜 120g,白术 60g,草果仁 30g。水 5 大碗,煎至 2 碗,未发时早饮;④生姜 15g,半夏、陈皮、木香各 4.5g,甘草 2.4g。水煎,服时加童便一盏;⑤白蜜 300g,生姜 600g(取汁),入铜铫,蜜先内,后姜汁,微火令姜汁尽,剩蜜份量时止,晨含服如枣大 1 丸,日 3,禁一切杂食;⑥姜汁拌鸡子壳粉,生地汁少许,蜜一匙头。和水 50g,顿服;⑦鲜生姜 45g,红糖 30g,共捣为糊状,每日 3 次分服,7 天为 1 疗程;⑧鲜生姜 50g,洗净切碎,加水 300ml,煎 30 分钟。每日 3 次,2 日服完;⑨鲜生姜 60g(捣取制),加蜜至 60ml。1—4 岁 30～40ml,5—6 岁 50ml,7—13 岁 50～60ml,分 3 次口服。
[功能] 发表散寒,止呕祛痰,解毒止痛。
[益宜] ①感冒风寒;②咳嗽冷痰;③时行寒疟;④中气昏厥,亦有痰闭者;⑤年久咳嗽;⑥胃气虚,风热不能食;⑦急性细菌性痢疾;⑧胃、十二指肠溃疡;⑨蛔虫性肠梗阻。

生姜炖牛肚

[配制] 牛肚 1 个,醋、生姜各适量。牛肚净,切块,与姜、醋共炖至烂熟。佐餐或单食。
[功能] 养五脏,补元气。
[益宜] 病后虚羸,气血不足等。

生姜芥菜汤

[配制] 鲜芥菜 500g,生姜 10g。2 样洗净,切,加水 4 碗,煎至 2 碗,食盐少许调味。日内分 2 次,食菜饮汤。
[功能] 宣肺祛痰,发表散寒。
[益宜] 感冒风寒之头痛咳嗽、痰白难出,筋骨疼痛等。

生姜酒

[配制] 生姜(切)200g,用无灰酒 700ml,煎取 560ml。顿服。又方:生姜 6g,酒适量。姜

捣浸酒，密封3日。饮。

[功能] 止泄祛痛。

[益宜] 霍乱转筋入腹欲死。又方：腹痛泻泄等。

生姜麦芽糖水

[配制] 生姜50g，麦芽糖100g。生姜去皮切片与麦芽糖同入砂锅，加水适量煮沸，小火煎30分钟，1日内分2次服完，温服。

[功能] 祛寒化痰，恶寒无汗等。

生姜枇杷叶粥

[配制] 生姜(去皮切细)10g，炙枇杷叶6g(为末)，粳米100g。先煎姜、枇杷叶取汁，煮粥，熟，加入盐、酱等。空腹温食。

[功能] 理气和胃止呕。

[益宜] 反胃呕吐，不下食。

生津葛根汤

[配制] 葛根、天花粉、麦门冬、生地黄各等分，升麻、甘草减半，用糯米泔水煎，去滓，入白茅根汁20ml，调服。

[功能] 凉血益肾，清热解毒。

[益宜] 痘疮发渴。

生津和胃饮

[配制] 梨子3个，去皮核，藕1节去皮；生姜9g，去皮；荷叶1张，切碎；元参6g，切片；橘络3g，甘草2.4g，莲子心10g。前3味捣碎后5味加水煎半小时取汁，两汁和匀，随意温服。

[功能] 清肺止咳，生津和胃。

[益宜] 肺燥咳嗽，胃燥咽干，呕逆等。

生绿豆粉

[配制] 生绿豆50g，研末，每用9g，开水冲服。

[功能] 清热解毒。

[益宜] 热毒疮疡及口渴、目赤、心烦等。

生石膏荸荠汤

[配制] 鲜荸荠250g(去皮)，生石膏30g。两品同置焖锅，加水适量，或同加冰糖少许，煎煮30分钟。食荸荠饮汤，不限量、时、日内服完。

[功能] 清热解毒。

[益宜] 时疫热毒，多用预防流行性脑炎。脾胃虚寒者慎用。

生柚肉

［配制］柚肉，多少不限。生食。
［功能］芳香开胃，去除恶气。
［益宜］孕妇食少口淡之症。

十全大补酒

［配制］当归、白芍、熟地、党参、白术、川芎、茯苓、黄芪各60g。甘草、肉桂各30g，白酒1 500ml，将诸药浸于酒中，7日后过滤饮用。每次服10ml，早晚各1次。
［功能］气血双补。
［益宜］气血五虚证，尤宜阳虚有寒之食少，乏力，心悸，头晕，崩漏，疮疡久溃不敛等。

石膏豆豉粥

［配制］生石膏50g，豆豉10g，煎取汁入粳米100g，煮粥，将熟入葱白2茎，更煮片刻，空腹食。
［功能］清热除烦。
［益宜］热病烦渴，口干舌燥，心烦头痛，甚则神昏谵语等。

石膏绿豆粥

［配制］石膏30～45g，鲜竹叶30g，绿豆30g，粳米、鲜芦根各100g，砂糖适量。竹叶、芦根洗净与石膏共煎，去渣取汁，入洗净之绿豆、粳米煮粥，熟，调入砂糖。早、晚2次温热服。
［功能］清暑泄热，益气生津。
［益宜］暑热阳明，症见高热、心烦、头痛、面红气粗、口渴多汗、苔黄、脉洪数等。

石膏绿豆粥

［配制］石膏30～45g，鲜竹叶30片，鲜芦根100g，绿豆30g，粳米100g，砂糖适量。竹叶、芦根洗净与石膏共煎取汁，入绿豆，粳米煮粥，调入砂糖。
［功能］清暑泄热，益气生津。
［益宜］暑温(暑入阳明)高热心烦、头痛昏晕、面红气粗，口渴汗多等。

石膏麦冬沙参清热润肺汤

［配制］石膏20～30g，麦冬20g，沙参30g，共煎汁去渣，另取雪梨2～3个，去皮捣烂取汁，调入药汁中饮。日分2次。
［功能］清热润燥，养肺生津。
［益宜］肺热伤津之突然双足或肢体痿弱无力、心烦口渴，咳呛喉干等。

石膏薏苡仁粥

［配制］生石膏30～60g，苡仁30～45g，砂仁5g，粳米100g，石膏水煎30分钟取汁，入苡仁、粳米煮粥，将成时入砂仁稍煮，再调入砂糖令溶。日2服。

［功能］清热化湿。

［益宜］暑湿困阻中焦之高热烦渴、汗多弱短、胃脘痞满，身重等。

石榴浸酒

［配制］酸、甜石榴各 7 枚(洗净，和皮捣碎)，人参(去芦头)，苦参(锉)，沙参(去芦头)，丹参、苍耳子、羌活各 9g。诸药研粗末，盛袋，浸酒 1 万毫升，密封，春夏 7 日，秋冬 14 日即成。食前暖服 1 中盅，徐徐添酒，味薄再合。

［功能］祛风除湿。

［益宜］大风，头面热毒，皮肤生疮，面上生疖等。

石榴皮蜜膏

［配制］鲜石榴皮 1 000g(干品 500g)，蜂蜜 300g，石榴皮洗净，加水煎煮 2 次，每次 30 分钟，合 2 次煎液文火浓缩至较稠时，入蜜，搅匀至沸停火，待冷装瓶。每服 10ml，开水冲，日 2～3 次。

［功能］涩肠止泻，杀虫止血。

［益宜］久泻、久痢、脱肛、消化不良性腹泻、肠炎、细菌性痢疾等。慢性胃炎不宜。

石楠酒

［配制］石楠叶(去粗茎生用)12g。研细末，每用 0.5～1g，米酒 200ml，煎一沸，空腹温服。

［功能］祛风除湿。

［益宜］风隐疹，经自不解等。

石石膏滑石三鲜粥

［配制］石膏 30g，滑石 10g(布包)，鲜芦根 1 根，鲜荷梗 1 根，加水共煎取汁；入粳米 60g，煮粥，粥成入西瓜汁、白砂糖适量，稍煮服。日 2～3 服。

［功能］清热化湿。

［益宜］湿温(热重于湿)之高热不退，面红气粗，口渴欲饮，身重脘痞等。

柿蒂散

［配制］柿蒂(烧灰存性)为末。黄酒调服，或用姜汁、砂糖等份和匀，炖热徐服。

［功能］降逆气，止呃逆。

［益宜］呃逆不止。

熟地烩鹿肉

［配制］熟地 25g，洗净，置碗内，加绍酒 10g，白糖 5g。上屉蒸透；鹿肉 500g，洗切片，沸水氽透，捞出，放砂锅内加鸡汤 500ml，花椒水 20ml，绍酒、精盐、葱、姜，烧开后，改慢火炖肉熟烂，拣去葱、姜，加入蒸好的熟地、油菜 50g(洗净、烫熟)、胡萝卜丝 10g(洗、烫熟)，味精、胡椒粉、香油。

［功能］滋补肝肾。

［益宜］肝肾亏虚之腰膝酸软、耳聋目眩、须发早白、盗汗遗精、月经不调等。

薯蓣拔粥

［配制］鲜山药 150g，洗净，削皮，捣烂或干品 45g。研细末，合白面粉 100g 冷水调糊，加葱、姜细末，红糖稍热。随意食。

［功能］健脾、益气、养心。

［益宜］心脾两虚之食欲不振、心慌心跳、自汗盗汗、腹泻久痢等。**薯蓣车前子粥**

［配制］车前子 12g，装纱布袋内，煎取汁，去渣子，将薯蓣粉 30g 调入成粥。日 3 服，做点心亦宜。

［功能］健脾益肾、利尿去痰。

［益宜］脾湿之便溏，小便不利。兼虚劳痰多咳嗽。

薯蓣鸡子黄粥

［配制］薯蓣 50g，熟鸡子黄 3 枚。薯蓣切片加水煮粥，候熟，将鸡子黄捏碎，调入粥中。空腹食。

［功能］涩肠止泻。

［益宜］脾虚泄泻日久不止等。

双甘藿香茶

［配制］茶叶 9g，甘菊花 15g，藿香、生甘草各 10g，开水冲泡，代茶饮。

［功能］凉血降温。

［益宜］预防中暑及暑毒。

双根西瓜盅

［配制］西瓜一个（约 2 500g），鲜茅根 60g，鲜芦根 100g，糖荸荠、山楂糕条、糖莲子、鲜荔枝各 50g，金山雪梨 30g，白糖 300g，罐头银耳适量。西瓜洗净，横切 1/6 做盖，将切开的两端的瓜瓤挖成锯齿状；挖出的瓜瓤与山楂条、荸荠切成小粒，莲子对剖开，雪梨切片，荔枝去核切成小块；茅根、芦根洗净，水煎取汁 300ml，加白糖溶后入莲子、瓜瓤、荸荠、雪梨煮沸，再入山楂丁，起锅，与银耳一并倾入西瓜盅内，合盖签插固牢，入冰箱放置 1～2 小时。随量服食。

［功能］清热凉血解毒。

［益宜］温病热在营血所致的高热口渴，躁扰不安，肌肤发斑，吐血衄血等。

双花茶

［配制］银花 15g，菊花 15g，山楂 15g。煎取汁，滤渣，入蜂蜜 50g，搅匀，炖至微沸。代茶徐徐饮。

［功能］凉血，解毒，散邪。

［益宜］伤暑身热，烦渴，眩晕，咽痛，及高血压，冠心病，高脂血症，化脓性疾病。

双花饮

［配制］银花、菊花、山楂各500g，精制蜂蜜500g。前3味加水3 000ml，文火煎沸半小时，滤液；文火炼蜜微黄，粘手成丝时将前滤液缓缓倒入搅拌均匀，待蜜溶化后，用两层纱布滤渣，冷却。水冲服。

［功能］清热解毒，祛风润燥，活血通脉。

［益宜］暑热烦躁，头目眩晕，头痛目赤，咽痛，疮疖及高血压，高血脂，冠心病等。

双母蒸甲鱼

［配制］甲鱼1只(600g)，贝母8g，知母8g，银柴胡8g，杏仁8g，姜块15g，葱节20g，白糖5g，味精1g，花椒12g，绍酒20g，精盐6g。甲鱼放血，料理干净。入沸水煮10分钟捞起，用小刀刮去裙边、腹皮和四周粗皮，再入开水煮15分钟，剥去甲壳、内脏，清水洗净，切去脚爪，切成大方块，复入沸水煮几分钟，去腥味后捞起。中药洗净，切薄片，煎取浓汁，汁与甲鱼同置蒸碗内，加姜片，葱节、花椒、绍酒、盐、白糖，入蒸笼熟烂，入味精调味。

［功能］滋阴，退虚热，化痰止咳。

［益宜］身体虚弱发热，妇女长期低热不退，骨蒸潮热，咳嗽痰涎等。

水龟羊肉汤

［配制］乌龟1只，羊肉250g，将乌龟与肉分别料理切块，加水适量，以文火炖汤，熟后放猪油，食盐调味。饮汤食肉。

［功能］阴阳双补。

［益宜］精血不足，肾阳虚衰之眩晕耳鸣，阳痿、尿频或小儿遗尿等。

水煮鸽蛋

［配制］鸽蛋2只，水煮食。口服2只，连续3～5天。

［功能］补虚解毒。

［益宜］麻疹流行期预防麻疹。

四陈汤

［配制］陈皮、陈香橼、陈枳壳、陈茶叶各等份。为末，每用9g。井水冲服。

［功能］理气通气。

［益宜］气滞腹痛。

四逆羊肉汤

［配制］羊腿肉500g，入沸水氽煮，于清水漂后，切条块，入置旺火上的砂锅中，沸后去血泡；熟附片30～45g，干姜10g，炙甘草10g，葱、姜、花椒各适量同装纱布袋，入锅；加绍酒20ml，中火煮30分钟，小火炖至肉熟，去药包，入精盐、味精调味。佐餐或单食。

［功能］温阳祛寒，引火归源。

[益宜] 阳虚之自觉肌肤发热且时作时休，纳少便溏、四肢不温，渴喜热饮等。

四仁橘皮粥

[配制] 甜杏仁、松子仁、麻仁各10g，柏子仁6g，蜜炙橘皮3g，粳米100g，砂糖适量。四仁与橘皮共煎取汁，入粳米煮粥，调糖。日分2次服。

[功能] 肃肺化痰，润肠通便。

[益宜] 肺燥肠闭之咳嗽不爽多痰，胸腹胀满、大便秘结等。

苏杏汤

[配制] 紫苏、杏仁、生姜、红糖各10g，前2味捣泥，生姜切片，共煎，取汁去渣，调入红糖再稍煮片刻。日分2～3次服。

[功能] 疏风散寒，宣肺。

[益宜] 风寒束肺咳嗽痰稀，鼻塞流清涕，兼头痛恶寒，发热，无汗，舌质淡红等。

酸辣牛脑

[配制] 鲜牛脑500g，挑破经膜洗净，煮熟晾凉，切丁；鸡汤1 000g；水发冬菇、冬笋各20g，切小羽毛片；净锅放入鸡汤、牛脑丁、冬菇、冬笋、青豌豆(20g)，精盐(适量)，置火上烧沸，撇去浮沫，水淀粉勾芡，加味精、胡椒面、香醋各适量。佐餐。

[功能] 滋补肾精，干肝息风。

[益宜] 肝肾阴亏，肝阳上亢之头痛头晕、耳鸣眼花、腰酸、肢麻震颤等。

酸梅陈皮汤

[配制] 乌梅500g，山楂20g，陈皮1g，丁香5g，白糖500g。前2味各择洗净，拍破与后3味同盛纱布袋内，入锅加水2500g，武火煮沸，文火煎30分钟，弃纱布袋，滤清汁，加汤搅匀。佐餐。

[功能] 生津止渴。

[益宜] 感暑热之口渴、汗出、心烦、乏力等。外感风寒不宜。

酸梅藕

[配制] 嫩藕500g，洗净，去皮，切薄片，浸冷开水中30分钟，捞起沥水，装盘；乌梅100g，煮取汁100ml，趁热加白糖适量搅匀，分两小碟与藕上桌，随意食。

[功能] 清热凉血，生津解暑。

[益宜] 暑热引起的烦躁口渴，不欲饮食、便血、尿血、热淋、妇人血热崩漏。

蒜瓣桃仁豆豉酒

[配制] 蒜200g，桃仁(去尖皮、炒研)70g，豉(炒香)70g。纱布袋盛，入瓮中浸酒，1 000ml，密封。春夏3日，秋冬7日，初服半盏，渐加至1盏。随量饮，日2～4次，酒尽再入酒500ml，加好椒5～10g。

[功能] 驱水气，化寒湿。

[益宜] 初觉似有脚气(寒湿致下肢水肿)

蒜茸酱

［配制］剥皮洗净的蒜瓣500g，豆瓣酱250g，甜面酱350g，红辣椒120g，香油12.5g。分别将辣椒、蒜瓣磨成糊，与其他配料拌匀装罐，发酵3～6个即可。佐餐食。

［功能］散寒除湿，涩肠止泻。

［益宜］寒湿腹泻。

锁阳煲粥

［配制］锁阳15～30g，大米适量。又方锁阳15g，粳米50～60g，锁阳，洗切片，米洗净共煮粥熟。调味食，日1剂(锁阳勿食)。

［功能］补肾润肠。又方：补肾壮阳，润肠通便。

［益宜］肾虚阳不司二便之便秘、小便频等。亦宜性功能低下者。

太白洋参炖猪肉(太白参为玄参科植物大卫马先蒿、粗野马先蒿、邓氏马先蒿等的根茎)

［配制］太白洋参120～150g，炖猪肉或猪蹄分数次食。

［功能］补虚，健脾胃，止痛。

［益宜］气骨蒸潮热，周身关节疼痛。

桃花白芷酒

［配制］桃花250g，白芷30g。农历三月三或清明前后采集长东南向枝条上，欲放或初开之桃花与白芷，共放酒坛中，加白酒1 000ml，浸泡30天。每早晚各饮10～20ml。并取少许于掌上对摩，待手心热摩面。

［功能］养血通络，润燥宣散。

［益宜］血虚，脉络瘀阻之面色晦黯、有黑斑、妊娠或产后面黯。

桃花粥

［配制］人参(切片)、炙甘草、赤石脂(研末)各11g，粳米200g。先煎前2味，去渣，再入米煮，沸后纳赤石脂，分2服。不止，如法再服，止停。

［功能］温病七八日以后脉虚数，舌绛苔少，下利日数十行，完谷不化，身热者。

天麻竹沥粥

［配制］竹沥30g，天麻10g，粳米50g，白糖适量。天麻浸泡切薄片，与粳米加水煮粥熟，调入竹沥，白糖，略煮。日分2次服用。

［功能］平肝熄风，清热化痰。

［益宜］肝风痰热的痛证。

田七枸杞炖鸡仔

［配制］田七6g，枸杞30g，仔鸡一只。鸡治净，切块，与田七(片)、枸杞同炖至鸡肉烂熟。饮汤食肉。又方用母鸡500～1 000g，田三粉10～15g。鸡熟后田七粉与盐、味精等佐料入汤。《中国药膳》方用：母鸡1 500g，治净；三七片、粉各1半，片同大

料入器与鸡同蒸，粉冲鸡汤服。

［功能］补血益气，调经健脾。

［益宜］血虚，经少色淡，少腹空痛，面色无华。又方宜脾胃虚寒之便血紫暗，甚则色黑如柏油，腹部隐痛等。

田仁鸡子粥

［配制］白果仁、甜杏仁各100g，胡桃仁、花生仁各200g，鸡蛋30个。4仁共捣碎，每次取20g，加水300ml，煮数沸后打入鸡蛋1个，调入冰糖适量。晨起顿服，连服数月。

［功能］扶正固本，补肾润肺，纳气平喘。

［益宜］肺肾气虚之咳嗽时作，面白少华、声低气促等。慢性气管炎并肺气肿之咳喘多宜食。大便　泄者不宜。

铁雀枸杞

［配制］铁雀250g，治净去雀嘴、脚爪，切两半，洗净沥干，放入盆内加葱、姜、酱油、胡椒粉、味精、香油腌渍20分钟，拣去葱、姜，拌淀粉匀；枸杞20g，洗，加白糖适量，上屉蒸熟；炒勺中加宽油，烧七成热时，炸雀块透，倒漏勺内，用小碗加酱油、白糖、绍酒、香醋、芝麻油兑汁备用；炒勺加油25g，上火烧热，煸葱、姜丝、蒜末，入雀肉、枸杞子，颠勺2～3次，再将兑汁泼勺内，撒上香菜，淋麻油，装盘，随意食。

［功能］壮阳散寒，补肾养血。

［益宜］肾阳虚衰，下焦虚寒之腰膝冷痛、阳痿、遗尿、崩漏带下、不孕等。

土黄连茶

［配制］三颗针茎叶（土黄连茎叶）60g，煎水代茶饮。

［功能］清热解毒。

［益宜］急性肠胃炎，口腔、咽喉炎，眼结膜炎。

土千年健汤

［配制］土千年健15g，煎服。

［功能］解毒消炎，舒经活络。

［益宜］腮腺炎，麻风病。

豌豆香薷汤

［配制］豌豆200g，香薷900g，水煎，食豆饮汤。

［功能］和中下气，祛湿。

［益宜］霍乱，见吐泻转筋，心胸烦闷等。

万年青

［配制］万年青20～30g，红糖适量。万年青加水150ml，煎至50ml滤出，再加水120ml，煎至40ml滤出，合两次药液，调入红糖，日1剂，分3次服，7天为1疗程。

[功能] 理气行气，活血化瘀。

[益宜] 气滞血瘀之面色晦暗，唇舌紫绀，胸闷，气喘，咳嗽，胁下痞块，肢体浮肿等。

望江南煨肉

[配制] 望江南叶 30g，瘦猪肉 250g，加盐适量。水煮服，每日 1 剂量。

[功能] 清肝、肃肺、止痛。

[益宜] 顽固性头痛。

威灵仙饮、膳

[配制] ①威灵仙 15g，以酒 1 盏、水 1 盏，煎去 1 盏，临发时服；②威灵仙 1 把，醋、蜜各半碗，煎 5 分服，吐出宿痰；③威灵仙 15g，独蒜头 1 个，香油 3g，同捣烂，热酒冲服，汗出；④威灵仙 36g，砂仁 30g，砂糖 1 盏。水 2 盅，煎 1 盅，温服；⑤威灵仙根洗净，焙干研细末，每取 9g 与鸡蛋 1 个搅匀，用菜油或麻油煎后服，每天 3 次，连服 3 天。忌猪、牛肉，酸辣；⑥鲜威灵仙根 500g，洗，切碎，加水煮半小时后取汁再和红糖 500g，白酒 100g，煎片刻。共分 10 次，5 天服完，早、晚各 1 次，小儿酌减；⑦威灵仙 500g，切碎，白酒 1500g，同入锅隔水炖半小时取汁，每服 10～20ml，日 3～4 次；⑧鲜威灵仙全草 60g，洗净煎汤服或当茶饮，每日 1 剂。

[功能] 祛风湿，通经络，消痰涎，散瘀积。

[益宜] ①疟疾；②噎寒膈气；③破伤风；④诸骨鲠咽；⑤急性黄疸性传染性肝炎；⑥丝虫病；⑦关节炎；⑧扁桃体炎。

温中补虚健胃茶

[配制] 徐长卿、北沙参、当归各 3g，黄芪 4.5g，乌梅肉、生甘草、红茶各 1.5g。共为粗末，沸水冲泡，代茶频饮。日 1 剂，连服 90 天。

[功能] 温中补虚止痛。

[益宜] 虚胃性萎缩性胃炎，见胃脘疼痛，日久不已，温减按舒等。

蕹菜银花甘草汤

[配制] 蕹菜 1 000g，银花 30g，甘草 10g。蕹菜洗净，切碎，捣烂，绞取汁液；银花、甘草水煎取汁，与蕹菜汁兑合。大量服(或灌服)。

[功能] 解毒。

[益宜] 野菌等食物中毒。

乌豆腐皮汤

[配制] 乌豆 50g，豆腐皮 50g，两者加清水煮汤，入油、盐调味服。

[功能] 滋养补虚，固表止汗。

[益宜] 自汗及虚盗汗等。

乌豆炆塘虱

[配制] 乌豆 60～90g，塘虱鱼 2～4 条。将塘虱鱼挖去颈“花”(两侧均有)和肠脏后，与

乌豆同加水入瓦锅炆熟。任意服食。

[功能] 养血补虚,滋阴补肾。

[益宜] 病后、产后体虚贫血,妇女血虚头晕、头痛,自汗盗汗,耳鸣乏倦,及血小板减少 。若纳差可加陈皮,或分餐服,以免乌豆胀胃。

乌鸡补血汤

[配制] 乌鸡 1 只,当归、熟地、白芍、知母、地骨皮各 10g,乌鸡净后诸药置于腹内,用线缝好,煮熟后去药,食鸡肉饮汤。

[功能] 补肝肾,益阴清热。

[益宜] 气血不足之月经不调,或阴虚、骨蒸、潮热、盗汗等。

乌鸡膏粥

[配制] 乌鸡膏 30g,粳米 100g,依常法煮粥熟加乌鸡膏、葱、姜、盐,待沸。服食。

[功能] 养阴,退热、补中。

[益宜] 阴虚瘦弱,骨蒸潮热,消渴烦热,赤白带下,遗精白浊,以及老人五脏气坠,耳聋。

乌麻酒

[配制] 乌麻 40g,人参、防风、茯苓、细辛、秦艽、(炒出汗)、黄芪、当归、牛膝、桔梗各 6g,干地黄、丹参、薯蓣、矾石(煅)各 12g,山茱萸、川芎各 8g,麻黄(去节)、白术各 10g,五加皮、生干姜各 20g,大枣、钟乳粉(另小袋盛)各 12g。诸药锉散,用清酒 1 800ml,同浸五宿。温服 50ml,日再服。

[功能] 祛风除湿。

[益宜] 风证之筋极虚、好悲思,脚手拘挛,伸动缩急,腹内转痛,十指甲痛,数转筋,甚至舌卷、卵缩、唇青、面色苍白、不得饮食。

乌梅白糖汤

[配制] 乌梅 5～10 枚,白糖 50～100g,煎汤,代茶饮。

[功能] 生津止渴,养阴敛汗。

[益宜] 温病口渴,及夏季烦热,汗出,口渴等。

乌梅消暑饮

[配制] 乌梅 15g,石斛 10g,莲子心 6g,竹叶卷心 30 根,西瓜翠衣 30g,冰糖适量。各味洗,石斛入砂锅先煎,后下诸味共煎取汁,调入冰糖,代茶频饮。

[功能] 清热祛暑,生津止渴。

[益宜] 感受暑热之身热息高,心烦溺黄,口渴汗出等。

乌鱼葛菜汤

[配制] 鲜乌鱼(黑鱼)1 条,塘葛菜(蔊菜)100g。鱼净与葛菜同煮 1～2 小时,熟后调味。佐餐或单食。

[功能] 清热养阴,利水消肿。

[宜忌] 肺炎、咽喉炎，肾水肿，小便不利等。

乌贼戏珠枣茶

[配制] 沧州金丝小枣，福建乌龙茶(可购成品)。将茶滤纸袋直接放入杯中加枣，开水冲泡。随意饮。

[功能] 益智安神。

[宜忌] 神经衰弱，失眠及胃病等多种慢性病。

无患树蔃(根)煮鸡

[配制] 无患树蔃(根)120g，晒干，煮鸡食。

[功能] 祛湿除浊。

[宜忌] 白浊，白带。

吴茱萸粳米粥

[配制] 吴茱萸 2g，生姜末 3g，粳米 50g，葱白 2 茎切。粳米煮粥，熟，入吴萸末及姜、葱，同煮 1～2 沸。早、晚食用，5～7 天为 1 服期。

[功能] 补脾暖胃，降浊止逆，散寒止痛。

[宜忌] 脾胃虚寒所致呕吐、胃痛；肝经寒气上逆之干呕，头顶痛等。阴虚火旺者忌。

五合茶

[配制] 生姜(大块捣烂)、葱白(连须)、胡桃肉(捣碎)、藿山茶、红糖，各适量。放碗内，滚水冲。趁热代茶饮，即身微汗即愈。

[功能] 发散风寒。

[宜忌] 感受风寒之头痛，鼻塞，身体困痛。

五苓散茶

[配制] 茯苓 155g，猪苓、白术、泽泻 6g，桂枝 6g，上方加水 1 500ml，文火煎煮 30 分钟。饭后 30～60 分钟饮用。坚持每日 1 剂。

[功能] 养心肾利水肿、补脾胃化湿消痰。

[宜忌] 腹泻、水肿、循环不畅。

五色梅根(为马鞭科植物码缨丹的根。性味苦，性寒)

[配制] 鲜五色梅根 9～18g(干品酌减)，青壳鸭蛋一枚。和水酒(各半)适量，炖 1 小时服。

[功能] 活血，祛风。

[宜忌] 手脚痛风。

五汁安中饮

[配制] 牛乳、韭汁、生姜汁、藕汁、梨汁。和匀，少量频饮。

[功能] 养血润燥，消瘀化痰。

［益宜］火盛血枯，痰瘀至阻，食物难进，口干咽燥，五心烦热等。

五汁饮

［配制］梨汁、荸荠汁、鲜苇根汁、麦冬汁、藕汁（或用蔗浆），5汁各取多少，临床斟酌，合匀凉服。不甚喜凉者汤炖温服。

［功能］清热，生津，止咳。

［益宜］太阴温病，热灼津伤，口渴，吐白沫，黏滞不快者。

戊戌酒

［配制］一只小黄狗肉，熟烂连汁和曲30g，如常法和7 500g糯米饭酿酒。每空腹饮2～3小杯。另方：黄狗肉2 000g，煮糜，曲和煮熟糯米各适量，酿酒，密封7日。又《食物本草会纂》用黄狗一只，取肉煮糜，酒曲、米干饭酿酒。

［功能］补肾壮阳，另、又方：大补元阳。

［益宜］阳虚损之少腹冷痛、不孕、阳痿、腰膝酸软等。阴虚内热者忌。

夏枯草饮

［配制］①夏枯草180g，水适量，煎取汁150ml，去渣，食后2小时服；虚甚可煎浓膏，并涂患处，可多服久服；②夏枯草、蒲公英各等份。酒煎服或做丸；③夏枯草为末，每服10～15g，米饮调下；④夏枯草开时采，阴干为末。每服6g，食前米饮下；⑤夏枯草3g，胆南星1.5g，防风3g，钩藤3g。水煎，点水酒临卧时服；⑥夏枯草（鲜）60g，冰糖15g。开水冲炖，饭后服；⑦鲜夏枯草90g，冬蜜30g。开水冲炖服；⑧夏枯草15～60g。水煎服，1日1剂，连服3日。

［功能］清肝火，散瘀积。

［益宜］①瘰疬马刀，不论溃否；②乳痈初起；③血崩不止；④赤白带下；⑤口眼歪斜；⑥头目眩晕；⑦羊痫风；⑧预防麻疹。

夏枯瓜络饮

［配制］夏枯草10g，丝瓜络5～10g，2味共煎取汁约300ml，入冰糖稍煮糖化。日分2～3次服。

［功能］解郁清热。

［益宜］身热心烦随情绪变化不定，急躁易怒，胸胁闷胀等。

仙茅加皮酒

［配制］仙茅（用米泔水浸，去赤水尽，晒干）90g，淫羊藿（洗净）120g，五加皮（酒洗净）90g，醇酒一小坛。诸药碎细，包储，悬于酒坛中，封口，浸7日。每日早、晚各饮1～2杯。

［功能］祛风散热，补益元气。

［益宜］腰膝筋脉拘急，肌肤麻木，关节不利，阳痿，宫寒不孕等。

仙人掌烤黄牛脾

［配制］黄牛脾90g，仙人掌90g。将仙人掌纵切2片（不切断），夹入牛脾，以木炭火烤熟。服食熟牛脾。日1次。

［功能］行气活血，健脾消积。

［益宜］肝硬化，症见脘腹闷胀，食欲不振，消瘦等。

鲜大黄叶汤

［配制］鲜大黄叶30～60g，水煎，每日分2～3次口服或鼻饲。

［功能］退热祛风解毒。

［益宜］流行乙型脑炎病。

香菜黄豆饮

［配制］香菜（即芫荽）30g，黄豆10g，食盐少许。前2味各洗净，先将黄豆入锅内加水煮15分钟，再入香菜煎15分钟，去渣喝汤。

［功能］扶正祛邪。

［益宜］受风寒感冒。

香蕉蜂蜜食

［配制］香蕉、蜂蜜各适量。香蕉去皮蘸蜂蜜食。每日随意，不定量。效显。

［功能］润肠通便。

香薷厚朴扁豆茶

［配制］香薷10g，厚朴、白扁豆各5g。前2味剪碎，白扁豆炒黄捣，放入保温杯中，沸水冲泡，盖上盖1小时后饮，代茶，每日2次。

［功能］行气和胃，清暑除湿。

［益宜］夏季感受暑湿之邪者。

小茴香酒（又名：下淋方）

［配制］小茴香30g，炒黄研末，黄酒250g，烧滚冲，去渣饮酒。

［功能］温肾祛寒。

［益宜］白浊。有精血受风寒而成，汤药全不效者。

小麦煮昆布

［配制］昆布100g，小麦50g，两者加水同煮，小麦烂熟时，滤取汁液，留昆布。食饮。

［功能］消痰，散结，益脾。

［益宜］胸中气噎，不下食，喉中如有肉块等。

小米神曲粥

［配制］小米100g，神曲30g。共煮粥食。又方粳米100gg，神曲30g。

[功能] 消食导滞。

[益宜] 饮食停滞之胸腹胀满、呕吐泄利等。亦益小儿疳积等。

薤白糯米肉粥

[配制] 薤白 50g,洗净,略炒,糯米 100g,洗,加水 1 000ml,炒开,加入炒好之薤白与剁好的猪肉末 50g,盐 5g,煮粥熟,加味精、胡椒各 2g,猪油 25g,调匀食。

[功能] 理气宽胸,通阳散结。

[益宜] 阳虚寒凝之胸痹、心痛、泄泻等。如冠心病、肠炎、痢疾等。

薤豉陈皮枳壳米粥

[配制] 薤白、枳壳、陈皮各 15g,共煎取汁,去渣,入粳米 100g(淘洗),大枣 8 枚(洗),豆豉 10g,煮粥熟,调入生姜汁适量。空腹温食。

[功能] 行气宽中、通阳散结、宣郁除烦,温中止呕。

[益宜] 痰饮、饮食停滞引起的胸痹心痛、咳喘、呕逆、纳差、失眠等。

徐长卿健胃茶

[配制] 徐长卿 4.5g,北沙参 3g,化橘红 3g,白芍 3g,生甘草 2g,玫瑰花 1.5g,红茶1.5g。共为粗末,沸水冲泡。代茶频饮,日 1 剂量,连续 90 天。

[功能] 温中散寒止痛。

[益宜] 虚寒性浅表性胃炎;见胃脘隐痛,喜温喜按等。

雪梨膏

[配制] 雪梨汁 500ml,生地汁、茅根汁、藕汁各 2 000ml,萝卜汁、麦冬汁各 1 000ml。诸汁同煎,入炼蜜 500ml,饴糖 240g,生姜汁 100ml,熬成糊膏。每服 25～50ml,日 1～2 次,含服。

[功能] 养阴生津,润肺止血。

[益宜] 阴虚火炎,肺络受损,咯血,吐血,痨嗽久不止。

鸭跖草连翘双花加味汤

[配制] 鸭跖草 30g,连翘 15g,金银花、板蓝根、桔梗、甘草各 10g,诸药洗净,水浸泡(淹没药面)2 小时,文火煮 30 分钟,取药汁温服,每剂复煎 1 次。每日 1 剂,2 服,连服 2～3 剂。

[功能] 祛风解热,营卫除毒。

[益宜] 风热型感冒。

延龄不老酒

[配制] 生羊肾 1 枚,沙苑蒺藜、仙茅(米泔浸 1 宿),桂圆肉、淫羊藿、薏苡仁各 120g,酒 2 000ml。诸药与酒同盛大口瓶内,密封 40 天后饮用。每次 2 杯。

[功能] 添精补髓,乌须黑发,壮腰健肾,补气养血,种子延龄。

[益宜] 气血两亏,肾精不足之腰膝酸软,遗精滑泄等。

燕窝雪耳炖洋参

[配制] 燕窝30g,水发,去毛、杂质,洗净;雪耳15g,泡发洗净,摘小朵;西洋参18g,洗净切片。全料放大炖盅内,加沸水适量,加盖,文火隔水炖2小时,调味食。

[功能] 益气生津,润肺滋脏。

[益宜] 气阴不足之体倦少气,懒言,口渴,咽干或干咳嗽气短,或烦躁不眠,或汗多气弱。

养阴和胃茶

[配制] 徐长卿4g,麦冬、青橘叶、白芍各3g,生甘草2g,玫瑰花、红茶各1.5g。共为粗末,沸水冲泡。代茶频饮,日1剂,连服90天。

[功能] 养阴和胃止痛。

[益宜] 虚热性浅表性胃炎,见胃脘灼痛,嘈杂似饥,饥而不欲食,便干等。

夜交藤粥

[配制] 夜交藤60g,粳米50g,大枣2枚,白糖适量。夜交藤温水浸泡片刻,加清水500ml,煎取药汁300ml,入粳米、枣、糖,再加水200ml,煮粥熟。每晚睡前1小时趁热服。

[功能] 养血安神,祛风通络。

[益宜] 虚烦不寐,顽固性失眠,多梦症及风湿痹痛等。

一味丹参饮

[配制] 丹参12g,水煎,睡前服。

[功能] 养神定志,通利血脉。

[益宜] 神经衰弱,失眠等。

益母草煲鸡蛋

[配制] 益母草30～60g,鸡蛋2个,两品洗净同煮,蛋熟后去壳再煮片刻。吃蛋饮汤。或佐餐。

[功能] 活血调经,利水消肿。

[益宜] 气血瘀滞,痛经,月经不调,恶露不尽,功能性子宫出血等。

薏米莲子粥

[配制] 薏仁米、莲子肉各30g,冰糖、桂花少许。煮薏米半熟时加莲肉、桂花、冰糖、煮至熟透。早晚温食。

[功能] 健脾除湿、养心。

[益宜] 脾虚湿盛之脘闷不饥、头身困倦、大便溏薄等。

薏米杏仁粥

[配制] 薏米仁30g,洗煮粥,半熟时加入杏仁(捣碎)10g,文火煮至熟,入冰糖屑少许,早

晚食。

[功能] 健脾利湿,祛痰止咳。

[益宜] 脾虚湿盛,身体沉重,咳嗽痰多,胸闷食少等。

薏苡仁水蛇羹

[配制] 水蛇1条,剥皮、去肠脏、头、洗净;薏苡仁60g,温水浸半小时。净蛇肉下锅,加清水适量,武火煮至肉脱骨,去骨,肉撕成丝,放入苡米,文火煮苡米烂,放少量湿淀粉拌匀,调味随意食。

[功能] 滋阴清热,利湿解毒。

[益宜] 皮肤癌湿毒壅结,肌肤失养,皮肤疣状突起或小结节,或溃烂经久不愈等。

油炸山楂膏

[配制] 山楂糕500g,鸡蛋3个,猪油500g,白糖、面粉及淀粉适量。山楂糕切长3m宽1.5cm的条,鸡蛋打下碗加面粉、淀粉调成稠糊。山楂条粘蛋糊满,入油锅炸黄,捞起装盘,撒白糖少许。当点心食。

[功能] 消食化积。

[益宜] 消化不良、脘闷纳呆、嗳腐酸臭、大便异常臭秽等。

玉米须炖蚌肉

[配制] 玉米须100g,蚌肉150g,调料适量。玉米须净,装纱布袋;蚌肉洗净切片,二品置砂锅,加姜、葱、盐、黄酒、清水各适量。武火烧沸,文火炖蚌肉熟,加味精调匀。食肉饮汤,隔日服1次。

[功能] 滋阴平肝,清热利尿。

[益宜] 高血压病,糖尿病,急性肾炎水肿,尿路感染,泌尿系统结石,黄疸性肝炎,胆囊炎等。

玉竹瘦肉汤

[配制] 玉竹30g,瘦猪肉100g,调料适量。猪肉切成小块,与玉竹同置锅内,加清水1 500ml,煎至约700ml,以食盐、味精调味。饮汤食肉。

[功能] 滋养肺胃。

[益宜] 燥伤肺胃之身热不甚、口舌干燥等。

玉竹心子

[配制] 玉竹50g,猪心500g,调料适量。玉竹切短节,水润后煎熬2次,收药液约1 500ml,剖开猪心,洗净血水,与药液同置锅,加生姜、葱、花椒各适量,在火上煮至六成熟时,捞出稍晾,放卤汁锅内,文火煮熟捞起,揩净浮沫;在锅内加卤汁适量,入盐、白糖、味精、香油,加热成浓缩汁均匀地涂在猪心里外,佐餐或单食。

[功能] 安神宁心,养阴生血。

[益宜] 热病伤阴,干咳烦渴,阴血不足心肾亏损之心烦不眠。亦可为冠心病、肺心病、糖尿病、肺结核患者的保健药膳。

玉竹粥

［配制］玉竹15～20g，粳米100g，冰糖适量。先煎玉竹，去渣取汁，入粳米煮粥，粥熟加冰糖，稍煮。空腹食。

［功能］滋阴养肺，生津止渴。

［益宜］肺胃阴伤，口渴咳嗽，干咳无痰、少痰，或高热病后烦渴、口干舌燥，或阴虚低热不退等。

芋头酒

［配制］生芋头500g，洗净，去皮，压破，酒渍14日，空腹饮1杯。

［功能］消癖结气。

［益宜］癖气。

远志羊心

［配制］远志20g，焙干，研细末；鲜羊心500g，治净，切柳叶片，入碗加1g精盐、1g味精、5g花椒水、2g香油，腌一下，入淀粉上浆；另碗调白糖5g，远志粉、精盐、绍酒、花椒水、味精和鲜汤10g成卤汁；炒勺置火上，加油750g，至四成熟时下心片划开，滑透，倒入漏勺，锅内留5g油，放葱、姜末炸锅，下心片、冬菇翻炒并把兑好的卤汁倾入锅翻炒均匀，加香菜段，淋入香油。单食或佐餐。

［功能］安神益智，补心解郁。

［益宜］痰阻心窍所致神迷、惊悸、咳嗽及心肾不交所致健忘、梦遗、失眠等。对神经衰弱功效显著。阴虚阳亢慎用。

云南绿豆糖水

［配制］臭草（六香全草）50g，绿豆100g，红糖适量。豆、草洗净加水1 500ml，煎至600ml，入红糖稍炖，候温日内饮完。

［功能］清热解毒，清暑凉血。

［益宜］感冒发热，鼻衄，牙痛，咽喉肿痛，痱疮，疔疮等。

泽泻汤饮

［配制］泽泻15g，白术6g，每日1剂，以水400ml，煎取200ml，服。

［功能］健脾利水降浊。

［益宜］脾虚失运，水停心下，浊阴不降头目眩晕，中耳积液，高脂血症等。

增液肉糕

［配制］猪肉（瘦夹肥）500g，洗净，剁茸；玄参、麦冬各10g，生地15g，治净焙，研细末；鸡蛋6个，干淀粉70g，各佐料适量。葱、姜剁末与肉茸、花椒面、干淀粉、中药末、味精，一个蛋清拌匀成馅。蒸格内抹猪油，倒入其余蛋清，入笼蒸3～4分钟，放馅料抹平，再加蛋黄抹平，蒸熟翻入盘内。炒锅注油烧五成熟，倒入清汤30g，加盐、佐料、味精、湿淀粉勾芡，淋肉糕上。

[功能] 养阴生津,润肠通便。

[益宜] 热病后口干舌燥,大便秘结等。

蔗菊饮

[配制] 甘蔗 500g,削皮、切,与菊花 50g。同煮取汁,代茶饮。

[功能] 清热生津。

[益宜] 夏季暑热伤阴之发热、口渴欲饮等。

珍珠草猪肝汤

[配制] 鲜珍珠草 60g(或干品 30g),猪肝 60~100g,前 1 味洗净,煎去渣取汁,入猪肝煮熟。加调料适量。

[功能] 清热解毒,化湿凉血。

[益宜] 热毒发黄证之病急,身目皆黄,高热烦渴,胸腹满胀,烦躁,神昏谵语或衄血、呕血、便血身发斑疹或腹水、嗜睡昏迷等。

珍珠母粥

[配制] 珍珠母 120g,粳米 50g。珍珠母煎 30~50 分钟,去渣取汁,入粳米煮粥食。

[功能] 清热解毒,止渴除烦。

[益宜] 湿热邪毒之发热、口渴、面目红赤、舌红苔黄、脉数有力等。

芝麻黄芪煲大肠

[配制] 猪大肠一具。洗净;和黑芝麻 10g,黄芪 30g,共炖汤。佐餐食。

[功能] 益气固脱。

[益宜] 气虚脱,便秘等。

止疟果

[配制] 鲜马蹄(荸荠),白酒各适量。马蹄洗净,连皮浸泡好酒(高粱、米酒、薯酒均可)中 30 天。食时,马蹄去皮,细嚼慢咽,每服 3~7 枚,日 1 次,连服 3~5 天。

[功能] 开胃下食,导滞消积。

[益宜] 食欲不振,大便干硬等(原活疟至不思饮食,食则胀满不下)。不饮者少食。

猪肚姜汁汤

[配制] 猪肚 150g,生姜 15g,肉桂 3g。将猪肚搓洗干净,生姜、肉桂洗净切片,一同盛碗加水,食盐适量,隔水蒸猪肚熟烂。分 2 次饮汤食猪肚。

[功能] 补脾益胃炎,温中散寒。

[益宜] 脾胃虚寒之胃脘隐痛、空腹时明显,喜暖喜按、得食痛缓、泛吐清水等。

竹沥饮

[配制] 竹沥 60ml,粳米 100g。米炒黄,研细,水煎取汁,与竹沥和匀。顿服。

[功能] 清热利窍。

［益宜］霍乱等。

竹茹米汤饮

［配制］甘竹茹 50g，白米（粳米）150g。水煮至米熟去渣，徐徐饮之。

［功能］祛风痰止逆。

［益宜］伤寒哕逆，风热气哕，及诸哕。

竹荪汤

［配制］竹荪 10g，银耳 10g，鸡蛋、盐、味精各适量。竹荪浸泡，洗净；银耳浸泡，洗，去蒂；鸡蛋打碎搅匀；清水煮沸倒入鸡蛋糊，加竹荪、银耳，文火烧 10 分钟，加盐、味精适量。任意食。

［功能］健脾消积祛脂。

［益宜］肥胖者，肥胖症。

竹叶栀子粥

［配制］竹叶 15g，栀子 10g，先煎取汁，入粳米 100g，煮粥，熟，入少许盐，任意食。

［功能］清心解暑。

［益宜］夏秋月中暑口渴心烦。

竹蔗马蹄汤

［配制］竹蔗 1 000g（洗净，去皮，切段），马蹄（荸荠）洗净，去皮，切碎，红萝卜 250g，洗净切块，共加水，煮 1 小时。饮汤。

［功能］清热解暑，润肺止咳。

［益宜］夏季热所致口渴尿黄，咳嗽痰少而黏等。

紫草根茶

［配制］紫草 15g，（为粗末），投杯中沸水冲泡，入糖令溶，代茶频饮。

［功能］发散风寒。

［益宜］风寒感冒、发热无汗、头身痛、流清涕等。

紫草茸糖水

［配制］紫草茸 3～5g，白砂糖适量。加水 2 碗煮至 1 碗，去渣饮。

［功能］清热凉血，透疹解毒。

［益宜］麻疹、水痘、风疹、暑疖、痱子过多等。

紫陈酒

［配制］紫苏叶 10g，陈皮 10g。前 2 味洗，加水、酒各半煎汤，去渣取汁，分 2～3 次温服。

［功能］解表散寒，理气和胃。

［益宜］风寒感冒，胃寒呕吐。

紫苏炒田螺

［配制］田螺250g，鲜紫苏叶5片。田螺，洗，清水养2天，常换水，去污泥后剪去田螺尾，洗净，沥干水，苏叶洗净。起油锅，炒紫苏几番，放田螺炒几番后，放盐炒熟即可。随量食。

［功能］清热利湿，理气和营。

［益宜］湿热下注之尿频、尿急、尿痛、或有浮肿，小便短赤等。

紫苏生姜饮

［配制］紫苏、生姜各30g(《食疗本草学》谓：生姜9g)。水煎服，日1剂。

［功能］发表散寒，和胃解毒。

［益宜］风寒感冒之发热恶寒，头痛身痛，鱼蟹中毒之吐泻、腹痛等。

紫藤菱薏汤

［配制］鲜紫藤茎15g(洗，切片)，菱角12个(洗，剥壳取肉，壳纱布袋包)，薏苡仁15g(淘洗净)，蜂蜜适量。前3味同下锅烧煮，至菱熟，苡米仁烂，去纱布袋，加蜜调味，随意食。

［功能］清热解毒，健脾渗湿。

［益宜］湿热内蕴之疮毒、关节痛、泄泻等。

走茎丹参炖肉

［配制］走茎丹参(湖广草)15～30g，猪瘦肉250g。湖广草洗净，切碎，纱布包，扎；肉洗净切片，与纱布包同入锅，摆上姜片、葱节，浇上料酒，加水适量，用武火烧沸，后改用文火炖之，待猪肉熟烂，拣去葱、姜、药袋，加入精盐、味精调味。食肉饮汤。

［功能］清肺热，止吐血。

［益宜］风热痰多所致的咳嗽气喘及吐血等。

编后语

所谓综合类篇并不是这些方有多么的新奇，也不能归类于某门类与病症方，而是该方的作用功能较广泛。就以《冰糖蒸柿饼》而言，虽然方法简单，但可疗慢性支气管炎、高血压、痔疮出血，这种功益既跨了病证的系统层次又越过病理器官系统归类，无奈何设了一个综合类篇，把一切都包揽了。希望如此编辑能给大家带去方便。

篇四

地域性茶膳食疗民间用方

一、九、刀

刀豆壳散、饮、膳(刀豆壳,出《医林纂要》)

[配制] ① 刀豆壳15g,咸橄榄3粒,姜半夏9g,煎汤服。②刀豆壳(烧存性),青黛,共研末吹之。③刀豆壳烧存性,研末,每次6～9g,开水送服。④鲜刀豆壳30g,鸭蛋1个。酒水煎服。⑤刀豆荚饭上蒸熟,蘸糖食。⑥刀豆壳烧存性,研末好酒调服,外以皂角烧烟熏之。⑦刀豆壳焙为末,每服3g,黄酒下,少加麝香尤妙。⑧刀豆壳烧灰,加冰片擦上,延出即安。⑨刀豆壳烧灰,以0.1g吹之。

[功能] 和中下气,活血散瘀。

[益宜] 反胃,呃逆,久痢,经闭,喉痹,喉癣。方①宜膈食呕吐,不能吞咽。方②宜喉痹。方③虚寒呃逆。方④颈淋巴结核。⑤久痢。⑥腰痛。⑦经闭,腹肋胀痛。⑧牙龈臭烂。⑨喉癣。

刀豆散,刀豆膳(刀豆,出《救荒本草》)

[配制] ① 刀豆取老而绽者,制散,每服6～9g,开水下。②刀豆子10粒(打碎),甘草3g。加冰糖适量,水1杯半,煎至1杯,去渣,频服。③刀豆子2粒,包于净好、去膜的猪腰子内,外裹荷叶,烧熟食。④老刀豆,文火焙干为末,酒服9g。⑤刀豆子焙干,研粉,每次4.5g,开水冲服。

[功能] 入胃,去肠经。温中下气,益肾补元。

[益宜] 虚寒呃逆,呕吐,腹胀痛,肾虚腰痛,痰喘,胸中痞满,痢疾。煎汤或烧存性研末。上方①气滞呃逆,膈闷不舒;②百日咳;③肾虚腰痛;④鼻渊;⑤小儿疝气。

九头狮子草饮(九头狮子草,见《植物名实图考》)

[配制] ① 九头狮子鲜草30g,洗净,加冰糖适量,水煎服。②鲜九头狮子草60～90g,倒烂绞汁,调少许食盐服。③鲜九头狮子草60g,水煎,或倒烂绞汁30～60g,蜜调服。④九头狮子草嫩头7个,蒸1.5g麦芽糖服。⑤九头狮子草15g,捣绒兑淘米水服。⑥九头狮子草、黑竹根、大种鹅儿肠、木通、淮知母各15g,加酒360g蒸(宜白米酒。编者注)。早晚各服60g,第二次用半斤酒蒸,第三次用180g酒蒸。⑦九头狮子草15g(根叶并用),水煎服。⑧九头狮子草60g,槐树根60g,侧耳根60g。炖猪大肠头,吃五次。⑨九头狮子草茎叶120g,炖猪肉吃。

[功能] 怯风化痰,清热解毒。治风热咳嗽,小儿惊风,喉痛,疔毒,乳痈,气喘,吐血,蛇、蜈蚣咬伤。

[益宜] ①肺热咳嗽;②肺炎;③咽喉肿痛;④虚热咳嗽;⑤小儿惊风;⑥男子尿结;⑦小儿吐奶并泄青;⑧痔疮;⑨白带、经漏。

九牯牛酒(九牯牛,见《贵州民间药物》)

[配制]①九牯牛 9～15g,大马蹄草 9g,酒煎服。适量。②九牯牛 30g,大血藤、小血藤各 15g,泡酒服,适量。

[功能]通经活络。

[益宜]①小腹胀痛,月经不调;②劳伤。

九里香根饮(九里香根,见《南宁市药物志》)

[配制]①九里香干根 15～30g,酒水煎服。②九里香鲜根 30g,酒水煎服。③九里香干根 30g,水煎服。④鲜九里香根 15～30g,切碎同猪尾骨,水酒炖服。⑤鲜九里香根 30～90g,喝青壳鸭蛋 1 个,水酒炖服。

[功能]入心、肝、肺三经。治风湿痹痛,腰痛,跌打损伤,睾丸肿痛,湿疹,疥癣,泌尿稀系感染,支气管炎。

[益宜]①宜久痛风。②跌打损伤。③阴疽腰骨酸痛。④腰骨酸痛⑤睾丸肿大。

二、飞、土、小、大、三、千、山、土、马

大巢菜(见《本草纲目》。别名:薇,重水薇菜,野麻豌莒子,肥田草等)

[配制]①肥田草 30g,煨水服;②肥田草 30g,煨甜酒服;③肥田草种、小血藤各 15g,泡酒服。

[功能]清热利湿,和血祛痰。

[益宜]①疟疾;②鼻血;③月经不调。

大地棕根(见《四川中药志》。又名:松兰、竹灵芝、岩棕)

[配制]①大地棕根、白鲜皮、沙参。炖鸡服;②大地棕根、百花草、白鲜皮、鸡冠花、土洋参、三白根、棕树根。炖猪蹄服;③大地棕根、黄花根、女贞子、女儿红、益母草子、对叶草、红枣、金樱子,炖鸡服;④竹灵芝根茎制蜜丸或片剂口服,蜜丸每丸 9g(其中含蜜 4.5g),日 3 次,每次 1～2 丸。片剂每片 0.5g,日 3 次,每次 8 片。平均 10 日为一疗程。

[功能]补虚,调经,祛风湿,行瘀血。

[益宜]①虚劳久咳;②男子年久不愈之白浊;③妇女月经不调;④慢性气管炎。

大豆黄卷(别名:大豆卷,大豆糵,豆黄卷,菽糵等)

[配制]①大豆糵 500g,炒香熟,为末,每服 1.5g,温酒调下,渐加至 3g,日 3 服;②以初生时豆芽,烂研,以乳汁调与儿吃,或生研绞取汁,少许与服。

[功能] 解表邪,利湿热。

[益宜] ①五脏留滞,胃中结聚;②小儿撮口及发噤。

大豆酒

[配制] ①大豆 3 500g(熬令黄黑),以酒 3 500ml 浸取汁;②大豆 2 000g,炒令极熟,以清酒 3 500ml 熬煮,取 1 400ml,温服,令少汗出身微润;③大豆 100g,投 3 000ml 酒中,密封,随性饮;④大豆 1 800g(炒),清酒 5400ml。用瓶盛酒,趁豆热倾入酒中,密封 7 日,温服。

[功能] 祛风除湿。

[益宜] ①中风口噤不开;②中风口噤,伤风湿,身体重痹;③产后风虚,五缓兴急,手足顽痹,头旋眼眩,血气不调;④头风见头晕头痛,目眩等。

大鹅儿肠(见《贵州民间药方集》。别名:黑牵牛,老鹳草,通经草等)

[配制] ①大鹅儿肠根,洗净,烘干,制末,每用 1.5～3g,米汤吞服 ;②鲜大鹅儿肠全草 30～60g,煨水吃;③大种鹅儿肠 6g,青藤香 6g,炖猪肉 150g,汤肉并用服;④大种鹅儿肠根末 1.5～3g,酒吞服;⑤大种鹅儿肠 3g,鸡内金 3g,研细末混合,开水吞服;⑥大种鹅儿肠 15g,红牛膝 15g,红治麻根 15g,大风藤 15g,切细,泡烧酒半斤(250g),每服 30～60g,常饮。

[功能] 理气化湿,活血止血,消积解毒。

[益宜] ①胃胀痛;②黄疸;③大肠下血,便后流血如注;④周身酸痛,妇女小腹胀痛;⑤小儿积食,消化不良;⑥鹤膝风,膝关节疼痛。

大肺筋草(见《四川中药志》。别名:肺经草,半边钱,脐风草,反背红,乌豆草)

[配制] ①乌豆草 30g,煨水服;②乌豆草 30g,泡酒服;③过大肺筋草、醪糟。煮服;④大肺筋草,光白菜各 15 g,加冰糖煎服。

[功能] 清肺,化痰,行血。

[益宜] ①感冒咳嗽;②劳伤咳嗽;③妇女经闭腰痛;④哮喘。

大浮萍(见《生草药性备要》。别名:水浮萍,大蒲藻,浮萍等)

[配制] 大浮萍、糖各 120g,清水 3 碗煎 1 碗分 2 次服,服后大量排尿,肿胀便消,忌食盐。

[功能] 水臌。

[益宜] 大便燥结腹痛。

大狗尾草(见《江西草药》。别名:谷莠子,狗尾巴)

[配制] ①大狗尾巴草 9～21g,猪肝 60g,水炖,服汤食肝;②大狗尾巴草穗 21g,水煎,甜酒少许对服;③大狗尾巴草 30g,水煎去渣,加鸡蛋 2 个煮熟,服汤吃蛋。

[功能] 清热消疳,杀虫止痒。

[益宜] ①小儿疳积;②风疹;③牙痛。

大红袍(见《贵州民间药物》。别名:矮零子、铁杵、碎米果等)

[配制] ①大红袍、仙鹤草各 30g,水煎服;②大红袍 15g,大风藤、追风散各 9g,红禾麻 6g、泡酒 500ml。日服 2 次,每次 15～30g;③大红袍 9～15g,水煎服。

[功能] 祛风活血,化湿止淋。

[益宜] ①痢疾;②风湿;③红淋。

大蓟(出《本草集注》。别名:马蓟、刺蓟、鸡项草、野仁花、茨芥、山萝卜等)

[配制] ①刺蓟叶及根捣烂,绞取汁,每服 1 小盏,频服;②大蓟一握,捣烂绞取汁,服 10～20ml,③大蓟鲜根 30g,洗净后杵碎,加冰糖 15g,和水煎成半碗,温服,日服 2 次;④大蓟鲜根 30～90g,洗净捣碎,酌冲开水炖 1 小时,饭前服,日服 3 次;⑤大蓟鲜根、地榆、牛膝、金银花俱适量,捣汁和热酒服,如无鲜者,以干叶煎饮也可,⑥鲜大蓟 120g,煎汤,早晚饭后服。

[功能] 凉血,止血,祛瘀,消痈肿。

[益宜] ①心热吐血,口干;②吐血衄血,崩中下血;③肺热,咯血;④热结血淋;⑤肠疽,内疽诸症;⑥肺痈,肺结核。

大接骨丹(见《云那中草药》。别名:水五加,水冬瓜,接骨草树等)

[配制] 水车瓜(水冬瓜),牛膝、木瓜、松节,泡酒内服。

[功能] 活血,舒筋接骨。

[益宜] 跌打瘀血不散。

大金刀(见《湖南药物志》。别名:青卷莲,肺经草,青竹标,疏子草)

[配制] ①青竹标 30g,泡酒 25g,每服 30g;②鲜大金刀 30g,煨水服;③质蕨 15～24g,水酒煎服。

[功能] 清热利窍,散瘀止血。

[益宜] ①跌打损伤,劳伤吐血;②咯血;③痈毒,热淋。

大金发藓(见《中国药植志》。别名:独根草,小松柏,一口血,矮松树等)

[配制] ①小松柏 9g,黄柏 6g,沙参 9g ,梧桐树皮 6g ,大血藤 6g,五皮风 6g,水煎服;②小松柏 30g,捣烂,熬水加白糖服。

[功能] 滋阴补虚,止嗽,止血。

[益宜] ①盗汗咳嗽;②肺痨吐血。

大金钱草(见《重庆草药》。别名:神仙对坐草,地蜈蚣,过络黄,一串钱,一面锣等)

[配制] ①四川大金钱草、小茴香,炖猪蹄子服;②大金钱草、狗宝,研末,蒸猪肝服;③过路黄 30g,水煎服;④仙人对坐草、青木香。2 味捣汁,冲酒服;⑤过路黄全草 60～150g,煎服;⑥过路黄捣汁,兑淘米水或酒服。

[功能] 清热利湿,消肿解毒。

[益宜] ①肾虚水肿;②胆石症;③石淋;④一切疝气;⑤肝胆结石;⑥疔疮。

大麻药(见《云南中草药》。别名:麻离麻,麻三段,豆叶百步还阳,大豆荚等)

[配制] ①大麻药根 6g,泡酒,分次服。或大麻药鲜根 15~30g,水煎,分 2 次服;②大麻药 3~9g,炒炭,水煎,日 2 次服。

[功能] 镇痛,消肿,止血。

[益宜] ①风湿痛,跌打损伤;②吐血,咯血,血衄,便血等

大青叶(出《唐本草》。别名:大青)

[配制] ①大青叶 15 大叶 g,黄豆 30 g,水煎服。每日 1 剂,连服 7 天;②大青叶 15~30g,海金沙根 30g,水煎服,每日 2 次;③大青叶 60g,丹参 30g,大枣 10 枚,水煎服;④捣青蓝 2 000ml(约 720 g,编者注),分 4 服;⑤大青嫩叶捣汁,和生白酒冲饮;⑥鲜大青叶 30~60 g,捣烂绞汁,调蜜少许,炖热,温服,一日 2 次;⑦鲜大青叶 30~60 g,生地 15 g,水煎调冰糖服,日 2 次;⑧大青叶鲜品捣汁灌之,取效之。

[功能] 清热解毒,凉血止血。

[益宜] ①预防乙脑,流脑;②乙脑,流脑,感冒发热,腮腺炎;③无黄疸型肝炎;④小儿赤痢;⑤热盛时疟,单热不寒者;⑥肺炎高热喘咳;⑦血淋,小便尿血;⑧喉风,喉痹。

大血藤(见《简易草药》。别名:血藤、红皮藤、千年健、大活血、血通等)

[配制] ①红藤 60g,紫花地丁 30g,水煎服;②大血藤 18~30g,水煎服;③大血藤 9~15g,水煎服;④红藤、仙鹤草、茅根各 15g,水煎服;⑤红藤 30g,黄酒 120g,煎至 60ml,成人日服 2 剂;⑥红藤 500g,研粉,制丸,日服 2 次,每次 9g,或用红藤根 500g,切片,白酒 5 000ml 浸泡 10~20 天,每次服 10~20ml,一日 3 次。

[功能] 败毒消痈,活血通络,祛风杀虫。

[益宜] ①慢性阑尾炎,阑尾脓肿;②风湿筋骨疼痛,闭经腰痛;③肠胃炎,腹痛;④血崩;⑤胆道蛔虫病;⑥瘤型麻风结节反应。

大叶桉叶(见《中国药植图鉴》)

[配制] ①大叶桉叶 5~7 片,红糖少许,水煎于发病前服;②大叶桉叶 6~9g(鲜品 15~30g),水煎服;③大叶桉叶 6~9g(鲜品 15~30g),水煎服,同时用 15%~20%的溶液,局部湿敷;④大叶桉叶鲜叶 90g 切丝,放水 3 倍,煎 3 小时,去渣浓缩至 60ml 左右,一次服。小儿 1~4 岁服 1/4,5~10 岁服 1/3,11~15 岁服 2/3,服后个别有头晕腰酸,但无"海群生"反应;⑤大叶桉叶 12g,白英 3g,黄荆 9g,水煎服;⑥用 100%大叶桉叶煎剂,每次 30~50ml,日服 3~4 次,可连续用 30~45 日。

[功能] 清热解毒,杀虫。

[益宜] ①疟疾;②感冒,流感,流脑,脑炎,荨麻疹;③丹毒,蜂窝组织炎,深部脓肿,创伤

感染;④丝虫病;⑤哮喘;⑥急慢性肾盂肾炎。

大叶白头翁(见《四川中药志》。别名:一面青、山荻、大火草)

[配制]①大叶白头翁 60g。煎水炖五花肉合糖服,或煮绿壳鸭蛋服。②大叶白头翁 120g,桂花根 60g,煎水内服。

[功能]清热泻火,燥湿。

[益宜]①风火牙痛;②寒火牙痛。

大叶菜(见《贵州民间药物》。别名:梭罗草、山扁柏、石上柏)

[配制]①大叶菜 30g。水煎服;②全草干品 15～60g,加瘦猪肉 30～60g 或红枣数枚,水 8～9 碗,煎 6g,成 1 碗左右。日服 1 剂,连服 1 个月至数月;③石上柏 30g(鲜品 60g)加瘦猪肉 30g 煎服,每日 1 剂。

[功能]祛风散寒,消肿解毒,止咳。

[益宜]①风寒咳嗽;②肺癌,喉癌,转移癌等;③急慢性肝炎,肝硬化。

大叶花椒(见《湖南药物志》。别名:见血飞,山枇杷、单面针等)

[配制]大叶花椒 15g,月月红(红叶)9g,棣棠花 6g。水煎加红糖服。

[功能]调经活血。

[益宜]妇女月经过多。

大叶金花草(见《广西中药志》。别名:野黄连、雪鲜草、乌韭、金花草等)

[配制]①鲜乌韭叶 120g,捣烂绞汁服;②鲜乌韭全草、鲜水蜈蚣全草各 30g,水煎服;③乌韭鲜叶 60g,水煎服;④鲜乌韭全草 30～60g,捣烂绞汁,调米泔水服;⑤乌韭全草 30g,水煎服;⑥乌韭全草 90g,水煎汁分 3 次服,连服 10～15 日;⑦乌韭根茎 80g,水煎,冲黄酒服;鲜叶捣烂敷患处;⑧鲜乌韭根茎 150～180g,用铜器水煎,空腹服,连服数日,服药期间环境必须安静;⑨乌韭全草 150～180g,水煎服;⑩雪仙草根茎 9～15g,水煎服(鲜品加倍);⑪鲜金花草叶 6g,臼碎吞服,每天 2 次,或用 50%金花草煎剂 10～20ml,日 3 服,亦可晒干研粉,每次 1.8g,日 3 服。

[功能]清热解毒,利湿止血。

[益宜]①中暑发痧;②痢疾;③急性支气管炎;④白浊,湿热带下;⑤结核;⑥急性黄疸型和无黄疸型传染性肝炎;⑦乳痈;⑧狂犬咬伤;⑨菜虫药(即雷公藤、黄柴树根)中毒;⑩吐血,大便下血,尿血;⑪菌痢,肠炎。

大叶蛇总管(见《广西中草药》。别名:山薄荷、铁菱角等)

[配制]大叶蛇总管 15～60g,水煎服。(治蛇伤:加外敷)

[功能]清热解毒,除湿。

[益宜]传染性肝炎,毒蛇咬伤。

大叶香薷（见《常用中草药配方》）

［配制］①大叶香薷、紫苏各9g，生姜6g，四季葱2根，水煎服；②大叶香薷、厚朴、白扁豆各9g，十大功劳叶15g。水煎服。

［功能］祛风顺气，温中止痛。

［益宜］①伤风感冒；②伤暑呕吐，头痛腹痛。

飞天蠄劳（为桫椤科植物桫椤的茎干。别名：龙骨风，大贯仲，山蠄劳）

［配制］①飞天蠄劳、陈皮、猪肉煎汤服；②飞天蠄劳，煎汤冲酒服；③飞天蠄劳、猪小肚，煎汤服。

［功能］祛风除湿，清肺胃热。

［益宜］①哮喘咳嗽，内伤吐血；②骨痛；③小肠气痛。

马鞍藤（为旋花科植物鲎藤的全草。又名：叶红薯，马蹄金，马蹄草等）

［配制］①二叶红薯45g，酌加酒水各半煎服；②二叶红薯30g，猪大肠500g，炖服。

［功能］祛风，除湿，消痈。

［益宜］①关节炎；②痔疮漏血。

马齿苋（为马齿苋科植物马齿苋的全草。别名：马齿草，马苋，五行草，五方草等）

［配制］①生马齿菜捣，取汁45ml。煎1沸，下蜜15ml，调，顿服；②马齿苋捣绞汁200ml，和鸡子白一枚，先温令热，待微温顿服之；③生马齿苋洗净捣取30ml，甲冷开水100ml，白糖适量，每日服3次，每次服100ml。

［功能］清热解毒，散血消肿。

［益宜］①产后血痢，小便不通，脐腹痛；②赤白带下，不论老幼孕妇悉可服；③阑尾炎。

千层塔（出《植物名实图考》。为石松科植物蛇足石松的全草）

［配制］千层塔鲜叶30g，捣烂绞汁，蜂蜜调服，每日1、2次。

［功能］消瘀，止血。

［益宜］肺痈吐脓血。

千金藤（出《本草拾遗》。为防己科植物千金藤的根或茎叶。又名：粉防已、金盆寒药等）

［配制］先用千金藤根15g，水煎服，连续7天。然后用千金藤根30g，烧酒500g，浸泡7天，每晚睡前服1小杯，连服10天。

［功能］祛风利湿。

［益宜］脾风湿性关节炎，偏瘫。

千里光（出《本草图经》。别名：千里及、黄花渲、眼明草、九里光、金钗草等）

［配制］①千里光30g，鸡肝1个，同炖服；②千里光15～24g，泡开水代茶饮；③千里光鲜全草30～60g，水煎服；④千里光、红糖、甜酒糟，共煎服。

［功能］清热解毒，杀虫明目。

［益宜］①夜盲；②预防中暑；③流感；④疟疾。

千针万线草（《滇南本草》。又名：麦参、筋骨草、大鹅肠菜）

［配制］①千针万线草 9g，水牛肉 90g。煎食 3～4 次；②千针万线草、大黑药等份研粉，加蛋，红糖煮吃；③千针万线草 30～60g，炖肉或水煎服。

［功能］健脾，养肝，益肾。

［益宜］①妇人白带年久，头晕耳鸣，腰痛，夜间发热，神疲乏力，饮食无味；②体虚贫血，头晕耳鸣，虚肿，出虚汗；③乳腺炎。

三白草根散饮

［配制］①三白草根，捣碎，酒饮之。②鲜三白草根 30g，水煎服。③三白草根 30g，精猪肉 60g，先以肉煎汤，以汤煎药服。④鲜三白草根 30～60g，豆腐适量，水煎服。渣捣烂外敷患处。⑤三白草根（无性草根），野芥菜（大蓟）根各 90～120g，分别煎汤去渣，分别加白糖适量，上午服无性草根汤，下午服野芥菜根汤。

［功能］利水除湿，清热解毒。

［益宜］①脚肿慢胫，捏之泛之；②淋浊，脚气肿；③妇人赤白带；④乳痈；⑤肝癌腹水，食水不进。

三角凤猪爪煲、饮（三角凤，见《贵州民间药物》）

［配制］①异叶地锦根藤茎或根 30g，石吊兰 30，炖猪爪 1 只，连服 3～4 次。②异叶地锦根 30g，防风 9g，川芎 6g，水煎服，每日 1 剂，连服 3～4 剂。③异叶地锦藤茎、黄酒各 300g，加水适量同煎，1 日 4 次，分 2 天服完。

［功能］祛风除湿，通络，止血，解毒。

［益宜］①风湿性关节炎；②偏头痛；③便血。

三颗针饮（三颗针，见《分类草药性》）

［配制］①三颗针 15g，红糖 15g，煎水服。②三颗针茎 15g，煎水服。

［功能］清热利湿，解毒散瘀。

［益宜］①血痢；②黄疸。

三块瓦汤（原名：三块瓦，见《四川中药志》）

［配制］①三块瓦 9g，玉米须 20g，酸柴草 15g，同煎汤饮用。②麦穗七（三块瓦之别名）9g，当归 9g，水煎服。③鲜麦穗七全草 9～15g，水煎服。

［功能］清热利水，散瘀消肿。

［益宜］肾炎血尿①；贫血②；跌打损伤③。

三铃子酒，膳（三铃子，见《贵州民间药物》）

［配制］①三铃子根 15g，蒸酒 30g，每日服 3 次。②三铃子嫩叶 9g，蒸鸡蛋吃。

［功能］补虚。

［益宜］①劳伤;②头晕。

三面刀饮、酒(三面刀,见《陕西中草药》)

［配制］①三面刀3g,嚼含口中,逐渐咽下。②鲜金丝三七(三面刀)切片60～90g,加白糖炖汁服。③三面刀、四块瓦各6g,红三、纽子七各3g,红毛七9g,浸白酒300g,一周后,每日早晚各服1酒盅。

［功能］清热,解毒,活血。

［益宜］①咽喉干痛;②劳伤内损;③劳伤,腰腿疼。

三七草汁饮(见《湖南药物志》)

［配制］①三七草全草15～30g,水煎或捣汁,冲烧酒服。②、③三七草全草15g,水煎服。④土三七(草夏用叶,秋冬用根),捣汁一盅,用水酒和匀灌入。

［功能］清热解毒,活血止血。

［益宜］①跌打损伤,经闭,咯血,吐血;②、③衄血,乳痈;④急慢惊风。

三丫苦叶饮、煎(见《岭南采药录》)

［配制］①三丫苦叶60g,水煎服。②三丫苦叶60～90g,煲水分数次服。③鲜三丫苦叶30g,水煎服。④三丫苦叶煎水外用。

［功能］清热解毒,祛风除温。

［益宜］①脑炎初期;②外

三张叶酒、饮(三张叶见《云南中草药》)

［配制］①三张叶全株30～60g,浸酒300g,3日后,每日早晚,各服1次,每次5～10ml。②鲜三张叶全株25～50g,煎水频饮。③三张叶全株15～30g,红糖为引,水煎服。

［功能］疏风通络,平肝,祛风除湿,舒经活血。

［益宜］① 风湿腰痛;②高血压头昏;③黄疸型肝炎。

山稗子(出《滇南本草》。为沙草科植物山稗子的果实、根或全草)

［配制］①山稗子15g,煎汤点酒水服;②山稗子根60g,红糖、胡椒为引,水煎服;③山稗子果15g,水煎服;④山稗子果60g,炖猪大肠服。

［功能］凉血,止血,敛肌。

［益宜］①妇人气血亏损,肾肝血虚致头晕、耳鸣、五心烦热,腰疼,肚腹冷痛,气胀,血行淡黄色,或三天止五天行,或七、八天又行方止,或月水过多,将成崩症,或已成血崩;②崩漏;③麻疹;④脱肛。

山扁豆(出《救荒本草》。又名:含羞草决明、黄瓜香、梦草、细杠木、砂子草、水皂角等)

［配制］①水皂角60g,地星存15g,煨水服;②山扁豆30g,水煎服;③水皂角、扁蓄各

30g,水煎服;④水皂角、水杨梅、菜油各15g,红牛膝6g,蒸小母鸡一只吃;⑤水皂角60g,菊花9g,炖猪蹄1对吃;⑥山扁豆鲜全草120g,用瘦猪肉120g,煎汤,以汤煎药服。

[功能] 清肝利湿,散瘀化积。

[益宜] ①黄疸病;②暑热吐泻;③水肿和淋症;④小儿疳积;⑤夜盲;⑥肺痈(吐臭痰,即肺脓疡)。

山茶花(出《本草纲目》。又名:红茶花)

[配制] ①宝珠山茶,瓦上焙黑色,调红砂糖,日服不拘多少。或宝珠山茶10朵,红花15g,白芨30g,红枣120g,水煎1碗服之,渣再服,红枣不拘时亦取食之;②红宝珠山茶花,阴干为末,加白糖拌匀,饭锅上蒸3~4次服;③宝珠山茶,研末冲服。

[功能] 凉血,止血,散瘀,消肿。

[益宜] ①吐血咳嗽;②赤痢;③痔疮出血。

山大刀根酒(见广州部队《常用中草药手册》)

[配制] 山大刀头60g。切,,煎好酒120g。于发作前1小时服。

[功能] 祛风除湿,消肿解毒。

[益宜] 疟疾。

山大刀口服液(山大刀见《生草药性备要》。别名:大丹叶、暗山香、血丝罗伞等)

[配制] 取山大刀叶嫩芽或嫩叶2 500g,加水5 000g,煎取液500ml,高压灭菌贮瓶。用时1岁以下每天30~40ml,1~3岁40~50ml,4~5岁50~60ml,6~10岁70~100ml,加糖,分2~3次服。

[功能] 清热解毒,祛风除湿。

[益宜] 血喉等

山大黄(见《东北常用中草药手册》。又名:唐大黄、土大黄、台黄、山谷黄、籽黄)

[配制] ① 土大黄9g,茵陈15g。水煎服;②山大黄6g,茵陈24g,龙胆草9g,水煎服或山大黄12g,茵陈30g,问荆15g,车前草15g,水煎服。日2次,连服半月为1疗程。

[功能] 泻热,通便,破积,行瘀。

[益宜] ① 黄疸,便秘;②黄疸性肝炎(湿热型黄疸)。

山丹(出《食疗本草》。又名:仁百合、红花茶、山百合等)

[配制] ① 山百合、白及各18g,贝母12g,研细末,每次6g,每日3次,温开水冲调服;②山百合18g,炒枣仁、夜交藤各15g,柏子仁、远志各9g,水煎服。

[功能] 除烦热,润肺,止咳,安神。

[益宜] ①咳嗽吐血;②心悸失眠。

山矾根（出《闽东本草》。又名：土白芷）

［配制］①山矾根30～60g。炖猪肝服；②山矾根120g，猪蹄1只，水炖，服汤食肉。

［功能］清湿热，祛风，凉风。

［益宜］① 黄疸；②关节炎。

山甘草（见《闽南民间草药》为茜草科植物毛玉叶金花的茎、叶。又名：白蝴蝶、上甘草等）

［配制］①鲜玉叶金花茎、叶30～60g，水煎服；②玉叶金花60g，大叶桉树18g，水煎，日分3次服；③山甘草30～60g，水煎服；④玉叶金花30g，银花藤60g，车前草30g，水煎服。

［功能］清暑，利湿，解毒，活血。

［益宜］①急性胃肠炎；②暑湿腹泻；③伏暑下痢；④湿热小便不利。

山甘草根（原植物同山甘草，无毒）

［配制］①山甘草根洗净切片，晒干研末。每服3g，每日晚餐调饭服1次；②山甘草鲜根，洗净，酒炒，浓煎服；③山甘草根60g，合雄鸡炖服；④山甘草根45g，合猪赤肉或炖鸡服。

［功能］祛风，活血，消肿，止痛。

［益宜］①小儿疳积；②妇女产后风；③腰鼓酸痛，不能屈伸；④乳风（初起者能消，已成者能化脓，速愈）。

山海螺（出《本草纲目拾遗》。又名：地黄、白河东、牛奶子、田叶参、白蟒肉、奶参等）

［配制］①羊乳45g，用瘦猪肉120g，炖汤，以汤煎药服；②山海螺加猪前蹄烧食。

［功能］解毒、祛痰、催乳。

［益宜］①阴虚头痛；②发乳。

山胡椒（出《唐本草》。又名：牛荆条、油金楠、白叶枫、鸡米风等）

［配制］①山胡椒干果、黄荆子各3g，共捣碎，开水泡服；②山胡椒果实60g，猪肺1付。加黄酒，淡味或加糖炖服。1～2次吃完。

［功能］温经，通络，祛风。

［益宜］①中风不语；②气喘。

山胡椒根（见《福建民间草药》。原植物山胡椒的根）

［配制］①山胡椒根30～60g，猪脚（7寸）1只，黄酒120g，酌加水煎，饭前服，日2次；②山胡椒根30～60g，黄酒60g，酌加水，煎成半碗，饭前服；③牛荆条根，沙头老鹳草、茅草、筋骨草、钻地风、白茅草根、松草，泡酒服。

［功能］通经脉，散瘀血，祛风湿。

［益宜］①风湿麻痹；②心腹冷痛；③风湿麻木，筋骨疼痛。

山鸡蛋（见《云南思茅中草药选》。又名：鸡蛋参）

［配制］山鸡蛋 30g，炖瘦猪肉服。

［功能］生津，益脾胃。

［益宜］病后体虚，心悸。

山姜（出《本草经集注》。又名：美草、箭杆风、九姜连、姜叶活羊藿、九龙盘）

［配制］①九姜连（童便泡 7 日），取出阴干用 79g，一口血 9g，山高粱 9g。泡酒 250g，每饮 30g；②九姜连 9g，大鹅儿肠 9g，炖肉吃。或九姜连粉末 30g，核桃仁 30g，加蜂糖 60g，混匀蒸熟，制成龙眼大丸子，食化吞服；③九姜连根（石灰水泡 1 天，用淘米水和清水洗净，蒸熟，晒干）6g，白芷 6g，追风伞 6g。泡酒 500g，每服 30g。

［功能］温中散寒，祛风活血。

［益宜］①劳伤吐血；②虚弱咳嗽；③久咳。

山椒根（为芸香科植物大叶花椒的根。又名：铁杆椒根、黄椒根、单面针根）

［配制］①铁杆椒根 30g，青鱼胆根、兔身风根各 15g，泡白酒 250g，日 3 服，每服 15～30g；②铁杆椒根 30g，大苋菜、大种鸡儿肠各 15g，泡酒 250g。日服 3 次，每次 9g。

［功能］化瘀活血，止痛。

［益宜］①劳伤咳嗽；②劳伤吐血。

山牡丹皮炖肉（山牡丹，见《云南中草药》。又名：葛藤、跌打王、藤续断）

［配制］山牡丹根皮 60～90g，炖肉吃。

［功能］止血生肌，收敛，清心，润肺止咳。

［益宜］贫血头昏。

山铁树叶（见《广西中草药》。又名：剑木叶、乌猿蔗）

［配制］铁树叶 150g，龙茅草、白茅根 60g。水煎，日服 2 次。

［功能］止血。

［益宜］咯血，吐血，衄血等。

山羊血（为牛科动物青羊的血。又名：野羊、斑羚）

［配制］① 山羊血、蝮蛇、三七共为末，兑酒服；②广西真山羊血，临睡时每服 0.9g，能引血归原；③山羊血 0.3g，烧酒化下。

［功能］活血化瘀，解毒通络。

［益宜］①续筋接骨；②吐血；③急心痛。

山药(见《药谱》。别名:薯蓣、山芋、诸署、藷、延草)

[配制] ①山芋、白术各30g,人参0.9。共捣研末,煮白面糊为丸,入小豆大,每服30丸,食前温米汤服下;②山药、苍术等分,研末,饭和为丸,米汤服;③干山药一半炒黄,一半生用,研为细末,半饮调下;④薯蓣于砂盆内研细,入铫中,以酒一大匙,熬令香旋添酒一盏,搅令匀,空腹饮之,每晨一服;⑤薯蓣粉同曲米酿酒;或同山茱萸、五味子、人参诸药浸酒煮饮;⑥白茯苓(去黑皮)、干山药(去皮,白矾水内湛过,慢或焙干用之)。上2味各等份,为细末,稀米饮调服;⑦山药捣烂半碗,入甘蔗汁米碗,和匀,炖热饮之。

[功能] 健脾补肺,固肾益精。

[益宜] ①脾胃虚弱,不思进饮食;②湿热虚泻;③噤口痢;④下焦虚冷,小便频数,瘦损无力;⑤益精髓,壮脾胃,诸风眩晕;⑥小便多滑数不噤;⑦痰气喘急。

山楂核(为蔷薇科植物山楂或野山楂的种子)

[配制] ①山楂核15g(炒黄,研),沙蒺藜15g(焙),鸡内金15g(焙黄)。共为细末。每服3g,白滚水送下。忌生冷;②橄榄核、荔枝核、山楂核等份。烧存性,研末,空腹,每服6g,茴香汤调下。

[功能] 化积消积,积块作痛。

[益宜] ①胃积坚久,嘈杂谷酸,胁间积块作痛;②肾瘀肿。

山芝麻(见《福建民间草药》。又名:岗油麻、山油麻、仙桃草、假芝麻等)

[配制] ①山芝麻根60g,黄酒120g,酌加水煎服;②鲜山芝麻21～24g,酌加酒,水各半,炖服;③山芝麻根30g,小雄鸡1只,洗净,去腹内杂物,酌加清水炖熟,分2～3次服食;④鲜山芝麻根9～15g,洗净切片,和冰糖适量加水煎服。

[功能] 解表清热,消肿解毒。

[益宜] ①风湿痛;②睾丸炎;③骨结核;④肺痨咳嗽。

土丁桂银杏黄酒汤

[配制] 土丁桂、银杏120g,黄酒60g。加水适量炖服。

[功能] 化湿敛精。

[益宜] 梦遗滑精症。

土燕窝龟胶羹

[配制] 土燕窝、龟胶各适量,共蒸服。

[功能] 滋阴补肾涩精。

[益宜] 体弱遗精。

小檗(为小檗科植物大叶小檗、细叶小檗、日本小檗的根茎及枝)

[配制] ①鲜小檗根15～30g,猪瘦肉适量,水炖服;②鲜小檗根15～30g,水煎服或调酒

服;③鲜小檗根 15～30g,瘦猪肉适量,水酒煎服。

［功能］清热燥湿,泻火解毒。

［益宜］①湿热痹痛;②瘰疬;③乳痈。

小二仙草(出《植物名实图考》别名:豆瓣草,女儿红,沙生草,豆瓣菜等)

［配制］①小二仙草 60g,金樱子根 30 g,猪瘦肉 12g。炖服;②豆瓣草 30g,切细,红糖 15g。蒸服。

［功能］止崩,利水。

［益宜］①雪崩;②水肿。

小肺筋草(为百合科植物肺筋草的全草或根。别名:粉条儿菜,金钱吊白米等)

［配制］①粉条儿菜、鹿衔草、五匹风、排风藤。水煎,炖肉或炖猪心肺服;②粉条儿菜合醪糟内服;③金钱吊白米 9～15g。蒸猪肝 60～90g 服;或煮水豆腐 60～90g 服;④金钱吊白米 30g,猪精肉 90g,共煮服;⑤小肺筋草鲜根 15～30g,煮鸡蛋。只食鸡蛋。

［功能］清肺化痰,解毒止咳,活血杀虫。

［益宜］①年久咳嗽;②驱蛔虫;③小儿疳积;④风火牙痛;⑤流行性腮腺炎。

小红参(为茜草科植物云南茜草的根。别名:滇紫参,小红血等)

［配制］①小红参、大黑药、青洋参等份研末,蒸鸡蛋兑红糖、猪油吃;②小红参,红糖水煎服;③小红参、小白芨各 30g,研末和蜜 90g,蒸吃。每日 3 次,两天服完;④小红参 90g,煮猪排骨(淡盐)吃;⑤小红参泡酒或水煎服。

［功能］补血活血,祛风除湿。

［益宜］①头昏头晕;②失眠;③肺结核;④经闭,月经不调,带下;⑤风湿跌打损伤疼痛。

小金钱草(为旋花科植物马蹄金的全草。别名:荷包草,肉馄饨草,黄疸草,小马蹄草,螺丕草等)

［配制］①鲜螺丕草 2～3 握,洗净后,捣烂并绞汁,加冰糖 30g,炖半小时,饭前分 2 次服;②活鲫鱼大者一尾,用瓷片割开,去鳞及肠血,以纸拭净,勿见水,以荷包草填腹令满,甜白酒蒸熟,去草食鱼。

［功能］清热解毒,利水。

［益宜］①痢疾;②水肿初起。

小金樱(为蔷薇科植物,小果蔷薇的根及嫩叶。别名:小和尚藤,山木香等)

［配制］①小和尚藤根 150g,刮金板 90g,降木耳根 60g。炖鸡或肉服;②小和尚藤 120g,无花果 60g。炖肉服;③小和尚藤 60g,无花果 60g,炖肉服;④山木香根 15～30g,煮猪肺食。

［功能］散瘀止血,消肿解毒,敛肌。

［益宜］①月经不调；②脱肛；③子宫脱垂；④哮喘。

小龙胆草（为龙胆科植物青鱼胆草的全草或根。别名：小鱼胆草，血里梅等）

［配制］①青鱼胆草 9g，蒸甜酒一小碗服；②青鱼胆草 60g，炖肉 250g，服食

［功能］清热，凉血，解毒。

［益宜］①热咳痰中带血；②虚热痨咳。

小伸筋草（别名：黄雄草。为玄参科植物短冠草的全草）

［配制］①小伸筋 9～30g，泡酒服；②小伸筋 15g，炖匀 60g，分两次服。

［功能］疏经活络，温肾止痛。

［益宜］①风湿；②肾虚。

小雪人参膳、散（小雪人参为豆科植物山豆花的根.又名白土子，含三叶豆、斛皮素等）

［配制］①小雪人参、猪肉各适量；炖熟后食肉；②小雪人参 50g，乌骨鸡肉 500g，食肉饮汤；③小雪人参 500g，研为面，每服 5g，日 2 次。

［功能］补虚健脾利水。

［益宜］①病或手术后身体虚弱；②神经官能症；③神经性水肿。

小血藤（为木兰科植物铁箍散的根、茎、藤、叶。别名：钻骨风，钻石风，五香血藤等）

［配制］①五香血藤根，泡酒内服；②五香血藤，水煎温酒服。

［功能］行气，止痛，活血，散瘀。

［益宜］①风湿筋骨疼痛，跌打损伤；②气滞腹胀。

小羊桃（为猕猴桃科植物紫果猕猴桃的根或果实。别名：羊奶奶）

［配制］①小羊桃根或果实 30g，捣绒加酒少许，冲水，澄清后去渣，取水喝；②小羊桃根 30g，加高粱杆炖肉吃。

［功能］清热利湿，补虚益损。

［益宜］①吐血；②月经病。

三、无、天、瓦、五、火、牛、巴、王

巴茅果药食（巴茅果为禾本科植物五节芒根茎部叶鞘内的虫瘿）

［配制］①巴茅果 15～30g。泡酒半斤，每服 15g；②巴茅根 3 个，茴香根 15g，香附米 3 个。蒸甜酒服。

［功能］顺气，除瘀。

［益宜］①月经不调；②小儿疝气。

火炭母草根炖鸡(火炭母草根为蓼科植物火炭母的根)

［配制］火炭母草根500g，炖黑皮鸡(乌骨鸡)服。

［功能］补气、凉血、解毒。

［益宜］风热昏昏，虚火上冲，气血虚弱，头晕耳鸣。

牛尾菜药膳(牛尾菜为百合科植物，牛尾菜的根及根茎．别名：过江蕨、大伸筋草)

［配制］①牛尾菜、饿蚂蟥根、大火草根、土枸杞根各15g，扑地棕根3g。蒸鸡吃；②牛尾菜60g，娃儿藤根15g，鸡蛋2个。水煎，服汤食蛋。

［功能］补气活血，舒经通络。

［益宜］①肾虚咳嗽；②头痛头晕。

天荞麦根(蓼科植物天荞麦的根及根茎)

［配制］天荞麦根60～120g(鲜品加倍)，野菊花180～210g。水煎，冲黄酒、红糖，每日早晚2次分服。

［功能］祛风，利湿，解毒。

［益宜］头顶痛，后脑痛，年久不愈。

瓦松(见《唐本草》，为景王科植物瓦松或晚红瓦松等的全草。味酸苦，性凉，无毒)

［配制］①瓦松，炖猪肉服；②鲜瓦松1 000g，洗净，阴干，捣烂，用纱布绞取汁，加砂糖15g拌匀，倾入瓷盘内，晒干成块。每次服1.5～3g，每日2次，温开水送服。忌辛辣刺激食物和热开水；③鲜瓦松15g，烧酒30g，隔水炖汁，于早晨空腹时服。连服2～3天。

［功能］清热解毒，止血利湿，除疟。

［益宜］①吐血；②鼻衄；③疟疾。

五龙根膳酒(五龙根见《生草药性备要》。为桑科植物掌叶榕的根或根皮)

［配制］①五龙根60g，猪蹄7寸(250g)，黄酒60g，加水适量，煎取半碗，分2次服，每隔4～6小时服1次；②五龙根30g，墨鱼1只，酌加黄酒60g，煎服；③五龙根30～60g，酒水煎服。

［功能］除风湿，壮筋骨；祛瘀消肿。

［益宜］①风湿通；②劳力过度；③经闭。

五气朝阳草炖鸡火肉(五气朝阳草为蔷薇科植物水杨梅的根及全草)

［配制］五气朝阳草15g，炖鸡或炖肉吃。

［功能］活血消肿。

［益宜］月经不调，不育或子宫癌。

五爪金龙花(为旋花科植物五爪金龙小花。见《泉州本草》)

[配制] ①五爪金龙干花14朵,合老母鸡1只炖服;②五爪金龙鲜花14朵,煎汤调蜜服。

[功能] 除热蒸,止咳止血。

[益宜] ①骨蒸痨热盗汗;②咯血。

四、玉、四、白、瓜、冬、丝、龙、节、鸟

白背叶根膳、饮(白背叶根为大戟科植物白楸的根。别名:白膜根、白朴根、野桐根)

[配制] ①白背叶根360g,米处600g,煎至150g,夜闷置于露天露1宵,次晨1次顿服,连服3剂,并卧床休息1星期,愈后炖黄头龟连服数天;②鲜野桐根30~60g(洗净切碎),猪肝60~120g。水适量炖服;③鲜野桐根30g,洗净切碎,水、酒各半和猪瘦肉60~120g炖服;④白背叶干根60g,猪瘦肉适量煎服。

[功能] 清热,利湿,固脱,消瘀。

[益宜] ①子宫下垂;②眼雾、赤眼红热、怕光流泪;③腰骨内伤;④瘰疬。

白补药膳饮(白补药为唇形科植物花茎状丹参的全草)

[配制] ①白补药30g,炖肉食;②白补药30g,泡酒服。

[功能] 强筋壮骨,补益虚损。

[益宜] ①虚弱干瘦,头晕目眩;②带伤疼痛。

白毛夏枯草(别名:金疮小草、雪里青、筋骨草、散血丹、青鱼胆草、雪里开花、白毛串等)

[配制] ①鲜筋骨草90g,捣烂绞汁,调蜜炖服;②白毛夏枯草,开水泡,内服;③雪里青捣取汁,加蜜和匀,每日服5~7次;④雪里青捣汁灌;⑤雪里青捣贴痛处,再用酒和服少许;⑥金疮小草全草6~9g,研末服,每日3次;⑦鲜白毛串全草15~24g(干品9~15g),和红薯烧酒150~300g,炖1小时,温服;⑧鲜白毛夏枯草(全草)60g或干品30g,水煎取汁60~100ml,加糖适量分2~3次服;⑨白毛夏枯草煎剂浓度30%~35%,口服,每次50ml,日2服,儿童酌减。

[功能] 消肿解毒,清热凉血,止咳痰。

[益宜] ①痢疾;②喉痛;③肺痿;④咽喉急闭;⑤齿痛;⑥肺痨;⑦疯狗咬伤;⑧慢性气管炎;⑨胆道疾病继发感染及阑尾脓肿。

冬瓜皮饮、散

[配制] ①冬瓜皮18g,西瓜皮18g,白茅根18g,玉蜀黍蕊12g,赤豆90g,水煎。日3次分服;②冬瓜皮烤研,酒服3g;③干冬瓜皮30g,真牛皮胶30g(锉)。入锅炒存

性，研末。每服15g，好酒热服，仍饮酒1瓶，厚盖取微汗；④冬瓜皮15g，(需经霜者)，蜂蜜少许。水煎服；⑤冬瓜皮煎水，代茶饮。

［功能］利水消肿。

［益宜］①肾炎、小便不利，全身浮肿，②损伤腰痛；③跌打损伤；④咳嗽；⑤巨大荨麻疹。

冬瓜子饮、散

［配制］①陈冬瓜仁炒为末，每空腹米汤冲服15g；②冬瓜子、麦门冬各60g，黄连10g。水煎饮；③白瓜子1 120g，绢袋盛，搅沸汤中3遍，暴干；以酢800g浸1宿，暴干；治下筛。酒服3g，日3服。

［功能］润肺化痰，消痈利水，生津。

［益宜］男子白浊，女子白带；②消渴不止，小便多；③男子五劳七伤，明目。

瓜子金酒煎、膳食(瓜子金为远志科植物瓜子金的全草或根)

［配制］①鲜瓜子金18～30g，酒煎，于疟前2小时服；②瓜子金干草150g，加酒2 000ml，蒸制成药酒，日服2次，每次15～30ml，或流浸膏每次20ml，每日3次。并配合抗痨及手术(包括取出死骨，清创引流等)，疗效较著；疗骨髓炎时配合五枝膏(榆、桃、桑、槐、柳枝)，更好；③瓜子金30g，猪肝60g，蒸熟去药渣，食肝饮汁，连服3剂。

［功能］活血、止血、解毒、消炎。

［益宜］①疟疾；②骨结核、多发脓肿、骨髓炎；③小儿疳积。

节节花饮、膳(节节花出《生草药性备要》。别名：满天星，耐惊菜，水牛膝，白花籽等)

［配制］①节节花90g。捣汁，加食盐少许，炖温服；②水牛膝，落地金钱。炖肉服；③节节花全草，每次60g，煎汤泡食盐或糖，代茶频服；④节节花鲜全草，捣绞汁泡酒服，每次30g，每日3次。

［功能］清热解毒，利水消肿，止咳。

［益宜］①肺热咳嗽；②肠风下血；③小便疼痛；④慢性肠痈。

龙眼根膳、饮(龙眼根为无患子科植物龙眼的根或根皮的韧皮部)

［配制］①龙眼根二重皮(焙焦喷酒，再焙再喷，连续3次)60g，合猪肉(半肥半瘦)炖服；②龙眼树根二重皮(焙干喷酒，连续二次)60g，合苡仁30g煎服；第2、3次加茯苓9g，再煎服，3次效。

［功能］祛湿止浊，补脾益宜。

［益宜］①妇女白带；②脾肾虚之小便白浊。

龙眼叶煎

［配制］①龙眼叶9～15g，煎水代茶饮；②龙眼叶7叶，芝麻1酒盏，清水2杯，煎1杯，疟疾发作前2小时 服；③龙眼叶10多叶，生米1盏，食盐少许。煎汤，内服。

［功能］解毒、截疟、止痛。

[益宜]①防感冒、流感;②疟疾;③孕妇胎动腹痛。

鸟不宿炖肉、酒水饮(鸟不宿为五加科植物刺楸或楤木的茎枝)

[配制]①鸟不宿15g,瘦猪肉60g,同炖食;②鸟不宿根茎15g,加水70ml,酒30ml,煎取50ml,分2服。可持续应用。痛止后再服2～3天。

[功能]解毒、追风、行血。

[益宜]①腹水肝炎;②麻风性神经痛。

丝棉木酒、饮(丝棉木为矛科植物丝棉木的根、树皮、果实和枝叶)

[配制]①丝棉木根、虎杖根各30g,红木香、五加皮各15g,烧酒750～1 000g,冬天浸7天,每次饮30～60g;②丝棉木根90～120g,红牛膝60～90g,钻地闪30～60g,水煎,冲黄酒、红糖,早晚空腹食;③丝棉木根、桂圆肉各120g,水煎服。

[功能]祛风湿,止血。

[益宜]①风湿性关节炎;②膝关节酸痛;③痔疮。

四楞筋骨草酒、膳(四楞筋骨草为唇科植物四楞筋骨草的全草,别名:筋骨连、箭羽草等)

[配制]①四楞草60g,泡酒服。风湿重至倒床瘫痪,身体十分瘦弱者,用1斤水炖鸡服;②筋骨草15g,小血藤、舒筋草各12g,土当归、石枣子、白龙须、牛膝各9g,泡酒2斤。早晚各饮1两。

[功能]祛风通络,散瘀止痛。

[益宜]①风湿筋骨关节酸痛;②筋骨疼痛。

四叶参

[配制]①四叶参60g,猪瘦肉250g,水炖,喝汤食肉;②四叶参120g,猪脚2个,共炖熟,汤肉同食,连服1～2剂;③四叶参30g,羊乳45g,猪瘦肉120g。以后2味煎汤,以汤煎药服。

[功能]补虚催乳。

[益宜]①病后体虚,②产后乳汁不足;③妇女白带。

玉米须茶

[配制]①玉蜀黍须60g。煎水服,忌食盐;②玉蜀黍须,分量不拘,煎浓汤,频饮;③玉米须,大蓟,炖五花肉服;④玉米须,熬水炖肉服;⑤玉米须烧灰,兑醪糟服;⑥玉蜀黍须30g,煎服。

[功能]清热利尿,利胆平肝,止血。

[益宜]①水肿;②肾炎,早期结石;③劳伤吐血;④吐血、红崩;⑤风疹块和热毒;⑥糖尿病。

五、灯、华、列、芋、阳、吊、老、百、地

百尾笋饮、膳(百尾笋为百合科植物万寿竹的根茎及根)

[配制] ①百尾笋15g,蒸冰糖服;②百尾笋30g,岩白菜30g,大苋菜30g。炖肉吃。

[功能] 润肺止咳,健脾缩泉。

[益宜] ①咳嗽痰中带血;②病后体虚遗尿。

灯芯草根酒

[配制] ①灯芯草根120g,酒水各半,入瓶内,煮半日,露1夜,温服;②灯芯草根30g,同猪精肉120g,炖汤,撇去浮油,以汤煎药服。

[功能] 清湿热,消肿毒。

[益宜] ①湿热黄疸;②乳痈初起。

地瓜根膳(地瓜根为桑科植物地瓜的根)

[配制] ①地瓜根60g,麦斗草60g,佛顶珠60g,炖猪心、肺兑糖服;②鲜地瓜根500g,苦参60g,爬墙果60g,炖猪大肠头服。

[功能] 清热利湿,消肿止血。

[益宜] ①年久不治的水积黄肿病;②内、外痔疮。

地茄子膳(地茄子为桔梗科植物铜锤玉带草的果实)

[配制] ①地茄子、金樱子、白果根、刺梨根、粉子头。共炖肉服;②地茄子、柑子刺。蒸猪肝服;③地茄子、三匹风、刘寄奴。炖猪肚子服。

[功能] 固精,顺气,消积,散瘀。

[益宜] ①男子遗精,女子白带;②小儿疳积;③子宫脱垂。

地苓根(地苓根为野牡丹科植物地下的根)

[配制] ①地苓根12g,红酒半斤,炖服;②地苓根15～18g,猪瘦肉60g(先炖汤),以汤煎药服。

[功能] 活血,止血。

[益宜] ①血崩;②妇女白带,经漏不止。

地乌酒(地乌为毛茛科植物林荫莲花的根茎)

[配制] ①地乌30g,跑九50g,每饮酒10g。或地乌9g,白龙须6g,大血藤、大风藤各15g。泡酒1 000g,每饮1小杯;②鲜地乌根60～90g,切片,加白糖炖汁服。

[功能] 补风湿，养筋骨。

[益宜] ①风湿；②跌打损伤。

吊干麻酒(吊干麻为卫茅科植物苦皮藤的根或根皮)

[配制] 吊干麻、藤萝根、白金条各 30g，泡酒服。

[功能] 清热、活络、舒筋。

[益宜] 风湿、劳伤、关节疼痛。

吊竹梅猪肺汤(吊竹梅为鸭跖草科植物吊竹梅的全草)

[配制] 鲜吊竹梅 60～90g，猪肺 130g。酌加水煎成 1 碗，饭后服，日 2 次。

[功能] 止咳止血。

[益宜] 咳嗽咯血。注意：本品性寒有毒，用时应慎重。

华山参桂圆肉、冰糖饮(华山参为茄科植物华山参的根)

[配制] ①华山参 1g，桂圆肉 15g，冰糖适量，水煎服；②华山参 1g，麦冬 9g，甘草 3g，冰糖 3g。水煎服。

[功能] 补虚温中，安神定喘。

[益宜] ①虚寒腹泻，失眠；②体虚寒咳、痰喘。

老鹳草药膳

[配制] ①老鹳草、筋骨草、舒筋草，炖肉服；②老鹳草 15g，川芎 6g，大蓟 6g，白芷 6g，水、酒各 1 盅，合煎，临卧服，服后避风。

[功能] 祛风活血，舒经通络。

[益宜] ①筋骨瘫痪；②妇人经行受寒，月经不调，经行发热，腹胀腰痛，不能受胎。

列当浸酒(列当为列当科植物紫花列当或黄花列当的全草及根)

[配制] ①列当 1 000g，捣筛毕，以酒 5 000ml，浸经宿，遂性饮之；②列当 150g，浸酒 1 000ml，装坛内，封口，炖 30 分钟，每晚饭后服 1 盅。

[功能] 益肾、滋阴、壮阳。

[益宜] ①阳事不兴；②肾寒腰痛。

阳桃食饮

[配制] ①鲜阳桃 94～125g，捣烂绞汁加冰糖炖服；②阳桃生食，每次 1～2 个，每日 2～3 次；③阳桃 3～5 枚，和蜜煎汤服；④每用 1～2 个鲜阳桃，切开捣汁，凉开水冲服，日 2～3 次；⑤阳桃 5～8 个，捣烂绞汁，每饮 1 杯，日 2 次。

[功能] 清热、生津，利尿，解毒。

[益宜] ①风热咳嗽；②咽喉肿痛；③不淋；④骨节风痛；⑤疟母痞块。

芋头花炖肉

［配制］①芋头花 15～30g，炖猪肉或腊肉食；②鲜芋头花 3～6 朵，炖陈腊肉食。

［功能］止血，提气。

［益宜］①吐血；②子宫脱垂，小儿脱肛，痔核脱出。

六、杠、沙、花、杉、还、迎、卤、豆、扭、谷、苋、吴、驴、鸡、岗、芦、芭、还、杨、附

芭蕉根炖肉

［配制］①芭蕉根 250g，瘦猪肉 120g，水炖服；②芭蕉根 60～90g，煮猪肉食；③芭蕉根茎煎汁，或同猪肉煮食。

［功能］清热解毒，补气养血。

［益宜］①血崩，血带；②胎动不安；③高血压。

芭蕉花炖猪心、肺

［配制］①芭蕉花 1 朵，煮猪心食；②芭蕉花 60g，猪肺 250g，炖，服汤食肺，每日 1 剂；③芭蕉花 250g，猪心 1 个，水炖服。

［功能］通经络，平肝化瘀。

［益宜］①怔忡不安；②肺痨；③心绞痛。

豆瓣绿饮、酒、膳（豆瓣绿见《植物名实图考》别名：豆瓣如意草、瓜子鹿衔等）

［配制］①豆瓣如意草 9g（捣细），胡椒 0.9g，红糖 3g。水煨服；②瓜子鹿衔 60g，泡酒服；③瓜子鹿衔 9g，蒸瘦肉吃；④一炷香（豆瓣绿之别名）9g，调鸡蛋蒸服。日 2 次。

［功能］止泻、嗽，消积安神。

［益宜］①水泻；②劳伤咳嗽、风湿；③小儿疳积，④神经衰弱、失眠。

豆豉草汤（豆豉草为鸢尾科植物豆豉草的根茎及根）

［配制］鲜豆豉草 30g，炒黄，再加红糖炒焦，水煎服。

［功能］消积止痛。

［益宜］胃痛。

附地菜豉羹、酒（附地菜别名鸡肠草、地胡椒等，为紫草科植物附地菜的全草）

［配制］①鸡肠草 500g，于豆豉汁中煮，调和作羹食之，作粥亦得；②地胡椒 60g，泡酒服。

［功能］祛风，祛湿，镇痛。

[益宜] ①止小便利;②手脚麻木。

岗梅根膳、饮(岗梅根为冬青科植物梅叶冬青的根)

[配制] ①岗梅根250～500g。水煎,连服数次(代茶频饮);②岗梅根240g,去皮切碎,煮猪肉食;③岗梅根30g,青壳鸭蛋1个,炖服;④鲜岗梅根60g(切片酒炒),鸡1只。水酒各半炖服;⑤岗梅根90g,鸡矢藤60g,鸭蛋2个。水煎,服蛋和汤;⑥岗梅根30g,白茅根30g。水煎酌加蜂蜜兑服。

[功能] 清热、生津、活血、解毒。

[益宜] ①肺痈;②痔疮出血;③妇人乳痈;④跌打损伤;⑤偏正头痛;⑥小儿百日咳。

杠板归肉汤、杠板归根酒

[配制] ①杠板归根21g,野南瓜根90g,猪瘦肉21g炖汤,以汤煎药。孕妇忌;②杠板归鲜根24～36(干品18～24g),炒焦,放冷后,和红薯烧酒300～500g,炖1小时,饭前服,日服1次。或和瘦猪肉120～180g,炖2小时,饭前服,日1次。

[功能] 清热解毒,活血消肿。

[益宜] ①瘰疬;②痔疮瘘管。

谷精草炖鸭、猪肝

[配制] ①谷精草30～60g,鸭肝1～2具(如无鸭肝,则用白豆腐)。酌加开水炖1小时,饭后服,日1剂;②谷精全草60～90g,加开水炖1小时服,日1～2次;③羯羊肝1具,不用水洗,竹刀剖开,入谷精草1撮,瓦罐煮熟,日食之。忌铁器。如不肯食,炙熟捣作丸,如绿豆大,每服30丸,茶下。

[功能] 祛风散热,明目退翳。

[益宜] ①风热目翳,夜晚视物不清;②小儿肝热,手足掌心热;③小儿雀盲、至晚忽不见物。

花蝴蝶根酒、膳(花蝴蝶根为蓼科植物缺腰叶蓼或华缺腰叶蓼的根)

[配制] ①花蝴蝶根30g,捶烂泡酒服。并取渣包伤处;②花蝴蝶根15～30g,炖鸡吃,或水、酒各半煎服;③花蝴蝶根30g,泡酒服。

[功能] 活血舒筋。

[益宜] ①跌打损伤;②风湿痹痛;③腰痛及月经不调。

还阳参炖鸡(还阳参别名:天竺参,万丈参,竹叶青,独花蒲公英,铁刷把)

[配制] ①还阳参120g,洗,切;乌骨鸡1只,治净,去内脏,入参于鸡腹内,水煮熟,去皮、油、晒干;取其骨,用新瓦焙黄色,并肉共为末,炼蜜为丸,梧子大。每早服6g,白汤下,或服末6g;②万丈参120g,草本威灵仙(小黑药)60g,炖子母鸡吃。

[功能] 健脾胃,补肾阳,益气血。

[益宜] ①内伤冲任,下元虚冷,久不受胎;②虚痨。

还阳草饮、膳(还阳草根为玄参科植物大王马先蒿的根)

[配制] 还阳草30g,红糖为引,水煎服,或炖鸡、炖肉吃。

[功能] 补益气血,健脾利湿。

[益宜] 阴虚潮热,风湿瘫痪,肝硬化腹水,慢性肝炎,小儿疳积,妇女乳汁少。

鸡屎藤炖鸡、煮羊肠(鸡屎藤别名:皆治藤、毛葫芦、牛皮冰等)

[配制] ①鸡屎藤120g,红小芭蕉头120g,炖鸡服;②皆治藤近根之头、老者,酒蒸晒10次,和羊肠煮食。

[功能] 祛风,解毒,导滞。

[益宜] ①妇女虚弱咳嗽、白带腹胀;②脱肛。

鸡眼草食、饮(鸡眼草别名:土文花、公母草等。为豆科植物鸡眼草的全草)

[配制] ①土文花嫩尖叶,口中嚼之,其汁咽下;②鲜鸡眼草30～120g,捣烂冲开水服;③公母草21～30g,米酒、水煎服;④公母草21～30g,用猪瘦肉100～150g,炖汤,以汤煎药。

[功能] 健脾利湿,清热解毒。

[益宜] ①突然吐泻腹痛;②中暑发痧;③热淋;④妇女白带。

芦竹笋饮、膳(芦竹笋为禾本科植物芦竹子的嫩苗)

[配制] ①芦竹笋500g,捣汁加白糖服;②芦竹笋熬膏加白糖服,每服1茶匙。

[功能] 清热泻火,止血养神。

[益宜] ①肺热吐血;②用脑过度,精神失常。

卤地菊诸饮(卤地菊别名:黄花龙舌草,龙舌三尖刀,龙舌草,三尖刀)

[配制] ①卤地菊45g,冰糖15g。开水1杯冲,炖服;②卤地菊15g,山东梨3片,炖服;③卤地菊适量,煎汤代茶;④鲜卤地菊全草(儿童减半)。洗净,捣烂绞汁,调蜜炖热温服,日2次;⑤鲜卤地菊全草45g。水2碗,煎成1碗,泡乌糖内服。

[功能] 清热,解温湿热毒。

[益宜] ①白喉;②百日咳;③麻疹初起;④肺炎高热咳喘、肺结核;⑤白痢。

驴乳饮

[配制] ①黑驴乳,食上暖,服100ml,日再服;②驴乳500ml,热服之。

[功能] 祛风,安神,止痛。

[益宜] ①心热风痫;②卒心绞痛连腰脐者。

驴阴茎膳(别名:驴鞭、驴三件、驴肾)

[配制] ①驴肾1副,白水煮烂,匀2次吃;②生黄芪30g,王不留行15g,水3 000g煎至2 000g,去药渣,汤煮驴肾,熟烂后吃驴肾,饮汤。

[功能] 益肾、补髓、强筋。

[益宜] ①肾虚体弱,骨结核,骨髓炎;②产妇乳汁不足。

扭肚藤膳、饮(扭肚藤别名:白花茶、假素馨、青藤仔花,左扭藤等)

[配制] ①假素馨适量,与猪蹄煎汤服;②白花茶叶,老鼠柏。2 味共炖酒内服,其渣外敷。

[功能] 清热利湿,化积止痛。

[益宜] ①四肢麻木肿痛;②鼠疬。

沙棘饮、酱、酒

[配制] ①鲜沙棘果 100g,配以白糖制成,饮用;②鲜沙棘果 200g,制成汁,配以白糖饮;③沙棘果 100g,胡萝卜 150g,白糖 200g,共制而成;④鲜沙棘果 100g,白酒 1 000g,共制而成,饮用。

[功能] 活血化瘀,化痰宽胸,补脾健胃,生津止渴,防癌抗癌。

[益宜] ①、②防癌,减少辐射伤,降压,,降脂;③防癌,健美;④健胃,壮身健体等。

杉木桩猪脚汤

[配制] 干杉木桩 15g(入水浸泡,越久越好),猪脚 90～120g。2 品用清水 1 500ml,煎至 300ml,去渣,日 2 次温服,猪脚可一次食完。

[功能] 益肾壮阳。

[益宜] 阳痿。

杉子肉(杉子为杉科植物杉的种子)

[配制] ①杉果 30g,猪瘦肉 60g。水炖,服汤食肉;②杉果 5～7 枚。水煎,冲甜酒服。

[功能] 益肾敛精,化瘀止痛。

[益宜] ①遗精;②乳痈初。

吴茱萸根膳(吴茱萸根为芸香科植物吴茱萸的根或根的韧皮部)

[配制] ①吴茱萸 30～60g。炖猪肉 60g;②吴茱萸根 60g,五谷根、柑子根各 30g,水案板 15g,橙子根 30g。炖杀口肉服。

[功能] 温中行气,祛风。

[益宜] ①头风痛;②寒气经停,经闭腹痛。

苋菜饮、膳(苋菜别名:野苋菜、土苋菜等。为苋科植物刺苋的根或全草)

[配制] ①鲜刺苋菜 30g,红糖 15g。酌加水,煎取半碗,饭前服;②鲜刺苋根 30～60g。煎汁半碗,加适量冰糖服;③鲜刺苋全草(绿茎较好)180g,猪小肠 1 段。水煎服,每日 1 剂,连续服用;④鲜刺苋菜根和茎 60g,猪肉 60g。水煎于饭后温服,日 2 服,连续服 10 余天。妇女经期及孕妇忌服;⑤鲜刺苋菜全草或根茎 60～90g。水煎调酒服;⑥新鲜苋菜 250g,洗净切片,加水煎 3～4 小时,去渣浓缩成 150～

200ml 口服，每日 1 剂。

［功能］清热、利湿、解毒消肿。

［益宜］①痢疾；②妇女白带；③胆结石；④甲状腺肿大；⑤瘰疬；⑥溃疡病出血。

杨梅根炖老鸭

［配制］①杨梅根皮 120g，炖老鸭 1 只吃；②杨梅根皮 120g，炖肉 250g 吃。

［功能］化瘀止血。

［益宜］①痔疮出血；②吐血、血崩。

迎山红酒（迎山红，别名：满山红、映山红。为杜鹃科植物迎红杜鹃的叶）

［配制］映山红 15g，白酒 500g，浸 5 日。每饮 1 盅，日 2 服。

［功能］解表清肺止咳。

［益宜］咳嗽，喘息。

七、空、泽、刺、金、昆、鱼、罗、虎、苦、夜、明、青、包、枇、衮、玫、侧

苞蔷薇根饮、膳（苞蔷薇根为蔷薇科植物硕苞蔷薇的根）

［配制］①苞蔷薇根 60g（切成细片），橘核 30g，桂圆肉 15g，水煎，日服 2 次；②苞蔷薇根 60g（切片），黄酒 60g。加水煎服；③苞蔷薇根 30g，红糖 30g，水煎服；④苞蔷薇根 60g，猪大肠 1 段。水炖服。

［功能］补气敛精，固元。

［益宜］①疝气；②梦遗滑精；③久泻；④脱肛。

侧柏叶饮

［配制］①侧柏叶 15g。切碎，水煎代茶饮，至止血压正常；②新鲜侧柏叶（连幼枝）30g，加水煎取汁 100ml，再加蜂蜜 20ml。如干品每 30g 煎取汁 150ml，加蜜 30ml。1 岁的内每服 10～15ml；1～3 岁 15～30ml，4 岁以上 30～50ml，日服 3 次。一般连服 1～3 周。

［功能］凉血止血，祛风湿，散毒邪。

［益宜］①高血压；②百日咳。

刺老鸭饮、膳（刺老鸭为五加皮科植物辽东楤木的根批或树皮）

［配制］①刺老鸭 60g，白酒 500g，浸泡 7 天，每服 1 酒盅；②龙牙楤木根皮 5kg，加水 25kg，熬成膏，每服 3～5ml，每日 3 次；③刺老鸭根皮、猪瘦肉各 125g，加水炖熟

后喝汤食肉。

[功能] 补气安神,强精滋肾,祛风活血。

[益宜] ①体力衰退,筋骨疼痛;②胃、十二指肠溃疡、慢性肾炎;③肝硬化腹水。

刺梨汤、膏、饮(刺梨为蔷薇科植物刺梨的果实)

[配制] ①玉米 30g,刺梨 15g,水煎,顿服或代茶饮;②刺梨适量,洗净,水煎,浓缩成膏,或加等量蜂蜜。每次 1～2 匙,开水冲服;③刺梨 200g,煎取汁,去渣,加蜜 50g,搅匀饮用。

[功能] 健胃、消食、止泻。

[益宜] ①消化不良,纳差,泄泻,兼暑热者;②胃阴不足,热伤津液;口干口渴;③消化不良,纳差,胃及十二指肠溃疡,肺燥干咳,高血压,冠心病,动脉硬化等。

虎刺饮(虎刺为茜草科植物虎刺的全草或根)

[配制] ①虎刺鲜根或花 30g(干根 9～15g)。煎汁用酒冲服;②虎刺全草 30～90g。酒、水各半煎 2 次,分服;③虎刺 90g,猪肚子炖汤,以汤煎药。每日 1 剂;④虎刺根 15～30g,用黄酒适量煎服,连服 7 天;⑤虎刺鲜根 60～90g,水煎,冲黄酒服。

[功能] 祛风利湿,活血消肿。

[益宜] ①痛风;②风湿关节炎,肌肉痛;③肺痈;④跌打损伤;⑤荨麻疹。

虎掌草膳、饮(虎掌草别名:具风蓝、土黄芩,为毛莨科植物草玉梅的根或全草。小毒)

[配制] ①白虎掌草 15g,蘘荷根 15g,炖猪肉 120g,内服。连用 3 剂;②虎掌草根 9g,红糖适量煎服;③虎掌草根 60g,泡酒 500g,浸泡 1 周。每服 5ml,日 3 服。

[功能] 清热解毒,舒经通络。

[益宜] ①体虚盗汗、咳嗽;②慢性肝炎、肝硬化;③胃痛。

金雀根膳、饮(金雀根别名:白心皮、阳雀花根、板参、土黄芪、野黄芪)

[配制] ①金雀花根 30～60g。炖鸡服;②土黄芪,洗净,去外皮,切片,鲜或干用每日 24～30g,煎取汁,加白糖适量,分 3 服;③金雀根 30～60g,猪蹄 1 只,酒水各半炖服;④金雀根去外皮,干品每日 21～30g,水煎取汁,加糖适量,分 2～3 次。

[功能] 清肺益脾,活血通脉。

[益宜] ①脾肾虚弱劳伤,湿热瘙痒;②血压病;③血崩;④高血压。

金雀花药膳(金雀花别名:坝齿花、金鹊花、黄雀花、阳雀花、猪蹄花,斧头花)

[配制] ①阳雀花 15～30g,同猪肉做汤或蒸鸡蛋服;②阳雀花 120～250g 或鲜品 1 000～1 500g,蒸后分多次服;③金雀花研细末,每服 3g 酒下。

[功能] 滋阴和血,健脾止痛。

[益宜] ①健脾补肾,明目聪耳;②干血劳;③跌打损伤。

金线草根膳、饮(金线草根为蓼科植物金线草或短毛金线草的根茎)

［配制］①鲜金线草根30～45g,玄参9～12g,芸花根3g。水煎,取汁以鸡蛋2个煮服;②金线草250g,切细和鸡或猪蹄脚,加黄酒炖烂,去药渣食。每行经前服1～3次;③金线草根30g,加益母草90g。水煎冲黄酒服。

［功能］散瘀、消肿、止痛。

［益宜］①淋巴结炎;②月经不调及痛经;③月经不调,经来腹胀,腹中有块。

金樱子根膳、饮

［配制］①金樱子根60g,五味子9g。和猪瘦肉煮服;②金樱子根第二层120g,煎服或捣汁用开水冲作茶饮;③金樱子根15～30g,鸡蛋1枚。同煮去渣,连蛋带汤服;④金樱子根60～90g,猪瘦肉120g。同炖,去渣喝汤食肉;⑤金樱子根90g。水煎,取汤煮鸡蛋3个,加冰糖30g溶化,饭前服;⑥金樱子根30g和猪蹄子或猪脊髓炖服;⑦金樱子根120～180g,加水800ml,煎至300ml左右,凉后加酒100g,睡前顿服,隔日1次(对酒轻度反应者,短时可消失);⑧鲜金樱子根洗净切碎2 500g,加水5 000g,煎取汁2 500g,加红糖300g ,冷却后过滤,灭菌。每服100ml。

［功能］固精益气,涩肠敛液。

［益宜］①遗精;②胃痛;③小儿遗尿;④妇女崩漏;⑤下肢流火屡发;⑥腰脊酸痛;⑦子宫脱垂;⑧细菌性痢疾。

金樱子膳、饮

［配制］①金樱子(去净外刺、内瓤)100g,和猪肚1个,水煮服;②金樱子(去毛、核)30g,和猪膀胱,或和冰糖炖服;③金樱子(去毛、核)30g,鸡蛋1枚炖服。

［功能］固精涩肠,缩尿止泻。

［益宜］①小便频数,多尿,不禁;②男子下消,滑精,女子白带;③久痢脱肛。

空心苋饮(空心苋别名空心蕹藤菜、水蕹菜)

［配制］①鲜空心苋全草120g,冰糖15g。水炖服;②鲜空心苋全草60g。水炖服。

［功能］清热凉血,利尿解毒。

［益宜］①肺结核咯血;②淋浊。

苦地胆根饮、膳(苦地胆根为菊科植物苦地胆的根)

［配制］①苦地胆根,同白豆、冰糖煎;②苦地胆根60g,炖猪瘦肉服;③苦地胆根60g,鸡1只,酌加开水炖熟后,再加少许红酒,分2～3次服;④苦地胆根15～18g,和鸭蛋1～2个,炖服;⑤地胆草根15～30g。酒水煎服。

［功能］清热、除湿、解毒。

［益宜］①暑热;②肺结核咳嗽痰血;③头风;④急性睾丸炎、慢性肾炎;⑤跌打损伤。

苦地胆药膳(苦地胆别名:天芥菜、土柴胡、磨地胆。为菊科植物)

[配制] ①苦地胆、猪肝各酌量。同煎服,连服3～4次;②苦地胆连根叶洗净,鲜者120～180g。煮肉食,连服4～5天;③苦地胆60g,煎水分早、晚2次服,或和猪瘦肉炖服;④苦地胆全草30～60g,豆腐60～120g。灼加开水炖服;⑤鲜地胆草90g,瘦猪肉120g,食盐少许。加水同煎,去药渣,分4次服食。

[功能] 凉血、清热、利水、解毒。

[益宜] ①鼻出血;②阳黄疸;③单腹鼓胀;④脚气;⑤热淋。

苦瓜饮

[配制] ①鲜苦瓜1个,剖去瓤,纳入茶叶,再按合,悬挂通风处阴干。每用6～9g,水煎或泡开水代茶饮;②鲜苦瓜1个,剖去瓤,切碎,水煎服;③鲜苦瓜捣烂绞汁1杯,开水冲服。

[功能] 清暑涤热,明目,解毒。

[益宜] ①中暑发热;②烦热口渴;③痢疾。

昆明鸡血藤饮

[配制] ①鲜昆明鸡血藤60g,鲜枫荷梨60g,鲜山胡椒、鲜八角枫、鲜瓜馥木、鲜五加皮、鲜石松各30g,牛膝15g,田七6g,猪脚1只,共炖水,分2次服;②鲜昆明鸡血藤90g。煎水冲鸡蛋2只服。

[功能] 养血、通经、或络。

[益宜] ①关节疼痛;②体虚盗汗。

罗汉果

[配制] ①罗汉果1个,柿饼15g,水煎服;②罗汉果1个,麦冬5～10g,泡水代茶饮。

[功能] 润肺浇火,解毒。

[益宜] ①百日咳;②咽痛

玫瑰花饮(玫瑰花别名:徘徊花、三湖花、刺玫花)

[配制] ①玫瑰花阴干,冲汤代茶饮;②鲜玫瑰花捣汁炖冰糖服;③玫瑰花(去净蕊蒂,阴干)9g,红花、全当归各3g。水煎去渣,好酒和服七剂;④玫瑰花4～5朵,合蚕豆花9～12g,泡开水代茶频饮;⑤玫瑰花阴干煎服;⑥玫瑰花初开者,阴干,燥者30朵,去心蒂,陈酒煎,食后服;⑦玫瑰花7朵,母丁香7粒,无灰酒煎服;⑧玫瑰花去心蒂,焙为末,每服3g,好酒和下。

[功能] 理气解郁,和血散瘀。

[益宜] ①肝胃气痛;②肺病咳嗽吐血;③新久风痹;④肝风头痛;⑤噤口疾;⑥乳痈初起;⑦乳痈;⑧肿毒初起。

明党参膳、饮(明党参别名:百丈光、红党参、明参。为伞形科植物明党参的根)

[配制]①明党参、茯苓。熬膏;②明党参(切片)90g,用陈绍酒饭上蒸熟,分3服;③明党参,酒煎服。

[功能]清肺化痰,平肝和胃,解毒。

[益宜]①补阴虚;②白带初起;③杨梅结毒。

枇杷根煨猪蹄,炖鸡、肉

[配制]①鲜枇杷根12g,猪脚1个,黄酒250g。炖服;②鲜枇杷根120～180g,切碎,加水与童子鸡或猪瘦肉240～360g,共煮1～2小时,浓缩至1小碗,除去表面油腻,喝汤,亦可少量食肉。1剂2炖,空腹时服。隔1～2日再服1剂。

[功能]止痛、祛湿、解毒。

[益宜]①关节疼痛;②传染性肺炎

青蛙药散、膳(别名:蛙、田鸡)

[配制]①青蛙1只,砂仁、莱菔子各9g,置蛙腹中,缝好,外用黄泥包裹,烧存性,去泥研末,分作3次,黄酒冲服,日1次;②青蛙去内脏,煮熟,加白糖,每次1只,日服1次,连续服食;③青蛙1只,红糖60g,白酒60g,百部9g。煮熟后1次食之,每日1次;④青蛙7只,泥封,火烧存性,研末,1次服,连服3日。

[功能]清热解毒,补虚,利水消肿。

[益宜]①浮肿,咳嗽痰中带血;②浮肿;③骨结核;④噎膈反胃。

青葙花药膳、饮(青葙花为苋科植物青葙的花序)

[配制]①青葙花15g,水煎服,或炖猪瘦肉内服;②白青葙花60g,猪瘦肉90g,水煎,服汤食肉;③青葙花15g,铁扫帚根30g。煮汁炖猪蹄食;④青葙花、杏仁、樟树皮,泡水服;⑤青葙花60g,卷柏30g,红糖少许。水煎服。

[功能]清肝凉血,解毒明目。

[益宜]①吐血、血崩、赤痢;②月经过多、白带;③失眠;④吐泻;⑤鼻衄。

青葙子

[配制]①青葙子15g,鸡肝炖服;②青葙子15g,乌枣30g。开水冲炖,饭前服。

[功能]祛风热,清肝火。

[益宜]①风热泪眼;②夜盲、目翳。

兖州卷柏膳、饮(兖州卷柏别名:金不换、金扁担、金花草、石养草、田鸡爪)

[配制]①兖州卷柏45g。合青壳蛋煮熟,去渣取汤,配鸭蛋服;②兖州卷柏30～60g。冲开水炖冰糖服,日2次;③鲜兖州卷柏60～120g,或干品20g,黄酒2茶匙。酌加开水炖1小时,温服,日2次;④金花草45g,马鞭草15g,冰糖30g。水煎服;⑤金花草45g,猪瘦肉60g。同炖服;⑥金花草60g,冰糖60g。水煎服;⑦金花草

60g,酒煎2次。每饭后各服1次。或金花草30g,野南瓜根120g,猪瘦肉120g。同煎服。每日1剂,孕妇忌。

[功能] 凉血,止血,化痰,定喘,利水,消肿。

[益宜] ①咯血,崩漏;②哮喘;③黄疸;④痰咳哮喘;⑤妇女黄、白带;⑥癫痫;⑦瘰疬。

夜关门膳饮(夜关门为豆科植物截叶铁扫帚的全草或根)

[配制] ①夜关门30g,炖猪肉,早晚各服1次;②夜关门、竹笋子、黑豆、糯米、胡椒。共炖猪小肚子服;③夜关门全草120g,酌加鸡肉,水炖服。或全草60g,水煎代茶饮;④铁扫帚30～60g。水煎,蜂蜜冲服;⑤夜关门30g,炖鸭肉,于2天分服;⑥鲜夜关门根120g,猪蹄半斤,酒60g,酌加水煎服。

[功能] 补肝肾,益肺阴,散瘀消肿。

[益宜] ①遗精;②肾虚遗尿;③糖尿病;④劳伤脱力;⑤腹水;⑥产后关节痛。

夜关门药膳(夜关门别名:三叶草、退烧草、小种夜关门、夜闭草、铁扫帚)

[配制] ①退烧草30g。炖猪肉服,早晚各1次;②退烧草30g。炖猪大肠头250g食,每天早、晚各1次,每次60g,连汤服;③截叶铁扫帚鲜全草120g,酌加鸡肉、水炖服。另用铁苋莱干全草30～60g,水煎代茶饮;④夜关门,煮绿壳鸭蛋食;⑤夜关门、梦花根、白藓皮。炖五花肉食;⑥鲜夜关门9～15g。和未沾水的鸡肝炖服,连服3～5次;⑦鲜夜关门120g,猪蹄240g,酒120g。酌加水煎服;⑧鲜夜关门24～30g。酌加冰糖冲开水,炖1小时,饭后服,日2次;⑨夜关门全草60g(鲜草90g),加水煎1～2小时,浓缩至100ml,加白糖适量。每服50ml,日2次。10天为1疗程,可视病情连服3～4个疗程,两个疗程间停药5天。

[功能] 补肝益肾,清热和胃,散瘀消肿。

[益宜] ①遗精;②脱肛;③糖尿病;④大小人流尿;⑤慢性白浊;⑥小儿疳积;⑦产后关节痛风;⑧肝热迫眼,赤肿疼痛;⑨慢性支气管炎。

鱼鳖金星酒饮、膳食(鱼鳖金星为水龙骨科植物抱石莲的全草)

[配制] ①鱼鳖金星9g,酒煎服;②鲜抱石莲6g,豆腐12g。水炖服。

[功能] 解毒、利湿、消瘀。

[益宜] ①乳岩;②胆囊炎。

泽漆饮膳

[配制] ①泽漆2 500g,入酒,研取汁,约2 000ml,以慢火熬如稀汤,即止,储瓷器内,密封。每日以温酒调1茶匙,空腹服下。以愈为度;②鲜泽漆茎叶60g。洗净切碎,加水1 000ml,放鸡蛋两只煮熟,去壳刺孔,再煮数分钟。先吃鸡蛋后饮汤,1日1剂。

[功能] 行水、消痰、解毒。

[益宜] ①水气;②肺源性心脏病。

八、荠、星、南、草、兔、络、茜、草、胖、追、虾、否、响、枸、穿、织、胡、珍

草苁蓉浸酒(草苁蓉为列当科植物草苁蓉的全草)

［配制］草苁蓉 60g,白酒 500ml。浸泡后饮。

［功能］补肾壮阳。

［益宜］不孕兼心气虚衰。

草石蚕饮、膳(草石蚕为骨碎补科植物圆盖阴石蕨的根茎或全草)

［配制］①阴石蕨干全草为末。每次 3g,泡酒服;②阴石蕨干全草 120g。浸酒 500ml。频服;③阴石蕨根茎 90g。水煎,加白糖适量,早晚空腹服;④鲜阴石蕨根茎30～60g。水煎,调冰糖服;⑤阴石蕨根茎 9～15g(鲜者加倍),煎汤去渣,同鸡蛋煮服;⑥草石蚕根 120g,炖猪肺常食。

［功能］祛风除湿,清热解毒。

［益宜］①中风口眼歪斜、瘫痪及气血虚弱、头痛头眩;②风湿性关节酸痛或腰背风湿痛;③咯血、荨麻疹;④肺痈;⑤牙龈肿痛;⑥肺痨。

草葳灵酒、膳(草葳灵为菊科植物显脉旋覆花的根)

［配制］①葳灵仙 9g,香白芷 9g,赤地榆 12g,杏叶防风 15g,吴茱萸 6g,茶匙草 15g,过山龙 3g(酒炒)。好酒 1 000g,煎,热服 2 杯,止痛;②葳灵仙 9g,砂糖 9g,点水酒服;③葳灵仙 9g,夏枯草 1.5g。煎汤冲烧酒服;④葳灵仙 9g,点水酒服;⑤黑根(草葳灵仙别名之一)60g。炖肉或煎蛋吃;⑥黑根(草葳灵仙别名之一)90g。蒸鸡蛋或瘦肉吃。

［功能］祛风寒,消积滞,通经络。

［益宜］①冷寒攻心,面寒背寒,肚腹冷痛,痞块坚硬,腹满膨胀;②伤食结滞,胃中不消,日久面黄肌瘦,胸膈膨胀,肚大青筋,或时做泄,乍寒乍热,肢体酸困;③背寒痛不可忍;④脚湿气,脚边肿痛,经络痛,步履艰难;⑤头晕盗汗;⑥冷汗不止。

草血竭酒(草血竭为蓼科植物草血竭的根茎)

［配制］①草血竭焙为末。每服 3g,砂糖热酒服。气盛者加槟榔、台乌;②草血竭 9g,茴香根 9g,草果 6g。共为末,同鳅鱼吃 3～4 次。

［功能］散血止血,下气止痛。

［益宜］①男女痞块疼痛;②寒湿气浮肿。

穿山龙饮、酒

[配制] ①穿山龙15g,水煎冲红糖、黄酒。每日早、晚各1次;②穿山龙60g,白酒500g,浸7天,每饮30g,日2次。

[功能] 活血舒筋,益骨止痛。

[益宜] ①劳损;②大骨节病,腰腿疼痛。

枸骨叶饮、枸骨根膳

[配制] ①枸骨嫩叶30g。烘干,开水泡,当茶叶饮;②枸骨叶,浸酒饮;③枸骨根30~45g,乌贼干2个,酌加酒、水各半炖服;④枸骨根30~60g,猪蹄1只,酌加酒、水各半,炖3小时服。

[功能] 补肝肾、养气血、祛风湿、除虫痨。

[益宜] ①肺痨;②腰及关节痛;③劳伤腰痛;④关节炎痛。

胡萝卜茶饮(胡萝卜别名:黄萝卜、胡芦菔、丁香萝卜、金笋、红萝卜)

[配制] ①红萝卜120g,芫荽90g,荸荠60g,加适量水,熬2碗,1日服完;②红萝卜120g,风栗90g,芫荽90g,荸荠60g。煎服;③红萝卜120g,红枣12枚,水3碗,煎取1碗,随意分服。连续10余次。

[功能] 健脾、化滞、解毒。

[益宜] ①麻疹;②水痘;③百日咳。

胡桃仁、叶

[配制] ①胡桃肉600g(捣烂),补骨脂300g(酒蒸)。研末,蜜调如饴服;②核桃仁3个,五味子7粒,蜂蜜适量。睡前嚼服;③胡桃肉1升,细米煮浆粥1升,相和顿服;④胡桃肉120g,食油炸酥,加糖适量混合研磨,使成乳剂或膏状。1~2日内分次服完(儿童酌减)。连续服至结合排出,症状消失;⑤胡桃叶10片,鸡蛋2只煎服;⑥胡桃叶60g,石打穿30g,鸡蛋3个。同煮至蛋熟,去蛋壳,继续入煎至蛋色发黑为度。每天3只蛋,14天为1周期。另用白果树叶适量,煎水洗患足。

[功能] 清热祛湿,解毒润肠,补肾固精,润肺定喘。

[益宜] ①湿伤内外,阳气衰,虚寒喘嗽,腰脚疼痛;②肾虚耳鸣遗精;③石淋;④尿路结石;⑤白带过多;⑥象皮腿。

胡颓子叶、根饮膳(胡颓子叶、根为胡颓子科植物胡颓子的叶、树根)

[配制] ①胡颓子叶24g,冰糖15g,开水炖,饭后服;日服2次;②胡颓子根30g,红糖15g。水煎,饭后服;③胡颓子根60g,红糖30g。水煎服;④胡颓子根90g,黄酒60g,猪脚150g。加水煮1时许,取汤1碗,同猪脚服;⑤胡颓根9~15g。水煎取汁半碗加冰糖适量,饭前服,日2次;⑥胡颓根9~15g,益母草等量。水煎取汁半碗,加些许红糖温服;⑦胡颓子根30g。水煎去渣,加鸡蛋(去壳)2个,煮服;⑧胡颓子干根30g,娃儿藤根15g,寥刁竹9g。酒水各半煎服。

［功能］止咳、止血、祛风、利湿、消积滞、利咽喉。

［益宜］①肺结核咯血；②风寒肺喘；③产后腹痛下痢；④风湿痛；⑤脾泄泻痢；⑥产后浮肿；⑦胃痛；⑧跌打损伤。

络石藤膳、酒

［配制］①络石藤 30g，地黄 30g，猪肺 120g，各治净同炖，喝汤食肺片，每日 1 剂；②络石藤、骨碎补各 60g，仙茅、川萆薢、白术、黄芪、玉竹、枸杞子、山茱萸、白芍、木瓜、红花、牛膝、续断、杜仲各 15g，狗脊、生地黄、当归、薏苡仁各 30g。诸药切，浸黄酒 5 000ml，隔水加热 30 分钟后，取出静置 5～7 天启封。日 2 饮，每饮 10～20ml。

［功能］止血、通络、益气生血、祛风化湿。

［益宜］①肺结核；②风湿痹着，肢体麻木，体倦身重，腰膝酸痛等。

南沙参煮肉、蛋

［配制］①杏叶沙参根 12g。煮猪肉食；②杏叶沙参根 15～60g，煮鸡蛋服。

［功能］养阴生乳，清肺止疼。

［益宜］①产后无乳，②虚火牙痛。

南蛇藤，藤根膳、酒

［配制］①南蛇藤、槐米，煮猪大肠食；②南蛇藤根 30g，和猪脚 1 个，合水、酒各半炖食；③南蛇藤根 300g，凌霄藤 300g，石南藤 150g，八角枫根 90g，千年健 60g。浸米烧酒 5 000g，两周后去渣，澄清。每服 15～30g，1 日 2 次；④南蛇藤、凌霄花各 120g，八角枫根 60g。白酒 2 500g，浸 7 天，每日临睡前服 15g。

［功能］祛风胜湿，行气散血，消肿解毒。

［益宜］①肠风；②风湿性关节炎；③风湿骨痛；④风湿性筋骨痛。

胖血藤膳、饮（胖血藤为蓼科植物牛皮消蓼的根）

［配制］①生胖血藤（去粗皮、木心）60g，炖猪肉吃；②胖血藤 150g，冰糖 120g，胡椒 12g，浸酒 500ml。每日早晚各饮 9g；③干胖血藤根 15g，蒸烧酒 120g，每饮酒 30g；④胖血藤、透骨草各 30g，破案酒 500ml，每饮酒 30ml。

［功能］健脾胃，止咳嗽，祛风湿。

［益宜］①肺痨咳嗽；②劳弱咳嗽；③胃脘痛；④风湿。

荠菜饮

［配制］①荠菜 30g，蜜枣 30g，水煎服；②鲜荠菜 30～60g，白茅根 120～150g。水煎，代茶长服；③荠菜 150～500g，洗净煮汤，分 2 服，连续 1～3 个月。

［功能］和脾、止血、利水，解毒。

［益宜］①内伤吐血；②小儿麻疹火盛；③乳糜尿。

茜草根饮

［配制］①茜草30g。黄酒煎，空腹服；②鲜茜草根120g，白酒300g。茜根洗净捣烂，浸泡酒一周，取酒炖温，空腹饮。第一次饮至欲醉，睡，覆被取汗，每日1次。服药酒后7天不能下水；③茜草根15g，阴地蕨9g。水煎，加黄酒60g冲服；④煎茜草根取汁，入酒饮之。

［功能］行瘀止血，通经活络，止咳祛痰。

［益宜］①妇女经水不通；②关节炎、风湿痛；③荨麻疹；④时行瘟毒，疮痘正发。

兔耳草酒、膳

［配制］兔耳草15g，淫羊藿、仙茅各9g。泡酒服或兔耳草、枸杞子各15g，补骨脂9g，猪腰子1对。前3味焙脆研末，猪腰对剖去臊腺洗净，合蒸服。

［功能］温肾壮阳。

［益宜］肾虚腰痛、阳痿、遗精、滑精。

歪头菜饮膳(歪头菜为豆科植物歪头菜及短序歪头菜的全草。又名三铃子、豌豆花等)

［配制］①三铃子根15g，蒸酒30g。每日服3次；②三铃子嫩叶9g，蒸鸡蛋吃；③豌豆花适量代茶饮。

［功能］补虚，调肝，理气，利尿。

［益宜］①劳伤；②头晕；③头痛。

虾子草酒、膳

［配制］①红虾子草、尖刀牛膝、红酸浆草各120g(捣烂)，苎麻根120g(烧灰)，合煨酒服；②虾子草、地茄子各30g，煎水煮醪糟服；③虾子草、酱耳木根各39g，石竹根60g，黄脚鸡15g，大地棕根12g。炖肉服。如有外感风寒，应先除去。

［功能］活血通气。

［益宜］①跌打损伤；②小儿疝气；③妇女干病。

响铃草(响铃草为豆科植物假地蓝的全草或带根全草)

［配制］①响铃草30g，猪耳朵1对，加食盐炖服；②响铃草15g，夜寒苏15g，爬岩龙15g，毛药15g，双肾草9g。炖肉服；③响铃草15g，双肾草9g，炖肉服。

［功能］敛肺气，补脾肾。

［益宜］①气虚耳鸣；②夜梦遗精；③虚弱气坠。

星宿菜饮、膳(星宿菜为报春花科植物星宿采的全草或带根全草)

［配制］①星宿菜根15～21g。水酒各半煎服，头煎于疟发前2小时服，二煎当茶；②星宿菜、冬蓼根、南风藤各60g，水酒各半煎服。如筋痛，星宿菜和老酒炖服；③星宿菜十全草30g，食盐少许，水煎服；④星宿菜60～90g，红糖30g。酌加黄酒、水各半，煎取半碗，饭前服，日2次；⑤星宿菜60～90g，红糖15g。共煎取汁半碗，

饭后 2 小时服；⑥星宿菜根 30g，水煎，兑甜酒服；⑦星宿菜根、野南瓜根、大青根、白茅根各 30g，精肉 90g，水炖服每日 1 剂；⑧星宿菜 60g。捣烂，用蜜糖或黄糖冲开水服。

［功能］止疟，活血，散瘀，利水，化湿。

［益宜］①疟疾；②关节风湿痛；③中暑腹痛吐泻；④妇人经闭；⑤感冒；⑥白带；⑦黄疸型肝炎；⑧血痢。

珍珠菜肉、蛋汤（珍珠菜为报春花科植物虎尾珍珠菜的根或全草）

［配制］①珍珠菜 30～60g，虎刺 30～60g。煎水，去渣取汁，入猪肉 30～60g，同煮服，每日 1 剂。如腹胀显著加芫花全草，皮肤肿者加葫芦瓢、泥鳅、小麦馒头干、大蒜适量。服后稍头晕，不需停药；②珍珠菜根 8g，鸡蛋 1 个，水煮服汤食蛋。

［功能］清热解毒，利水消肿，化积，活血调经。

［益宜］①再生障碍性贫血；②小儿疳积。

枳椇根炖鸡、肉

［配制］①枳椇根 120g，黄花头 60g，岩白菜 60g，鸡肫草 60g。炖鸡服；②枳椇根 240g，炖五花肉服。

［功能］祛风湿，止吐血。

［益宜］①男女虚弱，手足无力；②痨伤吐血。

追风伞酒、膳（追风伞为报春花科植物狭叶排草的根或全草）

［配制］①追风伞根 15g，红活麻 15g，大风藤 30g，泡酒 250g，每次服 60g；②追风伞根 60g，伸筋草 15g。煨猪肉吃。

［功能］祛风，活血。

［益宜］①风湿麻木；②脚抽筋。

九、蚕、桑树、饿、鹅、峨、徐、铃、积、酒、荸

荸荠茶、膳

［配制］①荸荠打碎，煎茶，频饮。每用 120g；②荸荠于三伏天以烧酒浸晒，每日空腹嚼 7 枚，痞积渐消；③荸荠捣汁大半盅，好酒半盅，调，空腹服；④荸荠 120g，绞汁服；⑤荸荠 120g，绞汁服；⑥完好荸荠，洗净晾干，用好酒浸泡，黄泥密封瓶口，遇病每次服 2 枚，细嚼，原酒汁送下；⑦乌芋，切片晒干，与鳖甲同煎服。

［功能］消热利湿，化痰消积。

［益宜］①黄疸湿热；②痞积；③腹满胀大；④大便下血；⑤咽喉肿痛；⑥下痢赤白；⑦消

痞积,不耗真气。

蚕蛹膳、饮

[配制] ①蚕蛹炒熟,调蜜吃;②蚕蛹不拘多少,炒熟吃;③蚕蛹 50g,以无灰酒 1 中盏,水一大盏,同煮取一中盏,澄清,去蛹饮之。

[功能] 养脾肾,化积止消渴。

[益宜] ①小儿疳积;②劳瘵骨瘦如柴;③消渴热,或心神烦乱。

峨三七酒、膳(峨三七为五加科植物大叶三七的肉质直根)

[配制] ①峨三七、霸王七、马蹄乌、血灵脂、当归、川芎、红花、桃仁、土鳖。共泡酒服;②峨山七、见血清、白茅根、茜草根、麦冬、天冬。共炖肉服。

[功能] 补中益气,止血生肌。

[益宜] ①跌打损伤;②劳伤吐血。

饿蚂蟥酒、膳(饿蚂蟥别名为:红掌草,山豆根等。为豆科植物饿蚂蟥全株)

[配制] 山豆根 30g。第一剂煎酒服,第二剂炖肉吃。

[功能] 活血补虚。

[益宜] 妇女干血痨。实验证明:山豆根生物碱有抗癌作用。

积雪草饮膳(积雪草为伞形科植物积雪草的全草或带根全草)

[配制] ①积雪草 30g,冰糖 30g,水煎服;②积雪草 90g,瘦猪肉 30g。同煎 1 小时,分 2 次服,连服数天。

[功能] 清热利湿,解毒止咳。

[益宜] ①湿热黄疸;②百日咳。

酒服贝子散(贝子为宝贝科动物货贝或环纹货贝等的贝壳。别名:贝齿,白贝等)

[配制] 贝子,烧,研末。每用酒服 6g,日 3 服。

[功能] 清热,通脉。

[益宜] 鼻渊脓血。

铃茵陈饮(铃茵陈为玄参科植物阴行草的全草)

[配制] ①阴行草 30～45g,水煎,调冬蜜服,日 1～2 次;②阴行草,研末,泡酒服。每次 3～6g,每日 1 次,服 3～4 日效;③阴行草 15g。开水炖,加冬蜜冲,日 2 服;④阴行草 30g,水煎,冲黄酒、红糖服。

[功能] 清热利湿,活血祛瘀。

[益宜] ①热闭小便不利;②跌打损伤、瘀血作痛;③血淋,小腹胀满;④白滞。

桑葚食、膳

[配制] ①鲜桑葚 30～60g。水适量煎服;另方:加冰糖;②桑葚,绢包风干,伏天为末。

每服 9g，热酒下，取汗；③桑葚 50g，糯米 100g，冰糖适量。糯米加水煮粥，沸，加桑葚、冰糖成粥即可。

［功能］补肝益肾，熄风滋液。

［益宜］①心肾衰弱，或习惯性便秘；②阴证腹痛；③肝肾阴亏之腰膝酸软、头昏耳鸣、便秘等。

徐长卿药膳、饮（徐长卿别名：石下长卿、料子竹、对叶莲等）

［配制］①徐长卿 24～30g，猪瘦肉 120g，老酒 60g。前 2 品洗净，肉切，3 品共入锅加水，煎汤汁 200ml，饭前服，日 1 次；②对叶莲根 15g，月月红 6g，川芎 3g。切细，泡酒 120g，内服；③徐长卿 15g。泡水当茶饮。

［功能］安神镇痛，消肿活血。

［益宜］①风湿痛；②经期腹痛；③精神分裂之啼哭、悲伤、恍惚。

鸭脚艾膳、饮（鸭脚艾别名：鸡甜菜、鸭脚菜等。为菊科植物四季菜的全草）

［配制］①生鸡甜菜 60g，薄荷 6g，水豆腐 120g，白糖 60g。炖服；②鲜鸭脚菜 150g，鲜水泽兰 120g，共捣烂，用酒炒热，取汁 60g 服，渣敷患处；③鸭脚菜、旱莲草、狗肝菜各 60g，车前草 30g，捣烂，加二流米水 90g 取汁，冲白糖服，每日 1 次，连服 2～3 日；④鸭脚艾 30g，酒水煎，调红糖服。

［功能］祛风止咳，活血化瘀。

［益宜］①肺热咳嗽；②跌打积瘀；③大小便出血；④产后积瘀。

鸭跖草饮、膳（鸭跖草别名：鸡舌草、竹叶菜、蓝姑草、兰花草等）

［配制］①鸡舌草 30g，车前草 30g。捣取汁，入蜜少许，空腹服之；②鲜鸭跖草枝端嫩叶 120g。捣烂，加开水 1 杯，绞汁调蜜内服，每日 3 次。体质弱者，酌减；③鸭跖草 120g，猪瘦肉 60g。水炖，服汤食肉，每日 1 剂；④鸭跖草 30g，蚕豆花 9g。水煎，当茶饮。

［功能］行水，清热，凉血，解毒。

［益宜］①小便不通；②无淋，小便刺痛，腹水，丹毒，感冒等；③黄疸性肝炎；④高血压。

十、望、麻、断、蛏、猪、梨、猫、林、鸽、萝、梵、旋、盘、银、悬、野、蛇、雪、黄、鹿

蛏肉炖蒜、刺爪

［配制］①蛏干 60g，炖蒜头梗服；②蛏和刺爪煮食。

［功能］清湿热，利水肿。

断节参膳、酒（断节参别名：对节参、青洋参。为萝藦科植物昆明杯冠藤的根）

［配制］①断节参30～60g，炖肉吃；②断节参15～30g，泡酒服；另鲜品捣敷。
［功能］壮腰健胃，强筋骨。
［益宜］①肾虚腰痛，病后体虚，营养不良；②跌打损伤，骨折。

梵天花根饮（梵天花为锦葵种植物梵天花的根）

［配制］①梵天花根90g，猪胶150g，黄酒1碗，冲炖服；②梵天花根30g，水煎或同猪瘦肉炖服，每日1剂；③梵天花根30～60g，水煎去渣，用瘦猪肉汤兑服；④梵天花根60g，切，晒干，微炒，水煎去渣，用瘦猪肉汤兑服，1日2剂。
［功能］健脾祛湿，化瘀活血。
［益宜］①风湿性关节炎，劳力过伤；②心性水肿（痞疾）；③妇女白带；④气瘿（甲状腺肿）。

鸽蛋制药膳

［配制］①鸽蛋、桂圆肉、枸杞、加冰糖蒸开水服；②鸽蛋2枚。煮食。连续3～5天，每天2个；③鸽蛋5枚，阿胶30g。阿胶蒸烊化趁热打鸽蛋搅匀，分早晚2服。可连续数日。
［功能］补肾益气，滋阴清热，凉血调经。
［益宜］①补肾养精；②预防麻疹；③月经不调，手足心烦热。

黄花菜根膳、饮

［配制］①黄花菜根蒸肉饼或猪腰吃；②黄花菜9～15g，水煎服，又方：摺叶萱草根端膨大体10个，水煎服；③摺叶萱草端膨大体根30～60g，炖肉或鸡服。
［功能］养血平肝，利尿消肿。
［益宜］①腰痛，耳鸣，奶少；②小便不利，水肿，黄疸，淋病，血衄，吐血，又方：大肠下血，另《云南中草药》云：肺俞热咳嗽，腮腺炎，咽喉肿痛；③月经少，贫血，胎动不安，老年性头晕、耳鸣，营养不良性水肿。

黄花母根饮、膳（黄花母根为锦葵科植物白背黄花稔的根）

［配制］①黄花母根60g，白糖30g。煎汤服。又方用黄花母根、茎60g，红糖30g，开水炖服；②鲜黄花稔根90g，水煎服或与鸡肉适量，酒炖服；③黄花稔干根30g，墨鱼干2条，酒水各半炖服。
［功能］清热利湿，益气排脓。
［益宜］①哮喘、又阴疽结毒；②气性坏疽；③腰腿痛。

黄脚鸡酒、膳（黄脚鸡为百合科植物剑叶假万寿竹。别名：玉竹、竹节参等）

［配制］①黄脚鸡、黄精、白尾笋各15g。泡酒服；②黄脚鸡、红姨妈菜各15g。炖肉吃；③黄脚鸡30g，炖子鸡1只吃；④黄脚鸡、丹参、仙茅草各15g。煨水或泡酒服。

［功能］养阴生津，补元祛风止痛。

［益宜］①劳伤风湿疼痛；②虚咳多汗；③产后虚弱；④夜多尿、遗精腰痛。

黄精饮、膳

［配制］①黄精、苍术各120g，枸杞根、柏叶各150g，天门冬90g。煎取汁，煮糯米5 000g，调拌酒曲适量，如常法酿酒；②黄精、党参、淮山药各30g，蒸鸡食；③鲜黄精根头60g，冰糖30g。开水炖服；④黄精15～30g，水煎服或炖猪肉食；⑤黄精30g，冬蜜30g。开水炖服。

［功能］补中益气，润心肺，强筋骨。

［益宜］①壮筋骨，益精髓，乌须发；②脾胃虚弱，体倦怠无力；③肺劳虚咳，赤白带；④肺结核，病后体虚；⑤小儿下肢痿软。

黄鳝藤炖羊肉(黄鳝藤根别名：熊柳根，铁包金)

［配制］熊柳根90～120g，羊肉120g。酒水各半或用开水炖服。服后有时更见脓水增加，数日后逐渐减少，渐生新敛口。

［功能］健脾利湿，通过经活络，托毒养阴。

［益宜］风毒流注，下肢溃疡等。

假荔枝根酒(假荔枝根为木通科植物野木瓜的根或根皮)

［配制］干燥的假荔枝根皮(去栓皮，切碎)30g，红糖60～90g，浸烧酒250g，入温烫中浸烫1小时后，取出滤、澄清，日3饮，每饮90g。亦酌量增减，直到病愈。

［功能］化瘀解毒。

［益宜］腑痈(内脏脓肿之类者)。

梨制药膳

［配制］①梨1颗，刺作50孔，每孔纳川椒1粒，以面裹于热火中煨熟，食之。或以梨捣汁200g，酥30g，蜜30g，地黄汁200g。缓火煎，细细含咽。治咳须待冷，喘定后食；②梨，剜去核，纳小黑豆令满，留盖合住，系缚定，燣灰煨熟；③梨汁同人乳，蔗汁、芦根汁、童便、竹沥服之；④大雪梨1个，纳丁香15粒，湿纸包4～5重，煨熟食之。

［功能］生津、润燥、清热、化痰。

［益宜］①病后虚弱；②糖尿病；③淋浊带下；④老人大便坠胀带血。

鹿耳翎膳饮(鹿耳翎别名：八十缺、养仔菊、六毒草、四方根。为菊科植物六棱草的全草)

［配制］①六棱菊全草30g，用红酒120g炒后，用鸡1只或羊头一个炖服；②六棱菊全草30～60g，酌加水，酒各半炖服；③鲜六棱全草15～30g，老酒炖服；④六棱菊全草30g，和酒半斤炖服；⑤鲜六棱菊全草1握，捣汁1杯，冲热红酒1杯服；⑥六棱菊全草500g，水1 000g，煎汤去渣，同母鸡1只(净，去肚杂等)，入红酒少许炖熟，分3～4次服完；⑦六棱菊全草30～45g，炖肉食。

［功能］祛风、除湿、化滞、散瘀、消肿、解毒。

［益宜］①头风痛；②腰痛；③妇女闭经；④跌打损伤；⑤劳伤吐血；⑥瘰疬；⑦关节痛。

鹿茸草饮、膳（鹿茸草别名：六月霜、山门穹、千金艾、龙须草、白毛头。为玄参科植物绵毛鹿茸草的全草）

［配制］①鹿茸草12g，水煎兑冰糖服；②鲜绵毛鹿茸草30～60g，酒水煎服，腰痛加刀豆壳15g，墨鱼干1只，酒、水炖服；③六月霜9g，红糖15g(炒焦)。水煎服；④六月霜9g，同猪大肠炖服，食肠饮汤；⑤六月霜6g，枸杞根15g，毛姜9g，水煎或用猪瘦肉60～90g，炖汤服。

［功能］凉血止血，镇咳、解毒、止痛。

［益宜］①咳嗽；②劳倦乏力、腰痛；③赤痢；④肠风便血；⑤虚火牙痛。

鹿衔草制膳

［配制］①鹿衔草30g，猪蹄1对，炖食；②鹿衔草120g，猪肉300g。炖熟，加盐少许，2天吃完。

［功能］补虚益肾，调经止血。

［益宜］①虚劳；②崩漏。

萝卜饮、汁（萝卜中药名莱菔，别名：芦菔、荠根、萝白、紫菘等）

［配制］①萝卜生嚼数片，或生个嚼亦佳，经制者皆不效；②萝卜捶碎，蜜煎，细细嚼咽；③生萝卜汁半盏，以酒少许煎沸，入萝卜汁煎热服，并以汁注鼻中；④大红萝卜1 000g，加水300ml，煎取汁100ml，去渣，加明矾5g，蜂蜜90g，和匀。日2服，每服50ml，空腹服；⑤萝卜生捣汁，入姜汁同服；⑥萝卜捣碎，滤汁1小盏，蜜水相拌同煎，早、午、食前服，日辅以米汤下黄连阿胶丸百粒。无萝卜以萝卜子代之。

［功能］消积滞，化痰热，下气，宽中，解毒。

［益宜］①食物作酸；②反胃吐食；③鼻衄不止；④肺结核咯血；⑤失音不语；⑥诸热痢，血痢及痢后大肠里痛。

麻叶绣球、糖饮（麻叶绣球别名：碎米丫、山茴香。为蔷薇科植物绣球绣线菊的根、根皮）

［配制］①麻叶绣球干根60g，泡酒500g。日3饮，每饮30g；②麻叶绣球根9g，蒸白糖服。

［功能］活血通络，化湿止带。

［益宜］①跌打损伤，瘀血积滞疼痛；②白带。

猫胞衣散、膳

［配制］①猫初生胎衣，以新瓦焙干，研细末，每服0.3～0.6g，好酒送下；②猫胞衣3个，好酒洗、同猪肉120g，淡煮熟服之。

［功能］抑呃逆，解反胃。

［益宜］①膈噎；②反胃。

猫花酒（猫花别名：蜜橘花、蜂糖罐，小白叶，叶上花。为玄参科植物小叶来江藤的全草）

［配制］蜜桶花根 30g，泡酒 500g，日服 2～3 次。每次 10ml。

［功能］祛风利湿，清热止血。

猫肉膳羹

［配制］①猫狸 1 物，料理作羹如食法，空腹进之；②猫肉适量，煮熟连汤随意食。

［功能］治虚劳、瘰疬、恶疮。

［益宜］①瘰疬有核，脓血出者；②血小板减少性紫癜。湿毒人忌之。

猕猴桃果、根饮膳

［配制］①猕猴桃干果 60g，水煎服；②猕猴桃 30g，金柑根 9g，时间去渣，冲入烧酒 60g，分 2 次内服；③猕猴桃根 120g，红枣 12 枚，水煎当茶饮；④猕猴桃根 30g，和猪肠炖服。

［功能］清热、解毒、活血、消肿、抗癌。

［益宜］①食欲不振，消化不良；②偏坠；③急性肝炎；④脱肛。

盘龙参制膳（盘龙参别名：绶草，小猪獠参等。为兰科植物盘龙参的根或全草）

［配制］①盘龙参 30g，豇豆根 15g，蒸猪肉 250g 或子鸡 1 只内服，每 3 日 1 剂，连用 3 剂；②盘龙参根 30g，猪胰一个，银杏 30g。酌加水煎服；③盘龙参根 30g，猪小肚 1～2 个，水煎，加少许食盐，分早晚 2 次食；④猪獠参 9～15g，鲜鲫鱼 60g。煮熟，加白糖食。

［功能］添精补虚，益精清热。

［益宜］①病后虚弱；②糖尿病；③淋浊带下；④老人大便坠胀带血。

蛇葡萄根炖肉、鱼（蛇葡萄又名山葡萄、野葡萄）

［配制］①鲜蛇葡萄根 30g，合猪瘦肉 120g 炖服；②野葡萄根 60～120g，合猪脚 250g 或淡水鳗鱼 120g，黄酒 60g，酌加水炖服；③山葡萄根、瘦猪肉各 60g，酒水各半同炖，服汤食肉。

［功能］清热解毒，散瘀破结，祛风。

［益宜］①瘰疬；②风湿痛；③湿痰流注。

望江南子冰、砂糖饮

［配制］①望江南子（羊角豆子）15～30g，冰糖 30g，酌冲开水炖服；②望江南子炒焦研末子，每次 3g，砂糖酌量，冲开水代茶常饮。

［功能］清肝明目，祛风。

［益宜］①肝火迫眼，红肿羞明或视物不明；②高血压。

悬钩根酒、膳(悬钩根别名:木莓根等。为蔷薇科植物悬钩子的根或根皮。无毒)

[配制] ①木莓根120g,酒1碗。煎7分,空腹温服;②悬钩根250g,和猪腿胫骨炖服;③山莓根3~9g,煮鸡蛋3个,发病前1小时吃蛋喝汤。

[功能] 解毒、止血、除疟。

[益宜] ①血崩不止;②小儿麻疹后续发脓肿或湿疹;③疟疾。

旋覆花散、饮、膳

[配制] ①旋覆花、天麻、甘菊各等份,为细末,每晚服6g,白汤下;②旋覆花一握,捣汁,和生白酒服;③将旋覆花纳入治净之鲤鱼腹内,煎服(少盐)。小便利,肿胀即消。

[功能] 消痰、下气、行水。

[益宜] ①风湿痰饮上攻,头眩目胀;②痰饮留闭,小便不行;③单腹胀。

旋鸡尾饮膳(旋鸡尾别名:七星草、石扁担。为水龙骨科植物江南蕨的全草或带根全草)

[配制] ①鲜江南星蕨60~90g,水煎调冰糖服;②鲜江南星蕨60~90g,水煎代茶饮;③旋鸡尾根茎60g,猪鬃草30g。煮猪肠食。

[功能] 清热凉血,通淋解毒。

[益宜] ①肺痨咳嗽;②热痢口渴;③治风下血(内痔出血)。

雪见草根药膳

[配制] 雪见草根12~30g,瘦猪肉60~120g,同煮汤,口服;②雪见草根21g,墨鱼1只,同炖汤食。

[功能] 凉血、活血、止血。

[益宜] ①吐血;②崩漏。

雪莲花饮膳

[配制] ①雪莲花、冬虫夏草,泡酒服,②雪莲花、峨参、党参炖鸡吃;③雪莲15g,加白酒或黄酒100ml,泡7天,每服10ml,日2次。

[功能] 壮阳,调经,止血,化瘀。

[益宜] ①阳痿;②妇女崩漏带下;③风湿性关节炎、妇女小腹冷痛,闭经,胎衣不下。

雪人参药膳(雪人参别名:血人参、山红花、铁刷子。为豆科植物茸毛木蓝的根)

[配制] ①血人参60g,蒸鸡炖肉吃;②血人参60g,炖肉吃;③血人参、羊奶奶根各60g,小血藤30g,枣儿红15g。炖猪大肠吃。

[功能] 补虚,活血,固脱。

[益宜] ①漏底伤寒,下痢日久体虚;②外伤溃疡日久,气血两虚;③大肠下血。

雪山林炖鸡(雪山林别名:捆仙绳、黄秧连,长青草为粉蕊黄杨的带根全草)

[配制] 鲜黄秧连250g,切细,装入治净去内脏的鸡腹内,加黄酒炖去渣,吃鸡和汁,1次

或 1 日内服完。

[功能] 清热解毒,益气补虚。

[益宜] 脱力(虚),黄胖。

野冬青果肉饮、膳(野冬青果为桃金娘科植物海南蒲桃及短药蒲桃的果实)

[配制] ①野冬青果 20 粒(约 3g),研末,肉汤送服,日 3 服。或用 30g,炖肉分 6 次,日 3 服。无果时用茎、叶 3g,研末,用无盐肉汤送或煎服;②野冬青果末 30g,炖猪肉 500g,不放盐,分 12 服,日 2 次;亦可用药末 0.6g,开水吞服,1 日 3 次。

[功能] 止咳平喘。

[益宜] ①寒性、过敏性哮喘;②哮喘。

野甘草饮、膳(野料豆别名:马料豆,细黑豆,稆豆,料豆,马豆)

[配制] ①马料豆 50g,炒焦,熟白酒 1 碗,煎至 7 分,空腹服下;②小红枣 12 枚(冷水洗净,去蒂),甘州枸杞子 9g,小马料豆 12g。水 2 碗煎,晨起空腹连汤共食之;③莲子 7 个,黑枣 7 个,浮麦 20g,马料豆 40g。水煎服;④黑料豆,锅内炒极焦,冲入黄酒内,服之。再服回生丹;⑤野料豆 21g,干者 15g,鸡肝 1 具,同煮食;⑥黑料豆 60g,炒熟,好酒烹,滚热服,加葱须同煎更妙。

[功能] 补益肝肾,祛风解毒。

[益宜] ①妊娠腰痛酸软;②明目补肾,筋骨疼痛;③盗汗;④产后中风,口噤目瞪,角弓反张;⑤肝疳初起;⑥阴证手足紫黑。

野核桃仁冲酒

[配制] 野核桃仁(炒熟)150～180g。捣烂冲酒服。

[功能] 补养气血,壮腰益肾。

[益宜] 腰痛。

野料豆饮(野甘草别名:假甘草、四时茶、冰糖草等。为玄参科植物)

[配制] ①野甘草 30g,红糖 30g,水煎饭前服,日 2 次;②野甘草 15g,加冰糖冲开水炖服;③野甘草煎作茶饮,连服 3 天;④鲜野甘草 120g,捣汁调蜜服;⑤鲜野甘草 60g,食盐少许,同捣烂、水煎服。

[功能] 清热解毒,利水消肿。

[益宜] ①脚气浮肿;②小儿肝炎烦热;③防治麻疹;④喉炎;⑤丹毒

野马蹄草冰糖饮

[配制] ①野马蹄草 120g,冰糖 60g,煎汤当茶饮;②野马蹄草 60g,冰糖 30g,煎汤服。

[功能] 凉血利肿,消心火。

[益宜] ①麻痘热毒;②肺痨咯血。

野牡丹炖肉(野牡丹别名:山石榴、地茄、豹牙郎木。为野牡丹科植物)

[配制]①野牡丹30g,金樱子根15g,和猪瘦肉酌加红酒炖服;②野牡丹18g,和猪肉炖服;③野牡丹30g,猪瘦肉120g,酌加酒水炖服。

[功能]活血消肿,清热解毒。

[益宜]①跌打损伤;②蛇头疔;③乳汁不通。

野葡萄根膳饮(野葡萄根为葡萄科植物网脉葡萄(又名:大叶山天萝)的根)

[配制]①野葡萄根120g。熬水兑白糖服;②野葡萄根250g,炖猪杀口肉服;③野葡萄根120g,水煎兑酒冲服;④刺葡萄根60g,钩藤根9g,鲜大活血30g,鲜五味子根30g,鲜三泡(悬钩子、山莓)30g,鲜百两金30g,娃儿藤根15g。用肉汤炖服,急性者用猪脚炖。

[功能]行气血,消痞积。

[益宜]①用脑过度,疲极吐血;②胸腹胀满成硬块;③筋骨伤痛;④慢性关节炎。

野漆树根炖肉、鸡、蛋(野漆树科植物野漆树的根)

[配制]①野漆树根15~24g。和瘦猪肉60~90g炖服;②野漆树根15~30g。洗净切片,合鸡1只(去内脏、尾、足),水酒各半炖服;③野漆树根30g左右,煮猪夹心肉食;④野漆树根120g(去粗皮),鸭蛋1个。水酒各半,炖服;日1次。

[功能]止血、活血,强筋骨,解湿热毒。

[益宜]①气郁胸部,呼吸不适;②胸部外伤;③胸肺内部破裂,大量吐血;④梅毒。

野鸦椿子、花制药膳(野鸦椿子别名:鸡眼睛。为省沽油科植物野鸦椿的种子和花)

[配制]①鸡眼睛,炖乌鸡头服;②鸡眼睛、红梗、黄狗头,炖五花肉服;③野鸦椿子(盐水炒),荔枝核各9g,车前仁、小茴香各15g,猪腰子一副。水煎服;④野鸦椿干果15~30g外感斟加解表药,水煎,内伤头痛加羊脑或鸡蛋,水煎服;⑤野鸦椿干果15g,红枣30g,水煎服;⑥野鸦椿花9~15g,鸡蛋2~3个,酌冲开水炖服。

[功能]温中理气,消肿止痛。

[益宜]①月经不调;②月瘕病;③寒腹痛;④头痛;⑤风疹块;⑥头痛眩晕。

野洋参炖猪心、猪蹄(野洋参为报春花科植物滇北球花报春花的根)

[配制]①野洋参、胖血藤各15g,炖猪心肺吃;②野洋参15g,通草根9g。炖猪蹄吃。

[功能]补虚通络。

[益宜]①痨咳;②乳汁不下。

野油麻炖肉(野油麻别名地参。为唇形科植物长圆叶苏的全草或根)

[配制]野油麻30g。炖肉吃。

[功能]补中益气。

[益宜]病后虚弱。

银线草根酒、膳(银线草根为金粟兰科植物银线草的根及根茎)

[配制] ①银线草根泡酒(含生药20%),翌日饮30~90g。或用银线草鲜根3~6g,蒸肉食;②银线草根9~15g,白酒500g,泡酒剂饮,每次2~3小酒盅,日1~2次;③银线草根30~60g,炖鸡肉,分数次食。

[功能] 祛风胜湿,活血理气。

[益宜] ①风湿;②劳伤;③白带。

猪肺炖滇橄榄(庵摩勒别名:余甘子、滇橄榄、望果、鱼木果等)

[配制] 滇橄榄21个,先煮猪肺,去浮沫再加庵摩勒煮熟,连汤食。

[功能] 生津、止咳、解毒。

[益宜] 哮喘。

猪心药制膳

[配制] ①猪心1枚,切,置豆豉汁中煮,5味掺调和食;②雄猪心1个,带血破开,用人参、当归各60g,装入猪心中煮熟,去2味药,吃猪心;③猪心1个,竹片切开,勿令相杂,以沉香末3g,半夏7个,入切口内,纸裹,蘸小便,令湿,煨熟,去半夏,食猪心。

[功能] 补气安神,止悸化风。

[益宜] ①产后中风,血气惊邪,心悸气逆;②心虚多汗不眠;③嗽血吐血。

十一、酢、朝、韩、斑

斑地锦饮(斑地锦别名:血筋草。为大戟科植物斑地锦的全草)

[配制] ①干斑地锦60~90g。水煎,冲糖服;②干斑地锦60g,水煎冲黄酒服;③干斑地锦,红牛膝(苋科)12~15g,土茯苓30g,水煎,冲黄酒、红糖。早晚吃饭前各服1次。

[功能] 清湿热解毒,止血通乳。

[益宜] ①痢疾;②乳汁不多;③四肢疮肿。

斑鸠木膳、酒(斑鸠木为菊科植物茄叶斑鸠菊的根、叶或全草)

[配制] ①斑鸠木根60g,淫羊藿根、花脸荞根各30g,炖肉吃;②斑鸠木根、大风藤各60g,泡酒服;③斑鸠木叶60g,煮豆腐吃。

[功能] 壮肾阳,祛风湿,消水肿。

[益宜] ①阳痿;②风湿性关节炎;③水肿。

斑叶兰炖肉(斑叶兰为兰科植物大斑叶兰或小斑叶兰的全草)

[配制] 斑叶兰 15g,炖肉吃。

[功能] 清热,止喘,解毒。

[益宜] 肺病咳嗽。

斑叶烂根炖肉、蒸鸡或猪肉(斑叶兰根别名:野洋参根)

[配制] ①野洋参根、花蝴蝶各 15g,炖肉吃;②斑叶兰根 30g,蒸鸡或炖肉吃,或煎水服,早晚空腹各服 1 次,每次半碗。

[功能] 养气血,补虚。

[益宜] ①神经衰弱,阳痿;②肾气虚弱,头目眩晕,四肢乏力。

朝天罐膳(朝天过为野牡丹科学植物朝天罐的根或果枝)

[配制] ①朝天罐 15g,杏仁 15g,桃仁 9g,炖猪肉或煎水服;②朝天罐 15g,响铃草 15g,炖猪尿脬吃。

[功能] 补虚益肾,收敛止血。

[益宜] ①虚弱咳嗽;②小便失禁。

酢浆草饮、膏、膳

[配制] ①酢浆草 60g,甜酒 60g。共同煎水服,日服 3 次;②酢浆草 5 000g,松针 1 000g,加水适量,煎 1 小时,过滤去渣;另取大枣 500g 捣碎,加水 2 000ml 煎 1 小时,过滤去渣,合两液加糖适量,每服 15~20ml,日 3 服;③酢浆草 30g,瘦猪肉 30g,炖服。每日 1 剂量,连服 1 周。

[功能] 清热利湿,凉血散瘀,消肿解毒。

[益宜] ①尿结尿淋;②失眠;③传染性肝炎。

韩信草膳饮(韩信草别名大力草,耳挖草、金茶匙)

[配制] ①韩信草 30g,水煎或加猪小肠同煎服;②鲜韩信草 30g,捣,绞汁,入冰糖炖服。

[功能] 祛风、散血,解毒,止痛。

[益宜] 妇女白浊、白带;②吐血、咯血。

十二、楤

楤木根肉膳(楤木根为五加科植物楤木的根或根皮)

[配制] ①楤木根 120g,瘦猪肉 120g,水炖饮汤食肉;②楤根木根皮 30g,炖肉,不放盐;

③刺老包根120g,肉500g。炖之,食肉喝汤;④刺老包根120g(干者用15g),炖猪肉250g,分3次服;⑤鲜楤木根皮30～60g,猪蹄1只。水炖,喝汤食肉。另用楤木根适量,煎水外擦。

[功能] 祛风湿,利小便,散瘀血,消肿毒。

[益宜] ①肝硬化腹水;②虚肿;③咳喘;④痔疮;⑤腰椎挫伤。

十三、榕、蜘、蔷

蔷薇根膳、饮(蔷薇根为蔷薇科植物多花蔷薇的根)

[配制] ①鲜蔷薇根30g。炖猪瘦肉吃;②蔷薇根皮60g。炖母鸡吃,每周1次,连服3周;③鲜蔷薇根90g。煎水代茶。

[功能] 清热利湿、祛风、活血、解毒。

[益宜] ①小儿遗尿,老人尿频,妇女月经过多;②习惯性鼻衄;③夏天热疖。

榕须饮、膳(榕须为桑科植物榕树的气根)

[配制] ①榕树倒抛根鲜品45g(干品24g)。合冰糖炖服,每日1次,连续4～5次;②榕树吊须一把,砂糖、米酒各适量,兑水煎服;③榕树干气根30g,瘦猪肉适量。水炖服。

[功能] 祛风清热,活血解毒。

[益宜] ①血淋;②小便不通;③疝气、子宫脱垂。

蜘蛛香饮、膳(蜘蛛香又名养血莲、马蹄香等。为败酱科植物心叶缬草和阔叶缬草的根)

[配制] ①蜘蛛香,1日3～30g,泡酒服;②蜘蛛香、石菖蒲根用瓦罐炖酒服;③养血莲、猪獠参、猪鬃草、岩白菜。炖猪心肺食;④养血莲30～60g。炖鸡服。

[功能] 行气,散寒、活血、调经。

[益宜] ①发痧气痛,跌打损伤,筋骨痛,劳伤咳嗽;②呕泻腹痛;③劳伤咳嗽;④阳痿。

十四、翻

翻白草膳饮

[配制] ①翻白草根5～7个,煎酒服;②翻白草根,煮猪肺食;③翻白草全草,煮冰糖服;

④翻白草根 45g,猪大肠不拘量。加水同炖,去渣,取汤及肠同服。

[功能] 清热、解毒、止血、消肿。

[益宜] ①疟疾寒热及无名肿毒;②咳嗽、③痰喘;④大便下血。

编后语

地域性中草药茶膳用具有很强的简约性和食用性，在一些偏远的地方功用性也很强,能收集的只是沧海一粟,希望有更多的隐埋在民间的草药食用方问世、济人。

后　　记

养生保健是当代中国大多数人的话题，养生保健从理论到实践是五花八门、精彩纷呈。但无论是运动养生还是按摩推拿保健，不管是佛道思想方法养生，还是当代时尚理念保健，有一个任何人都解不开的问题，那就是嗜食和嗜偏食的人用什么方法都看不到理想的效果。这就将一个“为天”的食事摆在了我们的面前，向我们严肃地提出了适宜养生的饮和食。中医认为膳食和茶饮是后天生命之本，是后天一切生命活动之源。离开了茶饮膳食事，任你修佛炼道，任你八卦太极、南北少林均不能保全性命。故而茶膳择良而饮、择优而食当成为保健养生最重要的一环。茶饮之外的种种养生保健方法中人们得弄清楚主和辅的关系，本和木的关系，也就说到底如何养生才是最重要的、关键的一环，万不可做本末倒置的事。一边是千炼万锻，一边是嗜食如命，烟酒膏粱不离口、不离手。那将得不偿失，好事难成。《黄帝内经》认为，人类食进胃肠的应当是人体活动所需要的“中气”、“宗气”、“精气”。而不是吹得天花缭乱，令人垂涎欲滴的各种名目繁多的“美食”。摄取食物的目的只应是给人们提供“营”和“卫”的有效营养物质而不是其他什么多余的东西。中医说，人体不需要多余的添加物，需要的是符合人类进化规律的组织细胞所必需的能量和蛋白质。因此吃和喝是最重要的养生之道。

在看了各种广告的“千年不死的养生法”和更多的“长生不老药”后，心中一直存有一念，我能否辑集古今名方编一本真正能通过茶饮膳食帮助他人养生的书。终于有一天受到《中医辞海》这本书的启示，真的动手了。手稿摘编用了整整10本大记录簿，历时约3年之久。摘好后的稿子，如何归类编辑，又是一个繁杂的活，为省点事，于是就先按照手稿打印，然后把一个个方子裁开，再把裁好的每一个方子按编辑需要的条目归类。全家总动员一齐动手再把裁剪的处方按类别贴起来，做成了图片稿。又再由读卡器把存入电脑的图片稿转换成文档。这真是个费心费力的活计，但为了却自己心里的那个愿望，给茶膳类保健养生以一点实在的贡献，这些累就不在话下了。

我们都知道如今的中国吃喝早已不是什么问题了。经过了艰难困苦和简约生活的人们，现在是千方百计地吃好喝好，变着法把能吃的不能吃的都变成能吃的美味佳肴，图的是一时的兴致，图的是口福的享受。然而随着饮食结构的改变，贪图享乐的人们给自己带了无穷的烦恼。珍馐美味，饕餮大餐，杯盏交错，烟酒无度，使得而今的“膏粱”之疾遍布城乡，什么“高血脂”、“高血压”、“高血黏度”、“高血尿酸”、“高血糖”和与之相伴的心脑血管、脂肪肝、糖尿病、糖尿肾病等，发病率之高那可真是前无古人。连六七岁小孩都得了糖尿病。为防止富贵病的蔓延和加重的势头，而今的中央和地方各级政府加大宣传茶膳饮为查、善、饮。老百姓和政府也都千方百计地在为防止富贵病的蔓延和加重而献计献策。农村是村设运动场所，安装运动按摩器材；城镇是各种锻炼和运动器材进到了小区。商家们也开发保健产品，传授保健运动技巧，宣传成功范例，拼命鼓吹各自的用品。可谓是五花八门，无奇不有。卖产品的跟人跟到家,卖保健盯人盯到死,为了利益那是什么大话、假话、狠话都有。其结果当然也是不言而喻,真正获养生保健之益的是少之又少。其实养生保健、奇方妙药一切都在自然中。故曰有些人、有些事是理念有问题;有些人、有些事是方法有问题,被别人误导了;还有的就是自己的身体对某种保健养生方法的适应问题,更有的是体质与方法的不对应问题。我认为凡此种种,所有的养生保健、体能锻炼那也是只能是辅助,关键的是在于吃和喝。吃什么、喝什么,怎么吃、怎么喝,方法和效果的统一在于管住嘴,在于适合每个个体特性的食谱和饮食习惯。临床余常遇见一些家族性的疾病,而这种家族性疾病并非全是遗传,譬如:舅妈、姑父、女婿、媳妇这些关联人,于这个家族遗传应搭不上边,但他(她)常和这个家族的如痛风,糖尿病有关,饮食谱使然也。还在我上小学的时候,学校教我们生活上最多的一句话就是:病从口入。那时我们很单纯,只理解这句话的意思是:勤洗手,可减少和杜绝病从口入。其实从口入之病岂止是这么简单呢。有毒有害的气体从口鼻入肺可以让人们得与肺相关疾病,高脂、高糖、高激素、含抗生素的食物从口入可以让人们得肾病、糖尿病、心脑血管病和全身免疫系统疾病。《黄帝内经》说,人无胃气不生,人不得后天之中气不长、不壮,后天之中气者乃食物之化生,升降出入之输布泄泻。故余日:芸芸众生,百病始生实在是口入(吃出)的病多,而其他原因致病的当少。病是吃出来的、急出来的、累出来的,健康长寿同样可以吃出来、喝出来。中国自古就崇尚食以养生、食以保健、食以美容。《黄帝内经》以后,中医药特别重视人们的茶饮膳食,先民们不仅用茶膳养生,更用于疗疾。《经》曰:五果,五蔬,五味入五脏。养以人身,赐以壮美,而不当者,则也引生百病。余以为在人们谈保健、想健康的今天,用平平常常的蔬果,蓝、绿、红、黄、白、紫、黑的平淡的花、草、叶、果、茎煮茶、做膳保健康,应该是能做到的。因为既然不少的病是吃喝出来的,那我们当然也可以用吃、喝把它去掉。用有益健康的茶膳为自己吃喝出健康和快乐。这就是编著《中药茶膳养生疗疾经效方集》的初衷。

我们常说一方水土养一方人。这句话不仅包含地理环境对生活条件的影响,也不仅仅是讲地域差异的人生经历的迥异,也包含着东西南北中各地域人的身体体质和饮食习惯。随着时代的变迁,随着城乡一体的发展加快。公路、铁路、航空等高速交通把农村和城镇、山区、大漠和沿海都连到了一起。原来各有特色的一方水土之茶膳传统被慢慢地缩小了,常态茶膳变成茶楼酒店才能吃到喝到了。再慢慢地许多看起来粗糙的而确是真正适宜养生的茶膳被简单方便地取代了,被一统化了。这不一定是好事。因为一方水土的地理、地质没太变,适宜生存在那里的人们,体质条件也无大变,饮食却发生了巨大的、颠覆了传统的变化。应该说世世代代的传统茶膳特色,相当重要地决定了那里居民的体质。而这种体质又是人们对抵抗疾病和发生疾病后医家考虑治疗、归转。预后具有很重要参考价值。因此茶膳是本,茶膳是命根,茶膳又如药因人、因地、因时令季节而异。所以中医是千人千方药,万人不同方,效益法自然。

在中国茶饮膳食养生保健祛病疗疾已有几千年的历史,代代相传。其中最重要的原因是用家常的饮食获得奇妙的功效。一切源于简约、自然。而这些花朵草根,树叶小草在古代中国又是取之不竭、用之不尽的。古来有男子独行在外不可以久服杞子之训,而今余以补骨脂浸黄酒疗肾阳虚者同获妙功。可见食饮之妙在适、在宜、在巧。说到底茶膳养生保健疗疾,因人适时而宜益;反之,不仅不养生还可能招致不必要的麻烦。故余编《茶膳养生保健疗疾经效方集》,既注意到她的广泛性,更注意到适用性。方剂几千首,纵贯上下二千余年,只选有理、有据、符合中医医理、宜人益身方，为的是让喜欢中医茶膳养生者能选到适合自己的茶膳方。

书稿编成已有几年了，今得以出版问世首先得感谢交大出版社医学部的王华祖老师，他对书稿提出的修改意见使书稿内容变得更清晰，变得更接人气。另一位必须感谢的是我的记名弟子吕春霞小朋友。做她的师傅余有些诚惶诚恐，一个北大的硕士做我的弟子实在有些不敢当。许是隔行如隔山的信条和一些小验方灵验的缘故吧，余也就冒昧地充当了她的师傅。她为此书的出版做出了不懈的努力，劳苦功高，在此一并感谢。我们大家共同的努力，为的只想让人们喝得无忧，吃得快乐，喝出健康，吃来长寿。

最后还是想说，尽管我们出书的出发点是好的，但书里的茶膳方的适用性和实效性也是因人而异，因地或因时令而异，绝不是每个方都适合每个人。中医说，没有千人不变的“神方”，也没有千人不变的“神药”，自选食方一定要知道自己的身体，挑选那些适合自己的，那才是最有效、最灵验的，才会事半功倍。余祝人人健康、个个长寿。

大爱无疆，真爱无垠。

谨以此书献给那些长年辛勤劳作、无暇顾及自己身体健康的人们！

参考文献

[1] 袁钟,图娅,等.中医辞海[M].北京:中国医药科技出版社,1999.
[2] 刘正才,等.精编中华药膳宝典[M].北京:北京工业出版社,1997.
[3] 华海清,等.现代养生保健中药辞典[M].北京:人民卫生出版社,2002.
[4] 黄兆胜.中华养生药膳大全[M].广东:广东旅游出版社,2004.
[5] 郝建新,丁艳蕊.中国药膳学[M].北京:科学技术文献出版社,2007.
[6] 顾奎琴,方欣,等.家庭药膳[M].北京:金盾出版社,1994.
[7] 郑大坤.大补小吃[M].吉林:吉林科学技术出版社,1989.
[8] 蔡景峰.中医饮食疗法[M].北京:外文出版社,1996.
[9] 夏翔,施杞.中国食疗大全[M].上海:上海科技出版社,2011.
[10] [元]忽思慧.饮膳正要[M].北京:中国医药科技出版社,2011.
[11] [明]张景岳.景岳全书[M].太原:山西科学技术出版社,2006.
[12] [明]龚廷贤.寿世保元[M].北京:人民卫生出版社,2005.
[13] 张锡纯.医学衷中参西录[M].太原:山西科学技术出版社,2009.
[14] [宋]王璆原辑.刘耀,张世亮点校.是斋百一选方[M].上海:上海中医学院出版社,1991.
[15] [明]王肯堂.证治准绳,类方[M].上海:上海科技出版社,1957.
[16] [宋]许叔微.普济本事方[M].上海:上海科技出版社,1959.
[17] [清]李文炳.经验广集[M].北京:中医古籍出版社,2009.
[18] [明]李时珍.本草纲目[M].北京:人民卫生出版社,2004.
[19] [金]李东恒.脾胃论[M].北京:中国中医药出版社,2007.
[20] [清]姚俊.经验良方[M].北京:中国中医药出版社,1995.
[21] [清]张璐.张氏医通[M].上海:上海科学技术出版社,1995.
[22] 徐淅.仁斋直指方[M].上海:第二军医大学出版社,2006.
[23] [清]鲍相璈.验方新编[M].北京:中国医药科技出版社,2011.
[24] [金]刘完素.素问病机气宜保命集[M].北京:中国中医药出版社,2007.
[25] [金]李东恒.兰室秘藏.饮食劳倦门[M].北京:中国中医药出版社,2007.
[26] 姜超.实用中医营养学[M].北京:解放军出版社,1985.
[27] 谢永新,等.百病饮食自疗[M].北京:中医古籍出版社,1987.
[28] 宋·王贶.全生指迷方[M].郑州:河南科学技术出版社,2014.
[29] 傅时摄.常见慢性病食物疗养法[M].南昌:江西科学技术出版社,1997.
[30] 上海市卫生局.上海市药品标准[M].上海:上海人民出版社,1974.
[31] 谢永新,等.中国食疗学.百病饮食自疗[M].北京:中医古籍出版社,1987.
[32] 谢英彪.家庭保健菜谱[M].北京:金盾出版社,1998.
[33] 倪宗耀.食用菌饮食疗法[M].北京:金盾出版社,1988.
[34] 成智孚,张峰.补品补药与补益良方[M].北京:金盾出版社,1987.
[35] 侯书良,原永贵.中国家庭药膳[M].青岛:山东文艺出版社,1991.

[36] 王耀堂,闫燕秋.养老奉亲书[M].北京:新世界出版社,2008.
[37] 臧堃堂.传统益寿精要[M].北京:世界图书出版社,1992.
[38] [唐] 孟诜.食疗本草[M].北京:中华书局,2011.
[39] 许国祯.御药院方[M].北京:中医古籍出版社,1267.
[40] 温如玉等.疾病的食疗与验方[M].西安:天则出版社,1989.
[41] 肖延龄.家庭食疗手册[M].北京:中央编译出版社,2012.
[42] 龚廷贤.万病回春[M].北京:人民卫生出版社,1984.
[43] 蒋家述.良药佳馐[M].武汉:中国科学院武汉图书馆,1986.
[44] 王仙舟.华夏药膳保健顾问[M].北京:华夏出版社,1990.
[45] 林洪.山家清供[M].昆明:云南人民出版社,2004.
[46] 泉州卫生局.泉州本草[M].泉州:泉州报,1963.
[47] 孟诜[唐朝].食疗本草学[M].成都:四川科学技术出版社,1987.
[48] 董三白.常见病的饮食疗法[M].北京:中国轻工业出版社,1987.
[49] 张嘉俊.食物与治病[M].北京:科学普及出版社,1980.
[50] 周昕.药茶一健身益寿之宝[M].北京:中国建材工业出版社,1993.
[51] 俞长芳.滋补保健药膳食谱[M].北京:轻工业出版社,1987.
[52] 张国玺.家庭食补与药补手册[M].北京:中国轻工业出版社,2008.
[53] 黄德燧.滋补中药保健菜谱[M].北京:科学技术文献出版社,2002.
[54] 冉小峰.全国中药成药处方集[M].北京:人民卫生出版社,1962.
[55] 昝殷.食医心鉴[M].上海:上海三联书店,1990.
[56] 汤宽泽.花卉食疗[M].上海:上海交通大学出版社,1992.
[57] 中国中医研究院.岳美中医案集[M].北京:人民卫生出版社,2005.
[58] 罗天益.卫生宝鉴[M].北京:人民卫生出版社,1987.
[59] 陈自明.妇人大全良方[M].北京:人民卫生出版社,1985.
[60] 尤乘.寿世青编[M].北京:中华书局,2013.
[61] [明] 朱橚.普济方[M].上海:上海古籍出版社,1994.
[62] 赵佶.圣济总录[M].北京:人民卫生出版社,1983.
[63] [金] 张子和.儒门事亲[M].太原:山西科学技术出版社,2009.
[64] [宋] 太平惠民和剂局.太平惠发和剂局方[M].北京:人民卫生出版社,2007.
[65] 张君诚.强身食制[M].香港?:饮食天地出版社,1984.
[66] [清] 陈念祖.医学从众录[M].北京:中国中医药出版社,2007.
[67] [清] 严西亭等.得配本草[M].上海:上海卫生出版社,1957.
[68] [清] 沈金鳌.杂病源流犀烛[M].北京:人民卫生出版社,2006.
[69] 王光清.中国膏药学[M].西安:陕西科学技术出版社,1981.
[70] 朱君波.滋补药酒精萃[M].太原:山西科学教育出版社,1987.
[71] [清] 程国彭.医学心悟[M].天津:天津科学技术出版社,2011.
[72] 杨智孚张峰.补品补药与补肾药良方[M].北京:金盾出版社,1988.
[73] [清] 费伯雄.医醇胜义[M].南京:江苏科学技术出版社,1982.
[74] 福建省闽东本草编辑委员会.闽东本草[M].福建:福建省闽东本草编辑委员会,1962.
[75] 胡龙才.药酒与膏滋[M].南京:江苏科学技术出版社,1986.
[76] 郭振球.中医儿科学[M].长春:长春出版社,2000.
[77] 梁剑辉.古方饮食疗法[M].广州:广东科技出版社,1982.
[78] 重庆市卫生局.祖国医学采风录[M].重庆:重庆市卫生局,1958.

[79] 中国科学院四川分院中医中药研究所. 四川中药志[M]. 重庆:四川人民出版社,1960.
[80] 清曹庭栋. 养身随笔[M]. 上海:上海书店,1985.
[81] [唐] 孙思邈著. 银海精微[M]. 北京:中国书店,1986.
[82] [明] 万全. 万氏家传养生四要[M]. 武汉:湖北科学技术出版社,1984.
[83] [明] 皇甫中著. 明医指掌[M]. 北京:人民卫生出版社,1982.
[84] 苏州市卫生局. 中药成方配本[M]. 苏州:江苏苏州人民出版社,1959.
[85] 王好古. 医垒元戎[M]. 北京:中国书店出版社,2013.
[86] 周潜川. 气功药饵疗法与救治偏差手术[M]. 太原:山西人民出版社,1984.
[87] 彭铭泉. 天府药膳[M]. 重庆:四川人民出版社,1986.
[88] [明] 孙一奎. 赤水玄珠[M]. 北京:中国医药科技出版社,2011.
[89] 戴荫芳. 药用果品[M]. 桂林:广西人民出版社,1982.
[90] [清] 青浦诸君子. 寿世编[M]. 北京:中医古籍出版社,2004.
[91] [清] 陶承熹. 惠直堂经验方[M]. 北京:中医古籍出版社,1994.
[92] 高濂. 遵生八笺[M]. 太原:山西科学技术出版社,2014.
[93] 林松龄. 抗衰老饮食法[M]. 香港:香港得利书局,1984.
[94] [唐] 陈藏器. 本草拾遗[M]. 合肥:安徽科学技术出版社,2004.
[95] 晨曦,江澜. 美食茶水百例经典[M]. 上海:上海医科大学出版社,1999.
[96] [清] 徐大椿. 兰台轨范[M]. 北京:人民卫生出版社,2007.
[97] [清] 王士雄. 随息居饮食谱[M]. 北京:人民卫生出版社,1987.
[98] 中成药研究编辑部. 中成药研究[M]. 上海:上海群众印刷厂,1980.
[99] [明] 王如锡. 东坡养生集[M]. 北京:中华书局,2011.
[100] 许浚. 东医宝鉴[M]. 北京:中国中医药出版社,2013.
[101] [清] 潘楫. 医灯续焰[M]. 北京:人民卫生出版社,1988.
[102] 晓纪仰之. 日常食物药用[M]. 北京:中国食品出版社,1985.
[103] [唐] 王焘. 外台秘要[M]. 北京:人民卫生出版社,1955.
[104] 陆川县中医研究所. 陆川本草[M]. 广西:陆川县中医研究所,1959.
[105] 孙思邈. 海上方[M]. 西安:三秦出版社,1992.
[106] 桂林市卫生局. 简便单方[M]. 桂林:桂林市卫生局,1965.
[107] 何清湖. 审视瑶函[M]. 太原:山西科学技术出版社,2013.
[108] 孙思邈. 备急千金要方[M]. 北京:人民卫生出版社,1955.
[109] 窦国祥. 抗癌饮食[M]. 南京:江苏科学技术出版社,1991.
[110] [唐] 甄权. 古今录验方[M]. 北京:中国医药科技出版社,1996.
[111] [唐] 孙思邈. 千金方[M]. 长春:吉林出版集团有限责任公司,2011.
[112] [晋] 陈延之. 小品方[M]. 天津:天津科学技术出版社出版,1983.
[113] 贵州省中医研究所. 贵州民间药物[M]. 贵阳:贵州人民出版社,1966.
[114] 贵州省中医研究所. 贵州草药[M]. 贵阳:贵州人民出版社,1970.
[115] 郑敬先. 医林篡要医林撮要[M]. 北京:科技文献出版社,2006.
[116] [清] 叶天士. 种福堂公选良方[M]. 北京:人民卫生出版社,1982.
[117] 重庆卫生局. 重庆草药[M]. 重庆:重庆人民出版社,1960.
[118] 年希尧. 年希尧集验良方[M]. 大连:辽宁科学技术出版社,2012.
[119] 蔡光先等. 湖南药物志[M]. 长沙:湖南科学技术出版社,2004.
[120] 江西省卫生局. 江西草药手册[M]. 南昌:江西省新华书店,1970.
[121] 萧步丹. 岭南采药录[M]. 广州:广东科技出版社,2009.

[122] 福建省医药研究所.福建中草药[M].福建:福建省医药研究所,1970.
[123] 昆明市卫生局.昆明民间常用草药[M].昆明:昆明市卫生局,1970.
[124] 浙江卫生局.浙江民间常用草药[M].杭州:浙江人民出版社,1970.
[125] 浙江省卫生厅.浙江天目山药植志[M].杭州:浙江人民出版社,1960.
[126] 江苏省植物研究所.江苏植物志[M].南京:江苏人民出版社,1977.
[127] 广西革命委员会卫生服务站.广西中草药[M].桂林:广西人民出版社,1970.
[128] 编辑组.广西中药志[M].桂林:广西人民出版社,1959.
[129] 湖南中医学院.农村常用草药手册方[M].长沙:湖南中医学院,1969.
[130] 云南省卫生局革命委员会.云南中草药[M].昆明:云南人民出版社,1971.
[131] 陕西省革命委员会卫生局商业局.陕西中草药[M].北京:科学出版社,1971.
[132] 广东省中医药研究所华南植物研究所.岭南草药志[M].上海:上海科学技术出版社,1961.
[133] [明]兰茂.滇南本草[M].北京:中国中医药出版社,2012.
[134] 中国科学院甘肃省冰川冻土沙漠研究所沙漠研究室.中国沙漠地区药用植物[M].兰州:甘肃人民出版社,1973.
[135]《山东中草药手册》编写小组.山东中草药手册[M].济南:山东人民出版社,1970.
[136] 广西中草药新医疗法成就展览办公室.中草药新医疗法处方集[M].桂林:广西中草药新医疗法成就展览办公室,1970.
[137] 长春中医学院.吉林中草药[M].长春:吉林人民出版社,1970.
[138] 云南省卫生厅.云南中医验方[M].昆明:云南人民出版社,1957.
[139] 广州部队后勤部卫生部.广州部队常用中草药手册[M].北京:人民卫生出版社,1970.
[140] 黑龙江省革命委员会卫生局.黑龙江常用中草药手册[M].哈尔滨:黑龙江人民出版社,1970.
[141] 辽宁中医学院革命委员会.辽宁常用中草药手册[M].大连:辽宁省新华书店,1970.
[142] [明]兰茂.滇南本草方[M].昆明:云南人民出版社出版,1959.
[143] 福建省中医研究所草药研究室.福建民间草药[M].福州:福建人民出版社,1958.
[144] 江西中医药月刊编辑部.江西中医药[J].九江:江西中医药月刊社.
[145] 浙江中医药大学.浙江中医药大学学报[J].浙江:浙江中医药大学.